천문학
한눈에 보는 우주

ASTRONOMY

에릭 체이슨, 스티브 맥밀런 지음

최승언, 강영운, 구본철, 권석민, 김용기, 김칠영, 김희수, 박찬경,
손영종, 손정주, 심현진, 안경진, 안홍배, 오수연, 윤태석, 이 유,
이정은, 형 식 옮김

Σ 시그마프레스

천문학 : 한눈에 보는 우주

발행일 | 2016년 2월 25일 1쇄 발행
2019년 7월 5일 2쇄 발행

저자 | 에릭 체이슨, 스티브 맥밀런
역자 | 최승언, 강영운, 구본철, 권석민, 김용기, 김칠영, 김희수, 박찬경, 손영종, 손정주, 심현진, 안경진, 안홍배, 오수연, 윤태석, 이 유, 이정은, 형 식
발행인 | 강학경
발행처 | (주)시그마프레스
디자인 | 우주연
편집 | 류미숙

등록번호 | 제10-2642호
주소 | 서울시 영등포구 양평로 22길 21 선유도코오롱디지털타워 A401~402호
전자우편 | sigma@spress.co.kr
홈페이지 | http://www.sigmapress.co.kr
전화 | (02)323-4845, (02)2062-5184~8
팩스 | (02)323-4197

ISBN | 978-89-6866-671-1

ASTRONOMY: The Universe at a Glance

＊ 책값은 책 뒤표지에 있습니다.

이 도서의 국립중앙도서관 출판예정도서목록(CIP)은 서지정보유통지원시스템 홈페이지(http://seoji.nl.go.kr)와 국가자료공동목록시스템(http://www.nl.go.kr/kolisnet)에서 이용하실 수 있습니다. (CIP제어번호: CIP2016004275)

천문학 ASTRONOMY

한눈에 보는 우주

역자 서문

본서에 대한 역자 서문을 쓰는 날이 바로 인류 최초로 중력파를 검출했다는 소식을 접한 날이다. 지금까지는 전자기파를 이용하여 우주를 탐색했다면, 이제는 뉴트리노에 이어서 중력파를 이용하여 우주를 더 잘 이해해 보려 하는 것이다. 영화 '스타워즈', '인터스텔라'와 더불어 중력파까지 이제는 천문학에 대한 흥미가 우리의 삶 속에 깊이 들어와 있다.

이와 함께 역자 대표인 본인은 사범대학 지구과학교육과에 30년 넘게 재직하면서 나름 초·중등 과학 교육에서 천문학 교육에 힘써 왔다. 교육과정 개발, 교과서 집필, 천문관련과학 영재 프로그램 개발, 과학적 모델링과 사회적 구성주의 학습 프로그램 개발 등의 과학 교육 연구를 통하여 학생 자신들이 가지고 있는 과학 자본을 이용하여 과학적 역량이 강화된 과학적 소양(Scientific Literacy)을 키우기를 희망하였다. 그러나 이 모든 활동은 천문학 내용 지식이 풍성하게 같이 다루어져야 의미가 있게 된다.

천문에 대한 상식은 이제 우리 삶의 일부가 되었기에 많은 사람들이 천문학 특히 우주에 대하여 알고 싶어 한다. 천문학 공부를 위한 좋은 책이 많다. 그러나 이러한 서적은 대부분 수학적인 표현이 많아 어렵거나, 수학적인 표현이 없더라도 읽어야 할 분량이 너무 많아 천문학에 많은 흥미를 느껴 공부하고 싶은 독자들을 질리게 하는 경우가 많았다. 이 책 천문학 : 한눈에 보는 우주는 수학을 쓰지 않고, 읽어야 할 분량이 적으면서 우주에 대하여 최신의 관측 자료들과 천문학적인 설명, 그리고 설명을 뒷받침하는 삽화와 사진들을 통하여 알차게 천문학 지식을 거의 모두 망라하고 있다. 더구나 전국에 있는 사범대학 지구과학교육과에서 천문 교육을 담당하시는 교수님과 자연대학 천문학과에 재직 중인 교수님에게 자신의 전공 분야에 맞추어 모두 17분에게 번역을 부탁드렸기에 문장의 필체는 조금 다르더라도 쉽게 읽어 갈 수 있을 것으로 기대한다. 이 책을 여러 번 읽은 후에 어렵다고 생각되는 천문학 서적을 읽으면 매우 쉽게 이해가 될 것으로 생각된다.

아무쪼록 이 책이 천문학에 흥미를 가진 모든 독자에게 우주를 알고 싶어 하는 갈증을 풀어 줄 수 있었으면 한다. 그리고 이제 좋은 천문학 서적의 번역을 넘어 우리나라 천문학자들에 의하여 좋은 천문학 서적들이 많이 집필되기를 희망해 본다. 마지막으로 본서를 번역 출판하게 도와준 ㈜시그마프레스 출판사에 감사드리고, 짧은 시간에 번역을 해주신 17분의 교수님에게도 감사드린다.

2016. 2. 12.
역자 대표 최승언

저자 서문

천문학은 탐험과 발견의 황금기를 누리고 있는 중이다. 새로운 기술과 이론의 도움을 받아, 우주에 대한 연구는 어느 때보다 가장 흥미로운 시기를 맞고 있다. 오늘날 천문학에서 널리 알려진 사실, 현재 발전 중인 생각, 그리고 최첨단의 발견들을 신중하게 선정하여 이 책에 실을 수 있게 된 것을 매우 기쁘게 생각한다.

우리는 천문학 : 한눈에 보는 우주(*Astronomy : The Universe at a Glance*)에서 독자들의 학습을 촉진시키는 강렬한 시각적 표현과 함께 정확하고 쉬운 설명으로 구성하려고 노력하였다. 이를 위해 내용을 여러 부분으로 분할하고, 각 장은 핵심 내용을 담은 두 쪽의 스프레드로 시작하도록 구성하였다. 이러한 모듈화 방법으로 그림과 글이 조화되어, 아름답고 간결하며 과학적으로도 정확한 잡지 형태를 이루게 하였다. 비록 몇몇 주제들을 줄이거나 생략하였지만, 우리는 최종 결과물이 21세기 천문학의 진수를 아름답고, 가르치기 쉽게 담고 있다고 생각한다. 우리는 과학이 어떻게 작동하는지, 우주는 어떻게 돌아가는지, 천문학자들은 그들이 아는 것을 어떻게 아는지에 대해 특히 주의를 기울였다. 그 과정에서 우리는 과학적 탐구의 기저에 있는 과학적 원리와 발견의 과정을 강조하였다.

이 책은 '지구 밖으로(Earth out)'의 형식을 따르는데 이 방법이 인기가 있고 효과적이기 때문이다. 우리는 대부분의 학생들(특히 과학적 배경지식이 부족한 학생들)이 별과 은하보다는 그보다 앞서 배우게 되는 태양계의 학습을 훨씬 더 편안해함을 알아냈다. 그것은 지구와 달의 내용과 형성에 관한 이야기에서 시작하여 점차 태양계로 이동하는 것이다. 이러한 진행은 태양에 관한 학습으로 이어진다. 별에 대한 모델로서 태양을 다루고, 논의를 확장하여 일반적인 별의 속성, 진화 과정, 다양한 최후에 대해 다룬다. 이 여정은 우리들을 우리은하에 대한 학습으로 이어지고, 여타 다른 은하들로 나아간다. 최종적으로 우리는 우주론과 거대구조, 전체 우주의 역동성에 대한 주제에 도달한다. 처음부터 끝까지 우리는 우주의 역동적인 본성에 대해 강조하려고 노력하였다. 실제로 행성부터 퀘이사까지 모든 주요 주제는 그들이 어떻게 형성되었고, 어떻게 진화해 나가는지에 대한 논의들을 포함하고 있다.

우리는 수년간 수천 명의 학생들을 가르치며 전반부에 꼭 필요한 물리법칙을 배치하는 것이 필요하다는 것을 알았다. 필요에 따라 추가적인 물리 원리는 책 뒷부분의 본문이나 스냅 상자에 기술되었다. 우리는 물리학에 대한 내용과 더불어 보다 정량적인 논의들을 가능한 모듈로 만들어 원할 때 생략하거나 분리하여 볼 수 있게 하였다.

이 책은 물리학이나 천문학을 전공하지 않은 과학 수업 수강 경력이 없는 학생들을 대상으로 썼다. 이 책은 천문학을 전공하지 않는 학생들을 위한 한 학기용 천문학 강좌 교재로 사용되길 의도하였다. 우리는 천문학에 관한 광범위한 견해를 복잡한 수학을 사용하지 않고 직접적으로 소개하였다. 지나친 단순화 없이, 복잡한 주제를 설명이 필요할 때에는 학생들에게 익숙한 물체나 현상에 대한 비유와 정성적 추론을 주로 활용하였다. 우리가 천문학에 대해 느끼는 흥미를 학생들과 함께 나눌 수 있도록, 우리 주변의 웅장한 우주에 대해 학생들이 자각할 수 있도록 노력하였다.

과학을 전공하지 않는 학생들에게 천문학을 가르치는 것은 그들이 천문학이나 여타 일반적인 과학 분야에 직업을 갖도록 하려는 것이 아니다. 대신 우리는 여러 전공 분야의 광범위한 청중인 학생들에게 다가가려 노력했다. 우리는 학생들이 과학적으로 교양 있는 현대 사회의 구성원이 되기를 바란다. 학생들이 과학의 새로운 발전과 과학자들의 활동을 이해할 수 있으며, 과학에 대한 국가적 계획 및 투표에 지적으로 판단하고 참여할 수 있게 되길 격려하고 싶다.

학습 한눈에 알아보기

천문학 교수 학습에서의 모듈화 방법

시각적으로 다루어지는 모듈 학습

신임 받는 작가인 에릭 체이슨과 스티브 맥밀런이 쓴 이번 신간에서는 천문학 학습을 시각적으로 접근하고, 모듈화 방식을 통해 그들의 과거 교재를 새롭게 만들었다.

현대 천문학의 주요 아이디어와 개념 발견은 총 15장에 걸쳐 제시되며, 각 장은 학생들의 시각적 참여와 학습을 촉진할 수 있도록 제작된 두 쪽의 스프레드 방식으로 그림 자료를 풍부하게 실었다.

학습 목표 : 성공적 학습을 위한 탐색 도구

학습 초기의 학생들은 글로 된 자료에서 중요한 것을 찾고, 우선순위를 정하는 것에 어려움을 겪는다는 연구 결과가 있다. 이러한 이유에서 각 장의 시작부에는 6~8개의 명확한 학습 목표가 제시된다. 학습 목표의 번호는 본문의 절과 연결되는 핵심 내용(예 : 제6장 'LO2'는 6.2절의 핵심 내용임)이기 때문에, 학생들은 그 로드맵을 한눈에 알아볼 수 있다.

이 독특한 모듈 구조는 학생들의 읽기를 체계화하고 중요한 핵심 개념을 완전히 습득했는지 시험해 보는 데 도움이 된다. 학습 목표는 각 장의 복습과 평가에서도 역시 핵심이 된다. 그 장의 가장 중요한 내용에 대한 강조는 학생들이 학습 내용에 우선순위를 정하고 복습하는 데 도움이 될 것이다.

이 책의 모듈 구조는 교사들에게도 유용하다. 각각의 학습 목표는 독특한 두 쪽의 스프레드 방식의 핵심이다. 따라서 교사들은 학습 목표의 빠른 검토를 통해 쉽게 주제를 선택하거나 주제 순서를 다시 정할 수 있다. 이러한 방식으로 교사들은 전체 학기나 1/4분기, 또는 여름학기 과정에 이 책을 채택하여 사용할 수 있다.

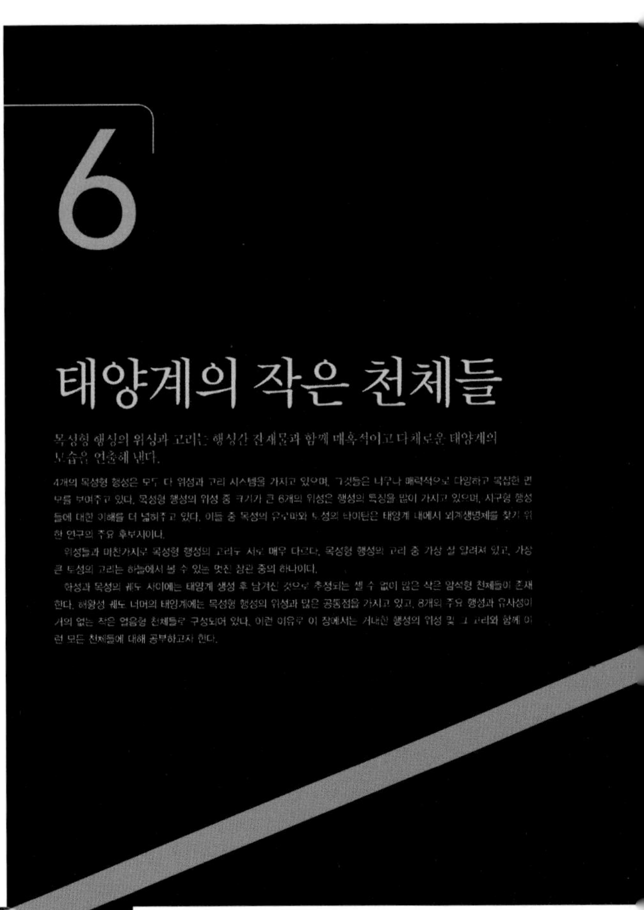

6

태양계의 작은 천체들

목성형 행성의 위성과 고리는 행성과 잔체들과 함께 매혹적이고 다채로운 태양계의 모습을 연출해 낸다.

4개의 목성형 행성은 목, 다 위성과 고리 시스템을 가지고 있으며, 그것들은 너무나 매혹적이고 다양하고 복잡한 면모를 보여주고 있다. 목성형 행성의 위성 중 크기가 큰 6개의 위성은 행성의 특징을 많이 가지고 있으며, 지구형 행성들에 대한 이해를 더 넓히게 인한 것이다, 이들 중 목성의 유로파와 토 성의 타이탄은 태양계 내에서 외계생명체를 찾기 위한 연구의 주요 후보지이다.

위성과 고리가 수 있다.

화성과 목성의 궤도 사이에는 태양계 생성 후 남겨진 것으로 추측되는 셀 수 없이 많은 작은 암석형 천체들이 존재한다. 해왕성 궤도 너머의 태양계에는 목성형 행성의 위성들과 닮은 공통점을 가지고 있고, 8개의 주요 행성과 유사성이 서의 없는 작은 얼음성 천체들을 구성하고 있다. 이런 이유로 이 장에서는 거대한 행성의 위성 및 고리와 함께 이런 모든 천체들에 대해 공부하고자 한다.

6.2 이오 : 화산 위성

이오는 우리 태양계를 통틀어 화산성으로 가장 활동이 왕

6.2

이오는 그 질량과 반지름이 지구의 달과 비슷하나 그러나 같은 점은 거기까지다. 이오의 매우 특이하고 크레이터가 없는 표면은 커다란 피자처럼 보일 수 있는 노랑, 주황, 어두운 고동색의 얼룩무늬다(그림 6.5). 이런 모습을 이들 처음 본 보이저호 과학자들을 놀라게 하였다.

이오 엿보기

보이저 1호가 이오를 빠르게 스쳐지나가며 놀랄 만한 발견을 하였다. 이오는 현재 활화산들이 있다는 것이다. 보이저 1호는 8개의 분출 중인 화산을 카메라에 담았고, 그중 6개의 화산은 4개월 후 보이저 2호가 지나갈 때에도 여전히 분출 중이었다. 그림 6.5의 갈릴레오 모자이크는 여러 군데의 화산 지역을 보여주고 있으며 붉은색을 띤 지역이 쉽사리 확인된다. 특히 수명이 위쪽 방향에서 찾을 수 있는 캠페라크 평행체 대규모 화산 지역에 주목해 보라.

그림 6.6은 1979년 보이저 1호가 근접 통과 시 촬영한 것으로 화산 지역을 확대한 것이다. 화산은 오른쪽에 어두운 타원형의 지역이고, 어두운색깔의 용암이 왼쪽 아래를 향해 약 300 km 에 걸쳐 흘러나오고 있다. 화산을 곰파게 둘러싸고 있는 주황색깔은 분출 물질 속의 황화합물

에서 나오는 것일 가능성이 매우 높다.

이오의 매끈한 표변은 솔을 크게이터나 다른 지각 현상에 의해 생긴 함몰지 및 틈새로부터 끓임없이 밀려 들어오는 용융물로 인한 것이다. 이오에는 일은 대기층이 있는데, 이는 주로 화산 황동에 의해 생산되어 이오의 중력 때문에 잠시 붙잡힌 것으로 주로 이산화황으로 이루어져 있다.

갈릴레오호가 목성계에 진입하였을 때에는 보이저 2호에 의해 관측되던 화산 중 별은 이미 활동이 사그러들었으나 새로운 화산들이 관측되었다. 이는 이오의 표면 특징이 짧게는 몇 주 만에도 두드러지게 변할 수 있다는 것을 갈릴레오호의 관측으로 알게 되었다. 통틀어 이오에는 80여 개 이상의 활화산이 발견되었으며, 이 중 가장 큰 화산은 그림 6.5의 이오의 우편에 위치한 로키로 한국의 경상남도를 합친 것보다 면적이 넓으며, 지구의 모든 화산을 합한 짓보다도 더 많은 에너지를 방출한다.

갈릴레오호는 이오의 용암온도가 일반적으로 650~900K에 이른다고 측정하였으며, 특정 위치에서는 지구의 여러 화산보다도 더 뜨거운 2,000K까지 관측되었다. 우주과학자들은 이와 같이 뜨거운 화산은 30억 년 전 지구에 있었던 화산들과

유사하다고 추측하고 있다.

이오의 작용하는 이 상응되는 두 힘은 이오의 내부를 누르고 가열하는 엄청난 기조력 스트레스를 야기시킨다. 과학자들은 조석굴곡에 의해 이오의 내부에서 생성되는 열량은 약 1억 MW로 전세계의 전력소비량의 5배에 이른다고 추산하고 있다. 이오의 내부에서 이 엄청난 열은 엄청난 가스 분출과 함께 용암을 지표면으로 솟아낸다. 대부분의 이오의 내부는 활성용해하거나 녹아 있고, 비교적 얇은 고행성의 지각에 의해 덮여 있을 가

이미지 해석

이오는 너무 작아서 지구에서 일어나고 있는 것과 비슷한 지질 활동은 일어날 수가 없다. 지구의 달치럼 이오는 수십억 년 전에 내부의 열을 우주로 잃어버리고 죽어 있는 상태여야 한다. 반면에 유로파와 유사한는 이오의 에너지원은 외부에 작용하는 목성의 중력이다. 이오는 유로파보다 더 복성 가까이에 공전하고 있으므로 목성의 엄청난 중력장은 유로파보다 이오에서 훨씬 강력하여 약 100m에 이르는 조석 파고를 일으킨다 (5.5절). 동시에 바로 가까운 위성 유로파는 이오의 원형들이 궤도를 교란시켜 공전축의 파우로 실화 흔들리게 한다.

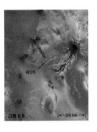
그림 6.6

갈릴레오호가 목성계에 삽입된 그림은 프로메테우스 화산으로 최대 2km/s의 속도로 화산재를 150km 고도까지 분출하고 있는 것을 보여준다.

이오의 화산 활동은 목성의 자기권에 주요 복성의 자기장이 지속적으로 이오를 휩쓸어가서 우주공간으로 분출하는 하전입자들을 끌어속의 하전입자로 만든다. 그 결과 그림 6.8 이오의 궤도를 따라 복성을 완전히 감싸는 도넛 영역인 이오 플라스마 토러스를 만든다. 이는 출입이며 접근하는 우주선에 가장량 방사능 재

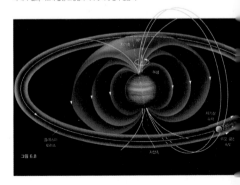
그림 6.7

그림 6.8

96

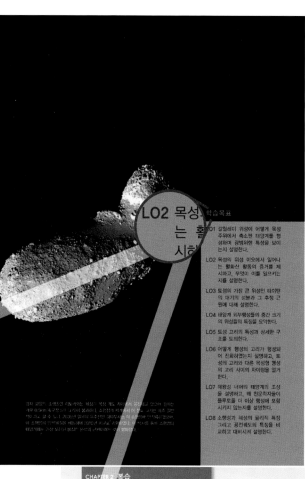

단원 평가

- 각 장은 수업 중이나 과제를 위한 복습과 토의 질문을 포함하고 있다. 'O/X'나 객관식으로 문제가 제시되는데, 복습문제 풀이에 필요한 자료는 그 장 안에서 찾을 수 있다.
- 각각의 학습 목표는 각 장 말미의 평가와 일치하고, 숫자와 'LO' 표시로 구분한다.
- 각 장의 마지막에는 본문에서 제시한 자료와 관련 있는 협동 활동 학습이나 개별 활동 학습을 제공한다. 이 활동은 맨눈이나 망원경을 이용한 관찰에서부터 조사나 집단 토의, 웹상에서의 천문학 조사 활동까지 다양한 활동을 포함하고 있다.

단원 복습 요약

단원 복습 요약은 기초적인 복습 내용으로서 각 장의 시작 부분에 제시된 학습 목표와 관련되어 있다.

각 장에 소개된 핵심 용어는 맥락에 맞게 굵은 글씨로 다시 열거되며, 본문 토의에 있어 중요한 그림과 참고 페이지가 함께 제시된다.

오늘날 학생들을 위한 시각화된 교재

요즘 학생들은 매우 시각적이며 효율적인 것을 좋아한다. 이 책은 막대한 예술 프로그램과 매력적인 잡지 형식의 디자인을 제공하고 있는데, 이는 간결하고 시각적으로 제공하는 정보를 원하는 학생들에게 매력으로 작용할 것이다. 저자들은 목적에 따라 꼭 필요한 내용만을 모아서 권위 있는 책으로 구성하였을 뿐 아니라, 유려한 문장으로 서술하여 비과학 전공자들도 쉽게 접근할 수 있도록 하였다.

최신 내용

지구 기후 변화에서부터 현재 진행 중인 태양계 탐사, 먼 행성의 생명체 탐사까지, 천문학은 종종 뉴스 헤드라인을 장식한다. 저자들은 우주에 대한 최신 정보를 전달하기 위해 가장 최근 천문학적 발견까지 이 책에 담았다.

삽화 프로그램

시각화는 천문학을 가르치거나 배울 때 모두 중요하다. 천문학의 주요 주제에 대하여 시각 중심의 새로운 표현 방식을 사용함에 있어, 각각의 삽화는 학생들의 학습을 강화하기 위해 조심스럽게 그려졌다. 각각의 그림은 중요한 과학적 사실이나 생각에 대한 논의에 매우 근접하게 그려졌다. 또 핵심 시각 자료에 주석을 붙임에 있어, 연구로 입증된 기술을 이용하여 학생들이 복잡한 그림을 이해하고, 가장 관련 깊은 정보에 집중하고, 문자와 시각 정보를 종합할 수 있는 능력을 기를 수 있도록 했다.

복합 기술

사진이든 일러스트레이터의 구상이든 간에 단일 이미지가 복잡한 대상의 모든 면을 담아내는 경우는 거의 없다. 가능성과는 별개로 많은 양의 정보를 제공하기 위해, 항상 여러 장의 그림이 가장 생생한 방식으로 제시되었다.

- 브레이크아웃(breakouts)은 종종 복합적으로 제시되는데, 넓은 범위의 그림에서부터 시작하여 가까운 곳까지 줌인을 사용하는 방법이다. 상세한 이미지를 넓은 맥락에서 이해할 수 있도록 해준다.
- 단계적 표현이나 연대표는 과정이나 사건을 요약한다.
- 설명선을 이용한 그림을 덧붙이거나 천문학 사진을 나란히 둠으로써, 학생들이 사진이 나타내고자 하는 의도를 쉽게 이해할 수 있도록 하였다.

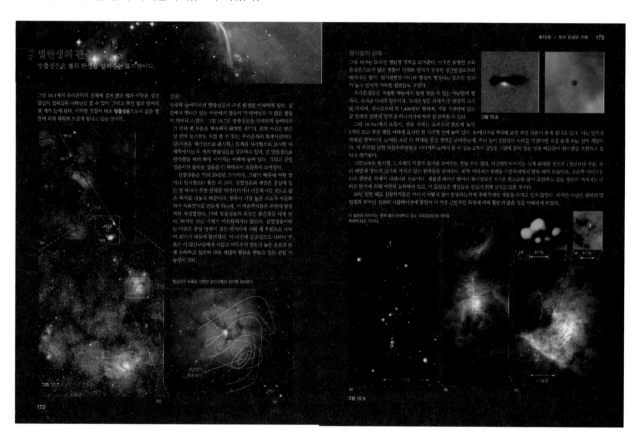

스냅 상자

이 책의 모듈 구조와 함께 스냅 상자는 일부분이 아닌 각 섹션의 주요 서술과 관련된 주제를 요약하고 있다. 이러한 여담들은 특정 발견으로 확장할 수도 있고, 과학을 하는 과정을 모델로 보여줄 수도 있으며, 과학사의 한 일화를 서술할 수도 있으며, 현재 관심사가 되고 있는 주제에 대한 보충 자료를 제공할 수도 있다.

H-R도

책에서 제공하는 모든 H-R 도표는 실제 데이터를 사용하여 균일한 형식으로 제작되었다.

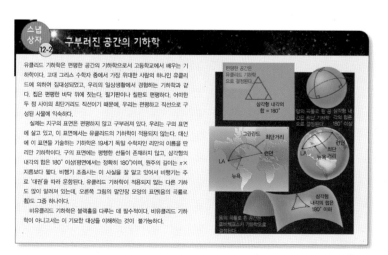

에릭 체이슨

체이슨 박사는 하버드대학교에서 천체물리학으로 박사 학위를 취득하였으며, 문리 대학부 교수로 10년간 근무하였다. 20년 이상, 우주망원경과학연구소에서 선임연구원으로 재직하였고 존홉킨스대학교와 터프츠대학교에서 교수로 지냈다. 현재 그는 하버드로 돌아와 하버드-스미소니언 천체물리센터에서 연구를 하며 학생들을 가르치고 있다.

스티브 맥밀런

맥밀런 박사는 케임브리지대학교에서 수학으로 학·석사 학위를 취득하였고, 하버드대학교에서 천문학으로 박사 학위를 받았다. 그는 일리노이대학교와 노스웨스턴대학교에서 박사후 연구원으로서 이론천체물리학, 성운, 고성능 컴퓨팅에 대해 연구를 지속하였다. 스티브는 현재 드렉셀대학교의 저명한 물리학 교수이며, 프린스턴의 고등학술연구소와 레이던대학교의 객원 연구원이다. 그는 100편이 넘는 기사와 과학 논문을 전문 학술지에 게재하였다.

요약 차례

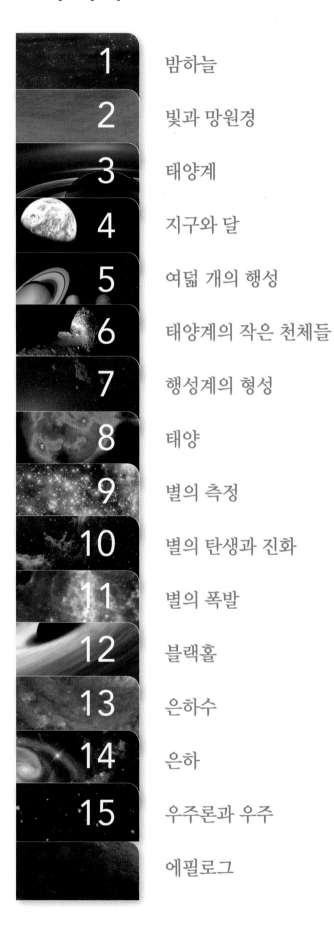

차례

천문학

한눈에 보는 우주

ASTRONOMY

1

밤하늘

청명하고 어두운 밤하늘에 별이 총총한 장관보다 더 아름다운 자연경관은 없다.

조용한 밤하늘은 고대부터 내려오는 신화와 전설에 관련된 별자리들로 아름답게 장식된 채, 여러 시대를 걸쳐 오는 동안 많은 감탄과 호기심을 자아내 주었다. 그 호기심은 우리의 상상력을 지구 주변에서 멀리 떨어진 곳으로 향하게 해서, 우주의 현재 움직임과 아주 먼 시공간 자체에 대한 것에까지 펼쳐지게 하였다.

천문학은 그런 호기심에 대한 반응으로 출현하였는데, 인간의 가장 기본적인 성질인 탐구 욕구와 이해 욕구를 토대로 발전하였다. 호기심, 과학적 발견 그리고 분석하는 작업은 탐험과 이해를 위해 중요한 요소인데, 이들의 상호 작용을 통해 인간은 아주 오래전부터 우주를 향한 질문의 해답을 찾아왔다.

별들은 우주를 구성하고 있는 가장 기본적이고 가시적인 구성 성분이다. 청명하고 어두운 밤에 머리 위를 올려다보면, 별이 띠 모양을 하고 셀 수 없이 모여 있는 것을 볼 수 있는데 이런 띠를 은하수라 한다. 이런 별들이 우리은하를 구성하고 있고, 우리 태양은 우리은하의 한 구성원에 불과하다. 이 사진은 칠레 안데스 산맥 꼭대기에 위치한 라 실라 천문대에 있는 망원경 위에서 은하수가 화려하게 빛나고 있는 모습이다.

학습목표

LO1 우주의 기본 구조 단계를 크기가 커지는 순서대로 배열해 본다.

LO2 천구를 설명해 보고 천문학자들이 별자리와 각거리 측정을 통해 밤하늘의 천체의 위치를 어떻게 지정하는지 설명한다.

LO3 태양과 별들의 겉보기 운동이 지구의 실제 운동에 기인한다는 것을 인정하고 지구의 자전축 기울기가 어떻게 계절 변화를 야기하는지 설명한다.

LO4 달의 모양이 변하는 것을 설명한다.

LO5 지구, 태양 그리고 달의 상대적 운동을 통해 식이 어떻게 일어나는지 설명한다.

LO6 과학적 이론, 가정 그리고 관측을 구별해 보고, 또 어떻게 과학자들이 관측, 이론, 검증을 조합하여 우주를 이해하는지 서술해 본다.

전체적 개관

지금까지 얻은 모든 과학적 통찰 중에서 두드러지게 부각되는 한 가지가 있다. 지구는 우주의 중심에 있지도 않으며 절대 특별하지도 않다는 것이다.

우리는 평범한 암석행성처럼 보이는 지구라는 행성에 살고 있는데, 지구는 태양이라 부르는 평범한 별의 행성계를 구성하고 있는 8개 행성 중의 하나이다. 태양은 우리은하라 불리는 거대한 별의 집단의 가장자리에 놓여 있는 하나의 별이며, 우리은하는 관측 가능한 우주 전체에 퍼져 있는 수십억 개의 은하 중 하나에 불과하다.

크기와 축척 단위

그림 1.1에 보이는 5개 천체는 엄청나게 큰 축척단위를 포함하고 있는데, 한 천체에서 다음 천체까지는 100배에서 수천만 배로 점프하기도 한다. 또 처음부터 마지막까지는 전체적으로 경 배(10,00,000,000,000,000)라는 놀라운 점프를 보인다. 특히 그림 1.1(c)와 (d) 사이에 엄청난 점프가 일어난다는 것에 유의해 보자. 우주는 이해할 수 없을 정도로 거대한 공간이다.

천(1,000), 100만(1,000,000), 10억(1,000,000,000), 조(1,000,000,000,000)와 같은 숫자들이 일상어로 자주 등장하게 된다. 1,000이란 숫자는 쉽게 이해될 수 있다. 1초에 한 숫자를 읽는 속도로 여러분은 100초, 즉 약 16분이면 천까지 셀 수 있다. 그러나 100만까지 세려면, 이 속도로 숫자를 셀 때, 하루 8시간 자고 16시간씩 숫자를 센다고 할 때 2주일 이상이 걸리게 될 것이다. 이와 같은 속도로 1에서 10억까지 세려면 50년 가까이 걸리게 될 텐데, 이는 인간 삶의 대부분을 소모하게 되는 것이다.

이제 그림 1.1(d)에서 은하를 살펴보자. 이 은하는 1,000억 개의 별이 모여 있는 집단인데, 이 숫자는 지구상에 살았던 전체 인류의 숫자보다 더 큰 숫자이다. 은하 전체는 직경 10만 광년이라는 엄청나게 큰 공간에 퍼져 있다. 광년이란 단위가 시간 단위처럼 들리시만, 1광년은 실제 빛이 초속 30만 km로 1년 동안 여행한 거리로서, 300,000km/s×86,400s/day×365 day=10조 km정도 된다. 전형적인 은하들은 실제 크기가 '천문학적'이다. 비교해 보자면 직경 13,000km인 지구는 1광초의 1/20보다 작다. 1광년은 천문학자들이 거대한 거리를 서술하기 위해 도입한 거리 단위이다. 앞으로 더 공부를 하면서 천문학에서 일상적으로 다루는 그런 단위들을 접하게 될 것이다(부록 2 참조).

이 책에서 우리는 퍼져 있는 우주공간에서 거리를 수십억 킬로미터가 아니라 수십억 광년을 사용한다. 수조 개의 원자로 구성된 천체가 아니라 수조 개의 별로 구성된 천체를 다루고 또한 수십억 초 또는 수십억 시간 단위를 사용하는 것이 아니라 수십억 년의 단위를 사용한다. 여러분은 그런 엄청난 숫자들과 익숙해지고 그런 숫자를 다루는 데 편해질 필요가 있다. 그런 시작을 위해 좋은 방법은 100만이 1,000보다 얼마나 크고 또 10억이 1,000보다 얼마나 큰가를 인식하는 것을 배우는 것이다.

(c) ×10,000
우리 행성계인 태양계는 150억 km에 퍼져 있다.

(b) ×100
태양은 보통의 별 중 하나인데, 직경이 140만 km이다.

(a) ×1
지구는 암석행성으로 직경이 약 13,000km이다.

그림 1.1

(e) ×100
이 은하단의 직경은 약 천만 광년이다.

(d) ×100,000,000
우리은하는 이 은하와 크기와 형태가 비슷한데,
직경은 10만 광년, 즉 100만 조 km이다.

천문학과 우주

간단히 말해서 **우주**는 모든 공간, 시간, 물질과 에너지의 총체이다. 천문학은 우주를 연구하는 학문이다. **천문학**은 우리에게 우주관에 대해 완전히 다시 생각해 보길 요구하고 또 우리가 일상의 경험과는 아주 익숙하지 않는 축척의 문제를 다루길 요구하기 때문에 다른 학문과는 다른 학문이다.

우리는 우리의 과학적 상상력으로 시공간의 아주 먼 영역까지도 연결되어 있지만, 또한 공동 우주 유산을 통해서도 연결되어 있다. 우리 신체를 구성하고 있는 대부분의 화학 원소들은 오래전에 사라진 별들의 뜨거운 중심에서 수십억 년 전에 생성되었다. 그들의 연료가 소진되고, 이들 거성이 거대한 폭발을 통해 죽어가면서 그들 별 중심 깊숙한 곳에서 생성된 원소들을 널리 흩어지게 만들었다. 결국 이 물질은 기체구름으로 모아지고, 이 구름

이 중력으로 뭉쳐져서 새로운 세대의 별을 형성하게 된다. 이런 방법으로 태양과 태양계가 약 50억 년 전에 형성되었다.

지구에 있는 모든 것들은 우주의 다른 곳에서 온 원자들을 포함하고 있으며, 이 원자들은 인간이 출현한 시점보다 아주 더 먼곳에서 형성된 원자들을 포함하고 있다. 어느 곳에선가 다른 생명체, 아마 우리 인간보다 더 지적인 존재가 지금 바로 이 순간에 그들 자신의 밤하늘을 호기심을 가지고 바라보고 있을 수도 있다. 우리태양은 아마 그들에게는, 그들이 우리를 볼 수 있다면, 대수롭지 않은 한 점의 빛에 불과할 수도 있다. 그런 지적 생명체가 존재한다 해도, 그들은 우리의 우주의 근원을 공유하고 있음이 분명하고, 그래서 아마 우리가 살고 있는 우주에 대한 우리의 호기심 또한 그들도 분명 지니고 있을 것이다.

'분명한' 우주관

수천 년 동안 천체관측자들이 하늘에서의 별들의 패턴이 존재함을 알아냈고, 그 패턴을 하늘에서 방향을 찾는 데 사용하였다.

오늘날 밤하늘의 전체적인 모습은 수백 년 전이나 수천 년 전에 우리 선조들이 보았던 밤하늘의 모습과 그렇게 다르지 않다. 그러나 우리가 보고 있는 것에 대한 해석은 천문학이 발전되고 성장되면서 변화되었다.

별자리

청명한 날 밤 해가 지고 나서 해가 뜰 때까지 우리는 약 3,000개의 점으로 보이는 빛을 볼 수 있다. 지구 반대 방향에서 보는 것까지 합하면 육안으로 약 6,000개의 별이 보인다. 보통 인간은 자연적으로 그들 천체들이 실제 아무런 연관이 없다 하더라도 그들 사이의 관계나 그들이 이루고 있는 패턴을 보려 하는 경향이 있다. 그래서 사람들은 오래전에 가장 밝은 별들을 **별자리**라고 부르는 패턴과 연관시켰는데, 고대 천문학자들은 신화적인 존재, 영웅 또는 동물의 이름을 따서 그 별자리의 이름을 지었다.

그림 1.2는 10월부터 3월에 이르기까지 밤하늘에서 가장 두드러지게 보이는 별자리인 오리온자리를 보여주는데, 오리온은 그리스 신화에서 다른 어떤 것보다도 거인 아틀라스의 일곱 딸인 플레아데스에 대한 호색적인 열정으로 유명하다. 그리스 신화에 의하면, 오리온으로부터 플레아데스를 보호하기 위해 신들이 플레아데스를 별에 숨겨 놓았는데, 밤마다 오리온이 아직도 하늘에서 그들에게 몰래 접근하고 있다. 다른 많은 별자리도 마찬가지로 옛날 전설과 깊은 연관이 있다.

오리온자리의 경우에 대해 그림 1.3에 제시된 바와 같이 어떤 특정한 별자리를 구성하고 있는 별들은 실제 우주공간에서 서로 깊은 연관성은 없는데, 천문학적 기준으로 봐도 그렇다. 그 별들은 단지 육안으로 관측하기에 충분히 밝고 우연히 지구에서 볼

오리온별자리의 실제 관측 사진

정확하게 같은 척도의 그림으로 나타낸 해석

(a)　　　　　　　　　　　　　　　(b)

그림 1.2

지구에서 바라볼 때 우리는 뚜렷하게 보이는 7개 별의 투영된 모습을 본다.

오리온자리는 점성술가들에게는 잘 알려져 있지만, 사실 별들은 3차원 공간에서 서로 가까이 위치해 있지 않다.

1,000광년

그림 1.3

때 같은 방향에 놓여 있을 뿐이다. 행성인 지구의 어떤 지역들을 나누기 위해 지질학자들이 대륙을 이용하거나, 또는 정치인들이 선거구를 획정하는 것과 마찬가지로 아직도 별자리는 천문학자들이 하늘의 큰 영역을 표시할 때 편리한 수단을 제공해 주고 있다. 전제적으로 88개의 별자리가 있는데, 이들 중 대부분은 북아메리카에서 연중 어느 때나 관측 가능하다.

천구

밤에 시간이 지나면서 별자리들은 동쪽에서 서쪽으로 서서히 이

동하지만, 별들의 상대적인 위치는 이런 밤하늘의 행진이 진행되는 동안 변하지 않는다. 이런 사실은 고대의 점성술가들에게 별들은 분명 지구 주위를 돌고 있는 천구상에 붙어서 움직이고 있는 것이 확실하다고 결론짓게 하였다. **천구**는 하늘의 천장에 그려진 천문학적인 그림과 비슷한 별들의 지붕이다. 그림 1.4는 초기 천문학자들이 천구가 고정되어 움직이지 않는 지구 주위를 돌 때 어떻게 별들이 이 천구와 함께 움직이는지를 묘사했는지를 보여준다. 삽화는 어떻게 모든 별이 북극성에 가까이 놓여 있는 점들 주위로 원을 그리며 움직이는 것처럼 보이는지를 나타낸다. 고대인들에게 이 점은 그 점 주위로 천구 전체가 회전하는 바로 그 점이었다.

오늘날 우리는 별들의 겉보기 운동은 천구의 회전이 아니라 지구 **자전**의 결과라는 것을 알고 있다. 북극성은 지구의 자전축이 향하고 있는 방향을 나타내 준다. 우리는 현재 천구가 하늘에 대한 맞지 않는 묘사라는 것을 알고 있지만, 아직도 하늘에서 별들의 위치를 가시적으로 보여주는 것을 돕기 위해 이 아이디어를 편리한 허구로 사용하고 있다. 지구의 자전축이 천구를 만나는 점을 **천구의 북극과 남극**이라 부른다. 천구의 북극과 남극 사이를 절반으로 나눈 면을 **천구의 적도**라 부르는데, 이면은 지구의 적도면을 천구로 확장시켰을 때 교차하는 면을 나타내 준다.

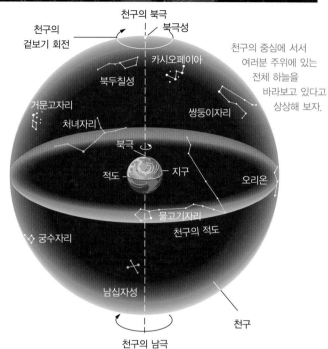

그림 1.4

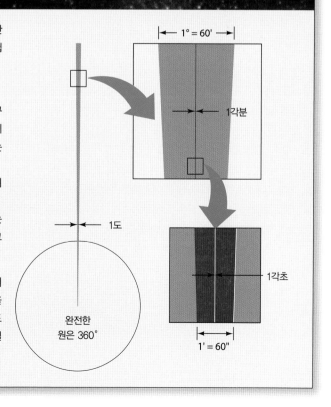

각거리 측정

거리 측정 개념은 우리 모두에게 아주 쉽게 이해 가능하다. 각거리 측정은 약간 덜 익숙할 수도 있지만, 이 개념 역시 몇 가지 간단한 사실만 기억하면 아주 쉽게 이해된다.

- 완전한 원은 360도(360°)이다.
- 1도는 60각분(60′)으로 나누어질 수 있다('각'이란 개념은 시간의 분과 구별하기 위해 사용됨). 태양과 달은 하늘에서 거의 30각분(0.5°)의 크기이다. 팔을 길게 뻗었을 때 새끼손가락은 1도 정도의 각크기를 지니고 있는데, 이는 반원을 180으로 나눈 조각의 크기이다.
- 1각분은 60각초(60″)로 나누어진다. 1각초는 각크기 단위의 아주 작은 단위인데, 1cm 크기의 물체를 2km 떨어진 곳에 놓았을 때의 각크기이다.

각크기를 측정하는 데 사용되는 단위에 혼란스러워하지 말자. 각분과 각초는 시간을 측정하는 것과는 상관없다. 도, 각분, 각초는 하늘에서 천체의 위치와 크기를 측정하는 데 사용되는 간단하고 편리한 방법이다.

천체의 각크기는 실제 크기와 지구로부터 떨어진 거리에 따라 달라진다. 예를 들어, 지구로부터 현재 떨어진 거리에 있는 달은 0.5° 또는 30′의 각직경을 지니고 있다. 만일 달이 2배 정도 더 멀어진다면, 실제 크기가 똑같다 하더라도 그 각크기는 절반인 15′ 정도 될 것이다. 그래서 각크기 자체로는 한 천체의 실제 각크기를 결정하기에 충분하지 않다. 천체까지의 거리가 알려져야 한다.

지구의 궤도운동

역사를 통틀어 볼 때 어느 문화에서나 인간은 태양을 기준으로 시간을 측정했다.

정오에서 다음 정오까지의 시간인 24시간 태양일은 태양시간의 기본 단위이다. 바로 전에 살펴본 바와 같이 이는 지구자전의 결과이다.

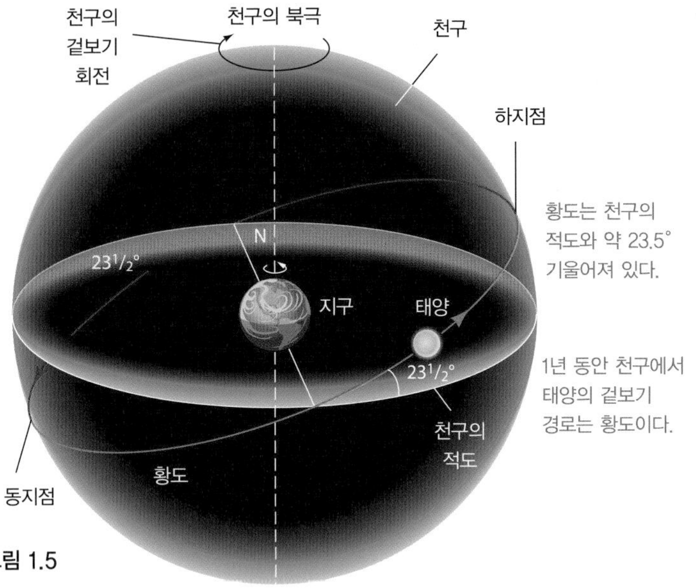

매일매일의 변화

하늘에서 별들의 위치는 어느 날 밤에서 다음날 밤까지 정확하게 반복되지는 않는다. 매일 밤 천구에서 보이는 영역은 이전 날 밤과 비교해 볼 때 약간 이동한 것처럼 보인다. 이런 이동 때문에 하루는 별을 기준으로 측정되어 **항성일**(sidereal day)이라 부른다. 영어의 'sidereal'은 라틴어의 *sidus*에서 유래되었는데 이 단어의 뜻은 별이다. 항성일은 태양을 기준으로 정오에서 정오까지의 시간인 **태양일**과는 값이 차이가 난다. 하늘에서 겉보기 운동에는 간단한 자전 이외에 또 다른 요소가 있다.

초기 천문학자들에게 이런 관측은 밤과 낮을 정의해 주는 태양이 천구에 상대적으로 움직이고 있다는 것이었는데, 이 상황을 그림 1.5에 그림으로 설명하였다. 이 그림에서 우리가 밤하늘에 보이는 것들이 달라지는 것은 간단히 태양의 운동을 반영해 준다.

그림 1.5

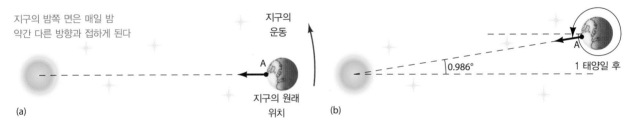

그림 1.6

밤하늘의 변화에 대한 현대적 설명이 그림 1.6에 제시되었다. 지구는 두 가지 방법으로 동시에 운동을 하고 있다. 즉, 자전축을 중심으로 자전함과 동시에 태양 주위를 **공전**하고 있는 것이다. 지구가 자전축을 한 바퀴 돌 때마다 지구는 태양 주위의 궤도를 따라 약간의 거리를 움직인다. 그래서 지구는 태양이 하늘에서 같은 겉보기 위치(A지점에서 머리 위)에 돌아올 때까지 360°보다 약간 더 자전을 해야 한다. 그래서 지구의 자전주기(1항성일)는 어느 날 정오에서 다음날 정오까지의 시간보다 약간 짧은데, 약 4분 차이가 난다.

그림 1.6에서 보이는 방향의 변화는 매일 1° 정도밖에 되지 않는데, 이는 너무 작아서 맨눈으로는 쉽게 인식되지 않지만 매우 긴 시간에 걸쳐 보면 아주 분명해진다. 그림 1.7에 제시된 바와 같이 6개월 뒤에 지구는 그 공전궤도의 반대면에 도달하게 되고 또 어두운 (밤) 반구는 완전히 다른 별들을 바라보게 된다.

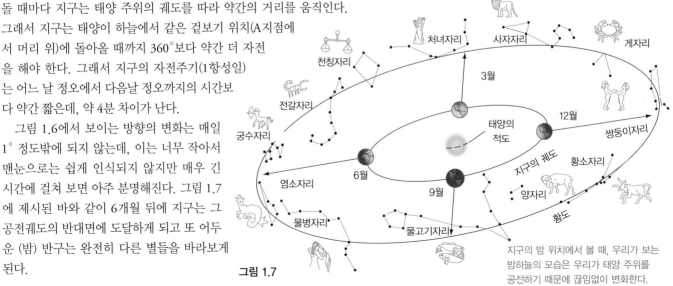

그림 1.7

계절

지구의 궤도운동 때문에 태양은 1년이 지나는 동안 배경에 있는 별들과 비교해 볼 때 이동하는 것처럼 보이는데, 천구상에서 태양이 지나가는 궤적을 **황도**라 부른다. 태양이 황도를 따라 움직이면서 지나가는 12개의 별자리는 고대시대의 점성술가들에게는 아주 특별한 의미를 지녔다. 12개의 별자리를 통틀어서 **황도대**라 부른다. 그림 1.5에 그림으로 설명된 바와 같이 황도는 천구상에서 대원을 형성하고 천구의 적도와 23.5° 기울어져 있다. 실제로는 그림 1.7에 설명된 것처럼 황도의 평면은 태양 주위를 돌고 있는 지구 궤도가 이루는 평면이다. 이런 기울기는 지구의 자전축이 궤도 평면과 기울어져 있기 때문에 생긴 결과이다.

그림 1.8에서 볼 수 있는 것처럼, 지구의 북극이 태양과 가장 가까이 놓이는 지구 궤도상의 지점(또는 이와 동등하게 태양이 그림 1.5에서 천구적도 위에서 가장 북쪽으로 놓인 지점에 있을 때)을 **하지점**이라 부른다. 하지점은 6월 21일경에 일어나고 이때 북반구에서 1년 중 낮의 길이가 가장 길고 남반구에서는 낮의 길이가 가장 짧다. 6개월 후에는 그림 1.8에서 보는 것처럼 북극이 태양에서 가장 먼 곳을 향하게 된다. 또는 태양은 그림 1.5에서처럼 천구의 적도 아래에서 가장 남쪽에 향하게 되고, 그래서 우리는 12월 21일에 **동지점**에 도달하게 된다.

지구 자전축이 황도에 대해 기울어졌다는 사실은 우리가 경험하는 **계절**을 야기시키는데, 뜨거운 여름 계절과 추운 겨울 계절 사이에서 온도의 차이를 보이게 된다. 우선 여름에는 겨울보다 햇빛이 더 오랫동안 비춘다. 두 번째로 태양이 여름에 높이 떠 있을 때, 지구 표면을 비추는 햇빛의 광선들은 겨울보다 초점이 더 잘 맞추어져서 더 좁은 면적을 비추게 된다. 결과적으로 태양은 더 뜨겁게 느껴진다. 그래서 태양이 수평선 위에 높게 떠 있

그림 1.8

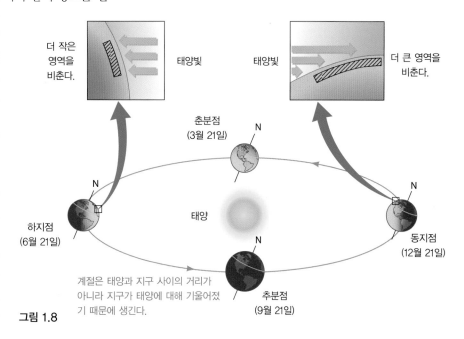

계절은 태양과 지구 사이의 거리가 아니라 지구가 태양에 대해 기울어졌기 때문에 생긴다.

고 또 낮의 길이가 긴 여름에는 일반적으로 태양이 낮게 떠 있고 낮의 길이가 짧은 겨울보다 훨씬 더 덥다. 지구와 태양과의 거리는 연중 거의 일정하기 때문에, 계절은 그 거리와는 상관이 없다는 것에 유의하자.

지구의 자전축이 지구와 태양을 연결하는 선과 수직인 두 지점(그림 1.8) 또는 황도가 천구의 적도를 지나가는 두 점(그림 1.5)을 **분점**이라 부른다. 이날에는 낮과 밤의 길이가 똑같다. **추분점**은 9월 21일에 일어나고 **춘분점**은 3월 21일에 일어난다. 한 분점에서 다음 분점까지의 시간 간격은 1 **회귀년**이라고 하는데 365.2422일이다.

장주기 변화

지구는 많은 운동을 하고 있다. 자전축을 중심으로 자전하고, 태양 주위를 공전하며 또 지구는 태양과 함께 우리은하를 통과하여 운동하고 있다. 거기에 덧붙여 자전축을 중심으로 빨리 자전하면서 그 자전축은 다시 수직선에 대해 마치 팽이처럼 세차운동을 하는데, 따라서 지구 축은 시간이 지날수록 그 방향이 천천히 바뀐다. 그림 1.9에 제시한 바와 같이 이 변화를 **세차**라고 부른다. 세차운동은 달과 태양의 중력 이끌림에 기인한 지구의 비틀림에 의해 야기되는데, 이 중력 이끌림은 지구 자체 중력에 기인한 비틀림 힘이 꼭대기 부분에 영향을 미치는 것과 아주 똑같은 방법으로 지구에 영향을 미치게 된다. 세차운동으로, 완전히 한 바퀴 도는 동안(주기는 26,000년) 지구의 축은 원뿔을 그리게 된다.

지구가 태양 주위를 완전히 한 번 공전하는 데 필요한 시간은 1 **항성년**이라고 하는 데, 세차 때문에 1 항성년은 1 회귀년보다 약 20분 더 길다. 춘분점은 세차순환운동이 진행되면서 황도대 주위를 천천히 이동하게 된다.

지구는 팽이처럼 세차운동을 하는데, 세차운동은 아주 천천히 일어난다.

그림 1.9

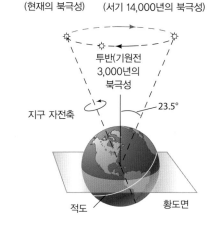

태양의 운동

달이 지구 주위를 궤도운동하는 동안 우리는 달의 위상을 보게 되는데 태양빛이 비치는
부분이 변화하게 된다.

달은 우주공간에서 우리와 가장 가까운 이웃이다. 태양을 제외
하면 달은 밤하늘에서 지금까지는 가장 밝은 천체이다. 태양과
같이 달은 배경에 있는 별들을 상대로 움직이고 있는 것처럼 보
인다. 그러나 태양과는 달리 달의 관측된 운동에 대한 설명은 아
주 확실하다. 달은 실제 지구 주위를 공전한다.

달의 위상

달의 겉보기 모습은 아주 규칙적으로 반복하는 변화, **위상**을 거
치는데, 완전히 반복되는 데 29일보다 약간 더 걸리는 규칙적인
변화를 보인다(영어의 'month'는 'moon'에서 유래). 그림 1.10은
이런 월간 순환에서 각각 다른 시각에서 달의 겉보기 모습을 보
여주고 있다. 하늘에서 거의 보이지 않는 신월에서 시작하여 달
은 매일 조금씩 더 부풀어지는 것처럼 보이면서, 점점 커지는 초

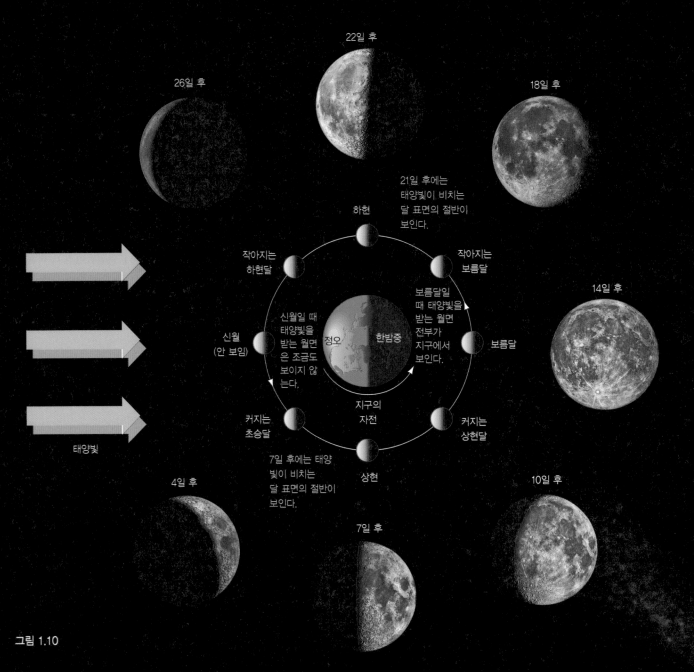

22일 후

26일 후

18일 후

21일 후에는
태양빛이 비치는
달 표면의 절반이
보인다.

하현

작아지는
하현달

작아지는
보름달

14일 후

보름달일
때 태양빛을
받는 월면
전부가
지구에서
보인다.

신월일 때
태양빛을
받는 월면
은 조금도
보이지 않
는다.

정오

한밤중

신월
(안 보임)

보름달

지구의
자전

커지는
초승달

커지는
상현달

태양빛

7일 후에는 태양
빛이 비치는
달 표면의 절반이
보인다.

상현

4일 후

7일 후

10일 후

그림 1.10

승달로 보인다. 신월에서 1주일이 지나면, 달이 완전히 비추어졌을 때 보게 되는 원반의 절반이 보인다. 이 위상을 상현달이라 부른다.

그다음 1주일 동안, 달은 점점 더 차 오르면서, **신월**이 된 2주 후에 보름달이 보일 때까지 점점 차오르는 위상(달 원반의 절반 이상이 보이는)을 통과해 가게 된다. **보름달**이 보이고 난 후 2주일 동안은 달은 작아지게 되는데, 이제 기우는 달을 거쳐서 하현을 지난 후에 그믐달의 위상을 거쳐 결국 신월이 되어 버린다. 하늘에서 달의 위치는 지구에서 바라볼 때 그 위상에 따라 달라진다. 예를 들어, 보름달은 태양이 서쪽에서 지고 있을 때 동쪽에서 떠오르는 반면, **상현달**은 실제 정오에 떠올라서 태양빛이 시들해지는 늦은 오후에 보이게 되는데, 이때는 이미 달이 하늘 높이 떠 있게 된다.

달은 물론 매일 밤 그 크기나 모양이 실제로 변하는 것은 아니다. 달의 전체 원반은 어느 때나 변하지 않고 크기가 일정하다. 그렇다면 왜 우리는 달의 위상을 보게 되는 걸까? 그 해답은 태양과 다른 별들과는 달리 달은 그 자체로 빛을 발하지 못한다는 것이다. 그림 1.10에서 보는 바와 같이, 달 표면의 절반이 어느 순간에 태양빛을 받는다. 그러나 지구와 태양에 대해 달의 위치가 변하기 때문에 달에 태양빛이 쬐는 모든 면이 우리에게 보이는 것은 아니다. 달이 보름달이 되었을 때, 우리는 태양과 달이 하늘에서 지구와 반대 방향에 놓여 있기 때문에 태양빛을 받는 모든 면을 보게 된다. 신월의 경우 달과 태양은 하늘에서 거의 같은 방향에 놓여 있게 되어 달이 태양빛을 받는 면은 지구와 반대 방향을 향하게 된다. 신월일 때 태양은 우리가 볼 때 달의 바로 뒤쪽에 놓여 있게 된다.

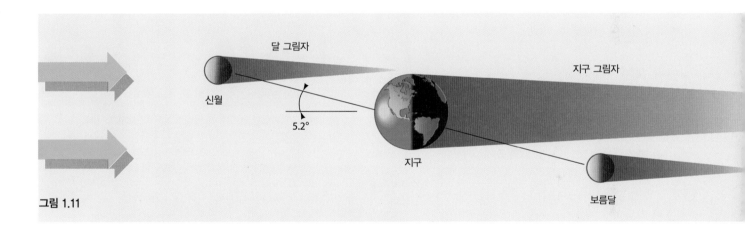

그림 1.11

보름달 위상일 때 태양빛은 지구에 의해 차단되지 않는데, 왜냐하면 그림 1.11에서 보는 바와 같이 달의 궤도가 황도면과 약간(5.2°) 기울어져 있어서 세 천체와 완전한 일직선상에 놓이지 않기 때문이다(이 그림에서 지구와 달의 크기는 아주 과장되게 표시됨). 신월의 경우 달과 태양은 하늘에서 거의 같은 영역에 놓이게 되어 달에 태양빛이 쬐는 면은 우리와 반대 방향에 놓이게 된다. 신월일 때 태양은 우리 입장에서 볼 때 달 바로 뒤에 놓여 있게 된다.

삭망월과 항성월

달이 지구 주위를 공전할 때 하늘에서 달의 위치는 별들에 상대적으로 변화한다. 1 항성월(27.3일)에 달은 한 번의 공전을 다 마치고 천구상에서 그 시작했던 점으로 되돌아온다. 달이 자기의 위상을 완전히 한 번 반복하는 데 걸리는 시간을 **삭망월**이라 하는데, 1 삭망월은 29.5일로 항성일보다 약간 길다. 삭망월은 1 태양일이 1 항성일보다 더 긴 것과 같은 이유로 1 항성월보다 길다. 태양 주위를 도는 지구 공전 때문에 달은 자기 궤도에서 같은 위상으로 돌아오기 위해 한 바퀴 조금 더 돌아야 한다(그림 1.12).

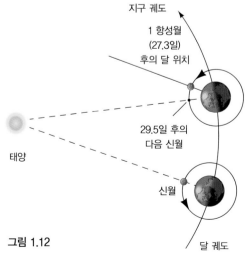

그림 1.12

식

태양, 지구 그리고 달이 정확하게
일직선상에 놓일 때 우리는 식이라고
하는 놀라운 현상을 보게 된다.

희미하게 보이는 태양의
코로나는 달이 코로나
이외의 태양빛을
차단할 때만 볼 수 있다.

지구 주위를 도는 달의 궤도는 태양 주위를 도는 지구 궤도면에 가까이 놓여 있다. 결과적으로 신월이나 보름인 어떤 경우에 지구 또는 달이 일시적으로 상대를 가리는 현상이 일어날 수 있다.

일식과 월식

달과 태양이 지구에서 볼 때 정확하게 같은 방향에 놓여 있을 때, 달은 태양 바로 앞을 지나가면서, **일식** 현상을 통해 낮을 밤으로 간단하게 바꾸어 버린다(그림 1.13). **개기일식** 때는 태양, 달 그리고 지구가 정확하게 일직선이 되어서, 태양빛이 차단되는 낮에 행성들과 몇몇 별들이 보이게 된다. 태양과 달은 지구에서 볼 때 거의 같은 각크기를 지니고 있다는 것은 순전히 우연이다. 태양은 달보다 훨씬 크지만 태양은 훨씬 더 멀리 떨어져 있다(스냅 상자 1-1 참조). 개기일식이 일어나는 동안 우리는 유령 같은 태양의 외부 대기인 코로나를 볼 수 있는데, 코로나는 코로나 이외의 태양 영역이 가려졌을 때 일시적으로 보이는 현상으로 희미하게 빛나고 있는 것을 볼 수 있다. **부분일식** 때는 달이 중심에서 약간 벗어나 위치하게 되어 태양의 일부만이 가려진다.

태양과 달이 지구에서 볼 때 정확하게 반대 방향에 놓여 있을 때 지구의 그림자가 달을 스쳐 지나가게 되고, 잠시 태양의 빛을 차단하여 달을 어둡게 만드는 **월식** 현상이 일어나는데, 그림 1.14에 도식적으로 설명했다. 지구에서 볼 때 우리는 지구의 곡면 형태의 가장자리가 보름달의 밝은 면을 깎아 들어가는 것을 보게 되는데, 천천히 원형의 달 원반을 가로지르며 천천히 '달을 먹어간다.'

보통은 태양, 지구 그리고 달의 정렬이 완전히 일

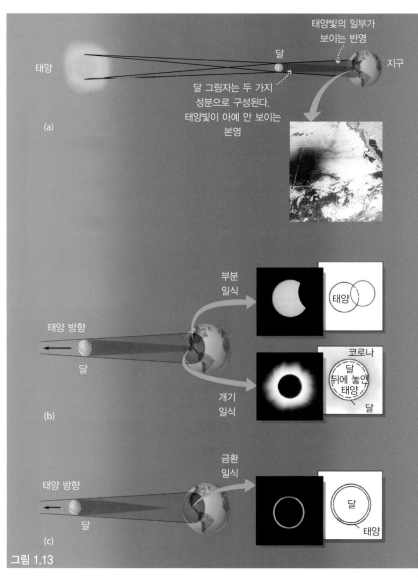

그림 1.13

치하지 않아 그림자는 달을 완전히 덮을 수 없다. 그런 경우를 부분식이라고 한다. 그러나 때때로 개기식이 일어나면서 달 전체 표면이 가리워진다(그림 1.14 삽입 사진 참조). 개기월식은 달이 지구의 그림자를 통과하는 데 필요한 시간 동안만 지속되는데, 100분을 초과하지 않는다. 달이 짙은 붉은색이 되는 현상은 태양빛의 일부가 지구 대기에 굴절되어서 달 표면에 도달하기 때문에 생기는 현상인데, 그래서 지구 그림자가 달을 완전히 검게 만들지 못한다.

식 기하

월식은 지구가 밤인 모든 곳에서 관측될 수 있지만, 일식은 지구가 낮인 아주 좁은 영역에서만 관측된다. 지구 표면에서 달의 그림자는 약 7,000km의 너비를 지니는데, 이는 달 직경의 거의 2배가 된다. 이 그림자 밖에서는 식이 일어나지 않는다. 그러나 그림자의 중심 영역, 즉 본영 내에서만 개기식이 일어난다. **본영**은 광원으로부터 오는 모든 빛이 차단되는 곳에서의 그림자 영역을 말하는데 여기서는 달의 그림자 영역이 태양빛을 완전히 차단하는 그림자 영역이다. 본영 바깥에 있는 그림자를 **반영**이라고 하는데, 반영에서는 태양빛이 모두 차단되지 않아서 부분식이 일어난다.

본영, 반영 그리고 지구, 태양과 달의 상대적인 위치 사이의 연관성이 그림 1.15에 제시되었다. 본영은 항상 아주 작다. 가장 최적의 환경일지라도 본영의 직경은 270km를 넘지 않는다. 달의 그림자는 시속 1,700km보다 빠른 속도로 지구 표면을 지나기 때문에, 어느 주어진 곳에서의 개기일식은 7.5분을 절대 초과하지 않는다.

달이 지구 주위를 도는 공전궤도는 완전히 원이 아니다. 그 결과로, 달은 태양의 중심과 일치했을 때일지라도, 식이 일어나는 순간 지구로부터 너무 멀리 떨어져 있어서 태양을 완전히 덮지

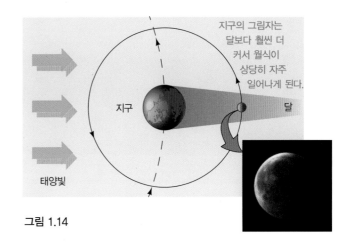

그림 1.14

못하는 경우도 생길 수 있다. 그 경우 본영은 전혀 지구에 도달하지 못하고, 얇은 태양빛의 고리가 달의 주변에 보일 수 있다. 그런 현상을 **금환일식**(annular eclipse, 'annulus'에 고리라는 의미가 있음)이라 부르는데, 그림 1.13의 제일 아래 그림에서 볼 수 있다. 모든 일식의 거의 절반 정도가 금환일식이다.

달의 공전궤도가 약간 기울어져 있어서(그림 1.11), 우리는 보름마다 월식을 보지 못한다. 달은 보통 보름달이 될 때 황도면 위 또는 아래에 놓여 있어서 지구의 그림자에 간섭 받지 않게 된다. 이와 비슷하게 대부분의 신월은 일식을 만들어낼 수 없다. 달이 황도 위를 지나갈 때 그래서 지구, 달 그리고 태양이 그림 1.15에 제시된 바와 같이 완전히 일직선이 될 때 신월(또는 보름달)이 되는 경우는 아주 드물게 일어난다. 그 결과 식 현상은 아주 드물게 일어나는 천문 현상이다. 평균적으로 볼 때, 10년에 7번의 월식과 15번의 개기 또는 금환일식이 일어난다.

천문학자들은 지구의 궤도와 달의 궤도를 아주 정확하게 알기 때문에 월식과 일식이 미래의 언제 일어나는지 예측할 수 있다.

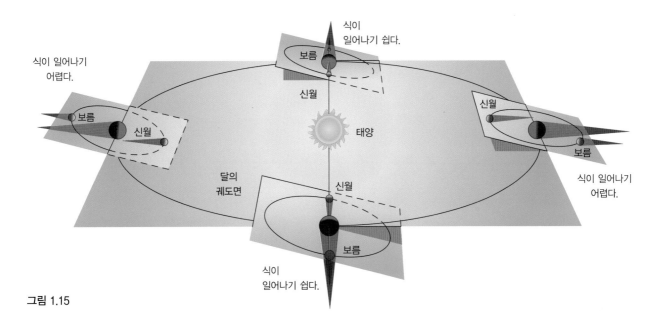

그림 1.15

과학적 방법

과학은 자연법칙과 관측된 현상을 바탕으로
물리세계를 한 걸음씩 점진적으로
탐구하는 과정이다.

과학적 사실들은 쉽게 얻어지지도 않고 빨리 얻어지지도 않는다. 과학에서의 발전은 아주 느리게 일어날 수 있으며, 또 간헐적으로 일어나기도 하기 때문에 중요한 발전이 이루어지기 전에는 상당한 인내가 요구되기도 한다.

우주 모델

이론이 받아들여지기 위해서는 끊임없이 검증이 되어야 하는데, 여기서 이론은 여러 관측된 사실을 설명하고 실제 세계에 대해 예측하기 위해 사용되는 아이디어와 가정 들의 틀이다. 과학자들은 이론을 사용하여 행성이나 별 같은 물체 또는 중력이나 빛 같은 현상들에서 알려진 성질들을 설명하는 **이론 모델**을 만들어 내는 과정을 통해 이런 작업을 수행하고 있다. 이제 모델은 물체의 성질이나 또는 물체가 새로운 상황에서 어떻게 행동하고 변하는지에 대해 검증 가능한 예측들을 만들어 낸다. 만일 실험과 관측이 이런 예측들을 지지해 준다면, 그 이론은 더 발전되고 개선될 수 있다. 그렇지 못하다면 이론은 초기에 얼마나 그럴듯하게 보였는지에 상관없이 다시 개정되거

관측

과학적인 방법은 이런 단순한 도표로 제안된 것처럼 간결하고 단순한 것만은 아니다. 현실에서 이런 과정은 잘못된 시작, 불확실한 아이디어, 엉망인 자료 그리고 개인적인 주관성 들에 의해 아주 복잡해진다. 그래도 나중에는 결국 주의 깊은 검증들이 모든 것을 이겨내서 마침내 객관성이 드러나게 된다.

이론

예측

그림 1.16

나 기각되어야 한다. 또 만일 이론이 전혀 예측을 할 수 없다면 그 이론은 과학적으로 가치가 없다.

과학하는 과정이 그림 1.16에 도식적으로 제시되었다. 사고와 행동, 즉 이론과 실험을 결합하는 이런 탐구적 접근을 **과학적 방법**이라 부른다. 이 과학적 방법은 현대과학에서 매우 중요한데, 과학과 사이비 과학을 구분해 주고, 사실과 허구를 구별해 준다. 여기에 서술된 과정에는 끝나는 지점이 없다는 것에 주목해야 한다. 한 이론은 잘못된 예측을 하나라도 하면 타당하지 않다고 판명될 수 있지만, 관측이나 실험을 아무리 많이 한다 해도 그 이론이 맞다고 증명해 낼 수는 없다. 이론은 그 이론이 반복적으로 증명되면서 더욱더 폭넓게 받아들여진다. 이런 과정은 이 순환 과정의 어느 점에서든 실패할 수 있다.

초기 적용

과학적 방법을 천문학적 관점에 사용했다고 하는 최초 기록들 중 하나는 아리스토텔레스(BC 384~322)의 저술이다. 그는 월식이 일어나는 동안(1.5절), 지구가 달의 표면에 곡선의 그림자를 드리운다는 것을 알아차렸다. 그림 1.17의 왼쪽 그림은 최근의 월식이 진행되는 동안 찍은 사진이다. 지구의 그림자는 달의 표면에 투영되어 실제 약간 휘어졌다. 이것을 아리스토텔레스가 보았고 그것을 아주 오래전에 기록해 놓았던 것 같다.

관측된 그림자가 항상 같은 원의 호 모양이었기 때문에, 아리스토텔레스는 그림자를 만드는 지구가 둥근 모습을 지니고 있다는 가설을 세웠다. 이런 가설을 바탕으로 그 후 관측되는 모든 월식이 지구가 어느 방향에 놓여 있든, 비슷하게 휘어진 지구 그림자를 보여줄 것이라고 예측하였다. 그 예측은 월식이 일어날 때마다 점검되었고 아직까지 잘못이라고 증명

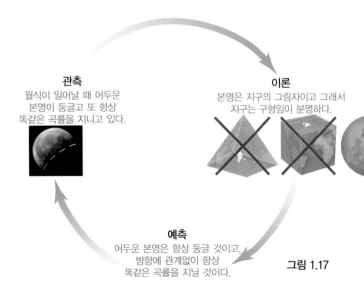

관측
월식이 일어날 때 어두운 본영이 둥글고 또 항상 똑같은 곡률을 지니고 있다.

이론
본영은 지구의 그림자이고 그래서 지구는 구형임이 분명하다.

예측
어두운 본영은 항상 둥글 것이고, 방향에 관계없이 항상 똑같은 곡률을 지닐 것이다.

그림 1.17

지구라는 행성의 크기

기원전 200년, 그리스 철학자 에라토스테네스(BC 276~194)는 지구의 크기를 계산하는 데 간단한 기하학적 추리를 사용하였다. 그는 하짓날 정오에 이집트의 시에네(지금의 아스완)에 있는 관측자의 머리 바로 위로 태양이 지나가는 것을 알았다. 수직으로 꽂힌 막대는 그림자를 드리우지 않으며, 또 태양빛은 그림에서 보는 바와 같이 깊은 우물의 아주 깊은 바닥까지 도달하였다. 그러나 이곳에서 북쪽으로 5,000스타디아 떨어진 알렉산드리아에서는 같은날 정오에 태양이 수직막대에서 약간 기울어진 채로 빛을 비추고 있었다. 스타디아는 그리스에서 당시 사용하던 거리의 단위로서 약 0.16km에 해당한다. 현재 아스완은 알렉산드리아에서 남쪽으로 약 800km(5,000×0.16km) 떨어져 있다. 수직막대의 그림자 길이를 측정하는 간단한 기술을 이용하고 또 기본기하학적 지식을 적용하여, 에라토스테네스는 알렉산드리아에 있는 수직막대로부터 태양빛이 약 7.2° 떨어져서 들어온다는 것을 알아냈다.

왜 이런 차이가 생겨났을까? 그림에서 설명된 바와 같이, 그 이유는 지구의 표면은 평면이 아니라 둥글기 때문이라고 간단하게 설명할 수 있다. 에라토스테네스는 지구가 구형이라는 것을 알아차린 첫 번째 사람은 아니었지만(아리스토텔레스가 그보다 100년 이전에 지구가 구형이라는 것을 알아냄) 지구가 둥글다는 지식에 근거하여 지구의 크기를 알아내기 위해 기하학을 동원하여 직접 측정해 본 최초의 과학자였다. 그가 어떻게 그 일을 해냈는지 알아보자.

태양과 같이 아주 먼 거리에서 지구에 도달하는 광선은 서로 거의 평행하게 나란히 도착한다. 그림에서 볼 수 있는 것처럼 알렉산드리아에서 측정된 태양 광선과 수직막대(알렉산드리아와 지구 중심을 이은 선) 사이의 각은 지구 중심에서 볼 때 시에네와 알렉산드리아 사이의 각과 같다(확실히 하기 위해 이 각은 그림에서 약간 과장되게 표현됨). 이 각크기는 이제 지구 전체 둘레에서 시에네와 알렉산드리아 사이에 놓인 길이의 비율에 비례한다.

$$\frac{7.2°}{360°} = \frac{5,000스타디아}{지구 원둘레}$$

지구 원둘레는 그래서 50′×5000=250,000스타디아 또는 40,000km이고, 지구반경은 250,000/2π 스타디아 또는 6,366km이다. 지구 원둘레와 반경은 최근 지구 주위를 도는 인공위성에 의해 정확하게 측정된 바 있는데, 각각 40,070km와 6,378km였다.

에라토스테네스의 추리는 엄청난 성취였다. 2천 년 이전에, 그는 간단한 기하학 지식을 사용하여 지구 둘레를 1%의 정확도로 측정하였던 것이다. 지구 표면의 아주 작은 영역만을 측정한 사람이 관측과 단순한 논리를 기반으로 전체 지구의 크기를 계산할 수 있었던 것인데, 이는 과학적 추론이 이룩한 초창기의 업적이었다.

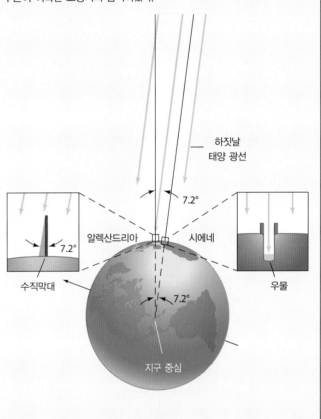

되지 않았다. 아리스토텔레스는 지구가 둥글다고 주장한 첫 번째 사람은 아니지만, 아마 관측된 증명을 제시한 최초의 과학자일 것이다.

오늘날 전 세계 과학자들이 사용하는 과학적 방법은 그들이 검증하고 있는 아이디어에 심하게 의존한다. 그들은 자료를 모으고 관측 자료를 설명해 주는 타당한 가설을 세우고 나서 실험과 관측을 이용하여 가설이 함축하고 있는 바를 점검하는 작업을 진행한다. 결국 하나 또는 몇 개의 '잘 검증된' 가설이 물리적 법칙의 위상으로 승격되고 더 넓은 적용이 가능한 이론의 바탕을 형성하게 된다. 과학적 지식이 끊임없이 성장하면서 이론의 새로운 예측은 또다시 검증된다. 실험과 관측은 과학적 탐구 과정의 필수적인 부분이다. 검증할 수 없는 이론 또는 실험에 의한 확증으로 지지되지 않은 이론들은 과학자들의 세계에서 인정을 받기 힘들다. 관측, 이론 그리고 검증 이 세 가지는 과학적 방법의 초석이며, 이 과학적 방법의 능력은 우리 교과서 전체를 통해 반복적으로 실례를 들어가며 설명될 것이다.

요약

LO1 **우주**(p.5)는 모든 공간, 시
간, 물질과 에너지의 총체이
다. **천문학**(p.5)은 우주를 연
구하는 학문이다. 행성으로
서 지구는 태양이라 불리는
태양 주위를 공전하고 있고,
태양은 우리은하의 가장자리 근처에 놓여 있으며, 우리은하는
우주 내에 있는 수십억 개의 은하 중 하나에 불과하다. 천문학
연구에서 접하게 되는 단위의 영역은 엄청나게 크다.

LO2 초기 관측자들은 육안으로 보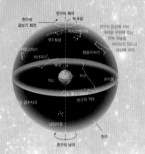
이는 수천 개의 별을 **별자리**
(p.6)라 부르는 패턴으로 분류
했는데, 그들은 별자리들이 지
구를 중심으로 하는 거대한 **천
구**(p.7)에 붙어 있는 것으로 상
상했다. 별자리들은 물리적인
중요성은 지니고 있지 않지만,
아직도 하늘의 영역을 표시하는 데 사용되고 있다. 지구의 자
전축과 천구가 만나는 점들을 **천구의 북극과 남극**(p.7)이라 부
른다. 지구의 적도면이 천구를 지나는 선을 **천구의 적도**(p.7)라
한다. 밤하늘에 별들이 움직이는 것은 지구가 자전축을 중심으
로 **자전**(p.7)하는 결과이다.

LO3 어느 날 정오에서 다음날 정오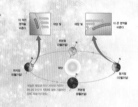
까지의 시간을 1 **태양일**(p.8)이
라 부른다. 어떤 별이 떴다가 져
서 다음날 뜰 때까지의 시간을 1
항성일(p.8)이라 한다. 태양 주위
를 도는 지구의 **공전**(p.8) 때문에
우리는 1년 중 서로 다른 날 밤에 서로 다른 별을 관측하게 되
고, 또 태양은 별들에 대해 움직이는 것처럼 보인다. 천구상에
서 태양의 연중 겉보기 궤적(또는 태양 주위를 돌고 있는 지구
궤도면)을 **황도**(p.9)라 한다. 지구의 자전축이 황도면에 기울어
져 있기 때문에 우리는 **계절**(p.9)을 경험하게 된다. **하지점**(p.9)
에서 태양은 하늘에서 가장 높이 떠 있고 낮의 길이는 가장 길
다. **동지점**(p.9)에서 태양은 가장 낮고 낮의 길이는 가장 짧다.
춘분점(p.9) **추분점**(p.9)에서 지구의 자전축은 태양과 지구를
연결하는 선과 수직이 되어서 밤과 낮의 길이가 같다. 태양이
춘분점을 지나 다음 춘분점을 지날 때까지 걸리는 시간을 1 **회
귀년**(p.9)이라 한다. **세차**(p.9)는 달의 영향으로 지구의 축이 천
천히 뒤뚱거리는 현상이다. 세차의 결과 1 **항성년**(p.9)은 1 회
귀년보다 약간 길고, 그래서 수천 년이 지나는 동안 별자리는
변하게 된다.

LO4 달은 스스로 빛을 내지는 못하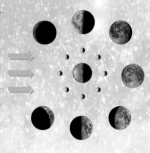
지만, 대신 태양빛을 반사하여
빛난다. 달이 지구 주위를 공전
하는 동안, 우리는 달의 태양
빛을 쬔 표면 중 우리에게 보이
는 영역이 달라지기 때문에 달
의 **위상**(p.10)을 관측한다. **신
월**(p.11) 때는 달과 태양이 거
의 하늘의 같은 방향에 놓여 있게 되고, 그래서 달의 태양빛을
받는 영역이 지구의 반대쪽을 향하게 된다. **보름달**(p.11)일 때,
태양과 달은 지구에서 볼 때 서로 다른 방향에 놓이게 된다. 달
이 별을 기준으로 지구를 한 번 공전할 때 걸리는 시간을 1 **항
성월**(p.11)이라 한다. 달이 한 위상을 완전히 반복할 때 걸리는
시간을 1 **삭망월**(p.11)이라 한다.

LO5 **월식**(p.12)은 달이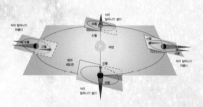
지구 그림자에 들
어갈 때 일어난다.
일식(p.12)은 달이
지구와 태양 사이
를 지날 때 일어난
다. 식은 문제의 천체(달 또는 태양)가 완전히 가리워졌을 때
개기일식(p.12)이 될 수 있고, 표면의 일부만 영향을 받을 때 **부
분일식**(p.12)이 될 수 있다. 만일 달이 지구로부터 너무 멀리
떨어져 있어서 달의 원반이 태양을 완전히 가릴 수 없을 때 **금
환일식**(p.13)이 일어난다. 달이 지구 주위를 도는 궤도가 황도
에 대해 약간 기울어져 있기 때문에 일식과 월식은 매달 일어
나지 않는다.

LO6 **과학적 방법**(p.14)은 과학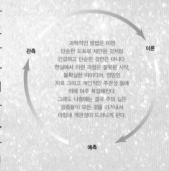
자들이 우리를 둘러싸고
있는 우주를 객관적인 방
법으로 탐구할 때 채택하
는 방법론적 접근이다. **이
론**(p.14)은 많은 관측 자
료들을 설명하고 **이론 모
델**(p.14)을 만드는 데 사
용되는 아이디어와 가정
의 틀인데, 이론 모델은 실제 세계에 대한 예측을 해준다. 이런
예측들은 결과적으로 계속 관측된 검증을 하도록 해준다. 이런
방법으로 이론은 확장되어 가고 과학은 발전하게 된다. 관측과
이론, 그리고 검증은 과학적 방법의 초석이다.

POS 문제들은 과학의 과정을 탐구하는 문제이고, LO 문제들은 학습 목표에 초점을 맞추고 있고, VIS 문제들은 보이는 정보들을 이해하고 해석하는 데 초점을 맞추고 있다.

복습과 토론

1. **LO1** 지구의 크기와 태양의 크기, 태양계의 크기 그리고 은하의 크기와 비교해 보라.
2. 천문학자들이 '우주'라는 단어를 쓸 때 그 의미는 무엇인가?
3. 1광년은 얼마나 큰가?
4. **LO2** 별자리는 무엇인가? 별자리는 하늘의 지도를 그릴 때 왜 유용한가?
5. 왜 태양은 매일 동쪽에서 떠서 서쪽으로 지는가? 달 또한 동쪽에서 떠서 서쪽으로 지는가? 별들도 똑같이 그렇게 하는가? 왜 그런가?
6. 태양을 기준으로 측정된 하루의 길이가 별을 기준으로 측정한 하루의 길이와 얼마큼 차이가 나며 왜 그런 차이가 나는가?
7. 우리는 연중 시간이 흐르면서 왜 서로 다른 별을 보게 되는가?
8. **LO3** 왜 지구에 계절이 생기는가?
9. 어떤 행성의 자전축이 궤도면과 수직을 이루고 있을 때 그 행성에서의 계절에 대해 서술해 보라.
10. 세차란 무엇인가? 왜 세차가 생기는가?
11. **LO4** 달의 완전한 반쪽이 항상 태양빛을 받고 있다면, 왜 우리는 달의 위상을 관찰할 수 있을까?
12. 왜 매달 일식과 월식이 일어나지 않는가?
13. **LO5** 대부분의 사람들은 일식보다 월식을 더 자주 관찰하게 된다. 그 이유는 뭘까?
14. **POS** 다른 행성에 있는 관측자도 식을 관측할 수 있다고 생각하는가? 왜 그렇게 생각하는지 설명해 보라.
15. **LO6 POS** 과학적 방법이란 무엇인가? 어떤 방법으로 과학은 종교와 구별되는가?
16. **POS** 이론은 언젠가는 참이라고 증명될 수 있는가?

진위문제

1. 별자리에 속해 있는 별들은 서로 물리적으로 밀접하게 연관되어 있다.
2. 계절은 지구 자전축의 세차운동에 의해 생겨난다.
3. 만일 지구 자전축의 방향이 역전된다면 태양일은 현재보다 더 짧아질 것이다.
4. 달은 자전하지 않는다.
5. 월식은 보름달일 때만 일어날 수 있다.
6. 천체의 각직경은 관측자의 거리에 반비례한다.
7. 한 번 증명되고 나면 이론은 절대 변할 수 없다.
8. **VIS** 지구가 만일 편평하다면, 에라토스테네스(스냅 상자 1–2)는 태양빛과 막대 사이의 각을 0°로 측정했을 것이다.

선다형문제

1. 대략적으로 볼 때 태양의 체적 안에 지구는 몇 개가 들어갈까?
   (a) 1 (b) 100 (c) 10,000 (d) 1,000,000
2. LA를 출발한 빛은 1초 후에는 어디에 제일 근접해 있을까?
   (a) 500km 떨어진 샌프란시스코 (b) 10,000km 떨어진 런던 (c) 384,000km 떨어진 달 (d) 45,000,000km 떨어진 금성
3. 만일 지구가 현재보다 2배 빠르게 자전하지만 태양 주위를 도는 공전속도는 일정하게 유지한다면 (a) 밤은 2배 길어질 것이다. (b) 밤은 절반 정도로 짧아질 것이다. (c) 1년의 길이가 지금보다 절반이 될 것이다. (d) 하루의 길이는 변하지 않을 것이다.
4. **VIS** 그림 1.7에 의하면 1월에 태양이 위치하게 될 별자리는?
   (a) 게자리 (b) 쌍둥이자리 (c) 사자자리 (d) 물병자리
5. 얇은 초승달이 태양이 떠오르기 바로 직전에 보인다면 달의 위상은?
   (a) 커지는 위상 (b) 신월 (c) 작아지는 위상 (d) 상현 또는 하현
6. 달의 궤도가 약간 더 커진다면 일식은?
   (a) 금환일식이 더 자주 일어날 것 같다. (b) 개기일식이 더 자주 일어날 것 같다. (c) 더 자주 일어나게 될 것이다. (d) 일어나는 횟수는 변함이 없을 것이다.
7. 지구에서 볼 때 별에 상대적으로 달은 1시간에 어느 정도의 각거리를 움직이는가?
   (a) 10° (b) 30′ (c) 1′ (d) 1′
8. 달은 지구에서 약 384,000km 떨어져 있고 태양은 150,000,000km 떨어져 있다. 태양과 달이 지구에서 똑같은 각직경을 갖기 위해서 태양은 달보다 몇 배 더 커야 하는가?
   (a) 400 (b) 40 (c) 10 (d) 4

활동문제

협동 활동 하늘에서 달을 포함하고 있는 10° 너비의 영역(팔을 펼쳤을 때 손너비 정도)을 그려 보라. 그 영역의 서쪽 면에 달이 오도록 하라. 밤이 지나는 동안 매시간 그 영역 내의 별들을 관측해 보라. 그 별들에 대한 달의 위치는 몇 시간만 지나도 확실하게 변한다. 달의 각속도(시간당 몇 도 움직였는가)는 얼마인가?

개별 활동 초저녁 하늘에서 북극성을 찾아보라. 같은 하늘 주변에 있는 별들의 패턴을 기억해 보자. 몇 시간을 기다려 보라. 적어도 자정이 지난 후에 북극성을 다시 찾아보라. 북극성이 움직였는가? 가까이 있는 별들의 패턴은 어떻게 되었는가? 그렇게 된 이유는 무엇일까?

2

빛과 망원경

망원경은 희미한 빛을 검출할 때 사용되는 도구이다.

천체들은 밤하늘을 아름답게 수놓을 뿐만 아니라 지구 저 너머 우주에 대해 많은 것들을 우리에게 말해 준다. 행성과 별 그리고 은하들은 우주를 이해하는 데 도움이 되는 온도, 밀도, 화학 조성과 여러 다른 정보를 제공해 준다.

이 장에서는 천문학자들이 우주공간의 천체들이 발산하는 빛으로부터 어떻게 정보를 얻는지 공부한다. 별빛은 별에 대한 정보를 알아내는 유일한 수단이다. 우리가 어떤 별을 본 것은 실제로는 그 별빛이 수십 년, 수 세기, 수천 년 전에 그 별에서 출발하여 지구에 도달한 것이다.

기본적으로 천문학은 하나의 관측과학이다. 망원경은 희미한 별빛을 모으고 저장하여 연구를 하는 데 활용된다. 망원경은 지상이나 우주에 설치하여 가시광선이나 다른 파장대의 비가시 복사 자료를 모은다.

강력한 관측 기술 중 하나는 빛을 분산시켜 스펙트럼을 얻는 분광관측이다. 분광 기술은 우리가 빛 안에 포함된 힌트와 실마리를 얻는 것을 가능하게 해주고 분광관측은 멀리 떨어진 별이 아주 오래전에 방출한 원자를 연구하는 것을 가능하게 해준다. 어떤 의미에서 망원경은 타임머신이며 천문학자는 역사가이기도 하다.

안데스 산 높은 곳에 새롭고 강력한 전파망원경이 미국, 캐나다, 유럽, 동아시아, 칠레 등으로 구성된 여러 나라 과학자와 공학자들의 협동으로 세워졌다. 아타카마 대규모 밀리미터 전파망원경 배열(ALMA, 알마)은 혁명적인 설계에 따라 구성된 하나의 망원경 시스템이다. 실제로 66개의 전파망원경이 배열되어 하나의 기기처럼 작동한다. 이와 같은 우주를 볼 수 있는 하나의 거대한 새로운 창은 천문학자들이 젊은 은하, 외계행성, 블랙홀 등에 대한 풀지 못했던 비밀을 풀 수 있는 기회를 주고 있다.

학습목표

LO1 빛의 성질과 전자기 복사를 설명한다. 그리고 어떻게 복사에너지가 성간 공간을 통하여 에너지와 정보를 전달하는지 기술한다.

LO2 전자기 스펙트럼의 주요 영역을 기술하고, 파장에 따라 그것을 나열한다.

LO3 천체 복사 에너지를 관측하여 어떻게 천체의 온도를 결정할 수 있는지 설명한다.

LO4 연속, 방출선, 흡수선 스펙트럼이 어떤 조건에서 나타나는지와 그 특징을 기술한다.

LO5 원자의 기본 구성을 기술하고, 원자 안에서 전자 전이는 특정 진동수의 광자를 어떻게 흡수 또는 방출하는지 설명한다.

LO6 광학망원경의 기능을 설명하고, 왜 큰 망원경이 빛을 더 많이 모을 수 있고, 천체를 보다 세부적으로 볼 수 있는지 설명한다.

LO7 전파망원경의 유리한 점과 불리한 점을 살펴본다. 그리고 간섭계가 어떻게 관측 자료를 개선시키는 데 활용되는지를 설명한다.

LO8 적외선, 자외선 및 고에너지 망원경의 설계를 설명하고, 왜 망원경을 우주공간에 띄우는지를 설명한다.

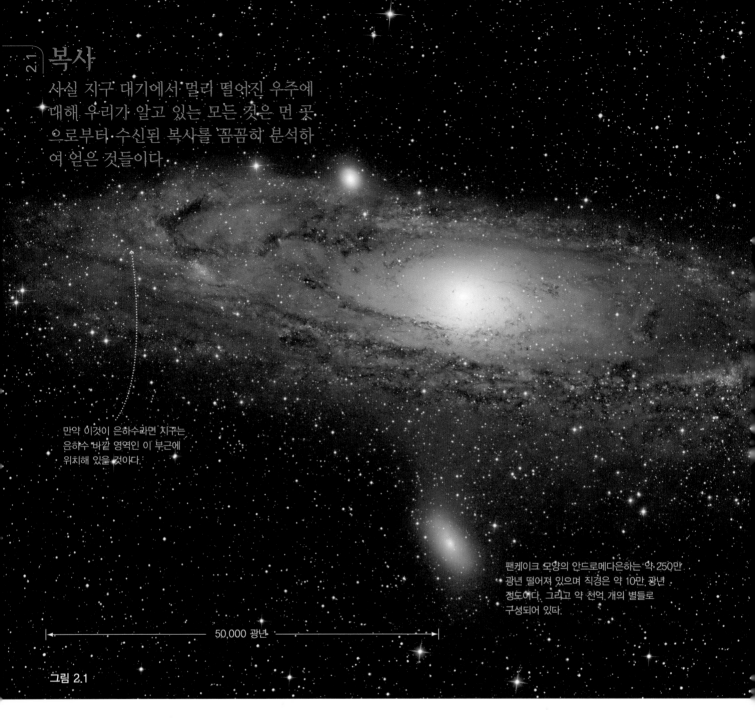

복사

사실 지구 대기에서 멀리 떨어진 우주에 대해 우리가 알고 있는 모든 것은 먼 곳 으로부터 수신된 복사를 꼼꼼히 분석하 여 얻은 것들이다.

만약 이것이 은하수라면 지구는 은하수 바깥 영역인 이 부근에 위치해 있을 것이다.

팬케이크 모양의 안드로메다은하는 약 250만 광년 떨어져 있으며 직경은 약 10만 광년 정도이다. 그리고 약 천억 개의 별들로 구성되어 있다.

|← 50,000 광년 →|

그림 2.1

은하는 어마어마하게 많은 별들로 구성되어 있으나 사람의 맨눈 으로 보기에는 너무 멀리 떨어져 있다. 하지만 맑은 날 밤에 작 은 망원경으로도 볼 수 있는 아름다운 하나의 은하가 있다.

그림 2.1에서 보여준 안드로메다은하가 바로 그것이다. 거대 한 부동산이 250만 광년에 떨어져 있다. 이 의미는 안드로메다 에서 출발한 빛이 지구까지 오는 데 가장 빠른 빛의 속도로 250 만년 걸린다는 뜻이다. 영어 단위로 1광년은 10조 마일과 같다. 따라서 안드로메다는 10^{21}마일 떨어져 있음을 의미한다. 이 은하 가 우리에게 가장 가까운 은하이다. 사실 우주공간 범위는 엄청 나다. 천문학자들은 그렇게 멀리 떨어져 있는 천체들에 대한 정

보를 어떻게 알아낼까? 그렇게 먼 곳의 천체에 방문할 수도 없 다. 그렇다면 어떻게 그에 대한 정보를 알아낼 수 있을까? 그 대 답은 우리가 알고 있는 여러 물리법칙을 활용하여 천체가 방출 한 **전자기 복사** 관측 결과를 해석하는 것이다. 사실 지구에서 멀 리 떨어진 우주에 관해 우리가 알고 있는 모든 것은 먼 곳으로부 터 수신된 복사 에너지를 꼼꼼히 분석하여 얻은 것들이다.

빛과 복사

복사는 에너지의 한 종류로 공간상에서 한곳에서 다른 곳으로 이 동하는 에너지이다. 형용사 '전자기적'의 의미는 전기장 및 자기

장 형태로 요동을 치면서 빠르게 전달된다는 뜻이다.

사실 전자기장은 복사가 퍼져나갈 수 있는 공간상에서 장애가 된다. 그러한 장애는 전자들이 다른 입자들에 의해 열을 받거나 충돌하여 위치가 변하는 전자와 같은 원자 구성 입자에 의한 원인 때문이다. 입자 상태에서 그러한 변화는 변화된 전자기장의 도움으로 공간을 통하여 전달된다.

가시광선은 우리 인간의 눈에 민감한 전자기 복사의 하나의 특별한 종류이다. 이 빛이 우리 눈에 들어오면 그 들어온 에너지에 의해 전달되는 약간의 화학적 반응이 시감각을 생산하는 뇌에 전기적 신호로 전달된다. 이때 우리는 어떤 것을 보았다라고 말한다.

빛에 추가하여 현대적인 여러 기기들은 눈에 보이지 않은 많은 비가시 복사까지 검출할 수 있다. 즉, **전파**, **적외선** 그리고 **자외선 파장**뿐만 아니라 **엑스선**이나 **감마선** 영역이 그것이다. 여기서 빛, 파장, 선들에 대한 용어를 혼동해서는 안 된다. 그것은 복사라는 같은 특징을 갖지만 역사적으로 그렇게 활용되어 왔다.

파동

모든 형태의 전자기파 복사는 **파동** 형태로 공간에 전달된다. 우리 주변에는 연못 표면의 물결파 모습이나 공기 속에서 전파되는 음파가 있다. 하지만 빛은 비어 있는 진공을 통하여 전달될 수 있다는 점에서 그것들과 다르다. 또한 빛과 같은 전자기파는 물리적인 물체가 아니라는 점에서도 또한 다르다. 더욱이 전자기파는 어떤 중간 물질의 대량 이동 없이 어떤 한 장소에서 다른 장소로 이동한다. 모든 전자기파는 **광속**(약 30만 km/s, 하나의 기본 상수)으로 공간을 움직인다.

그림 2.2는 자갈 하나를 연못에 던졌을 때 그 충격으로 자갈이 떨어진 곳에서 바깥쪽으로 파동이 만들어지면서 나뭇가지가 오르락내리락하는 장면이다. 이러한 방법으로 그 에너지의 일부가 나뭇가지로 전달된다. 오른쪽 삽화에 파동의 몇 가지 특징을 보여주면서 몇 가지 용어를 설명하고 있다. **파동주기**는 파동의 한 지점에서 다시 반복하여 같은 지점이 나타나는 데 걸린 시간(초의 수)이다. **파장**은 파동의 한 지점에서 반복하여 나타나는 같은 지점까지의 거리(m)이다. 즉, 마루와 마루, 골과 골 사이의 거리이다. **진동수**는 주어진 시간 동안 주어진 지점에 지나가는 마루의 횟수로 그 단위는 횟수/초 또는 Hertz(Hz)로 나타낸다.

오른쪽 그림에 한 파장 한 파장의 파동이 어떻게 오른쪽으로 움직여 나가는지를 전체적으로 보여주고 있다. 결과적으로 파장과 진동수는 반비례 관계에 있다.

공간을 통해 여행하는 빛의 능력은 하나의 위대한 수수께끼이다. 빛이나 다른 종류의 복사들이 아무런 방해 없이 하나의 파동처럼 움직일 수 있는 점은 현대물리학의 하나의 수수께끼로 남아 있다.

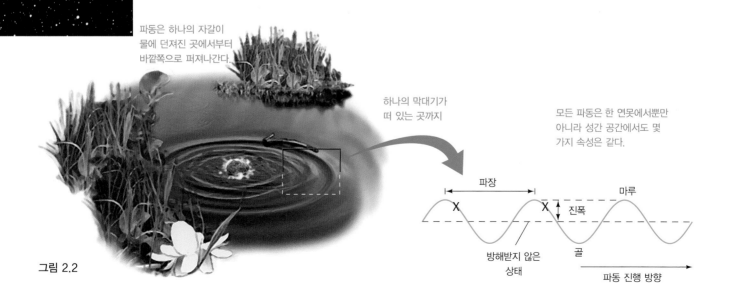

그림 2.2

파동은 하나의 자갈이 물에 던져진 곳에서부터 바깥쪽으로 퍼져나간다.

하나의 막대기가 떠 있는 곳까지

모든 파동은 한 연못에서뿐만 아니라 성간 공간에서도 몇 가지 속성은 같다.

파장

마루

진폭

방해받지 않은 상태

골

파동 진행 방향

전자기 스펙트럼

가시광선은 전파와 감마선 사이에 있는 전자기 스펙트럼의 하나의 작은 영역이다.

흰빛은 여러 색의 혼합체이다. 그것은 여섯 가지 주요 색(빨간색, 주황색, 노란색, 초록색, 파란색, 보라색)으로 분해할 수 있다. 그림 2.3에 보인 것처럼 흰빛이 프리즘을 통과하면 무지개와 같은 **스펙트럼**(복수형은 스펙트라)으로 불리는 여러 기본색으로 분해할 수 있다. 아이작 뉴턴은 300여 년 훨씬 전에 최초로 이러한 스펙트럼을 발견하여 보고하였다.

가시광선

빛의 색깔은 무엇을 결정할까? 그 대답은 진동수이다(또는 파장. 이 둘은 서로 관련되어 있음). 우리는 다른 색들을 다르게 본다. 왜냐하면 우리의 눈은 다른 진동수의 전자기파에 다르게 반응하기 때문이다. 프리즘은 빛을 구분된 색으로 나눈다. 왜냐하면 다른 진동수를 가진 빛줄기를 프리즘을 통과시키면 빨간색에서 보라색까지 서로 다르게 굴절시킨다. 빨간빛의 진동수는 대략 4.3×10^{14} Hz이며, 파장값으로는 7×10^{-7} m이다. 자외선 영역의 끝에 있는 보랏빛은 빨간빛 진동수의 약 2배(7.5×10^{14} Hz)이며 파장값으로는 약 반(4.0×10^{-7} m) 정도이다. 우리가 볼 수 있는 다른 색들은 그림 2.3에서 보인 전체적인 가시 스펙트럼의 극단적인 두 색깔 사이에서 다른 진동수와 파장을 갖는다. 이 가시광선 영역 바깥에 있는 복사는 우리 인간의 눈으로 볼 수 없다.

　과학자들은 빛의 파장을 기술할 때 나노미터(nm)라는 단위를 자주 사용한다. 1m는 10억 nm 즉 10^9 nm이다. 그래서 가시광선 영역을 나노미터로 나타내면 400nm에서 700nm 사이이다. 우리 인간이 가장 민감하게 느끼는 파장은 노란색과 초록색 부근인 약 550nm 영역이다. 이 노란색 파장대는 태양이

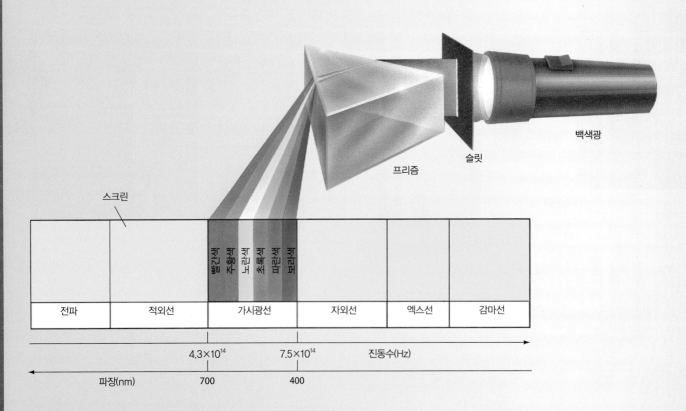

그림 2.3

가장 많이 방출하는 전자기파 에너지에 해당한 중심 파장과 일치하지는 않는다. 하지만 우리 인간의 눈은 그 유용한 빛을 가장 유리하게 얻을 수 있도록 진화하였다.

복사 스펙트럼

그림 2.4는 앞서 다루었던 서로 다른 유형의 전자기파 복사 사이의 관계를 전체적인 **전자기 스펙트럼**으로 보인 것이다. 이 그림은 많은 유용한 정보를 담고 있어서 주의 깊게 공부해 둘 가치가 있다. 그것은 또한 그림 아래쪽에 일상적 규모의 친숙한 아이콘으로 보여준다.

파장과 진동수를 10의 지수 스케일로 나타냈음을 주의해서 보아라. 이러한 방법은 큰 양의 수를 순서화된 스케일로 나타낼 때 좋은 방법이다. 작은 상자 그림 안에는 우리가 그동안 활용해왔던 파장 영역을 선형 스케일로 나타내었다.

또한 좁은 가시광선 영역(상단 오른쪽에 따로 펼쳐 제시한 영역)은 알려진 복사에 대한 전체적인 스펙트럼과 비교할 때 얼마나 좁은지 잘 살펴보아라. 가시광선 중 낮은 진동수 영역은 전파와 적외선 복사 영역이다. 전파 진동수는 레이더, 마이크로웨이브, 그리고 우리와 친숙한 AM, FM, TV 진동수 영역을 포함한다. 적외선 복사는 열로 인식되고 있다. 가시광선보다 높은 진동수는 피부를 태울 때 활용되는 자외선 복사 영역에서 나타난다. 또 의료 기관에서 인간에게 활용하는 엑스선, 살아 있는 세포에 나쁜 감마선 등이 있다.

지구 대기의 화학 조성 때문에 천체들에 의해 생성된 복사 에너지의 작은 일부만이 실제적으로 지표면에 도달한다. 특히 중요한 점은 대부분의 자외선, 모든 엑스선과 감마선은 우리 인간에게 해로움을 주는데, 운 좋게 대기에 의해 차단된다. 하지만 이런 원인 때문에 이 파장대에 대한 천체 관측 자료는 지구 대기 상단에서 궤도위성 등을 이용하여 얻어야 한다. 지구 대기는 가시광선은 투명하게 잘 통과시키고, 약간의 전파와 근적외선 파장들도 통과시킨다. 따라서 이 파장대에 대한 스펙트럼은 우리가 직접적으로 지구 표면에서 우주 현상을 관찰할 수 있도록 해준다.

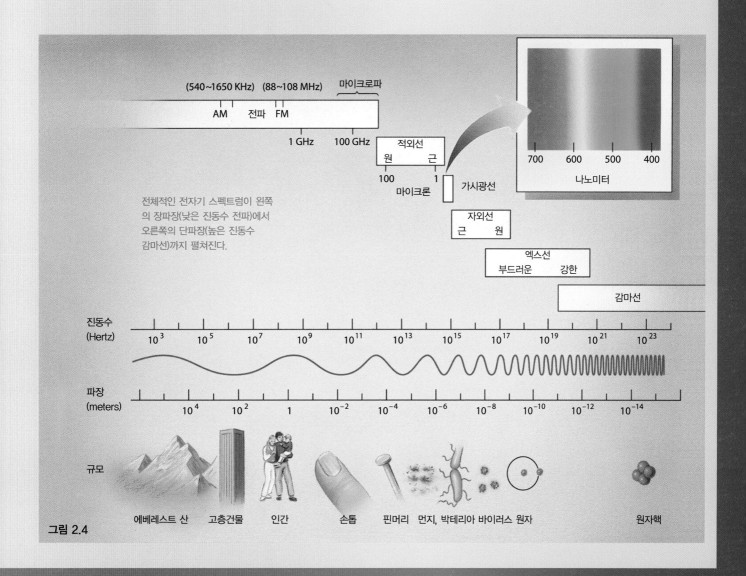

그림 2.4

볼, 얼음, 사람, 별과 같이 모든 것은 매시간 그 크기, 모양, 화학 조성과 관계없이 복사를 방출한다.

모든 물체는 복사를 방출한다. 왜냐하면 그것들을 이루고 있는 미세한 전하입자들이 일정한 운동을 하고 언제든지 전하들은 충돌하여 전자기 복사를 하기 때문이다. 어떤 물체 **온도**는 그 안에 있는 그 물체의 내부 운동 또는 열의 양을 나타내는 하나의 직접적인 측정자이다.

흑체 스펙트럼

강도는 공간상의 하나의 지점에서 복사의 양이나 강한 정도를 나타내는 데 자주 활용되는 용어이다. 강도는 진동수나 파장과 같이 하나의 복사의 기본적인 성질이다. 어떤 물체도 하나의 진동수에서만 모든 복사를 방출하지는 않는다. 왜냐하면 여러 입자들은 여러 다른 속도로 약간 부드럽게 또는 보다 격렬하게 서로 충돌하기 때문에 에너지는 일반적으로 다양한 진동수의 범위에 걸쳐서 퍼진다.

그림 2.5는 네 가지 물체가 방출하는 복사 분포를 스케치한 것이다. (a) 차갑고 어두운 은하기체구름이 전파를 가장 많이 방출하는 모습으로 구부러진 등고선 형태를 보이고 있다. (b) 대기 온도가 600K인 어두운 젊은 별로서 주로 적외선을 방출한다. (c) 온도가 약 6,000K인 태양 표면으로 스펙트럼의 가시 영역에서 가장 밝다. (d) 지구 대기 상단에서 우주망원경으로 관측한 아주 뜨거운 60,000K 별들로 구성된 성단이다.

그림 2.5에 그려진 그림들은 이상적인 물체인 열적 흑체에 대한 것들이다. 여기서 확인할 수 있는 것은 물체의 온도가 높아갈수록 **흑체복사곡선**이 보다 높은 진동수 방향으로 이동한다는 점이다. 이것은 우리 상식과 잘 일치한다. 즉, 온도가 높은 필라멘트나 별과 같이 보다 뜨거운 물체일수록 더 강한 빛을 낸다는 것이다. 또 따뜻한 바위나 집 안의 라디에이터와 같이 상대적으로 차가운 물체는 인간의 눈으로 볼 수 없는 비가시 복사를 한다. 실제적으로 어떤 물체도 하나의 흑체와 같이 흡수와 복사를 하지는 않는다. 그럼에도 불구하고 이 단순한 흑체곡선은 천체의 성질을 이해하는 데 실제와 가깝기 때문에 귀중한 도구로 자주 활용된다.

천문학적 적용

지구상에 알려진 어떤 자연 물체도 아주 높은 파장의 복사를 방출하는 것은 없다. 단, 인간이 만들어 낸 핵폭탄의 폭발은 엑스선과 감마선 영역에서 최대 스펙트럼이 나타날 정도로 뜨겁다. 어쨌든 많은 외계 천체들은 자외선과 엑스선을 방출한다. 태양은 그러한 천체 중 하나이다. 하지만 다행

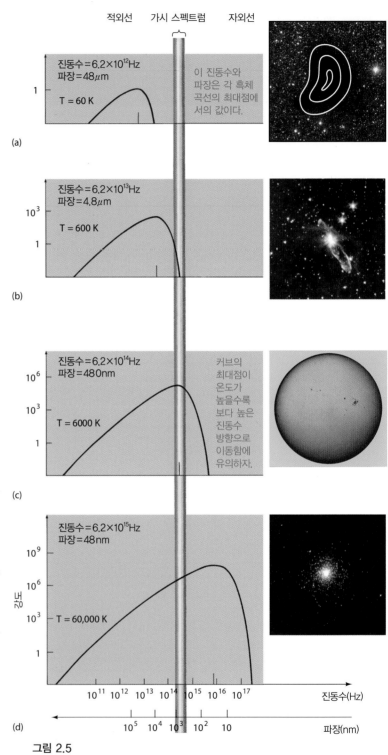

그림 2.5

히 그 강한 복사는 지구 대기에 의해 차단된다.

천문학자들은 멀리 있는 천체들의 온도를 결정하기 위한 온도계로 흑체복사곡선을 이용한다. 즉, 우리가 실제적으로 온도계를 천체에 갖다 대지 않고 흑체 분석을 통해 상당히 정확한 온도를 추정할 수 있다. 예를 들면 태양 스펙트럼 분석을 통해 태양 표면의 온도를 구할 수 있다. 여러 파장으로 태양에서 오는 복사를 관측하면 그림 2.5(c)와 같은 하나의 곡선을 얻을 수 있다. 전자기파 영역의 스펙트럼의 가시광선 영역에서 태양 곡선의 최대점을 활용하면 태양 표면의 온도가 약 6,000K임을 추정할 수 있다. 다른 외계 천체들 중 태양보다 온도가 훨씬 낮거나 높은 것들에는 인간이 볼 수 없는 비가시 영역에서 대부분의 복사를 방출하기도 한다. 한 물체의 색깔은 그 물체의 온도에 대한 많은 것을 우리에게 말해 준다.

도플러 효과

색에 대한 해석은 우리가 인식한 색에 영향을 주는 다른 요인이 있을 수 있기 때문에 그렇게 간단하지가 않다. 예를 들면 어떤 물체의 운동은 그 물체의 측정 색을 변화시킬 수 있다. 이것이 그 유명한 **도플러 효과**이다.

많은 사람들은 기차가 소리를 내면서 지나갈 때 그 소리의 크기가 점점 변하는 것을 경험하였을 것이다. 즉, 기차가 우리를 향해 가까이에 올 때 더 높은 소리를 들을 수 있고, 멀어질 때 더 낮은 소리를 듣게 된다. 상대적인 운동은 우리가 인식한 파장을 이동시킨다. 접근하는 물체에 의해 형성되는 파동은 천문학 용어인 청색이동이라는 보다 짧은 파장 쪽으로 이동되어 나타낸다. 또 우리로부터 멀어지는 물체에 의해 형성되는 파동은 적색이동을 나타내게 된다. 그 이동된 양은 그 물체의 속도와 비례한다.

그림 2.6에서 설명하는 것처럼, 천문학자들은 천체의 적색이동이나 청색이동을 단순하게 측정하여 그 천체의 시선 방향의 속도를 추정하기 위해 도플러 효과를 활용한다. 여기서 빠르게 앞쪽으로 움직이는 우주선 안에 있는 관측자는 우주선 앞쪽에 있는 별을 보면 더 푸르게 보인다. 반면 그 뒤에 있는 별은 더 붉게 보이게 된다. 앞뒤에 있는 별들의 고유 성질이 변하지 않았는데도 말이다. 이와 같은 별들의 색 변화는 별들에 대한 관측자의 상대적 운동 크기와 직접적인 관련이 있다.

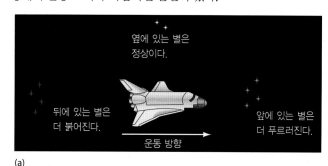

(a)

(b)

그림 2.6

고속도로에서 빠르게 달리는 자동차 운전자가 과속을 하여 교통 경찰관에게 잡히는 경우가 있다. 그림 2.6에서 설명하는 것처럼 경찰관이 활용한 레이더 총은 도플러 효과를 활용하여 멀리서 다가온 자동차의 속도를 측정한다. 도플러 효과는 단순하며 아주 강력하다. 가까이에 위치한 별이나 아주 멀리 떨어진 은하의 운동뿐만 아니라 우주의 팽창에 이르기까지 이 방법으로 속도를 측정한다.

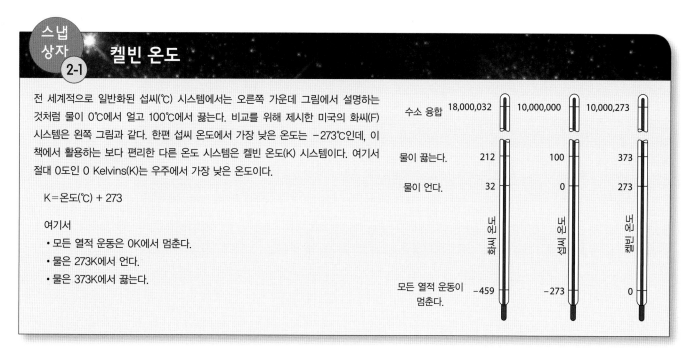

스냅상자 2-1 **켈빈 온도**

전 세계적으로 일반화된 섭씨(℃) 시스템에서는 오른쪽 가운데 그림에서 설명하는 것처럼 물이 0℃에서 얼고 100℃에서 끓는다. 비교를 위해 제시한 미국의 화씨(F) 시스템은 왼쪽 그림과 같다. 한편 섭씨 온도에서 가장 낮은 온도는 −273℃인데, 이 책에서 활용하는 보다 편리한 다른 온도 시스템은 켈빈 온도(K) 시스템이다. 여기서 절대 0도인 0 Kelvins(K)는 우주에서 가장 낮은 온도이다.

K=온도(℃) + 273

여기서

• 모든 열적 운동은 0K에서 멈춘다.
• 물은 273K에서 언다.
• 물은 373K에서 끓는다.

	화씨	섭씨	켈빈
수소 융합	18,000,032	10,000,000	10,000,273
물이 끓는다.	212	100	373
물이 언다.	32	0	273
모든 열적 운동이 멈춘다.	−459	−273	0

분광학

과학자들은 원자가 방출하거나 흡수, 복사하는 방법에 따라 멀리 떨어져 있는 원자의 성질을 결정한다.

복사에 의한 파동 설명은 제2장 3절에 기술한 것과 같이 우주에서 지구에 도달하는 빛 안에 포함되어 있는 힌트와 수수께끼를 해독하기 위해 19세기 천문학자들이 시작하였다. 어쨌든 20세기 들어서 빛의 특성이 파동으로만 설명되지 않는다는 것이 명확히 알려졌다. 복사가 원자 차원에서 물질과 함께 상호 작용을 할 때는 연속적인 파동 형태로 나타나지 않고, 광자라는 입자의 성격을 띤다. 과학자들은 복사에 대한 관측 기술과 이론을 토대로 여러 원자들이 복사를 방출하고 흡수하는 성질을 연구하는 **분광학**이라는 학문을 탄생시켰다. 분광학은 현대 천체물리학의 하나의 필수적인 도구이다.

선스펙트럼(분광선)

복사는 **분광기**로 알려진 도구를 이용하여 분석될 수 있다. 그 기본적인 특징은 그림 2.7에 스케치되었다. 이 그림에서 슬릿과 프리즘을 통과한 빛은 스크린이나 검출기 위에 투사된다. 그림에서 보이는 것처럼, 만약 우리가 순수 수소 기체에 뜨거운 열을 가했다면 그 기체는 밝아지기 시작할 것이다. 즉 복사를 방출할 것이다. 그리고 이 빛이 프리즘을 통과하면 스크린 위에 몇 개의 밝은 선이 나타날 것이다. 수소에 의해 만들어진 빛은 모든 가능한 색깔들을 구성하지는 않지만 좁은 몇 개의 잘 정의된 **선**들을 포함한다.

그림 2.7에서 보여준 분광 방출의 독특한 패턴은 수소 원소의 하나의 성질이다. 또 다른 원소들은 다른 색깔로 스펙트럼의 다른 위치에서 독특한 방출선 스펙트럼을 보인다. 각 원소

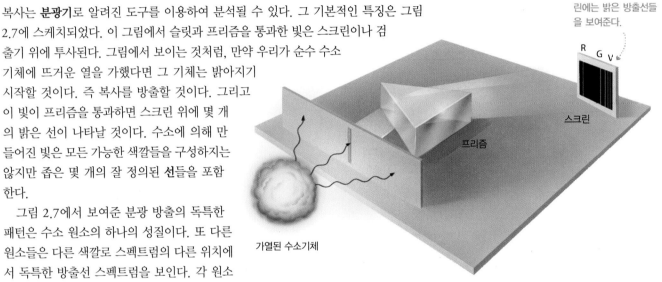

하나의 분광기의 스크린에는 밝은 방출선들을 보여준다.

스크린

프리즘

가열된 수소기체

그림 2.7

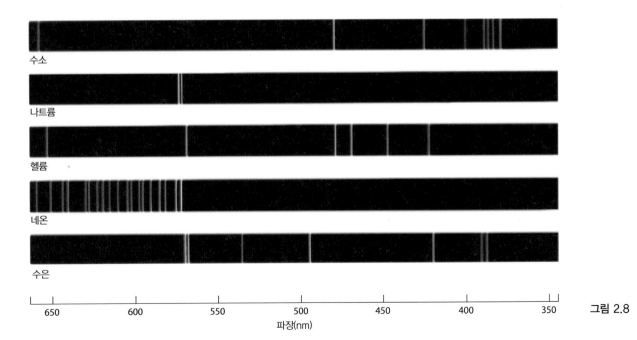

수소

나트륨

헬륨

네온

수은

650 600 550 500 450 400 350
파장(nm)

그림 2.8

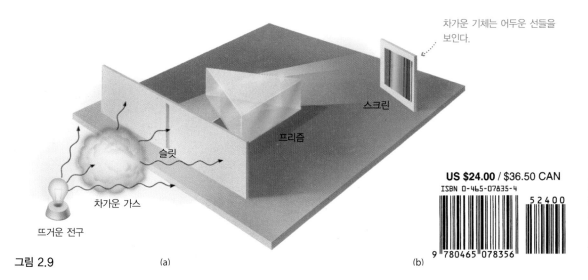

차가운 기체는 어두운 선들을 보인다.

스크린

프리즘

슬릿

차가운 가스

뜨거운 전구

그림 2.9   (a)

US $24.00 / $36.50 CAN
ISBN 0-465-07835-4
9 780465 078356   52400
(b)

선스펙트럼에 대한 하나의 비유로는 물건마다 가격이 매겨져 있는 슈퍼마켓의 바코드와 유사하다.

별 그 패턴은 사람들마다 고유한 지문이나 DNA를 갖고 있듯이 원소에 따라 고유한 패턴을 갖는다. 그림 2.8에서는 수소와 같이 단순한 원소와 수소보다 좀 더 복잡하고 잘 알려진 원소 다섯 가지에 대한 가시 방출 스펙트럼을 보여준다.

많은 천체들은 밝은 방출선이 아니라 어두운 선들을 보인다. 그러한 어두운 **흡수선**들이 나타나는 원리는 그림 2.9의 실험 장치를 통해 이해할 수 있다. 이 선들은 망원경이 관측 천체의 방향을 따라 존재했던 기체들에 의해 제거된 빛의 파장들을 나타낸다. 이 그림은 앞서 보았던 것과 비슷하다. 하지만 여기에서는 하나의 뜨거운 전구라는 원천 빛으로부터 오는 어떤 파장을 차가운 기체가 흡수하는 상황이다. 그러한 흡수선들은 그림 2.7에서 높은 온도로 가열된 기체에 의해 생성되었던 방출선이 나타났던 같은 위치에 정확히 나타난다. 여기서 앞 그림과 유일한 차이점은 개입된 기체(구름)가 차가워 검은 선으로 나타난다는 것뿐이다.

태양빛의 동정

태양은 모든 가시광선 영역에서 수많은 검은 선을 보이는 아주 좋은 예가 되는 천체이다. 그림 2.10은 태양의 가시 스펙트럼의 일부를 보이는 것으로 그림 2.9에서 간단히 스케치하여 보여주었던 스펙트럼보다 훨씬 복잡하다. 태양의 가시 스펙트럼은 밝은 연속 스펙트럼 위에 수많은 흡수선 스펙트럼이 겹쳐져 나타나는데 이것은 제8장에서 보다 구체적으로 조사하게 될 것이다. 태양의 수많은 흡수선 스펙트럼은 태양에 많은 종류의 원소들이 존재함을 의미한다. 제2장 3절에서 논의했던 것처럼 빛의 파동 원리는 우리가 아주 멀리 떨어져 있는 천체 가까이에 직접 가지 않아도 그 천체의 온도를 결정하는 것을 가능하게 했다. 또 분광학(이미 다루었던 빛의 입자성의 이해를 통해)으로 우리는 멀리 떨어져 있는 천체의 화학 조성을 결정하는 하나의 방법을 얻게 되었다. 이 중요한 기술은 과학자들이 아주 멀리 떨어져 있는 외계 연구를 가능하게 하였다.

빨간색에서 파란색까지 48개의 수평 줄의 계열 내로 수직적으로 쌓인 태양의 스펙트럼

그림 2.10

원자와 분자

원자물리는 현대 천체물리학에 필수불가결한 기초를 제공한다.

제2장 4절 다루었던 분광선들에 대한 이해를 위해 모든 물질의 미시적 기본 단위가 되는 **원자**들의 구조에 대한 보다 구체적인 내용을 알 필요가 있다. 여기서 가장 단순한 원소인 수소를 먼저 알아보는 것이 좋을 것이다. 모든 수소 원소는 양전하의 성질을 띠는 양성자 주위에서 궤도운동을 하는 음전하 성질의 전자로 구성되어 있다. 그림 2.11에 보인 것처럼 **양성자**는 원자의 **중심핵**을 형성하고 있다. 이 두 전하는 전기적으로 그 크기가 같기 때문에－단직경 10nm－전체적으로 보아 중성이다. 보다 복잡한 핵은 양성자와 질량이 비슷한 입자인 중성자들을 포함하고 있으며, **중성자**는 전하를 띠지 않는다.

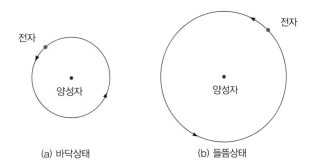

(a) 바닥상태   **(b)** 들뜸상태

그림 2.11

수소 원자가 홀로 있거나 어떤 변화도 없을 때 우리는 수소에 의한 어떤 선스펙트럼도 볼 수 없다. 하지만 그 원자가 어떤 에너지를 받으면 그 에너지는 다른 원자들과의 충돌 원인이 될 수 있고, 그 원자의 구조적인 면에서는 내부적인 어떤 변화의 원인이 된다. 마찬가지로 그 원자가 에너지를 방출하면 그 에너지는 그 원자 내 어떤 곳에서 와야 한다. 원자들에 의해 흡수했거나 방출된 에너지는 궤도운동을 하는 전자들의 운동 변화와 관련되어 있다. 그림 2.11의 수소 원자 모형 스케치는 후에 데니시 물리학자라는 이름으로 알려진 고전적 보어 원자 모형으로 알려져 있다. 그는 대략 한 세기 전에 처음으로 원자 모형을 만들었다. (현대물리학자들은 원자는 핵 주위를 둘러싸고 있는 전자구름으로 보고 있다.) (a)는 가장 낮은 에너지 상태인 **바닥상태**를 묘사하고 있다. (b)는 원자가 **들뜸상태**를 보인다. 여기서 전자는 바닥상태 위의 궤도를 점유하고 있다. 그 전자는 특정 거리에서 궤도운동을 하면서 고유한 특정 에너지 상태를 갖는다. 원자가 복사를 흡수하거나 방출할 때 전자는 이 사이를 움직이면서 그에 해당한 양자 에너지 상태를 갖는다.

복사의 입자성

여기서는 원자를 복사로 연결시키는 것이 요점이며, 우리가 원자 스펙트럼을 해석하는 것을 가능하게 한다. 왜냐하면 전자들은 특정 에너지를 갖는 궤도에서만 위치하기 때문이다. 그리고 원자는 그 전자들이 들뜸상태로 올라가는 데 필요한 특정 에너지 양만을 흡수한다. 마찬가지로 원자들은 그 전자들이 보다 낮은 에너지 상태로 떨어지는 데 필요한 특정 에너지 양만큼만 방출한다. 그 에너지의 양은 두 궤도 사이에서의 에너지 차이로 정확하게 대응되어야 한다. 이것은 양자물리의 하나의 핵심적 내용이다. 즉, 빛은 각각의 아주 특정 양의 에너지를 운반하는 전자기 복사의 작은 꾸러미나 알갱이 형태로 흡수되거나 방출된다. 우리는 이 에너지를 갖고 있는 작은 알갱이를 **광자**라고 부른다.

빛이 가끔 파동 형태를 보이지 않고 입자의 흐름으로 보인다는 생각은 1905년 아인슈타인이 처음 제안하였다. 그는 빛의 색과 광자 에너지는 서로 연결된다는 것을 간단한 방정식으로 표현하여 제안하였다. 이를 통해 그는 1919년 노벨상을 받았다.

광자 에너지 $\propto$ 복사 진동수

수소 방출

그림 2.12는 변화를 겪고 있는 수소 원자를 간단히 스케치하여 보인 것이다. 왼쪽 그림은 원자가 첫 번째 들뜸상태(핵에서 보다 먼 방향으로)로 들뜨는 데 필요한 자외선 광자가 수소 원자에 흡수되고 있는 것이 보이고 있다. 또 오른쪽 그림은 처음 광자가 갖는 에너지와 정확하게 같은 에너지를 방출하면서 바닥상태로 되돌아오는 모습을 보이고 있다.

만약 수소 원자가 더 큰 에너지를 받았다면 보다 높은 들뜸 위치까지 간다. 들떠 있던 전자는 여전히 많은 광자를 방출하는 과정을 거치면서 다른 에너지에 해당한 다른 색을 내면서 바닥상태로 되돌아올 것이다. 이 경우 결과적인 스펙트럼은 여러 구별되어 보이는 선스펙트럼을 보인다.

이 책에서 보인 많은 성운들은 색깔 면에서 붉게 보인다. 그림

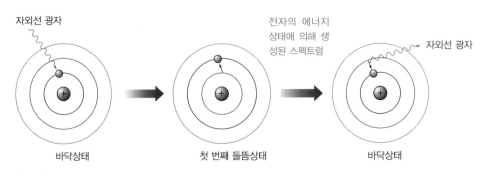

그림 2.12

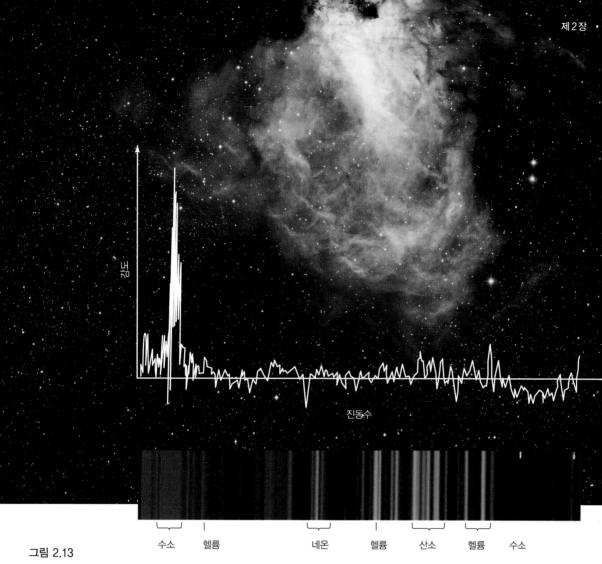

진동수

수소   헬륨   네온   헬륨   산소   헬륨   수소

그림 2.13

2.13은 M17로 알려진 성운의 좋은 예로 제10장에서 우리가 공부할 아기별들의 방이다. 붉은색은 대부분 이 성운에 포함되어 있는 수소의 엄청난 양에 따른 수소 전자들이 세 번째 에너지 준위에서 두 번째 준위로 움직이면서 나타난 결과이다. 성운 위에 겹쳐둔 그림은 수소 이외에 많은 다른 원소가 이 성운에 포함된 결과, 밝거나 어두운 선으로 수소선과 함께 보이는 가시 스펙트럼이다.

분자

분자는 원자들이 그들 궤도 전자 사이에서 화학적 결합이라고 불리는 상호작용을 하면서 단단하게 묶여 있는 원자들의 결합체이다. 분자들은 에너지를 흡수하거나 방출할 때보다 복잡한 스펙트럼을 보이기 때문에 원자들보다 복잡하다. 전자 궤도들 사이에서 전이 결과로 나타난 선스펙트럼에 추가하여, 분자선에는 원자에는 가능성이 없는 두 가지의 다른 종류의 변화에 기인한 분자 선스펙트럼이 있다. 그림 2.14에 스케치하여 보인 것처럼 분자는 회전하거나 진동할 수 있다. 이와 같은 특별한 운동은 전파와 적외선 영역에서 전형적인 새로운 분광선을 만들어 낸다. 원자들에서처럼 분자선들도 과학자들이 분자의 종류를 해독하거나 연구가 가능한 독특한 흔적이 있다. 어쨌든 분자 스펙트럼은 보통 전자 스펙트럼과 약간 유사하다.

분자는 복잡한 스펙트럼을 보인다. 왜냐하면 그들은 구조가 복잡하기 때문이다.

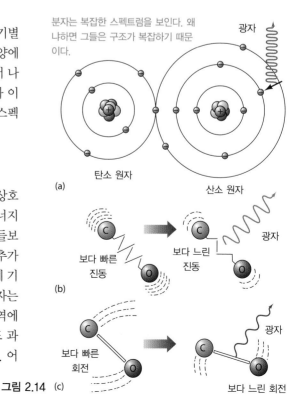

광자

탄소 원자   산소 원자
(a)

보다 빠른 진동   보다 느린 진동   광자
(b)

보다 빠른 회전   보다 느린 회전   광자
(c)

그림 2.14

광학망원경

망원경은 기본적으로 빛을 담는 통이다. 망원경의 주요 기능은 가능하면 많은 복사를 얻는 것이다.

천문학은 많은 관측이 수반되는 관측과학이다. 우주 현상에 대한 꼼꼼한 관측은 천체의 성질을 이론적으로 명료하게 이해하는 데 늘 선행된다. 20세기 중반까지 광학 영역에서 작동되었던 모든 망원경은 가시광선을 검출하는 데 활용되었다.

반사망원경과 굴절망원경

망원경은 기본적으로 빛을 담는 통이다. 그 주요 기능은 분석하고자 하는 하늘의 주어진 영역이나 천체에서 오는 복사를 가능하면 많이 얻고자 하는 것이다.

그림 2.15는 두 가지 형태의 광학망원경을 보여준다. **반사망원경**은 빛을 모으기 위하여 곡면 거울을 활용한 망원경이다. 이와 대비하여 **굴절망원경**은 렌즈를 활용한 망원경으로서 그 목적을 달성하기 위해 반사보다는 굴절 원리를 이용하여 입사된 빛을 모아 얻는다. 각 경우 초점면에 맺힌 영상은 접안렌즈라는 확대기를 이용하여 확대하여 볼 수 있다. 현재 작동하고 있는 망원경 중 가장 큰 것은 하와이 켁 관측소에 있다. 그것은 마우나키산 정상 양쪽에 거울 직경이 10m(대략 차고 두 배의 크기)인 망원경 두 대가 있다. 그림 2.16에는 세계에서 가장 큰 지상관측소(4km)에 유명한 다른 망원경들과 함께 두 대의 켁 관측소 돔이

중심의 주황색 옷을 입은 기술자를 잘 보시오.

캐나나-프랑스-하와이 망원경
북제미니 망원경
영국 적외선 망원경
나사 적외선 망원경
켁 2
켁 1

그림 2.16

있는 모습이다. 삽입된 사진은 켁 거울 중 하나와 일본의 스바루 망원경이다.

민감도와 분해능

현대 망원경은 제3장에서 다루었던 갈릴레오의 첫 번째 단순한 망원경에서 출발하여 긴 여정을 거쳐 발전해 왔다. 수많은 시간을 거치면서 발전해 온 망원경은 두 가지 주요한 이유 때문에 크기 면에서 안정적인 성장을 보여주었다. 그 첫째는 망원경 구경을 크게 하여 빛을 많이 모아 감도를 높인 점이다. 망원경의 빛을 모으는 능력은 주거울 직경의 제곱에 비례하는 주거울의 빛 **수집 면적**에 달려 있다. 둘째는 망원경의 분해능으로서 얼마나 세부적인 모습을 볼 수 있느냐이다. 간단하게 말하여 큰 망원경은 작은 망원경보다 많은 빛을 모을 수 있다. 이에 천문학자들은 밝은 천체에서 얻은 정보뿐만 아니라 희미한 천체들의 세부적 정보까지 얻기 위해 큰 망원경을 활용한다. 분해능은 특별히 천문학에서 필요한 개념이다. 보다 세부적인 **각분해능**은 천체들을 보다 잘 구별하여 볼 수 있다. 그림 2.17은 제2장 1절에서 보였던 안드로메다은하를 분해능을 증가시킨 결과이다. 보다

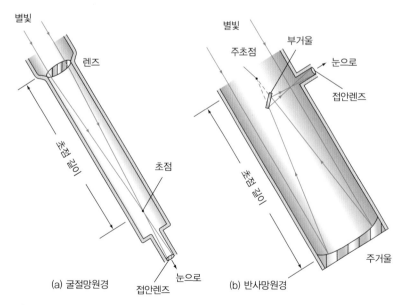

별빛
렌즈
초점 길이
초점
(a) 굴절망원경
접안렌즈
눈으로

별빛
부거울
주초점
눈으로
접안렌즈
초점 길이
주거울
(b) 반사망원경

그림 2.15

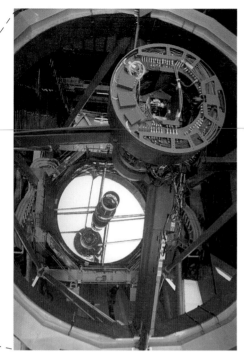

안쪽의 스바루
망원경을 잘 보
시오.

(a)

(b)

그림 2.17

큰 망원경으로 본 (b) 영상이 얼마나 더 개선되어 선명해졌는지 주의 깊게 보아라.

　또 컴퓨터는 관측천문학에서 역동적인 역할을 한다. 오늘날 대부분의 큰 망원경은 컴퓨터로만 작동되거나 컴퓨터 도움을 받아 사람이 함께 작동한다. 획득된 영상과 자료는 컴퓨터 프로그램으로 쉽게 읽거나 작동될 수 있는 형태로 기록한다. 대부분의 망원경은 CCD라는 전하결합소자를 활용하여 데이터를 검출하고 저장한다. 이러한 기술은 빛을 전하 신호로 실리콘칩에 저장하는 디지털 카메라나 홈비디오를 활용하는 방식과 같다. 즉, 빛을 이미지 형태로 재구성하여 칩에 담을 수 있게 된 것이다.

(Laser Guide Star, LGS)을 만들어 대기의 왜곡 현상을 측정한다. 이렇게 측정된 데이터를 망원경으로 관측한 퍼져 보이는 별 영상에 보정하면 선명한 별 영상을 얻을 수 있다. 이러한 **적응광학** 기술은 현대 망원경 설계 분야에서 선두를 확보하고 있다. 천문학자들은 지상대형망원경이 우주공간에서 얻을 수 있는 높은 해상도만큼의 분해능을 얻을 수 있는 한 가지로 인정하고 있다.

새로운 망원경 설계

가장 질 높은 최고의 광학계나 가장 좋은 관측지가 있다 할지라도 지구 대기의 난류는 아직까지 망원경의 분해능을 높이는 데 그 한계를 주고 있다. 먼 별에서 온 별빛은 검출기에 춤을 추는 듯한 영상으로 만들어지는데, 이는 지구 대기가 무작위로 변화하여 굴절되어 나타난 결과 때문이다. 또 이러한 대기의 연속적인 변화는 별반짝임의 원인이 된다. 지상망원경으로 얻어낸 별 영상은 최소 각초로 몇 초 이상 항상 이러한 효과가 포함되어 나타난다. 최근 천문학자들은 이러한 별 퍼짐 효과가 나타나지 않는 기술을 개발하여 아주 선명한 영상을 얻을 수 있게 되었다. 그림 2.18은 칠레에 있는 8.2m나 되는 4개의 거울을 이용한 지상 최대의 망원경으로서 천문학자가 시선 방향의 별을 관측할 때, 별 영상이 지구 대기에 의해 번져 보이는 현상을 보정해 주기 위해 레이저를 이용한 적응광학이라는 기술을 활용해 선명한 별 영상을 얻을 수 있게 되었다. 즉, 밤하늘 상공 위에 가상의 별

이중성 카스토르가 적응과학 광학계에서 더
잘 분해되어 보인다.

그림 2.18

전파망원경

우주에 있는 몇 가지 천체들은 사람 눈으로는 직접 볼 수 없지만 전파망원경으로는 검출할 수 있다.

맑은 날 지구 대기를 통과하는 가시 복사와 함께 우주 전파 복사도 지상에 도달한다. 그림 2.4에서 살펴보았던 것처럼 전자기 스펙트럼에서 전파 창은 광학 창보다 더 넓다. 왜냐하면 대기는 장파장 복사를 방해없이 잘 통과시키기 때문이다. 이에 전파천문학자들은 우주에서 우리에게 오는 전파 파장의 복사를 검출할 수 있는 **전파망원경**을 지상에 많이 세웠다.

전파망원경의 필수사항

그림 2.19는 미국 서버지니아 그린뱅크에 있는 국립전파천문대에 위치한 안테나 직경이 105m인 세계 최대 전파망원경이다. 이 전파망원경 높이는 워싱턴 기념탑과 비슷하고 자유의 여신상보다 큰 150m이다. 오른쪽의 삽입 그림은 전파가 입사하여 들어오는 길을 보여준다. 입사된 전파는 먼저 큰 접시에서 모아져서 초점 위치로 반사된 다음 검출기로 들어간다. 대부분의 전파망원경은 반사망원경보다 크지만 기본적으로 같은 설치 방식으로 세워진다. 전파망원경은 두 가지 이유 때문에 더 크다. (1) 물리법칙을 토대로 볼 때, 장파장의 전파를 모으는 전파망원경은 단파장의 가시광선을 모으는 광학망원경처럼 정확하게 초점을 맞출 수 없다. 그래서 이를 보상하려면 전파망원경의 크기를 키워야 한다는 것이다. (2) 우주 전파 신호는 아주 약하다. 이에 그 약한 전파 신호를 더 많이 모으려면 전파망원경의 크기를 더 크게 해야 한다. 사실 지구 전체 표면에 수신된 전파 에너지의 총량은 1조분의 1와트보다 작다. 이와 비교하여 밤하늘 밝은 별들에서 우리 지구에 들어오는 가시광선은 약 천만 와트 정도 된다. 그림 2.20은 같은 어떤 은하(두 은하가 충돌하고 있는 것처럼 보이는)의 전파 및 가시광선 영상을 비교한 것이다. 왼쪽은 전파 그림이고, 오른쪽은 일반적인 가시광선 사진이다. 이 두 영상의 서로 다른 부분에 대한 정보를 얼마나 잘 제공하고 있는지 주의 깊게 잘 살펴보아라. 광학천문학과 전파천문학은 어느 방법이 더 좋고 아니고가 아니라 서로 보완적이다.

이것은 왼쪽의 그린뱅크 전파망원경 사진을 모식도로 나타낸 것이다.

입사되고 있는 복사

초점

검출기

수집 영역

그림 2.19

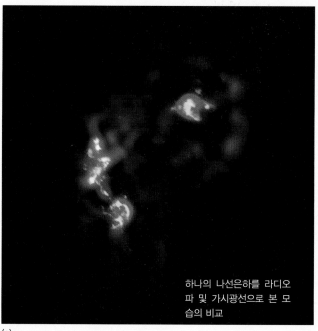

하나의 나선은하를 라디오파 및 가시광선으로 본 모습의 비교

(a)

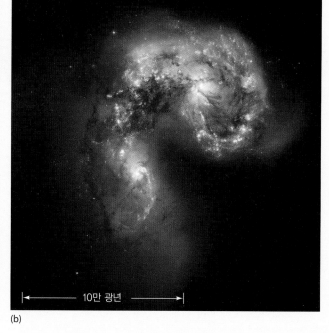

|← 10만 광년 →|

(b)

그림 2.20

간섭계

전파천문학자들은 같은 천체를 같은 파장, 같은 시간에 하나의 **간섭계**를 가지고 관측하는 것처럼 두 대 이상의 전파망원경을 이용하여 하나의 천체를 관측하여 각 분해능을 높여 보다 세부적인 정보를 얻는다. 그림 2.21은 멕시코 사막에 위치한 30km 폭의 간섭계 시스템을 적용한 아주 긴 전파망원경 배열(Very Large Array, VLA)이다. 각 안테나에서 수신된 신호들은 하나의 중앙 컴퓨터에서 모아지고 전파망원경 배열 직경에 대응되는 유효 해상도로 하나의 영상을 만들어 낸다. 그림 2.20의 왼쪽 사진의 은하 전파 영상은 18쪽에서 보여준 칠레 안데스 산맥 높은 곳에 위치한 66개의 전파망원경이 하나의 팀을 이루어 작업한 뉴 알마

(ALMA)를 활용하여 얻은 것이다. 가장 큰 간섭계 시스템은 여러 대륙에 펼쳐진 많은 전파망원경으로 이루어져 있다. 북아메리카, 유럽, 러시아 그리고 오스트레일리아를 잇는 전형적인 대규모 전파망원경 간섭계 시스템을 갖추고 있는 곳에서는 최고 광학망원경보다 100배 이상의 각분해능을 갖는 관측 결과를 확보해 가고 있다.

전파천문학의 이점

가시광선과 다르게 전파는 지구 대기에 의해 반사되거나 산란되지 않는다. 그리고 태양은 가시광선에 비하여 전파 에너지가 상대적으로 약하다. 결과적으로 전파 관측은 밤하늘뿐만 아니라 낮 시간에 이르기까지 24시간 모두 전 하늘에 걸쳐 수행할 수 있다. 전파 관측은 구름이 낀 날도 가능하며, 어떤 전파망원경은 비나 눈이 오는 상황에서도 아주 긴 파장의 전파 관측이 가능하다. (모든 비가시 천문학 영역을 포함한) 전파천문학의 가장 큰 이점은 우주에 대한 하나의 전체적인 새로운 창을 열었다는 점이다. 여기에는 두 가지 이유가 있다. 첫째 전파를 강력하게 방출하는 많은 천체들은 가시광선을 조금만 방출하거나 거의 없다. 따라서 이러한 천체들은 전파 관측을 통해 연구하게 된다. 둘째 가시광선은 시선 방향에 있는 먼 곳에 위치한 천체를 성간먼지 등에 의하여 강하게 흡수된다. 하지만 전파는 일반적으로 성간물질에 의해 영향을 훨씬 덜 받는다. 즉, 우주의 많은 영역은 가시광선 관측으로는 어렵지만 전파 관측으로는 가능한 곳이 많다. 전파 관측을 통해 우리는 그동안 우리가 완전히 알기 어려웠던 영역까지 이해할 수 있게 되었다.

그림 2.21

우주 기반 천문학

우주망원경은 지상에서 검출하기 어려운 파장의 빛까지 본다.

광학 및 전파천문학은 천문학 영역에서 가장 오래된 영역이다. 하지만 지난 수십 년에 걸친 우주시대에는 그러한 전자기 스펙트럼의 나머지 영역을 확장시키는 관측 기술이 폭발적으로 증가하였다. 전체적인 스펙트럼의 확보는 천체를 보다 명료하게 보는 것뿐만 아니라 어떤 천체의 전체적이고 세부적인 사항까지 볼 수 있는 기초가 된다. 천문학자들은 우주에서 오는 모든 스펙트럼의 전 영역, 즉 엑스선, 감마선, 가시광선, 적외선, 전파 영역까지 연구한다. 이러한 파장에 따른 천문학 영역의 증가는 우주 프로그램을 보다 빠르게 발전시키는 데 도움이 된다.

허블우주망원경

허블우주망원경은 우주공간에서 작동되는 가장 크고, 가장 복잡하며, 최고의 민감도를 자랑하는 가장 비싼 천문대이다. 나사와 유럽 항공우주국이 합작한 허블 공동 프로젝트 결과는 천문학자들에게 시상망원경보다 해상도에서 약 10배 이상, 빛에 대한 민감도는 약 30배 이상의 성능을 갖고 우주를 탐험할 수 있는 기회를 마련해 주었다. 허블망원경에는 우주비행사가 없으며 허블망원경이 어떤 다른 우주 기반 천문대에 설치되어 있는 것도 아니다. 허블망원경은 지상에서 명령을 받아 원격으로 조종되고 있다.

그림 2.22는 우주에 떠 있는 허블망원경을 보여주며, 삽입된 모식도는 이 망원경의 내부를 보여주고 있다. 이 망원경은 약 600km 우주 상공에서 95분마다 지구 주위를 돌고 있다. 이 망원경에 들어온 빛은 오른쪽 경통으로 들어가 중심 부근의 희미한 푸른색 주경에 부딪힌다. 거기에서 그 반사된 빛은 거울 왼쪽 뒷부분의 여러 가지 색으로 나타낸 몇 가지 다른 검출장치로 들어가게 된다.

지난 20년 동안 허블망원경은 교과서의 천문학 내용을 다시 기술하도록 하는 데 도움을 줄 정도의 혁명적 업적을 남겼다. 이 천문대는 아주 높은 선명도로 우주 관측의 관측 한계에 이르는 새롭게 태어나는 은하 영역까지 관측하였다. 이러한 결과들은 엄청나게 큰 거성부터 행성보다는 약간 큰 아주 작은 왜성에 이르기까지 여러 크기의 항성계 진화뿐만이 아니라 천체물리에 대한 새로운 관점을 제공해 주었다. 허블망원경 관측 결과는 또한 과학자들에게 아주 오래전에 형성된 행성과 위성 그리고 작은 파편들에 대한 새로운 관점을 제공하였다.

적외선과 자외선 천문학

많은 성간기체의 절대온도는 100K 이하이다. 그러한 적외선 영역은 그 기체를 이루고 있는 물질을 연구하는 데 있어서 스펙트럼의 최고 영역이다. 일반적으로 적외선망원경은 광학망원경과 비슷하다. 하지만 적외선 검출기는 가시광선보다 긴 장파장 복사에 민감하다. 적외선은 여러 우주 천체를 둘러싸고 있는 티끌과 기체를 뚫는다.

몇 파장대의 적외선 연구는 지상에서 이루어지지만, 대부분의 최근 적외선 연구는 우주에서 이루어지며 로켓, 풍선, 인공위성 등을 이용한다. 이 중 최고는 스피처 우주망원경이다. 이 우주망원경은 지구 궤도를 도는 것이 아니라 태양계 행성처럼 태양 주위의 궤도상에서 지구를 따라 궤도운동을 하면서 관측을 수행한다. 스피처 망원경이 성실하게 잘 관측한 결과 자료는 우리가 직접 볼 수 없는 영역에 대한 통찰력을 제공해 주고 있다.

그림 2.23은 별이 태어나고 있는 기체가 많은 영역과 들뜬 기체 주변에 별들이 집단으로 모여 있는 오리온성운 중심 영역에

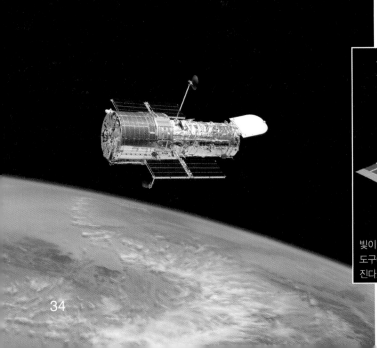

우주비행사에 의해 설치된 조그만 보정 거울 위치

안내 센서

주거울

빛이 이곳으로 들어간다

태양 전지판

빛이 여기에 있는 도구에 의해 모아진다.

검출기들

그림 2.22

하나의 가스 성운을
가시광선 및 적외선
으로 본 모습의 비교

(a)

(b)

그림 2.23

대한 광학 및 적외선 영상을 비교한 것이다. 왼쪽 광학 영상은 혼란스러운 장면으로 보인다. 하지만 오른쪽에 있는 적외선 영상은 혼란스러운 장면을 보다 명료하게 구분할 수 있도록 해준다.

　자외선 관측은 가시광선보다 짧은 파장 영역(그림 2.4 참조)에서 관측 결과를 제공한다. 자외선망원경은 우주에서 별의 죽음과 함께 수반되는 별의 활동이나 은하 충돌과 같은 은하 활동 등에 대한 정보를 제공한다.

고에너지 천문학

엑스선이나 감마선 같이 고에너지 광자는 지상에 도달하지 못하기 때문에 지구 대기 상단에서 검출되어야 한다. 그러한 고에너지 복사는 저에너지 복사 에너지를 검출하는 장비와는 달리 특별하게 설계된 장비로 검출해야 한다. 엑스선이나 감마선은 표면의 어떤 종류에 의해 쉽게 반사되지 않을 수 있다. 그것들은 어떤 물질일지라도 부딪혀 흡수되거나 바로 통과된다. 엑스선이 어떤 표면을 겨우 스칠 때 약하게 반사하면서 초점 방향으로 진행되어 영상을 만들 수 있다. 감마선을 영상화하는 방법은 아직 아무도 고안해내지 못했다. 그래서 천문학자들은 간단하게 감마선망원경을 이용하여 광자를 센다. 결과적으로 최고의 감마선망원경은 많은 광학망원경과 비슷한 해상력을 갖고 있지만, 감마선망원경은 아직 해상도에서 약 1° 정도로 거칠다. 오늘날 최고의 성능을 자랑하는 고에너지 망원경 중 하나는 찬드라 엑스선망원경이다. 케이프–커내버럴에서 진수를 위해 준비하고 있는 그림 2.24에서 보이는 찬드라 엑스선망원경은 지금도 (달에 대한 세 번째 방법을 취하는 타원 궤도로) 우주에서 여행을 하면서 관측 활동을 하고 있다. 찬드라 엑스선망원경은 우주에서 초신성, 활동은하 그리고 블랙홀과 같은 격렬한 천체에 대한 구체적 정보를 천문학자들에게 제공해 주었다. 고에너지 광자를 보다 넓은 파장 영역에서 얻을 수 있는 나사의 페르미 감마선 우주망원경은 감마선 천문학에서 가장 최신의 우주를 보는 창이다.

그림 2.24

요약

LO1 **가시광선**(p. 21)은 **전자기 복사**(p. 20)의 특별한 한 가지 **파동**(p. 21)의 형태로 우주공간을 여행한다. 하나의 파동은 그 **주기**(p. 21)로 특징지어진다. 한 주기에

해당한 시간의 길이는 완전히 순환적이다. **파장**(p. 21)은 연속적인 파고점 사이의 거리이다. 진폭은 진동의 중심에서 마루나 골까지의 거리이다. 파동의 **진동수**(p. 21)는 1초 동안 수면의 한 부분이 마루 또는 골이 되는 횟수를 말한다.

LO2 흰빛이 프리즘을 통과하면 구부러지거나 굴절된다. 빛의 다른 진동수는 그 구성색 안에 있는 나누어진 다른 양에 의해 굴절된 가시스펙트럼을 나타낸다. 가시광선의 색은 그 파장을 나타낸다. 즉,

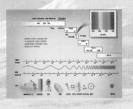

빨간빛은 파란빛보다 긴 파장을 갖는다. 전체적인 **전자기 스펙트럼**(p. 23)은 **전파**, **적외선 복사**, 가시광선, **자외선 복사**, **엑스선** 그리고 **감마선**(p. 21)으로 구성된다.

LO3 천체의 **온도**(p. 24)는 그 천체를 이루고 있는 구성 입자의 속도의 측정이다. 하나의 뜨거운 천체에 의해 방출되는 다른 진동수의 복사 강도는

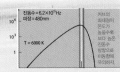

흑체복사곡선(p. 24)으로 불리는 분포 특성을 갖는다. 흑체 복사 곡선은 오로지 천체의 온도에 의해서만 영향을 받는다.

LO4 **분광기**(p. 26)는 복사에너지를 파장에 따라 나누는 도구로 구체적 연구를 위해 스크린이나 검출기 위에 그 빛을 비친다. 많은 뜨거운 물체들은 모든 파장의 빛을 담고 있는 연속 스펙트럼 형태로

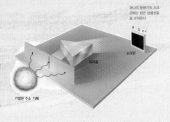

복사 에너지를 방출한다. 뜨거운 기체는 특정 색의 특정 파장에서 몇 개의 잘 구분된 **방출선**(p. 26)을 포함한 방출 스펙트럼을 만든다. 차가운 기체를 통과한 복사는 기체의 방출 스펙트럼에서 보였던 것과 같은 파장에서 **흡수선**(p. 27)을 만든다.

LO5 **원자**(p. 28)는 양의 전하를 갖는 **양성자**(p. 28)와 전기적으로 중성의 성질을 띠는 **중성자**(p. 28)로 구성된 무거운 **중심핵**(p. 28) 주위를 도는 음의 전하를 띠는 전자로 구성되어 있다. 전자들은 하나의 원자 안에 있는 에너지 준위 사이를 **광자**(p. 28)의

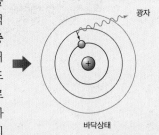

형태로 흡수되거나 방출된 에너지 차이만큼 움직인다. 왜냐하면 에너지 준위에 따라 명료한 에너지의 크기를 갖고, 광자들은 또한 분명한 에너지를 갖는다. 그런 이유로 포함된 원자의 유형 속성에 맞는 색깔을 갖게 된다. 보다 복잡한 원자나 **분자**(p. 29)는 일반적으로 보다 복잡한 스펙트럼을 만든다.

LO6 **망원경**(p. 30)은 먼 천체에서 오는 빛을 가능하면 많이 얻기 위한 도구이다. 그리고 모아진 빛은 검출기로 전달된다. 대형망원경 대부분은 반사망원경이다. 왜냐하면 반사망원경은 굴절망원경보다 더 큰 구경으로 제작이 용이하여 더 많은 빛을 모을 수 있기 때문이다. 망원경의 빛을 모으는 능력은 그 망원경 거울 직경의 제곱에 비례하는 빛을 모으는 **수집 면적**(p. 30)에 달려 있다. 천문학자

들이 아주 어두운 천체를 연구하기 위해서는 대형망원경이 필요하다. 대형망원경은 또한 지구 대기에 의한 퍼짐효과를 극복할 수 있는 보다 나은 **각분해능**(p. 30)을 갖는다.

LO7 **전파망원경**(p. 32)은 개념적으로 광학 반사망원경과 그 구조가 유사하다. 전파망원경은 일반적으로 광학망원경보다 크다. 우주로부터 도착한 전파 복사가 아주 적기 때문에 전파망원경의 면적을 크게

하는 것은 필수적이다. 불리한 점은 장파장의 전파를 얻기 때문에 분해능 면에서 그 한계가 있다. **간섭계**(p. 33)처럼 여러 개의 전파망원경을 함께 활용하면 이러한 문제점을 극복하여 높은 분해능을 얻을 수 있다. 그러한 원리적 이점은 천문학자들이 가시광선으로는 전혀 볼 수 없는 전파 천체가 있는 먼 우주까지 전체적으로 탐구하는 것을 가능하게 하였다.

LO8 적외선망원경과 자외선망원경은 설계 면에서 광학계와 비슷하다. 일정 적외선 영역의 연구는 대형 지상 적외선망원경으로 가능하다. 자외선 천문학은 우주공간에서 이

루어져야 한다. 전자기 스펙트럼의 엑스선이나 감마선 영역을 다루는 고에너지 망원경은 우주공간에서 다루어져야 한다. 지구 대기는 이 짧은 파장들에 대해서는 불투명하다(즉, 통과시키지 못함). 엑스선망원경은 비록 거울 설계가 광학계보다 복잡하기는 하지만 그 시야의 관측 천체를 영상화할 수 있다. 감마선망원경은 간단히 해당 천체에 망원경 방향을 맞추어 광자를 수집한다.

POS 문제들은 과학의 과정을 탐구하는 문제이고, LO 문제들은 학습 목표에 초점을 맞추고 있고, VIS 문제들은 보이는 정보들을 이해하고 해석하는 데 초점을 맞추고 있다.

복습과 토론

1. 파장은 무엇인가?
2. LO1 별빛은 우주공간을 통해 여행하다가 결국 지구에 있는 어떤 사람에게 도착된다. 별빛이 별을 떠나 우리에게까지 오는 길을 설명해 보라.
3. 흰색을 만들기 위해 결합된 색들을 말해 보라. 우리가 다르게 인식하는 그 여러 색은 무엇인가?
4. LO2 전파, 적외선 복사, 가시광선, 자외선 복사, 엑스선 그리고 감마선은 어떻게 구별하는가?
5. 천문학자들은 천체의 속도를 측정하는 데 도플러 효과를 어떻게 활용하는가?
6. POS 만약 지구가 구름으로 완전히 덮여 있어서 우리가 하늘을 볼 수 없다면 우리는 어떻게 구름 바깥 영역을 알 수 있을까? 어떤 형태의 복사를 받을 수 있을까?
7. LO3 붉고 뜨겁게 가열된 석탄이 나타내는 복사를 흑체복사곡선의 형태로 나타내 보라.

8. LO4 분광학이란 무엇인가? 천문학자들은 어떻게 분광학을 이용하여 별의 온도와 화학조성을 결정하는지 설명하라.
9. 광자란 무엇인가?
10. LO5 들뜬 원자는 어떻게 특정 파장에서 복사를 흡수하거나 재방출하는가?
11. 퍼져 있는 기체를 통과해 온 빛이 어떻게 흡수 및 방출 스펙트럼을 만들어 내는지 설명하라.
12. LO6 천문학자들은 왜 가능하면 큰 망원경을 활용하려고 하는가?
13. 지상 광학망원경으로 별빛을 얻을 때 지구 대기는 어떤 영향을 주는가?
14. LO7 전파 기술로 최고의 연구를 할 수 있는 도구는 무엇인가?
15. 간섭계는 무엇인가? 그리고 그것은 전파천문학의 무슨 문제를 해결해 주는가?
16. LO8 POS 복사를 다양한 파장으로 얻어 천체들을 연구하면 어떠한 점이 유리한가?

진위문제

1. 하나의 흑체는 한 진동수(파장)로 모든 복사를 방출한다.
2. 지구 대기는 모든 형태의 전자기 복사에 투명하다.
3. 물체가 방출하는 최대 파장을 이용하면 그 물체의 온도를 결정할 수 있다.
4. 수소 방전관에 의해 만들어진 방출 스펙트럼을 상상해 보자. 수소방전관 내에 있는 수소의 양을 변화시키면 선스펙트럼의 색깔이 변할 것이다.
5. 앞 질문에서 유리관에 수소 대신 헬륨을 넣으면 스펙트럼에 나타

나는 선의 색이 변할 것이다.
6. 어떤 원소에 의해 만들어진 방출선의 파장은 같은 원소에 의해 만들어진 흡수선 스펙트럼의 파장과 다르다.
7. 하나의 규칙처럼 큰 망원경은 보다 어두운 천체를 검출할 수 있다.
8. 온도가 300K인 천체는 적외선망원경으로 관측하기에 아주 좋은 천체이다.

선다형문제

1. 자외선 복사와 비교하여 적외선 복사는 더 큰 (a) 파장 (b) 진폭 (c) 진동수 (d) 에너지를 갖는다.
2. 태양보다 훨씬 차가운 별은 (a) 빨간색 (b) 파란색 (c) 더 작은 모습 (d) 더 큰 모습을 나타낼 것이다.
3. 지구 방향으로 움직이는 천체가 방출하는 흑체곡선의 최대점은 (a) 보다 큰 강도로 (b) 보다 큰 에너지 쪽으로 (c) 보다 긴 파장 쪽으로 (d) 보다 낮은 강도로 움직일 것이다.
4. 어떤 별에 대해 지상에서 얻은 스펙트럼과 지구 대기 상단에서 얻은 스펙트럼을 비교하면 (a) 흡수선 스펙트럼 없이 (b) 보다 적은 방출선 스펙트럼이 (c) 보다 적은 흡수선 스펙트럼이 (d) 아주 많은 흡수선 스펙트럼이 보일 것이다.

5. 천문학자들은 별의 (a) 온도 (b) 화학 조성 (c) 운동 (d) 앞의 모두를 결정하기 위해서 별빛을 분석한다.
6. 전문적인 대형천문대를 산꼭대기에 세우는 이유는 (a) 도시 불빛을 피하기 (b) 비구름 위에 있기 (c) 지구 대기에 의해 별 퍼짐 효과를 줄이기 (d) 색수차를 개선하기 위해서이다.
7. 전파망원경은 광학망원경과 비교하여 볼 때 (a) 구름을 통과하여 볼 수 있다. (b) 낮 시간 동안에도 볼 수 있다. (c) 보다 세부적으로 분해할 수 있다. (d) 성간물질을 통과시킬 수 있다.
8. 성간먼지구름 뒤에 숨어 있는 젊은 별을 연구하는 데 가장 좋은 방법은 (a) 엑스선 (b) 적외선 (c) 자외선 (d) 푸른빛이다.

활동문제

협동 활동 태양 스펙트럼을 관찰하여 파장 스케일로 나타내 보라. 구글은 참고자료를 얻기 좋은 곳이다. 몇 개의 흡수선을 선택하여 내삽을 통해 그들의 파장을 결정해 보라. 그리고 각 선스펙트럼을 만든 각 원소들을 동정해 보라. 희미한 선스펙트럼보다는 아주 어둡게 잘 형성된 선스펙트럼을 이용해 동정해 보라. 몇 개의 원소를 어떻게 발견하였는가?

개별 활동 겨울철의 오리온별자리를 보자. 이 별자리에서 가장 밝은 별은 베텔지우스와 리겔이다. 어떤 별이 더 뜨거울까? 어떻게 이를 알 수 있을까? 하늘에 산재해 있는 여러 다른 별 중 상대적으로 뜨거운 별과 보다 차가운 별을 구분해 보자.

3

태양계

태양계에 대한 우리의 지식은
매우 빠르게 진행되어 한 세대가 지나기도
전에 지난 모든 세기 동안 배운 지식보다
태양계에 대하여 더 많은 것을 알게 되었다.

우주시대를 살아가면서 우리는 우주 속에서 우리가
살고 있는 세상을 바라보는 관점도 현대적으로 익숙해졌다.
우주에서 찍은 우리 지구의 영상은 지구가 둥글다는 사실에 의심의
여지를 남기지 않으며, 우리가 태양의 주위를 공전하고 있다는 사실에 아무도
의문을 제기할 수 없도록 만들었다. 하지만 우리 조상들이 지구가 편평하며 모든 사물의 중심에 놓여 있다고 주장하
던 시절이 그다지 오래된 과거가 아니다.

　우주에 대한, 그리고 우리 자신에 대한 우리의 관점은 천문학의 초창기부터 급격한 변화를 겪어 왔다. 그 결과 지구
는 다른 수많은 행성들과 같은 행성이 되었고, 인류는 우주의 중심에 위치한 왕좌로부터 끌어내려져 은하계 주변부의
평범한 지위로 격하되었다. 하지만 우리는 이러한 과정을 통해 풍부한 과학적 지식을 얻음으로써 우리의 중요성이 격
하된 것을 충분히 보상받았다. 이러한 모든 것들이 어떻게 일어났는지에 대한 이야기는 바로 과학적 방법론이 생겨나
게 되면서 현대 천문학이 태동되었다.

　한 세대도 안 되는 시간 동안, 우리는 지난 모든 세기 동안 배운 것보다 태양계 및 태양과 그 주위를 돌고 있는 모
든 천체에 대하여 더 많은 것을 알게 되었다. 8개의 주 행성과 그 위성 및 행성 간 공간에서 공전하고 있는 수많은 물
질의 파편들을 연구함으로써, 천문학자들은 우주공간 내의 우리의 고향에 대하여 더욱 풍부한 지식을 얻게 되었다.

지구

토성은 고대의 천문학자들에게 알려진 가장 먼 행성이었다. 하지만 이 고리 달린 세계에 대한 지식의 대부분은 지난 수십 년 동안의 우주선 근접 방문으로부터 얻은 것이다. 이 사진은 카시니 우주선이 2013년 토성 주위를 돌면서 촬영한 것이다. 이 사진은 사실 전경의 토성에 의해 가려진 저 멀리 떨어진 태양의 후광에 의해 만들어진 영상이다. 이 사진의 시점에서 태양계의 안쪽을 들여다보면, 우리는 토성의 오른쪽 하단에서 멀리 흐릿하게 보이는 푸른색 빛의 입자를 관찰할 수 있다. 이것은 바로 우주공간에 떠 있는 우리 지구이다.

학습목표

LO1 태양계의 지구 중심적 모델(천동설)이 행성의 겉보기 역행운동을 어떻게 설명하였는지를 이해한다.

LO2 태양 주위를 도는 행성의 궤도운동으로부터 역행운동이 실제로 어떻게 발생하는지를 설명한다.

LO3 태양계에 대한 현대적 관점으로 이어진 과학적 발전에 대하여 설명하고, 이에 대한 갈릴레오의 주요 공헌이 무엇인지를 밝힌다.

LO4 행성운동의 케플러 법칙에 대하여 이야기한다.

LO5 뉴턴의 운동법칙과 만유인력의 법칙에 대하여 서술하고 이러한 법칙들이 어떻게 천체의 질량을 측정할 수 있게 해주는지를 설명한다.

LO6 천문학자들이 태양계의 실제 크기를 측정해 온 방법을 설명한다.

LO7 태양계의 행성 및 행성간 물질의 주요 공전 특성과 물리적 특성을 목록으로 나타낸다.

행성운동

밤하늘을 떠도는 행성의 불규칙적인 움직임을 이해하려는 시도로 말미암아
우리는 우주에 대한 인류의 인식과 우주 속에서의 우리의 위치를 완전히 변화시켰다.

태양, 달, 별의 움직임은 상당히 단순하고 규칙적인 것으로 보인다. 우리가 제1장에서 확인한 것처럼, 이 천체들은
어느 정도 예측 가능한 방식으로 하늘을 가로질러 이동한다. 하지만 고대의 천문학자들은 그 외에도 하늘에서 관찰되는
다섯 개의 천체(수성, 금성, 화성, 목성, 토성)에 대하여 알고 있었으며, 그 천체의 움직임을 완전히 이해하는 것은 쉽지 않았다.

하늘의 방랑자

항성과는 달리 행성은 밝기가 변화하며 하늘에서 고정된 위치를 유지하지 않는다. 태양이나 달과는 달리 행성들은 천구에서 불규칙적으로 이동하는 것처럼 보인다. 사실, 행성(planet)이라는 단어는 '방랑자'라는 뜻을 지닌 그리스어인 '*Planete*' 에서 유래한 것이다. 행성은 황도를 크게 벗어나지 않으며, 태양이 그러하듯 일반적으로 서쪽에서 동쪽으로 천구를 가로지른다. 하지만 행성은 이동하면서 속도를 높이거나 낮추는 것처럼 보이며, 그림 3.1의 천체투영관(플래네타리움) 돔 사진에서 볼 수 있듯이, 때때로 행성들은 별을 기준으로 볼 때 앞뒤로 방향을 바꾸어 가며 루프 모양으로 움직이는 모습을 보여준다. 아래의 그림은 화성의 실제 역행 루프를 보여주며, 위의 이미지는 천체투영관의 돔 위에서 수 년에 걸친 몇몇 행성들의 움직임을 재현한 것이다. 천문학자들은 행성이 동쪽을 향해 이동하는 것을 **순행운동**(direct motion 또는 prograde, motion)이라고 한다. 반대 방향(서쪽 방향)으로 이동하는 것은 **역행운동**(retrograde motion)이라고 표현한다. 행성은 스스로 가시광선을 만들어 내지 않는다. 그 대신 행성들은 태양광을 반사시켜 빛을 낸다. 고대 천문학자들은 밤하늘의 행성의 겉보기 밝기가 지구로부터의 거리와 관련되어 있기 때문에, 지구로부터 가장 가까울 때 행성이 가장 밝게 보인다는 올바른 추론을 하였다. 하지만 화성, 목성, 토성은 그들의 궤도가 역행 위치인 동안에는 항상 가장 밝게 빛난다. 그렇다면 우리는 이와 같은 행성의 관측된 운동을 어떻게 설명할 수 있으며, 이러한 운동을 행성 밝기의 변화에 어떻게 관련시킬 수 있을까?

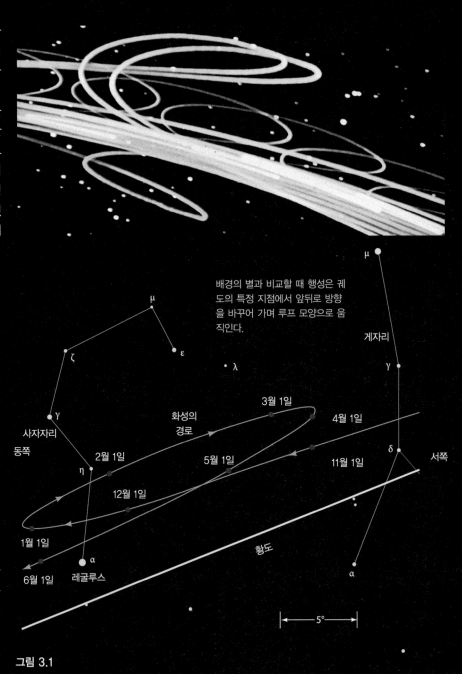

배경의 별과 비교할 때 행성은 궤도의 특정 지점에서 앞뒤로 방향을 바꾸어 가며 루프 모양으로 움직인다.

그림 3.1

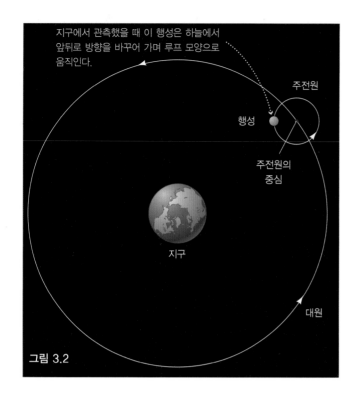

지구에서 관측했을 때 이 행성은 하늘에서 앞뒤로 방향을 바꾸어 가며 루프 모양으로 움직인다.

주전원

행성

주전원의 중심

지구

대원

그림 3.2

지구 중심의 우주

그리스 철학자 아리스토텔레스(BC 384~322)의 가르침에 따른 초창기 태양계 모델은 사실상 **지구 중심 모델**(천동설)이었다. 천동설은 지구가 우주의 중심에 있으며 다른 모든 천체는 지구를 중심으로 움직이고 있다는 것을 뜻한다(그림 1.4, 1.5는 기본적인 천동설의 시각을 보여준다. 1.2절 참조). 이 태양계 모델에서는 아리스토텔레스가 완벽한 형태라고 가르친 원형을 도입하였다. 가능한 가장 단순한 설명인 지구를 중심에 두고 원을 그리는 일정한 움직임은 태양과 달의 궤도에 대한 상당히 훌륭한 근사치를 제공한다. 하지만 이 모델은 관측된 행성 밝기의 변화와 행성의 역행운동은 설명할 수 없었다. 행성을 설명하기 위해서는 더 훌륭한 모델이 필요하였다.

이러한 새로운 모델을 향한 첫 번째 단계에서는 **대원**(deferent)이라고 알려진 큰 원을 따라 그 중심이 일정하게 이동하고 있는 **주전원**(epicycle)이라고 불리는 작은 원을 따라 각 행성들이 일정하게 이동하도록 하였다(그림 3.2). 따라서 행성의 운동은 별개의 두 원 궤도로 이루어진다. 그 때문에 때때로 행성의 겉보기 움직임이 역행할 수도 있게 된다. 또한 행성에서 지구까지의 거리도 달라지므로, 밝기의 변화도 설명된다. 주전원과 대원의 상대적 크기, 주전원상의 행성의 속도, 그리고 주전원이 대원을 따라 이동하는 속도를 조정함으로써, 초기 천문학자들은 이 '주전원' 운동을 하늘에서 관측된 행성의 경로와 상당히 비슷하게 일치시킬 수 있었다. 그뿐만 아니라 이 주전원 모델은 그 당시 관측의 정확도를 기준으로 할 때 매우 훌륭한 예측치를 주었다.

하지만 관측 횟수가 증가되고 관측 기술이 향상됨에 따라, 천문학자들은 새로운 관측 결과와 일치시키기 위해 기본적인 주전

원 모델에 약간의 보정을 실시해야 했다. 대원의 중심은 지구의 중심으로부터 약간 벗어나야 했으며, 주전원의 움직임은 지구에 대하여 일정한 것이 아니라 우주공간상의 또 다른 지점에 대하여 일정한 것으로 생각해야 했다. 서기 140년경 그리스 천문학자인 클라우디오스 프톨레마이오스(오늘날 톨레미라고 알려진)는 그때까지의 모델 중 가장 뛰어난 천동설(지구 중심) 모델을 구상하였다. 그림 3.3에서 단순한 형태로 설명된 이 모델은 태양과 달의 경로뿐만 아니라, 그때까지 알려진 5개 행성의 관측된 경로를 매우 잘 설명하여 주었다. 하지만 이러한 설명 능력과 예측 능력을 달성하려면, 완전한 **프톨레마이오스 모델**에는 80개 이상의 원이 필요하였다. 태양, 달, 그리고 오늘날 알려진 모든 8개의 행성과 위성을 전부 설명하려면 이보다 훨씬 더 복잡한 체계가 필요하다.

오늘날 우리의 과학 교육은 우리들이 단순성을 추구하도록 이끈다. 왜냐하면 과학에서의 단순성은 진실성의 지표라는 것이 수없이 증명되어 왔기 때문이다. 이러한 기본 원리는 오컴의 면도날[14세기 철학자인 오컴의 윌리엄(William of Ockham)에서 유래됨]이라고 알려졌다. 이 원리에 따르면 두 개의 경쟁하는 이론이 모두 사실을 설명하고 있으며 같은 예측을 하는 경우, 단순한 것이 더 나은 이론이다. 훌륭한 이론은 반드시 필요한 것 이상으로 복잡해서는 안 된다. 프톨레마이오스 체계처럼 복잡한 모델의 경우, 이러한 복잡성은 기본적으로 이론에 결함이 있음을 분명하게 보여주는 표식이다. 이러한 천동설의 결함은 오래 전에 이미 밝혀졌기 때문에, 원운동에 대한 주장으로만 이루어진 지구 중심적 우주(천동설)의 가정에는 중요한 오류가 있으며, 본질적으로 이러한 주장의 기반은 과학적인 것이라기보다는 철학적인 것에 가깝다는 것을 우리는 이제 알고 있다.

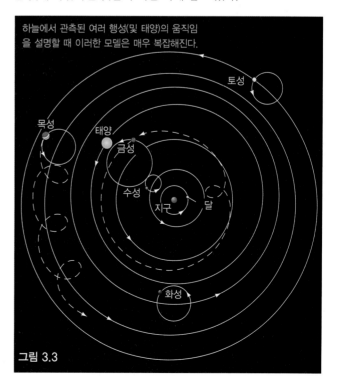

하늘에서 관측된 여러 행성(및 태양)의 움직임을 설명할 때 이러한 모델은 매우 복잡해진다.

토성

목성

태양

금성

수성

지구

달

화성

그림 3.3

태양 중심의 태양계

니콜라스 코페르니쿠스의 태양 중심 모델(지동설)은 지구를 우주의 중심으로부터 떼어내고 행성운동에 대한 근대적 이해를 위한 초석을 다졌다.

아리스토텔레스와 프톨레마이오스의 지구 중심 모델(천동설)은 여러 세기 동안 천문학의 일반적인 통념을 대표하여 왔다. 하지만 역사는 몇몇 고대 그리스 천문학자들이 천체의 움직임에 대하여 이와는 달리 판단하였음을 기록하고 있다. 이러한 천문학자 중 가장 최초의 사람은 바로 사모스의 아리스타르코스(Aristarchus of Samos, BC 310~230)이다. 그는 지구를 포함한 모든 행성들이 태양 주위를 회전하고 있으며 지구는 자전축을 중심으로 하루 한 번 회전한다고 주장하였다. 그의 주장에 따르면 이러한 운동은 천구상의 겉보기 운동을 만들어 내며, 이는 컨베이어 벨트에 올라서서 주위 풍경이 반대 방향으로 이동하는 것처럼 보이는 것을 경험한 사람들에게는 익숙한 단순한 개념이다.

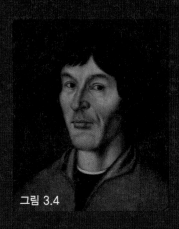

그림 3.4

시차

아리스타르코스가 주장한 **태양 중심 모델**(지동설)은 비록 그것이 본질적으로 옳음에도 불구하고 그의 생애에는 널리 인정받지 못하였다. 아리스토텔레스의 영향력은 너무 강하였고, 아리스토텔레스의 추종자들은 너무 많았으며, 아리스토텔레스의 저서들은 너무 널리 사용되었다. 게다가 아리스토텔레스 학파는 지동설에 대항하는 하나의 강력한(그리고 그 당시로서는 설득력 있는) 관측적 논거를 제시하였다. 그림 3.5에서 설명하는 것처럼 만약 지구가 태양 주위를 공전한다면, 지구가 자신의 궤도를 따라 이동하면 가까운 별들은 더 멀리 떨어진 별과 비교하여 볼 때 위치가 움직이는 것처럼 보여야 한다고 추측할 수 있다. 관측자의 위치가 바뀜에 따라 배경을 기준으로 위치가 바뀌는 전경 쪽 물체의 겉보기 이동을 **시차**(Parallax)라고 부른다. 하늘에서 만들어진 각도로서 측정된 전경의 별의 이동(오른쪽 그림에 표시)은 왼쪽의 가상의 삼각형의 세 번째 각이다. 이러한 시차가 관측되지 않는다는 점은 지동설의 치명적인 약점인 것처럼 보였다.

실제로 지구가 태양 주위를 돌게 되면 별의 시차가 생긴다. 하지만 별이 너무 멀리 있기 때문에, 시차의 크기는 가장 가까운 별에서조차 1초각 미만이다. (사실 이것은 19세기 후반이 되어서야 확실하게 측정할 수 있었다.) 우리는 천문학에서 불충분한 자료를 바탕으로 하였기 때문에 올바른 추론이 잘못된 결론으로 이어지는 순간들을 여러 차례 맞닥뜨리게 될 것이다.

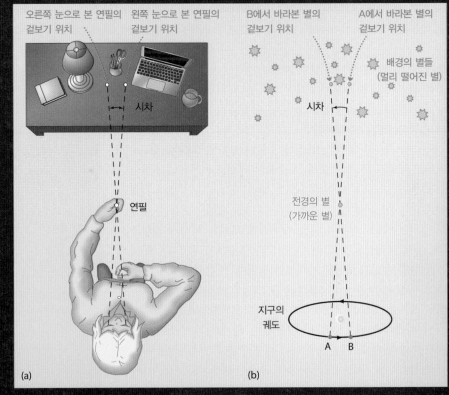

그림 3.5

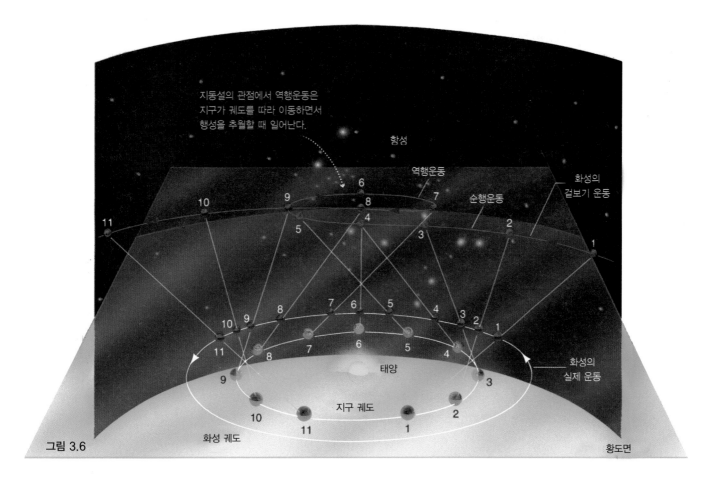

지동설의 관점에서 역행운동은 지구가 궤도를 따라 이동하면서 행성을 추월할 때 일어난다.

항성

역행운동

순행운동

화성의 겉보기 운동

태양

지구 궤도

화성 궤도

화성의 실제 운동

황도면

그림 3.6

코페르니쿠스

15세기 폴란드 신부인 니콜라스 코페르니쿠스(그림 3.4)가 아리스타르코스의 지동설 모델을 재발견하기 전까지 거의 13세기 동안 프톨레마이오스의 우주 모델은 거의 불가침의 영역이었다. 코페르니쿠스는 지구가 축을 중심으로 자전하며, 다른 모든 행성과 마찬가지로 태양 주위를 돌고 있다고 주장하였다. 이 모델은 지금까지 보았던 것처럼 매일 또는 계절별로 관측된 천구의 변화를 설명하는 것에서 그치지 않고, 역행운동과 밝기의 변화를 연계하여 설명하여 준다. 지구가 우주의 중심이 아니라는 중요한 깨달음은 **코페르니쿠스 혁명**(Copernican revolution)이라는 수사로 우리에게 알려져 있다.

그림 3.6은 코페르니쿠스 관점이 행성(이 경우 화성) 밝기의 변화와 겉보기 루프운동(고리 모양의 역행 및 순행운동)을 어떻게 설명하는지를 보여주고 있다. 지구는 화성보다 더 빠르게 이동하며 가끔씩 화성 안쪽의 궤도에서 화성을 '추월'한다. 이러한 추월이 발생할 때마다(그림의 5에서 7 사이), 화성은 하늘에서 방향을 바꾸어 뒤로 움직이는 것처럼 보이게 된다. 이는 우리가 고속도로 상에서 추월하는 차들이 마치 뒤로 미끄러져 가는 것처럼 보이는 것과 같은 원리이다. 이 시점에서 지구는 화성에 가장 가까워지므로, 화성은 가장 밝게 보이게 되며, 이는 관측 결과와도 일치한다. 코페르니쿠스의 지동설 그림에서 행성의 루프운동은 단지 겉보기 운동일 뿐이라는 점에 주목해야 한다. 프톨레마이오스의 관점에

서 행성의 루프운동은 실제 행성의 운동이다.

코페르니쿠스가 지동설 모델을 도입한 중요한 이유는 바로 '더 큰 만족감을 주는' 단순성에 있다. 오늘날에도 과학자들은 우주의 모든 측면을 모델링하는 단순성, 균형, 아름다움에 이끌리고 있다. 하지만 코페르니쿠스는 행성운동을 모델링하기 위하여 원이라는 개념에 여전히 집착하였다. 그 결과 이 이론이 관찰 결과와 일치하도록 만들기 위해서, 코페르니쿠스는 대원의 중심이 지구에서 태양으로 옮겨졌음에도 불구하고, 주전원 운동의 개념을 유지할 수밖에 없었다. 따라서 그는 여전히 불필요한 복잡성을 제거하지 못하였고, 사실상 천동설 모델에 비하여 정확도가 거의 향상되지 않았다.

코페르니쿠스의 아이디어는 그의 생애 동안 널리 받아들여지지 않았다. 지구를 중심으로부터 끌어내려 태양계 내의 중요하지 않은 위치로 격하시킴으로써, 지동설은 그 시대의 통념과 충돌하고 로마 가톨릭 교회의 교리를 위반하였다. 분명 코페르니쿠스는 그의 이론에 대하여 동료 학자들과 토론하긴 하였지만, 아마도 그가 교회와의 충돌을 피하기를 원했기 때문에, 그의 저서인 '천구의 회전에 대하여(*On the Revolution of the Celestial Spheres*)'는 그가 사망한 해인 1543년까지 출판되지 않았다. 결국 시간이 흘러 다른 학자들이 지동설 이론을 확장시키고 대중화시키며, 지동설을 지지하는 관측상의 증거들이 쌓이게 되어서야, 겨우 코페르니쿠스의 이론은 널리 인정받게 되었다.

근대 천문학의 탄생

최초의 근대적 천문학자인 갈릴레오 갈릴레이는 그의 이론을
시험하기 위하여 관측과 실험을 사용하였으며, 천문학에 있어
결코 지울 수 없는 위대한 족적을 남겼다.

그림 3.7

(a)

갈릴레오 갈릴레이(그림 3.7a)는 이탈리아의 수학자이자 철학자이다. 자신의 이론을 증명하기
위해 실험을 수행하려는(그 당시로서는 급진적 접근 방식이었던) 의지에 더하여 새로운 망원경
기술을 받아들임으로써, 갈릴레오는 과학이 그동안 수행해 온 방식에 큰 혁명을 일으켰고, 그
결과 오늘날 그는 실험 과학의 아버지로서 널리 추앙받고 있다. 망원경의 발명에 대한 소식을
들은 갈릴레오는 1609년에 망원경을 스스로 만들었고 이를 천체 관측에 사용하였다. 그가 망원
경을 통해 본 것은 아리스토텔레스의 견해와 상충되며 코페르니쿠스의 아이디어를 강하게 지지
하는 것이었다.

갈릴레오의 역사적 관측

갈릴레오는 망원경을 사용하여(그림 3.7b), 달에도 지구의 지형을 연상시키는 산, 계곡, 분화구
등의 지형이 존재한다는 것을 발견하였다. 그는 또한 완벽하다고 추정하였던 태양에도 불완전
함(우리에게 흑점이라고 알려진 어두운 흠)이 있음을 발견하였다(제8장 참조). 이러한 흑점의
외형 변화에 주목함으로써 갈릴레오는 태양이 황도면에 거의 수직인 축을 중심으로 대략 한 달
에 한 번 회전한다는 것을 추론해 냈다.

그다음 그는 망원경으로 목성을 관측하여, 맨눈으로는 관측할 수 없는 목성 주변을 공전하는
4개의 작은 광점을 발견하였다. 그는 이 점들이 지구 주변을 공전하고 있는 달처럼 목성의 주위
를 돌고 있는 목성의 달이라는 것을 깨달았다. 그림 3.7(c)는 갈릴레오가 1610년의 7일 밤 동안
자신의 노트북에 스케치한 4개의 달(오늘날 목성의 갈릴레이 위성이라고 일컬음)을 보여주고 있
다. 이 스케치에서는 목성(원 모양) 주변의 위성들(별표 모양)의 궤도를 분명하게 확인할 수 있
다. 갈릴레오에게 다른 행성이 달을 가지고 있다는 사실은 코페르니쿠스 모델에 대한 강력한 근
거가 되었다. 확실히 지구는 모든 것의 중심이 아니었다.

마침내 갈릴레오는 금성이 1개월 주기로 변하는 지구의 달의 위상 변화와 매우 비슷한 완전

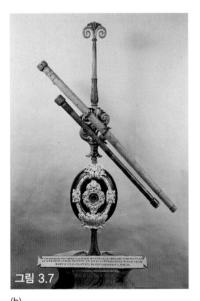

그림 3.7

(b)

(c)

목성

목성의 달

갈릴레오의 목성의 위성에
대한 망원경 관측은 지동설을
확립하는 데 도움이 되었다.

한 위상 주기를 보여준다는 것을 발견하였다. 프톨레마이오스 모델과 코페르니쿠스 모델은 둘 다 금성이 공전함에 따라 위상을 나타낸다는 것을 예측하고 있긴 하지만, 실제로 관측된 위상은 오직 코페르니쿠스 그림(상단 그림)만 설명할 수 있다. 금성이 정확히 지구와 태양의 사이에 위치하면, 금성의 어두운 면이 우리를 마주 보게 되어 금성은 우리에게 보이지 않게 된다. 금성이 궤도를 따라 움직이면, 태양빛을 받는 표면이 지구에서도 점차 보이게 된다. 프톨레마이오스 모델(하단 그림)로는 이러한 관찰 결과를 설명하는 것이 불가능하다. 특히 이 모델에서 금성은 간신히 '살찐 초승달' 상에만 도달하고, 태양에 더 근접함에 따라 작아지기 때문에, 금성의 망을 설명할 수가 없다.

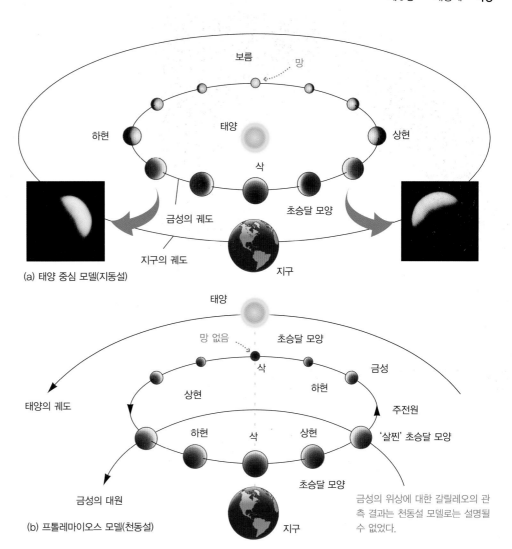

(a) 태양 중심 모델(지동설)

(b) 프톨레마이오스 모델(천동설)

그림 3.8

금성의 위상에 대한 갈릴레오의 관측 결과는 천동설 모델로는 설명될 수 없었다.

이 모든 관찰은 당시에 수용된 과학적 믿음을 정면으로 거스르는 것이었다. 갈릴레오의 관찰 결과는 지구가 모든 것의 중심이 아니며 최소한 하나의 행성이 태양 주변을 돌고 있다는 관점을 강력하게 지지하는 것이었다. 1610년에 갈릴레오는 그의 관측상의 발견과 논쟁적인 결론을 발표하면서, 당시의 과학적인 통설과 종교적 도그마에 도전하였다. 1616년에 그의 이론은 교회에 의해 이단이라는 판결을 받아, 그의 저작물과 코페르니쿠스의 저서들은 모두 금지를 당했고, 갈릴레오는 그의 천문학적인 연구들을 포기하라는 지시를 받았다. 그는 이 지시를 따르는 것을 거부하였고, 그 대신 지동설을 지원하는 자료들을 수집하고 발표하였다.

이러한 행동은 갈릴레오가 교회와 직접적으로 충돌하도록 만들었다. 종교재판소는 고문 위협을 가하여 갈릴레오가 지구가 태양 주위를 돈다는 그의 주장을 철회하도록 강요하였고, 결국 1633년에 갈릴레오는 가택 연금을 당했다. 갈릴레오는 남은 생애를 갇혀 지내야만 했다. 그리고 교회는 1992년까지 갈릴레오의 '범죄'를 용서하지 않았다. 하지만 그때까지의 우주에 대한 정통 견해는 깨어졌고, 코페르니쿠스의 지니(지동설)는 램프 밖으로 완전히 풀려나게 되었다.

코페르니쿠스의 지동설이 승리하다

'코페르니쿠스 혁명'은 언제든지 연구자 개개인이 주관적인 기분, 인간의 편견, 심지어 순수한 운에 의해 영향을 받을 수 있음에도 불구하고, 궁극적으로 과학적인 방법이 어떻게 확실한 수준의 객관성으로 이어지는지를 보여주는 사례이다(1.5절). 시간이 지남에 따라 여러 과학자 그룹이 실험을 점검하고, 승인하고, 개선함으로써 개개인의 주관적인 태도의 영향이 사라지도록 만들 수 있다. 비록 일부의 특별히 혁명적인 개념들은 전통, 종교, 정치의 영향에 휩쓸려 객관성의 확보에 더 많은 시간이 필요하게 되기는 하지만, 일반적인 경우에는 한 세대의 과학자들이면 과학적 문제와 관련하여 충분한 객관성을 확보할 수 있다.

지동설의 경우 코페르니쿠스가 자신의 저서를 발표하고 약 3세기가 지날 때까지, 그리고 아리스타르코스가 이 개념을 제안한 때로부터 2000년이 지날 때까지 객관적 승인을 얻지 못하였다. 그럼에도 불구하고 객관성은 결국 승리하고야 말았다.

행성운동의 법칙

케플러의 법칙은 당시 알려진 행성 궤도에 대한 훌륭한 설명을 제공해 주었다.

갈릴레오가 망원경 관측으로 유명해진 시기 즈음에, 독일의 수학자이자 천문학자인 요하네스 케플러(그림 3.9)는 행성의 운동을 정확하게 설명하는 단순한 법칙들을 발견했다고 선언하였다.

갈릴레오가 자신의 이론을 개선하기 위하여 하늘의 망원경 관측을 사용한 최초의 '근대적' 관측자였던 것에 반해, 케플러는 이론가였다. 그는 자신의 연구를 거의 전적으로 다른 과학자인 티코 브라헤(Tycho Brahe, 1546~1601)의 관측에 기초하였다. 티코는 소위 숙련된 관측자였다. 그는 10년 넘게 자신이 설계한 장비를 사용하여 항성과 행성에 대한 상세한 육안 관측 데이터베이스를 구축하였다.

케플러는 1600년부터 티코를 위해 일하였다. 티코가 사망한 이듬해부터 케플러는 티코의 상세한 관측 결과에 적합한 코페르니쿠스 모델(주전원을 사용하지 않는)의 기본적인 체계 안에서 태양계를 단순하게 설명하기 위한 연구를 시작하였다. 결국 케플러는 코페르니쿠스의 개념인 원형의 행성 궤도를 포기해야 했지만, 그 결과 오히려 더 뛰어난 태양계의 단순성이 드러나게 되었다.

먼 거리 물체의 삼각 측량

케플러는 지구상의 측량사들에게는 매우 익숙한 방법으로서 그림 3.10(a)에 설명되어 있는 **삼각 측량**(triangulation)을 사용하여 각각의 행성 궤도의 모양과 상대적인 크기를 밝혀냈다. 멀리 떨어진 물체인 강 건너 나무까지의 거리를 측정하려면, 우리는 A점에서 보이는 방향을 측정하고 A점과 같은 쪽에 위치한 B점에서 보이는 방향을 측정한다. **기선**이라고 불리는 A와 B 사이의 거리, A점의 각도(여기서는 단순성을 위해 90°로 가정), B점의 각도를 알면, 우리는 기초적인 기하학을 적용하여 물체까지의 거리를 알아낼 수 있다.

그림 3.10(a)에 설명된 방식은 매우 먼 거리의 물체에는 잘 적용되지 않는다. 천문학적인 관점에서 A와 B는 둘 다 90°에 매우 가까우며 정확하게 측정하기가 매우 어렵다. 그 대신 천문학자들은 A점과 B점에서 찍은 사진에서 대상의 위치를 비교하여 세 번째 각(그림 3.10(b)의 예각 C)을 직접 측정한다. 기하학적 원리는 그림 3.5와 같으며, 각도는 그림 3.5의 오른쪽 그림과 같이 영상으로부터 직접 손쉽게 측정할 수 있다. 어떻게 각도를 측정해 보아도 결과는 같다. 그리고 기선과 각도를 알면 우리는 물체의 거리를 쉽게 알아낼 수 있다.

케플러의 법칙

태양계의 경우에서 케플러의 기선은 지구상의 서로 다른 지점이 아니라 지구 궤도상의 서로 다른 지점으로서 이것은 한 해 동안 여러 다른 시점에서 이루어진 관측 결과를 사용한다. 매

그림 3.9

먼 거리의 물체

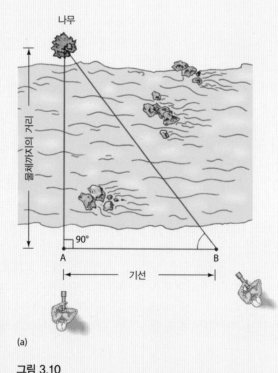

나무

물체까지의 거리

90°

A   기선   B

(a)

그림 3.10

거리   거리

A   기준선   B

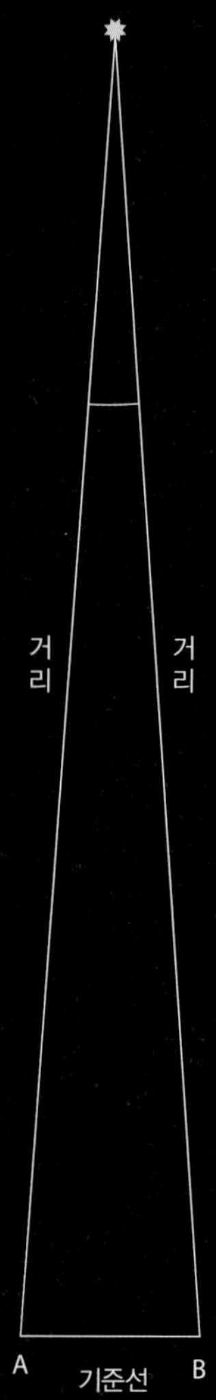

(b) 측량사는 단순한 기하학을 사용하여 지구와 우주공간에서 멀리 떨어진 물체의 거리를 알아낸다.

일 밤 행성이 위치한 곳을 기록함으로써 케플러는 행성이 이동하는 속도를 추정할 수 있었다. 티코의 자료를 사용하여 오랫동안 작업한 결과, 케플러는 지구를 포함하여 알려진 모든 행성의 운동을 그의 이름이 붙은 세 가지 **행성운동법칙**(laws of planetary motion)으로 요약하는 데 성공하였다.

케플러의 제1법칙은 행성 궤도의 모양을 다룬다.

I. 행성의 궤도는 태양을 한 초점으로 하는 타원이다(원일 필요는 없다).

타원은 납작하게 눌린 원이다. 그림 3.11은 끈과 2개의 압정을 사용하여 타원을 만드는 방법을 설명하고 있다. 끈이 핀으로 고정된 각 점은 **초점**이라고 부른다. 2개의 초점을 포함하는 타원의 긴 축은 장축(major axis)이라고 한다. 장축 길이의 절반은 **반장축**(semimajor axis)이라고 하며, 이는 타원 크기를 나타내는 관습적인 기준이다. **이심률**(eccentricity)은 장축의 길이로 나눈 초점 사이의 거리이다. 원은 두 개의 초점이 일치하여 이심률이 0이 된 타원이다. 원의 반장축은 단순히 원의 반지름이 된다. (행성의 타원 궤도는 그림 3.11에서 표현된 것처럼 길쭉한 타원이 아니다. 육안으로는 행성의 타원 궤도를 원과 거의 구분하기 힘들다.)

케플러의 제2법칙은 그림 3.12에서 묘사한 것처럼 행성이 태양 주위를 이동하면서 행성 궤도의 서로 다른 지점을 이동하는 속도에 대하여 다룬다.

II. 태양과 행성을 연결하는 가상의 선은 동일한 시간 간격 동안, 타원의 동일 면적을 통과한다.

태양 주위를 공전하면서 행성은 동일한 시간 동안 그림 3.12에서 A, B, C라고 표시된 면적을 각각 지나간다. 구역 C를 가로지르는 붉은색 궤도 구간을 따라 이동한 거리는 구역 A 또는 B를 가로지르는 궤도를 따라 이동한 거리보다 더 길다. 이동 시간은 동일하고 거리는 다르기 때문에, 속도 또한 달라져야 한다. 구역 C에서와 같이 행성이 태양에 가까워지면, 구역 A처럼 태양에서 멀리 떨어져 있을 때보다 행성은 더욱 빠르게 이동한다.

케플러의 제3법칙은 행성 궤도의 크기와 행성의 **공전주기** 사이의 관계를 보여준다. 공전주기는 행성이 태양 주위를 한 바퀴 도는 데 필요한 시간이다. 이 법칙에 따르면:

III. 행성의 공전주기의 제곱은 반장축(semimajor axis)의 세제곱에 비례한다.

(지구)연을 시간 단위로서 선택하고, **천문단위**(astronomical unit, AU)라 불리는 지구 공전궤도의 반장축을 길이 단위로서 선택하면, 이 법칙은 특히 간단해진다. 시간과 거리의 단위로서 각각 이러한 단위들을 사용함으로써, 우리는 태양계 내의 모든 행성에 대하여 케플러의 제3법칙을 다음과 같은 공식으로 편리하게 기술할 수 있다.

$$P^2(\text{지구의 연}) = a^3 (\text{천문단위})$$

이 공식에서 P는 행성의 공전주기이며 a는 행성의 반장축이다.

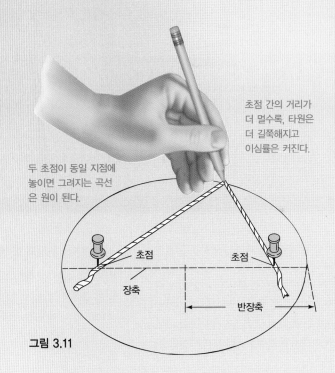

초점 간의 거리가 더 멀수록, 타원은 더 길쭉해지고 이심률은 커진다.

두 초점이 동일 지점에 놓이면 그려지는 곡선은 원이 된다.

초점   초점

장축

반장축

그림 3.11

케플러의 법칙들은 당시에 알려진 6개 행성의 움직임을 정확하게 설명하여 주었다. 하지만 케플러의 법칙들의 의미는 단지 이것뿐만이 아니다. 이 법칙들은 행성의 모든 미래 위치에 대한 확실하고 시험 가능한 예측을 만들어 냈다. 그리고 이 법칙들은 케플러의 연구 결과의 바탕이 된 6개 행성뿐만 아니라, 태양 주변을 공전하는 모든 천체에 대해서도 적용된다. 믿을 만한 과학적 이론을 판가름하는 지표인 관측을 통해 시험할 때마다 케플러의 법칙을 바탕으로 한 예측들은 매번 높은 정확도로 증명되었다(1.6절).

하지만 본질적으로 이 법칙들은 여전히 실증적인 것으로서, 관측상의 데이터로부터 얻은 것이지, 이론 또는 수학적 모델을 통해 예측된 것은 아니었다. 간단히 말하자면 케플러, 갈릴레오, 코페르니쿠스 중 그 누구도 행성이 태양 주위를 공전하는 이유를 이해하지 못하였다. 이에 관한 과학적 돌파구는 우리가 제3장 6절에서 논할 아이작 뉴턴으로부터 나왔다.

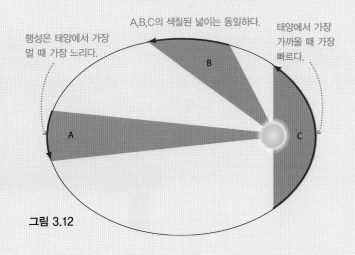

A, B, C의 색칠된 넓이는 동일하다.

행성은 태양에서 가장 멀 때 가장 느리다.

태양에서 가장 가까울 때 가장 빠르다.

B

A

C

그림 3.12

뉴턴 법칙

17세기 아이작 뉴턴은 모든 물체가 움직이고
서로 상호작용하는 방식에 대하여 더욱 깊이 이해하였다.

그림 3.13

무엇이 행성들을 태양 주변으로 공전하게 하는가? 왜 그들은 우주공간으로 날아가거나 태양으로 떨어지지 않는가? 행성들의 운동은 케플러 법칙을 따르지만, 우리는 조금 더 근본적인 무언가를 고려해야 행성의 운동을 정확하게 이해할 수 있게 된다.

운동법칙

17세기 아이작 뉴턴은 모든 물체의 운동과 서로 상호 작용하는 방식에 대한 더 깊은 이해를 발달시켰다. 뉴턴의 이론은 오늘날 **뉴턴 역학**으로 알려진 이론의 기반이 된다. 세 가지의 운동법칙과 만유인력의 법칙은 사실상 우리가 지구와 우주에서 관찰하는 역학적인 운동 전부를 설명할 수 있다.

그림 3.14는 **뉴턴의 첫 번째 운동법칙**을 나타내며, 그 법칙은 다음과 같다.

Ⅰ. 외부적인 **힘**이 물체의 운동 상태를 변화시키지 않는다면, 정지해 있는 물체는 계속 정지해 있고, 움직이고 있는 물체는 일정한 속도를 가지고 직선운동을 영원히 계속한다.

외부적인 힘의 예로서 굴러가는 공이 벽돌을 스치며 지나갈 때 벽돌에 의해 가해진 힘이나 투수가 던진 공에 야구방망이가 가한 힘을 들 수 있다. 어느 경우이든 힘은 물체의 처음 운동을 변화시킨다.

물체에 힘이 가해지지 않는 한 물체가 같은 속도와 같은 방향으로 계속해서 움직이고자 하는 경향을 **관성**이라 한다. 물체의 관성에 대한 측정치는 물체가 가지고 있는 물질의 양, 즉 **질량**이다. 물체의 질량이 클수록 물체의 관성은 더 커지고 그 물체의 운동을 변화시키기 위해 필요한 힘 또한 더 커진다. 물체의 속도의 변화율, 즉 속력의 증가나 감소, 방향의 변화를 **가속도**라 한다. **뉴턴의 두 번째 법칙**은 다음과 같다.

Ⅱ. 물체의 가속도는 가해진 알짜힘에 비례하고 물체의 질량에 반비례한다.

물체에 작용하는 힘이 커지거나, 혹은 물체의 질량이 작아질수록 더 큰 가속도가 생기게 된다. 만약 두 물체가 같은 힘으로 당겨진다면, 더 무거운 물체는 가벼운 물체보다 덜 가속된다. 만약 같은 두 물체가 다른 크기의 힘으로 당겨진다면, 더 큰 힘을 받은 물체가 더 많이 가속된다.

끝으로, **뉴턴의 세 번째 법칙**은 우리에게 힘은 항상 쌍으로 발생한다는 것을 말해 준다.

Ⅲ. 모든 힘의 작용에는 크기가 같고 반대 방향의 반작용이 존재한다.

만약 물체 A가 물체 B에 힘을 가한다면, 물체 B는 반드시 크기가 같고 방향이 반대인 힘을 물체 A에게 가한다.

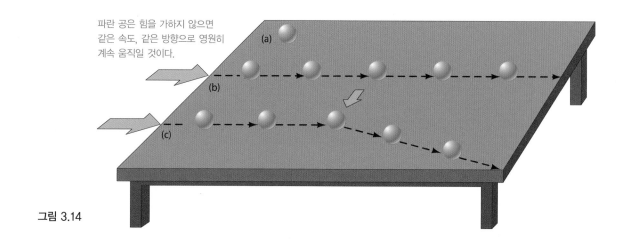

파란 공은 힘을 가하지 않으면 같은 속도, 같은 방향으로 영원히 계속 움직일 것이다.

(a)

(b)

(c)

그림 3.14

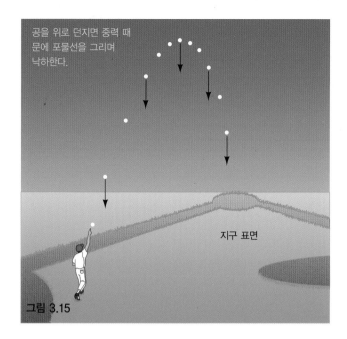

공을 위로 던지면 중력 때문에 포물선을 그리며 낙하한다.

지구 표면

그림 3.15

중력

만약 지구가 태양 주변을 빠르게 움직이고 있다면, 과연 무엇이 우리와 같은 물체들을 지구 표면에 계속해서 있도록 하는가? 이 질문에 대한 뉴턴의 답변은 **중력**이라는 힘이었다. 그는 질량을 가지는 어떠한 물체는 모든 다른 물체들에 대해 끌어당기는 **중력적인 힘**을 가한다는 가설을 제시하였다. 더 무거운 물체일수록 더 큰 중력적 당김을 가한다.

지구 표면 위로 던져진 야구공을 생각해 보자(그림 3.15). 뉴턴의 첫 번째 법칙에 따르면, 지구의 중력이 아래로 당기는 힘은 계속해서 야구공의 속도를 변화시켜, 공이 초기에 가진 위로 향하는 운동을 늦춰 공이 다시 표면으로 떨어지도록 유도한다.

이번에는 달 표면에서 타격된 야구공을 생각해 보자. 달의 중력은 지구의 1/6이기 때문에, 야구공의 속도는 더 천천히 변화한다. 지구에 있는 야구장에서의 홈런 공은 달에서는 거의 0.5마일을 날아갈 것이다. 덜 무거운 달은 야구공에 더 작은 크기의 중력을 미치게 된다. 중력의 크기는 끌어당기는 물체의 질량에 따라 달라진다. 사실 중력은 물체의 질량의 곱에 비례한다.

행성의 운동을 연구하는 것은 중력의 두 번째 측면을 보여준다. 중력은 항상 태양을 향해 작용하고 태양의 중력적인 당김은 태양으로부터의 거리의 제곱에 비례하여 감소한다. 중력은 **역제곱법칙**을 따르는 것으로 알려져 있다.

위의 설명을 **만유인력의 법칙**으로 결합할 수 있다.

우주에 존재하는 모든 물질입자는 다른 모든 입자를 끌어당기는데, 그 힘은 해당 두 입자의 질량의 곱에 비례하며 그들 사이의 거리의 제곱에 반비례한다.

그림 3.16에서와 같이 힘은 물체 사이의 거리에 따라 역제곱으로 급격하게 감소한다. 물체 사이의 거리를 3배 늘리면 힘은 9배 약해진다. 거리를 5배 늘리면 힘은 25배 약해진다. 이러한

급격한 감소에도 불구하고 힘은 결코 0에 도달하지 않는다. 질량이 있는 물체의 중력적 당김은 결코 완전히 소멸되지 않는다.

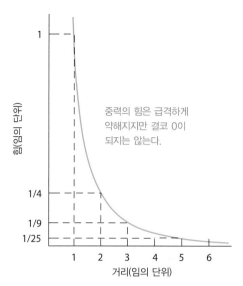

중력의 힘은 급격하게 약해지지만 결코 0이 되지는 않는다.

힘(임의 단위)

거리(임의 단위)

그림 3.16

궤도운동

태양과 행성 간의 중력적 당김이 바로 관측된 행성들의 궤도의 원인이 된다. 이 힘은 계속해서 각각의 행성을 태양 쪽으로 당기고 있고, 이는 행성의 앞으로 향하는 운동을 곡선궤도로 굴절시킨다. 즉, 행성은 "태양 주위로 떨어진다."(그림 3.17) 태양은 그 어떤 행성보다도 무겁기 때문에, 행성들과의 상호 작용에서 우세하다. 즉, 태양이 행성을 '통제한다'라고 말할 수 있으며, 다른 방법은 없다.

태양계에서 바로 이 순간에도 지구는 중력과 관성의 상호 영향력 아래에서 움직이고 있다. 그 결과 지구는 공간상에서의 연속적인 빠른 운동을 하고 있음에도 불구하고 안정적인 궤도를 유지하고 있다.

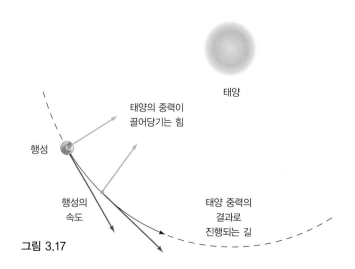

태양

태양의 중력이 끌어당기는 힘

행성

행성의 속도

태양 중력의 결과로 진행되는 길

그림 3.17

우리의 행성계 측정하기

천문학적인 물체의 무게를 체중계를 사용하여
단순히 측정할 수 없다. 반드시 그 물체가
다른 물체에 미치는 중력적 영향을 주목하여야 한다.

금성

태양   그림 3.18

케플러 법칙은 그림 3.19에 묘사되어 있듯이, 태양계의 크기에 대한 기준 척도 모형을 구축할 수 있도록 해준다. 그림 3.19와 같이 태양계를 위에서 바라본 모형은 8개 행성의 정확한 모양과 크기를 상대적으로 보여주지만, 케플러 법칙은 행성들의 궤도에 대하여 절대적인 실제 크기를 알려주지는 않는다. 케플러의 삼각 측정법은 지구 궤도를 기선으로 사용하기 때문에, 모든 거리는 그 자체만으로는 결정되지 않는 지구 궤도에 대한 상대적인 크기, 즉 천문단위(AU)로 표현된다. 전체 태양계에 대한 기준 척도를 정하기 위해서 우리는 그 안에 있는 몇몇 거리에 대한 독립적인 측정이 필요하다.

태양계의 기준 척도

20세기 중반 이전까지는 천문단위를 측정하는 가장 정확한 방법은 수성과 금성이 드물게 태양을 통과하는 동안 그 행성에 대한 삼각법을 이용한 측정 방법(3.4절)이었다. 즉, 위 행성이 바로 태양과 지구 사이를 통과하는 그 짧은 기간 동안의 측정이다. 그림 3.18은 금성의 최근의 태양 통과를 나타내고 있다. 금성이 태양을 통과하기 시작하는 시각과 통과를 다 끝낸 시각을 높은 정확도로 측정할 수 있기 때문에, 천문학자들은 그러한 통과 동안에 천구상에서의 행성의 위치를 아주 정확하게 측정할 수 있고, 여기에 지구의 다른 여러 지점에서 수행된 행성의 관측 자료와 기본적인 기하학을 결합하면 그 행성까지의 거리를 구할 수 있다.

태양계 기준 척도를 유도하는 현대적인 방법은 삼각법을 사용하여 금성까지의 거리를 알아내는 방법이라기보다는 레이더를 사용하는 방법이다. 여기에서 단어 **레이더**(radar)는 'Radio Detection And Ranging'의 약어이다. 이 기술을 활용하여 전파(그림 3.20에서 물결 모양의 파란 선들)를 행성으로 보낸다. 반사되어 되돌아오는 전파는 행성까지의 거리를 나타낸다. 즉, 300초의 왕복 경로 시간에 빛의 속도를 곱함으로써(300,000km/s), 금성이 우리와 가장 가까이 놓일 때의 거리의 2배에 해당하는 거리를 얻을 수 있다. 즉, 300,000km/s×300s/2＝45,000,000km이다.

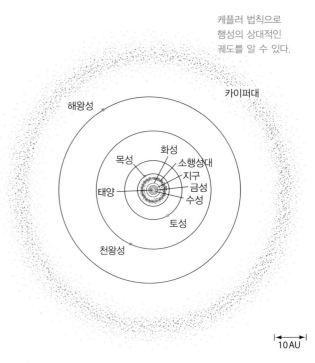

케플러 법칙으로 행성의 상대적인 궤도를 알 수 있다.

카이퍼대

해왕성

목성   화성
                          소행성대
                          지구
태양   금성
                          수성

                   토성

천왕성

10AU

그림 3.19

금성까지의 거리를 알면 천문단위의 크기를 쉽게 계산할 수 있고, 따라서 태양계의 척도를 계산할 수 있다. 그림 3.20은 태양−지구−금성 궤도 기하가 이상적으로 표현된 그림이다. (여기에서 행성의 궤도는 원으로 표시되어 있지만 실제 궤도는 약간의 타원이다.) 그림을 통해 지구와 금성이 가장 가까울 때의 두 행성의 거리는 대략적으로 0.3AU임을 볼 수 있다. 0.3AU가 45,000,000km라는 사실은 1AU의 크기를 매우 쉽게 알도록 해준다. 즉, 그 답은 45,000,000/0.3이고, 다시 말해 150,000,000km이다.

이 접근법은 해당 행성까지의 거리를 1km의 정확도 내에서 구하는 데 사용될 수 있으며, 천문단위는 현재 149,597,870km로 알려져 있다. 우리는 이 책에서 이를 반올림하여 150,000,000km로 사용할 것이다.

태양의 질량 측정하기

태양계에서 서로 다른 천체까지의 거리를 알면, 우리는 뉴턴의 운동법칙들과 중력을 적용하여 또 다른 매우 중요한 물리량

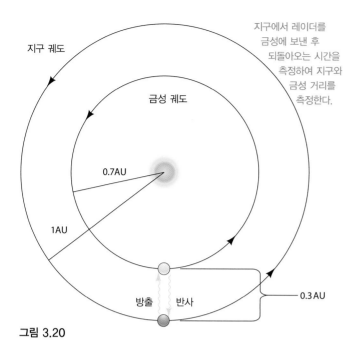

지구에서 레이더를 금성에 보낸 후 되돌아오는 시간을 측정하여 지구와 금성 거리를 측정한다.

지구 궤도

금성 궤도

0.7AU

1AU

방출 반사

0.3 AU

그림 3.20

의미를 알 수 있다. 제3장 4절에서 케플러가 행성의 운동에 대한 방대한 양의 관측 결과를 모아 행성의 궤도주기의 제곱은 그 행성 궤도의 장반경의 세제곱에 비례한다는 것을 발견했다는 것을 알아보았다. 뉴턴 법칙은 그 비례상수는 실제로 서로를 돌고 있는 두 천체의 총질량임을 알려준다.

천문학자들은 종종 그들의 머리에 다음과 같은 간결한 문장을 넣고 다닌다. 주기의 제곱은 장반경의 세제곱을 총질량으로 나눈 양에 비례한다. 그러나 물론 그들은 이와 같이 문장으로 표현하지 않는다. 대신에 다음과 같은 방정식으로 이를 표현한다.

$$\text{주기}^2(\text{지구 연 단위}) = \frac{\text{장반경}^3(\text{천문단위})}{\text{총질량}(\text{태양질량 단위})}$$

케플러 제3법칙의 이와 같은 재표현은 우리가 3.4절에서 보았듯이 주기의 제곱과 장반경의 세제곱 사이의 비례 관계를 유지하지만, 또한 총질량을 포함하고 있기 때문에, 모든 행성에 대해서 비례의 정도가 같지는 않다. 그럼에도 불구하고 태양의 질량이 그 어떤 다른 행성보다도 크기 때문에, 태양과 각각의 행성의 총질량의 합에 대한 차이는 거의 없다.

여기에서의 요점은 케플러의 세 번째 법칙의 이러한 수정된 형태는 태양계 안에서든 밖에서든, 모든 경우에 대해서 적용 가능하다는 것이다. 가장 중요하게는 관심 있는 두 천체의 궤도의 특성, 즉 거리와 주기를 알고 있는 한, 우주의 어느 곳에서든 질량을 측정하는 하나의 방법을 제공해 준다는 것이다.

사실 이것은 천문학에서 모든 질량을 어떻게 측정하는가에 대한 것이다. 멀리 떨어진 천체의 질량을 측정하기 위해서는, 우리는 그것이 다른 천체에 미치는 중력적 영향을 반드시 알아보아야 한다. 이 원리는 행성, 별, 은하, 그리고 심지어 은하단에도 적용된다. 이들은 서로 매우 다른 천체이지만, 이들 모두 같은 물리법칙을 따른다.

을 결정할 수 있다. 이는 바로 태양의 질량이다.

그림 3.21(그림 3.17 참조)은 태양 주변을 도는 행성의 궤도가 태양의 중력에 의해 어떻게 결정되는지를 보여준다. 행성 속도의 방향이 변하고 있기 때문에 행성은 가속하고 있다. 그림에서 나타나는 것처럼 그 가속도의 방향은 태양을 향하고 있다. 만약 우리가 그 행성 궤도의 크기와 주기를 알고 있다면, 우리는 뉴턴 역학을 이용하여 행성이 그 궤도를 돌게 하는 가속도의 크기를 계산할 수 있다. 차례차례 살펴보면 뉴턴의 두 번째 운동법칙(3.5절)은 물체에 가해지는 가속도와 힘 사이의 관계를 나타낸다. 이 경우에는 태양의 중력적인 당김이다. 그리고 마지막으로 뉴턴의 중력법칙은 (지구에서의 실험을 통해 측정된) 태양과 행성 사이의 거리에서 작용하는 중력과 그들의 질량 사이의 관계를 나타낸다.

중력과 가속도에 의한 힘을 같게 놓으면, 유일한 미지수는 태양의 질량이다. 만약 태양의 질량이 너무 크다면, 태양의 중력은 행성의 가속도를 설명하기에 너무 클 것이다. 너무 작다면 행성은 태양의 중력적 당김의 영향권을 탈출할 것이다. 힘들이 균형을 이루므로 태양의 질량을 알 수 있다. 그 결과는 2.0×10^{30}kg이다. 이는 지구에서 사용되는 기준에 비해 막대하게 큰 양이면서, 또한 이 책에서 이후에 다룰 별과 은하 부분에서 하나의 중요한 양이다.

다시 살펴본 케플러 세 번째 법칙
뉴턴 역학으로부터 케플러 법칙의 중요한

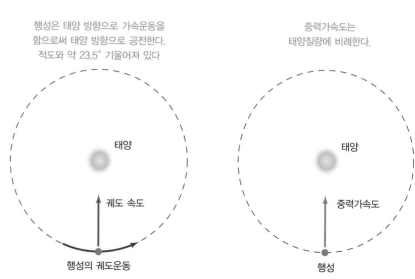

행성은 태양 방향으로 가속운동을 함으로써 태양 방향으로 공전한다. 적도와 약 23.5° 기울어져 있다

중력가속도는 태양질량에 비례한다.

태양

궤도 속도

행성의 궤도운동

태양

중력가속도

행성

그림 3.21

태양계 개요

지나간 과거 수 세기에 비해 한 세대도 안 되는 짧은 기간 동안 우리는 태양계에 대해 더 많은 것을 알게 되었다.

인간의 기준에서 태양계는 거대하다. 태양에서부터 해왕성까지의 거리는 약 30AU 이고, 이것은 지구의 반경보다 약 700,000배 크고, 지구에서부터 달까지의 거리에 약 12,000배이다. 그러나 이러한 태양계의 거대한 규모에도 불구하고, 천문학적으로 말하자면 행성들은 태양에 매우 가까운 곳에 위치한다. 해왕성의 궤도 직경은 1/3000광년보다 작은 반면에 그다음으로 가까운 별은 몇 광년 더 떨어져 있다.

행성의 궤도

태양계의 8개 행성의 배열은 그림 3.19에 나타나 있다. 수성은 태양에 가장 가깝고, 그다음은 금성, 지구, 화성, 목성, 토성, 천왕성, 해왕성순이다. 모든 행성은 태양 주위를 같은 맥락에서 돌고 있는데, 지구 북극점 위에서 바라보면 반시계 방향으로서 대략적으로 원형 궤도이다. 오직 수성만이 0.21의 궤도 이심률을 가지며 태양 주변을 뚜렷하게 비원형 궤도로 돌고 있다. 태양으로부터 바깥쪽으로 갈수록 근접한 행성들의 궤도 사이의 거리는 배로 늘어난다.

그림 3.23은 태양계를 측면에서 바라본 경우로서, 모든 행성이 거의 지구와 같은 평면에서 태양 주변을 돌고 있음을 보여준다(황도면)(1.3절). 그런데 수성은 이러한 규칙에서 약간 이탈하여 수성의 궤도면은 황도면과 7° 기울어져 있다. 그러나 우리는 태양계를 매우 편평한 것으로 간주할 수 있다. 그림 3.22는 2002년 4월에 찍은 수성, 금성, 화성, 목성, 토성의 사진이다. 이러한 5개의 행성은 가끔씩 하늘의 같은 영역에서 나타나는데, 이것은 행성들의 궤도가 우주공간상에서 거의 같은 평면에 위치하기 때문이다.

행성 궤도들이 같은 평면상에 있다는 것은 케플러 혹은 뉴턴 법칙의 결과는 아니다. 그 어떠한 물리법칙

그림 3.23

모든 행성은 황도면에서 약간 기울어져서 공전하는 경향이 있다.

에 의해서도 행성들이 이러한 방식으로 궤도를 돌아야 할 이유는 없다. 다만, 태양계의 편평도는 오래전 일어난 태양계 형성의 결과로서, 이에 대해 제7장에서 더 자세하게 논의할 것이다.

물리적 특성

행성들이 어떻게 운동하는지 이해하기 위해, 행성들의 궤도와 질량 외에 다른 정보가 더 필요하다. 또한 행성들의 내부 구조와 구성성분을 추론하기 위하여 반경을 알아야 한다. 그림 3.24는 이러한 것을 어떻게 알아낼 수 있는지를 보여준다. 그림은 그림 3.10(b)와 근본적으로 같은데, 차이가 나는 것은 측정하는 것과 계산하는 것이다. 이전에는 기선 AB와 C에서의 작은 각을 시차로 측정하고, 거리(AC나 BC)를 결정했다. 그런데 지금은 멀리 있는 천체의 각지름인 작은 각 C를 사진에서 측정하고, 거리를 알면 지름을 결정할 수 있다. 그림 3.25는 태양의 크기를 기준으로 한 행성들의 크기를 나타낸다. 표 3.1은 8개 행성에 대한 몇몇 기본적인 궤도 및 물리적 특성을 나열하고 있다.

우주시대 이전에는 행성이 서로 다른 행성의 궤도에 미치는 작은 영향을 탐지하거나 행성의 위성의 궤도를 추적함으로써 행성의 질량을 계산하였다. 오늘날에는 표 3.1에 있는 대부분 행성들의 질량은 지구에서 쏘아올린 우주선에 미치는 중력적인 영향(3.6절)을 통해 정확하게 측정한다. 표에 나타낸 **이탈속도**는 뉴턴 법칙에 따라 로켓이나 다른 물체가 모행성의 중력을 벗어나는 데

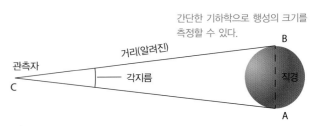

간단한 기하학으로 행성의 크기를 측정할 수 있다.

그림 3.24

(사진 설명)
목성
모든 행성의 궤도는 황도면에 가깝다.
토성
화성
지구
금성
수성
그림 3.22

표 3.1 태양계 행성의 특성

물체	궤도 장반경(AU)	궤도주기 (지구 연 단위)	궤도 이심률	질량 (지구 질량)	반지름 (지구 반지름)	이탈속도 (km/s)	알려진 위성숫자	평균 밀도 (kg/m³)
수성	0.39	0.24	0.206	0.055	0.38	4.2	0	5,400
금성	0.72	0.62	0.007	0.82	0.95	10.4	0	5,200
지구	1.00	1.0	0.017	1.0	1.0	11.2	1	5,500
화성	1.52	1.9	0.093	0.11	0.53	5.0	2	3,500
목성	5.2	11.9	0.048	318	11.2	60	67	1,300
토성	9.5	29.4	0.054	95	9.5	36	62	700
천왕성	19.2	84	0.047	15	4.0	21	27	1,300
해왕성	30.1	164	0.009	17	3.9	24	14	1,600
태양	—	—		332,000	109	620	—	1,400

필요한 속도로 정의된다.

표 3.1에 있는 마지막 열은 **밀도**를 나타내는데, 이것은 물체의 '응집도'의 척도로서 물체의 질량을 부피로 나눈 값이다. 비교하자면 물의 밀도는 1,000kg/m³인 반면에 지구 표면의 암석의 밀도는 2,000~3,000kg/m³이다. 해수면에서의 지구의 대기밀도는 단지 수에 불과하다.

지구형 행성과 목성형 행성

이러한 제한된 정보에도 불구하고 우리는 이미 행성계의 내행성과 외행성 간에 뚜렷한 차이를 알 수 있다. 간략히 말하면 내행성, 즉 수성, 금성, 지구, 화성은 작고, 밀도가 크고, 구성물이 암석으로 되어 있다. 외행성, 즉 목성, 토성, 천왕성, 해왕성은 크고, 밀도가 작고, 기체로 되어 있다.

수성, 금성, 화성의 물리적 및 화학적 특성들이 지구와 다소 유사하기 때문에, 태양계에서 안쪽에 있는 4개의 암석으로 이루어진 행성은 **지구형 행성**이라고 한다. (지구형이라는 것은 '땅' 또는 '지구'라는 의미의 라틴어 *terra*에서 비롯되었다.) 한편, 더 크지만 밀도가 훨씬 작은 외행성, 즉 목성, 토성, 천왕성, 해왕성은 이 집단에서 가장 큰 목성의 이름을 따서 **목성형 행성**이라 부른다. (목성형이라는 것은 로마의 신 *Jupiter*의 또 다른 이름인 *Jove*에서 비롯되었다.)

그림 3.25

CHAPTER 3 복습

요약

LO1 **프톨레마이오스의 모델**(p.41)과 같은 **지구 중심 모델**(p.41)은 태양, 달, 그리고 행성들이 지구를 중심으로 돈다고 본다. 이 모형은 **역행운동**(p.40)으로 행성이 이동하면서 실제로 나타내는 후퇴운동으로 설명한다. 이러한 움직임을 설명하

기 위해서, 이 모형은 행성들이 **주전원**(p.41)과 **대원**(p.41)으로 이루어진 여러 개의 원형 궤도를 가진다고 가정하였다. 그러나 좀 더 정밀한 관찰 자료들을 설명하기 위해 이 모델들은 더 복잡해져야만 했다.

LO2 태양계에 대한 **태양 중심 모델**(p.42)은 아리스타르코스와 이후에 코페르니

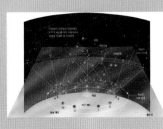

쿠스에 의해 지구와 다른 모든 행성이 태양을 중심으로 돈다는 것이다. 이 모델은 지구가 다른 행성들을 추월한다는 것을 통한 역행운동과 관측되는 행성들의 밝기 변화 모두를 설명한다. 코페르니쿠스는 행성들이 지구가 아닌 태양의 주변을 돈다면, 이 모형이 행성들의 관찰된 움직임에 대하여 더 간결하게 설명할 수 있을 것이라고 주장했다. 르네상스 시대에 널리 퍼지게 된 이와 같은 인식, 즉 태양계가 지구가 아닌 태양을 중심으로 돈다는 생각을 **코페르니쿠스 혁명**(p.43)이라고 부른다.

LO3 갈릴레오 갈릴레이는 최초의 실험 과학자이다. 그가 망원경을 사용하여 수행한 태양,

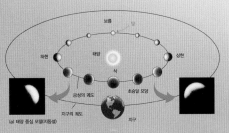

달, 행성들의 관측 자료는 지구 중심설에 반하며, 코페르니쿠스의 태양 중심설을 지지하는 실험적 증거가 되었다. 그는 달의 분화구, 태양의 흑점, 목성의 주변을 도는 위성들, 그리고 금성의 위상을 관찰하였다.

LO4 요하네스 케플러는 태양 주위의 행성들의 움직임을 묘사하고, 티코 브라헤의 상세한 관찰 자료들을 설명할 수 있는 3개의 간결한 법칙을

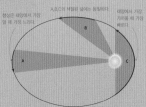

만들었다. 케플러의 3개의 **행성운동법칙**(p.47)은 다음과 같다. (1) 행성궤도는 태양을 하나의 **초점**(p.47)으로 하는 타원이다. (2) 행성은 궤도가 태양에 가까워질수록 더 빠르게 움직인다. (3) 궤도의 **장반경**(p.47)은 단순히 행성의 **공전주기**(p.47)와 관련된다.

LO5 **뉴턴 역학**(p.48)은 모든 물체가 어떻게 움직이고 서로 상호 작용하는지를 이해하기 위한 개념적 틀을 제공한다. 뉴턴의 세 가지 운동법칙(p.48)은 다음과 같은

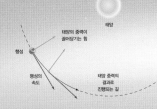

것들을 주장한다. (1) 물체의 속도를 변화시키기 위해서는 반드시 **힘**(p.48)이 가해져야 한다. (2) **가속도**(p.48)라고 부르는 속도 변화율은 가해진 힘을 물체의 질량으로 나누어 준 것과 동일하다. (3) 힘은 항상 크기는 같고, 방향은 반대인 쌍으로 발생한다. 뉴턴은 또한 **중력**(p.49)이 행성을 태양 쪽으로 끌어당긴다고 가정하였다. 질량을 가진 모든 물체는 다른 물체에 대하여 **중력적인 힘**(p.49)을 발휘하고, **역제곱법칙**(p.49)에 따라 힘의 세기는 거리가 멀어짐에 따라 감소한다. 이러한 **만유인력의 법칙**(p.49)과 뉴턴 역학을 결합함으로써, 태양 주위를 도는 행성들의 궤도를 이해할 수 있다.

LO6 지구에서부터 태양까지의 평균 거리는 1 **천문단위**(p.47)이고, 오늘날에는 금성에 **레이더**(p.50) 신호를 반사시킴으로써 정확하게 결정할 수 있다. 일단 이것을 알게 되면, 모든 다른 행

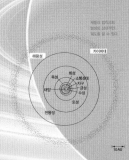

성에 대한 거리는 케플러 법칙을 통해 추론할 수 있다. 태양계의 축척을 알게 되면, 뉴턴 역학을 이용하여 태양과 행성들의 질량을 측정할 수 있다.

LO7 주요 행성들은 같은 방식으로 태양 주위를 도는데, 지구의 북극점 위에서 보면 반시계 방향으로 돈다. 이 궤도는 황도면

에 가깝게 위치하면서 대략적으로 원형이다. 태양으로부터 바깥쪽으로 우리가 이동할수록 행성궤도 간의 거리는 증가한다. 해왕성 궤도의 직경은 대략 60AU이다. 행성의 평균적인 **밀도**(p.53)는 행성의 총질량을 부피로 나눔으로써 얻어진다. 태양계에서 가장 안쪽 궤도를 도는 4개의 행성, 즉 수성, 금성, 지구, 화성은 지구와 유사한 평균적인 밀도를 가지며, 일반적으로 암석으로 구성된다. 이러한 행성을 **지구형 행성**(p.53)이라고 부른다. 바깥쪽의 **목성형 행성**(p.53), 즉 목성, 토성, 천왕성, 해왕성은 지구형 행성들보다 더 낮은 밀도를 가지며 대부분 기체나 액체 상태의 수소와 헬륨으로 구성된다.

POS 문제들은 과학의 과정을 탐구하는 문제이고, LO 문제들은 학습 목표에 초점을 맞추고 있고, VIS 문제들은 보이는 정보들을 이해하고 해석하는 데 초점을 맞추고 있다.

복습과 토론

1. LO1 우주의 지구중심 모델에 대한 강점과 약점에 대해 논하라.
2. POS 현재 우리의 지식으로부터 우주에 대한 프톨레마이오스 모델의 결점을 알 수 있다. 그 기본적인 결점은 무엇인가?
3. 태양계에 관한 우리의 지식에 코페르니쿠스가 한 가장 큰 기여는 어떤 것인가?
4. LO2 태양 중심 모델은 어떻게 행성의 움직임과 밝기 변화를 설명하는가?
5. LO3 POS 갈릴레오는 어떻게 코페르니쿠스의 견해를 확인하는 데 도움을 주었는가?
6. 왜 갈릴레오는 종종 최초의 실험 과학자로 불리게 되었는가?
7. LO4 케플러의 행성운동에 관한 세 가지 법칙에 대해 간략히 설명하라.
8. POS 케플러 법칙을 경험적이라고 하는 것은 무엇을 의미하는가?

9. 왜 우리는 야구공이 지구를 향해 떨어진다고 말하지, 지구가 야구공을 향해 떨어진다고 말하지 않는가?
10. 같은 속도로 던져진 야구공이 지구 표면보다 달 표면에서 왜 더 높이 올라갈 것으로 여겨지는가?
11. LO5 뉴턴에 따르면 지구는 왜 태양 주위를 도는가?
12. LO6 만약 레이더 전파가 태양에서 반사되지 않는다면, 태양에서부터 지구까지의 거리를 알기 위해서 어떻게 레이더 전파가 사용될 수 있는가?
13. 케플러 법칙에 대해 뉴턴의 역학으로 표현한 두 가지를 열거하라.
14. 행성의 질량을 알기 위해서는 왜 행성까지의 거리가 필요한가?
15. 어떠한 관점에서 태양계는 '편평'하다고 하는가?
16. LO7 지구형 행성과 목성형 행성 사이의 세 가지 중요한 차이점들에 대해 언급하라.

진위문제

1. 아리스토텔레스는 모든 행성은 태양 주위를 공전한다고 제안하였다.
2. 역행운동을 하는 동안 행성은 공간상에서 실제로 멈춘 다음 뒤로 움직인다.
3. 태양계에 대한 태양 중심 모델은 태양이 중심에 있고 그 밖의 모든 천체는 태양 주변을 돈다고 주장한다.
4. POS 코페르니쿠스의 이론은 그가 살아 있는 동안에는 광범위한

과학적 지지를 얻지 못하였다.
5. 케플러 법칙은 그 당시 알려진 여섯 행성에 대해서만 적용된다.
6. 다른 사람에게 야구공을 던진다고 하자. 공이 잡히기 전에, 그 공은 일시적으로 지구를 중심으로 한 궤도로 움직인다.
7. 모든 행성의 질량의 총량은 태양질량보다 훨씬 작다.
8. 태양계는 대개 균일한 구성물로 이루어져 있다.

선다형문제

1. 코페르니쿠스 모델의 중요한 결함은 (a) 태양을 중심으로 한다는 것이다. (b) 지구를 중심으로 한다는 것이다. (c) 역행 고리가 있다는 것이다. (d) 원형 궤도라는 것이다.
2. VIS 그림 3.8에서 볼 수 있듯이, 갈릴레오는 금성을 관측하여 다음과 같은 사실을 보여주었다. (a) 지구 주위를 돈다. (b) 태양 주위를 돈다. (c) 지구와 같은 직경을 갖는다. (d) 달과 비슷한 크기이다.
3. 태양 주위를 도는 목성의 궤도에 대한 정확한 묘사는 다음과 같다. (a) 중심으로부터 멀리 떨어진 태양 (b) 폭보다 길이가 두 배인 타원 (c) 거의 완전한 원형 (d) 위상
4. 지구 궤도의 안쪽을 돌고 있는 소행성은 (a) 1AU보다 작은 장반경을 가진다. (b) 지구보다 더 긴 궤도주기를 가진다. (c) 지구보다 더 천천히 움직인다. (d) 이심률이 매우 큰 궤도를 가진다.

5. VIS 지구의 표면 가까이에 있는 공의 움직임을 보여주는 그림 3.15는 중력에 대해 다음과 같이 묘사한다. (a) 고도와 함께 증가한다. (b) 공이 아래쪽으로 가속되도록 만든다. (c) 공이 위쪽으로 가속되도록 만든다. (d) 공에 어떠한 영향도 주지 않는다.
6. 태양과 태양의 질량이 갑자기 사라지면, 지구는 (a) 현재의 궤도를 지속할 것이다. (b) 궤도 속도가 갑자기 변화될 것이다. (c) 우주공간으로 날아갈 것이다. (d) 회전을 멈출 것이다.
7. 행성의 질량은 행성의 다음과 같은 것을 측정함으로써 쉽게 알 수 있다. (a) 위성의 궤도 (b) 각직경 (c) 천구에서의 위치 (d) 태양 주위를 도는 궤도 속력
8. 만약에 우리가 태양계에 대한 정확한 척도 모형을 태양을 한쪽 끝에 놓고 해왕성을 다른 쪽 끝에 놓는 축구장에 만든다면, 운동장의 중심에 가장 가까운 행성은 (a) 지구 (b) 목성 (c) 토성 (d) 천왕성이다.

활동문제

협동 활동 갈릴레오가 수행한 관측 중에 당신이 생각할 때 가장 중요한 한 가지 천체 관측을 선택하고, 왜 가장 중요하다고 생각하는지 말하고, 그가 관측한 것을 그림을 이용하여 설명하라.

개별 활동 화성, 목성, 토성의 충 날짜를 확인하기 위해 천문학 역서를 참조하라. 충에서 위 행성들은 지구와 가장 가까운 점에 놓이며 밤하늘에서 가장 크고 밝다. 이러한 위 행성들을 관측하라. 각각의 행성의 역행운동은 충이 발생하기 얼마나 오래전부터 시작되는가? 그리고 얼마나 오랜 후에 끝나는가?

4

지구와 달

달은 태양계의 비밀을 푸는 결정적 열쇠이다.

지구는 가장 잘 연구된 지구형 행성이다. 삶, 지식, 문화, 각종 기술을 탄생시킨 우리의 세계로부터, 이제 우리는 우주를 탐험할 수 있게 되었다. 우리 자신은 바위, 나무, 공기처럼 '지구물질'이다. 이 제 인류가 태양계 탐험을 시작함에 따라 우리는 다른 행성에 대한 이해를 보다 잘하기 위해 지구에 대한 우리의 지식 을 끌어온다. 지구의 특성을 목록화하고 설명함으로써, 우리는 태양계에 대한 비교 연구의 발판을 수립한다. 우리가 사는 세계인 지구의 구조와 역사에 대해 애써 수집하는 각각의 정보가 우리가 사는 행성계 이해를 도와줄 결정적 역 할을 할 것이다. 우주를 인지하려면 우리는 먼저 우리 자신의 행성에 대해 알아야만 한다. 우리의 천문학 연구는 지구 에서 시작하는 것이다.

　이것이 천문학적 측면에서 지구의 구조와 역사를 연구하는 강력한 이유이다. 그러면 달은 어떤가? 달은 그 친근함 말고도 우리와 가장 가까운 이웃이면서 우리와 매우 다른 세상이다. 달에는 공기도 없고, 소리도 없고, 물도 없고, 기 상 변화도 없다. 돌과 가루 먼지가 풍경을 이루고 있다. 그렇다면 우리는 왜 달을 연구하는가? 한편으로는 달은 단순 히 우리의 가장 가까운 이웃이자 우리의 밤하늘을 지배하기 때문에 연구한다. 그러나 이보다 더 중요한 것은, 달이 우 리의 과거에 대한 중요한 단서를 지니고 있기 때문이다. 달은 생성 이후 별로 변하지 않았다는 바로 그 사실이 달이 태양계의 비밀을 푸는 결정적 열쇠라는 걸 뜻한다.

이 상징적 사진은 1968년에 달 주위를 도는 나사의 아폴로 8호 우주선에서 찍은 사진으로 멀리서 본 지구를 보여주는데, 마치 우주공간에 걸려 있는 '파란 대리석' 같다. 지구는 복합적이고 망가지기 쉬운 환경으로 보이며, 우리가 일상 경험으로 아는 암석으로 된 행성이라는 것과는 매우 다르다. 다른 무엇보다도 우리 세계의 이러한 풍경은 지구 위 우리의 존재에 대한 이해와 우주에서의 우리의 위상에 대한 이해를 도와줄 것이다. 우리의 행성 지구에 대해 많이 알수록 우리는 다른 행성들 및 위성들과 보다 잘 비교하거나 대조할 수 있게 된다.

학습목표

LO1 지구와 달의 기초적인 구조적 특성을 요약하고 비교한다.

LO2 지구, 달, 태양 간 상호 중력 작용이 어떻게 지구의 바다에서 조석을 일으키는지 설명한다.

LO3 지구 내부 구조에 대해 통용되는 모형의 개요를 말하고, 이를 뒷받침하는 데 사용된 실험 기술 몇 가지를 설명한다.

LO4 지구 대기가 어떻게 우리를 따뜻하게 하고 보호하는지 기술하고, 온실기체가 어떻게 열을 가두고 지구 표면온도를 증가시키는지 설명한다.

LO5 대륙 이동의 증거를 요약하고, 이를 조종하는 물리적 과정을 밝힌다.

LO6 달의 역사 초기에 역학적 사건들이 대부분의 표면 형상을 어떻게 만들었는지 기술하고, 분화구가 달 표면의 나이 추정에 어떻게 사용될 수 있는지 설명한다.

LO7 지구 자기권의 본질과 기원에 대해 기술한다.

지구와 달의 주요 특성

지구의 특성을 목록화하고 그들을 설명함으로써
우리는 태양계에 대한 비교 연구의 발판을 수립한다.
우리가 탐구할 지구 밖 첫 번째 천체는 달이다.

크기 비율로 나타낸, 너무 다른 두 세계인 지구와
달. 지구는 공기가 없는 동반체인 달보다 대략 4배
정도 더 크고 80배 정도 더 무겁다.

그림 4.1

전반적 특성

지구와 달의 물리적 특성과 궤도 특성(그림 4.1에 상대적인 크기를 나타내었음)은 제1장과 제3장
에서 설명한 기술을 이용하여 측정할 수 있다. 지구의 반지름은 단순한 기하학에서부터 오래전
부터 알려져 온 반면(스냅 상자 1-2 참조), 달까지의 거리는 지구로부터 삼각 측량을 이용하여
측정될 수 있고(3.4절), 그러면 달의 반지름은 달의 각크기로부터 추정된다(3.7절). 지구와 달 간
의 거리를 알면 지구와 달의 질량은 뉴턴 법칙을 적용하여 서로 간의 궤도로부터 측정될 수 있다
(3.6절). 이런 모든 물리량에 대한 정밀한 값은 부록 3에 나타나 있다. 그러나 이 책 전체를 통해
서 대강의 값 사용할 것이며, 지구의 질량과 반지름을 6.0×10^{24}kg, 6,400km로 하며, 달의 질량
과 반지름은 7.4×10^{22}kg, 1,700km로 한다. 달의 지구에 대한 궤도 장반경은 384,000km이다.

질량을 부피로 나누어 봄으로써 우리는 지구의 평균 밀도가 5,500kg/m³ 정도 된다는 것을 알
고, 달의 평균 밀도는 3,300kg/m³라는 것을 알게 된다. 이런 간단한 계산은 우리가 우리 행성과
그 위성의 내부에 대한 중요한 추론을 가능하게 한다.

지구 표면의 상당 부분을 차지하는 물은 밀도가 1,000kg/m³이고, 우리 아래에 있는 대륙 위, 해저 위의 암반은 밀도가 2,000kg/m³에서 4,000kg/m³ 사이이다. 표층의 밀도가 행성 전체 평균보다 훨씬 작기 때문에 밀도가 훨씬 높은 물질들이 표면보다 더 깊은 곳에 놓여 있다. 그러므로 지구 내부의 상당 부분은 밀도가 매우 높은 물질로 구성되어 있고, 표면 위 밀도가 가장 높은 대륙 암반보다도 훨씬 밀도가 높다. 비슷한 추론으로 아폴로 착륙선이 갖고 온 달 표면 암석의 밀도가 지구 위 암석의 밀도와 비슷하다는 것으로부터 달은 표면에서 중심까지 밀도가 상대적으로 적게 변한다는 것을 알 수 있다.

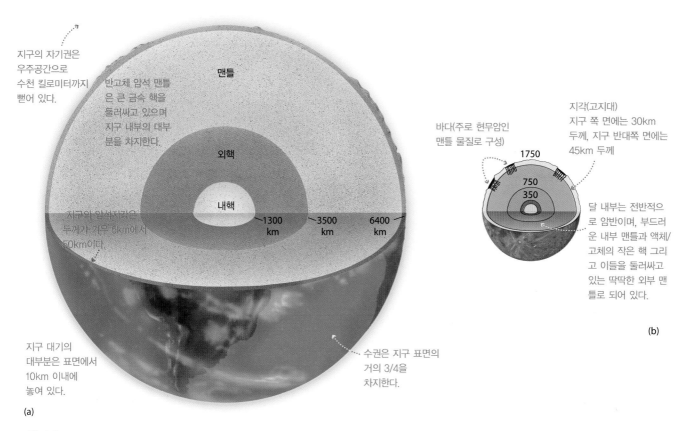

그림 4.2

내부 구조

그림 4.2(a)는 우리 행성의 전체 구조를 나타내고 있다. 지구 내부는 두꺼운 **맨틀**이 작은 두 부분으로 된 중심부의 **핵**을 둘러싸고 있다. 표면은 상대적으로 얇은 **지각**으로, 딱딱한 대륙, 해저, 그리고 지구 총표면적의 약 70%를 차지하는 해양이 있는 수권으로 되어 있다. 공기로 된 **대기**는 이런 표면 위에 놓여 있다.

매우 높은 고도에서는 지구 자기장에 의해 붙잡힌 전기를 띤 입자들로 구성된 영역이 **자기권**을 이룬다. 실질적으로 우리 행성의 전 질량은 표면과 내부에 들어 있다. 기체 대기와 자기권은 질량에 거의 영향을 끼치지 않는데, 전체 질량의 0.1%보다 작다.

달은 수권, 대기권, **자기권**이 결핍되어 있다. 달의 약한 중력과 작은 크기는 표면 기체와 내부 열이 오래전에 달로부터 이탈하도록 허용하였고, 차고 죽은 세계로 남겨두었다. 달의 내부 구조는(그림 4.2b) 지구의 내부 구조만큼 잘 연구되지는 않았다. 그 주된 이유는 달은 접근이 훨씬 쉽지 않기 때문이다. 그렇지만 지구의 기본 내부 영역인 지각, 맨틀, 핵은 달에도 존재한다.

달과 조석

엄청난 양의 에너지가 매일 일어나는 바다의 운동에 포함되어 있다.

지구의 대부분 해변에서 매일 두 번의 낮은 썰물과 두 번의 높은 밀물이 일어난다. 조석의 '높이'(해수면에서의 총변화)는 수 센티미터에서 수 미터에 이르는데, 위치와 연중 언제냐에 따라 다르며, 외해에서 평균 약 1미터쯤 된다.

중력적 변형

무엇이 **조석**을 일으키는가? 조석이 일, 월, 년 시간 단위의 주기를 보여준다는 사실에서 그 단서를 찾을 수 있다. 사실 조석은 달과 태양의 지구에 대한 중력의 영향 때문에 생긴다.

중력의 세기는 두 물체가 떨어진 거리의 역제곱에 비례한다(3.5절). 그래서 달의 중력은 달을 바라보는 지구 쪽 면이 그 반대쪽 면보다 큰 데, 반대쪽은 12,800km(지구의 지름) 더 멀리 떨어져 있다. 중력에서의 이런 차이를 **조석력**이라 하며, 작은 양으로 중력 세기의 약 3% 정도다. 그러나 조석력은 **조석 팽대부**(그림 4.3)라 불리는 지구와 달을 잇는 선을 따라 늘어나는 뚜렷한 변형을 야기한다. 지구의 조석 팽대부는 어떤 곳에서는 더 크고(지구-달을 잇는 선을 따라) 어떤 곳에서는 더 작다(수직 방향에서). 우리가 경험하는 매일의 조수는 지구가 이 조석 팽대부 아래에서 자전하는 결과이다. 그림 4.4는 캐나다 북동부 펀디 만에서 일어난 현저한 썰물(위)과 밀물(아래)을 보여준다.

그림 4.3에서 달 반대쪽 지구면에서도 조석 팽대부가 있다는 데 주목하라. 달에 가까운 지구면에서는 바닷물이 약간 달 쪽으로 당겨진다. 달 반대쪽 면에서는 반대 현상이 일어난다. 지구가 달에 의해 당겨짐에 따라 물이 뒤처져 남겨지는 것이다. 그래서 밀물이 매일 한 차례가 아니라 두 차례 일어난다.

달과 태양 모두 우리 행성에 조석력을 발휘한다. 그래서 실제 지구에 생성되는 조석 팽대부는 한

(a)

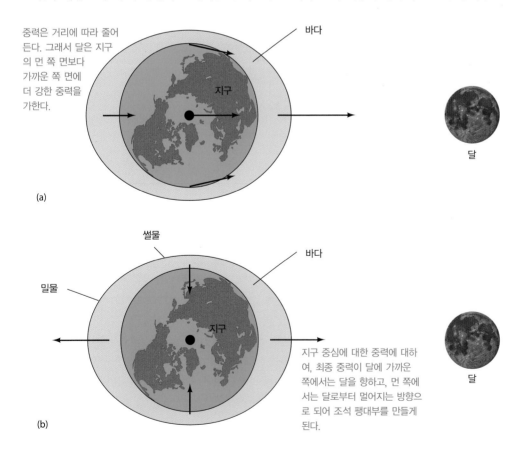

중력은 거리에 따라 줄어든다. 그래서 달은 지구의 먼 쪽 면보다 가까운 쪽 면에 더 강한 중력을 가한다.

바다

지구

달

(a)

썰물

밀물

바다

지구

달

지구 중심에 대한 중력에 대하여, 최종 중력이 달에 가까운 쪽에서는 달을 향하고, 먼 쪽에서는 달로부터 멀어지는 방향으로 되어 조석 팽대부를 만들게 된다.

(b)

그림 4.3

(b)

그림 4.4

개가 아닌 두 개이다. 하나는 달을 향하고, 다른 하나는 태양을 향한다. 두 팽대부 사이의 상호 작용은 한 달 동안의 또는 1년 동안의 조수 높이의 변화를 설명해 준다. 태양이 달에 비해 매우 무겁지만, 조석력은 거리에 따라 매우 빠르게 줄어들므로, 태양은 달 조석력의 반 정도만 만든다.

지구, 달, 태양이 거의 일직선상에 있을 때(합삭 또는 보름달일 때) 달과 태양에 의한 중력 영향이 서로 증강되고 가장 높은 조수가 일어난다(그림 4.5a). 이런 조수를 사리라고 한다. 지구-달을 잇는 선이 지구-태양을 잇는 선과 직각일 때(상현과 하현 경우) 그날의 조수는 최저가 된다. 이를 조금이라 한다.

동주기 자전

지구와 달은 조석 팽대부를 서로의 내부에도 일으킨다. 이런 팽대부는 겨우 수 센티미터에 불과하여 지구의 바다에 생기는 팽대부보다 훨씬

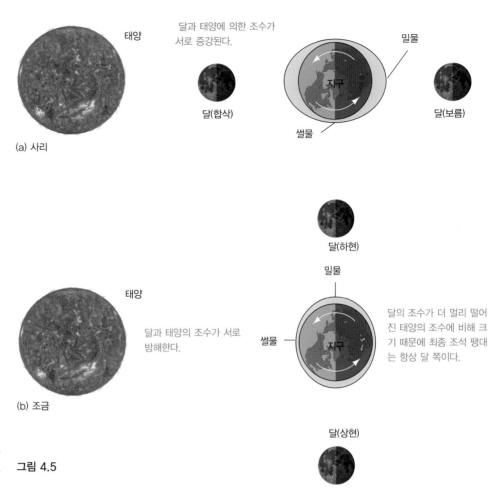

달과 태양에 의한 조수가 서로 증강된다.

(a) 사리

달과 태양의 조수가 서로 방해한다.

(b) 조금

그림 4.5

작다. 하지만 이런 작은 변형이라도 그 에너지는 매우 크다. 이 에너지는 어디에서 생성되나? 여기에 대한 답은 궁극적으로 이 에너지가 지구와 달의 자전 운동과 공전 운동으로부터 나온다는 것이다. 조석력이 지구와 달을 계속적으로 구부림에 따라 이들의 자전 속도가 감소하고 지구 주위를 도는 달의 공전 속도가 줄어든다.

화석 측정에 따르면, 지구의 하루는 100년에 약 2밀리초(0.002초) 길어진다. 이는 사람의 수명에 비하면 별거 아니지만 이것은 5억 년 전 하루는 21시간을 갓 넘었고 1년은 410일이었다는 것을 뜻한다. 또한, 달은 나선형 운동으로 지구로부터 서서히 멀어지는데, 우리 행성으로부터의 평균 거리가 100년에 약 4cm 증가한다.

지구의 조석 영향이 훨씬 강하기 때문에 자전에 대한 영향은 달의 경우에 더 현저하다. 달은 그 자전축에 대해 27.3일에 한 번 자전한다. 이는 지구에 대해 한 번 공전하는 데 걸리는 시간과 정확하게 똑같은 시간이다(1.4절). 그래서 달은 지구를 향해 항상 같은 면만 보인다(그림 4.6의 사람 모형 모습에서 나타냈듯이). 달은 지구에서 항상 볼 수 있는 가까운 쪽 면과 전혀 볼 수 없는 먼 쪽 면이 있다.

동주기 자전이라 불리는 이러한 상태는 달에 대한 지구의 조석 영향의 명백한 결과이다. 이를 달이 지구의 조석력으로 묶여 있다고 말한다. 오늘날 달의 조석 팽대부는 달의 내부를 기준으로 보면 고정되어 있고 모든 조석에 의한 구부림은 멈추었다. 태양계에 있는 대부분의 위성은 모행성의 조석력으로 묶여 있다. 우리는 조석이라는 단어를 바다의 조석이 아니더라도(아마 심지어 행성 그 자체도 논의의 대상이 아니겠지만) 다른 천문학적 상황에서도 여전히 사용한다는 것에 주목하라.

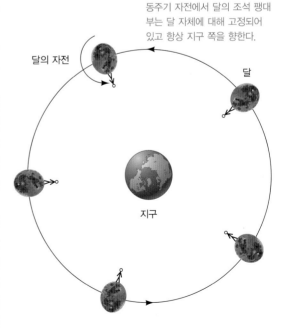

동주기 자전에서 달의 조석 팽대부는 달 자체에 대해 고정되어 있고 항상 지구 쪽을 향한다.

그림 4.6

지구와 달의 내부

우리는 지구에 살고 있지만 우리 행성의 내부를 쉽게 탐구하지는 못한다. 다행히도 지질학자들이 우리 행성의 깊숙한 곳을 탐사할 기술을 개발하고 있다.

지구 지각에 있는 암석 물질의 갑작스러운 위치 이동인 **지진**은 지구 전체를 진동시키고 지진 발생지로부터 바깥쪽으로 이동하는 **지진파**(seismic waves, '지진'이라는 그리스어에서 유래)를 일으킨다(그림 4.7). 이런 파는 탐지될 수 있고 지구의 떨림을 감시하도록 제작된 **지진계**라는 고감도 장비를 이용하여 기록된다.

지구 내부에 대한 연구

지질학자들은 지진파 특성에 대한 이해를 통해 지구 내부를 탐구할 수 있다. 다른 형태의 지진파는 각기 다른 속도로 움직이고 (통상 초당 수 킬로미터), 각 파의 속도는 파가 통과하는 물질의 밀도와 물리적 상태에 따라 다르다. 그림 4.7에 나타낸 두 종류의 파는 학자들이 자신들이 측정한 자료로부터 지구 구조를 어떻게 유추하는지에 대한 생각을 보여준다. 어떤 파(1차 파 또는 P-파)는 고체와 액체 물질 모두를 통과하여 나아갈 수 있고, 어떤 파(2차 파 또는 S-파)는 고체 물질만 통과할 수 있다.

지진 발생지의 지구 반대편에 있는 지진 감시망에서는 S-파(그림의 빨간색)를 측정하지 못한다. S-파는 지구 내부의 물질에 의해 차단된다. 나아가 P-파(초록색)는 지구의 완전 반대편 지진 감시망에서 항상 감지되지만, 다른 곳에서는 거의 아무것도 감지하지 못한다. 지질학자들은 S-파는 지구 중심부 액체 **외핵**에서 흡수되고, P-파는 핵 경계에서 마치 렌즈에 의해 빛이 굴절되듯이 굴절된다고 추론한다 (2.6절). 그 결과가 그림 4.7에 나타나 있는 S-파와 P-파의 '암영대'이다. 또한, 액체 외핵을 통과할 수 있는 P-파는 고체 **내핵**의 표면에서는 튕겨 나간다.

지진파 측정 자료에 대한 보다 자세한 분석으로 지구의 밀도와 온도가 깊이에 따라 현저하게 증가한다는 것을 밝혀내었다(그림 4.8). 지구 표면에서 그 중심까지 밀도는 대략 $3,000kg/m^3$에서 $12,000kg/m^3$ 약간 너머 증가한다. 맨틀의 대부분은 핵과 지각 밀도의 사이인 약 $5,000kg/m^3$의 밀도를 가진다. 온도는 깊이에 따라 300K 아래에서 태양 표면온도와 엇비슷한 5,000K를 훌쩍 넘게 증가한다.

외부 맨틀의 조성은 지구 표면 화산 근처에서 자주 발견되는 현무암으로 알려진 검회색 물질과 꽤 비슷하다. 그 밀도는 $3,000kg/m^3$와 $3,300kg/m^3$ 사이로, 지구 지각의 상당량을 구성하는 보다 가벼운 화강암($2,700kg/m^3$~$3,000kg/m^3$)과 대조를 이룬다. 중심의 높은 밀도는 핵이 니켈과 철의 금속 성분이 풍부하다는 것을 알려준다. 핵-맨틀 경계에서의 가파른 밀도 증가는 두 지역 간 조성 차이의 결과이다.

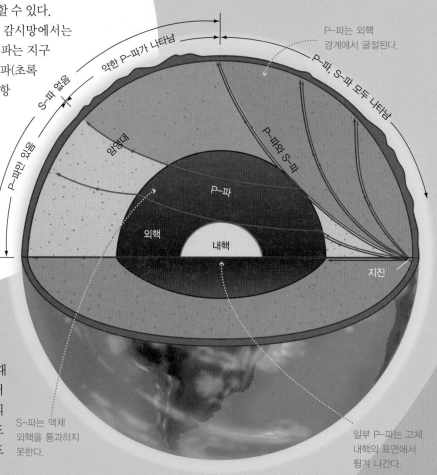

약한 P-파가 나타남

P-파는 외핵 경계에서 굴절된다.

S-파 없음

P-파, S-파 모두 나타남

P-파만 없음

암영대

P-파와 S-파

P-파

외핵

내핵

지진

S-파는 액체 외핵을 통과하지 못한다.

일부 P-파는 고체 내핵의 표면에서 튕겨 나간다.

그림 4.7

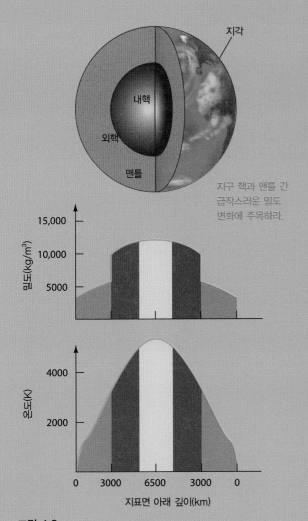

지구 핵과 맨틀 간 급작스러운 밀도 변화에 주목하라.

그림 4.8

달 내부

달의 평균 밀도 3,300kg/m³는 미국과 옛 소련 우주탐사선에 의해 채취된 달 표면 암석의 밀도와 상당히 비슷하여 달은 지구와 같이 크고, 무겁고, 밀도가 높은 니켈-철 핵으로 구성된다는 가능성을 배제한다. 또한 달의 낮은 평균 밀도는 달이 지구에 비해 무거운 원소를 적게 갖고 있다는 것을 의미한다.

달 내부 구조에 대한 상세한 정보의 대부분은 아폴로 우주선 비행사들이 달 표면에 설치한 지진계들로부터 얻는다. 이 지진계들에는 달 내부 깊은 곳에서의 매우 약한 지진만 기록되었다. 달의 보통 지진은 대략 폭죽 정도 에너지를 낸다. 이 겨우 탐지할 수 있는 달의 지진 활동은 달이 지질학적으로 활동이 없다는 생각을 확인해 준다. 그렇지만 학자들은 달의 내부를 탐구하는 데 이 자료를 활용할 수 있다.

달의 화학적 특성이 핵에서부터 표면까지 변하지만, 지진 측정 자료로 보면 달은 거의 균일한 밀도로 이루어져 있다. 핵은 좀 더 밀도가 높고 나머지 부분들보다 철이 현저하게 풍부하다. 핵은 아마도 반지름이 350km이고, 지구의 상부 맨틀의 특성과 비슷한 반고체 암석으로 된 400km 두께의 내부 맨틀로 둘러싸여 있다. 아폴로 자료에 대한 최근의 재분석은 약 250km 반지름의 작은 고체 내핵이 250km 두께의 액체층에 둘러싸여 있다고 시사한다. 이 액체층은 외핵과 이를 둘러싸고 있는 150km 정도의 깊은 쪽 내부 맨틀로 구성되어 있다.

그림 4.9는 지구와 달의 상대적인 내부 구조를 비교하고 있다. 지구와 달 간 차이의 매우 중요한 한 요소는 달의 작은 크기인데, 이는 달의 내부 열이 보다 수월하게 빠져나가, 두꺼운 달 지각과 고체 상부 맨틀을 만들었다는 것을 의미한다.

분화

지구는 층 구조로 되어 있다. 즉, 밀도가 낮은 표면 암석지각, 중간 밀도의 암석 물질로 된 맨틀 및 밀도가 높은 금속성 핵으로 이루어져 있다. 이러한 깊이에 따른 밀도와 조성의 변화를 **분화**라 한다. 왜 우리 행성은 밀도가 균일한 크고 암반으로 된 구 형태가 아닌가? 그 답은 과거 어느 때 지구의 상당 부분이 녹은 상태여서 밀도가 높은 물질을 중심부로 가라앉게 하였고 밀도가 낮은 물질이 표면으로 올라오도록 했기 때문이다.

두 과정이 합쳐져 지구에서 분화가 일어날 수 있을 때까지 지구를 데웠다. 지구 역사 아주 초창기 때 우리 행성은 행성 간 부스러기에 의해 격렬한 충돌을 겪게 되는데, 이는 제7장에서 보게 되듯이 지구와 다른 행성들이 형성되는 과정의 일부이다. 이 충돌은 짐작건대 지구를 수십 킬로미터 깊이까지 녹이는 데 충분한 에너지를 방출하였다. 연이어 지구는 방사능에 의해 다시 데워진다. **방사능**은 불안정한 원소의 복잡하고 무거운 핵이 보다 단순하고 가벼운 핵으로 쪼개지면서 내는 에너지 방출이다(그것이 어디에서 나오는지는 제11장 참조). 암석은 열전도

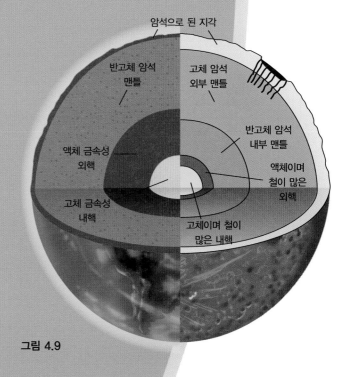

그림 4.9

율이 꽤 낮은 도체라 이런 방식으로 방출된 에너지가 지표면에 도달하고 우주공간으로 빠져나가는 데 시간이 많이 걸린다. 지질학자들은 지구가 녹을 수 있었고 녹은 상태로 또는 적어도 반고체 상태로 약 10억 년 정도 유지되었다고 생각한다.

지구의 대기

자유 산소의 존재는 우리의 대기를 태양계에서 아주 특별한 것으로 만들었다. 지구의 산소는 우리 행성에 생명체가 출현한 직접적인 결과다.

우리 행성의 대기는 여러 가지 기체의 혼합체인데, 주로 질소(부피로 78%), 산소(21%), 아르곤(0.9%)과 이산화탄소(0.03%)로 되어 있다. 수증기는 대기에서 그 양이 변하는데, 장소와 기후에 따라 대기의 0.1%에서 3% 정도가 된다.

대기의 구조

지구 전체의 규모에 비하면 대기 영역은 매우 작다. 대기의 반은 표면에서 5km 안에 있고, 99%가 30km 안에 있다. 그림 4.10에서 표시한 대기의 다양한 지역은 각각의(고도에 따라 감소하거나 증가하는) 온도 양상으로 구별된다.

성층권 안에 **오존층**이 있는데, 그곳에서 대기의 산소, 오존(3개의 산소 원자로 된 산소의 한 형태) 그리고 질소가 태양에서 오는 자외선을 흡수한다. 오존층은 바깥 우주공간의 가혹한 환경으로부터 지구의 생명체를 보호하는 차단층의 하나다. 오존층은 위험할 수 있는 고주파 복사를 흡수함으로써 행성의 우산 역할을 한다. 오존층이 없다면 지표면에서 진화된 생명체는 기껏해야 불구가 되었거나 최악의 경우 생존 자체가 불가능했을 것이다.

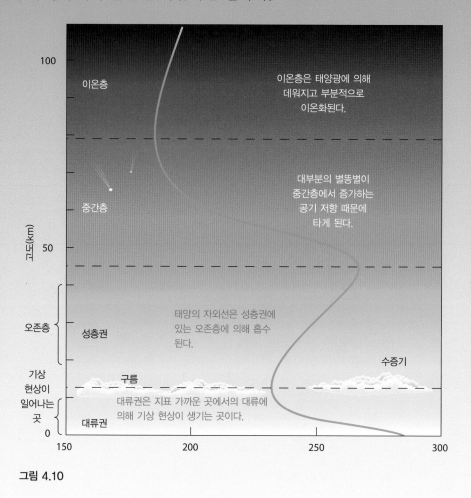

이온층은 태양광에 의해 데워지고 부분적으로 이온화된다.

대부분의 별똥별이 중간층에서 증가하는 공기 저항 때문에 타게 된다.

태양의 자외선은 성층권에 있는 오존층에 의해 흡수된다.

대류권은 지표 가까운 곳에서의 대류에 의해 기상 현상이 생기는 곳이다.

이온층
중간층
오존층
성층권
구름
기상 현상이 일어나는 곳
대류권
수증기

고도(km)

그림 4.10

지표로부터 약 12km 아래에 있는 영역을 대류권이라 부른다. **대류권**은 대류가 일어나는 대기 영역이다. 대류는 따뜻한 공기가 꾸준히 위로 솟아오르는 동시에 그곳을 채우기 위해 차가운 공기가 아래로 흐르는 것이다(그림 4.11). 오르고 내리는 공기의 **대류 덩어리**는 지표에서 부는 바람과 우리가 경험하는 모든 기상 현상의 원인이다. 대류권 위에 있는 성층권에서는 대기가 안정되어 있고, 공기는 고요하다.

그림 4.11에서 알 수 있듯이 지표의 일부는 태양에 의해 데워진다. 따뜻한 표면 바로 위의 공기는 데워지고 팽창해 밀도가 줄어든다. 그 결과, 그 공기는 뜰 수 있게 되어 위로 오르기 시작한다. 더 높은 고도에서는 반대 효과가 일어난다. 공기는 점차 식게 되고 밀도가 증가하여 땅으로 가라앉게 된다. 지표의 차가운 공기는 위로 올라간 뜨거운 공기를 대신하기 위해 몰려든다. 이러한 방법으로 순환 패턴이 만들어진다.

대류는 차가운 것이 뜨거운 것 위에 있으면 일어난다.

차가운 공기가 가라앉는다.

차가운 공기가 가라앉는다.

뜨거운 공기가 솟아오른다.

그림 4.11

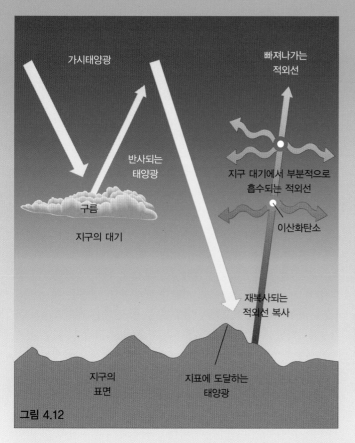

그림 4.12

온실효과

지구 대기는 대부분의 햇빛에 투명하여(주로 가시광선과 적외선) 상층대기의 구름에 의해 흡수되거나 반사되지 않은 거의 모든 태양광이 지표를 직접 비추고(그림 4.12) 데운다(2.2절).

온도가 올라가면 복사 에너지 양이 급속히 증가하고, 결국 우리 행성은 태양으로부터 받은 에너지만큼 우주공간으로 되돌려준다. 문제를 복잡하게 만드는 것이 없을 경우에는 지표의 온도가 약 250K(−23°C)에서 균형을 이루게 된다. 이러한 온도에서 재방출되는 에너지의 대부분은 원적외선(2.3절) 형태다. 그러나 복잡한 문제가 있다. 긴 파장의 적외선은, 적외선을 매우 효과적으로 흡수하는 지구 대기의 이산화탄소와 수증기에 의해 일부 차단된다. 결국, 지표에서 방출된 적외선의 일부만 우주공간으로 되돌아가게 된다. 남은 적외선은 지표 가까이에서 대기에 갇혀 온도를 올리는 원인이 된다.

이렇게 태양 복사 에너지를 부분적으로 가두어 두는 현상을 **온실효과**라 한다. 온실효과는 우리 행성을 그렇지 않을 경우보다 40K 더 뜨겁게 만든다. 이 점이 큰 차이를 가져오는데, 그 이유는 이 때문에 지구의 평균 온도가 물이 어는 온도보다 높아지기 때문이다.

스냅상자 4-1 기후 변화

18세기에 일어난 산업혁명 이후, 특히 최근 수십 년 동안 지구에서 인간의 행동이 오른쪽에 표시한 것처럼, 지구 대기의 이산화탄소(CO_2) 양을 꾸준히 증가시켰다. 화석연료(석탄, 석유, 기체)는 여전히 현대 세계에서 주 에너지원이고, 이들 모두는 태울 때 이산화탄소를 방출한다.

지구온난화는 지구 대기 이산화탄소 함유량의 증가로 온실효과가 커져서 지표의 온도가 서서히 올라가는 것이다. 지구의 평균 온도는 지난 세기 동안 약 0.5°C 올라갔다. 이는 그다지 많은 것처럼 보이지 않으나, 기후 모델의 예측에 따르면 만일 CO_2 양이 계속 증가하면 21세기 말에는 온도가 5°C 정도 더 오르는 것이 가능해지고, 이렇게 되면 충분히 극지의 얼음을 녹일 수 있고 극적인, 어쩌면 파멸과 같은 전 지구적 기후 변화를 일으키게 된다.

대부분의 과학자들은 인간 때문에 증폭된 온실효과는 지구의 기후에 실제적 위협을 가하는 것으로 보고 있고, CO_2 방출의 즉각적이고 강한 감축을 권고하고 있다. 그러나 일부 사람들(특히 온실기체 생산에 가장 큰 책임이 있는 산업계와 관련되는 사람들)은 현재의 온도 변화 추세는 어떤 장주기의 한 부분이거나, 인간의 개입 없이 자연 환경적인 요인들이 언젠가 대기의 CO_2 양을 줄여 안정을 가져올 것이라고 주장한다.

상황을 고려할 때 아마도 이러한 주장이 과학적이기보다는 정치적인 색채를 띠고 있다는 것이 놀라운 일은 아닐 것이다. 기초적인 관측이나 기본 과학에 대해서는 심각한 의문이 없으나, 해석이나 장기적인 결과 및 적절한 대응에 대해서는 논쟁이 뜨겁다. 이슈를 분리하는 것이 때때로 쉽지 않지만, 그 결과는 지구 위의 생명체에 치명적이리만큼 중요할 수 있다.

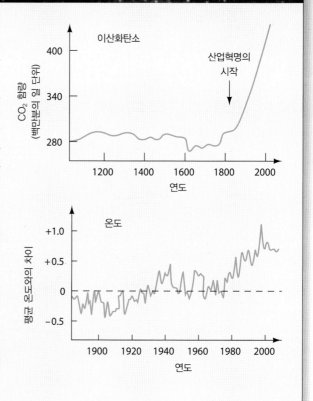

지구 위의 표면 활동

지구는 지질학적으로 오늘날도 활동 중이다. 지구의 내부 포말과 표면은 끊임없이 변한다.

그림 4.13은 우리 행성의 현재 활동 영역 지도다. 활동 영역이 전 지구에 균일하게 퍼져 있지 않은 점에 주목하자. 그 대신 활동 지역은 지각의 암석이 이동하거나(지진을 유발) 맨틀 물질이 위로 솟아오르는(화산에서) 잘 정의된 활동선을 따라 분포한다.

대륙 이동

이러한 지각 활동이 활발한 선들은 거대한 판들이나 지표의 편평한 조각판들의 외형 선이고, 우리 행성의 표면을 따라 천천히 표류한다. 이러한 판 운동은 일반인에게는 대륙판 이동이라고 알려져 있는데, 이들이 산맥이나 대양의 해구를 만들며, 이 외에도 우리 행성인 지구의 표면을 가로지르는 대규모 형태들을 만든다. 판의 움직임에 대한 연구를 전문 용어로는 **판 구조 운동**이라 한다. 어떤 판은 거의가 대륙의 땅덩어리로 되어 있고, 어떤 판은 대륙과 대양의 바닥이 섞여 있으며, 또 어떤 판은 대륙 땅이 전혀 없는 경우도 있다. 대부분의 경우 대륙이란 움직임에 올라타 있는 승객일 뿐이다.

판은 매우 천천히 이동하는데, 1년에 수 센티미터씩, 손가락의 손톱이 자라는 속도와 같은 속도다. 그러나 지구의 긴 역사를 통하여 판은 먼 거리를 이동할 수 있는 충분한 시간이 있었다. 1년에 2cm라는 이동률은 유럽과 북미를 2억 년 동안 대서양의 폭에 해당하는 4,000km를 떼어놓았다. 2억 년이란 인간의 기준으로는 긴 시간이지만 지구 나이의 5%에 불과하다.

판이 주변으로 이동하게 되면 충돌이 빈번하리라 예상할 수 있다. 실제 판은 충돌하지만 매우 큰 힘에 의해 움직이기 때문에 쉽게 정지할 수 없다. 판은 서로서로 상대방 속으로 부딪쳐 들어갈 수밖에 없으며, 산맥을 솟아오르게 하거나, 한 판이 다른 판 밑으로 파고들어 대양의 해구를 만들게 된다.

모든 판이 정면으로 충돌하지는 않는다. 때로는 판은 미끄러지거나 상대 판을 절단하며 지나게 된다. 이러한 좋은 예는 캘리포니아에 있는 성안드레아 단층인데, 이 단층은 태평양판과 북아메리카판 사이의 경계의 일부이다. 단층을 따라 두 판은 아주 같은 방향으로 움직이지도 않고, 아주 같은 속도로 움직이는 것도 아니다. 기름이 제대로 칠해지지 않은 기계 부품처럼 그들의 움직임은 일정하지도 않고 부드럽지도 않다. 그들은 들러붙었다가 표면의 암석이 빠져나가면서 갑자기 빠르게 앞으로 나가기도 한다. 결과적으로 생기는 격렬하고 움찔거리는 이동이 그 지역

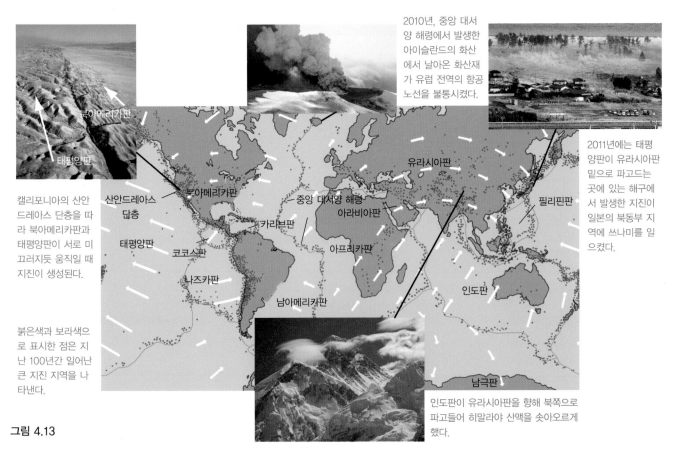

2010년, 중앙 대서양 해령에서 발생한 아이슬란드의 화산에서 날아온 화산재가 유럽 전역의 항공 노선을 불통시켰다.

2011년에는 태평양판이 유라시아판 밑으로 파고드는 곳에 있는 해구에서 발생한 지진이 일본의 북동부 지역에 쓰나미를 일으켰다.

캘리포니아의 산안드레아스 단층을 따라 북아메리카판과 태평양판이 서로 미끄러지듯 움직일 때 지진이 생성된다.

붉은색과 보라색으로 표시한 점은 지난 100년간 일어난 큰 지진 지역을 나타낸다.

북아메리카판

태평양판

산안드레아스 단층

북아메리카판

유라시아판

중앙 대서양 해령

아라비아판

카리브판

아프리카판

태평양판

코코스판

나즈카판

남아메리카판

필리핀판

인도판

남극판

인도판이 유라시아판을 향해 북쪽으로 파고들어 히말라야 산맥을 솟아오르게 했다.

그림 4.13

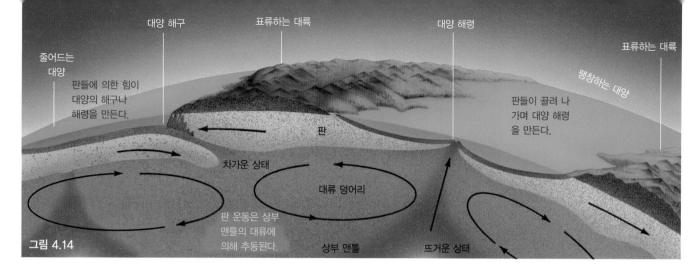

그림 4.14

에서 일어나는 많은 큰 지진들의 원인이다.

대서양 아래와 같이 조용한 다른 곳에서는 판이 서로 떨어져 나간다. 판들이 물러나면 그들 사이에 새로운 맨틀 물질이 솟아올라 중앙대양해령을 만든다. 오늘날 뜨거운 맨틀 물질은 마치 큰 야구공의 솔기같이 북대서양에서 남아메리카의 남단까지 쭉 연결된 중앙 대서양 해령을 따라 나 있는 틈을 통해 올라온다. 북아메리카판과 남아메리카판이 유라시아판과 아프리카판으로부터 멀어지면 대서양 바닥이 천천히 자라게 된다.

무엇이 판을 움직이는가

어떤 곳에서는 판들이 서로 밀어내고 다른 어떤 곳에서는 서로 부딪치게 하는 막대한 힘은 무엇에 의한 것인가? 그 답(그림 4.14)은 우리가 지구의 대기를 배울 때 접했던 대류이다. 각 판은 지각과 상부 맨틀의 일부로 되어 있다. 판 아래 아마 50km 깊이에서 온도가 충분히 높아 그 깊이에 있는 맨틀은, 비록 실제 녹아 있지는 않지만 매우 천천히 흐를 수 있을 만큼 부드럽다.

이러한 찬 물질 아래에 따뜻한 물질이 있는 상태는 대류를 위한 완전한 환경이다. 따뜻한 맨틀 암석은 마치 뜨거운 공기가 대기에서 위로 올라가듯이 올라가고, 대규모 순환 패턴이 만들어진다. 판은 이러한 대류 패턴을 타고 움직인다. 그러나 대순환은 지극히 느려 대류 사이클을 한 번 완성하는 데 수백만 년 이상 아주 오랜 세월이 걸린다.

그림 4.15는 모든 대륙이 마치 퍼즐의 조각처럼 거의 잘 맞추어져 있는 것을 보여준다. 지질학자들은 대륙의 현재 표류율과 위치로부터 우리 행성이 약 2억 년 전에는 하나의 거대한 땅덩어리로 되어 있었을 것으로 유추한다. 판게아(Pangaea, '모든 땅'을 의미)로 알려진 이러한 고대의 초대륙을 그림 4.15(a)에 나타내었다. 행성의 나머지 부분은 물로 덮여 있다. 그림 4.15의 다른 그림들은 판게아가 어떻게 찢어졌으며, 조각난 판들이 지구 표면을 표류하여 궁극적으로 오늘날 우리가 알고 있는 대륙으로 되는가를 보여준다.

판 구조를 만드는 힘이 끊임없이 지구의 땅덩어리를 생성하고, 파괴하고, 다시 생성해 왔기 때문에 지구의 역사를 많이 뒤로 거슬러 올라가 보면 오랫동안 이루어진 일련의 판게아가 있었을 가능성이 있다. 의심할 여지 없이 미래에도 더 많이 있을 것이다.

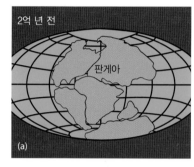

2억 년 전

판게아

(a)

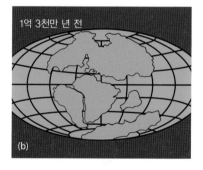

1억 3천만 년 전

(b)

6,500만 년 전

(c)

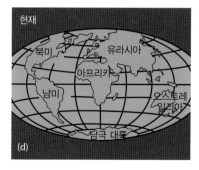

현재

북미   유라시아

아프리카

남미   오스트레일리아

남극 대륙

(d)

그림 4.15

달 표면

달은 공기와 물이 없을 뿐 아니라 진행 중인 화산이나 다른 활동도 없다.
태양계가 만들어질 거의 그 당시의 모습을 오늘날에도 그대로 볼 수 있다.

지구에서는 공기나 물, 그리고 지질학적인 활동이 행성의 표면을 끊임없이 침식시키고, 그 모양을 새롭게 만든다. 지구 표면에서 일어난 오래된 역사의 대부분을 우리는 잃어버렸다. 그러나 표면의 모습이 수십억 년 동안 그대로 간직된 달에서는 그렇지 않다.

대규모 모습

달을 향해 망원경을 들이댄 최초의 관측자들은 (그들이 생각하길) 지구의 바다를 닮은 크고, 대략 구형인 검은 지역이 있다는 것을 알게 된다. 그들은 이 지역을 '바다'를 뜻하는 라틴어를 사용하여 **바다**(maria, 단수형은 mare)라 불렀다. 이들 중 가장 큰

달의 가까운 면은
밝은 고지대와
어두운 바다로
되어 있다.

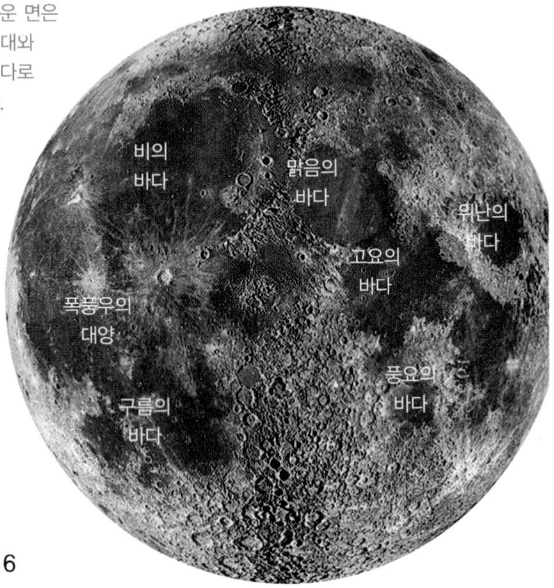

비의
바다

맑음의
바다

위난의
바다

고요의
바다

폭풍우의
대양

풍요의
바다

구름의
바다

그림 4.16

마르 임브리움(Mare Imbrium, 비의 바다)은 직경이 약 1,100km이다. 초기 관측자들은 지구의 대륙을 연상케 하는 가벼운 색깔의 지역도 볼 수 있었다. 이들은 바다 위로 수 킬로미터 솟아 있는데 달의 **고지대**라고 부른다. 달의 전체 사진을 모자이크한 그림 4.16에서 이들 두 지역 모두를 볼 수 있다. 이러한 밝고 어두운 표면 모양들이 함께 어울려 잘 알려진 달에 있는 사람의 얼굴 형상을 만든다.

아폴로 우주비행사들과 소련의 로봇 착륙선이 가져온 달 암석의 분석으로부터 가벼운 색깔의 고지대의 밀도(약 2,900kg/m³)는 어두운 바다의 밀도(3,300kg/m³)보다 작다는 것을 알게 되었다. 또한 고지대는 나이가 오래되었다. 방사성 동위원소 측정에 따르면 고지대는 나이가 32억 년에서 39억 년인 바다에 비해 오

래되어 나이가 40억 년 이상이다.

대략적으로 얘기하면 고지대는 달의 원래 지각을 나타내는 반면, 바다는 맨틀 물질로 만들어진 것이다. 바다의 암석은 지구의 현무암과 비슷하며, 지질학자들은 이들이 지구의 현무암이 그러하듯, 용해된 물질이 지각에 있는 틈을 통해 위로 올라온 것이라 생각한다.

바다는 약 40억 년 전 내부 태양계 생성의 마지막 시기를 나타내는 강렬한 유성 충돌 시기를 뒤따라 용암이 퍼지면서 만들어진 광활하게 평탄한 평원이다(제7장 참조). 이러한 유성의 폭격은 큰 충돌 구덩이들인 함몰된 지각을 남겼는데, 이 충돌 구덩이들은 방사능 활동에 의해 달의 맨틀이 부드러워지면서 그다음 수억 년에 걸쳐 용암에 잠기게 되었고, 이것이 궁극적으로 바다

달의 뒷면은 거의
모두가 고지대로
되어 있다.

그림 4.17

를 만들었다. 어떤 점에서 바다는 지금은 굳어져 있지만 과거에는 녹은 용암으로 가득 찬 대양이었던 것이다.

지구 주위를 도는 달의 동주기 궤도 때문에(4.2절), 우주선이 달의 뒤로 날아가기 전에는 누구도 달의 뒷면이 어떻게 생겼는지 알 수 없었다. 달의 뒷면을 촬영하였을 때 대부분의 천문학자들을 놀라게 했는데, 뒷면에는 큰 바다가 없었으며, 거의 고지대로만 되어 있었다(그림 4.17). 그 이유는 지구가 중력으로 끌어당기는 것과 관련이 있는데, 굳어지고 있는 달의 지각이 가까운 면보다는 먼 뒷면에서 더 두꺼워지게 하였다. 내부로부터 용암이 지각을 뚫고 나오기가 어려운데, 뒷면에서는 달의 지각이 너무 두꺼워 이러한 일이 일어나기 더 어려워서 결국 큰 바다가 생성되지 못하였다.

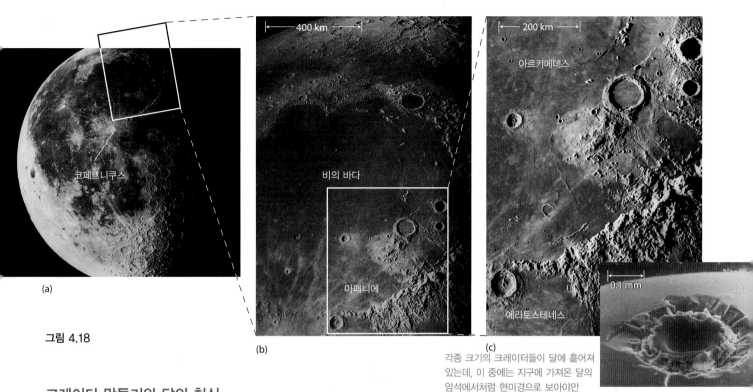

그림 4.18

각종 크기의 크레이터들이 달에 흩어져 있는데, 이 중에는 지구에 가져온 달의 암석에서처럼 현미경으로 보아야만 보이는 아주 작은 것도 있다.

크레이터 만들기와 달의 침식

우리가 맨눈으로 식별할 수 있는 달의 가장 작은 지형은 그 크기가 직경 약 200km 정도여서, 우리가 달을 바라보아 볼 수 있는 것은 바다나 고지대 정도다. 그러나 망원경을 통하면(그림 4.18), 달 표면은 그리스 단어인 '사발'을 따라 붙여진 이름인 **크레이터**(crater)로 무수하게 자국이 나 있다는 것을 알 수 있다.

대부분의 달 크레이터는 태양계가 만들어진 후 행성 사이에 남아 있는 작은 파편 조각인 유성과의 충돌 결과로 아주 오래전에 만들어졌다. 일반적으로 유성은 달을 초속 수 킬로미터의 속도로 두드린다. 이 속도에서는 작은 조각 하나라도 막대한 에너지를 운반하는데, 예를 들면 1kg의 물체가 10km/s의 속도로 달의 표면에 부딪치면 TNT 10kg이 폭발할 때 내는 에너지를 방출한다. 그러한 충돌은 달의 표면에 갑자기 막대한 압력을 쌓아 보통의 부서지기 쉬운 암석을 가열하고 땅을 변형시킨다. 그 결과 일어나는 폭발은 원래 편평한 암석층을 밀어 밖으로 내보냄으로써 크레이터를 만든다.

달의 크레이터는 각종 크기가 다 있는데, 이것은 크레이터를 만든 물체의 크기 범위를 반영한다. 가장 큰 것은 수백 킬로미터에 이르고, 가장 작은 것은 아주 미세할 정도로 작다(그림 4.18d). 달은 보호하는 대기가 없기 때문에 아주 작은 티끌 입자도 방해받지 않고 달의 표면에 도달할 수 있다.

유성의 충격이 달의 침식을 일으키는 유일한 중요한 원인이다. 수십억 년 동안, 크고 작은 유성체의 충돌이 달의 풍경을 만들고 조각해 내었다. 달의 표토라 불리는 수없는 충돌로부터 축적된 먼지가 달 표면을 평균 20m 두께로 덮고 있는데, 바다에서는 10m로 가장 얇고 고지대에서는 가장 두꺼워 곳에 따라 100m가 넘을 정도로 두껍다. 우주로부터의 이러한 집중 포화에도 불구하고 달에서 일어나는 현재의 침식률은 지구에서 일어나는 침식률에 비해 10,000배 정도 작을 만큼 매우 낮다. 아폴로 우주비행사들에 의해 표토에 남겨진 발자국(그림 4.19)은 적어도 백만 년 정도는 거의 변하지 않은 채로 존속될 것이다.

그림 4.19

달에서의 침식은 대단히 느려 우주비행사가 남긴 이런 얕은 발자국도 수백만 년 동안 존속될 것이다.

자기권

행성의 자기권은 행성과 태양풍에서 오는 고에너지 입자 사이의 완충 지대이며,
행성의 구조에 대한 중요한 통찰력을 제공한다.

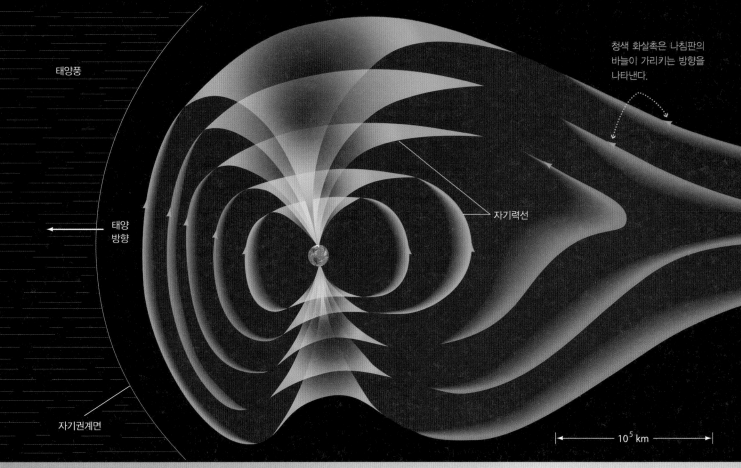

그림 4.20

자기권은 행성 자기장의 영향을 받는 행성을 둘러싸고 있는 영역이다. 지구의 자기권은 1950년대 후반 발사된 인공위성에 의해서 발견되었다.

지구의 자기권

그림 4.20에 스케치한 대로 지구의 자기장은 지구 대기 상당히 위쪽까지 뻗쳐 있고, 우리 행성을 완전히 감싸고 있다. 자기력선은 공간의 어느 곳에서든 자기장의 세기와 방향을 나타내며, 그림에서 화살촉으로 나타낸 것처럼 남쪽에서 북쪽으로 흐른다. 우리 행성 안에 있는 가상적인 막대자석의 축(그림 4.22)이 지표면과 만나는 곳인 자기의 남극과 북극은 지구의 자전축과 대체로 나란하다.

지구의 내부 자기권은 고에너지 입자로 된 2개의 고리 영역을 포함하는데, 하나는 지표면에서 약 3,000km 위에, 다른 하나는 20,000km 위에 있다. 이들 영역은 1950년 대 후반 이들을 최초로 검출한 초기 로켓 항해에 실어간 장비를 만든 미국 물리학자 이름을 따 **반앨런대**라고 부른다. 이들은 지구의 적도 근처에서 가장 두드러지고 우리 행성을 완전히 둘러싸고 있다. 그림 4.22에 이들 보이지 않는 영역이 남극과 북극 근처를 제외하고 지구를 어떻게 둘러싸고 있는지를 나타내었다.

반앨런대를 구성하는 입자들은 태양풍에서 기원한 것이다. 우주공간을 여행하며 전기적으로 중성인 입자와 전자기 복사는 지구 자기장의 영향을 받지 않지만, 전기를 띤 입자들은 강하게 영향을 받는다. 그림 4.22의 확대 그림에 나타낸 바와 같이 자기장이 운동하는 하전입자에 힘을 가하여 자기력선 주위로 나선 운동을 하게 한다. 주로 전자와 양성자로 된 태양풍에서 온 전기를 띤 입자들은 이렇게 지구의 자기력에 의해 갇히게 된다. 지구의 자기장은 이러한 전기를 띤 입자들에 전자기적 통제를 하여 반앨런대로 모은다. 외부 반앨런대에는 주로 전자가 모이고, 훨씬 더 무거운 양성자는 주로 내부 반앨런대에 모인다.

오로라

반앨런대로부터 나온 입자는 자기력선이 대기와 만나는 지구 남쪽 자극과 북쪽 자극 근처의 자기권으로부터 종종 빠져나온다. 이들 입자들이 대기의 분자와 충돌하면 **오로라**(그림 4.21)라고 부르는 장엄한 빛의 볼거리를 만든다. 이 다채로운 전시는 대기 원자들이 하전입자들과 충돌하여 들떠 있다가 다시 바닥상태로 되돌아오면서 가시광선을 방출하는 결과이다(2.5절). 오로라는 특히 북극권이나 남극권 안의 고위도 지역에서 가장 밝게 빛난다. 북반구에서는 이 장관을 북극 오로라 또는 북극광이라 부른다. 남반구에서는 이것을 남극 오로라 또는 남극광이라 부른다.

지구 자기권이 태양풍의 전기를 띤 입자들에 영향을 끼치듯, 입사해 들어오는 태양풍 입자들도 우리의 자기권에 영향을 끼친다. 그림 4.20에서 보듯이 태양을 향하는 쪽(낮인 쪽)의 자기권은 지구의 표면 쪽으로 쭈그러들고, 그 반대쪽은 때로는 우주공간으로 수십만 킬로미터를 뻗어나간 긴 꼬리를 가지게 된다.

지구 자기권은 우리 행성에 부딪치는 잠재적 파괴성이 있는 많은 입자들을 제어하는 중요한 역할을 한다. 자기권이 없다면 지구의 대기는, 어쩌면 지구의 표면까지도 생명체에 위해를 가할 수 있는 입자들의 폭격을 받게 될 것이다. 심지어 어떤 학자들은 만일 세상에 자기장이 없었다면 지구라는 행성에 생명체가 결코 발현되지 못했을 것이라고 주장한다.

지구 자기장은 우리 행성이 본래부터 가지고 있던 것이 아니다. 그보다는 지구 핵에서 지속적으로 생성되는 것이고, 오로지 지구가 자전하기 때문에 존재한다. 자동차나 발전소에서 전기를 만드는 발전기처럼, 지구의 자성은 우리 행성 내부 깊숙한 곳, 회전하는 전기가 흐를 수 있는 액체 금속 핵에서 만들어진다. 행성의 자기장 생성을 설명하는 이론을 **다이나모 이론**이라고 한다. 빠른 회전과 전도성 액체 핵이 이러한 기작이 작동하기 위해 필요한 것이다. 곧 알게 되듯이 자성과 지구 내부 구조 사이의 연관성은, 우리가 행성의 내부를 탐사할 수 있는 다른 수단이 별로 없기 때문에 다른 행성의 연구에도 매우 중요하다.

달의 자기적 성질

지구에서 수행한 어떠한 관측이나 우주비행선을 이용한 측정에서도 달의 자기장을 검출하지 못했다. 지구의 자기장이 어떻게 생성되는가에 대한 현재 우리의 이해를 토대로 볼 때 이는 놀랍지 않다. 앞에서 막 살펴보았듯이 연구자들은 행성이 자성을 띠기 위해서는 빠르게 회전하는 액체 금속 핵이 있어야 한다고 생각한다. 달은 느리게 회전하고 있고, 핵도 아마 완전한 액체가 아니거나 금속이 풍부하지도 않을 것이기 때문에 달에 자기장이 없다는 것은 바로 우리가 예상한 그대로이다.

그림 4.21

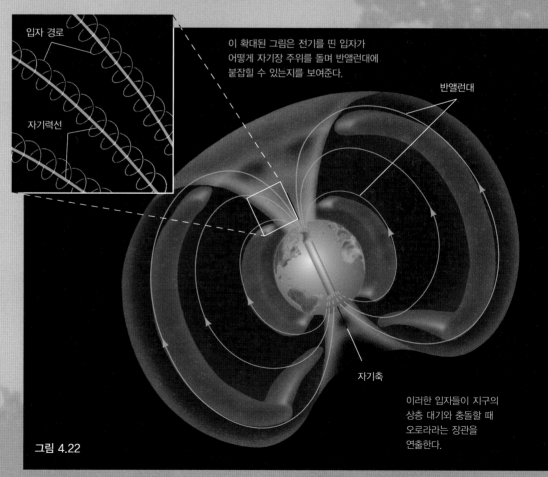

이 확대된 그림은 전기를 띤 입자가 어떻게 자기장 주위를 돌며 반앨런대에 붙잡힐 수 있는지를 보여준다.

입자 경로

자기력선

반앨런대

자기축

이러한 입자들이 지구의 상층 대기와 충돌할 때 오로라라는 장관을 연출한다.

그림 4.22

요약

LO1 지구의 주요 영역 (안쪽에서 바깥쪽으로) 여섯은 중심부의 금속 **핵**(내핵과 외핵)(p.59), 이를 둘러싸고 있는 두꺼운 암석 **맨틀**(p.59), 그 위의 얇은 **지각**(p.59), 그리고 지표면 위에 있는 주로 질소와 산소로 구성된 **대기**(p.59), 더 높은  곳 지구 자기장에 의해 붙잡힌 태양에서 나온 전기를 띤 입자들이 있는 **자기권**(p.59)이다. 달 내부는 중심부의 핵, 맨틀, 두꺼운 지각으로 구성되어 있다. 달에는 대기도 없고, 자기권도 없다. 그 주된 이유는 크기가 작고 중력이 약하기 때문이다.

LO2 지구 바다에서 매일 일어나는 **조석**(p.60)은 달과 태양의 중력적 영향에 의해 일어나며, 이 중력 영향은 바다의 **조석 팽대부**(p.60)를 일으킨다. 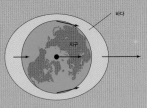 조석 팽대부의 크기는 지구에 대한 태양과 달의 방향에 따라 다르다. 이 차등 중력을 **조석력**(p.60)이라 한다. 이는 바다나 행성이 연관되지 않아도 그렇게 부른다. 지구와 달 사이의 조수 상호 작용은 지구의 자전을 늦추고 달이 우리 행성을 향하는 면이 항상 같은 **동주기 자전**(p.61)이 일어나게 하는 이유이다.

LO3 우리는 **지진**(p.62)에 의해 생성되는 **지진파**(p.62)가 어떻게 맨틀을 통과하느냐를 측정함으로써 지구 내부를 탐구하였다. 지구의 철 핵은 고체의 **내핵**(p.62)과 이를 둘러싸고 있는 액체 **외핵**(p.62)으로 구성되어 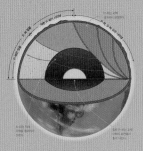 있다. 밀도가 높은 물질은 지구 중심부로 가라앉고 가벼운 물질은 표면 쪽으로 떠오르는 과정을 **분화**(p.63)라 한다. 지구의 분화는 과거에 행성 간 공간에서 날아온 물질에 의한 충돌과 지구 내부에서의 **방사능**(p.63)에 의해 방출된 에너지로 인해 우리 행성이 적어도 일부가 녹아서 그러하다는 것을 의미한다. 달 내부는 부분적으로 분화되어 있고 거의 균일한 밀도로 이루어져 있다.

LO4 지구 이온층 높은 고도에서, 대기는 태양으로부터의 고에너지 복사를 흡수하거나 입자들에 의해 계속 이온화된다. 이온층과 대류권 사이에 **오존층**(p.64)이 있는데, 지구로 들어오는 태양의 자외선을 흡수한다. 이들 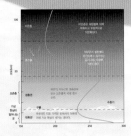 두 층은 우주공간에서 들어오는 위험한 복사로부터 우리를 보호한다. 저층 대기 또는 **대류권**(p.64)에서 지표에서 부는 바람과 기상 현상은 **대류**(p.64)에 의해 일어난다. 대류는 공기 흐름이 올라가거나 가라앉음으로써 열이 한곳에서 다른 곳으로 이동하는 것이다. **온실효과**(p.65)는 대기 기체(주로 이산화탄소와 수증기)에 의해서 지표면에서 나오는 적외선 복사가 흡수되거나 갇히는 것이다. 온실효과는 우리 행성의 표면을 그렇지 않을 경우보다 40K 더 뜨겁게 만든다.

LO5 지구 표면은 엄청나게 큰 조각판 또는 대륙판으로 구성되어 있다. 지표면 전 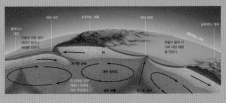 반에 걸쳐 이런 판들이 천천히 움직이는 것을 대륙판 이동 또는 **판 구조 운동**(p.66)이라 한다. 지진, 화산 활동, 산 형성은 판 경계부와 관련이 있다. 여기서 판이 충돌하거나 서로 떨어지거나 마찰한다. 대륙들의 '잘 맞는 모양새'와 해령 근처 암석의 나이는 이 이론을 지지한다. 판 움직임은 지구 맨틀에서의 대류 운동에 의한 것으로 생각된다. 달에서는 지각이 너무 두껍고 맨틀은 판 운동이 일어나기에는 온도가 너무 낮다.

LO6 달 표면의 주요 형상은 어두운 **바다**(p.68)와 가벼운 색깔의 **고지대**(p.68)이다. 유성체가 충돌하여 생긴 다양한 크기의 **크레이터**(p.69)가 달 표면 어디에서나  보인다. 고지대는 바다보다 나이가 많고 훨씬 더 심하게 충돌되었다. 유성과의 충돌은 달 표면에서의 침식의 주 요인이다. 달에서는 화산 활동이 없다. 30억 년보다 더 오래전 광대한 용암 흐름이 바다를 만든 직후 달의 차가운 맨틀 때문에 모든 화산 활동이 막혀버렸기 때문이다. 천문학자들은 달 표면과 태양계 다른 곳의 나이를 추정하기 위해 분화구의 양을 활용한다.

LO7 태양풍에서 나오는 전기를 띤 입자는 지구 자기력선들에 의해 붙잡혀 **반앨런대**(p.70)를 형성한다. 반앨런 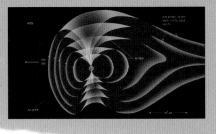 대에서 나온 입자들이 지구 대기와 부딪칠 때, 이 입자들이 대기의 원자들에 열을 가하고 이온화시키며, 이 원자들이 **오로라**(p.71)로 빛을 내게 한다. 행성의 자기장은 빠르게 회전하는 행성 핵 내에 있는 전도 액체(녹은 철처럼)의 운동에 의해 생성된다. 달은 천천히 자전하고 전도 액체 핵도 부족하다. 그래서 달에는 자기장이 없다.

POS 문제들은 과학의 과정을 탐구하는 문제이고, LO 문제들은 학습 목표에 초점을 맞추고 있고, VIS 문제들은 보이는 정보들을 이해하고 해석하는 데 초점을 맞추고 있다.

복습과 토론

1. **LO1** 지구 수권의 물의 밀도와 지각의 암석 밀도는 전체적으로 이 행성의 평균 밀도보다 낮다. 이 사실은 지구 내부에 대해 무엇을 말하는가?

2. **LO2** 달이 어떻게 지구 바다에서의 조석을 일으키는지 설명하라.

3. 달이 조석력에 의해 지구에 묶여 있다는 말은 무엇을 뜻하는가? 달이 어떻게 그런 상황에 이르게 되었는가?

4. 대류란 무엇인가? 대류가 (a) 지구 대기, (b) 지구 내부에 어떤 영향을 미치는가?

5. 지구와는 달리 달은 온도가 극도로 심하게 변한다. 그 이유는?

6. 달에는 왜 대기가 없는가?

7. **LO3** 지구 대기에 작용하는 온실효과는 이로운가, 아니면 해로운가? 그 예를 들라. 증폭된 온실효과의 결과는 무엇인가?

8. **LO4 POS** 지질학자들이 왜 지구 핵의 일부가 액체라고 생각하는지 그 이유를 2개 들어 보라.

9. **POS** 지구 분화가 우리 행성 역사를 아는 데 어떤 단서를 제공하는가?

10. **LO5** 어떤 과정이 지구 표면의 산맥, 해구와 다른 큰 규모 지형의 원인인가?

11. 오늘날 달에는 왜 뚜렷한 표면 활동이 없는가?

12. 어떤 측면에서 달의 바다가 한때 '바다'였다고 하는가?

13. **LO6 POS** 달의 고지대가 바다보다 더 오래되었다는 증거 2개를 들어 보라.

14. **LO7** 지구 자기권에 대해 간략하게 설명하라.

15. 지구 자기권이 어떻게 지구 위 생명체를 보호하는가?

16. 달에는 왜 자기권이 없는가?

진위문제

1. 조석력 때문에 달은 지구에 묶여 있다.

2. **VIS** 그림 4.10에 의하면 지구 표면에 가장 가까운 공기층을 빼고는 이온층이 대기의 가장 따뜻한 부분이다.

3. 지구의 지각판 운동은 지구의 상부 맨틀에서의 대류에 의한 것이다.

4. 달의 바다는 광대한 용암 흐름 지역이다.

5. 달의 대규모 표면 형태의 대부분은 수십억 년 전에 형성되었다.

6. 지구처럼 달도 큰 녹은 철 핵을 갖고 있다.

7. 지구의 자기장은 우리 행성의 크고, 영구적으로 자기화된 철 핵에 의한 것이다.

8. 달의 자기장은 지구 것보다 약 100배 약하다.

선다형문제

1. 지구의 크기 모형을 12인치(/25.4cm) 농구공으로 나타낸다면, 내핵은 대략 어느 정도 크기가 되겠는가?
   (a) 0.5인치(/1.3cm) 볼 베어링 (b) 2인치(/5.1cm) 골프 공
   (c) 4인치(/10.2cm) 탄제린 귤 (d) 7인치(/17.8cm) 자몽

2. 지구의 평균 밀도는 다음의 어느 경우와 거의 같은가?
   (a) 물이 든 잔 (b) 무거운 철 운석 (c) 얼음 조각 (d) 검은 화산 암석 덩어리

3. 달이 없다면 지구 조수는?
   (a) 일어나지 않는다. (b) 더 자주 일어나고 더 강해진다.
   (c) 여전히 일어나지만 측정할 정도가 되지 못한다.
   (d) 똑같은 주기로 일어난다. 하지만 정점에서의 세기는 약하다.

4. **VIS** 그림 4.6에 의하면 달이 그 자전축에 대해 자전할 때마다 지구 주위를 (a) 한 차례보다 적게 (b) 정확하게 한 차례 (c) 한 차례보다 많이 (d) 두 차례 공전한다.

5. 지표면에 흡수되는 태양빛은 (a) 전파 (b) 적외선 (c) 가시광선 (d) 자외선 복사로 재방출된다.

6. **VIS** 그림 4.10에 의하면, 고도 10km 상공에서 날고 있는 비행기는 (a) 대류권 (b) 성층권 (c) 오존층 (d) 중간권에 있다.

7. **VIS** 스냅 상자 4-1의 첫 그림은 지구 대기의 이산화탄소 정도가 빠르게 증가하기 시작하는 것을 나타낸다. 언제부터인가?
   (a) 중세 때 (b) 1600년에 (c) 19세기 중반에 (d) 20세기 후반에

8. 지구 대기에서의 온실기체 양의 증가는 (a) 지구 평균 온도의 증가 (b) 지구 평균 온도의 감소 (c) 동물의 질식 야기 (d) 식물이 제어할 수 없을 정도로 자라게 할 것으로 예상된다.

활동문제

협동 활동 지구온난화에 대해 읽어 보라. 인간 활동에 의해 매년 얼마만큼의 이산화탄소가 배출되는가? 이 양은 지구 대기의 이산화탄소 총량에 비해 얼마나 되는가? 학자들은 지구온난화가 이산화탄소 배출에 의한 어쩔 수 없는 결과라는 데 동의하는가? 이 문제를 다루기 위해 현재 어떤 노력들이 진행 중인가? 어떤 노력들이 있다면 어떤 것들이 성공하리라고 생각하는가?

개별 활동 잡화점에 가서 조수 간만표를 구하자. 바닷가 가게에서는 공짜로 줄지 모른다. 어느 한 달을 택하고, 그 달의 날에 따라 밀물과 썰물의 높이를 그려라. 달의 주 위상이 나타나는 때의 날을 표시하라. 달의 위상이 조수를 어느 정도 잘 예측하는가?

여덟 개의 행성

태양 주변을 공전하는 여러 행성에 관하여 알게 되면서 우리태양계의 역사에 관하여 더 많은 배울 것들을 찾아내고 있다.

지구와 태양을 안내자로 삼으면서 태양계를 구성하고 있는 다른 행성들에 대한 인식의 지평선을 확장시켜 나가기로 하자. 이러한 멀리 떨어져 있는 천체들을 탐사하면서 우리가 목표로 하는 것은 태양계 행성들의 유사성과 이질성을 파악하고자 하는 것뿐만 아니라 이들 행성들이 태양계 형성의 역사에 대하여 알려주고 있는 것을 배우고자 함에 있다. 수성은 여러 면에서 지구의 위성 달과 흡사하기에 지구의 위성인 달과의 비교를 통해 많은 것을 알아낼 수 있다. 금성과 화성은 여러 면에서 지구와 유사한 특징을 가지고 있으므로 이러한 지구형 행성들의 성질은 지구의 연장선상에서 이해할 수 있다.

태양계에서 화성 궤도를 넘어선 영역은 우리 지구 주변 환경과 매우 다른 곳이다. 태양에 가까운 곳에 있는 작고 밀도가 큰 암석질의 행성과는 대조적으로 태양에서 멀리 떨어진 곳에 있는 행성들은 전혀 다른 특성을 보인다. 예컨대, 많은 특이한 위성들과 고리를 가지고 있으며 행성들의 물리적·화학적 성질이 서로 판이하게 다르며, 최근까지도 일부 특징들은 설명하기 어려운 것들도 있다. 이러한 미지의 세계를 이해하기 위한 노력으로서 행성의 주변 환경이 행성의 화학조성과 함께 행성의 미래를 결정하는 중요한 역할을 한다는 사실을 발견하게 될 것이다.

첨단 행성의 연구와 연관된 놀랄 만한 토론 주제는 태양계 내에서의 물의 탐사에 관한 것이라 할 수 있는데, 이는 생명을 발생시키고 진화시키는 데 있어서 요구되는 열쇠라고 여겨진다. 화성과 목성의 여러 위성은 지구 이외에 물을 가지고 있는 천체 목록의 상위에 수록되어 있으며, 공통적으로 소량의 물을 가지고 있을 것으로 추정한다.

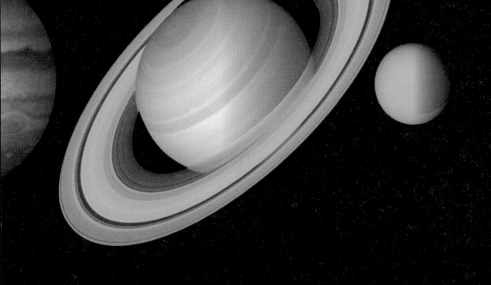

이 합성사진은 태양과 8개의 행성을 실제의 크기 비율과 실제 색으로 소행성대와 카이퍼대와 함께 나타낸 것이다.(행성들 사이의 간격은 실제와 다르다.) 행성들의 크기가 서로 큰 차이가 나며 그 모습이 서로 매우 상이함에 주목하기 바란다. 태양과 행성들의 사진은 과거 20년 동안 나사에 의해 추진된 태양계 탐사 활동을 통해 얻은 것이다.

지구형 행성의 표면

비록 수성, 금성, 지구, 화성은 '지구형' 행성이라 뭉뚱그려 말하지만, 그들은 유사한 만큼 서로 다른 점도 많이 있다.

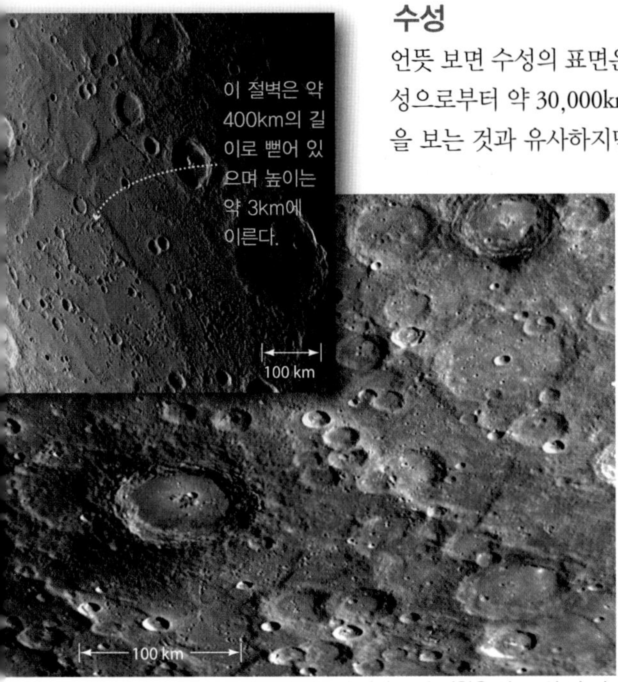

수성

언뜻 보면 수성의 표면은 지구의 달과 매우 흡사하다. 그림 5.1은 미국 나사의 메신저 탐사선이 2008년 수성으로부터 약 30,000km 거리에서 찍은 사진이다. 수성의 크레이터로 덮인 표면은 마치 달 표면의 모습을 보는 것과 유사하지만, 크레이터를 둘러싸고 있는 링 구조의 높이가 달의 고지대에 분포하는 크레이터에 비해 낮으며 크레이터의 깊이가 달보다 얕은 특징을 보이고 있다. 이러한 차이는 수성의 표면 중력이 달의 중력에 비해 2배가량 크기 때문에 예상할 수 있는 특징이라 할 수 있다. 하지만 수성은 달의 바다와 같이 용암이 흘러 덮은 용암 평원이 없다는 것이 또 다른 특징이다.

달과 마찬가지로 수성의 크레이터 역시 운석의 충돌에 의해 형성되었다. 크레이터는 달에 비해 덜 빽빽하게 분포하고 있으며 **크레이터간 평원**이 비교적 넓게 형성되어 있다. 메신저의 관측 결과에 따르면 이들 평원 역시 오래된 크레이터들이 화산 활동에 의해 침식되어 형성된 것으로 알려졌다.

수성에는 달에서는 볼 수 없는 특징적인 지형이 한 가지 발견된다. 그림 5.1에 삽입된 작은 사진에서 볼 수 있는 **절벽** 또는 가파른 비탈면이 바로 그것인데, 이러한 지형은 화산 활동이나 이와 유사한 지질학적 활동에 의해 형성된 것이 아니다. 이 가파른 경사나 절벽은 여러 크레이터를 관통하여 연속적으로 이어지고 있으며 심한 운석충돌이 있어 크레이터들이 많이 형성된 시기가 끝난 후에 일어난 지질 현상임을 알 수 있다. 이와 유사한 형태의 가파른 경사면 구조는 다른 행성에서도 발견이 되지만, 수성의 내부는 유체 상태의 맨틀이 존재할 수 있을 정도의 온도에 도달하지 못하는 것으로 알려져 있기 때문에 수성에는 판 구조 운동이 일어난 적이 없다고 할 수 있다. 반면에 고온 상태의 초기 수성의 지각이 식으면서 부피가 감소하면서 표면에 이와 같은 긴 줄무늬의 급한 경사면이나 절벽을 형성한 것으로 생각된다. 만약 달의 경우와 마찬가지로 수성에서도 비슷한 대규모 운석충돌 시기를 경험하였다고 한다면 이러한 급경사 지형은 약 40억 년 전에 형성된 것으로 추정할 수 있다.

이 절벽은 약 400km의 길이로 뻗어 있으며 높이는 약 3km에 이른다.

그림 5.1 이 사진에서 보이는 수성의 표면 지형은 약 40억 년 전의 지질학적 활동에 의해 형성된 것임을 보여준다.

금성

그림 5.2는 나사의 마젤란 금성 탐사선의 레이더 자료로부터 합성한 금성의 표면 모습이다. 금성의 표면은 전반적으로 고저의 차이가 적은 완만하며 고지대 역시 그리 높지 않은 완만한 지형을 가지고 있음을 알 수 있다. 금성에는 오직 2개의 대륙 규모의 지형이 발견되는데, 이들 대륙에는 지구 규모의 산들이 분포한다. 이들 가운데 최대 규모의 산은 금성 표면의 최저점으로부터 14km 높이에 이른다. 지구와 비교를 한다면 지구의 최고봉인 에베레스트 산의 높이는 지구의 최저점에서부터 측정하면 20km의 높이에 다다른다. 크기와 질량이 지구와 비슷함에도 불구하고 금성에는 판 구조 운동이 일어나지 않는다. 하지만 금성은 화산 활동에 의해 수억 년마다 표면을 새롭게 형성하는 것으로 알려져 있다.

금성 표면에서 볼 수 있는 최대 규모의 화산 지형은 그림 5.3에 보인 것처럼 **코로나**라고 부르는 거대한 원형의 지역을 들 수 있다. 이 지역은 금성에서 매우 독특한 지역으로 금성의 내부에서 녹은 맨틀이 솟아올라 표면을 부풀게 만들며 밖으로 밀어내어 형성된 것처럼 보인다. 하지만 지구처럼 완전한 대류현상이 금성에서는 일어나지 않는 것으로 알려져 있다.

금성의 표면에서 가장 흔히 볼 수 있는 화산은 **순상 화산**(shield volcanoes)이라고 불리는 것으로 지구의 하와이 섬과 유사하게 지각 하부에 있는 열점(hot spot)으로

메신저 탐사선의 레이더 영상을 합성하여 만든 금성의 표면 사진에서 고도가 낮은 지역은 푸른색으로 나타내었다.

그림 5.2

부터 마그마가 분출하여 형성된 것이다. 그림 5.3은 비교적 규모가 큰 순상 화산인 굴라 화산의 모습을 보여주고 있다.(컴퓨터 화상 처리 기법으로 실제의 색과 비슷하도록 합성하였다.)

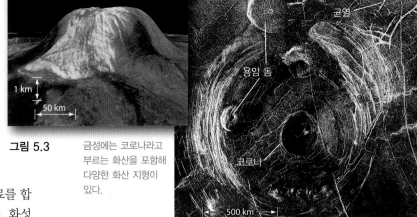

그림 5.3

금성에는 코로나라고 부르는 화산을 포함해 다양한 화산 지형이 있다.

화성

미국 나사의 화성 탐사선 마스 글로벌 서베이어가 얻은 자료를 합성하여 만든 화성의 표면 지형을 그림 5.4에 수록하였다. 화성 표면 대륙의 특이할 만한 점은 남반구와 북반구의 대륙 분포가 크게 다르다는 것이다. 화성의 북반구는 주로 달의 바다와 유사하게 용암이 흘러 형성된 완만한 낮은 평원이 발달되어 있으며, 그 규모는 달이나 지구의 용암 평원보다 훨씬 크다. 반면에 남반구는 크레이터가 발달한 고원지대로서 그 높이가 북반구의 평원에 비해 수 킬로미터 정도 높은 지형을 보인다.

최근의 연구에 따르면 화성의 북극 부근에 있는 거대한 보레알리스 분지(그림 5.4에서 가장 푸르게 보이는 지역)는 태양계 형성 이후 최대 규모의 운석 충돌에 의해 형성된 지형인 것으로 추정하고 있다. 이러한 거대한 운석충돌 사건이 화성의 북반구를 남반구와 완연하게 다른 저지대 지형으로 만든 요인으로 제시되고 있다.

화성에서 가장 주목할 만한 지질학적 흔적으로는 그림 5.4의 왼쪽 부분에서 볼 수 있는 **타르시스 융기부**(Tharsis bulge)라 할 수 있다. 북미 대륙 크기 정도의 거대한 이 지역은 화성의 적도 부근에 위치하고 있으며 고도가 무려 주변보다 10km 이상 되는 지형이다. 이 지형의 나이는 20~30억 년 정도로 추정하고 있으며 화성에서 지질학적으로 가장 젊은 지형에 해당된다. 타르시스 융기부와 연결되어 있는 거대한 매리너 계곡은 화성의 적도를 따라 전

체 둘레의 약 1/5 정도인 4,000km의 길이에 이른다. 협곡 사이의 폭은 120km에 달하는 곳도 있으며 깊이는 7km 정도에 이른다. 지구의 협곡과 비교를 한다면 미국 애리조나 주에 있는 그랜드 캐니언은 매리너 계곡의 보잘것없는 한 가지 정도에 불과하다. 지질학자들은 이 협곡이 타르시스 융기부를 밀어올린 것과 동일한 판 구조 운동에 의해 밀려 올라와서 갈라지고 벌어진 것으로 해석하고 있다.

화성에는 태양계에서 발견된 것 가운데 가장 큰 화산이 있다. 타르시스 융기부의 북서쪽 경사면에 있는 올림푸스 화산이 그 중에서도 가장 큰 화산이다. 그림 5.4에 삽입된 사진을 보면 기단부의 직경이 무려 700km에 이르며(미국 텍사스 주의 크기보다 조금 작은) 높이는 주변에 비해 25km에 이른다. 금성과 마찬가지로 화성 역시 화산이 판 운동과 관련되어 있지 않다. 열점으로부터 분출된 마그마에 의해 형성된 순상 화산으로 열점의 상부에 여러 차례 분출이 일어나며 지속적으로 발달한 화산을 형성하게 되었다. 이 화산이 지금도 활동성이 있는지는 잘 모르지만 가장 최근에 분화가 일어난 것으로 추정되는 칼데라 화구로부터 추정한 나이는 대략 1억 년 정도 전에 마지막 분화가 있었던 것으로 밝혀졌다.

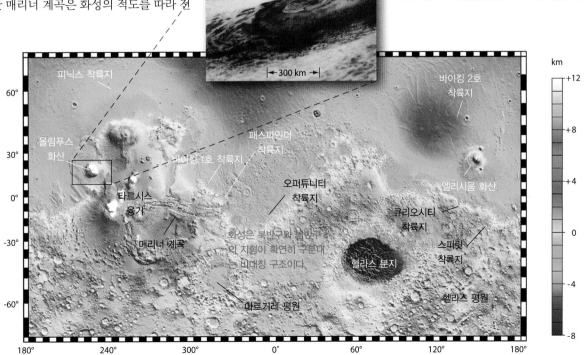

그림 5.4

지구형 행성의 물

여러 측면에서 볼 때 태양계 행성 탐사선의 주 목적은 태양계 내에 과거에 존재했거나 현존하고 있는 물을 탐사하는 데 있다.

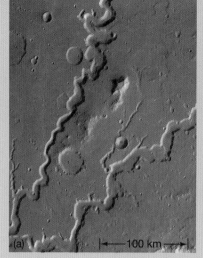

그림 5.5

아폴로 탐사를 통해 지구로 가져온 월석은 물의 흔적이 전혀 없는 메마른 암석 덩어리이며, 빛이 닿지 않는 극지역의 충돌 크레이터 바닥을 제외한 대부분의 달과 수성의 표면에서는 주목할 만한 물의 흔적을 찾아볼 수 없다. 금성의 대기가 진화하는 과정에서 과거에 금성에 공급되었던 물도 모두 흩어져 사라져 버리고 말았다(5.3절). 그 결과 지구형 행성에서 지구를 제외한다면 화성만이 물을 보유하고 있으며 그에 따라 생명체의 존재 가능성도 있다.

과거 화성에 물이 존재했던 증거

탐사선이 보내온 사진을 통해서 우리는 화성의 표면에 대량의 물이 존재했음을 알 수 있는 많은 증거들을 가지고 있다. 미국 나사의 바이킹 탐사선 자료를 보면 강줄기와 같이 물이 흘러가며 형성된 지형과 홍수 등 범람한 형태로 물이 흘렀던 지형 등 두 가지 형태의 물이 흘렀던 흔적을 볼 수 있다.

그림 5.5(a)와 같은 **물줄기 지형**은 화성 표면의 광범위한 지역에서 찾아볼 수 있다. 이들은 여러 줄기가 서로 합쳐지기도 하고 서로 엉키며 점점 넓고 깊어지는 구조를 만들면서 수백 킬로미터의 길이로 이어지기도 한다. 이들은 지구상에 존재하는 강줄기와 매우 흡사한 구조를 보이며 과학자들은 이들이 실제로 과거에 물이 흘러서 형성된 골짜기가 말라버려서 만들어진 지형이라고 생각하고 있다. 한편 그림 5.5(b)는 마스 글로벌 서베이어가 촬영한 사진으로 높은 지대로부터 한때 물이 많이 고여 있어 호수가 형성되어 있었던 낮은 크레이터의 바닥으로 물이 퍼져 나오면서 마치 삼각주와 같은 형태로 물길과 퇴적지역이 형성되어 있는 구조를 보인다.

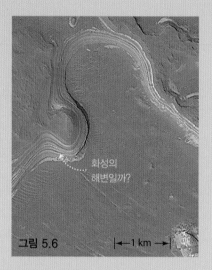

화성의 해변일까?

그림 5.6

이러한 지형들은 과학자들에게 40억 년(고지대 지형의 나이) 전의 화성이 지금보다 더 두꺼운 대기를 가지고 있었고 표면온도가 더 높아 많은 물이 하천 호수 심지어 해양을 이루며 존재했음을 말해 주고 있다. 그림 5.6에 보인 것처럼 단구 구조를 가진 해안선 구조와 같은 지형은 호수나 해양을 가득 채우고 있던 물이 서서히 증발하면서 수심이 점점 낮아지고 해안선이 후퇴하면서 만들어진 지형으로 장기간 물이 고여 있었음을 보여주는 증거라 할 수 있다. 하지만 모든 과학자가 이러한 해석에 동의하지는 않는다. 일부 학자들은 전통적인 지질학적 현상으로 지형을 설명하고 화성의 암석에 존재하는 이산화탄소의 함량이 '따뜻한 화성' 가설과 잘 맞지 않는다는 주장을 하고 있다.

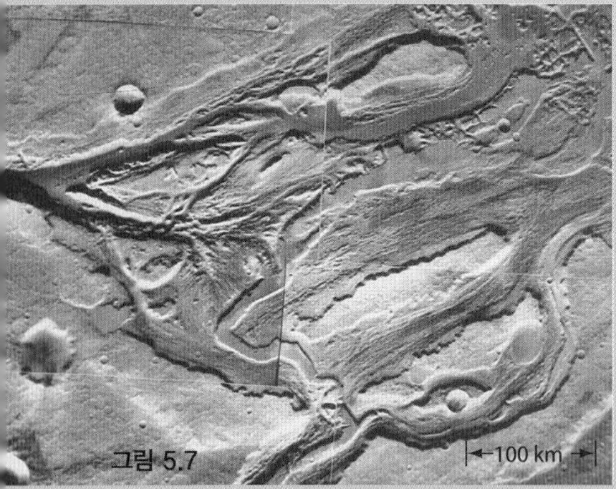

물이 범람하면서 형성된 **골짜기 지형**(그림 5.7)은 약 30억 년 전(북반구에 대규모 화산 평원이 형성된 것과 같은 시기) 화성에서 대규모 홍수가 있었던 것을 암시해 준다. 이러한 지형은 화성의 적도를 따라서만 형성되어 있으며 강줄기의 분포와 같이 넓은 범위에 걸쳐 네트워크를 형성하고 있지는 않다. 반면에 이들 지형은 남반구의 고지대로부터 대량의 물이 북반구 저지대의 용암평원으로 흘러 들어가는 과정에서 형성된 것으로 보고 있다. 지형의 폭과 깊이로부터 추정한 결과 흘러간 물의 양은 초당 100만 톤 정도로 막대한 양일 것으로 추정된다.

그림 5.7

과거 화성에서 흐르는 강물에 의해서(그림 상단) 또는 홍수나 범람에 의해(그림의 아래쪽) 화성 표면에 골짜기 지형이 형성되었다.

그림 5.8

충돌 크레이터 주변의 꽃잎 모양으로 흘러
넘친 지형은 지표면 아래에 물이 얼어 있음
을 암시해 준다.

(a) 20 km

화성의 극관에는 많은 양의 물이 얼어붙은
상태로 있다.

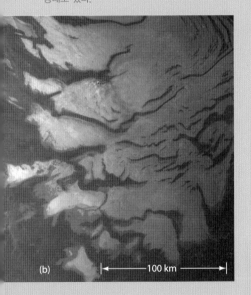

(b) 100 km

그림 5.9

오늘날 화성의 물은 어디로 갔을까

천문학자들은 현재 화성의 표면에 물이 존재한다는 증거는 찾지 못하고 있지만, 과거에는 많은 물이 화성의 표면에 존재했었다는 증거를 많이 찾아냈다. 그 많은 물은 어디로 갔을까? 과거에 존재했던 물의 대부분은 지표면 아래로 스며들어 지구의 북극권이나 남극권에서 볼 수 있는 것과 유사한 **영구동토층**을 형성하고 있을 것으로 보는 견해가 가장 합리적이라 할 수 있다(그림 5.9a). 2002년 마스 오디세이 탐사선이 대규모의 얼음 결정이 지표의 토양과 혼합되어 있는 지역을 발견하였는데, 얼음의 양은 전체의 50%의 부피를 차지하고 있는 것으로 추정되었다.

이보다 훨씬 더 많은 양의 물이 화성의 극관 지역(그림 5.9b)에 저장되어 있다. 극관의 두께는 정확히 밝혀지지 않았지만 화성 최대의 물 저장소임에는 틀림없을 것이다. 천문학자들은 만약 이 극관에 얼어붙어 있는 물의 얼음을 모두 녹여 액체로 만든다면 화성 표면을 약 10m 두께로 덮을 수 있을 만큼의 물이 될 것이라고 추정한다.

과학자들은 약 40억 년 전 화성이 식었을 때, 표면을 흘러넘치던 물은 지하로 스며들면서 얼어버려서 영구동토를 형성하고 강바닥은 말라버리게 되었다고 생각한다. 그 이후 약 10억 년 동안 화성은 차갑게 식은 상태를 유지하게 되었지만, 그 후 북반구 지역의 저지대를 형성하는 대규모 지질학적 활동에 의해 가열된 지표면의 상당 부분에서 지하에 얼어붙어 있던 영구동토의 얼음이 녹아 지표로 흘러넘쳐 화성의 표면에는 다시 액체 상태의 물이 한동안 존재했다. 그 결과 어쩌면 북반구에 대양(그림 5.4에 청색으로 표시된 부분)이 한동안 존재했을 수도 있다. 이 대규모 지질학적 활동이 끝나게 되면서 다시 물은 얼어버리고 화성은 다시 차갑고 건조한 세상이 되고 만다.

화성 착륙선에 의한 탐사 활동

모두 6기의 미국 우주 탐사선이 성공적으로 화성의 표면에 착륙하였다. 그림 5.4에 이들의 착륙지점을 표시해 놓았는데 매우 넓은 지역에 흩어져 있음을 알 수 있다. 이들 탐사선의 주 임무는 화성 표면 토양과 암석의 지질학적 화학적 조사를 하는 것이지만 최근 탐사선의 핵심 임무 중에서 대단히 중요한 것이 바로 물을 찾는 것이다.

2003년에 화성 패스파인더 탐사선은 화성 표면의 물이 흐른 계곡과 같은 지형 구조가 실제로 흐르는 물에 의해 침식된 지형임을 조사하기 위해 물이 흘러넘었던 마른 강줄기의 입구 부분에 착륙하였다. 암석의 크기나 조성, 그리고 탐사선 주변에 흩어져 있던 마모된 자갈들은 이 지역이 오래전에 물이 흘렀으며 흐르는 물의 침식과 퇴적 작용에 의해 형성된 지형의 특징과 잘 일치한다는 결론을 얻게 해주었다.

2004년에는 화성 로봇 탐사 프로젝트의 일환으로 쌍둥이 탐사선 스피릿과 오퍼튜니티가 서로 반대편에 있는 목표지점에 착륙하였다. 이들은 모두 각각의 착륙지점 주변에서 물에 의해 영향을 받은 암석들을 발견하였으며 오랜 시간에 걸쳐 암석이 물에 잠겼다가 다시 건조되었다가를 반복해 왔음을 알아내었다. 이것은 화성에 오랜 시간 동안 호수 등지에 고인 물이 서서히 증발하면서 다시 일부 채워지는 과정이 반복적으로 일어났음을 암시하는 것이다. 이러한 발견은 화성의 물의 존재에 대해 의심하고 있는 학자들의 생각을 바꾸어 놓았다.

나사의 가장 최근 화성 탐사선인 큐리오시티는 2012년 화성의 적도 부근(그림 5.8 참조)에 착륙을 하였다. 이 탐사선은 화성의 지표면 바로 아래의 지하에 얼음이 있는 토양을 확인하였으며 토양에 점토와 탄산염 성분이 있음을 발견하였는데 이들은 모두 과거 한때 그 지역이 매우 축축하고 습기가 많았던 지역임을 보여주는 증거이다.

큐리오시티 탐사선이 찍은 화성의 파노라마 사진

지구형 행성의 대기

지구형 행성의 대기는 서로 큰 차이를 보인다. 이러한 차이를 이해함으로써 우리는 행성의 진화에 대하여 새롭게 통찰하게 된다.

서로 별로 달라 보이지 않는 유사한 환경에서, 기본적으로 유사한 물리적 과정을 통해 어떻게 결정적으로 다양한 특성을 보이는 대기로 진화하였는지 4개의 지구형 행성의 대기의 특성을 서로 비교하여 이해한다.

대기의 특성

수성은 달과 같이 감지할 만한 대기를 가지고 있지 않다. 행성의 온도가 높기 때문에(정오 적도 부근에서의 온도는 700K 정도) 대기입자의 운동 속도가 매우 크고, 행성의 질량이 작기 때문에 대기입자를 붙잡아 줄 수 있는 중력이 작다(2.3절, 3.6절). 이러한 이유로 수성의 대기는 오래전에 탈출해 버렸다.

금성의 대기는 지구 대기에 비해 큰 질량을 가지고 있고 금성 표면으로부터 훨씬 높은 고도까지 퍼져 있다. 금성의 표면온도는 730K 정도로 엄청 뜨겁지만, 표면 대기압은 지구의 90배에 이른다. 금성의 대기는 대부분이 이산화탄소(97%)와 질소로 구성되어 있으며 실질적으로 수증기는 없다. 금성의 고반사율을 보이는 구름조차도 지구와 같은 수증기로 구성된 구름이 아니라 황산 증기 성분으로 된 구름이라는 사실이 1979년 미국의 파이어니어 비너스 탐사를 통한 자외선 영상을 통해 밝혀졌다.

화성의 대기는 매우 얇고 주로 이산화탄소로 이루어져 있다. 화성 표면의 대기압은 지구 표면 대기압의 1/150에 불과하다. 대기의 조성은 95.3%의 이산화탄소, 2.7%의 질소, 1.6%의 아르

UV 파장으로 본 금성의 구름 층은 지구와 유사하게 보이지만 그 구성 성분은 황산을 주성분으로 하고 있다.

그림 5.10

곤 기체 그리고 미량의 산소, 일산화탄소 및 수증기로 이루어져 있다. 화성 표면의 평균 온도는 지구 표면의 평균 온도보나 약 70K 정도 더 낮다.

폭주 온실효과

만약 금성의 질량, 반경 그리고 태양계에서의 위치가 지구와 비슷했다면 금성과 지구는 서로 매우 유사한 특징을 보이는 행성이 되었을 것이다. 그렇다면 금성의 표면이 그렇게 뜨거운 이유는 무엇이며 현재 금성의 대기 조성이 지구와 판이하게 다른 이유는 무엇 때문일까?

첫 번째 물음에 대한 답은 비교적 간단하다. 금성이 뜨거운 것은 온실효과 때문이다(4.4절). 현재 금성의 두꺼운 대기는 온실효과의 중요한 1차 온실기체인 이산화탄소로 구성되어 있다. 이 두꺼운 담요 같은 이산화탄소는 금성 표면에서 방출되는 적외선 복사의 99%를 차단하여 금성 표면의 온도를 즉각 상승시키는 역할을 하고 있다(그림 5.11).

두 번째 질문에 대한 답은 조금 더 복잡하다. 행성이 형성되던 초기에 지구형 행성은 대기를 가지고 있지 않았다.

하지만 그 후에 행성의 내부로부터 탈기체(outgassing) 과정이라고 부르는 화산 활동에 의해 분출된 기체 성분으로부터 형성된 **2차 대기**가 만들어지게 된 것이다. 화산기체에는 풍부한

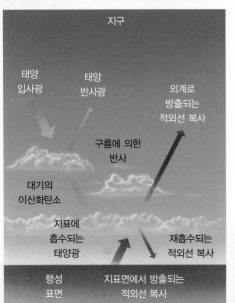
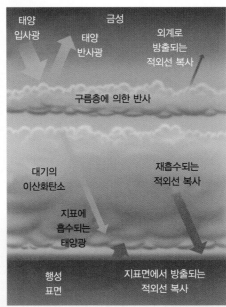

그림 5.11

수증기와 이산화탄소, 이산화황과 질소화합물 등으로 구성되어 있었다. 그 후 지구에서는 행성의 표면이 서서히 식으면서 표면 온도가 낮아지고 수증기가 응결하여 액체 상태가 되어 해양을 형성하게 된다. 대부분의 이산화탄소와 이산화황 기체는 바닷물에 녹아 버리거나 암석에 포획되어 대기 중에서 사라지게 된다(그림 5.12a). 태양 자외선은 질소화합물을 파괴시켜 질소기체를 대기 중으로 방출시키게 만들어 질소가 풍부한 대기 구성을 하게 된다.

지구와 금성 대기의 실질적인 차이는 금성의 경우 온실기체(이산화탄소와 수증기)가 대기 중에 고스란히 남아 있게 되었다는 점이다. 만약 지구의 암석에 포획되어 있는 이산화탄소 성분을 모두 분리하여 대기로 되돌려 보낸다면 지구도 금성과 같이 이산화탄소 98%와 질소 2%의 조성비를 이루게 되었을 것이다. 그리고 대기압은 현재의 70배에 이르게 되었을 것이다. 다시 말하면 지구 대기 성분 중에서 산소를 제외한다면(산소는 생명체의 발생 이후에 생성되어 지구 대기에 포함됨) 금성과 비슷한 조성을 보이게 된다는 것이다.

대기의 폭주 온실효과가 극에 달했을 때에는 대기의 온도가 현재의 2배에 달하였다. 이때 수증기는 매우 높은 고도에까지 올라가게 되었으며 자외선이 이를 분해하여 수소와 산소를 방출시켰다. 온도가 매우 높은 가벼운 수소는 쉽게 대기를 이탈해 버리고 결합력이 강한 산소는 재빠르게 다른 원자와 결합하여 더 무거운 기체 성분을 만들게 되어 결국 수증기는 대기 중에서 영구히 사라져 버리게 된다.

화성 대기의 진화

화성 역시 생성 초기에 화산 활동에 의해 내부로부터 기체의 유출이 있었을 것으로 생각된다. 대략 40억 년 전에 화성 역시 주로 이산화탄소로 이루어진 두꺼운 대기가 있었을 것이다. 행성 과학자들은 온실효과가 화성의 표면온도를 0℃ 이상으로 유지시켜 주었을 것으로 추정한다.

그 이후 10억 년 동안 화성의 대기는 소위 '역폭주 온실효과'에 의해 대부분 사라지고 만다. 화성은 지구보다 더 빨리 식어서 지구처럼 대규모의 판 구조 운동이 일어나지 못하였다. 그 결

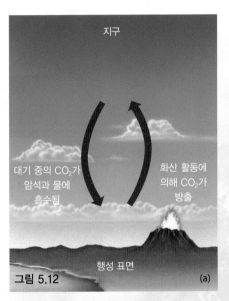

그림 5.12　(a)　(b)　(c)

금성에서 어떤 일이 벌어졌는지 이해하기 위해 지구를 현재의 궤도에서 금성의 궤도 위치로 이동시켰다고 생각해 보자. 태양에 더 가까워지게 되면 우리 지구의 온도는 지금보다 더 높아지게 된다. 해양으로부터 더 많은 수증기가 증발되어 대기에 수증기의 분압이 높아지고 이 때문에 암석이나 바닷물이 포획할 수 있는 이산화탄소의 양이 줄어들게 되므로 대기 중 이산화탄소의 양 역시 증가하게 된다. 이로 인한 추가적인 온실효과에 의해 지구의 온도는 더 높아지게 되고 더 많은 이산화탄소의 방출이 일어나게 되는 **폭주 온실효과**를 유발시킨다. 결국에는 바닷물이 모두 증발하게 되고 바닷물에 녹아 있던 모든 온실기체들은 다시 대기로 돌아가게 된다. 본질적으로 이와 유사한 사건이 오래전에 금성에서 벌어졌던 것이다(그림 5.12b).

과 지구에 비해 활발한 화산 활동이 거의 일어나지 않았고, 화산 활동에 의한 이산화탄소의 공급이 지표면에 포획되는 양에 비해 작아 대기의 이산화탄소 양이 줄어들게 되고 이로 인하여 대기의 온도가 낮아지고, 궁극적으로 대부분의 이산화탄소 성분이 대기에서 사라져 버려 희박한 대기가 되고 말았다(그림 5.12c). 화성 대기의 대부분의 이산화탄소는 이와 같은 과정으로 아마도 수억 년이라는 매우 짧은 시간에 사라지게 되었다.

온도가 지속적으로 떨어지게 되면서 수증기가 응결되어 대기 중에서 사라지고 온실효과는 더욱 약해지게 되어 온도는 더욱 더 낮아지는 가속적인 냉각이 일어나게 되었다. 궁극적으로 이산화탄소조차 얼어버리는 현재의 차가운 화성이 되었다.

목성형 행성의 대기

**목성형 행성은 지구형 행성에 비해 그 질량과 반경이 크고 평균 밀도가 낮다.
이것은 목성형 행성의 구성 성분과 구조가 지구형 행성과 크게 다르다는 것을 암시한다.**

수소와 헬륨이 목성과 토성의 질량 대부분을 구성하고 있으며 천왕성과 해왕성 질량의 절반가량을 차지하고 있다.
이러한 가벼운 기체 원소의 밀도는 지구상에서는 0.1~0.2kg/m³이지만 목성과 같은 행성에서는 강한 중력 때문에
이보다 무려 100배나 큰 정도로 압축되어 있다.

목성형 행성에 수소와 헬륨이 풍부한 것은 이들 행성의 중력이 매우 크기 때문이다(2.6절). 즉,
가벼운 수소기체의 경우 주어진 온도에서 가장 빠른 운동 속력을 가지고 있다. 그러나 목성형 행
성의 큰 중력은 가장 가벼운 기체 원소인 수소도 붙잡아 둘 수 있다. 46억 년 전 태양과 목성형 행
성을 형성한 원시태양운을 구성하고 있던 기체 성분으로 이루어진 초기의 대기를 거의 그대로 유
지하고 있다.

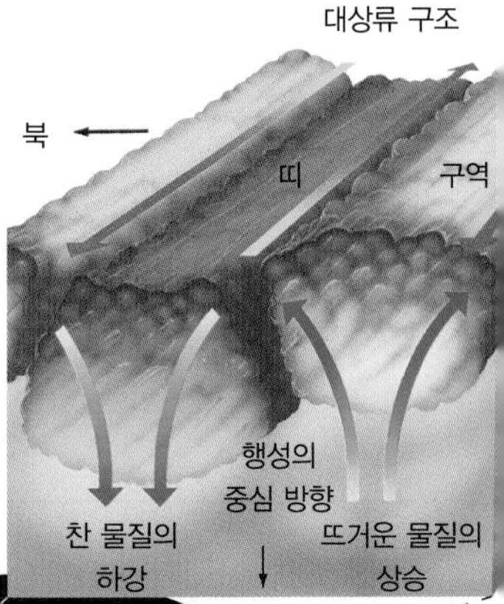

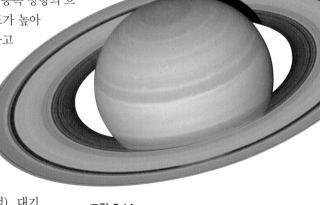

그림 5.13

전반적인 대기의 특징

목성형 행성은 지구형 행성과 같은 단단한 표면을 가지고 있지 않다. 행성의 대기를 구성하고 있
는 기체 성분들은 그들에게 작용하는 중력이 커짐에 따라 압력이 증가하게 되어 깊이가 깊어지
면서 온도와 밀도가 점차 높아지고 궁극적으로는 액체 상태로 바뀌게 된다. 가시광 영역
에서 목성은(그림 5.13) 표면에 지속적으로 관찰되는 목성의 석노와 나란한 줄무늬 형
태의 구름을 이루고 있는 상부 대기층이 잘 보인다. 토성과(그림 5.14) 그 밖의 목성
형 행성 역시 비록 목성에 비해 그 색상 대비가 뚜렷하지 않지만 비슷한 줄무늬의
띠를 보인다.

천문학자들은 목성 표면의 줄무늬를 상대적으로 밝은색을 띠고 있는 **구역**
과 보다 어두운색의 **띠**로 구분한다. 보이저 2호의 탐사 결과에 따르면 표면의
띠는 목성 대기층의 대류에 의해 형성된 것으로 밝혀졌다(4.4절). 그림 5.13에
보인 것과 같이 목성의 밝은색을 띤 구역은 상승하는 대류가 일어나는 부분에
해당되며 어두운색의 띠 영역은 상대적으로 낮은 하강하는 대류 영역에 해당
된다.

어두운색을 띠고 있는 띠는 옅은 노란색, 연청색, 짙은 갈색, 붉은색, 어두운
갈색 등 다양한 색을 보인다. 목성의 대기는 주로 수소 분자(모든 분자의 86%를 차
지), 헬륨(14%)을 비롯하여 미량의 메탄, 암모니아, 수증기 등으로 구성되어 있는데,
이들 가운데 가장 많은 비중을 차지하는 수소 분자에 의한 색이 전체를 지배하고 있다.

과학자들은 난류가 활발한 목성 대기의 여러 고도에서 일어나고 있는 복잡한 화학 반응이 비록
아직 명확히 설명되고 있지는 않지만, 이러한 다양한 색을 띠게 만들고 있다고 생각한다. 조금 낮
게 위치하는 어두운색의 띠 영역은 **대상류**라고 부르는 비교적 안정적인 동쪽 방향의 흐
름이 있다. 적도에서의 이 띠흐름의 평균 속도는 약 500km/h이다. 위도가 높아
지면서 구역과 띠가 반복됨에 따라 서쪽 및 동쪽 바람이 반복적으로 불고
있다.

대기 구조

목성 대기의 연직 구조를 그림 5.15에 나타내었다. 목성의 대기
는 주된 3개의 층으로 이루어져 있으며 우리가 목성을 관측할 때
실제로 서로 다른 깊이의 대기층을 보게 된다. 대기의 온도는 상
층에서 아래로 내려가면서 연무층의 하부에 이를 때까지 증가하는데,
이 연무층의 하부가 바로 목성의 대류권계면이 위치하는 곳이다(4.4절). 대기

그림 5.14

를 구성하는 성분은 깊이에 따라 달라지는데, 백색의 암모니아 얼음은 약 30km(대략 130K), 60km의 고도에는 수산화 암모니아(200K), 그리고 물의 얼음 또는 수증기는 깊이 80km(270K)에 주로 분포한다.

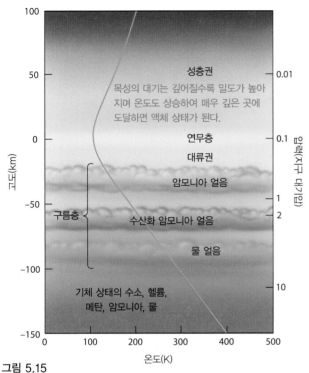

그림 5.15

(a)

그림 5.16

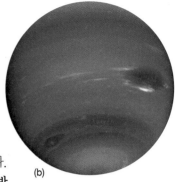

(b)

양한 소규모의 기후 패턴을 보인다. 가장 대표적인 것이 목성의 **대적반**(그림 5.17)으로서 최소한 300년 동안 유지되어 온 지구 정도 크기의 태풍이다. 이 대적반의 북반구는 서쪽 방향으로 바람이 불고 있으며 남반구 지역에서는 동쪽 방향으로 바람이 분다. 이러한 사실로부터 이 대적반이 적도와 나란한 방향의 대규모 흐름으로부터 에너지를 공급받고 있음을 알 수 있다.

많은 작은 규모의 소용돌이 구조의 점들이 과거 수십 년 동안 생겨났다가 없어지는 것이 관측되었다. 간혹 작은 소용돌이 구조는 큰 것들에 흡수되는 현상도 관측된다. 따라서 거대한 대적반은 대적할 만한 상대가 없어 아마 계속 존재하게 되는지도 모른다. 그림 5.16b에 보이는 해왕성의 **대암반** 역시 보이저 2호 탐사선에 의해 1989년 관측되었지만 허블우주망원경을 이용한 관측 결과 1990년대 중반 무렵에 사라지고 이와 유사한 크기의 소용돌이 구조가 다른 위도에 생겨났음을 확인한 바 있다.

토성, 천왕성, 그리고 해왕성의 대기는 태양에서 멀리 떨어져 있기 때문에 온도가 목성 대기보다 더 낮은 것을 제외하고는 정성적으로 목성의 대기와 유사한 특징을 보인다. 토성의 대기층은 목성의 대기층에 비에 약 3배 정도 두꺼운데, 그 까닭은 목성보다 중력이 약하기 때문이다. 이 때문에 대기 상층부에 틈새가 보이는 얇은 지역이 거의 없어 목성보다 현란한 색의 줄무늬를 볼 수 없고 토성은 목성에 비해 밋밋한 외형을 가지고 있다.

천왕성과 해왕성의 특징적인 파란색(각각 그림 5.16a와 5.16b)은 다른 목성형 행성에 비해 메탄 성분의 함량이 많은 대기로 이루어져 있기 때문이다. 메탄은 긴 파장의 붉은색빛을 잘 흡수하므로 상대적으로 짧은 파장의 파란색과 녹색빛을 잘 반사한다.

메탄의 함량이 높은 것을 제외한다면 천왕성과 해왕성의 대기는 목성의 대기와 그 성분이 비슷하다. 그러나 토성의 대기는 목성의 대기에 비해 훨씬 적은 양의 헬륨을 가지고 있다. 천문학자들은 과거 어느 시점에 토성의 헬륨이 액화되어 중심부로 모두 가라앉아 버려서 대기에서의 헬륨 양이 줄어들어 버렸을 것이라고 추측한다.

목성형 행성의 기상

적도와 나란한 대규모의 순환과 별도로 4개의 목성형 행성은 다

10,000 km

목성 대적반과 비교한 지구의 크기

그림 5.17

주변에 흐르는 기체로부터 에너지를 흡수하여 수 세기 동안 살아남아 있는 화성의 대적반

태양계 외곽지역의 물

목성형 행성은 대부분 수소와 헬륨으로 이루어져 있고 단단한 고체 표면을
가지고 있지 않기 때문에 생명체는커녕 액체 상태의 물을 찾기는 어려워 보인다.
하지만 목성형 행성의 위성은 전혀 이야기가 다르다.

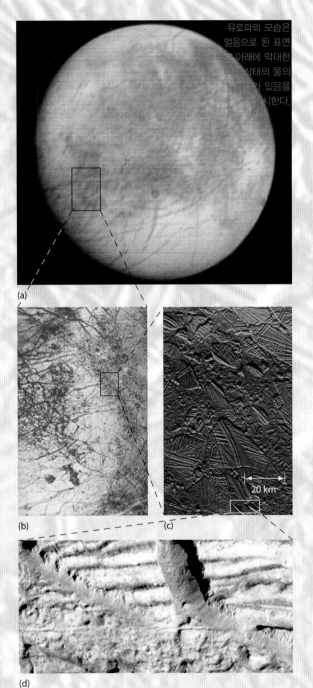

(a)

(b)

(c)

20 km

(d)

그림 5.18

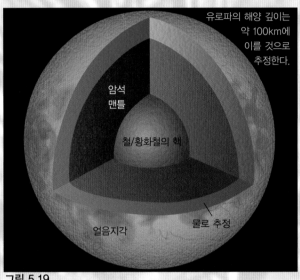

유로파의 해양 깊이는
약 100km에
이를 것으로
추정한다.

암석
맨틀

철/황화철의 핵

얼음지각

물로 추정

그림 5.19

한때 태양계 외곽부에 있는 거대한 행성 주변을 공전하는 거대한 얼음
덩어리에 불과했던 목성형 행성의 위성 중 일부가 오늘날 천문학자들이
지구 이외의 지역에서 생명체가 존재할 확률이 가장 높은 천체로 여겨
져 연구 대상 목록의 최상위를 차지하게 되었다. 목성의 두 번째 갈릴레
이 위성인 유로파(그림 5.18)는 이러한 관점에서 천문학자들의 특별한
주목을 받고 있다.

유로파의 물

표면에 크레이터가 매우 적은 것으로 미루어 유로파(그림 5.18a)의 지형
은 기껏해야 수백만 년 정도밖에 안 돼 매우 젊다고 할 수 있어 천문학
자들의 특별한 관심을 받고 있다. 과거 운석충돌로 생겨난 크레이터들
이 최근의 모종의 지질학적 활동에 의해 지워졌음을 명확히 보여준다고
할 수 있다. 태양에서 멀리 떨어져 있어 모든 것이 얼어붙어 버린 차갑
고 어두운 오래된 작은 천체에서 이러한 활동의 발견은 매우 놀라운 것
이다.

유로파의 표면(그림 5.18b)에는 복잡하고 광범위하게 얽힌 밝은 줄무
늬 구조와 비교적 깨끗하고 넓은 얼음 평원들이 많이 관찰된다. 일부 밝
은 줄무늬의 균열은 위성 둘레의 절반 정도까지 길게 이어져 있기도 하
며 이들은 마치 지구의 북극해에서 유빙을 만드는 과정에서 압력에 의
해 부풀어 오른 형태의 산맥과 같은 균열과 유사하다. 그림 5.18(c)는 갈
릴레오 탐사선이 찍은 유로파의 사진으로 빙산처럼 보이는 지역의 모습이다. 큰 판에서 떨어져 나온 납작한 얼음판 조각이 그 하부 액
체의 흐름을 따라 수 킬로미터를 흘러가서 다른 조각과 다시 엉겨 붙어 얼어버린 것 같은 구조이다. 그림 5.18(d)는 유로파의 표면에서
얼음판이 떨어져 나간 지역에 새로운 물질이 아래로부터 솟아올라 벌어진 틈을 새롭게 채운 지역의 모습을 보여준다.

행성을 연구하는 많은 과학자들은 유로파의 표면은 물로 덮여 있고 태양에서 멀리 떨어져 있어 온도가 매우 낮기 때문에 표면은 두

꺼운 얼음으로 되어 있을 것이라고 생각한다. 얼음으로 된 껍질 층은 대략 수 킬로미터의 두께에 이를 것으로 추정하고 있으며, 그 아래로 약 100km 깊이의 해양이 존재하고 있을 것으로 추정 한다(그림 5.19). 유로파는 지구보다 더 많은 물을 보유하고 있 는 것이다!

조석 변형력

어떻게 이렇게 차갑고 작은 위성에 물이 액체 상태로 존재할 수 있을까? 그 대답은 유로파가 목성에 매우 가깝게 있기 때문이라 하겠다. 즉, 목성에 가까이 있는 유로파는 목성의 강한 조석력을 받고 있다. 만약 다른 위성 없이 유로파만 목성의 위성으로 목성 주변을 공전하고 있었다면 유로파는 이미 지구의 달과 마찬가지 로 동주기 자전을 하고 있었을 것이다(4.2절). 그러나 유로파는 단일 위성이 아니었다. 유로파는 그 이웃 위성인 이오와 가니메 데의 중력에 의해 지속적으로 끌림을 당하고 있기 때문에 비록 그들이 잡아당기는 힘은 약하지만 좌우로 조금씩 비틀거리며 흔 들리는 운동을 하고 있다. 그 결과로 유로파의 내부는 큰 비틀림 과 인장 압축력을 지속적으로 받게 되어 두꺼운 얼음층의 아랫 부분이 녹아서 액체 상채의 물을 보유하게 된 것으로 본다.

갈릴레오 탐사선은 유로파에서 미약하지만 시간적으로 그 강 도가 변하는 약한 자기장을 검출하였다. 이 자기장은 목성의 자 기장이 유로파 표면으로부터 100km 깊이의 내부에 있는 전기적

으로 도체의 성질인 액체 상태의 물에 작용하여 생겨난 것으로 본다. 이 액체 상태의 물은 표면 관측을 통해 화학적으로 풍부한 염분을 지닌 물질일 것으로 제안하고 있다.

유로파는 지금까지의 관측 결과 물을 가지고 있는 위성으로 가장 이상적인 경우라고 믿어진다. 그러나 다른 목성형 행성의 위성 역시 물을 가지고 있는 것들이 있다. 갈릴레오 탐사선은 유 로파와 유사한 자기장 강도 변화 현상을 목성에서 가장 큰 위성 인 가니메데에서도 발견하였다(6.2절). 가니메데 역시 내부에 액 체 상태의 물이나 '슬러시'와 같은 반고체 얼음이 존재할 것으로 생각하고 있다. 토성의 위성 타이탄에 대한 컴퓨터 시뮬레이션 결과를 보면 타이탄 역시 수 킬로미터 지하에 액체 상태의 물이 존재할 것이라고 한다.

이러한 위성에서 물이 존재할 가능성이 있다는 생각은 이들 위성에서 생명체의 발생에 대한 추론을 할 수 있는 통로를 열어 주었다. 과학자들은 지구의 경우에 액체 상태의 물이 생명의 발 생에 매우 중요한 요소라는 사실에 동의하고 있으며, 비록 열악 한 조건이 많이 존재하지만, 그러한 가혹함에도 불구하고 우리는 지구 환경이 생명을 번성하게 만들었음 알고 있다.

> 역사를 더듬어 보더라도 인류 문명의 발상과 발전은 물길을 따라 이루어졌듯이, 우주에서 생명체를 찾고자 할 때 나사의 전략은 '물을 따라가라!'라는 것이다.

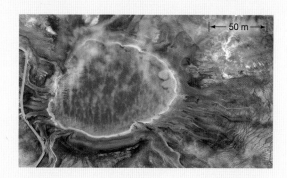

행성의 내부

행성 탐사선의 활약으로 다른 행성에 대한 여러 가지 정보가 많이 쌓이게 되면서
이들 행성의 구조와 진화에 대한 이해가 점점 높아지고 있다.

비록 지구와 달의 경우와는 달리 다른 행성들에 대한 지진파 탐사를 이용한 내부 구조에 대한 정보가 부족하지만, 과학자들은 행성 전체의 특성과 자기장의 분석 등을 이용하여 내부 구조에 대한 모형 설정을 하고 있다(4.3, 4.7절).

지구형 행성

그림 5.20은 지구(아마도 금성도 비슷함), 달, 수성, 그리고 화성의 상대적인 크기와 내부 구조 모형을 비교한 것이다.

우리는 제4장에서 유동성의 외핵과 빠른 자전이 어떻게 자기장을 형성하게 하는지 알아보았다(4.7절). 수성은 59일이라는 느린 자전주기 때문에 매리너 10호 탐사선이 수성에서 약한(지구의 약 1/100 정도) 자기장이 있음을 알아내었을 때 많은 천문학자들은 매우 놀랐다. 수성의 자기장은 태양풍을 휘게 만들고 행성 주변에 작은 자기권을 형성할 수 있을 정도로 강하다. 메신저호의 관측 결과에 따르면 수성의 자기장은 지구와 마찬가지로 수성의 핵의 다이나모 활동에 의해 형성된 것으로 보고 있다. 어떻게 느리게 자전하는 작은 행성에서 자기장이 형성되고 유지되는지는 설명해야 하는 과제로 남아 있다.

수성의 자기장의 존재와 지구와 비슷한 정도의 큰 밀도(대략 5,400kg/m³)는 이 행성 내부의 많은 부분이 금속 핵으로 구성되어 있을 것이라는 사실을 암시한다. 추정해 보면 대략 1,800km의 반경의 금속 핵을 가지고 있을 것이라 추정하고 있으며, 이는 행성 전체 질량의 약 60%에 해당된다. 핵이 차지하는 질량의 비율은 태양계 어떤 천체보다도 높다. 달과 마찬가지로 수성은 약 40억 년 전부터 이미 지질학적으로는 죽은 행성이다. 수성은 두껍고 단단한 맨틀 때문에 오늘날 화산 활동이나 판 구조 운동 등의 지질 활동이 거의 일어나지 않는다.

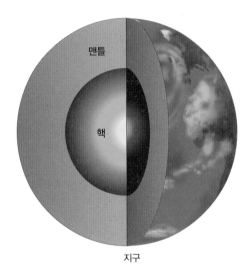

지구

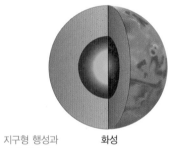

화성

지구형 행성과 달의 내부 구조 모형을 실제 크기 비율에 맞춰 그렸다.

수성

달

그림 5.20

금성이나 화성 어느 것도 강한 자기장을 가지고 있지 않다. 만약 금성이 수성처럼 지구와 비슷한 밀도를 가지고 있었다면, 금성 내부의 일부 지역이 녹아 금속이 풍부한 핵이 형성되었을 것이고 지구와 비슷한 화학 조성이 이루어질 수 있었을 것이다. 금성이 검출할 만한 수준의 자기장을 가지고 있지 않은 까닭은 바로 금성이 매우 느리게(자전주기 243일) 자전하고 있기 때문이라 할 수 있다(4.7절). 비록 금성의 핵과 맨틀 구조가 지구와 비슷하다고 하더라도 금성의 표면은 지구가 매우 젊었을 때(탄생 후 약 10억 년) 가지고 있었던 표면 구조와 흡사한 것으로 알려져 있다. 즉, 지구 내부에서 이미 화산 활동이 왕성하게 시작되었으나 아직 지각은 얇고 맨틀의 대류가 활발히 일어나지 않아 판 구조 운동이 일어나지 않았던 시기의 구조와 비슷하다. 어떻게 금성의 내부 구조가 이처럼 원시 상태를 유지하고 있는지는 풀어야 할 과제로 남아 있다.

화성은 비교적 빠르게(주기 24.6시간) 자전하고 있기 때문에 화성의 약한 자기장의 원인은 화성의 내부에 금속 핵이 없거나 녹지 않은 상태이거나 또는 두 가지 모두로 추측하고 있다. 화성은 크기가 작기 때문에 지구나 금성처럼 큰 행성에 비해 내부의 열이 훨씬 쉽게 방출된다. 먼 과거에 화산 활동이 있었음을 보여주는 증거를 본다면 화성은 과거 한때 내부가 부분적으로 용융 상태에 있었을 것임을 짐작할 수 있으나 현재 화산 활동 등 지질 현상이 없으며, 또한 자기장도 매우 미약한 것으로 볼 때 화성의 내부가 지구처럼 전반적으로 용융 상태에 이른 때는 없었을 것이라고 본다. 화성의 핵은 직경이 약 2,500km이며 주로 황화철(표면 암석에 비해 약 2배 높은 밀도의 화합물) 성분으로 이루어져 있으며 지금도 부분적으로 용융된 상태이다.

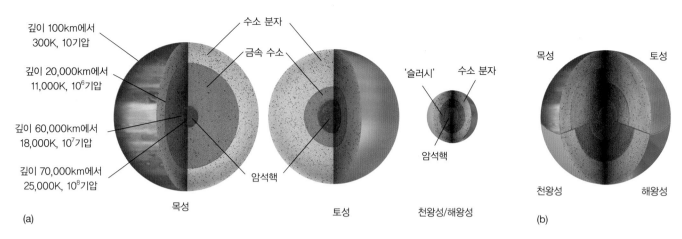

깊이 100km에서 300K, 10기압

깊이 20,000km에서 11,000K, 10^6기압

깊이 60,000km에서 18,000K, 10^7기압

깊이 70,000km에서 25,000K, 10^8기압

수소 분자

금속 수소

암석핵

'슬러시'

수소 분자

암석핵

(a)

목성

토성

천왕성/해왕성

목성

토성

천왕성

해왕성

(b)

그림 5.21

화성은 대규모 판 구조 운동이 일어나려 했으나 화성 표면의 급속한 냉각으로 인하여 막혀 버리고 말았다. 지질학적으로 화성은 20억 년 전에 죽은 행성이다.

목성형 행성

목성형 행성의 내부 구조에 대한 이해는 지구형 행성의 경우보다 더 관측에 부합하는 수학적 내부 모형에 의존하고 있다. 아래에 설명하는 목성형 행성의 내부 구조는 사실에 부합하도록 맞춘 모형에 대한 설명이라 할 수 있다.

그림 5.21은 목성의 내부 모형이다. 온도와 압력이 행성의 대기 상층으로부터 깊이가 깊어짐에 따라 점점 상승하여 표면으로부터 대략 20,000km 정도 깊이에서 구성 물질의 상태가 기체 상태에서 액체 상태로 변하게 된다. 약 20,000km의 깊이에서부터 고온의 액체 수소는 더욱 압축이 되어 고압 상태에 놓이게 되므로 지구의 수은처럼 액체 금속과 같은 완전히 새로운 성질을 띤 수소로 바뀌게 된다. 목성의 자기장에 특히 중요한 역할을 하는 이 금속 수소는 좋은 전기 전도체이다.

목성의 고밀도 핵은 지구 질량의 약 15배에 이른다. 이 핵의 정확한 성분은 아직 모르지만 많은 과학자들은 지구형 행성과 유사한 용융 상태의 밀도가 높은 암석질로 되어 있을 것이라 추측한다. 목성의 중심 압력이 매우 높기 때문에 아마도 중심의 암석질 핵은 지구 중심핵의 2배의 밀도에 이를 것으로 본다. 중심핵의 크기는 20,000km 정도 될 것으로 추정한다.

그림 5.21에 4개의 목성형 행성에 대한 내부 구조 모형을 그림으로 나타내었다. 토성은 목성과 기본적으로 내부 구조가 동일하지만 각 영역 간의 상대적인 비율은 목성과 다르다. 즉, 토성은 목성에 비해 질량이 작으므로 중심 온도, 밀도, 그리고 압력이 목성보다 낮아서 중심 압력의 경우 목성의 약 1/10 정도이다.

천왕성과 해왕성의 내부 압력은 목성에 비해 현저히 낮아서 중심부에 이르기까지 수소 성분이 분자 형태를 유지하고 있다. 천문학자들은 이들 두 행성의 눈으로 볼 수 없는 깊이의 내부 깊숙한 곳에는 고밀도의 물의 얼음이 '슬러시' 상태로 존재하는 지역이 있을 것이라고 이론적으로 예측하고 있다. 천왕성과 해왕성의 경우 수소와 헬륨은 목성과 토성의 경우처럼 서로 다른 상태의 층을 이룰 정도로 압축되지 않은 상태로 있다. 이들 두 행성의 높은 평균 밀도를 고려한다면, 천왕성과 해왕성 역시 중심부에 지구 질량의 약 10배에 이르는 목성이나 토성과 유사한 성분의 암석핵이 있을 것으로 추측된다.

목성의 표면온도는 125K이며 이는 태양으로부터 받는 에너지(2.3절)보다 약 2배의 에너지를 외부로 방출하고 있음을 시사하는 높은 온도이다. 천문학자들은 이 여분의 에너지가 목성의 내부로부터 방출되는 것이며, 목성이 생성될 당시부터 품고 있던 에너지가 두꺼운 대기가 마치 담요와 같은 역할을 하여, 수십억 년 동안 서서히 방출되고 있기 때문이라고 추측한다. 다른 목성형 행성들은 목성만큼 크지 않기 때문에 이미 대부분의 내부 에너지를 방출해 버려서 여분의 에너지가 매우 적다. 하지만 토성과 해왕성은 상당한 에너지를 아직 방출하고 있다. 토성의 경우 이 에너지는 토성의 표면 부근에서의 헬륨 결핍(5.4절)의 원인인 헬륨의 응결에 의해 생성되는 에너지로 추정되고 있다. 한편 해왕성의 경우에는 그 원인은 명확하지 않으나 아마도 풍부한 암모니아가 응결되어 있고, 이들이 열이 외부로 방출되는 것을 막아주기 때문일 것으로 추정한다.

목성형 행성의 자기장

지구형 행성 중에서는 오직 지구만이 강한 자기장이 존재하는 반면
목성형 행성은 모두 강한 자기장과 넓은 자기권을 가지고 있다.

우리는 제4장 7절에서 지구 중심부 깊은 곳에서 회전하는 전도성 액체의 다이나모 활동에 의해 지구 자기장이 형성되는 과정에 대하여 알아보았다. 비록 행성 내부에서 다이나모 활동이 일어나는 지역이나 전도성 물질이 지구와는 크게 다르지만, 본질적으로 이와 동일한 과정으로 목성형 행성의 자기장이 형성된다.

목성

목성은 빠르게 자전하고 내부의 전기 전도성이 높은 액체로 된 지역이 넓기 때문에 태양계에서 행성으로서는 가장 강력한 자기장을 형성하고 있다. 목성 대기 상층부의 경우 지구의 약 14배에 달하는 자기장 강도를 보이지만, 목성의 반경을 고려한다면 자기장의 강도는 지구의 20,000배 정도에 이른다고 할 수 있다.

강한 자기장 때문에 목성은 마치 지구의 반앨런대와 비슷하지만 이보다 훨씬 넓은 대전된 입자(대부분 전자와 양성자)의 구름으로 감싸여 있다. 이 입자들은 목성의 강한 자기장에 의해 매우 빠른(거의 광속에 가까운) 속도로 가속되고, 이로 인해 유인 또는 무인 우주선의 예민한 기기나 인체(목성의 유인 탐사는 실현 불가능한 일이겠지만, 인체의 경우 더욱 예민하므로 말할 필요도 없음)는 이러한 가혹한 환경에서 장기간 이들을 막을 수 있는 특별한 보호 장치가 반드시 요구된다.

목성의 자기권은 약 3,000만 km(남북 방향으로)에 이르는데, 이는 지구의 약 100만 배의 부피에 해당되며 태양보다 더 크다. 그림 5.22에서 볼 수 있듯이 목성의 4개의 거대 위성은 모두 이 자기권 안에서 공전하고 있다.

태양을 향한 쪽의 목성 자기장의 경계는 태양풍의 영향을 받아 행성으로부터 약 300만 km의 거리에 있다. 입자들은 자기권으로부터 목성 대기 상층으로 자기장을 타고 유

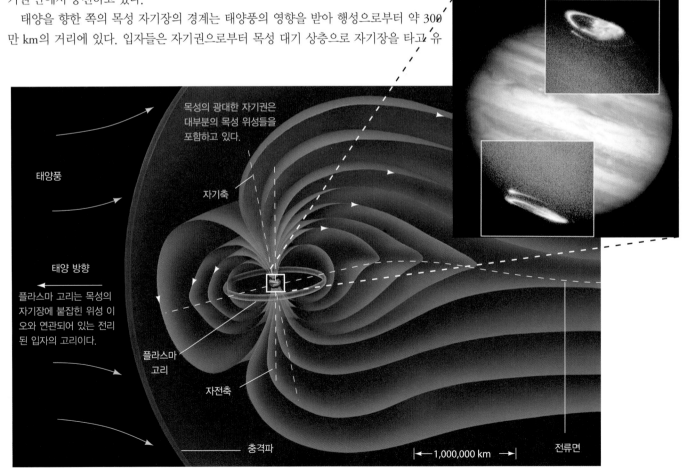

그림 5.22

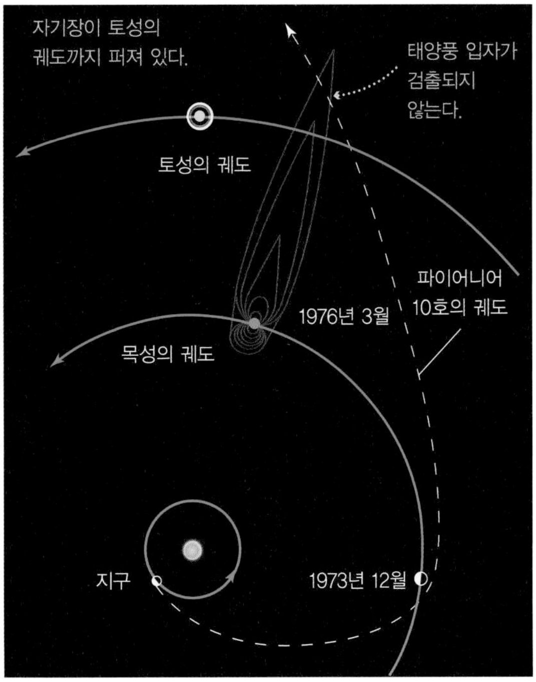
자기장이 토성의
궤도까지 퍼져 있다.
태양풍 입자가
검출되지
않는다.
토성의 궤도
파이어니어
10호의 궤도
1976년 3월
목성의 궤도
지구
1973년 12월

그림 5.23

입되어 지구에서 관측할 수 있는 것보다 훨씬 방대한 규모의 오로라를 형성한다(4.7절).

파이어니어 10호(보이저 탐사선 직전에 목성 탐사) 탐사선은 1976년 태양을 등지고 목성의 뒤편을 탐사하면서 태양풍 입자를 전혀 검출할 수 없었다(그림 5.23). 이는 목성의 자기권이 매우 긴 꼬리를 가지고 있어 그 길이가 태양 반대편으로 토성 궤도(약 4AU, 또는 6억 km) 정도까지 뻗어 있기 때문인 것으로 짐작된다.

토성

토성 역시 내부에 전도성 유체가 있고 빠르게 자전하고 있기 때문에 강한 자기장과 자기권을 형성하고 있다. 그러나 금속 수소층이 상대적으로 얇고 질량이 작기 때문에 자기장의 세기는 대기 상층부에서 목성의 1/20 정도로 지구 표면의 자기장 세기와 비슷하다. 토성의 자기권은 태양을 향한 쪽으로 약 100만 km 정도의 크기로 토성의 모든 고리 구조와 대부분의 위성들을 포함하고 있다. 토성의 자기장의 축은 자전축과 일치하며 목성과 마찬가지로 자기장의 극은 지구와 반대로 되어 있다. 즉, 지구에서 북쪽을 가리키는 나침판의 바늘이 토성에서는 남쪽을 가리키게 된다. 그림 5.24는 1998년 허블우주망원경이 찍은 토성의 오로라의 모습이다.

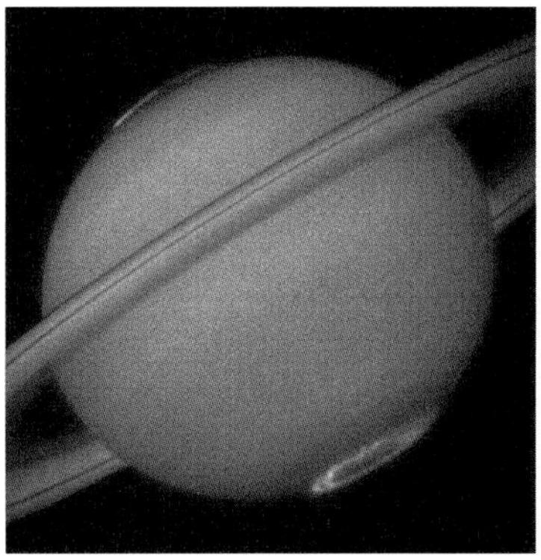

그림 5.24

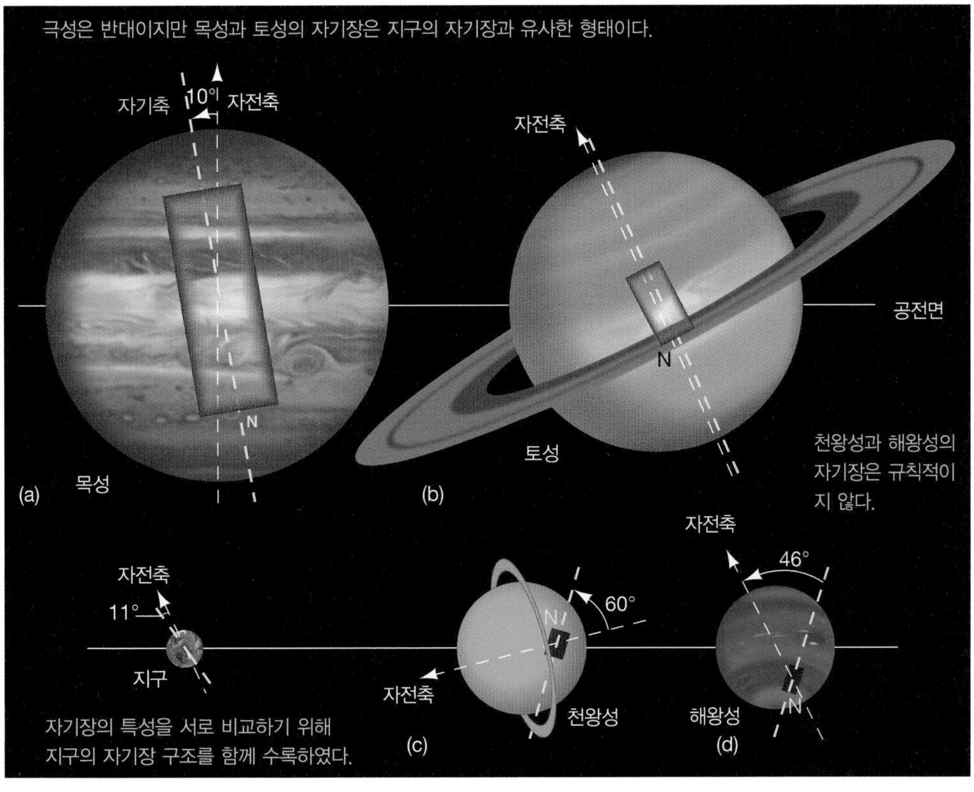
극성은 반대이지만 목성과 토성의 자기장은 지구의 자기장과 유사한 형태이다.
자기축
10°
자전축
자전축
공전면
N
N
토성
목성
(a)
(b)
천왕성과 해왕성의
자기장은 규칙적이
지 않다.
자전축
46°
자전축
11°
60°
N
지구
자전축
천왕성
해왕성
N
자기장의 특성을 서로 비교하기 위해
지구의 자기장 구조를 함께 수록하였다.
(c)
(d)

그림 5.25

천왕성과 해왕성

보이저 2호 탐사선이 천왕성과 해왕성의 표면에서 토성과 비슷한 세기의 자기장을 발견했다. 두 행성 모두 상당한 크기의 자기권이 형성되어 있으며 주로 양성자와 전자로 구성된 태양풍 입자와 행성 표면으로부터 탈출하는 수소입자를 포획하여 거느리고 있다.

그림 5.25에 지구를 비롯하여 4개의 목성형 행성의 자기장 구조를 비교하였다. 그림에서 막대 자석의 방향과 위치는 관측된 행성의 자기장을 나타내고 막대의 크기는 자기장 세기를 나타낸다. 천왕성과 해왕성의 자기장은 행성의 자전축과 크게 어긋난 축일 뿐 아니라, 중심에서도 많이 어긋난 위치에 있음을 주목하기 바란다. 천문학자들은 아직 그 이유를 밝혀내지 못했다.

요약

LO1 수성의 표면은 마치 달 표면과 같이 온통 크레이터로 덮여 있다. 수성에는 달과 같은 바다 지형이 없지만 행성 생성 초기에 용암이 흘러 형성된 **크레이터간 평원**(p.76)과 수성이 식으면서 수축하면서 형성된 **절벽**(p.76)이나 갈라진 틈 등이 잘 발달되어 있다.

금성의 표면에는 많은 용암 돔과 **순상 화산**(p.77)이 분포한다. 금성의 **코로나**(p.77)는 맨틀 물질이 상승하면서 지각이 부풀어 오른 지형을 말한다. 화성의 북반구는 완만한 평원인 반면에 남반구는 험준한 고지대로 이루어져 있다. 화성의 두드러진 표면 지형의 특징은 태양계에서 가장 거대한 화산과 매리너 계곡이라 부르는 거대한 협곡이 있다는 것이다.

LO2 화성에는 한때 많은 양의 물이 있었다. 땅 위를 흐르는 **물줄기 지형**(p.78)은 과거 화성에 강이 있었음을 보여준다. 크레이터에서 흘러나가는 **골짜기 지형**(p.78)은 남반구

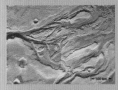

고지대로부터 물이 흘러 북반구 평원으로 흘러 들어가는 방향으로 물줄기가 형성되어 있다. 오늘날 많은 양의 물이 화성의 극관에 얼어붙은 채로 있거나 화성 지하의 토양에 **영구동토층**(p.79)을 형성하고 있다. 궤도를 선회하는 탐사선이 촬영한 영상을 보면 일부 지표면 바로 아래의 지하에는 지금도 액체 상태의 물이 있는 것처럼 보인다. 표면 탐사 로봇은 과거 화성에서 물이 상당 기간 고여 있었음을 보여주는 지질학적 증거들을 찾아냈다.

LO3 지구형 행성은 모두 행성이 생성된 후 초기에 일어난 화산 활동을 통해 방출된 **2차 대기**(p.80)를 가지고 있는 것으로 추정하고 있다. 수성은 달과 마찬가지로 대기가 모두 이탈되어 버려 대기가 없다. 지구에는 화산 분출 시 방출된 많은

양의 대기가 암석에 흡수되어 버렸거나 해수에 녹아 버렸다. 금성은 **폭주 온실효과**(p.81)로 인해 대기 중에 이산화탄소가 고스란히 남아 있게 되어 오늘날과 같은 가혹한 조건이 되었다. 화성은 2차 대기의 일부가 외계로 방출되어 버렸다. 남아 있는 대부분의 이산화탄소는 표면 암석에 포획되어 있는 반면 수증기는 영구동토층이나 양 극관에 저장되어 있다.

LO4 목성형 행성의 구름층은 적도와 나란한 방향으로 행성을 가로질러 밝은색의 **구역**(p.82)과 어두운색의 **띠**(p.82) 지역으로 구분한다. 이들은 행성 내부의 대류 현상에 의해 상승과 침강을 하는 기류와 빠른 행성 자전 때문에 생겨나게 되었다. 이 줄무늬 하부에서는

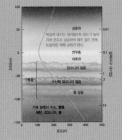

대상류(p.82)라 부르는 강한 바람이 동쪽 또는 서쪽으로 분다. 우리가 보는 목성의 구름 상층의 색깔은 구름 상단부로부터 아래쪽으로 다양한 깊이에서 일어나는 화학적 반응의 결과로 생겨난 것이다. 목성의 가장 두드러진 기상 현상의 결과로 볼 수 있는 것이 **대적반**(p.83)이며 이것은 최소한 300년 동안 지속되고 있는 거대한 태풍이라 할 수 있다.

LO5 목성의 갈릴레오 위성 유로파는 길게 갈라진 틈이 복잡하게 얽혀 있는 얼음지각과 내부에 액체 상태의 물을 다량 가지고 있을지 모르는 위성이다. 유로파는 목성의 조석력에 의해 끊임없이 영향을 받고 있기 때문

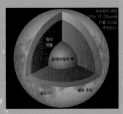

에 그 내부가 조석 마찰에 의한 열로 인해 가열된다. 태양계 위성 중에서 가장 큰 목성의 위성 가니메데와 토성의 위성 중에서 가장 큰 타이탄 역시 표면에 액체 상태의 물이 있을 것으로 추정하고 있어 생명체를 가지고 있을 가장 유력한 후보로 보고 있다.

LO6 수성의 약한 자기장은 행성 생성 초기 녹아 있었던 금속 핵이 만들어낸 자기장이 행성의 핵이 식어서 고화됨으로써 화석화되어 잔류된 것이기 때문이다. 수성의 지질학적 활동은 오랜 과거에 이미 멈추어

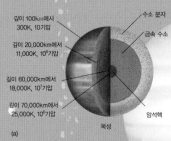

버렸다. 금성은 지구와 비슷하게 용융 상태의 핵을 가지고 있을 것이라고 추정되지만 자전 속도가 매우 느리기 때문에 자기장 역시 검출되지 않을 정도로 매우 약하다. 화성은 비교적 빠르게 자전함에도 불구하고 자기장이 약한 것으로부터 화성의 핵이 금속 성분이 거의 없거나 고화된 상태에 있거나, 또는 그 두 가지 조건을 모두 갖추고 있기 때문이라고 추정할 수 있다. 목성형 행성의 대기는 깊이가 깊어질수록 온도와 밀도가 높아져 결국은 액체 상태로 바뀌게 된다. 목성과 토성의 중심부 부근에는 액체 상태의 수소가 금속과 같이 전기가 통하는 금속 수소로 존재한다. 4개의 목성형 행성은 모두 지구 크기와 비슷한 암석의 핵을 가지고 있다.

LO7 4개의 목성형 행성은 모두 강한 자기장과 자기권을 형성하고 있다. 목성의 자기권은 지구의 자기권에 비해 부피가 100만 배에 달하며 자기 꼬리는 태양의 반

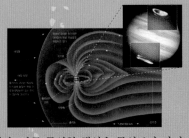

대쪽으로 길게 뻗어 있다. 다른 목성형 행성은 목성보다 자기권이 좀 더 작다. 천왕성과 해왕성의 자기장의 축은 자전축과 크게 어긋나 있는데 그 이유는 아직 밝혀지지 않았다.

POS 문제들은 과학의 과정을 탐구하는 문제이고, LO 문제들은 학습 목표에 초점을 맞추고 있고, VIS 문제들은 보이는 정보들을 이해하고 해석하는 데 초점을 맞추고 있다.

복습과 토론

1. **LO1** **POS** 수성은 한때 태양의 위성이라고 불렸다. 그 이유가 무엇이라 생각하는가? 그럴만한 근거가 있는가?
2. 지구와 금성의 유사한 점 두 가지와 차이점 두 가지를 설명하라.
3. 화성의 화산은 어떻게 규모가 그렇게 커질 수가 있었는가?
4. **LO2** **POS** 한때 화성에 물이 흘렀다는 증거는 무엇인가? 현재 화성에는 물이 있는가?
5. 지구와 대조적으로 수성은 온도의 변화가 극심하다. 왜 그런가?
6. 금성 대기의 주성분은 무엇인가?
7. **LO3** 폭주 온실효과는 무엇인가? 그리고 그것이 어떻게 금성의 기후를 변화시키게 되었는가?
8. 목성이 초기 상태의 대기를 대부분 가지고 있는 까닭은 무엇인가?
9. **LO4** 대적점은 무엇인가? 그 에너지원은 무엇인가?
10. 목성 대기 표면의 줄무늬 색깔의 원인을 설명하라.
11. **LO5** **POS** 갈릴레오 위성인 유로파에 생명체가 거주할 것이라고 생각하는 이유는?
12. **POS** 과학자들은 왜 가니메데의 내부에 액체 상태의 물이 있을 것이라 생각하는가?
13. **LO6** 천왕성과 해왕성의 내부가 목성과 토성의 내부와 어떻게 다른가?
14. **LO7** 수성의 자기장과 평균 밀도가 큰 수성 내부 구조에 대해 의미하는 바는 무엇인가?
15. 목성의 강한 자기장의 원인은 무엇인가?
16. **POS** 만약 보이저, 갈릴레오, 그리고 카시니 탐사선이 없었다면 외부 행성계에 대하여 알아내는 데 얼마의 시간이 걸릴 것이라 생각하는가?

진위문제

1. 금성 표면에서 용암이 흐른 흔적은 흔하게 볼 수 있다.
2. 매리너 계곡은 지구의 그랜드 캐니언과 그 규모가 비슷하다.
3. 화성에는 태양계에서 가장 큰 규모의 화산이 있다.
4. 목성의 단단한 고체 표면은 지구에서 볼 때 보이는 구름층의 바로 아랫부분에 있다.
5. 유로파는 얼어 있는 표면 아래에 액체 상태의 물이 있다.
6. 목성은 비록 흔히 기체 행성이라고 불리지만 내부는 액체로 되어 있다.
7. 해왕성은 아마 암석핵을 가지고 있지 않을 것이다.
8. 천왕성과 해왕성은 행성의 중심으로부터 매우 많이 떨어진 위치에 자전축과 크게 다른 방향으로 기울어진 자기장을 가지고 있다.

선다형문제

1. 수성의 밀도가 크다는 것과 관련 있는 것은?
   (a) 수성의 내부구조가 달과 유사하다. (b) 커다란 금속 핵을 가지고 있다. (c) 달보다 더 약한 자기장을 가지고 있다. (d) 달보다 나이가 적다.
2. 지구와 비교할 때 금성의 판 구조 운동에 대한 설명으로 바른 것은?
   (a) 더 빠른 속도로 일어난다. (b) 좀 더 느리게 일어난다. (c) 거의 비슷한 속도로 일어난다. (d) 기본적으로 일어나지 않는다.
3. 면적으로 볼 때 화성의 올림푸스 화산의 규모는?
   (a) 에베레스트 산 (b) 코로라도 주 (c) 북아메리카 (d) 지구의 달
4. **VIS** 다음 중 과거 화성에 물이 있었다는 증거로 가장 적합한 그림은?
   (a) 그림 5.4 (b) 그림 5.7 (c) 그림 5.9 (d) 그림 5.12
5. 목성 대기의 주된 성분은?
   (a) 수소 (b) 헬륨 (c) 암모니아 (d) 이산화탄소
6. 지구와 비교할 때 토성의 핵은?
   (a) 지구 질량의 1/2배 (b) 지구 질량 정도 (c) 지구 질량의 2배 (d) 지구 질량의 10배
7. 천왕성과 비교할 때 해왕성은 (a) 천왕성보다 매우 작다. (b) 천왕성보다 훨씬 크다. (c) 거의 비슷한 크기이다. (d) 태양과 비슷한 크기이다.
8. **VIS** 그림 5.23에 따르면 목성의 자기권의 범위는?
   (a) 1AU (b) 2AU (c) 5AU (d) 20AU

활동문제

협동 활동 만약 밤하늘에 화성이 보인다면 큰 망원경으로 화성을 관측하자. 쌍안경은 화성의 상세한 모습을 관측하기에 적합하지 않다. 역서(또는 인터넷)를 활용하여 관측 당시 화성이 어느 계절인지 확인하자. 화성의 어느 쪽 반구가 앞쪽으로 기울어져 있는지 알아보자. 그리고 우리 쪽을 향하고 있는 화성의 경도를 알아보자. 최대한 화성 표면에서 관측할 수 있는 지형이나 알고 있는 현저한 지형(예 : 그림 5.4)을 식별하도록 하자. 관측을 시작한 후 몇 시간이 경과했다면 지형이 변한 것으로부터 화성이 자전한 것을 확인할 수 있을 것이다.

개별 활동 성도를 참고하여 밤하늘에서 목성의 위치를 확인하라. 목성은 눈으로 쉽게 찾을 수 있는 천체이다. 목성만큼 밝은 별이 있는가? 목성과 별의 또 다른 차이가 있는가? 작은 망원경으로도 목성 표면의 몇몇 줄무늬와 4개의 밝은 위성을 식별할 수 있다. 목성 표면에서 대적반을 볼 수 있는가?

6

태양계의 작은 천체들

목성형 행성의 위성과 고리는 행성간 잔재물과 함께 매혹적이고 다채로운 태양계의
모습을 연출해 낸다.

4개의 목성형 행성은 모두 다 위성과 고리 시스템을 가지고 있으며, 그것들은 너무나 매력적으로 다양하고 복잡한 면
모를 보여주고 있다. 목성형 행성의 위성 중 크기가 큰 6개의 위성은 행성의 특징을 많이 가지고 있으며, 지구형 행성
들에 대한 이해를 더 넓혀주고 있다. 이들 중 목성의 유로파와 토성의 타이탄은 태양계 내에서 외계 생명체를 찾기 위
한 연구의 주요 후보지이다.

　위성들과 마찬가지로 목성형 행성의 고리도 서로 매우 다르다. 목성형 행성의 고리 중 가장 잘 알려져 있고, 가장
큰 토성의 고리는 하늘에서 볼 수 있는 멋진 장관 중의 하나이다.

　화성과 목성의 궤도 사이에는 태양계 생성 후 남겨진 것으로 추정되는 셀 수 없이 많은 작은 암석형 천체들이 존재
한다. 해왕성 궤도 너머의 태양계에는 목성형 행성의 위성과 많은 공통점을 가지고 있고, 8개의 주요 행성과 유사성이
거의 없는 작은 얼음형 천체들로 구성되어 있다. 이런 이유로 이 장에서는 거대한 행성의 위성 및 그 고리와 함께 이
런 모든 천체들에 대해 공부하고자 한다.

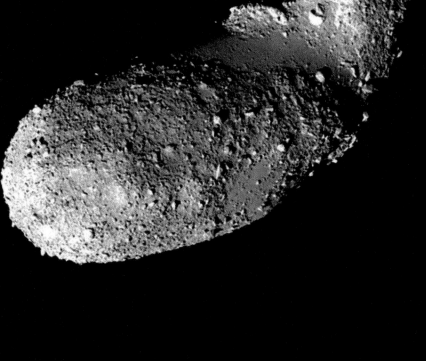

감자 모양의 소행성인 이토카와는 화성과 목성 궤도 사이에서 공전하고 있으며 길이는 겨우 0.5km(축구장 5개 크기)에 불과하다. 소행성의 세계에서 이 정도 크기는 아주 일반 적이라고 할 수 있다. 2005년 일본의 우주선인 하야부사는 이 소행성에 연착륙하였으며, 이 소행성의 암석물질을 채집하여 2010년 지구로 귀환하였다. 이 탐사를 통해 소행성이 태양계에서 가장 오래된 물질인 운석의 근원이라는 것이 밝혀졌다.

목성의 갈릴레이 위성

목성의 4개의 커다란 갈릴레이 위성인 이오,
유로파, 가니메데, 칼리스토는 목성의 적도면상에서 순행궤도를
거의 원형으로 공전한다.

이오

유로파

가니메데

칼리스토

그림 6.1

4개의 목성형 행성은 모두 대규모의 위성 시스템을 가지고 있다. 목성에는 그 주위를 공전하는 자연적인 위성이 적어도 64개가 있으며, 토성은 53개, 천왕성은 27개, 그리고 해왕성은 13개가 있다. 이 위성들은 크기와 다른 물리적 특징들에서 매우 큰 차이를 보이고 있으나, 3개의 그룹으로 자연스럽게 구분된다.

첫 번째 그룹은 6개로 이루어진 '대형 위성' 그룹으로 지구의 달과 유사한 크기이다. 이들은 모두 직경이 2,500km 이상으로 각각 뚜렷한 지질학적 역사를 가지고 있을 정도로 크다. 두 번째 그룹은 12개로 이루어진 '중형 위성' 그룹으로 직경이 400~1,500km 에 이르는 구형 천체이다. 운석구로 가득 찬 그 위성들의 표면은 태양계 외부의 과거와 현재의 환경 조건에 대한 약간의 실마리를 주고 있다. 나머지는 '소형 위성' 그룹으로 분류되며 불규칙한 형태의 얼음덩어리로 가로길이가 모두 300km 이하이다. 이들 대부분은 단순히 행성간 잔재물이 포획된 것들이다.

이 장에서는 목성의 갈릴레이 위성(3.3절, 5.5절)으로부터 시작하여 대형 위성 및 중형 위성을 다루게 된다.

축소판 태양계

1610년 갈릴레오 갈릴레이가 발견(3.3절)하여 그의 이름을 따서 붙여진 목성의 갈릴레이 위성들은 지구의 달과 크기가 유사하다. 이들은 목성으로부터 시작하여 가까운 쪽에서부터 이오, 유로파, 가니메데, 칼리스토이며 로마 신화의 주피터 시종들 이름을 따서 붙여졌다. 두 보이저 우주선과 최근의 갈릴레오 우주선이 이 작은 세계에 대한 경이로운 영상을 보내왔으며, 과학자들에게 각 위성에 대한 자세한 표면 형태를 볼 수 있게 해주었다.

그림 6.1은 크기에 비례하여 갈릴레이 위성들을 보여주고 있다. 이들의 크기는 달보다 약간 작거나(유로파) 수성보다 약간 큰(가니메데) 정도이다. 이들의 밀도는 지구형 행성들이 태양으로부터 멀어지면서 밀도가 감소하는 것과 유사하게(3.7절) 목성에서 멀어지면서 감소한다. 그림 6.2는 장엄한 목성의 이미지를 배경으로 한 이오와 유로파의 이미지로 보이저 1호가 보내온 것이다. 사실 많은 과학자들은 목성과 갈릴레이 위성의 형성은 태양과 내행성의 형성 과정을 소규모로 모방하고 있다고 생각하고 있으며, 위성의 밀도가 높을수록 젊은 목성의 강렬한 열기에 더 가깝게 형성되었다고 추측한다(제7장 참조).

갈릴레오 우주선이 측정한 상세 중력은 목성계의 형성에 대한 이러한 이론을 뒷받침하고 있다. 그림 6.3에서 보는 것처럼 이오

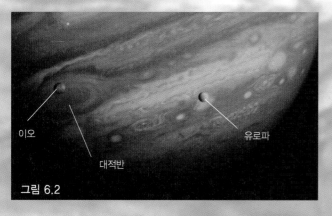
이오
대적반
유로파
그림 6.2

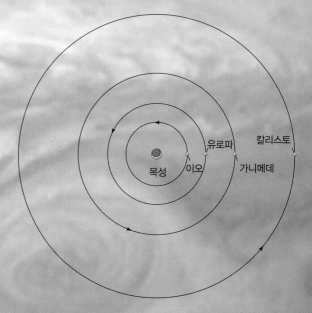
목성
이오
유로파
가니메데
칼리스토

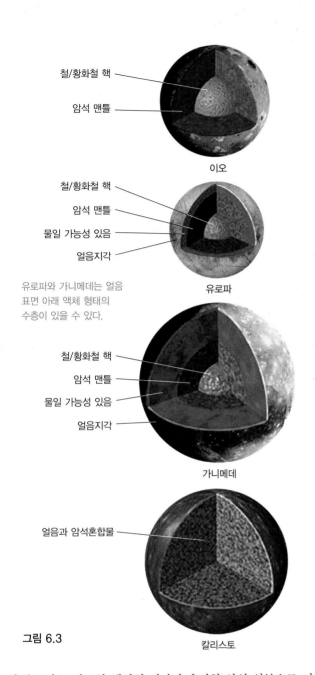

철/황화철 핵
암석 맨틀

이오

철/황화철 핵
암석 맨틀
물일 가능성 있음
얼음지각

유로파

유로파와 가니메데는 얼음
표면 아래 액체 형태의
수층이 있을 수 있다.

철/황화철 핵
암석 맨틀
물일 가능성 있음
얼음지각

가니메데

얼음과 암석혼합물

그림 6.3
칼리스토

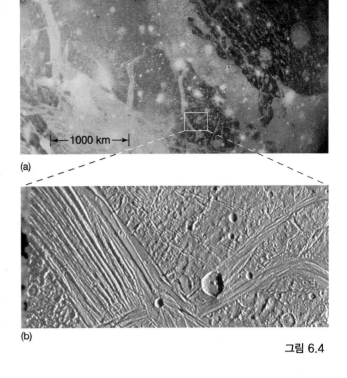

←—— 1000 km ——→

(a)

(b)

그림 6.4

와 유로파는 지구형 행성의 지각과 유사한 암석 성분으로 이루어진 두꺼운 맨틀 아래 철 성분이 풍부한 커다란 핵을 가지고 있다. 유로파는 100~200km 두께의 물과 얼음으로 이루어진 지각을 가지고 있다(5.5절). 가니메데와 칼리스토는 전체적으로 이오와 유로파보다 밀도가 더 낮고, 낮은 밀도의 물과 얼음이 전체 질량의 반을 차지할 것으로 보인다. 가니메데는 금속으로 이루어진 작은 핵이 있으며, 암석 맨틀과 두꺼운 얼음 표층으로 덮여 있다. 칼리스토는 암석과 얼음이 거의 균질하게 섞여 있는 것으로 보인다.

지질 활동

가장 큰 위성인 가니메데는 지구의 달을 떠올리게 하는 밝고 어두운 패턴을 보이고 있다. 사실상 가니메데의 역사는 얼음으로 월석을 치환하면 달의 역사와 일대일로 대응하는 많은 유사성을

지니고 있다. 어두운 고지대는 가니메데의 지표면에서 가장 오래된 부분이며, 세월이 흐르며 미소 운석진에 의해 어둡게 변하였다. 밝은 부분은 운석구가 매우 적고 따라서 비교적 신생 지역임에 틀림없으며, 가니메데의 '바다(maria)' 지역이다. 이 바다는 집중적인 운석의 폭격으로 물이 주 성분인 용암을 위성의 내부로부터 분출시켜 운석충돌 지역을 범람시킨 후 굳어져서 형성되었을 것으로 추정된다(4.6절).

가니메데의 모든 표면 특징이 월면과 유사성을 보이는 것은 아니다. 그림 6.4(a)와 (b)에 나타나 있는 홈과 산마루는 마치 지구의 지표면이 판의 경계에서 산맥과 단층을 형성하는 것(5.5절)과 유사하게 지각이 구조 운동을 일으켜서 생성된 것으로 보인다. 그러나 이러한 구조 운동은 지각이 식어가며 지나치게 두꺼워짐에 따라 판 운동이 지속되지 못하고 약 30억 년 전에 멈추었다.

가니메데의 비균질 내부 구조는 과거 한때 이 위성의 대부분이 용융 상태에 있었다는 것을 나타낸다. 반면 칼리스토의 내부 구조는 균질하고 이 위성이 용융된 적이 없었다는 것이 분명하다(그림 6.3, 4.3절). 칼리스토는 판 구조나 다른 활동이 발생하기 전에 얼어붙었음에 틀림없다고 여겨진다. 대규모 충돌 분지상의 충돌 크레이터의 밀도는 이들이 아주 오래전에 형성되었음을 나타내며, 과거 40억 년 전에 만들어졌을 것으로 보인다. 두 유사한 궤도를 가지는 비슷한 위성이 왜 이렇듯 서로 다르게 진화했는지에 대해서는 아직 분명하게 밝혀지지 않았다.

목성에 가장 가까이 있는 두 갈릴레이 위성은 가니메데보다 활동이 훨씬 더 왕성하다. 이미 앞에서 그 밑에 있는 광활한 바다(목성의 강력한 중력의 조석 효과에 의해 만들어진)에 의해 어떻게 유로파의 얼음에 뒤덮인 표면이 형성되었는지를 알아보았다(5.5절). 그러나 목성에 가장 가까운 거대 위성 이오는 완전히 다른 차원의 지질 활동을 보인다. 이는 다음 절에서 설명한다.

이오 : 화산 위성

이오는 우리태양계를 통틀어 지질학적으로 가장 활동이 왕성하다.

그림 6.5

이오는 그 질량과 반지름이 지구의 달과 비슷하다 그러나 닮은 점은 거기까지다. 이오의 매우 특이하고 크레이터가 없는 표면은 커다란 피자처럼 보일 수도 있는 노랑, 주황, 어두운 갈색의 콜라주이다 (그림 6.5). 이런 모습은 이를 처음 본 보이저호 과학자들을 놀라게 하였다.

이오 엿보기

보이저 1호가 이오를 빠르게 스쳐지나가며 놀랄 만한 발견을 하였다. 이오에는 현재 활화산들이 있다는 것이다. 보이저 1호는 8개의 분출 중인 화산을 카메라에 담았고, 그중 6개의 화산은 4개월 후 보이저 2호가 지나갈 때에도 여전히 분출 중이었다. 그림 6.5의 갈릴레오 모자이크는 여러 군데의 화산 지역을 보여주고 있으며 붉은색을 띤 지역이 쉽사리 확인된다. 특히 수평선 위 8시 방향에서 찾을 수 있는 펠레라고 명명된 대규모 화산 지역에 주목해 보라.

그림 6.6은 1979년 보이저 1호가 근접 통과 시 촬영한 것으로 화산 지역을 확대한 것이다. 화산은 오른쪽에 어두운 타원형의 지역이고, 어두운색깔의 용암이 왼쪽 아래를 향해 약 300km에 걸쳐 흘러나오고 있다. 화산을 곧바로 둘러싸고 있는 주황색깔은 분출 물질 속의 황화합물에

서 나오는 것일 가능성이 매우 높다.

이오의 매끈한 표면은 충돌 크레이터나 다른 지각 현상에 의해 생긴 함몰지 및 틈새로부터 끊임없이 밀려 들어오는 용융물로 인한 것이다. 이오에는 엷은 대기층이 있는데, 이는 주로 화산 활동에 의해 생성되어 이오의 중력 때문에 잠시 붙잡힌 것으로 주로 이산화황으로 이루어져 있다.

갈릴레오호가 목성계에 진입하였을 때 보이저 2호에 의해 관측된 화산 중 몇 개는 이미 활동이 사그러들었으나 새로운 화산들이 관측되었다. 이는 이오의 표면 특징이 짧게는 몇 주 만에도 두드러지게 변할 수 있다는 것을 갈릴레오호의 관측으로 알게 되었다. 이오에는 통틀어 80여 개 이상의 활화산이 발견되었으며, 이 중 가장 큰 화산은 그림 6.5의 이오의 후면에 위치한 로키로 한국의 경상남북도를 합친 것보다도 면적이 넓으며, 지구의 모든 화산을 합한 것보다도 더 많은 에너지를 방출하고 있다.

갈릴레오호는 이오의 용암 온도가 일반적으로 650~900K에 이른다고 측정하였으며, 특정 위치에서는 지구의 어떤 화산보다도 더 뜨거운 2,000K까지 관측되었다. 우주과학자들은 이와 같이 뜨거운 화산은 30억 년 전 지구에 있었던 화산들

과 유사하다고 추측하고 있다.

보이저호는 근접 비행에서 최고의 장관을 기다릴 여유가 없이 보이는 대로 촬영하고, 그다음 목적지인 토성으로 출발하였다. 하지만 갈릴레오호는 목성계에서 수년을 머물렀고 목성의 많은 위성들을 주기적으로 방문하여 분출 중에 있는 이오의 화산들을 담은 환상적인 사진들을 보내왔다(그림 6.7). 그림 6.7의 왼쪽에 삽입된 그림은 프로메테우스 화산으로 최대 2km/s의 속도로 화산재를 150km 고도까지 분출하고 있는 모습이다.

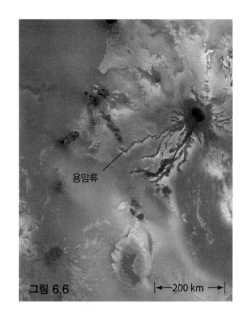

용암류

그림 6.6 　|◄— 200 km —►|

이미지 해석

이오는 너무 작아서 지구에서 일어나고 있는 것과 비슷한 지질 활동은 일어날 수가 없다. 지구의 달처럼 이오는 수십억 년 전에 내부의 열을 우주에 잃어버리고 죽어 있는 상태여야 한다. 반면에 유로파와 유사하게 이오의 에너지원은 외부에서 작용하는 목성의 중력이다. 이오는 유로파보다 더 목성 가까이에서 공전하고 있으므로 목성의 엄청난 중력장은 유로파보다 이오에서 훨씬 강력하여 약 100m에 이르는 조석 파고를 일으킨다 (5.5절). 동시에 바로 가까운 위성 유로파는 이오의 원형 동기화 궤도를 교란시켜 공전축의 좌우로 살짝 흔들리게 한다.

이오에 작용하는 이 상충되는 두 힘은 이오의 내부를 누르고 가열하는 엄청난 기조력 스트레스를 야기시킨다. 과학자들은 조석굴곡에 의해 이오의 내부에서 생성되는 열량은 약 1억 MW로 전 세계 전력소비량의 5배에 이른다고 추산하고 있다. 이오의 내부에서 생성된 이 엄청난 열은 엄청난 가스 분출과 함께 용암을 지표면으로 뿜어낸다. 대부분의 이오의 내부는 물렁물렁하거나 녹아 있고, 비교적 얇은 고형질의 지각에 의해 덮여 있을 가능성

화산 연기

그림 6.7   표면

1500 km

화산   연기

이 높다.

이오의 화산 활동은 목성의 자기권에 주요한 영향을 미친다. 목성의 자기장은 지속적으로 이오를 휩쓸어 가며 이오의 화산에서 우주공간으로 분출되는 하전입자들을 끌어모아 가속시켜 고속의 하전입자로 만든다. 그 결과 그림 6.8에 보이는 것과 같이 이오의 궤도를 따라 목성을 완전히 감싸는 도넛 모양의 고에너지 영역인 이오 플라스마 토러스를 만든다. 이는 심각한 방사능 분출원이며 접근하는 우주선에 가공할 방사능 재해를 줄 것이다.

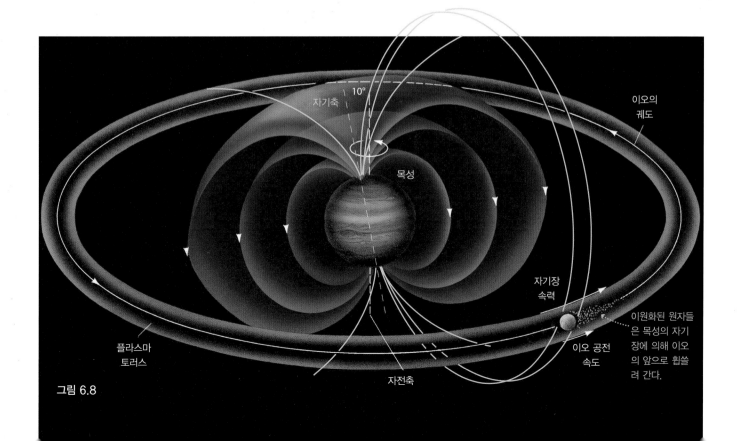

10°

자기축

이오의 궤도

목성

자기장 속력

이원화된 원자들은 목성의 자기장에 의해 이오의 앞으로 휩쓸려 간다.

이오 공전 속도

자전축

플라스마 토러스

그림 6.8

목성형 행성의 위성들

타이탄과 트리톤은 전혀 다른 속성을 보이지만,
이 두 위성은 우리 행성계의 형성과 진화 연구에 중요한 단서를 제공한다.

이제부터 설명하려고 하는 태양계의 두 대형 위성은 토성과 해왕성을 각각 공전하는 타이탄과 트리톤이다. 타이탄의 짙은 대기와 트리톤의 특이한 궤도는 태양계의 다른 위성들과는 독특한 차이를 보인다. 그리고 이 두 위성은 천문학자들에게 태양계 외부의 상태를 보다 잘 이해할 수 있도록 힌트를 주고 있다.

타이탄 : 대기가 있는 위성

보이저호와 카시니호의 관측 훨씬 오래전부터 과학자들은 타이탄의 붉은색깔이(그림 6.9) 뭔가 특별한 것, 즉 대기에 기인한다고 믿었다. 우주 과학자들은 이를 뒷받침할 보다 더 많은 데이터를 절실히 원했다. 그래서 당시에는 천왕성과 해왕성까지 도달하기 위해 토성의 중력을 이용할 수도 없게 되는 상황도 감수하고 보이저 1호의 경로가 타이탄을 가능한 근접해서 통과하도록 프로그램하였다. 불행히도 보이저호의 가시광 카메라는 위성의 표면 위 100~200km 상공에서 짙고 균질한 안개층에 의해 시야가 완전히 가리고 말았다.

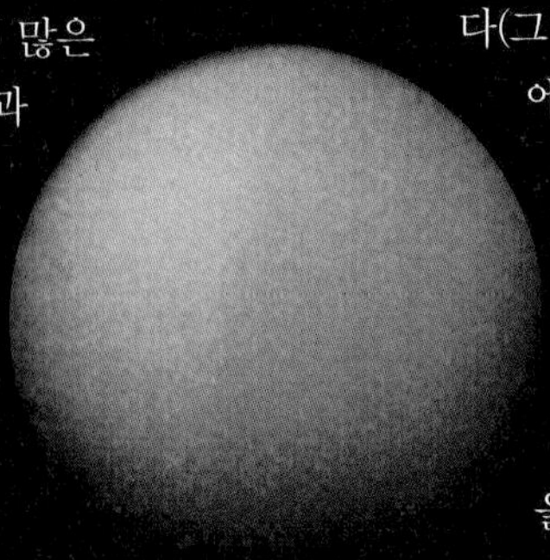

타이탄의 대기는 지구의 대기보다 10배는 더 두껍고, 60%는 더 밀도가 높다. 보이저 1호 및 카시니호의 전파 및 적외선 관측 결과 이 대기는 대부분이 질소로 이루어져 있고(98% 이상) 메탄과 미량의 다른 기체가 나머지를 구성하고 있다는 것이 알려졌다. 표면온도는 태양으로부터 멀리 떨어진 타이탄의 위치로 예상할 수 있는 것처럼 94K의 극저온으로 나타났다. 이 같은 상태에서는 가니메데와 칼리스토에서 그랬던 것처럼 얼음이 지구의 암석과 같은 역할을 하고, 물은 용암의 역할을 하게 된다. 좀 더 비유하자면 메탄과 에탄은 지구의 물과 같은 역할을 해서 메탄 비가 내리고, 에탄 강과 바다를 형성하게 된다.

타이탄의 대기는 거대한 화학 공장 같은 역할을 한다. 태양빛 에너지에서 동력을 얻어 일련의 복잡한 화학 반응이 일어나게 된다. 대기의 상층부는 매우 짙은 스모그 안개이며, 표면은 구름에서 내려앉은 탄화수소 침전물로 덮여 있다. 안개 아래의 대기는 맑지만 태양빛이 거의 통과할 수가 없어 다소 어둑어둑하다. 메탄비는 계절 현상으로 겨울에는 극지에 내리고 여름에는 증발하게 된다.

장파장 관측은 타이탄의 대기를 통과하여 표면 정보를 상세히 알려준다. 지구의 아레시보 망원경에서 얻은 전파 데이터와 카시니 우주선은 폭이 수십 킬로미터에 이르는 수많은 호수들을 찾아냈다(그림 6.10). 카시니 우주선은 호수의 정확한 조성은 아직 불확실하지만, 에탄 용액이 함유돼 있다는 것을 확인해 주었다. 메탄도 분명히 존재하고 있지만(메탄 비가 호수를 채우게 됨), 타

탄과 같은 환경에서는 급속도로 증발해 버리고 무거운 탄화수소만 남게 된다. 컴퓨터 모델에 따르면 호수는 대부분이 메탄이고(75%), 메탄과 프로판이 나머지의 대부분을 구성하고 있다.

2005년 1월, 호이겐스 탐사선이 카시니 우주선에서 타이탄의 짙은 대기 속으로 낙하산으로 투하되었다. 그림 6.11(a)는 호이겐스 탐사선이 낙하되며 전송해 온 흥미로운 이미지를 보여주고 있다. 마치 해변으로 이어지는 배수로의 네트워크 같은 것이 이 이미지에 나타나 있다. 탐사선은 단단한 지면에 착륙하였으며, 표면에서 바라보는 뿌연 시야는 얼음에 뒤덮인 풍경을 보여주고 있다(그림 6.11b). 전면의 암석들의 가로 폭은 수 센티미터에 이르며 일종의 액체에 의한 침식 작용이 있었다는 증거를 보여준다. 카시니호의 측정 결과는 타이탄이 수빙지각으로 둘러싸여 있다는 것을 나타내고 있으며, 물은 지표면 아래 수십 킬로미터에 이르는 두터운 층을 이루고 있는 것으로 나타났다. 이로써 타이탄은 많은 양의 액체 상태의 물을 보유한 태양계 천체 중의 하나임이 판명되었다.

그림 6.9

그림 6.10

배수로

1 km

(a)

그림 6.11

타이탄의 호수와 다른 지형에 대한 카시니 우주선과 미래의 우주 탐사는 수십억 년 전 지구에서 일어났을 것으로 여겨지는 화학 작용에 대한 연구 기회를 제공해 줄 수 있을 것이다. 즉, 궁극적으로는 우리 행성에서 생명을 탄생시켰을 것으로 여겨지는 생물 발생 이전의 화학 작용에 대한 연구를 가능하게 해줄 수 있을 것이다.

(b)

0.5 m

트리톤 : 새로운 사실들?

태양으로부터 45억 km 떨어져 있으며, 태양에서 오는 복사열을 대부분 반사해 버리는 얼음 표면으로 뒤덮인 트리톤의 온도는 겨우 37K에 불과하다. 보이저 2호가 찍은 트리톤의 남극 지역 모자이크 사진이 그림 6.12에 나타나 있다. 전반적으로 현저하게 적은 크레이터들은 일종의 지각 활동에 의해 대부분의

충돌 흔적이 사라졌다는 것을 나타낸다. 특이한 캔털루프 열매의 껍질 같은 지형은 위성의 일생 동안 반복적인 단층작용과 변형 작용이 있었을 수도 있었다는 것을 나타낸다.

보이저 2호가 위성을 통과하면서 수 킬로미터 상공까지 질소가스를 분출하는 장면을 카메라에 담았다. 이 간헐천들은 트리톤의 표면 아래에 있는 액체질소가 모종의 내부 에너지원에 의해 열을 받아 기화되었을 수도 있고, 혹은 태양의 미약한 빛에 의해 발생한 것일 수도 있다.

트리톤은 태양계의 대규모 위성 중에서 유일하게 해왕성 주위를 역행공전하는 위성이다. 이 사실은 많은 천문학자들로 하여금 이 위성이 해왕성계의 일부로 생성된 것이 아니라 그리 멀지 않은 과거에 포획되었다고 믿게 하고 있다. 이 역행궤도 때문에 트리톤이 해왕성에 일으키는 조석 파고는 달이 지구에서 멀어지는 것과는 달리(4.2절) 트리톤을 해왕성으로 나선형으로 접근하게 한다. 트리톤은 해왕성의 조석 중력장에 의해 틀림없이 약 1억 년 이내에 산산조각날 운명이다.

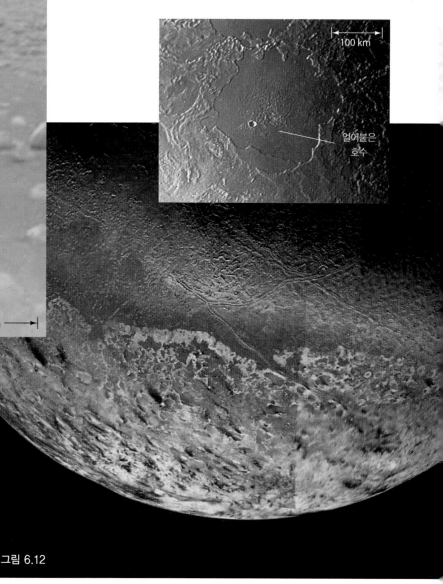

100 km

얼어붙은 호수

그림 6.12

6.4 목성형 행성의 중간 크기 위성들

대부분의 목성형 행성의 중간 크기 위성들은 광범위한 지질
활동의 증거는 보이지 않으며, 오래된 크레이터가 가득 찬 표
면으로 이루어져 있다.

중형 위성으로 분류되는 위성들은 태양계 내에 12개가 존재하고 있으며, 직경이
400~1,500km 사이에 이른다. 그중 6개는 토성을 공전하고 있으며, 5개는 천왕성
을 공전하고 있고, 다른 하나는 해왕성을 공전하고 있다. 위성들의 밀도로 유추해
보면, 주로 암석과 얼음 조성으로 보이며, 대형 위성들과 유사하게 모두 각각의 모
행성에 중력으로 묶여 조석력의 영향을 강하게 받게 되어 있다. 이 절에서는 중형
위성들의 좀 더 주목할 만한 특징에 대해 살펴본다.

디오네

레아

그림 6.13

토성의 위성

카시니호의 도착 이전까지 과학자들은 토성의 레아와 디오네(그림 6.13, 동일 축척
으로 표현됨)에 있는 밝은색깔의 줄무늬 지형들은 오래전에 있었던 어떤 사건에 의
해 위성의 내부에서 흘러나온 물이 표면에 응축되어 생긴 것일지도 모른다고 믿었
다. 그러나 카시니호에서 보내온 이미지를 보면, 그 지형들은 지각 균열에 의해 생긴
밝은 얼음 절벽이라는 것이 드러났다. 즉, 위성에서 얼음으로 된 내부가 냉각되고,
수축하여 표층에 균열을 일으켜 발생한 것이었다. 디오네에도 일종의 바다가 있으
며, 얼음 화산 활동에 의한 범람으로 오래된 크레이터의 흔적들은 지워졌다.

토성의 위성인 이아페투스(그림
6.14)의 표면은 뚜렷한 양면성을 보
이고 있다. 선행반구는 매우 어두우며, 다른 반구는 밝다. 오랫동안 과학자들은 이 이
상한 차이를 설명할 수 없었다. 그러다가 2009년 스피처우주망원경으로 새로 발견
된 토성의 확산고리
(6.5절) 끝에 이아페
투스가 위치한다는
것을 발견하였다.
이 위성의 비대칭
외형은 수십억 년에
걸친 고리입자들의
꾸준한 축적으로 자

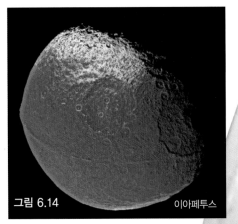

그림 6.14   이아페투스

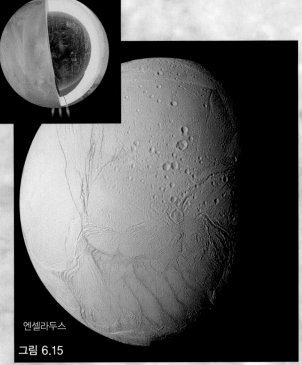

연스럽게 설명할 수 있게 되었다. 이아페투스의 또 다른 특징은 거대
한 20km 높이로 1,400km 에 이르는 이 위성의 둘레 길이의 거의 반에 걸
쳐 있는 산맥이다. 2005년 카시니 우주선이 발견한 이 산맥은 그림 6.14
의 아래쪽 1/3을 가로질러 분명하게 보인다. 이러한 산맥은 태양계 중 유
일하며 현재까지 설명되지 못하고 있다.

카시니 우주선의 놀라운 발견은 토성의 위성인 엔셀라두스(그림 6.15,
그림 6.13의 1:4 축척)에서 현재 진행 중인 지질 활동을 발견했다는 것이
다. 이 위성의 표면은 매우 밝고 빛나서(입사되는 태양빛을 거의 100%
반사함) 천문학자들은 이 위성이 화산의 얼음 화산재인 순수 얼음의 미세
결정으로 완전히 덮여 있다고 믿고 있다. 대부분의 표면에는 충돌 크레이
터가 없는데, 이는 위성의 내부에서 흘러나온 물로 이루어진 용암류가 표
면에서 얼어붙어서 운석구가 사라졌기 때문이다.

엔셀라두스

그림 6.15

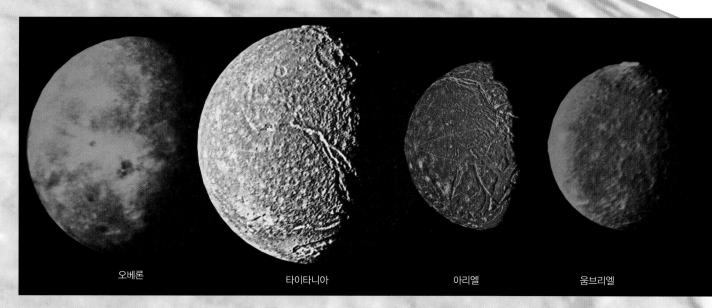

| 오베론 | 타이타니아 | 아리엘 | 움브리엘 |

그림 6.16　　카시니호는 엔셀라두스의 남극 근처의 간헐천에서 분출되는 얼음 분출과 위성을 둘러싸는 수증기로 이루어진 일시적인 대기를 관측하였다. 이런 작은 위성에서 이러한 활동은 이오와 유로파에서 있었던 것과 유사하게(5.5절, 6.1절) 조석력 스트레스에 의한 내부 가열로 가장 잘 설명될 수 있을 것이다. 토성의 엔셀라두스에 대한 조석 효과는 목성이 이오와 유로파에 가하는 것보다 훨씬 작지만, 위성의 내부를 액체화시키고 위의 지질 활동을 일으키기에는 충분하다. 약 1km 폭의 긴 청색 줄은 여기를 통해 기체가 빠져나와 희박하지만 진짜 대기를 이루는 얼음 균열일 가능성이 높다. 그림 6.15의 첨부 그림은 이 위성의 내부 모델을 보여주고 있으며, 남극 밑의 물로 된 바다가 카시니호가 관측한 얼음 균열 사이로 생기는 분출을 보여준다.

천왕성의 위성

천왕성의 위성, 즉 타이타니아, 오베론, 그리고 움브리엘(그림 6.16, 그림 6.13과 동일 축척)에는 많은 크레이터들이 있으며 레아의 몇 갈래 줄기 형태 지형을 제외하면, 외형상에서는 레아와 유사하고 그 이력 또한 유사하다. 천왕성의 모든 위성은 토성의 위성보다는 어둡고, 이는 표면의 반사도가 훨씬 떨어진다는 것을 나타낸다. 이에 대한 가장 그럴듯한 설명은 **방사능 암화**로, 이는 태양 방사선과 고에너지 입자들에 의해 표면 분자들이 분해되고 어두운 유기물질의 층을 서서히 형성하는 화학 작용을 일으킨다. 그러나 이 머나먼 위성들에 대한 우리의 지식은 매우 제한적이며 이 위성들에 대한 상세한 정보는 보이저 2호가 1988년 통과하며 보내온 정보가 유일하다.

대충돌의 흔적

대부분의 중간 크기 위성들은 많은 충돌 크레이터가 있다. 이는 외행성들이 형성될 당시 있었던 혼란스럽고 무질서한 행성 환경을 잘 나타낸다. 중간 크기 위성들 중에서도 공전궤도가 행성에 가장 근접한 미마스(토성)와 미란다(천왕성)(그림 6.17, 그림 6.13과 3:1 축척으로 확대 표현된)는 격렬한 운석충돌의 너무나 뚜렷한 증거를 보이고

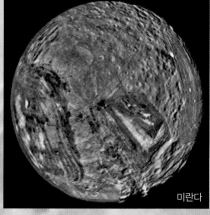

그림 6.17 　　　미마스　　　　　　　　미란다

있다. 미마스 이미지(왼쪽 그림)에서 보이는 커다란 크레이터를 만든 충돌은 거의 위성을 산산조각낼 뻔하였을 것으로 여겨진다. 오른쪽의 미란다는 산맥과 골과 단층과 다른 많은 지질학적 형태를 포함하여 매우 다양한 형태의 지형을 보여주고 있다. 과학자들은 이 위성이 몇 번의 대충돌을 거치며 파괴되었으며, 파괴된 조각들이 혼돈스럽고 무질서하게 다시 결합하였다고 추측하고 있다.

토성의 고리

토성의 고리는 엄청난 수의 작고 단단한 천체들이며, 아주 작은 위성처럼 모두 독립적으로 토성을 공전하고 있다.

4개의 목성형 행성 모두 적도를 둘러싸고 있는 **행성 고리 시스템**이 있다. 하지만 토성의 고리가 그중 가장 잘 알려져 있고, 가장 잘 관측된다. 여기서는 먼저 토성의 고리에 대해 자세히 살펴본다.

눈부신 고리 시스템

카시니호에서 보내온 이미지에 가상의 색깔을 입힌 그림 6.18에 표기된 것처럼 지구에서 천문학자들은 토성을 둘러싼 3개의 고리를 구별할 수 있었다. **A 고리**는 토성으로부터 가장 멀리 떨어져 있고, **카시니 간극**이라 불리는 어두운 색깔의 틈을 사이에 두고 안쪽의 **B 고리**와 **C 고리**는 분리되어 있으며 이보다 폭이 더 좁은 **엔케 간극**은 A 고리의 바깥쪽에서 발견되었다. B 고리가 제일 밝으며, 거의 투명한 C 고리가 제일 흐릿하다.

고리들은 토성의 적도면에 놓여 있고 행성의 자전축은 황도에 대해 기울어져 있기 때문에, 고리의 모양은 그림 6.19에 나타낸 것처럼 계절에 따라 바뀐다. 토성의 남극이나 북극이 태양을 향하고 있을 때에(토성의 여름이나 겨울 동안), 반사도가 매우 높은 고리들은 그 밝기가 최고에 이른다. 봄과 가을에는 고리들이

거의 모서리만 보여 사라지는 것처럼 보인다. 이 사실은 고리가 매우 얇다는 것을 뜻하고, 실제 이들은 직경이 200,000km 이상이지만 두께는 불과 수백 미터 미만에 불과하다.

토성의 고리들은 단단한 천체라기보다는 행성을 공전하는 셀 수 없이 많은 입자로 이루어져 있다. 고리에서 반사된 태양빛의 도플러 이동 측정 결과에 따르면, 고리의 공전 속도는 뉴턴의 중력법칙에 따라(3.6절) 토성에서 멀어질수록 느려진다는 것이 드러났다. 반사도가 매우 높은 고리의 특성은 고리입자들이 얼음으로 이루어져 있다는 것을 암시하고, 1970년대 적외선 관측 결과에 의해 고리의 주요 성분은 물로 된 얼음이라는 것이 밝혀졌다. 고리입자는 직경이 밀리미터보다 작은 크기에서 수십 미터 크기에 이르며, 대부분의 입자는 커다랗고 지저분한 눈덩이 정도의 크기이다.

고리입자늘 간의 충돌에 의해 입자들이 단일 평면상에서 원형 궤도를 따라 돌게 하기 때문에 고리들은 매우 얇다. 고리입자가 이 정돈된 구조를 벗어나려 해도 다른 고리입자들과 부딪쳐서 마침내는 다시 제자리로 돌아오게 된다.

C 고리

B 고리

카시니 간극

엔케 간극

A 고리

그림 6.18

그림 6.19

엔셀라두스

토성의 유령 같은 E 고리는
활동 중인 위성 엔셀라두스와
연관되어 있다.

F G

E

그림 6.20

고리의 미세 구조

1979년 보이저 탐사선은 토성의 주 고리가 수만 개의 좁은 **미세고리**들로 이루어져 있다는 것을 발견하였다. 이 페이지의 상단부에 표시된 사진의 어둡고 밝은 띠는 카시니호에서 찍은 미세 구조를 나타낸 것이다.

미세고리는 고리입자의 중력이 토성의 위성들의 효과와 결합되어 마치 연못 표면의 잔물결처럼 토성의 고리를 통과해 가며 물질파를 만들어 낼 때, 즉 고밀도와 저밀도 영역을 만들어 형성된다. 고리입자들은 어떤 곳에서는 뭉치고, 어떤 곳에서는 흩어져 우리가 보고 있는 미세고리들을 만들어 낸다.

고리 사이에 있는 좁은 틈은 고리 내에 있는 수 킬로미터 크기의 미세위성이 그 이동 경로상에 있는 고리 물질을 휩쓸어 만들어진 것이다. 카시니호는 주 고리 사이에 있는 틈에서 많은 미세위성들을 발견하였다. 그러나 가장 큰 틈인 카시니 간극은 생성 원인이 다르며, 이는 토성의 가장 안쪽에 위치한 중간 크기의 위성인 미마스의 중력 영향에 기인하고 있다. 카시니 간극에서 공전하던 입자들은 시간이 흐르며 미마스의 중력에 의해 편심궤도로 경로가 바뀌어 다른 고리입자들과 충돌이 일어나 적절히 새로운 궤도로 이동하여 간극에 있는 입자들의 수가 획기적으로 감소하게 한다.

보이저 2호의 또 다른 발견인 희미한 **E 고리**는 주 고리 구조의 매우 바깥쪽에 위치하고 있다. 이는 엔셀라두스 위성의 화산 활동과 연관이 있어 보인다(6.4절). 그림 6.20은 지금까지 본 적 없었던 새로운 시각에서의 카시니 간극의 이미지를 보여준다. 즉, 일식 상태에서 행성의 후면에서 바라본 것으로, 채광창을 통해 들어온 햇빛을 배경으로 공기 중의 먼지가 가장 잘 보이는 것처럼 이 행성의 가장 희미한 고리들도 이 멋진 사진에서 분명하게 드러나고 있다.

A 고리 바로 바깥에는 희미하고 폭이 좁은, 모든 고리 중에 가장 이상한 고리인 **F 고리**가 있다(그림 6.21). 이 고리는 마치 여러 가닥의 고리가 서로 꼬여 있는 것처럼 보인다. 좁은 폭과 함께 이 고리의 복잡한 구조는 고리의 양쪽에서 공전하고 있는 양치기 위성으로 알려진 두 작은 위성의 영향으로 인한 것이다. 이들의 중력 효과는 길을 잃고 F 고리에서 벗어나려는 입자들을 다시 그 고리로 되돌려 보낸다. **양치기 위성** 중의 하나가 그림 6.21에 나타나 있다. 고리의 꼬인 형태는 양치기 위성들에 의해 생긴 고리 내의 파동에 의한 것이다. 어떻게 이 형태가 만들어졌는지, 그리고 양치기 위성들이 대체 왜 거기 있는지에 대해서는 활발히 연구가 진행되고 있다.

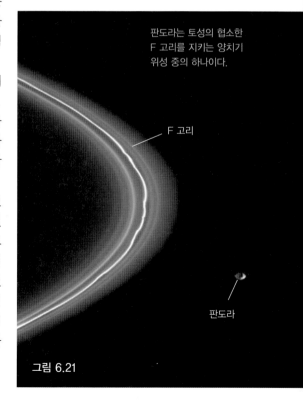

판도라는 토성의 협소한
F 고리를 지키는 양치기
위성 중의 하나이다.

F 고리

판도라

그림 6.21

우리태양계의 4개의 알려진 고리 시스템은 매우 다양한 모습을 보인다. 천문학자들은 아직도 그 이유에 대해서는 파악하지 못하고 있다.

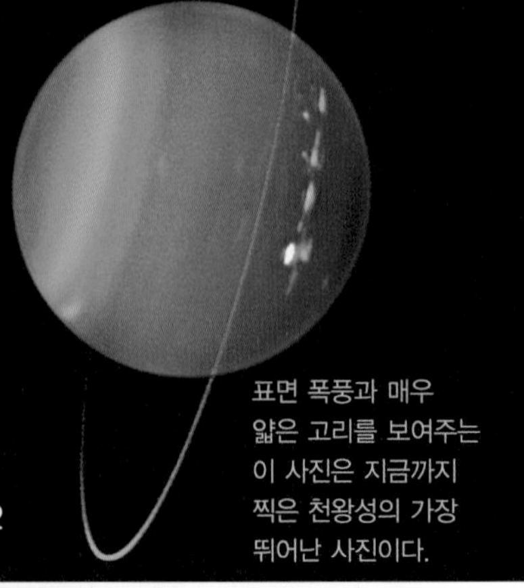

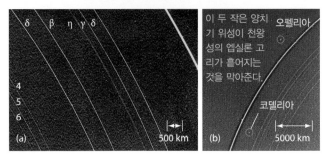

그림 6.22

표면 폭풍과 매우 얇은 고리를 보여주는 이 사진은 지금까지 찍은 천왕성의 가장 뛰어난 사진이다.

다른 목성형 행성의 고리는 토성과는 전혀 다른 모습이다. 이 절에서는 완전한 설명은 아니더라도 다른 목성형 행성의 고리 시스템을 제시하고, 이들이 어떻게 형성되고 진화해 왔는지 설명한다.

목성, 천왕성, 해왕성의 고리

보이저 우주선은 목성의 적도면에서 목성을 둘러싸고 있는 희미한 물질들의 고리를 발견하였다(그림 6.23). 그 고리는 종잇장처럼 얇게 물질들이 목성의 구름 위에까지 펼쳐져 있지만, 바깥 모서리는 매우 날카롭게 형성되어 있다. 고리의 두께는 적도면에 수직 방향으로 겨우 수십 킬로미터에 불과하다. 토성의 고리와 달리 목성의 고리는 어둡고, 안쪽의 위성들과 운석의 충돌로 떨어져 나온 어두운 암석 조각과 먼지로 이루어져 있을 가능성이 매우 높다.

천왕성의 고리 시스템(그림 6.22)은 1977년 천왕성이 밝은 별 앞을 지나면서 순간적으로 별빛을 가렸을 때 관측 중이던 천문학자들이 발견하였다. 이 관측에서 천왕성을 둘러싸고 있는 9개의 얇은 고리가 발견되었다. 그림 6.24(a)는 보이저 2호에서 보내온 이미지로 다시금 천왕성의 고리는 토성의 고리와는 매우 다르다는 것을 보여주고 있다. 토성의 고리는 비교적 밝고 넓으나 그 고리들 사이 틈은 상대적으로 좁고 어둡다. 반면에 천왕성의 고리는 어둡고 폭이 좁으면서 그 사이 공간은 매우 넓다. 토성의

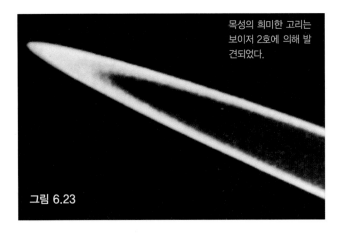

목성의 희미한 고리는 보이저 2호에 의해 발견되었다.

그림 6.23

이 두 작은 양치기 위성이 천왕성의 엡실론 고리가 흩어지는 것을 막아준다.

오펠리아

코델리아

(a) 500 km (b) 5000 km

그림 6.24

협소한 F 고리처럼, 천왕성의 협소한 고리도 제자리를 유지하기 위해서는 양치기 위성이 필요하다. 1986년 보이저 2호가 통과하면서 엡실론 고리의 양치기 위성들을 발견하였다(그림 6.24b). 다른 많은 발견되지 않은 양치기 위성들도 틀림없이 존재할 것이다.

그림 6.25에 보이는 것처럼 해왕성은 5개의 어두운 고리로 둘러싸여 있다. 그중 3개는 천왕성과 유사하게 좁고, 다른 2개는 목성의 고리와 유사하게 넓게 퍼져 있다. 최외각의 고리는 뚜렷하게 몇 군데에 몰려 있는 형태이다. 지구에서는 완전한 고리를 볼 수 없고, 부분적인 호만 볼 수 있을 뿐이다. 안 보이는 부분은 관측되기에는 너무 얇다. 고리와 천왕성의 위성 간의 관계에 대해서는 분명히 확립된 이론은 없지만, 많은 천문학자들은 고리

검은 기둥은 해왕성에서 반사된 태양빛을 막아 주어 해왕성의 고리를 분명하게 볼 수 있게 해준다.

그림 6.25

의 몰린 형태가 양치기 위성에 의한 것이라고 믿고 있다.

로시한계

왜 고리가 생기는지 이해하기 위해서는 토성과 같은 거대한 행성 가까이에서 공전하고 있는 작은 위성의 운명에 대해 생각해 보아야 한다(그림 6.26). 가상의 위성을 행성 가까이로 가져가면, 이 위성에 대한 행성의 조석력은 증가되고, 이 위성은 행성 쪽으로 늘어나게 된다(4.2절). 이 조석력은 거리가 가까워질수록 급속하게 증가하여 마침내는 위성을 유지시켜 주는 내부 중력보다 커져서 위성은 파괴되고 만다. 파괴된 위성의 조각들은 행성 주위를 각각의 궤도에서 공전하게 되고 마지막에는 행성 주위에 흩어져 고리 형태를 형성하게 된다.

임의의 행성과 위성 시스템에서 위성이 파괴되는 임계거리는 19세기 이후 최초로 이를 계산한 수학자의 이름을 따서 **로시한계**라고 알려져 있다. 많은 경우에 행성의 로시한계는 행성반경의 약 2.4배이며, 반지름이 60,000km인 토성의 경우 로시한계는 토성의 중심으로부터 대략 144,000km에 놓여 있으며, 이는 A 고리의 바로 바깥 모서리에 해당한다. 그림 6.27에서 설명된 것과 같이 우리태양계의 모든 고리 시스템은 그 모행성의 로시한계 안이나 근처에서 발견된다.

로시한계

위성

행성에 너무 가깝게 접근한 위성

먼저 늘어나게 된다.

그리고 행성의 조석력장에 의해 파괴되어 고리를 형성한다

그림 6.26

행성 고리의 일생

목성형 행성의 고리에서 관측된 역동적인 거동(파동, 충돌, 위성과의 상호 작용)은 많은 학자들에게 고리들의 형성 시기가 적게는 태양계의 나이의 겨우 1%에 불과한 5천만 년 정도로 비교적 최근이라는 것을 암시해 주고 있다. 그렇다면 고리들은 위성과 운석 간의 충돌에서 생긴 조각들로 형성되었든지, 비교적 최근에 일어난 대충돌에 의한 결과, 즉 위성이 조석력에 의해 파괴되었거나 혹은 다른 천체와의 충돌에 의해 파괴된 결과 생성되었을 것이다.

천문학자들은 토성 고리의 전체 무게는 직경 250km 위성을 만들 정도로 추산하고 있다. 만약 이 정도의 위성이 토성의 로시한계 이내로 표류해 왔다면 토성의 고리 시스템을 만들 수 있었을 것이다. 토성의 고리들이 이렇게 하여 생겨났는지는 분명하지 않지만, 해왕성의 대형 위성인 트리톤은 이런 운명을 따를 것으로 예상된다. 앞서 언급된 것처럼(6.3절) 트리톤은 해왕성의 조석 중력장에 의해 1억 년 정도 이내에 파괴될 것이다. 그 시기에는 토성의 고리 시스템은 사라졌을 것이고, 해왕성이 태양계 내에서 장관을 이루는 고리를 가진 행성이 되어 있을 것이다.

그림 6.27

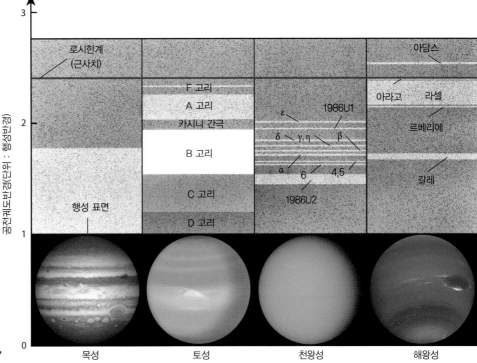

로시한계 (근사치)

F 고리
A 고리
카시니 간극
B 고리
C 고리
D 고리

행성 표면

ε
1986U1
δ γ, η β
α 6 4,5
1986U2

아담스
아라고 라셀
르베리에
갈레

공전궤도반경(단위: 행성반경)

목성 토성 천왕성 해왕성

행성간 잔재물

잘 알려진 8개 행성 사이의 광활한 우주공간에는 아주 작은 먼지 알갱이로부터 직경이 수백 킬로미터에 이르는 셀 수 없이 많은 천체가 움직이고 있다.

그림 6.28   베스타

소행성과 **유성체**는 암석 물질의 조각으로 지구형 행성의 외층과 조성면에서 어느 정도 유사성이 있다. 둘 사이의 가장 큰 차이는 크기로 100m 이하의 것은 유성체라고 불리며, 그 이상의 것은 소행성이라고 불린다. **혜성**은 암석이라기보다는 거의 대부분이 얼음으로 직경이 1~10km에 이른다.

소행성

정확히 궤도가 측정된 소행성은 100,000개 이상 알려져 있다. 대략 이보다 5배 정도의 덜 알려진 궤도를 가진 소행성들이 있으며, 이들은 아직 공식적으로 목록에 등재되어 있지 않다.

그림 6.29에 표현된 것처럼, 대부분의 소행성은 태양계에서 화성과 목성 사이에 있는 **소행성대**라고 알려진 영역에서 발견된다. 발견된 소행성 중 오직 하나만이 지구나 다른 행성들처럼 태양을 공전하고 있으며, 대부분은 황도면에 가까운 궤도를 돌고 있다. 주요 행성들의 공전궤도가 거의 원형인 데 반해, 소행성의 궤도는 일반적으로 뚜렷한 타원형이다.

소행성대의 소행성 외에도 수백 개의 **트로이 소행성**은 목성과 궤도를 공유하며 목성보다 60° 전과 후에서 일정하게 태양을 공전하며, 태양과 목성의 중력장 안에서 안정적인 균형을 이루고 있다. 약 1,300여 개의 **지구교차 소행성**은 결국에는 지구에 충돌할 것이다. 이러한 충돌은 극히 드물지만 지구 전체에 걸친 파괴 가능성 때문에 많은 관심을 모으고 있다. 이 소행성들을 대상으로 그 궤도를 정확히 알아내기 위한 관측 프로그램이 현재 진행되고 있다.

약 20여 개의 소행성만이 가로 폭이 200km보다 크며 대부분은 훨씬 작다. 대규모 소행성들은 중력이 모양을 결정하기 때문에 행성과 마찬가지로 대략적인 구형을 이룬다. 하지만 작은 천체들은 매우 불규칙한 모양을 가질 수 있다. 우주 탐사에 의해 소행성의 특성을 매우 정확하게 측정할 수 있게 되었다. 소행성 중의 몇몇은 적게는 $1,300kg/m^3$ 정도로 매우 저밀도이며, 이는 이들의 내부가 다공성이며, 단단한 암석이라기보다는 느슨하게 결합된 돌무더기라는 것을 암시한다. 대형 암석질 소행성의 밀도는 $2,500$~$3,500kg/m^3$에 이른다. 많은 소행성들에는 수많은 크레이터가 있으며, 과거의 셀 수 없이 많은 충돌로 인해 광범위하게 조각나 있다.

2011년 나사의 돈 탐사선은 태양계에서 두 번째로 큰 소행성인 베스타의 궤도에 들어섰다. 베스타의 가장 뚜렷한 표면 특징(그림 6.28)은 베스타의 적도를 둘러싸고 있는 깊은 골짜기들이며, 이들은 다른 커다란 소행성이 베스타와 충돌하여 내부를 조각내며 형성된 것으로 보인다. 돈 탐사선은 베스타를 1년간 공전하다가 2012년 또 다른 소행성인 세레스로 출발하여 2015년에 세레스 궤도에 들어가 탐사를 시작하였다.

혜성

두드러진 타원형 궤도로 움직이면서, 태양 근처에서 혜성은 점차 밝아지면서 기다란 **꼬리**를 형성하게 된다. 행성처럼 혜성이 빛나는 것은 태양빛을 반사하기 때문이다. 그림 6.30은 헤일밥 혜성을 보여주고 있으며, 이 혜성은 1997년 지구에 1.3AU 이내로 접근하여 육안으로도 쉽게 관측되는 장관을 연출하였

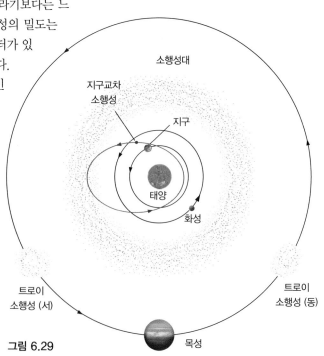

그림 6.29

다. 첨부 사진에서 표현된 것처럼 혜성의 주 몸체 혹은 핵은 직경이 겨우 수 킬로미터에 지나지 않는다. 혜성이 태양에서 멀리 떨어져 있는 대부분의 공전 기간에는 이 얼어붙은 **핵**만이 존재한다. 그러나 혜성이 태양으로부터 수 AU 이내로 접근하게 되면, 혜성의 얼음 표면은 가열되어 기화되고 핵 주위에 분산되어 먼지와 가스로 이루어진 **코마**(coma, halo)를 형성하며 우주공간으로 확장된다. 혜성의 꼬리는 태양으로부터 방출되는 물질과 방사능으로 이루어진 보이지 않는 **태양풍**에 의해 항상 태양으로부터 멀어지는 방향을 가리킨다. 헤일밥 혜성의 두 꼬리는 많은 혜성과 마찬가지로 짙은 청색 꼬리는 이온화된 가스로 되어 있고, 청백색의 꼬리는 먼지로 되어 있다. 지구에 가장 가까이 접근하였을 때, 이 꼬리들은 하늘을 가로질러 40°에 걸쳐 뻗어 있었다.

혜성의 핵은 메탄, 암모니아, 이산화탄소, 그리고 얼음 등이 느슨하게 다져진 혼합물에 묻힌 먼지입자와 작은 암석 조각으로 이루어져 있다. 2004년 나사의 스타더스트 우주탐사계획에서는 혜성의 핵에 150km 이내로 접근하여 혜성입자를 채집하였고, 이를 지구로 가져왔다. 2014년 유럽의 로제타 우주선은 폭 4km의 혜성에 이 혜성이 아직 태양에서 수 AU 떨어져 있을 때 조우하였다. 이 혜성이 2015년 8월 태양을 선회할 때, 실시간으로 표면과 환경의 변화를 연구하기 위한 착륙선을 2014년 11월에 내리는 데는 성공을 했지만 그림자가 지는 지역에 착륙함으로써 예상했던 목표를 다 이루지는 못했지만 혜성에 착륙하여 정보를 얻어내는 데는 처음으로 성공한 탐사 프로그램이 되었다(그림 6.31).

다른 모든 태양계 천체의 공전궤도와는 달리 혜성의 궤도는 무지향성이며, 전반적으로 하늘에 균일하게 분포되어 있다. 이

그림 6.31

혜성들의 극심한 타원형 궤도는 대부분의 혜성들을 플루토보다도 훨씬 더 멀리 보내고, 케플러의 제2법칙에 따라 대부분의 시간을 거기서 보내게 된다. 이런 혜성들이 한 번 공전을 완료하는 데에는 대개 수십만 년, 심지어는 백만 년이 걸린다. 천문학자들은 플루토 궤도 바깥에 태양을 완전히 휩싸는 거대한 혜성의 군집이 있을 것으로 유추하고 있다(그림 6.32). 이는 1950년대에 최초로 이러한 생각을 제시한 네덜란드의 천문학자 얀 오오트를 기념하여 **오오트구름**이라고 명명되었다.

몇몇 혜성은 공전주기가 약 200년 미만으로 해왕성의 궤도를 넘어 **카이퍼대**에 이르는 평면 순행궤도로 공전한다. 카이퍼대는 적외선과 행성천문학의 선구자였던 제라드 카이퍼를 따라 이름이 붙여졌다. 현재까지 1,000개 이상의 카이퍼대 천체가 발견되었다. 대부분의 이 혜성들은 30~100AU 사이에서 소행성대 외곽처럼 거의 원형궤도로 움직인다(그림 6.32). 우리가 보는 혜성은 예외적으로 다른 천체들과의 상호 작용에 의해 현재 궤도로 들어오게 되었을 것이다.

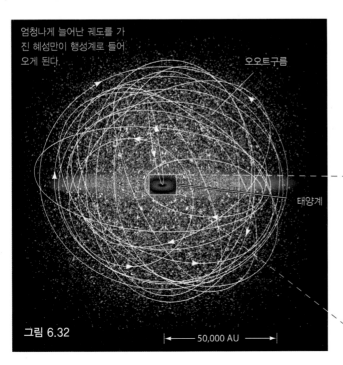

수소 영역　가스꼬리
코마
태양 방향　핵　먼지꼬리

그림 6.30

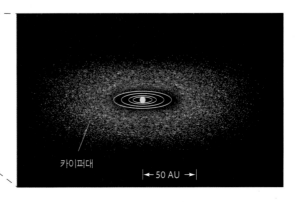

엄청나게 늘어난 궤도를 가진 혜성만이 행성계로 들어오게 된다.

오오트구름

태양계

그림 6.32

|← 50,000 AU →|

카이퍼대

|← 50 AU →|

해왕성 너머에는

해왕성 궤도 먼 바깥쪽으로 1,000개 이상의 희미한 얼음 천체가
우리태양계에 존재하고 있다고 알려져 있다.

1990년대 초 이래로 확인된 카이퍼대의 천체들의 총수는 지속
적으로 증가하고 있다. 그러나 카이퍼대에 속한 천체 중 하나는
수십 년 동안 명왕성(플루토)으로 알려져 왔다.

플루토의 발견

과학자들은 천왕성과 해왕성의 비정상 공전궤도의 원인일 것으
로 추정되는 행성을 오랜 기간 찾던 중 1930년 행성을 하나 발견
하였고, 로마 신화 속 지하세계 신의 이름을 따 플루토라 명명하
였다. 나중에 해왕성과 명왕성의 공전궤도가 비정상이 아니라는
것이 밝혀졌고, 1980년대에 들어와서야 정확하게 측정할 수 있
었던 플루토의 질량은 그런 현상을 일으키기에는 너무 작았다.
그럼에도 불구하고 1930년부터 2006년까지 플루토는 태양계의
아홉 번째 행성으로 여겨졌다.

태양으로부터 거의 40AU 떨어져 있는 플루토는 가장 큰 망원
경으로도 관측하기가 어렵다. 그림 6.33의 첨부 사진은 플루토
의 표면을 가장 잘 나타낸 것으로 허블우주망원경의 여러 이미
지를 합성하여 만들었다. 밝은 극지를 제외하고는 표면 특징 중
제대로 밝혀진 것은 없다.

1978년 천문학자들은 플루토에 위성이 있다는 것을 발견했
다. 이 위성은 카론인데, 스틱스강에서 망자를 하데스, 즉 플루
토의 땅으로 데려다 주는 뱃사공의 이름을 본딴 것이다. 그림
6.34는 1994년에 찍은 허블우주망원경의 이미지로 두 천체를 확
실히 구별할 수 있다. 아주 우연한 행운으로, 1985년부터 1991
년까지 플루토와 카론은 지구의 관측자들이 볼 때 서로를 반복
적으로 통과해 가며(그림 6.35) 일련의
일식들을 일으켰다. 이로 인해 천문학
자들은 두 천체의 질량과 반경을

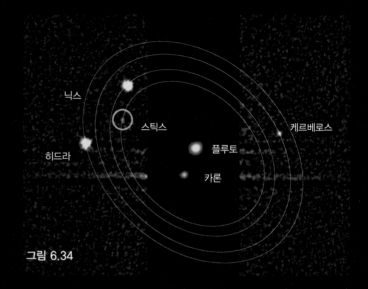

그림 6.34

매우 정확하게 측정할 수 있었다. 플루토의 질량은 지구의 달의
0.17배이며, 카론의 질량은 플루토의 1/8배이다. 이 질량과 반경
에 따르면, 평균 밀도는 약 2,100kg/m³으로 대부분의 외부행성
의 대형 위성처럼 주로 물로 된 얼음 천체에서 볼 수 있는 것이
다. 플루토는 사실 해왕성의 커다란 위성인 트리톤과 질량과 반
경이 매우 흡사하다.

2005년 말 과학자들은 허블망원경을 이용하여 카론보다 약
2배의 거리에서 플루토를 공전하는 2개의 작은 위성을(직경이
약 100km) 발견했다고 보고하였다(그림 6.34). 그 위성들은 카
론의 어머니이며 어둠의 여신인 닉스와 머리 아홉 달린 괴물인
히드라로 명명되었다. 네 번째 위성은 2011년에 발견되었으며
하데스의 입구를 지키는 머리 셋 달린 개의 이름을 따서 케르베
로스라고 이름이 붙여졌고 다섯 번째 위성 스틱스는 2012년에
발견되었다.

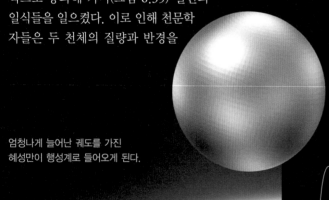

엄청나게 늘어난 궤도를 가진
혜성만이 행성계로 들어오게 된다.

그림 6.33

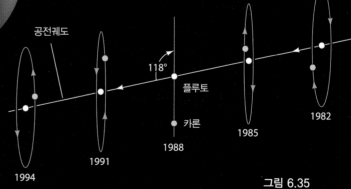

공전궤도

118°

플루토

카론

1994
1991
1988
1985
1982

그림 6.35

바루나

오르쿠스

콰오아

2007 OR$_{10}$

세드나

마케마케

하우메아

에리스

플루토

달

지구

├── 2000 km ──┤

그림 6.36

플루토와 카이퍼대

플루토는 카이퍼대(태양으로부터 40~50AU 사이에 있다고 하는 천왕성 궤도 바깥의 얼음 소행성대)의 천체 중 가장 크고, 또 가장 활발히 연구되는 천체이다(3.7절). 해왕성 너머의 천체들은 그 크기가 대형일지라도 매우 어둡다. 그럼에도 불구하고, 관측 기술의 진보에 따라, 알려진 해왕성 궤도 밖의 천체(trans-Neptunian)들의 수는 급속도로 증가하여 이제는 1,200개 이상이다. 과학자들은 이들 전체 중 극히 일부만이 관측되었다고 유추하고 있으며, 해왕성 너머의 모든 잔재물들의 질량을 합하면 소행성대에 있는 모든 소행성들의 질량의 수백 배에 이를 것으로 보고 있다. 하지만 이도 지구의 질량보다는 작다.

그림 6.36에서는 해왕성 너머에서 공전하는 제일 큰 천체들의 크기를 비교하였다. 몇몇은 플루토와 크기가 비슷하고, 그중 에리스(그리스 신화의 불화의 여신을 따라 이름 붙여진, 그림 6.37에 그 위성 디스노미아와 같이 보이는)는 플루토보다 더 크다. 이러한 천체의 수가 증가함에 따라 천문학자들은 점점 플루토가 태양계의 다른 외부 천체들과 별반 다르지 않다는 확신을 하게 되었다. 실상 카이퍼대의 천체가 아닌 에리스의 발견 이전에도 많은 천문학자들은 플루토는 소행성대의 세레스와 거의 비슷한 역할을 하는 카이퍼대의 조금 큰 천체일 뿐이라고 결론을 내렸었다. 천문학자들은 태양계 외부에 대한 이해가 깊어짐에 따라 이를 반영하는 새로운 분류 체계를 고민하기 시작했다.

2006년, 천문 용어에 대한 규칙을 수립하는 국제천문연맹(IAU)은 태양계 천체의 새로운 분류 범주를 도입하였으며, 이에 따라 왜소행성은 태양을 공전하면서 스스로는 구형을 유지할 수 있을 정도의 충분한 질량을 가졌으나, 그 공전궤도 주변의 작은 천체들을 깨끗이 정리할 수 있을 정도로 질량이 크지는 않은 천체라고 정의하였다. 이 정의에 따르면 소행성 세레스와 그림 6.36에 나타나 있는 4개의 커다란 해왕성 궤도 밖의 천체들은 **왜소행성**들이다.

이 결정은 논쟁의 여지가 있고, 아직 용어에 대한 논란이 종식되지는 않았으나, 미래에 이에 대한 수정이 있다 하더라도 플루토가 다시 그 지위를 되찾는 것은 어려울 것으로 보인다. 천문학자들은 만약 오늘날 플루토가 발견된다면, 비록 지금까지 발견된 것 중 가장 크다는 헤드라인은 달리겠지만 두말없이 카이퍼대의 천체로 분류할 것이다. 2008년, 국제천문연맹은 마치 위로라도 하는 것처럼 해왕성 너머의 모든 왜소행성 얼음 천체들은 플루토이드(plutoids)라 명명하기로 결정하였다.

카이퍼대의 많은 관측들은 10번째 행성을 찾으려는 시도에서 시작되었다. 그런데 아이러니한 점은 이런 노력의 결과로 태양계의 '진정한'(즉, 주요한) 행성의 수가 다시 8개로 되었다는 것이다.

에리스

디스노미아

그림 6.37

요약

LO1 목성의 커다란 4개의 갈릴레이 위성은 목성으로부터 멀어질수록 그 밀도도 낮아진다. 가장 안쪽에 있는 이오에는 화산이 있고 표면이 매끈하다. 유로파의 표면은 균열 있는 얼음 표면이고 그 밑에는 물이 감추어져 있을 것으로 보이며, 태양계에서 생명이 존재할지도 모르는 첫 번째 후보 위성으로 꼽힌다. 가니메데와 칼리스토는 아주 오래전에 형성된 크레이터가 밀집된 표면으로 이루어져 있으며, 가니메데는 과거에 지질 활동이 있었음을 보여주는 증거들이 있으나 지금은 대부분이 굳은 암석과 얼음으로 되어 있는 것으로 보인다. 하지만 지하수가 존재할 수도 있다. 칼리스토는 틀림없이 구조 운동이 시작되기 전에 얼어붙은 것으로 보인다.

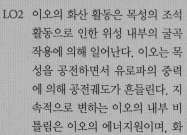

LO2 이오의 화산 활동은 목성의 조석 활동으로 인한 위성 내부의 굴곡 작용에 의해 일어난다. 이오는 목성을 공전하면서 유로파의 중력에 의해 공전궤도가 흔들린다. 지속적으로 변하는 이오의 내부 비틀림은 이오의 에너지원이며, 화산들은 끊임없이 분출하여 표면을 매끈하게 한다.

LO3 토성의 거대 위성 타이탄에는 짙은 대기가 있으며, 여기서 복잡한 구름과 지표 화학 작용이 일어날 수 있다. 타이탄의 표면은 너무 차가워서 물은 바위처럼 얼어붙었고, 메탄과 에탄은 강처럼 흐르고 있다. 카시니 우주선은 표면을 측량하여 현재 진행 중인 침식 활동과 화산 활동이 있다는 것을 밝혀냈다. 한편 호이겐스 탐사선이 타이탄의 표면에 착륙하여 메탄이 흘러 생긴 협곡처럼 보이는 이미지를 보내왔다. 해왕성의 위성인 트리톤은 지표면의 질소 간헐천에 의해 생성되었을 것으로 여겨지는 매우 희박한 질소 대기가 있다. 트리톤의 궤도는 불안정하고 결국에 가서는 해왕성의 중력에 의해 파괴될 것이다.

LO4 토성과 천왕성의 중형 위성들은 주로 암석과 얼음 상태의 물로 구성되어 있다. 대부분은 크레이터가 밀집되어 있고, 이아페투스는 선행면과 후행면이 뚜렷한 대비를 보이고 있다. 엔셀라두스는 지표면에 있는 수화산에 의해 입사되는 거의 모든 빛을 반사하여 매우 밝게 보인다.

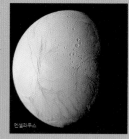

LO5 장관을 이루는 **행성 고리 시스템**(p. 102)은 지구에서도 쉽게 관측이 가능하다. 고리는 먼지알갱이로부터 바위 크기에 이르는 약 1조 개의 입자로 이루어져 있다. 고리입자들과 행성의 내위성들 간의 작용은 수만 개의 **미세고리**(p. 103)들을 만들었다. 토성의 **E 고리**(p. 103)는 엔셀라두스의 화산 활동과 연관이 있다. 협소한 **F 고리**(p. 103)는 뒤틀려 있으며, 꼬임 구조는 그 고리의 가까이에서 공전하면서 고리가 흩어지지 않게 하는 2개의 작은 **양치기 위성**(p. 103)에 연유한다.

LO6 4개의 목성형 위성은 모두 고리 시스템을 가지고 있으나 그 고리들은 서로 상당히 다르다. **로시한계**(p. 105)는 그 이내에서는 행성의 조석력장이 위성의 내부 중력을 압도하여 위성을 파괴하여 고리를 만드는 거리를 말한다. 알려진 모든 행성의 고리 시스템은 모행성의 로시한계 이내에 있다.

LO7 대부분의 **소행성**(p. 106)은 화성과 목성 사이의 **소행성대**(p. 106)라고 하는 넓은 띠를 따라 공전한다. 가장 큰 소행성은 가로 길이가 수백 킬로미터에 이른다. **혜성**(p. 106)은 통상 태양으로부터 멀리 떨어져서 공전하는 얼음 조각들이다. 우리는 혜성이 태양에 가까이 접근할 때 분출되는 먼지와 가스에서 반사되는 빛을 보고 혜성을 관측한다. 대부분의 혜성은 가로 폭이 수만 AU나 되는 광대한 혜성 물질의 저장고인 **오오트구름**(p. 107)에 머물러 있다. 주기가 약 200년 이내인 단주기 혜성은 해왕성의 궤도 너머 얼음 물질이 넓은 띠 모양을 이루고 있는 **카이퍼대**(p. 107)에서 기원하고 있다.

LO8 플루토에는 커다란 위성인 카론이 있고 또 3개의 작은 위성이 있다. 플루토를 도는 카론의 공전궤도에 대한 연구를 통해 두 천체의 질량과 반경을 매우 정확하게 알 수 있었다. 플루토와 크기가 유사한 수많은 천체들이 해왕성 너머에서 공전하고 있다. 그중 적어도 하나(에리스)는 플루토보다 더 크다. 에리스와 플루토는 질량이 너무 작아 공전궤도 근처의 다른 천체들을 깨끗이 정리하지 못하여 현재 **왜소행성**(p. 109)으로 분류된다.

POS 문제들은 과학의 과정을 탐구하는 문제이고, LO 문제들은 학습 목표에 초점을 맞추고 있고, VIS 문제들은 보이는 정보들을 이해하고 해석하는 데 초점을 맞추고 있다.

복습과 토론

1. LO1 갈릴레이 위성들의 밀도와 조성은 목성으로부터 거리에 따라 어떻게 변하는가?

2. LO2 목성의 위성 이오의 특별한 점은 무엇인가?

3. LO3 토성의 최대 위성인 타이탄이 천문학자들의 특별한 관심을 끄는 이유는 무엇인가?

4. 예상되는 트리톤의 운명은 무엇인가?

5. LO4 토성의 중형 위성들에 지질 활동이 있었다는 증거는 무엇인가?

6. LO5 지구에서 보면 토성의 고리는 어떤 때는 넓고 밝게 보이고, 어떤 때는 사라지는 것처럼 보인다. 그 이유는?

7. 미마스가 토성의 고리들에 미치는 영향은 무엇인가?

8. LO6 해왕성의 고리는 천왕성과 토성의 고리와는 어떻게 다른가?

9. POS 왜 많은 천문학자들이 토성의 고리가 꽤 최근에 형성되었다고 믿고 있는가?

10. 로시한계는 무엇인가?

11. POS 소행성, 혜성, 그리고 운석들이 왜 행성학자들에게 중요한가?

12. 모든 소행성은 소행성대에서 발견되는가?

13. LO7 태양으로부터 멀리 떨어져 있을 때 혜성은 어떻게 보이는가? 혜성이 내행성계로 들어오면 어떤 현상이 발생하는가?

14. 왜 혜성들은 무지향성으로 태양에 접근할 수 있지만, 소행성들은 황도면 가까이에서 공전하는가?

15. 플루토의 질량은 어떻게 결정하였나?

16. LO8 POS 왜 천문학자들은 플루토를 더 이상 행성으로 여기지 않는가?

진위문제

1. 토성의 고리입자는 주로 얼음 상태의 물로 되어 있다.

2. 토성의 고리는 토성의 로시한계 이내에 있다.

3. 두 작은 양치기 위성이 매우 복잡한 형태인 토성의 F 고리의 요인이다.

4. 타이탄의 표면은 암모니아 얼음의 구름으로 덮여 있다.

5. 트리톤의 공전궤도는 역행궤도라서 특이하다.

6. 소행성들은 소행성대에서 공전하고 있는 천체들의 충돌과 분해로 최근에 형성되었다.

7. 대부분의 혜성은 짧은 주기를 가지고 황도면 가까이에서 공전한다.

8. 플루토는 해왕성의 공전궤도에 미치는 중력효과를 통해 발견되었다.

선다형문제

1. 이오의 표면은 매우 매끈하다. 그 이유는 무엇인가?
(a) 화산활동에 의해 계속 표면이 계속 바뀐다. (b) 표면이 얼음에 뒤덮여 있다. (c) 목성이 운석충돌을 막아준다. (d) 액체로 되어 있다.

2. 목성의 갈릴레이 위성들은 때로 축소판 태양계라고 한다. 그 이유는 무엇인가?
(a) 지구형 행성의 수와 동일한 수의 갈릴레이 위성들이 있다. (b) 위성들은 대부분 지구의 동일한 성분으로 되어 있다. (c) 위성들의 밀도는 목성으로부터 거리가 증가함에 따라 감소한다. (d) 모든 위성들은 선형의 동기화 궤도를 따라 움직인다.

3. 천왕성의 고리들은 (a) 넓고 밝다. (b) 좁고 어둡다. (c) 좁고 밝다. (d) 지구에서 관측 불가능하다.

4. 플루토와 유사한 태양계 천체는?
(a) 수성 (b) 달 (c) 타이탄 (d) 트리톤

5. 트로이 소행성은 (a) 목성의 궤도보다 훨씬 바깥에 있다. (b) 목성에 가까이에 있다. (c) 목성의 앞과 뒤에 있으며 목성과 궤도를 공유한다. (d) 화성과 목성 사이에 있다.

6. 대부분의 소행성대의 주류 소행성들은 크기가 (a) 달 정도이다. (b) 북아메리카만 하다. (c) 미국의 크기이다. (d) 작은 미국 도시와 비슷하다.

7. 단주기 혜성의 궤도와 비교하여 장주기 혜성의 궤도는?
(a) 황도면에 위치하는 경향이 있다. (b) 단주기 혜성의 궤도와 비슷하지만 매우 클 뿐이다. (c) 편심궤도가 훨씬 덜하다. (d) 전방위에서 올 수 있다.

8. 대규모 카이퍼대 천체들은 행성으로 간주되지 않는다. 그 이유는?
(a) 태양 멀리서 공전하기 때문이다. (b) 질량이 너무 작아 공전궤도에서 다른 천체들을 정리할 수 없다. (c) 모두 모양이 불규칙하다. (d) 조성에 있어서 절대적으로 얼음이 많다.

활동문제

협동 활동 목성의 갈릴레이 위성의 궤도를 관측해 보라. 목성을 작은 망원경의 FOV의 중심에 위치시켜라. 목성의 중심선을 따라 3~4개의 밝은 점과 함께 목성의 붉고 어두운 갈색의 구름 띠가 보일 것이다. 이 점들이 갈릴레이 위성이다. 본 것을 스케치해 보고 혹은 카메라를 부착할 수 있으면, FOV의 이미지를 찍고 이 과정을 3~4일 동안 매시간 반복하라. 수면량이 부족하지 않도록 조원들이 교대로 작업하라. 이 기간 동안 안쪽의 두 위성은 적어도 한 번은 공전하게 된다.

개별 활동 망원경으로 토성의 고리를 관측하여 보라. 고리 속의 검은 선이 보이는가? 이것이 카시니 간극이다. 토성의 표면에 고리의 그림자를 볼 수 있는가? 위성이 보이는가? 위성들은 고리와 일렬로 서 있다. 대개 타이탄이 가장 멀리 있고, 가장 밝다. 연감을 사용하여 발견한 위성이 무엇인지 식별해 보라.

7

행성계의 형성

우리 행성계 너머의 행성계로 확장되는 근본적인 원리가 존재하는가?

행성에 대한 장을 마치면서, 태양계에서 발견한 광범위한 물리적 화학적 특징들에 놀랐을 것이다. 행성들이 보이는 흥미로운 모습과 기묘한 특징에 대한 긴 목록에 행성들의 위성들까지 고려하면 그 목록이 더욱더 길어진다. 일부는 특이한 환경 때문에 나머지는 행성 진화의 결과로 인해 모든 천체가 자체의 독특함을 가진다. 우리는 새로운 발견이 있을 때마다 우리 행성계의 특성과 역사에 대해 조금씩 더 알게 된다. 우리의 천문학적인 이웃들은 여전히 순항하는 행성계라기보다는 거대한 쓰레기장에 훨씬 더 가까워 보인다.

우리가 태양계 물질 무리들을 제대로 이해할 수 있을까? 우리가 얻은 지식을 통합하는 기본 원리가 있을까? 만약 있다면 우리태양계 밖의 행성계로 확장할 수 있을까? 그 대답은 우리가 보게 될 것에 따라 "아마도……"이다.

태양계 형성의 초기는 격렬한 환경이었다. 소형 천체들이 서로 충돌하고 때때로 깨져 떨어져 나가고 때로는 병합하여 더 큰 천체가 만들어지고, 결국에는 현재 우리가 보는 행성들이 되었다. 오늘날 지구에서 발견된 운석 조각들은 종종 그러한 초기의 격렬함을 지질학적 그리고 화학적으로 함유하고 있고 오래전 상태에 대한 직접적인 증거를 제공한다.

학습목표

LO1 태양계 형성 이론이 반드시 설명해야 하는 주요 사실과 예외를 목록화한다.

LO2 행성 형성에 대한 응결이론의 개요가 태양계의 주요 특징을 어떻게 해명하는지 나타낸다.

LO3 응결이론이 지구형 행성과 목성형 행성, 그리고 태양계 도처에 흩어져 있는 작은 천체들까지를 어떻게 해명하는지 설명한다.

LO4 천문학자들이 태양계 너머의 행성을 찾아내고 검출하는 주요 방법을 서술한다.

LO5 알려진 외계행성의 특징을 서술한다.

LO6 외계행성들의 특징을 현재 태양계 형성의 이론과 관련시켜 설명한다.

행성계의 형성

현대 이론은 행성을 별 형성의 부산물로 설명한다.

여러 세기 동안 우리 행성계의 형성에 대한 포괄적인 이론은 천문학자들의 꿈이었다. 현재는 우리 행성들 외에 600 개 이상의 외계행성계로부터 알게 된 사실들로 인해 이 과제는 더 복잡해졌다. 우리는 우리태양계에서 관측된 특징들에 대해 이론을 개요화하는 것으로 연구를 시작한다. 이후에 우리의 이론이 새로운 외계행성계 자료와 대면하여 얼마나 잘 설명하는지 확인하게 될 것이다.

태양계 특징

우리 행성계의 기원과 구조를 설명하는 그 어떤 이론이라도 다음의 사실을 반드시 설명해야만 한다.

1. 각 행성은 우주공간에서 비교적 고립되어 있다.
2. 행성의 궤도는 거의 원이다.
3. 행성의 궤도는 거의 동일 평면에 놓여 있다.
4. 모든 행성은 모두 같은 방향(지구의 북극 위에서 내려다본 시점에서 시계 반대 방향)으로 태양을 공전한다.
5. 행성은 대부분 태양과 거의 같은 방향의 자전축으로 회전한다.
6. 알려진 위성의 대부분은 모행성이 자전하는 방향과 동일 방향으로 공전한다.
7. 우리 행성계는 매우 잘 구분된다.
8. 소행성들은 나이가 매우 많고, 행성이나 행성의 위성과는 특징이 다르다.
9. 카이퍼대는 해왕성 너머에서 공전하는 소행성 정도 크기의 얼음 천체의 무리이다.
10. 오오트구름 혜성은 원시적이고 타원 궤도면으로 공전하지 않는 얼음 조각들로서 태양에서 먼 거리에 주로 거주한다.

스냅 상자 7-1 **각운동량**

직관적으로 우리는 더 무겁거나 더 큰 물체 또는 더 빠르게 회전하는 물체일수록 멈추기가 더 어렵다는 것을 안다. 각운동량은 물체가 회전을 유지하려는 경향이고 달리 표현하면 동일하게 회전을 멈추기 위해서 소요해야 하는 수고가 얼마나 되느냐이다. 이것은 물체의 질량, 회전률(예 : 시간당 회전량으로 측정), 반경에 의존한다. 더 구체적인 방법으로 표현하면 다음 식과 같다.

각운동량＝질량×회전율×반경²

뉴턴의 운동법칙에 의하면 각운동량은 외부의 힘이 가해지지 않는 한 운동 전, 운동하는 동안, 운동 후에도 어떤 물체의 물리적인 변화가 변함없이 계속되어야 한다. 만약 운동 반경이 감소한다면 그 보상으로 회전율은 증가해야만 한다. 첨부된 사진에서 보는 바와 같이 피겨 스케이터는 이 이론을 팔을 모음으로써 회전을 빠르게, 팔을 벌림으로써 회전을 줄이는 데 사용한다. 질량은 유지되었지만 전체 반경에의 변화로 인해 회전율에 변화가 일어나는 것으로 각운동량이 일정하게 유지된다.

성간구름의 유입 부분	빨라지는 회전과 원반의 형성	별과 행성들의 생성

(a) 그림 7.1   (b)   (c)

행성과학자들은 지구와 월석의 나이를 예측할 때처럼 가장 오래된 운석의 나이 측정에 기초하여 태양계의 나이를 46억 년으로 추측한다. 다시 말해 우리태양계의 전체적인 구조와 고차원적 체계가 46억 년 전에 동시에 형성된 사건임을 가리킨다.

성운의 수축

현대 이론은 행성은 별 탄생(제10장) 과정의 부산물로 설명한다. 성운이라 불리는 1광년 정도의 성간먼지와 가스로 된 큰 구름을 상상해 보라. 이제 다른 성간구름과의 충돌 또는 아마도 부근에서 별의 팽창과 같은 어떤 외부의 영향으로 성운이 자체 중력으로 수축하기 시작한다. 수축되면서 밀도가 커지고 온도는 더 뜨거워져 마침내 중심에 태양과 같은 별이 탄생한다.

프랑스의 수학자이자 천문학자인 라플라스(Pierre Siom de Laplace)는 1796년 각운동량의 보존(스냅 상자 7-1 참조)으로 인해 성운이 수축함에 따라 회전이 더 빨라져야 함을 제기했다. 사실 회전 속도의 증가는 성운이 쭈글어드는 과정에서 성운의 모양을 변화하게 만든다. 회전에 의해서 야기된 바깥쪽으로 '밀어내는' 원심력은 회전축에 대해 수직인 방향의 수축력과 힘 겨루기를 하게 된다. 그림 7.1에서 보는 것처럼, 수축으로 인해 점차 크기가 작아져 약 100AU 크기가 되면 성운은 팬케이크 모양의 원반으로 편평해진다. 우리태양계가 될 운명을 가진 이 소용돌이치는 질량 덩어리를 **태양계 성운**이라고 부른다.

이제 행성이 회전하는 원반에서 형성되었다고 생각하면, 오늘날 우리 행성계에서 관측되는 다양한 구조를 이해할 수 있다. 행성의 궤도가 거의 원에 가깝고, 거의 동일 원반에서 같은 방향으로 공전한다는 사실은(태양계 특징 2·3·4항) 현재 이론에서 제시하는 원반의 모양과 운동과 잘 맞다. 그리고 태양계 특

징 5항과 6항은 행성과 위성이 성운의 움직임을 물려받았을 경우를 따른다. 이렇게 원반에서 행성이 형성되었다는 설명을 **성운이론**이라고 부른다. 나머지 남은 특징은 다음 두 절에서 다룰 주제이다.

천문학자들은 다른 별들 주변에서도 이와 유사한 원반들을 보았기 때문에 태양계 성운 원반을 만들었음을 확신한다. 그림 7.2는 태양으로부터 50광년 정도 떨어진 별인 베타 픽토리스 주변 지역의 가시광선 영상을 보여준다. 별 자체의 빛을 제거한 영상을 컴퓨터로 돋보이게 처리하면 약한 밝기를 가진 물질로 구성된 원반(여기에서 거의 가장자리로 누워 보임)을 확인할 수 있다. 지름이 대략 1,000AU로 카이퍼대의 10배에 해당한다. 천문학자들은 우리태양이 46억 년 전에 경험한 것과 유사한 생성 단계를 거쳐 가는 과정을 베타 픽토리스에서 목격하고 있다고 생각한다. 우리는 모든 행성계가 항성 생성 진화 초기에 이러한 과정을 거쳐 왔을 것으로 추정한다.

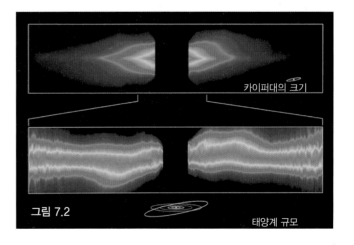

카이퍼대의 크기

그림 7.2   태양계 규모

7.2 미행성체와 원시행성

응결이론은 태양계의 안쪽과 바깥쪽에서 보이는 기본적인 성분 차이를 설명한다.

비록 라플라스가 설명한 항성운의 수축과 평탄화가 본질적으로 옳지만, 현재 우리는 뜨거운 가스로 이루어진 원반에서 물질 덩어리가 만들어지기 어렵다는 것을 알고 있다. 이러한 덩어리는 더 뭉쳐지지 않고 흩어져 버리는 경향이 있기 때문이다. 현재 대부분의 천문학자들에 인해 지지받는 모형은 오래된 성운이론에 기반을 둔 **응결이론**으로 오래된 성운이론에 기반을 두고 있다.

응결이론

응결이론에서의 새롭고 가장 중요한 재료는 태양계 성운의 성간 먼지다. 천문학자들은 별들 사이의 우주공간에 미세한 먼지알갱이와 아주 오래전에 죽은 별들(제10장 참조)에서 방출된 축적물들이 흩어져 있음을 알고 있다. 그림 7.3은 태양 근처에 있는 풍부한 암흑의 먼지 지역 중 하나인 바너드 86(왼쪽)을 보여준다.

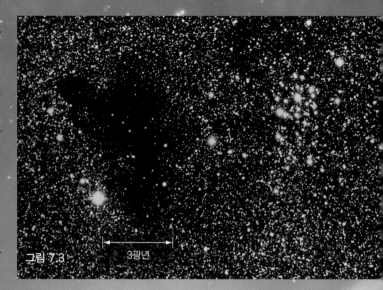

그림 7.3   3광년

먼지알갱이는 태양계 성운의 진화에서 두 가지 중요한 역할을 한다. 첫째, 먼지알갱이는 적외선 복사의 형태로 열을 효과적으로 방사하여 따뜻한 물질을 식히도록 돕는다. 성운이 차가워지면 분자들이 더 천천히 움직이게 되고 내부 압력을 약하게 하여 성운이 더 쉽게 수축하도록 돕는다(스냅사진 2-1). 둘째, 먼지알갱이는 다른 원자에 부착하는 것으로 점차 성장해 큰 구형 물질 덩어리를 형성하도록 **응결핵** 역할을 한다. 이것은 공기 중의 먼지와 검댕이 물 분자로 둘러싸인 응결핵으로 작용하여 지구의 대기에서 빗방울이 만들어지는 방법과 유사하다.

응결핵은 초기 태양계에서 중요한 작은 물질 덩어리의 형성을 매우 **빠르게** 한다. 한 번 덩어리가 만들어지면, 덩어리에 다시 들러붙는 방법으로 성장한다. 눈뭉치를 강력한 눈보라 속으로 던졌을 때 눈송이들이 들러붙어 눈뭉치가 점점 커지는 것을 상상해 보라. 덩어리가 커질수록 새로운 물질을 쓸어 담는 속도는 가속된다. 점진적으로 더 커지고 커져 물질 덩어리는 조약돌 크기에서 야구공, 배구공, 그리고 바위의 크기가 되었다. 그림 7.4는 원시별의 원반이 이제 막 이 단계에 이르렀을 것으로 기대되는 포말하우트로 불리는 가까운 별의 적외선 모습이다.

결국, 그림 7.5(a)와 (b)에서 묘사한 것처럼, 충돌과 부착에 의해 작은 물체가 점진적으로 성장하는 **강착**으로 작은 달 크기인 수백 킬로미터 지름의 물체가 만들어졌다. 이러한 **미행성체**는 이들의 주변에 영향을 줄 정도의 강한 중력장을 형성한다. 이들의 중력은 충돌하지 않았을 물질들도 쓸어 담을 만큼 충분히 강해서 성장률은 계속해서 더 빨라지고 더욱더 큰 물질로 성장했다.

결국에는 성장하여 안쪽 태양계에서는 미행성체 물질의 대부분이 우리가 현재 알고 있는(그림 7.5c) 지구형 행성이 되는 운명을 가진 몇 개의 큰 **원시행성**이 되었다. 이 과정은 1억 년 정도가 소요되었다. 행성 간 쓰레기가 있었던 지역을 깨끗하게 치우는 데에는 대략 10억 년이 소요되었다. 이 기간은 달과 다른 곳들에 지금도 여전히 흔적이 보이게 충격을 주었던 극심한 운석 폭격시기에 해당한다(4.6절).

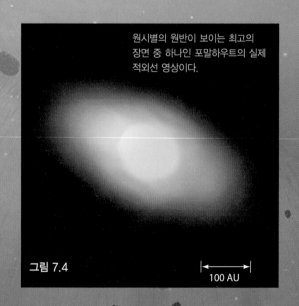

원시별의 원반이 보이는 최고의 장면 중 하나인 포말하우트의 실제 적외선 영상이다.

그림 7.4   100 AU

태양계의 분화

응결이론은 태양계의 안쪽과 바깥쪽 사이에서 나타나는 기본 성분의 차이를 설명한다(7.1절의 태양계 특징 7 · 8 · 9항). 그림 7.6(a)에 나타난 바와 같이, 태양계 성운의 밀도와 온도가 **원시태양**의 중심 부근에서 가장 높았고 바깥쪽 지역에서는 매우 낮았다. 이러한 환경이 생존하고 성장할 수 있는 티끌의 유형에 지대한 영향을 미쳤다.

현재 수성의 궤도 주변에 해당하는 뜨거운 안쪽 지역에서는 금속질의 티끌만이 형성될 수 있었다. 암석질과 얼음 물질들은 증발되었다. 더 밖으로 나가 약 1AU에서는 암석의 규산염 티끌도 형성될 수 있었다. 그래서 결과적으로 형성된 원시행성과 행성들이 그러한 것처럼 태양계 안쪽에 있는 미행성체들은 암석질 또는 금속질이다. 약 5AU 바깥에서는 수증기, 암모니아 그리고 메탄과 같이 몇 가지 다량의 가스들이 고체 상태로 응결될 정도로 온도가 낮았다. 따라서 태양계 바깥쪽에 있는 티끌과 미행성체들은 근본적으로 낮은 밀도와 얼음 물질로 구성되었다.

태양계 안쪽 대부분의 암석질 미행성체들은 서로 부딪치고 지구형 행성의 성장 중에 발산되었다. 단지 작은 비율이 오늘까지도 소행성대처럼 남아 있다. 화성과 목성 사이의 미행성체들은 목성의 거대한 중력장이 지속적으로 이들의 운동을 방해하여 밀치고 당김을 가해 행성으로 집적되는 것에 방해를 받아 행성으로 형태를 갖추는 데 실패했다.

태양계 바깥 지역에서는 얼음 미행성체들의 많은 수가 결국 카이퍼대와 오오트구름이 되었으나 남은 많은 부분이 외행성들의 핵이 되었다. 그렇다면 성운의 대부분을 차지했던 가벼운 가스(수소와 헬륨)가 어떻게 목성형 행성계 질량의 대부분이 될 수 있었는가? 어떻게 가스가 거대행성의 내로 들어갔을까? 그리고 나머지 가스들은 어디로 갔을까? 목성형 행성의 형성은 복잡한 과정을 가지며 이제 제7장 3절에서 논의하고자 한다.

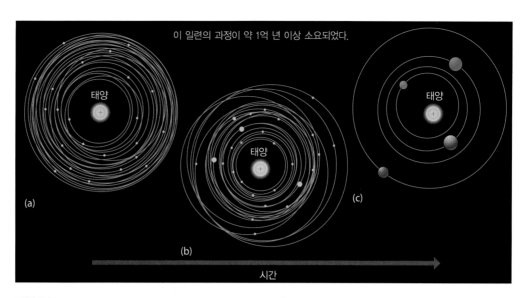

그림 7.5

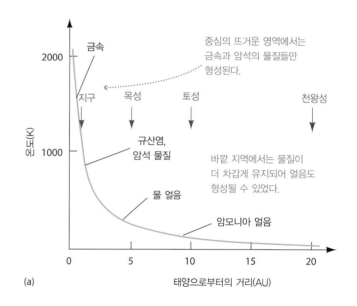

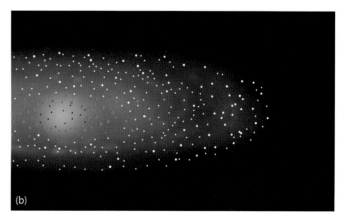

그림 7.6

가스로 된 거대행성들은 성운원반에서 천천히 강착되었거나 빠른 중력수축으로 만들어졌다.

제7장 2절에 설명된 응결–강착에 대한 그림은 지구형 행성의 형성에 대해서 수용되는 모형이다. 목성형 행성의 기원은 다소 불분명하다. 매우 차별되는 두 가지 관점이 있다.

목성형 행성 형성

원시태양이 가까운 안쪽 뜨거운 지역보다 태양계 성운의 바깥쪽에 더 많은 물질들이 집적될 수 있어야 하기 때문에 원시행성이 위치한 곳에서 매우 빠르게 형태를 갖춰가며 성장되었을 것이다. 첫 번째 목성형 행성 형성 시나리오(그림 7.7)에서는 가장 큰 4개의 원시얼음행성들이 강착으로 빠르게 성장하여 행성이 될 만큼의 충분한 질량이 되었을 것으로 설명한다. 이때 갖게 된 강한 중력장이 태양계 성운으로부터 많은 양의 가스를 직접 쓸어 담았을 것이다. 그림에서 목성형 행성의 핵은 수백만 년이 되기 전에 성운가스를 포획할 수 있는 수준에 도달했다.

두 번째 시나리오에서는 일부 또는 목성형 행성(적어도 목성과 토성) 모두가 태양계 성운의 차가운 바깥 영역에 위치하여 불안정함에도 불구하고(라플라스의 독창적인 생각과 크게 다르지 않게) 초기 성간구름 수축의 작은 규모의 방식으로 형성되었을 것으로 설명한다. 이 관점에서 목성형 원시행성들은 초기 강착 단계를 건너뛰고 아마도 질량의 대부분을 획득하는 데 천 년보다 짧은 시간에 직접적이고 매우 빠르게 형성되었다. 이미 중력장은 태양계 성운으로부터 가스와 티끌을 퍼담을 만큼 충분히 강했고 오늘날 우리가 보는 바와 같이 거대행성으로의 성장이 용납될 만큼 컸다. 그림 7.8은 이 두 번째 시나리오의 형성 과정을 보이고 있다.

여기에서 목성형 행성이 형성되는 데 시간적 규모가 대단히 중요하다. 왜냐하면 태양계 성운의 기체들이 단 수백 년 동안만 지속될 수 있었기 때문이다.

모든 어린 별들은 복사와 항성풍이 매우 강한 동안(10.2절) 역동적인 진화의 과정을 경험한다.

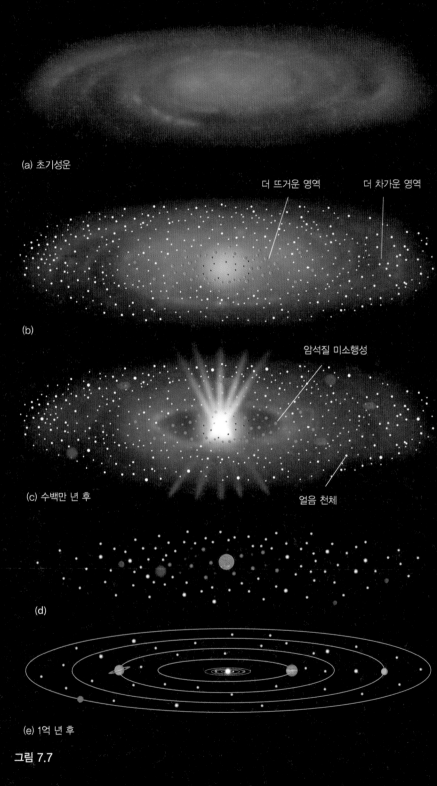

(a) 초기성운

더 뜨거운 영역   더 차가운 영역

(b)

암석질 미소행성

(c) 수백만 년 후

얼음 천체

(d)

(e) 1억 년 후

그림 7.7

그림 7.8

태양계 성운이 형성되고 수백만 년이 지나고, 이 과정에서 태양이 나타났을 때에는 태양계 성운에 남아 있는 모든 가스가 성간 공간으로 불려 나갔다. 분명한 것은 외행성들이 가스의 분산 이전에 형성되어야 했다. 몇몇 과학자들에 의해 가스의 분산 기간 동안에 목성형 행성의 얼음 핵이 강착으로 성장되기에 충분히 빠른 진행을 못했을 것으로 예측되어 최근 들어 중력 불안정 시나리오의 중요성이 더 커지고 있다.

응결과 강착이 지속적으로 일어나 성운가스가 거대한 목성형 원시행성으로 유입된 상황은 초기 태양계 성운과 유사했을 것이다. 외행성들의 거대한 위성들 대부분이 분명히 이러한 방법으로 형성되었다. 더 작은 위성들의 많은 개수는 아마도 포획된 미행성체들일 것이다.

혜성과 카이퍼대

목성형 행성들이 형성되었을 때, 행성들은 태양계의 바깥쪽에 있는 미행성체들에 강한 중력적 영향력을 행사했다. 수억 년에 걸쳐 목성이나 토성 부근에 남아 있었던 행성 사이의 파편 대부분은(그림 7.9) 태양으로부터 먼 곳에 위치한 궤도에 내던져졌다. 이 파편이 현재 오오트구름을 구성하고 있다. 천왕성과 해왕성의 상호 작용은 심하지 않았고, 대신 미행성체들의 운동 방향을 바꾸어 목성과 토성에 의해 오오트구름으로 다시 채이거나 행성과 충돌할 수 있는 태양계 안쪽으로 가게 되었다. 해왕성의 바깥쪽에서 형성된 미행성체의 대부분은 여전히 그곳에 위치하거나 카이퍼대를 형성하고 있다.

태양계의 바깥쪽에 나타난 상호 작용들은 행성들의 궤도도 바꿀 수 있었다. 수치 모의실험에 의하면 이 분산 과정 동안 목성은 태양 쪽으로 서서히 가까워져 이때 궤도 장반경축이 수십 AU로 줄어들었고, 반면에 다른 거대행성들은 해왕성의 경우에 아마도 10AU에 해당할 만큼 바깥쪽으로 옮겨졌다.

그리고 얼음미행성체가 태양계 안쪽으로 굴절됨은 지구형 행성계의 진화에 중요한 역할을 했다. 응결이론의 해석과 관련한 오래된 수수께끼는 지구와 다른 곳에 존재하는 물과 다른 휘발성 가스들의 기원이다. 내행성들은 현재 이들이 가진 가스를 포획하고 함유하기에 한참 동안이나 너무 뜨거웠고, 중력은 너무 약했

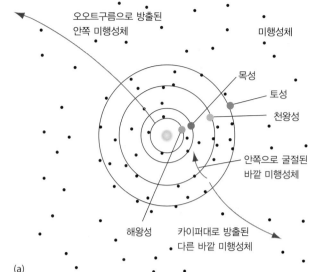

(a)

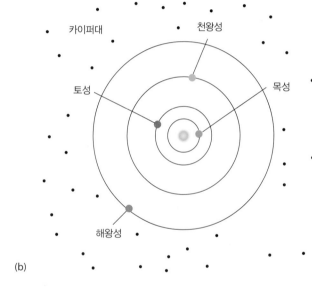

(b)

그림 7.9

다. 해답은 아마도 태양계 바깥쪽에서 형성된 혜성이 새롭게 태어난 내행성들에 쏟아져, 행성 형성 이후에 물과 함께 공급했을 것이다.

행성의 불완전

마지막으로 태양계 형성의 어떠한 이론이라도 변칙적인 행성의 특징들을 반드시 수용할 수 있어야 한다는 것은 매우 중요하다. 응결이론은 행성 형성 과정에서의 지배적인 충돌에 내재하는 임의성을 제공한다. 과학자들은 관측 결과를 설명하기 위한 가능성만을 드는 것을 선호하지는 않지만, 태양계의 현재 상태를 결정짓는 데에 중요한 역할을 하는 많은 사례들이 있다. 예로써 이례적으로 느리고 역행하는 금성의 운동, 지구-달계, 천왕성의 기울어진 궤도, 그리고 해왕성의 역행하는 위성인 트리톤이 포함된다.

외계행성 탐색

천문학자들은 지난 10년 동안에만 다른 별들 주변에서 수천 개의 행성 후보를 발견했다.

그림 7.10

응결이론은 초기에 우리 행성계를 설명하기 위해 발전되었다. 그러나 어떠한 과학적 이론에서의 중요한 시험은 원래 포함된 맥락을 넘어서는 적용 가능성에 있다(1.6절). 다른 별을 궤도운동하는 **외계행성**의 발견은 천문학자들에게 그들의 이론을 새로운 관측 자료와 직면하게 하는 기회(실제 과학적 의무)를 제공한다. 그림 7.10은 실제 관측 자료를 바탕으로 한 개념도로 이미 관측된 다양한 행성들을 묘사한 것이다.

도플러 측정

지난 수년 동안 외계행성 탐색에 대한 방대한 연구가 이루어졌다. 일반적으로 아직은 새롭게 발견된

그림 7.11

세상의 영상을 직접 얻는 것이 불가능하다. 그림 7.11은 우리가 가진 몇 개 영상 중의 하나이다. 외계행성을 검출하기 위해 사용되는 기술은 간접적이며, 보이지 않는 행성의 빛이 아니라 모성의 빛을 기본으로 한다.

현재까지 발견된 대부분의 행성들은 모성에 나타난 행성들의 중력적 효과를 통해 검출되었다. 행성이 궤도운동을 하면서 먼저 별의 한쪽 방향을 당기고 그리고 다시 궤도운동으로 별의 다른 쪽 방향을 당겨, 별은 약한 '흔들림'을 보이게 된다(그림 7.12). 더 큰 질량을 가진 행성이나 별에 더 가까이 놓인 행성의 중력적 밀고 당김은 더 커지고, 그런 이유로 별의 움직임도 더 커진다. 이 흔들림이 별을 향한 우리의 시선방향과 나란하게 놓여 발생하는 경우에, 천문학자들은 도플러 효과(2.3절)를 사용하여 측정할 수 있는 별의 시선속도상에서 작은 파동을 보게 된다.

그림 7.13은 별을 공전하는 행성의 존재를 보인 두 세트의 시선속도 자료를 보여준다. 그림 7.13(a)는 우리태양으로부터 약 40광년 떨어진 태양과 유사한 페가시 51의 시선속도이다. 이 자료는 1994년 프랑스의 훈트-프

로방스 관측소에 있는 1.9m 망원경을 사용한 스위스 천문학자가 관측하였다. 태양과 유사한 별을 공전하는 최초의 외계행성을 찾은 확실한 증거였다. 이후 다른 천문학자들은 페가시 51에 의해 별의 시선속도에서 보이는 50m/s의 규칙적인 파동을 검증하였다. 그리고 4.2일의 주기로 원운동으로 공전하는 최소한 목성 절반 정도의 질량인 행성임이 알려졌다.

그림 7.13(b)는 도플러 관측 자료의 또 다른 세트를 보여준다. 이번에는 입실론 안

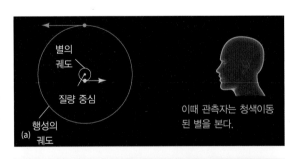

그림 7.12

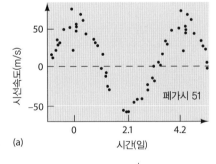

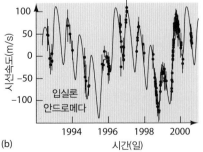

그림 7.13

드로메다로 불리는 가까운 거리의 태양과 유사한 별을 공전하는 3개의 훨씬 더 복잡한 행성계임을 밝혀냈다. 3개의 행성은 최소한 목성의 0.7, 2.1, 그리고 4.3배의 질량을 가지며 각각 0.06, 0.83, 그리고 2.6AU의 공전 장반경을 갖는다. 그림 7.14는 이들의 궤도 규모를 비교하기 위해 우리태양계 지구형 행성의 궤도상에 그려 놓은 것이다.

행성 통과

도플러 기술은 시선과 행성의 공전궤도면 사이의 각도를 결정할 수 없는 한계로 인한 제약이 있다. 간단히 말해서 우리는 시선방향에 나란한 궤도의 느린 속도 운동과 거의 정면으로 보이는 빠른 속도의 궤도운동 사이를 구분할 수 없다. 그러나 어떤 경우에는 이와 별개의 방식으로 나타난다. 예를 들어, 지구로부터 약 150광년 떨어져 있는 태양형의 별 HD 209458의 관측 결과는 모항성과 지구(그림 7.15a) 사이를 지나면서 약하지만(1.7%) 매번 뚜렷한 빛의 감량이 보였다. 이 행성은 별과는 단지 7백만 km(0.05AU) 거리에서 공전하며 0.6 목성 질량을 갖는 천체임이 밝혀졌다. 그림 7.15(b)는 이 계의 개념도이다.

이러한 **행성 통과**가 관측되기 위해서는 궤도가 시선방향에 거의 일치하게 놓여야 하기 때문에 흔하지 않다. 그러나 행성 통과가 나타나면 행성의 질량과 반경에 대한 확실한 결정이 가능하다. 결과적으로 이 경우 행성의 밀도는 단 200kg/m³이고, 모성과 매우 가깝게 공전하는 높은 온도의 가스 거대행성이라는 점에 일관성이 있다.

행성계의 단 일부만이 행성 통과를 보이는 적당한 방향으로 지향되어 있다. 그래서 행성 사냥꾼들은 단 한 번의 통과가 발생해도 검출할 기대로 반복적으로 수천 개의 별을 측정할 수 있는 관측 전략을 선택한다. 우주망원경은 하늘의 특정 지역을 지속적으로 응시할 수 있고 동시에 많은 대상의 별을 매우 정밀하게 관측할 수 있어 이 작업에 특히 적합하다. 우주망원경은 태양과 같은 별을 공전하는 지구와 같은 행성을 검출하는 데 필요한 매우 작은 밝기 변화(1/10,000보다 작은)를 감지할 수 있다. 2009년 발사된 나사의 케플러 미션은 주시한 태양과 유사한 수십만 개의 별을 살펴 외계행성의 발견에 화려한 성과를 냈다. 이 미션은 우주

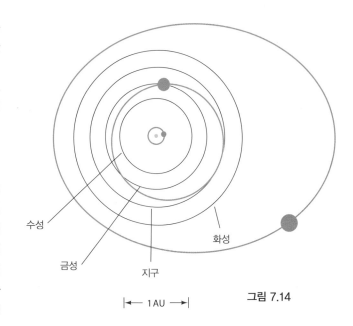

그림 7.14

선의 방향 지시를 위해 필요한 자이로스코프의 고장으로 2013년에 중단되었고, 2014년에는 작은 질량의 별들을 공전하는 행성들을 살펴보는 임무로 재정의되었다.

현재까지의 줄거리

2014년 후반, 천문학자들은 1,000개 이상의 별을 공전하는 2,000여 개의 외계행성을 확인했다. 물론 케플러가 발견한 많은 수의 외계행성은 훨씬 더 먼 거리에까지 있지만, 시선속도계의 대부분은 태양으로부터 500광년 이내에 존재한다.

가까운 별들에 대한 측량 관측으로 약 10%의 별이 행성을 가지고 있음을 알아냈다. 현재까지 케플러 팀은 3,000개 이상의 행성 후보를 행성 통과에 의한 일관적인 밝기 변화 방법으로 감정했다. 1,000개 이상은 지금까지 발견되지 않은 가장 작은 외계행성들을 포함하는 것으로 확인되었다.

반면 그림 7.10에서 보이는 바와 같이 알려진 외계행성들의 특징은 매우 넓은 범위를 보인다. 일부는 대부분이 가스로 이루어졌고 나머지는 암석이거나 습한 표면일지 모른다. 추가적인 관측이 이러한 외계 세상의 본질을 찾기 위해 제안될 것이다.

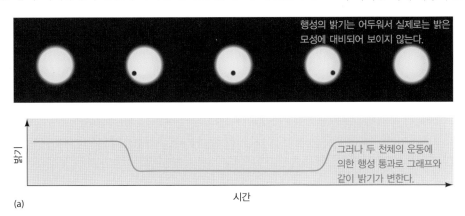

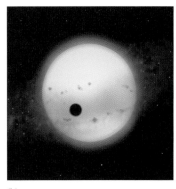

그림 7.15

외계행성의 특징

외계행성과 우리태양계의 행성을 비교했을 때
몇 가지 놀랄 만한 차이를 발견했다.

그림 7.16은 1,000여 개의 외계행성의 관측된 질량과 장반경을 보여준다.
그림에 표시된 각 점들은 행성이고 우리태양계의 지구, 해왕성, 목성에 해당하는 점들을 추가했다.

외계행성의 종류

질량이 큰 외계행성들은 종종 해왕성이 여전히 '목성형'인 것처럼 질량이 조금 작더라도 목성으로 칭한다. 두 가지로 구분되는 기준은 다소 임의적이나 해왕성 질량의 약 2배 또는 0.1배 목성 질량이 사용된다. 대략 2배에서 10배 지구 질량(해왕성 질량의 반) 사이의 질량을 갖는 행성들은 **슈퍼지구**로 알려진다. 2배 지구 질량보다 작은 외계행성들은 '지구'라고 부른다. 용어는 연상을 의도하지만 질량에만 의존한 구분임이 인지되듯이 이러한 형성의 구성 성분이나 내부 구조에 대한 대부분의 정보는 없다.

외계행성은 모항성으로부터의 거리에 의존하여 더 세분된다. 0.1AU보다 작은 장반경의 궤도를 갖는 행성들은 '뜨겁다'고 부르고 반면 궤도가 더 먼 경우에 '차갑다'고 부른다. 이 구분도 임의적이다. 행성의 실제 온도는 궤도뿐 아니라 구성 성분이나 온도, 그리고 중심별의 밝기에도 의존한다.

지금까지 관측된 행성의 대부분은 우리태양계의 목성형 행성처럼 '차가운 목성' 또는 '차가운 해왕성' 구분에 속한다. 그러나 일반적으로 그들의 공전궤도는 목성형 행성들의 경우보다 더 작고 훨씬 더 편심되어 있다. 그림 7.17은 이러한 행성들 일부의 실제 공전궤도와 비교하기 위해 지구의 공전궤도와 함께 표시하고 있다.

관측된 전체 외계행성의 적지 않은 수(약 1/3)는 모항성과 매우 가까운 '뜨거운' 궤도에서 공전한다. 질량이 가장 큰 외계행성이 최초로 발견되었고 신속하게 **뜨거운 목성**으로 부르게 되었다. 우리태양계에서 대응될 만한 행성이 없는 행성의 새로운 분류로 묘사되었다.

현재 뜨겁고 차가운 궤도를 갖는 약 150개의 슈퍼지구가 알려져 있다. 특히 일부 작은 질량을 갖는 행성은 큰 지구형 행성일지 모른다. 나머지는 많은 양의 행성 가스의 강착 과정으로는 진행이 불가능한 얼음 행성 핵들이거나 가스왜성, '해왕성' 수준으로 성장할 수는 없는 가벼운 가스로 구성된 동시에 풍부한 대기를 갖는 천체일 수 있다. 나중에 설명한 두 부류는, 실제 한다면 우리 태양계에서는 알려지지 않은 새로운 행성 부류가 될 수 있다. 수십 개의 외계 지구가 발견되어 왔고, 대부분은 모성과 가까운 뜨거운 궤도를 공전하지만 우리가 집으로 부르기에 좋은 그 어떤 것도 닮지 않았다.

외계행성 구성 성분

만약 시선속도 자료를 갖는 외계행성이 별을 통과하는 현상을 동시에 나타낸다면, 이 행성의 질량과 반경을 결정할 수 있고, 나아가 밀도와 구성 성분을 예상할 수 있다. 구성 성분과 구조, 그리고 슈퍼지구의 역사는 어떻게 이러한 천체들이 형성될 수 있었는지 그리고 왜 그러한 천체들이 우리태양계에는 존재하지 않는지를 이해하기 위해 탐구하고 있는 천문학자들에게 특별한 관심거리이다.

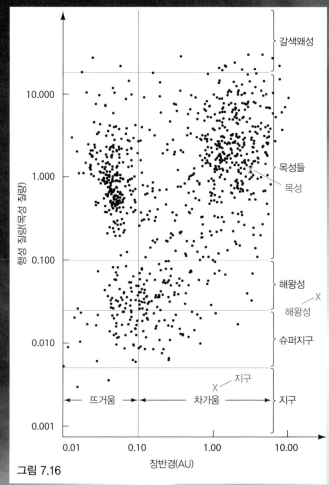

그림 7.16

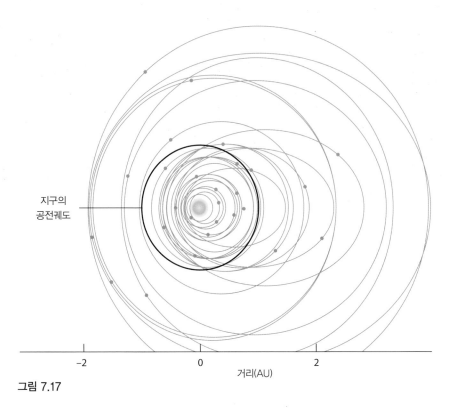

그림 7.17

문에 표면 상태는 우리가 살고 있는 지구에 비하면 매우 극심한 상태가 예상된다. 행성 GJ 1214b는 지구에 비해 5.7배 큰 질량과 2.7배 큰 반경이며, 평균 밀도는 1,600kg/m³이다. 암석질은 분명히 아니며, 아마도 주로 물 그리고/또는 얼음으로 구성되어 있고 작은 암석질 핵이 있으며 수소와 헬륨의 대기로 구성되어 있을 것이다. 최근 발견된 궤도로 보아 잠재적으로 거주 가능한 표면 상태인 7개의 외계지구(7.6절)에서도 나타난다. 7개의 외계지구의 반경은 우리 지구와 매우 유사하다.

한 번의 통과 현상이 관측되면 천문학자들은 이들의 구성 성분에 대해 조사할 수 있는 분광 자료와 '1/4' 정도의 위상을 갖는 동안 행성에 별빛이 드는 면으로부터 추가적인 정보를 얻는 관측을 시도할 수 있다. 행성들은 모성보다 온도가 낮기 때문에 반사된 빛이 적외선 파장에서는 별빛으로부터 아주 쉽게 구분이 된다. 스피처우주망원경이 이러한 연구방법으로 중요한 역할을 수행했다(2.3, 2.8절). 지금까지 수소, 나트륨, 메탄(CH_4), 이산화탄소(CO_2), 그리고 수증기가 검출되었다. 이 관측 결과들은 외계행성 대기의 함유물을 정확히 밝히는 데 매우 중요하다.

현재 수백여 개의 통과 현상을 보이는 지구들과 슈퍼지구들이 알려져 있고, 케플러 후보 목록에서는 더 많은 개수가 아직 확인 과정을 대기하고 있다. 이러한 외계행성들의 밀도 범위는 500~9,000kg/m³이다. 이 범위의 하한은 다량의 가벼운 가스 대기를 갖는 행성을 전제로 아마도 가스왜성과 같은 암석질/얼음 핵과 수소/헬륨의 대기인 경우이다. 상한은 주로 암석질 구성 성분을 제시한다. 중간 정도의 밀도는 물 그리고/또는 다른 얼음의 조성을 갖는 행성을 제안한다.

그림 7.18은 지구, 해왕성 그리고 물리적 특성이 상대적으로 잘 알려진 2개의 슈퍼지구를 시각적으로 비교하여 나타냈다. CoRoT 7b는 지구보다 4.8배 더 무겁고 1.7배 더 크며, 평균 밀도는 5,300kg/m³으로 예측되며 지구와 매우 유사하다. 이 행성이 태양과 유사한 모항성으로부터 단지 0.02AU 떨어져 공전하기 때

2개의 슈퍼지구와 잠재적으로 거주 가능한 7개의 외계지구가 일정한 비율로 나타나 있다. 슈퍼지구는 암석과 물로 만들어져 있을 것으로 기대된다. 구성 성분은 현재 알려져 있지 않다.

지구

CoRoT 7b

GJ 1214b

해왕성

케플러-42d

케플러-186f

케플러-333c

케플러-367c

케플러-383c

케플러-384c

KIC 5522798b

뜨거운 슈퍼지구 CoRoT 7b의 개념도이다.

그림 7.18

우리태양계는 특별한가
오늘날 우리는 행성계가 흔하지만 대체로 우리태양계와는
그다지 닮지 않았음을 알고 있다.

멀지 않은 과거에 천문학자들은 응결이론으로 우리태양계가 전혀 특별하지 않다는 점에서 외계행성계가 흔할 것이라고 주장했다. 오늘날 우리는 행성계가 흔하다는 것은 알지만 대체로 우리태양계와는 그다지 닮지 않았음을 알고 있다! 당연히 우리는 우리태양계가 흔하지 않은 것인지 그리고 관측이 태양계 형성의 현재 이론을 불완전하게 설명했는지에 대해 질문할 수 있다.

목성과 해왕성
대부분 차가운 외계목성과 외계해왕성은 우리태양계의 목성형 행성보다 더 작은 궤도를 갖고 더 편심된 궤도운동을 한다. 이것이 우리 계가 근본적으로 다른 계와 다름을 설명하는 것일까? 아마도 그건 아닐 것이다. 별에서 먼 곳에 위치한 행성은 쉽게 검출될 만한 충분히 빠른 속도의 변동을 만들어 내지 않으나 편심 궤도는 더 큰 속도를 내며 그래서 더 쉽게 관측된다. 연구 기술이 발전됨에 따라 천문학자들은 더 넓고 덜 편심된 궤도를 갖는 목성 질량 그리고 더 작은 질량을 갖는 행성들을 더욱 더 많이 찾아내고 있다.

그림 7.19는 아직 검출되지 않은 보통 '목성 같은' 행성 중 하나의 속도 변화를 보인다. 우리태양과 매우 유사한 별을 거의 원궤도로 공전하는 0.95 목성 질량인 천체이다. 비교를 위해 목성의 궤도를 푸른색으로 나타냈다. 거의 원궤도로 공전하는 차가운 목성이 외계행성 중에서 특이한지 일반적인지를 분명하게 말하기에는 아직 이르다. 그러나 이러한 계가 이미 관측된 것 중에 존재한다는 것은 확실하다.

관측된 편심 외계행성 궤도에서 응결이론과 일치하는 것이 있는가? 답은 '그렇다'이다. 실제로 이론에서 질량이 큰 행성이 편심궤도로 공전하는 여러 가지 방법을 허용한다. 나아가 이론연구자들은 목성이 원시항성 원반에서 형성되고 나서 어떻게 원형 궤도로 남을 수 있는지에 대해 염려하고 있다! 목성 규모의 행성은 다른 목성 규모의 행성과의 상호 작용에 의해 편심궤도로 자리하게 될 것이다. 또한 만약 중력불안정에 의해 형성되었다면 생성 직후 편심궤도로 공전하게 되었을 것이다.

우리태양계에서는 찾을 수 없는 뜨거운 목성은 무엇인가? 이것 또한 응결이론 범위 안에서 설명이 된다. 1980년대에 이론연구자들은 거대한 행성과 이 행성을 매우 빠르게 안쪽으로 표류

시키도록 움직이게 하는 성운 사이의 마찰에 대해 알아냈다. 이 기작이 알려진 것은 첫 번째 뜨거운 목성이 관측되기도 전이었으나 원반이 얼마나 오랫동안 살아남는지가 관건이다. 그림 7.20에 묘사된 바와 같이 이 과정은 모성에 매우 가깝게 공전하는 목성형 행성에 간단히 적용될 수 있다. 이론연구자들은 옳았고 뜨

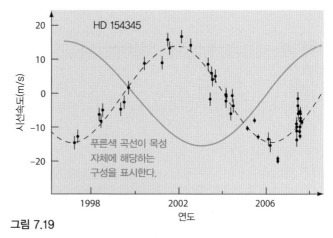

그림 7.19

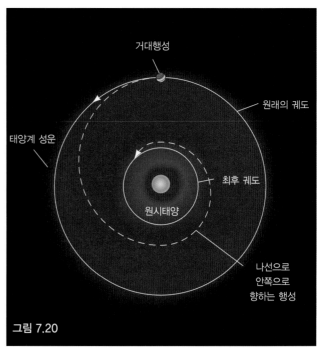

그림 7.20

거운 목성이 성운이론의 중요한 시험대상으로 활용되었다.

지구 찾기

거대행성은 흥미롭긴 하지만 많은 천문학자들에게 외계행성 연구의 초점은 우리 지구에서 발견되는 상황과 유사점을 갖는 지구형 행성의 검출이다. 우리가 아는 것처럼 생명체가 발생하기 위한 핵심 요구 사항은 표면온도를 대략 섭씨 0~100°C 사이로 유지할 수 있게(5.2절) 행성 표면에 액체 물이 존재하는 것이다.

그림 7.21은 어떤 별을 둘러싼 **거주가능지역**을 3차원으로 보여준다. 태양에서 너무 가까우면 물이 끓고, 너무 멀면 물이 얼어버린다. 거주가능지역 범위 안에서는 액체의 물이 행성에 존재할 수 있다. 거주가능지역은 좁고 태양과 가깝다. 더 무겁고 밝은 별에서의 거주가능지역은 1AU보다 먼 쪽에 위치하고 폭이 넓어진다. 금성, 지구, 화성, 이 세 지구형 행성은 태양의 거주가능지역 안쪽 또는 부근에 놓여 있다. 한둘 또는 모두가 생명의 발전을 기대할 수 있는 좋은 환경에 놓여 있다(5.3절).

이 책이 쓰이는 시점에서 50개 슈퍼지구(대략 현재 천체의 10%)와 7개 외계지구가 모성으로부터 거주가능지역 안쪽 또는 부근을 공전하는 것으로 알려져 있으며, 그림 7.22에서 자세하게 살펴볼 수 있다. 도플러 관측으로부터 알게 된 질량이나 통과로부터 알게 된 반경이 있지만 안타깝게도 두 가지 모두의 정보는 알지 못하여, 이들 세계의 밀도와 구성 성분에 대해 알려진 것이 많지 않다. 이들 행성의 대부분은 거주가능지역의 '뜨거운' 가장자리에 가깝게 공전하지만 이것은 관측에 가장 용이한 가까운 궤도를 갖는 행성으로 예상된다. 케플러 후보 목록에는 곧 이 목록에 포함될 수 있는 잠재적인 지구와 슈퍼지구 수십 개가 있을 것이다.

많은 행성탐험가들은 관측 기술이 우리태양계와 유사한 목성형 그리고 지구형 행성계가 존재한다면 이들을 손쉽게 검출할 수 있는 발전된 수준에 곧 도달할 것이라고 자신하고 있다. 천문학자들은 '태양계' 궤도를 갖는 엄청난 수의 외계행성을 검출할 수도 있고, 우리와 같은 계가 정말로 매우 소수라는 결론을 내릴 수도 있다. 어느 쪽이든 결과는 심오하다.

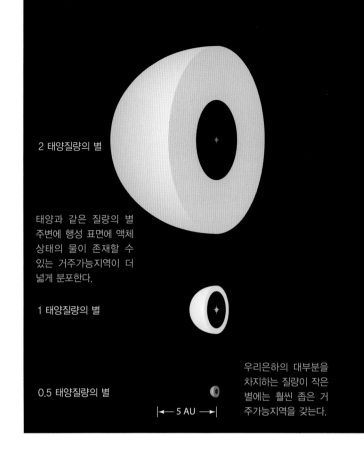

2 태양질량의 별

태양과 같은 질량의 별 주변에 행성 표면에 액체 상태의 물이 존재할 수 있는 거주가능지역이 더 넓게 분포한다.

1 태양질량의 별

0.5 태양질량의 별

|← 5 AU →|

우리은하의 대부분을 차지하는 질량이 작은 별에는 훨씬 좁은 거주가능지역을 갖는다.

그림 7.21

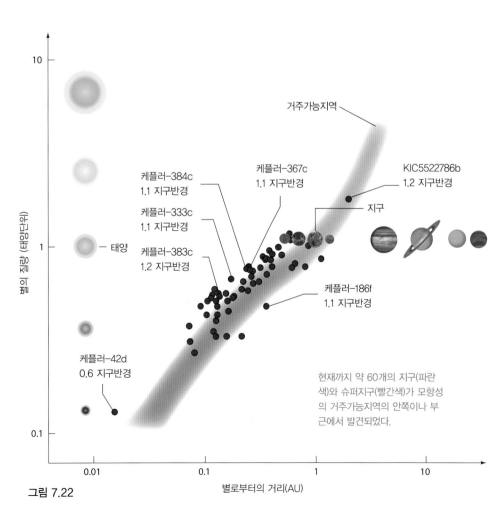

거주가능지역

케플러-384c
1.1 지구반경

케플러-367c
1.1 지구반경

KIC5522786b
1.2 지구반경

케플러-333c
1.1 지구반경

지구

케플러-383c
1.2 지구반경

태양

케플러-186f
1.1 지구반경

케플러-42d
0.6 지구반경

현재까지 약 60개의 지구(파란색)와 슈퍼지구(빨간색)가 모항성의 거주가능지역의 안쪽이나 부근에서 발견되었다.

별의 질량 (태양단위)

별로부터의 거리(AU)

그림 7.22

요약

LO1 태양계 형성 이론은 행성들이 거의 원운동하고, 동일평면 상에서 넓게 퍼진 상태로, 태양 주변을 모두 동일한 방향으로 궤도운동하고, 태양과 가까운 곳에 지구형 행성이 있고 먼 쪽 바깥에 목성형  행성이 있으며, 추가적으로 소행성들과 카이퍼대 그리고 혜성의 존재와 행성이나 위성들에서 역행하는 회전과 같은 불규칙성을 함께 설명해야만 한다. 우리 행성계의 방대한 모습은 태양의 형성에 있어서 부분적으로 생성된 태양계 성운의 편평한 회전원반에서 행성들이 형성되었다는 설명과 일치한다.

LO2 응결이론에 따르면, **태양계 성운**(p. 115)이 자체 중력으로 수축함에 따라 더 빨라진 회전이 결국  에 원반을 형성한다. 성간티끌입자들은 태양계 성운의 온도를 낮추고, 행성 형성 과정을 시작하는 **응결핵**(p. 116) 역할을 했다. 작은 물질 덩어리들이 **강착**(p. 116)과 서로 간의 충돌 그리고 부착물들을 중력장으로 강착시킬 수 있는 달 크기의 **미행성체**(p. 116)로 커지면서 성장되었다. 미소행성체들이 충돌하고 병합됨에 따라 몇몇 **원시행성**(p. 116)은 원반에서 생성되고, 중심에 **원시태양**(p. 117)이 태양으로 되어 가는 동안에 원시행성은 마침내 행성이 되었다. 태양계 성운 내 특정 위치에서의 온도는 물질들이 그곳에서 응결될 수 있을지를 결정하는 주요 요소이다. 지구형 행성은 태양계 성운의 뜨거운 안쪽 지역에 위치하여 오직 암석질과 금속성 물질들로만 응결될 수 있는 태양 부근에서 형성되었기 때문에 암석질이다. 먼 바깥쪽은 성운이 차가웠고 그래서 얼음 또한 행성의 물질로 구성될 수 있었다.

LO3 태양계 바깥 지역의 원시행성들은 태양계 성운으로부터 수소와 헬륨을 포획해서 매우 커졌을 것이고 목성의 세계를 만들었다. 한 해석으로 목성형 행성의 일부는  바깥쪽 성운의 불안정으로 인해 태양계 성운 자체 행성의 작은 규모를 따르는 직접적 중력수축으로 형성되었을 수 있음을 제안한다. 태양이 별로 완성될 때 강한 태양풍이 남은 모든 성운가스를 날려 보냈다. 많은 미행성체 잔해물들은 바깥쪽 행성에 의해 오오트구름으로 방출되었고 카이퍼대가 행성계 바로 뒤쪽에 남았다. 소행성대에 있는 미행성체는 목성의 중력 때문에 행성으로 형성될 수가 없었을 것이다.

LO4 천문학자들은 1,000개 이상의 별에서 공전하는 **외계행성**(p. 120)을 대  략 2,000개 확인했다. 케플러 미션에 의해서 검출된 또 다른 2,000개 외계행성계 후보들이 확인을 기다리고 있다. 약 600개의 검증된 행성이 시선속도 측정에 의해서 식별되었다. 모든 후보를 포함하여 나머지 거의 모두는 통과 방법으로 검출되었다. 검증된 행성계 전체의 약 20%와 후보 중 1/3이 한 개 이상의 행성을 포함한다.

LO5 알려진 외계행성의 질량 범위는 지구 질량 정도에서 목성 질량의 수십 배에 이른다. 어떤 행성은 모항성과 가까운 '뜨거운'  궤도를 공전하는 반면 어떤 행성은 태양계의 목성형 행성과 유사하게 멀리서 '차가운' 궤도를 공전한다. **뜨거운 목성**(p. 122)과 **슈퍼지구**(p. 122)는 태양계에서는 알려지지 않은 행성의 새로운 분류이다. 현재 약 150개의 슈퍼지구와 수십 개의 지구 크기의 외계행성이 알려져 있다. 질량과 반경이 측정된 것들은 밀도에서 넓은 범위를 나타내며 이는 암석질/얼음의 핵과 수소/헬륨의 대기에서부터 물/얼음, 주로 암석질로 구성된 것까지 구성 성분에 있어서 다양함을 보인다. 몇몇 경우에는 대기 성분에 대한 정보가 알려져 있고 수소, 나트륨, 메탄, 이산화탄소, 그리고 물수증기가 검출되었다.

LO6 우리태양계가 행성계 중에서 특이한 것인지 아닌지는 아직 잘 모른다. 관측된 외계행성의 분류가 응결이론과 호환되는 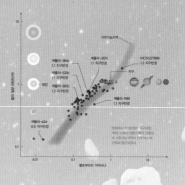 지 확인해 볼 만하다. 그리고 우리가 외계행성에 대해 알고 있는 사실은 최소한 부분적으로는 현재 기술을 이용하여 가장 잘 볼 수 있는 행성들에 기인한 결과이다. 관측되는 외계행성계의 증가하는 개수에는 거의 원에 가깝고 넓게 궤도운동하는 목성 규모 행성을 포함하며, 응결이론 내에서 수용될 수 있는 범위에 있는 편심운동하는 목성, 뜨거운 목성 그리고 슈퍼지구가 있다. 약 30개의 지구와 슈퍼지구는 모성으로부터 **거주가능지역**(p. 125) 부근에서 공전하는 것으로 알려져 있다.

POS 문제들은 과학의 과정을 탐구하는 문제이고, LO 문제들은 학습 목표에 초점을 맞추고 있고, VIS 문제들은 보이는 정보들을 이해하고 해석하는 데 초점을 맞추고 있다.

복습과 토론

1. **LO1 POS** 태양계 형성에 대한 성운이론을 기술하고 현재 태양계에서 관측된 모습들을 어떻게 설명하고 있는지 세 가지 예를 들어라.
2. 임의의 과정이 행성의 특징 결정에 역할을 하는 몇 가지 방법을 설명하라.
3. **LO2 POS** 우리태양계 기원을 설명하는 현대 응결이론이 기존의 성운이론에서 다루지 않았거나 알지 못했던 중요한 재료는 무엇인가?
4. 어떻게 태양계 성운의 온도 구조가 행성의 구성 성분을 결정했는가?
5. **LO3** 어떤 곳에서 목성형 행성이 형성될 수 있는지 가능한 두 가지 방법을 설명하라. 왜 그들은 지구형 행성보다 훨씬 더 무거운가?
6. 카이퍼대와 오오트구름은 어떻게 형성되었는가?
7. 지구에서 현재에도 관측되는 단일 혜성의 가능한 역사를 설명하라. 목성의 궤도 근처 태양계 성운에서 탄생하는 것부터 시작하라.
8. **LO4 POS** 천문학자들이 외계행성을 찾는 세 가지 방법을 서술하라.
9. 왜 현재 검출 기술이 모항성과 가깝게 공전하는 크거나 질량이 큰 외계행성을 찾는 쪽으로 편향될 수 있는가?
10. 만약 통과가 매우 드문 현상이라면, 왜 천문학자들이 외계태양의 지구를 찾는 가장 좋은 방법으로 통과를 생각하는가?
11. **LO5** 어떤 점에서 외계행성계가 우리태양계의 행성계와 다른가?
12. 관측된 외계항성계가 우리태양계와 유사한 몇 가지 방식을 설명하라.
13. 뜨거운 목성은 무엇인가? 슈퍼지구는 무엇인가?
14. **POS** 우리태양계는 항성계 중에서 특이한가?
15. 별에서 거주가능지역은 무엇인가?
16. **LO6** 거주 가능한 다른 별을 공전하는 지구유사 행성을 판단하기 위해 어떤 증거가 있어야 하는가?

진위문제

1. 행성은 태양보다 나이가 훨씬 많다.
2. 태양계는 크게 봤을 때 주로 균일 구성 성분을 갖는다.
3. 내행성들은 주로 미행성체들의 충돌과 병합에 의해서 만들어졌다.
4. 소행성, 유성체, 혜성은 초기태양계의 잔해이다.
5. 가장 가까운 외계행성은 수천 광년 거리에 있다.
6. 천문학자들은 어떤 다른 별을 공전하는 관측된 '뜨거운 목성'을 위한 어떠한 이론적인 설명도 갖고 있지 않다.
7. 슈퍼지구는 항상 모성과 매우 가깝게 공전한다.
8. 현재 수천 개의 거주 가능한 지구와 유사한 외계행성이 알려져 있다.

선다형문제

1. 행성계의 기원을 설명하는 모형은 다음과 같은 태양계의 모든 모습을 설명할 수 있어야만 한다.
   (a) 지적 생명체를 제외하고 (b) 거의 원형인 행성 공전궤도 (c) 대략적으로 동일한 공전궤도면 (d) 극단적으로 먼 혜성의 궤도
2. **VIS** 그림 7.8(a)에 따르면 현재 소행성대의 중심 위치에서의 태양계 성운의 온도는?
   (a) 2,000K (b) 900K (c) 400K (d) 100K
3. 태양계는 (a) 태양계 바깥쪽의 모든 무거운 원소들이 중심으로 빠져버렸다. (b) 태양계 안쪽의 모든 가벼운 물질들이 태양의 일부가 되었다. (c) 태양계 안쪽의 모든 가벼운 물질들이 혜성의 형성에 사용되었다. (d) 암석질과 금속입자들만이 태양과 가까운 곳에서 형성될 수 있었기 때문에 분화되었다.
4. 목성형 행성들은 (a) 지구형 행성과 동시에 (b) 지구형 행성 다음에 (c) 태양 형성의 수백만 년 이내에 (d) 오오트 구름과 동시에 형성되었다.
5. 공인된 외계행성의 개수는?
   (a) 10개 이내 (b) 대략 100개 (c) 1,000개 이상 (d) 10,000개 이상
6. **VIS** 그림 7.16에 의하면 알려진 외계행성의 대부분은: (a) 뜨겁고 무겁다(목성의 질량과 비교할 만한). (b) 차갑고 가볍다(지구의 질량과 비슷한). (c) 뜨겁고 가볍다. (d) 차갑고 무겁다.
7. **VIS** 그림 7.21에서 태양질량 두 배 정도의 별이 갖는 거주가능지역은 (a) 항성으로부터 약 8AU에 위치한다. (b) 약 5AU 두께이다. (c) 전적으로 별로부터 1AU 부근에 놓인다. (d) 태양의 거주가능지역과 같은 크기이다.
8. 거주가능지역에 있는 행성은 (a) 그곳에 생물이 살 수 있다. (b) 아마도 행성의 표면에 액체 물이 존재할 수 있다. (c) 지구처럼 암석질이다. (d) 산소 대기가 있다.

활동문제

협동 활동 제7장 3절에서 제시한 태양계의 '불완전한' 특성의 어떤 내용에서 행성계가 모두 순전히 우연에 의한 발생 가능성이 있다고 생각하는가? 여러분의 선택을 토의하고 관측 자료로 여러분의 선택을 지지하라. 목록에는 없지만 다른 불규칙한 특징을 제안할 수 있겠는가?

개별 활동 우리태양계는 특별한가? (1) 뜨거운 목성, (2) 목성과 같은 공전궤도를 갖는 차가운 목성, (3) 뜨거운 슈퍼지구, (4) 거주가능지역에 위치하는 슈퍼지구, (5) 거주가능지역에 위치하는 지구의 예를 찾기 위해 온라인 외계항성백과사전(http://exoplanet.eu)과 케플러 아카이브(http://exoplanetarchive.ipac.caltech.edu) 자료를 이용하라.

8

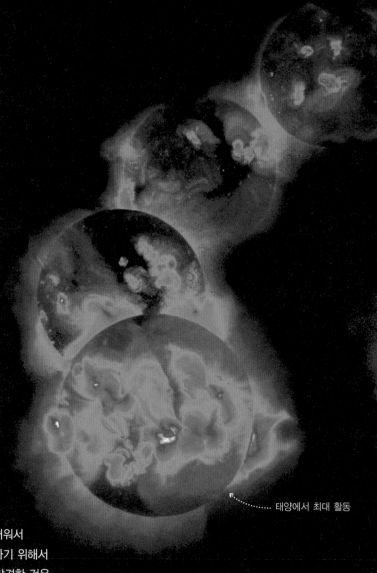

.... 태양에서 최대 활동

태양

별은 행성과 완전히 다른 천체이다.
태양은 우리가 가장 많이 알고 있는 별이다.

그 이유는 다른 어떤 별보다 태양이 지구에 가장 가까이에 있기
때문이다. 태양은 빛의 속도로 8분이면 닿는 거리(8광분),
약 150,000,000km 떨어져 있는 반면에 두 번째로 가까운 별,
알파 센타우리는 약 4.3광년 거리에 있다.

  상대적으로 가까이에 태양 근처에 살고 있기 때문에, 어느 정도
신중하게 그리고 엄밀하게 태양을 연구할 수 있다. 태양은 너무 뜨거워서
로봇을 이용한다고 해도 직접적으로 가볼 수 없기 때문에, 그렇게 하기 위해서
천문학자들은 지상이나 우주망원경을 사용해야 한다. 그렇게 해서 발견한 것은
태양이 어떤 행성보다도 훨씬 크고 밝고 뜨겁고 더 역동적이라는 것이다.

  보통 태양은 고요하지만 때에 따라서 놀라울 정도로 활동적이 될 수 있다. 태양은 낮 동안의
하늘에서 눈부실 정도로 밝기 때문에 인간의 눈은 그 활동성을 알아채지 못한다. 그러한 활동성
의 대부분은 전자기 스펙트럼의 가시광 영역 밖에서 잘 관찰된다. 실제로 태양은 태양 표면의
흑점이나 태양 대기의 플레어와 같은 폭풍을 포함하는 일종의 날씨가 나타난다. 그러한 태양 날
씨는 지구 위의 여기에 있는 우리에게 영향을 줄 수 있다.

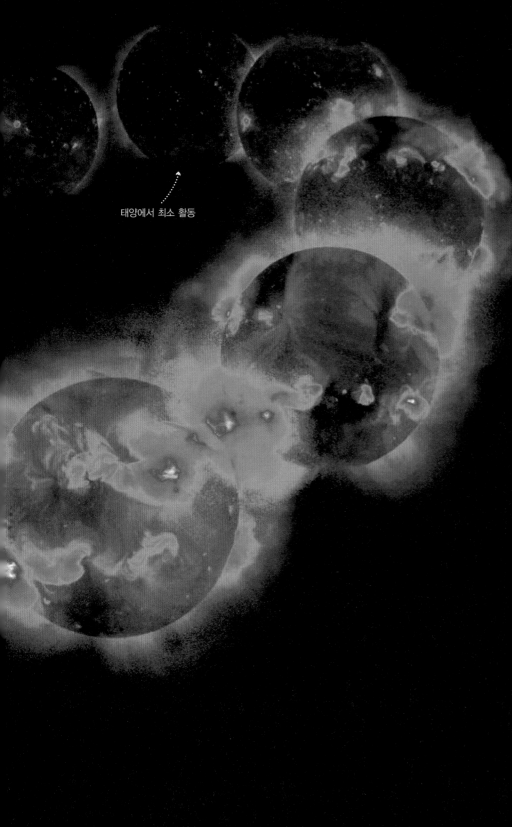

태양에서 최소 활동

이 태양의 그림은 나사의 쌍둥이 스테레오 위성의 자외선 스펙트럼 영역에서 기록된 것이다. 위성 한 개는 지구 앞쪽에서, 다른 한 개는 지구 뒤쪽에서, 매일 태양의 입체적인 모습을 모으는데, 10년 길이의 태양주기 동안 그림 아래쪽 최대 활동에서부터 그림 위쪽 최소 활동까지 태양의 활동은 변한다.

학습목표

LO1 태양의 내부 구조와 전반적인 특징을 기술한다.

LO2 태양 표면에 대한 상세한 연구가 어떻게 태양 내부를 탐색할 수 있는지를 설명한다.

LO3 태양 핵에서 표면까지 어떻게 에너지가 전달되는지를 기술하고 이것을 지지하는 증거를 예로 든다.

LO4 태양 대기의 층을 열거하고 기술한다.

LO5 태양 자기장의 성질과 태양 흑점주기와 관련성을 기술한다.

LO6 태양 활동의 다양한 형태를 열거하고 태양 흑점과 태양 자기장을 연관시킨다.

LO7 태양 에너지 근원으로서 핵융합을 확인하고 그 에너지가 핵에서 표면까지 어떻게 이동하는가를 기술한다.

LO8 태양 핵의 관측이 어떻게 태양 물리에 대한 이해를 심화시키는가를 설명한다.

태양의 특성

태양은 지구 위의 생명을 유지하기 위해 필요한 빛과 열의
유일한 원천이다. 태양이 없다면 우리는 죽게 될 것이다.

태양은 중력과 중심에서 일어나는 핵반응에 의해 유지되는 빛나는 구체의 별이다. 태양의 물리적·화학적 특성에서 언제, 어디서 만들어졌는지와 상관없이 태양은 대부분의 다른 별들과 비슷하다. 실제로 태양은 별 질량, 반지름, 밝기, 성분의 관측 범위의 중간에 놓이는 전형적인 별에 가깝다. 이러한 평범함은 천문학자들이 태양을 연구하는 주요한 이유 중에 하나이다. 천문학자들은 우주에 있는 다른 많은 별들에 대해 태양 현상에 대한 지식을 적용할 수 있다.

주요한 태양의 특성

태양의 반지름은 대략 700,000km인데, 각크기(0.5°) 측정 및 기초기하학 적용에 의한 가장 직접적인 방법으로 결정된다. 태양의 질량은 2×10^{30}kg으로 관측된 행성궤도로부터 적용된 뉴턴의 운동 및 중력법칙을 따른다. 태양의 질량 및 부피로부터 유도한 태양의 평균 밀도는 약 1,400kg/m³으로 목성

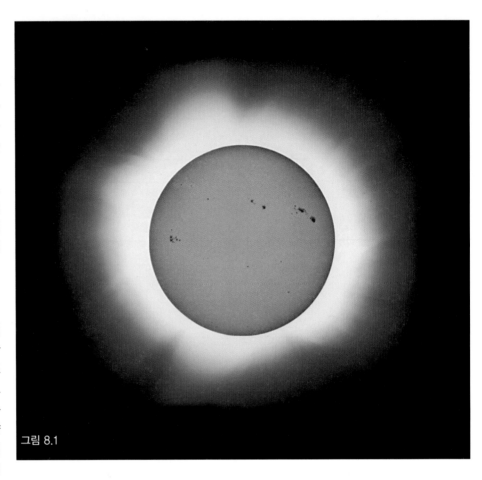

그림 8.1

형 행성의 밀도와 비슷하며, 지구 평균 밀도의 약 1/4 정도이다. 이것은 지구의 암석은 5,500, 물은 1,000, 철은 대략적으로 7,500과 비교된다.

태양 자전은 흑점이 나타나는 시기(8.5절)와 태양 원반을 가로질러 이동하는 다른 표면 현상에 의해서 측정된다. 이러한 관측은 태양이 약 한 달을 주기로 자전하지만 고체가 자전하는 것처럼 자전하지 않는다. 대신에 태양은 차별적(차등적)으로 회전한다. 적도에서는 빠르게 극에서는 느리게 회전한다. 적도에서의 회전주기는 약 25일이다.

흑점은 위도 60°(북위, 남위) 이상에서 나타나지 않지만 고위도에서 자전주기가 31일임을 알려준다. 다른 측정 방법은 태양 자전주기는 극에 접근할수록 계속해서 증가한다는 것을 보여준다. 극 자전주기는 확실하게 알려지지 않았지만 36일 정도이다.

태양의 표면온도는 관측된 태양 스펙트럼(8.4절) 분석에 의해서 측정된다. 태양 복사는 5,800K의 물체에 대한 흑체 복사 형태이다. 이것은 지구의 용광로에 대한 2,000K와 비교되지만, 태양 핵의 온도는 훨씬 더 뜨겁다(8.7절).

태양은 지구 반지름의 100배 이상이고, 지구 질량의 300,000배 이상이고, 그 어떤 물질의 용융점보다 아주 높은 표면온도를 가지고 있으며 이제까지 우리가 접했던 다른 어떤 천체와는 매우 다른 천체이다.

태양의 영역

태양의 주요 영역이 그림 8.2에 그림 8.1과 같은 척도로 반대 음영으로 그려져 있다. 우리가 보는 부분은, '표면'이지만 많은 행성과 그 위성에서 볼 수 있는 딱딱한 고체 표면과 같은 종류는 아니다. **광구**라고 불리는 태양의 표면은 육안이나 강하게 필터 처리된 망원경(그림 8.1의 촬영된 이미지처럼)을 통해서 볼 수 있는 실제로 가스 구체의 일부분이다. 광구의 두께는 단지 대략 500km이거나 태양 반지름의 0.1% 이하로 매우 얇을 것으로 추정된다. 태양 전체가 가스로 구성되어 있다는 사실에도 불구하고, 태양의 가장자리가 매우 선명하게 보이는 이유이다.

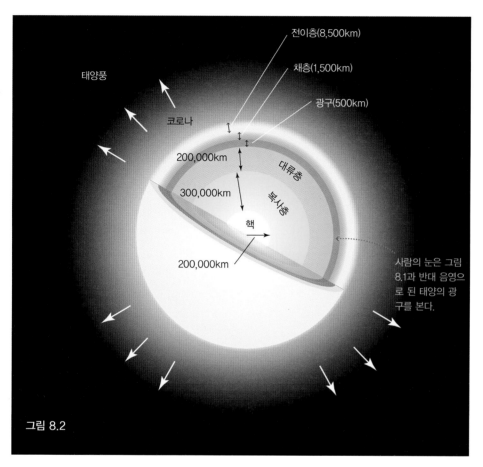

태양풍

전이층(8,500km)

채층(1,500km)

광구(500km)

코로나

200,000km

300,000km

대류층

복사층

핵

200,000km

사람의 눈은 그림 8.1과 반대 음영으로 된 태양의 광구를 본다.

그림 8.2

태양 내부 깊은 곳에 **중심핵**이 있다. 태양 안에서 모든 에너지를 만들어 내는 강력한 핵반응의 장소이다. 이 핵반응에 대해서 제8장 7절에서 논의할 것이다.

태양의 다른 영역은 **채층**이라고 불리는 하부 대기와 **코로나**라고 불리는 넓게 확장된 상층 대기를 포함한다. 코로나는 10,000km 고도에서 시작하여 태양계 안쪽까지 확장된다. 아주 먼 거리에서 코로나는 **태양풍**으로 바뀌는데, 태양으로부터 불어 나가며 태양계 끝까지 관통한다.

핵과 광구 사이에 태양 내부가 존재하는데, 에너지가 태양을 탈출하기 위해서는 이곳을 통과해야 한다. 내부는 분명하게 다른 두 부분으로 되어 있다. **복사층**에서 에너지는 태양의 깊은 내부에 있는 원자핵이나 전자와 끊임없이 상호 작용하여 그곳에 존재하는 가스가 완벽하게 이온화되어 있음을 확신하게 하며, 또한 복사 형태로 느리게 바깥쪽으로 이동한다. 좀 더 고도가 높고 온도가 낮은 **대류층**에서 이온은 형성된다. 이온은 복사와 매우 강하게 상호 작용하는데, 스토브에서 끓고 있는 차우더(수프) 그릇처럼 물리적으로 밀어부치는 물질 상승에 의해 에너지가 탈출하는 데 어렵게 만든다.

광도

아마도 태양의 매우 중요한 특성은 최소한 지구의 생명체를 고려한다고 하면, 모든 방향의 우주 공간으로 방출되는 에너지이다. 매초 태양은 약 백억 개의 핵폭탄의 폭발에 달하는 에너지의 양을 생산한다.

다행스럽게도 모든 에너지가 여기 지구에 도달하지 않는다. 태양에서 우리 지구까지 오는 길에 에너지가 퍼지면서 약해지며, 지구가 에너지의 일부분을 차단한다. 작은 전기 난방기나 5개의 100W짜리 전구와 같은 약 500W(와트) 정도의 햇빛을 일광욕하는 사람에게 비출 수 있는 충분한 에너지가 맑은 날에 있다. 태양 표면에서 총에너지 방출률을 결정하기 위해서 지구에서 측정한 햇빛의 양을 이용할 수 있다. 이것은 천문학에서 매우 중요한 물리량이다. 이를 **광도**라고 부르며 4×10^{26}W와 같거나 100W 전구의 백만×백만×백만×백만 개 이상과 같다.

태양의 내부

태양의 핵 온도는 적어도 별의 에너지를 공급하는 핵반응을
작동시키는 데 필요한 최소 온도인 1,000만 K이다.

태양이 빛난다는 사실은 태양 중심이 매우 뜨겁다는 것을 의미한다. 실제로 지구까지 먼 거리를
이동한 햇빛은 따뜻하게 느껴진다. 그러나 태양 내부에 대한 직접적인 지식은 실제로 꽤 제한적
이다(8.8절에서 태양 핵을 들여다볼 수 있는 '창'에 대해서 논의함). 직접적인 측정에 대한 부족
으로 천문학자들이 태양의 내부 운동을 탐색하는 다른 방법을 선택해야 한다. 관측에 매우 근접
하게 일치하는 모델을 찾기 위해서 태양물리에 대한 이론적 아이디어와 사용 가능한 자료를 조
합하여, 천문학자들은 태양에 대한 수학적 모델을 설계하여 태양 내부를 탐색하고 있다. 제4, 5
장에서 우리 지구뿐만 아니라 목성형 행성의 구조를 유추하기 위해 비슷한 기술이 이용되고 있
음을 기억하자. 태양의 경우에서 얻은 결과는 **표준태양모델**이고, 과학자들 사이에서 널리 수용되
고 있다.

태양의 구조에 대한 모델링

태양의 주요한 특징은 질량, 반지름, 온도, 광도 등 일변화나 연
변화가 크지 않다는 것이다. 제10장에서 태양과 같은 별이 백만
년의 매우 긴 주기로 의미 있는 변화가 있다고 해도, 태양이 지
금 존재하는 대로 연구하는 동안에는 이 느린 진화를 무시할 수
있다.

상대적으로 변하지 않는(최소한 인간의 시간 규모에서) 태양
에 대한 단순한 관측을 기초로 해서, 이론적 모델은 일반적으로
태양은 **정역학 평형** 상태에 있다고 가정한다. 이는 그림 8.3에 그
려진 것처럼, 바깥쪽으로 밀어내는 압력(분홍색 화살표)과 안쪽
으로 끌어당기는 중력(녹색 화살표)이 정확히 평형을 이룬 경우
를 말한다. 반대 방향의 힘 사이의 이 줄다리기는 태양의 무게
때문에 붕괴되지도 않고 항성간 공간으로 폭발하지도 않는 중
요한 원인이다. 몇몇 기본 물리학의 지식이 결합된 정역학 평형
의 가정은 그래서 태양 내부에서의 밀도와 온도를 결정한다. 결
국 이 정보는 다른 관측 가능한 태양의 특징(예 : 광도, 반지름,
원소 조성)에 대한 예측할 수 있는 모델을 가능하게 한다. 그래서
예측이 관측과 일치할 때까지 모델의 구성 상세가 미세하게 조정
된다. 이것이 연구에서 사용되는 과학적 방법, 표준태양모델의
결과이다.

태양 내부의 탐사

표준태양모델을 검증하고 개선하기 위해서 천문학자들은 태양
내부에 대한 정보를 갈망한다. 그러나 광구 아래쪽을 볼 수 없기
때문에 간접적인 기술에 의존할 수밖에 없다. 다행히 태양 스펙
트럼선에 대한 도플러이동 측정은 종의 복합 세트처럼 태양 표면
이 진동하거나 떨고 있다는 것이 밝혀졌다. 이러한 진동은 광구
에서 반사되고 반복적으로 태양 내부를 가로지르는 내부 압력파
(어떤 면에서 공기 중에서 음파와 같은)의 결과이다.

파동이 태양 깊은 내부를 관통할 수 있기 때문에 파동 표면 형

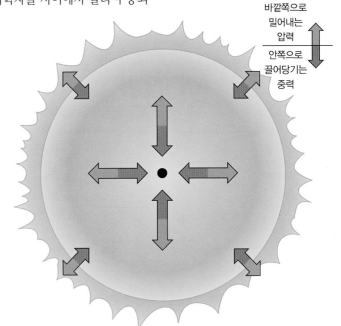

바깥쪽으로
밀어내는
압력

안쪽으로
끌어당기는
중력

그림 8.3

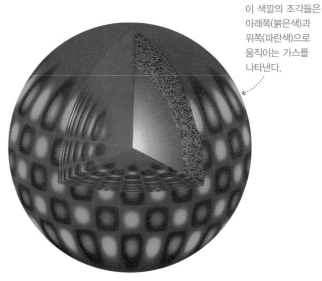

이 색깔의 조각들은
아래쪽(붉은색)과
위쪽(파란색)으로
움직이는 가스를
나타낸다.

그림 8.4

태에 대한 분석은 그림 8.4에서 보여준 모델처럼, 태양 표면에 상당히 깊은 곳의 조건을 연구할 수 있게 해준다. 지질학자들이 지진이 만드는 지진파 관측에 의해서 지구 내부를 조사하는 방법과 비슷한 방법이다. 이런 이유로 비록 태양 압력파가 태양 지진 활동과(태양에는 그런 지진이 없다) 전혀 관계가 없어도 태양 표면 형태에 대한 연구는 **태양지진학**이라고 부른다.

태양 진동에 대한 가장 광범위한 연구는 진행 중인 GONG(Global Oscillations Network Group) 프로젝트이다. 지구의 서로 다른 여러 위치에서 규칙적인 태양 관측에 의해서 천문학자들은 여러 날이나 수 주에 걸친(거의 마치 지구가 자전하지 않고 태양은 절대로 멈추지 않는다) 고품질의 태양 자료를 얻는다. 게다가 1995년 유럽우주국에서 발사하여 현재 지구로부터 약 150만 km 떨어져 지구와 태양 사이에 영구히 위치한 SOHO(Solar and Heliospheric Observatory) 위성이 태양의 표면과 대기에 대한 연속적인 감시를 제공하고 있다. 이 10억 달러의 위성은 태양을 1년 내내 지켜보고 많은 자료는 물론 여러 가지 수수께끼를 보내오고 있다.

가설과 실제 사이의 상세한 비교를 가능하게 하고, 이러한 지상과 우주에서 관측에 대한 분석은 온도, 밀도, 자전, 그리고 태양 내부의 대류 상태에 대한 추가 정보를 제공한다. 직접적인 비교는 태양의 많은 부분을 통해서 가능하고 모델과 관측 간의 일치는 우수하다. 관측한 태양 진동의 진동 톤은 표준태양모델에 의한 예측의 0.1% 이내이다.

밀도와 온도

그림 8.5는 표준태양모델의 결과로서 태양 중심으로부터 거리에 따른 태양 밀도와 온도를 보여준다. 우선 밀도가 어떻게 급격하게 감소하다가 태양으로부터 약 700,000km 떨어진 태양 광구 근처에서 보다 천천히 감소하는가에 주목하자. 핵에서 약 150,000kg/m³ 또는 철 밀도의 20배, 약 1,000kg/m³ 또는 물의 밀도 정도의 중간값(350,000km 깊이에서), 극도로 작은 광구의 값 2×10⁻⁴kg/m³ 또는 지구 공기보다 10,000배 이상 희박한 값의 범위에서 밀도 변화는 크다. 핵에서 밀도가 높기 때문에 대략 태양질량의 90%가 태양 반지름 절반의 안쪽에 존재한다. 광구를 넘어서 외부 코로나에서 10⁻²³kg/m³ (지구 실험실에서 물리학자들이 만들어낼 수 있는 최선의 진공처럼 희박한)에 도달할 때까지 태양 밀도는 계속 감소한다.

온도 역시 태양 내부에서 반지름이 커질수록 감소하지만 밀도처럼 빠르게 감소하지는 않는다. 컴퓨터 모델은 핵에서 약 1,500만 K의 비정상적으로 높은 온도를 예상한다. 그리고 광구에서 약 5,800K의 관측된 값까지 감소한다.

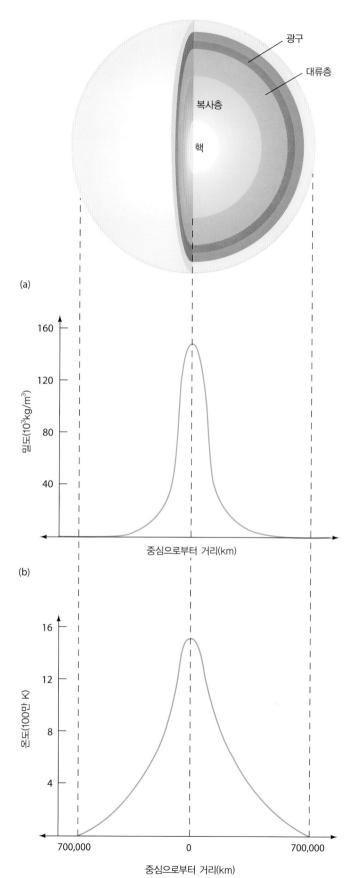

(a)

(b)

(c)

그림 8.5

태양의 에너지 전달

광자가 생성되는 핵에서부터 탈출하는 표면에 도달하기까지
거의 백만 년이 걸린다.

매우 뜨거운 태양 내부는 기체입자 간의 빈번하고 격렬한 충돌을 가능하게 한다. 입자는 끊임없이 서로 충돌하면서 빠른 속도에서 모든 방향으로 움직인다. 핵 내부와 근처에서 극도로 높은 온도는 기체가 완전히 이온화되어 플라스마가 되게 한다. 제2장에서 배웠듯이, 덜 극한 상황에서 원자는 전자를 더 여기시킬 수 있는 광자를 흡수한다. 그러나 광자를 포획하는 원자에 전자가 존재하지 않을 때는 태양 깊은 내부는 복사에 대해 상대적으로 투명해진다. 광자가 때때로 전자와 부딪쳐 산란시킬 뿐이다. 태양 핵에서 일어나는 핵반응에 의해 생산된 에너지는 복사의 형태로 외부로 비교적 쉽게 이동한다.

핵으로부터 멀어질수록 온도는 감소하고 원자는 덜 빈번하게 덜 격렬하게 충돌하고, 더욱더 많은 전자가 어미원자핵에 구속된 상태로 존재할 것인가를 결정한다. 방출되는 복사를 흡수할 수 있는 전자를 포획하는 원자가 많아지면, 대양 내부의 기체

는 상대적으로 투명한 상태에서 거의 완전히 불투명해진다. 중심에서 대략 500,000km 정도 떨어진 대류층의 밑바닥에서 태양 핵에서 생산된 모든 광자가 흡수된다. 어떤 광자도 표면에 도달하지 않는다. 그러나 광자가 옮기는 에너지에 무슨 일이 생기는가? 분명히 그 에너지는 바깥으로 도달한다. 그렇지 않으면 태양이 폭발한다! 그러나 어떻게 그렇게 될 수 있는가(에너지가 전달되는가)?

외부로 이동하는 복사

광자의 에너지는 태양 내부를 벗어나 이동해야 한다. 우리가 햇빛(가시광 에너지)을 본다는 사실은 에너지가 탈출한다는 것을 증명한다. 탈출하는 에너지는 대류, 비록 태양에서 매우 다른 환경에서 작동하지만, 제4장에서 살펴보았던 지구 대기에 대한 연구에서 보있던 것과 같은 기초적인 물리 과정에 의해 표면에 도

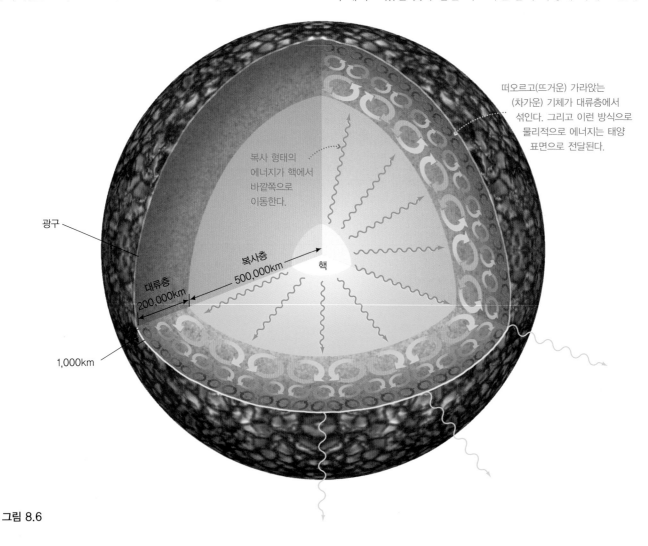

복사 형태의
에너지가 핵에서
바깥쪽으로
이동한다.

떠오르고(뜨거운) 가라앉는
(차가운) 기체가 대류층에서
섞인다. 그리고 이런 방식으로
물리적으로 에너지는 태양
표면으로 전달된다.

광구

대류층
200,000km

복사층
500,000km

핵

1,000km

그림 8.6

달한다. 대류세포의 특징적인 형태를 만들면서 뜨거운 태양 가스는 바깥쪽으로 움직이고 반면에 위쪽 차가운 가스는 가라앉는다. 대류층 도처에서 태양 가스의 물리적 운동에 의해서 에너지는 표면으로 전달된다. 이와는 대조적으로 복사가 에너지 전달 기작일 때는 물질이 내부 깊숙한 곳으로의 물리적 이동이 없다. 에너지가 한곳에서 다른 곳으로 전달되는 데 있어서 대류와 복사는 근본적으로 다른 방법이다.

그림 8.6은 태양에서의 내부 복사층과 대류층에 대한 모형도이다. 실제로 다른 깊이에서 많은 다른 크기의 단(계단)에서 대류세포의 위계가 존재한다. 광구 아래 약 200,000km에 있는 가장 깊은 단은 지름이 수만 킬로미터의 거대한 세포를 포함하고 있을 것이라고 여겨진다. 그래서 점차적으로 작아지는 세포의 연속을 통해서 한 세포 위에 다른 세포에 저장되면서 약 1,000km에서 각 세포의 지름이 1,000km가 될 때까지 열은 계속적으로 상방향으로 전달된다. 대류의 최상단 꼭대기가 태양의 가시적인 표면이 된다.

대류는 태양 대기로 계속 진행되지 않는다. 간단히 대기에는 충분한 가스가 존재하지 않는다. 밀도가 매우 낮아 많은 햇빛을 차단할 만한 원자나 이온이 거의 없어서, 가스는 다시 투명해지고 복사가 다시 에너지 전달의 기작이 된다. 광구에 도달한 광자는 거의 자유롭게 우주공간으로 탈출하며, 다른 뜨거운 물체처럼 광구는 열적 복사를 방출한다. 투명에서 불투명으로 천이는 매우 빠르기 때문에, 광구는 좁고 태양의 '가장자리'는 예리하다.

쌀알무늬

그림 8.7은 광구의 사진(태양 표면의 사진)이다. 쌀알무늬라고

알려진 밝고 어두운 가스의 영역으로 되어 있어서 어떻게 표면이 얼룩덜룩 또는 알갱이의 형태인가에 주목하자. 각각의 밝은 **쌀알무늬**는 지구의 대륙 크기와 견줄 만한 지름이 약 1,000km로 측정되고, 5~10분의 수명을 갖는다. 또 수백만 개의 쌀알무늬는 광구 바로 아래에 있는 대류층의 최상층을 구성한다.

여기서 보이는 각각의 쌀알무늬는 그림 8.6에 그려진 태양 대류세포의 최상부를 형성한다. 밝은 영역 내와 근처에서 관측은 내부에서 끓어오르는 것과 같은 가스의 상방향 운동(광구 바로 아래에서 대류가 실제로 일어나고 있다는 것을 증명하는)의 직접적 증거이다. 밝은 쌀알무늬로부터 탐지된 스펙트럼선은 정상적인 선보다 약간 짧은 파장 쪽에 나타나며 약 1km/s의 속도로 우리에게 다가오는 도플러이동된 물질임을 알려준다. 알갱이 조직으로 된 광구의 어두운 부분에 초점을 둔 분광기는 같은 스펙트럼선이 더 긴 파장 쪽으로 이동되어 나타나며, 같은 속도로 우리로부터 멀어지는 물질임을 암시한다.

쌀알무늬의 밝기 변화는 엄밀히 온도 차이에 의한 것이다. 더 밝고 상승하는 가스는 더 뜨겁고 그러므로 어둡고 차갑고 하강하는 물질보다 더 많은 복사를 방출한다. 서로 근접한 밝고 어두운 영역은 밝기의 대비가 크게 나타나지만, 실제로 측정된 온도 차이는 약 500K 이하이다.

상세한 측정은 태양 표면의 훨씬 큰 규모의 흐름을 보여준다. **거대쌀알무늬**는 지름이 30,000km 이상이며, 쌀알무늬와 상당히 비슷한 흐름 형태이다. 쌀알무늬 내에서 물질은 세포의 중심에서 상승하여, 표면을 가로질러 흐르게 되어, 가장자리에서 다시 가라앉는다. 앞 페이지에 있는 그림 8.6에 묘사된 것처럼 큰 대류세포로 된 깊은 단의 광구에 남겨진 흔적이 거대쌀알무늬일 것이라고 천문학자들은 추측한다.

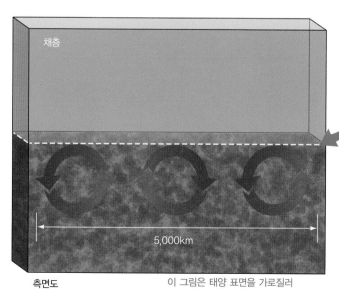

채층

5,000km

측면도   이 그림은 태양 표면을 가로질러 수직으로 자른 면을 묘사하고 있다.

상면도

5,000km

그림 8.7

태양의 대기

전자기 복사와 빠르게 움직이는 입자, 즉 대부분의
양성자와 전자는 항상 태양을 탈출한다.

태양의 대기는 자체 빛을 거의 방출하지 않고 정상 조건에서 가
시적으로 관측될 수 없다. 광구는 너무 밝아 대기의 훨씬 희박
한 복사를 차지한다. 천문학자는 대기의 존재와 특성을 잘 알
고 있다.

채층과 코로나

광구 위에 태양 대기의 내부 영역인 온도가 더 낮은 채층이 존재
한다. 이 영역의 상대적으로 흐릿함은 주로 낮은 밀도에 기인한
다. 매우 적은 원자를 포함하고 있는 희박한 가스는 쉽게 많은
수의 광자를 방출할 수 없다. 그림 8.8은 채층이 아니라 광구가
달에 의해서 가려지는 식 동안의 태양이다. 채층의 특징적인 붉
은 톤은 분명히 가시적으로 보인다. 이 색채는 태양에서 가장 풍
부한 원소인 수소의 적색 H-알파 휘선 때문이다.

짧은 식 동안에 달의 각 크기가 광구와 채층을 가릴 정도로 크
면, 유령 같은 태양 코로나는 그림 8.9처럼 보일 수 있다. 코로나
의 밀도는 광구 밀도의 백만분의 1이지만, 놀랍게도 온도는 약
3백만 K이고, 5,800K인 광구보다 훨씬 높다. 왜 그렇게 온도가
높은지 천문학자들은 잘 알지 못한다. 결국 열원으로부터 멀어
질수록 온도가 상승하는 것은 직관에 어긋난다. 저층 태양 대기
에서 자기 교란이 채층과 코로나 사이에서 급작스러운 온도 증
가를 설명한다고 많은 연구자들은 생각한다.

스펙트럼선

광구에서 만들어지는 흡수선과 채층 및 코로나에서 나오는 휘
선에 대한 분석으로부터 태양에 대한 방대한 양의 정보를 천문
학자들은 수집할 수 있다. 원자 크기 규모에서 빛이 물질과 상호
작용할 때, 화학 조성과 물질의 물리적 상태를 나타내는 매우 특
정한 파장 또는 색에서의 휘선과 흡수를 통해서 일어난다. 태양
에서 만들어지는 흡수 및 휘선은 태양의 성분과 구조에 대한 상

그림 8.8

태양은 식 동안에 상대   그리고 아래에 있는 또
적으로 고요했다.   다른 식 동안에는 훨씬
                      활동적이었다.

그림 8.9

세한 조사를 할 수 있게 해준다.

그림 8.10은 광구의 전형적인 스펙트럼이다. 수천 개의 복잡
한 형태의 검은 흡수선이 배경 연속 스펙트럼에 중첩되어 있음

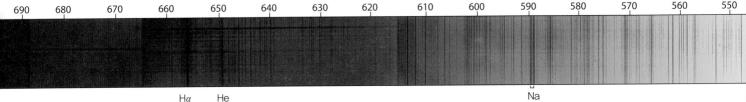

| 690 | 680 | 670 | 660 | 650 | 640 | 630 | 620 | 610 | 600 | 590 | 580 | 570 | 560 | 550 |

Hα   He   Na

그림 8.10

에 주시하자. 이러한 선에 대한 분석은 태양에 서로 다른 67개의 원소가 존재하고 있음을 말한다. 표 8.1은 개수 존재비(%)로 주어진 가장 많은 원소의 목록이다.

표 8.1 태양에 가장 많은 원소

수소	91%	규소	0.004%
헬륨	8.7%	마그네슘	0.004%
산소	0.08%	네온	0.004%
탄소	0.04%	철	0.003%
질소	0.01%	황	0.002%

태양풍

채층은 고요함과 거리가 멀다. **스피큘**이라고 알려져 있는 뜨거운 물질의 제트를 태양의 고층 대기로 분출하는 작은 태양 폭풍이 수 분마다 폭발한다. 그림 8.11은 100km/s의 전형적인 속도로 태양 표면을 떠나는 물질의 길고 얇은 스파이크를 보여준다. 스피큘은 태양 표면을 가로지르며 고르게 퍼지지는 않는다. 대신에 슈퍼그라뉼의 가장자리 근처에서 축적되어 스피큘은 총면적의 약 1% 정도를 차지한다. 과학자들은 태양의 끓고 있는 대류 외부층에서 자기 교란의 결과로 생긴 것이 스피큘이라고 추측하고 있다.

전자기 복사와 빠르게 움직이는 입자, 대부분 양성자와 전자는 항상 태양을 탈출한다. 복사는 빛의 속도로 광구로부터 이동해 나와 지구에 도달하는 데 8분 걸린다. 500km/s의 상당한 속도이더라도 입자가 천천히 움직이면 수 일 내에 지구에 도착한다. 이러한 탈출하는 태양 입자의 일정한 흐름은 태양풍이 된다.

태양풍은 코로나의 높은 온도 때문에 생긴다. 광구로부터 약 천만 km 위에서 코로나 가스는 태양의 중력을 탈출할 수 있을 정도로 뜨겁고, 우주공간으로 흐름이 시작된다. 동시에 태양 대기는 아래로부터 끊임없이 채워진다. 만약에 그렇지 않은 경우라면 코로나는 하루 안에 사라질 것이다. 태양은 실제로 증발하고 있다. 태양풍을 통해서 끊임없이 물질을 발산하고 있는 것이다. 그러나 태양풍은 극도로 희박한 물질이다. 태양풍이 대략 초당 2백만 톤의 태양 물질을 실어 나른다고 해도, 태양계가 형성된 46억 년 이후로 태양은 이런 방식으로 태양의 약 0.1%의 질량을 잃어 오고 있다.

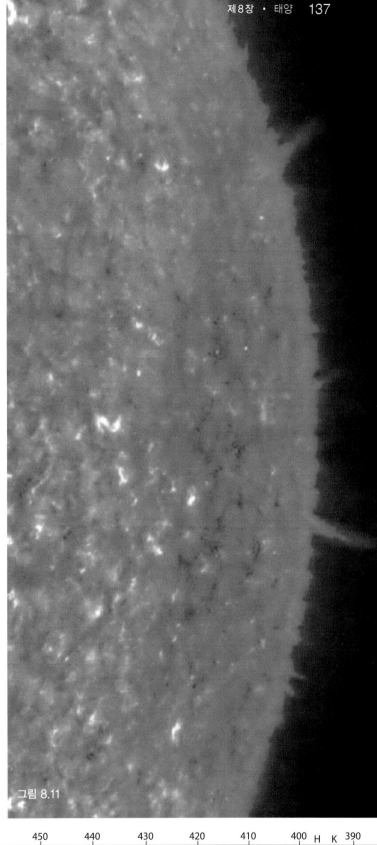

그림 8.11

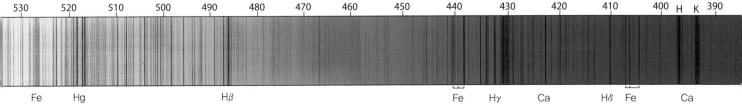

흑점

몇몇의 흑점은 한 달 이상 지속된다고 해도, 대부분의 흑점은 수 일의 주기로 크기와 형태가 변한다.

중력과 열은 태양 내부에서 작동되는 유일한 요인만은 아니다. 태양은 매우 강력한 자성을 띠고 있다. 백 년 전 미국 천문학자 조지 헤일에 의해 발견된 태양 자성은 현재 과학자들에게 또 하나의 풀리지 않는 수수께끼이다. 자성을 이해하는 열쇠는 아마도 태양 표면의 활동에 있을지도 모른다.

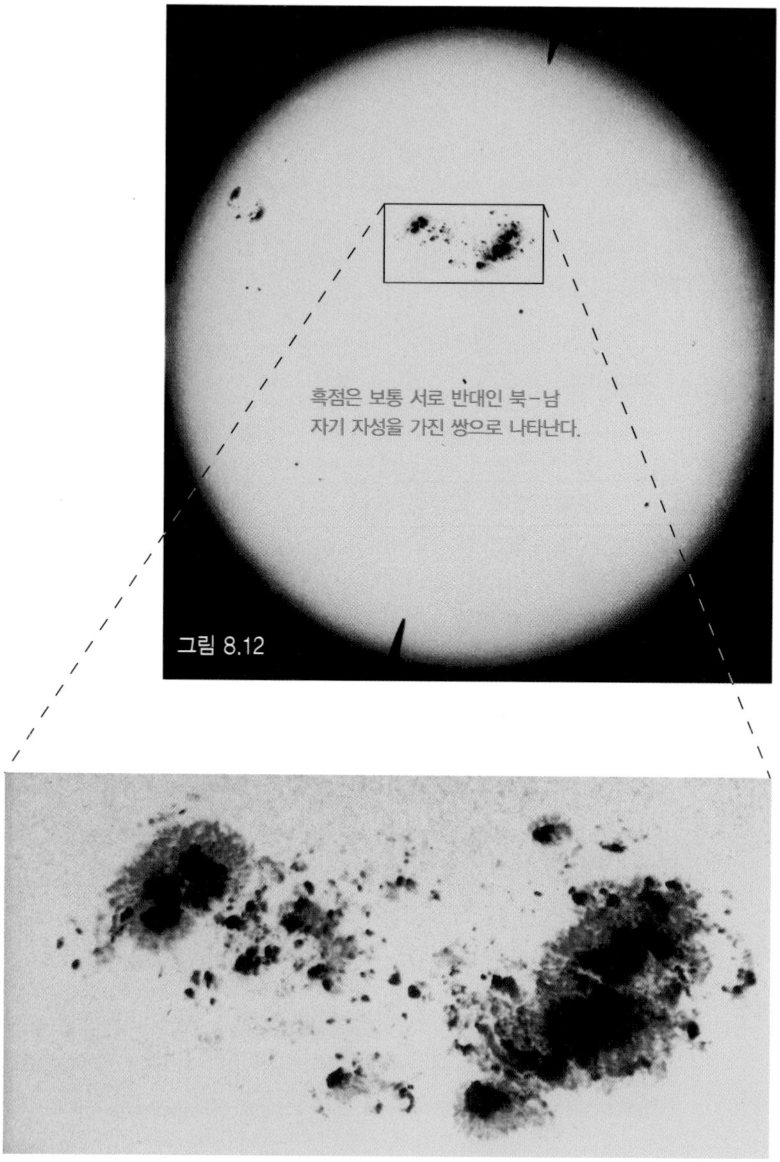

흑점

그림 8.12와 같은 태양의 광학 사진은 태양 표면에 수많은 검은 얼룩을 종종 보여준다. 1613년 갈릴레오가 처음 연구한 이 '점'은 태양은 완벽한 창조물이 아니라 끊임없는 변화의 장소라는 것에 대한 첫 실마리를 제공하였다. 어두운 영역을 **흑점**이라고 부르며, 대략적으로 지구 크기인, 약 10,000km의 전형적인 직경으로 측정된다. 그림에 포함된 삽입 사진은 흑점 근처의 더 밝고 교란되지 않은 광구뿐만 아니라 수 개의 어두운 흑점을 보여준다.

그림 8.12에 포함된 삽입 사진은 흑점의 구조를 상세히 보여준다. 흑점 영역에서 명암 단계는 실제로 온도의 점진적인 변화이다. 흑점은 단순히 광구 가스의 온도가 낮은 지역이다. 회색의 가장자리(반암부)의 5,500K에 비해서, 흑점의 안쪽

흑점은 보통 서로 반대인 북−남 자기 자성을 가진 쌍으로 나타난다.

그림 8.12

어두운 부분(암부)의 온도는 약 4,500K이다. 그러면 흑점은 분명히 뜨거운 가스로 구성되어 있다. 흑점은 더 밝은 배경(5,800K 광구)에 대해서 나타나기 때문에 흑점은 어두워 보인다. 태양으로부터 흑점을 자기적으로 제거한다면, 약 5,000K의 온도를 가지는 뜨거운 다른 물체와 같이 그 점은 밝게 빛날 것이다.

이런 흑점의 원인은 흑점이 가진 자성과 관련되어 있으나, 자세한 이해는 여전히 부족하다. 전형적인 흑점의 자기 세기는 교란되지 않은 광구 지역인 흑점 주변부(지구 자기보다 몇 배 더 강함)보다 약 1,000배 정도이다. 비정상적으로 강한 자성이 뜨거운 가스의 대류 흐름을 차단시켜(또는 재반사) 흑점이 있는 곳의 온도를 억제하기 때문에 흑점이 주변부보다 온도가 낮을 것이라고 연구자들은 생각하고 있다.

흑점의 불규칙한 출현에도 불구하고, 흑점 아래에 막대한 양의 체계가 아마도 존재할 것이다. 모든 흑점은 쌍으로 나타나고, 한 흑점에서 다른 흑점으로 이어지는 자기력선으로 연결되어 있고(그림 8.13), 같은 반구에서(북쪽이나 남쪽) 모든 흑점 쌍은 언제나 같은 자기 구성을 갖는다. 예를 들면, 북반구에서 태양 자전의 방향으로 선행하는 것은 N 자성이다. 게다가 다른 반구에서는 모든 흑점 쌍은 반대의 자기 구성(S 자성이 선행)을 갖는다.

어떻게든 근본적으로 차등회전과 표면 아래의 대류의 조합이 태양 자성의 특성에 영향을 주게 되고, 차례로 흑점의 수와 위치를 결정하는 데 중요한 역할을 하게 된다.

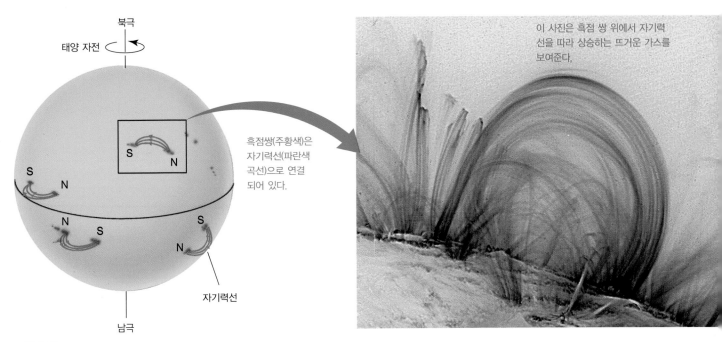

북극

태양 자전

흑점쌍(주황색)은
자기력선(파란색
곡선)으로 연결
되어 있다.

자기력선

남극

이 사진은 흑점 쌍 위에서 자기력
선을 따라 상승하는 뜨거운 가스를
보여준다.

그림 8.13

태양주기

흑점은 일정하지 않다. 몇몇의 흑점은 한 달 이상 지속되기도 하지만, 대부분 흑점은 크기와 형태가 변화하며 전형적으로 며칠의 주기에 걸쳐 나타났다가 사라진다. 그러나 흑점 변화는 꽤 규칙적이어서 분명한 **흑점주기**를 보여준다. 그림 8.14는 지난 4백년 동안에 관측된 월평균 흑점 수를 보여준다. 흑점 수는 11년마다 최대에 도달하고 주기가 새로 시작되기 전에 감소해서 거의 0에 도달한다.

각 흑점주기의 시작, 태양 극소기에 몇 개의 흑점만이 보이게 되고 일반적으로 태양 적도의 북, 남위 30° 지역의 좁은 두 지역에 제한되어 나타난다.

주기에서 약 4년 정도 지난 태양 극대기 근처에 흑점 수는 현저하게 증가하고 적도 근처 20° 범위에서 발견된다. 마침내 주기 끝에 다다르게 될 때까지 흑점 수는 다시 감소하게 되고, 대부분 흑점은 태양 적도 10° 내에 놓인다.

이 상황을 더 복잡하게 하면, 11년 흑점주기는 실제로 더 긴 22년인 **태양주기**의 절반일 뿐이다. 22년 주기의 첫 번째 11년 동안 북반구의 모든 흑점 쌍의 선행 흑점은 같은 N-S 자성을 갖는다. 반면에 남반구의 흑점은 반대 자성을 갖게 된다. 그런 다음 두 번째 11년 동안에 자성은 역전된다. 따라서 완벽한 태양주기는 실제로 반대 방향의 자성을 갖는 2 흑점주기가 된다.

비록 자세히 이해되지 않았지만, 차등자전과 대류의 조합 효과에 의해서 일정하게 늘어나고 꼬이고 접히는 자기력선에 의해서 태양 자성이 생산되고 증폭된다고 천문학자들은 생각한다. 이 가설은 훨씬 빠르고 큰 규모에서 작동되는 태양 다이나모를 제외하고 지구와 목성형 행성의 자기력선을 설명하는 '다이나모'와 비슷하다.

그림 8.14에서 다른 현상을 보자. 태양 흑점주기의 11년 주기성은 규칙적인 것과 거리가 멀다. 주기의 범위가 7~15년일 뿐만 아니라, 흑점주기는 상대적으로 최근 과거에 몇 년 동안 사라졌다. 1645~1715년의 확장된 태양 비활동성의 긴 주기에 대한 역사적 기록에 관심을 둔 영국 천문학자 이름을 따서 **마운더 극소기**라고 한다. 그 기간 동안 코로나는 개기일식 동안 눈에 덜 띄었으며, 17세기 말에 지구 오로라는 드물었다. 태양주기에 대한 완벽한 이해가 부족해서 어떻게 태양주기가 완벽하게 멈추는지 쉽게 설명하지 못한다. 대부분의 천문학자들은 태양의 대류층 또는 회전 형태의 변화라고 추측한다. 그러나 태양 활동과 지구의 기후 간의 연결(8.8절)에 대한 상세뿐만 아니라 태양의 100년에 걸친 변화에 대한 특별한 이유는 미스터리로 남아 있다.

월평균 흑점 수

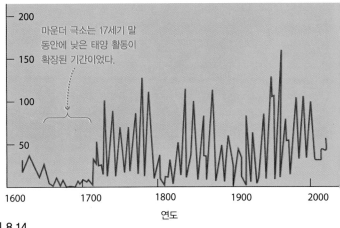

마운더 극소는 17세기 말 동안에 낮은 태양 활동이 확장된 기간이었다.

연도

그림 8.14

8.6 활동적인 태양

혹점으로 둘러싸여 있는 광구는 가끔 많은 양의
코로나 고에너지 입자를 뿜어내면서 격렬하게 분출한다.

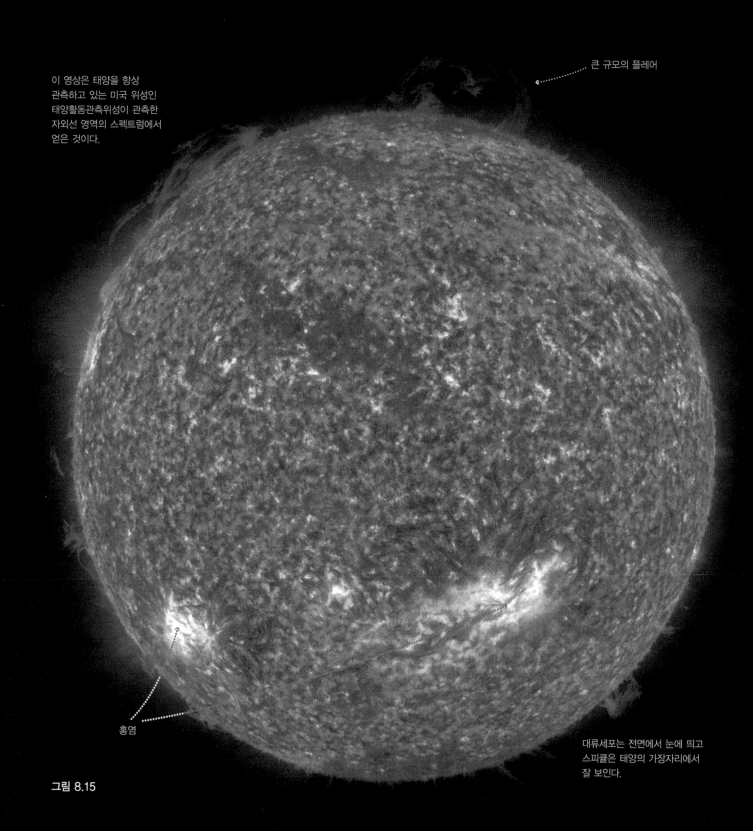

이 영상은 태양을 항상
관측하고 있는 미국 위성인
태양활동관측위성이 관측한
자외선 영역의 스펙트럼에서
얻은 것이다.

큰 규모의 플레어

홍염

대류세포는 전면에서 눈에 띄고
스피큘은 태양의 가장자리에서
잘 보인다.

그림 8.15

흑점은 태양 활동의 상대적으로 친절한 관점이다. 그러나 많은 양의 고에너지 입자를 코로나 속으로 뿜어내면서 흑점을 둘러싸고 있는 광구는 때때로 격렬하게 폭발한다. 모든 폭발적인 이벤트의 장소는 **활동영역**이라고 부른다. 전체 태양에 대한 장관을 이루는 자외선 사진인 그림 8.15에 몇 개의 활동영역을 찾아볼 수 있다. 대부분의 흑점 쌍 또는 그룹은 관련된 활동영역을 가지고 있다. 태양 활동에 대한 다른 모든 관점처럼 이러한 현상은 태양주기를 따르고 태양 흑점 극대기 때에 가장 빈번하고 격렬하다.

홍염

그림 8.16은 거대한 **홍염**, 다시 말해 태양 표면에서 활동영역으로부터 분출되어 나오는 빛나는 가스의 고리나 시트를 보여준다. 태양 자성의 영향으로 홍염은 코로나의 안쪽 영역을 따라 움직인다. 명확하지는 않지만 홍염은 흑점군 내부와 근처에서의 자기 불안정 때문에 발생된다. 전형적인 홍염은 지구지름의 10배인 약 100,000km까지 확장된다. 몇몇의 홍염은 며칠 또는 몇 주 동안 지속된다.

플레어

그림 8.17이 보여주는 **플레어**는 활동영역 근처에서 관측되는 태양 활동의 또 다른 형태이다. 플레어는 수 분 동안 태양의 한 영역을 가로질러 섬광을 만들고 사라지면서 어마어마한 양의 에너지를 방출하는데, 홍염보다 훨씬 더 격렬하다. 플레어의 가장 밝은 부분의 온도는 1억 K에 도달할 수 있다(또는 태양핵보다 거의 10배 이상).

이 격변하는 분출이 매우 강력해서 어떤 천문학자들은 플레어를 태양 대기의 하층에서 폭발하는 폭탄에 비유하곤 한다. 홍염의 특징적인 고리를 만드는 갇힌 가스와 달리, 플레어에 의해 생산되는 입자들은 매우 고에너지여서 태양의 자성이 붙잡을 수 없다. 대신에 입자는 폭발의 격렬함 때문에 우주공간으로 폭발되어 퍼져나간다.

코로나 질량방출

때때로 플레어와 홍염과 관련된 코로나 질량방출(그림 8.18)은 태양 대기의 나머지에서 분리되어 행성간 공간으로 탈출하는 뜨거운 가스의 거대한 자기 '거품'이다. 태양 흑점 극소기에는 1주일에 1회 발생하지만, 태양 극대기에는 하루에 2~3회에 달한다. 지구에 도달할 때 코로나 질량방출은 통신 분산과 전력 중단을 발생시킬 수 있는 지구의 자기권에 막대한 양의 에너지를 쏟아부을 수 있다(스냅 상자 8-2 참조).

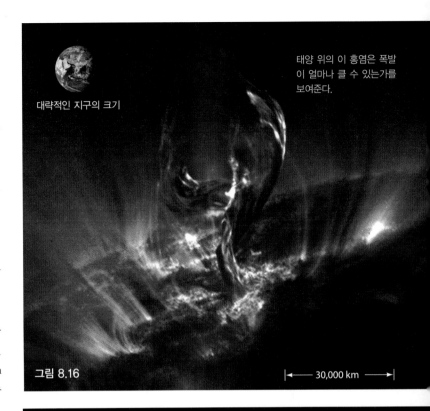

대략적인 지구의 크기

태양 위의 이 홍염은 폭발이 얼마나 클 수 있는가를 보여준다.

그림 8.16 |◀— 30,000 km —▶|

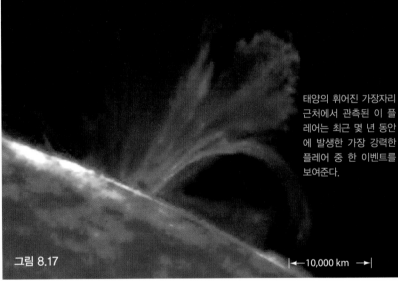

태양의 휘어진 가장자리 근처에서 관측된 이 플레어는 최근 몇 년 동안에 발생한 가장 강력한 플레어 중 한 이벤트를 보여준다.

그림 8.17 |◀—10,000 km —▶|

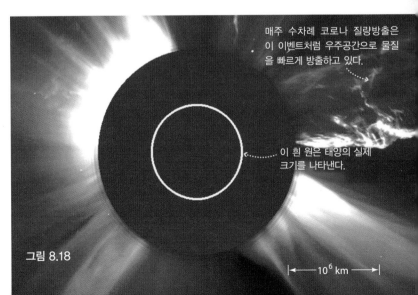

매주 수차례 코로나 질량방출은 이 이벤트처럼 우주공간으로 물질을 빠르게 방출하고 있다.

이 흰 원은 태양의 실제 크기를 나타낸다.

그림 8.18 |◀— 10^6 km —▶|

태양 에너지

태양에서 핵융합은 1개의 헬륨핵을 만들기 위해서 4개의 양성자를 이용하여 몇 개의 소립자가 많은 양의 에너지를 만든다.

잘 알려진 하나의 에너지 생산 기작만이 태양의 막대한 에너지 생산량을 설명할 수 있을 것으로 생각된다. 이 과정은 가벼운 원소가 결합하여 무거운 원소를 만드는 **핵융합**이다. 이 기작은 지구에서 매일 우리 주변에서 일어나는 원자나 분자와 관련된 전형적인 화학 과정은 아니다. 핵발전소에서 무거운 핵으로 쪼개지는 핵분열도 아니다.

태양의 심장

핵융합은 2개의 핵이 격렬하게 결합될 때 발생하는 근본적으로 다른 과정이다(그림 8.19). 그 결과는 때때로 질량을 파괴하고 에너지를 자유롭게 한다. 대부분의 과학 분야에 가장 널리 알려졌으며 앨버트 아인슈타인이 처음 기호 형태로 쓴 방정식을 따른다.

$$E = mc^2$$

글로 표현하면 아래와 같다.

$$에너지 = 질량 \times 광속^2$$

이 방정식은 입자가 융합하고 있을 때 주어진 질량 손실량으로부터 얻을 수 있는 에너지의 양을 결정한다. 광속은 매우 큰 값이고 방정식에서 제곱을 취하기 때문에 매우 작은 양의 질량이라도 막대한 에너지 방출로 변환된다는 것에 주목하자.

양성자-양성자 사슬(p-p 반응)

우주에서 가장 흔한 원소는 역시 가장 가벼운 원소인 수소이다. 그리고 태양에 에너지를 공급하는 것은 수소핵(즉, 양성자)의 융합이다. 그러나 모든 핵은 양의 전기를 띠고 있기 때문에, 간단한 양성자 2개는 실제로 서로 융합되기 위해서 맹렬히 서로서로 충돌해야만 한다. 서로 10^{-15}m 내에서 통과를 가능하게 하는 매우 빠른 속도로 충돌에 의해서 양성자는 그렇게 부딪치고 있다. 극도로 짧은 범위이지만 충돌이 충분히 격렬하면 양성자의 강하고(그리고 끌어당기는) 핵력이 전기적으로 반발하는 자연적 경향을 압도할 수 있다. 융합을 점화시키는 데 필요한 수백 km/s의 속도는 극도로 높은 온도, 적어도 천만 K에서만 획득된다. 이러한 비정상적으로 높은 조건은 태양의 핵에 존재한다. 이것은 앞 절(8.2절)에서 태양 내부에 대해 가정한 정역학 평형을 따른다. 태양은 질량이 크기 때문에 중력이 매우 강해서 평형을 유지하기 위해서 매우 높은 내부 압력이 요구된다.

결국, 압력은 온도와 밀도의 곱이므로, 결과적으로 높은 압력은 높은 중심 온도와 밀도를 필요로 한다.

그림 8.20은 다음과 같이 일어난 것을 나타낸다. 2개 양성자가 중양자(양성자와 중성자를 가지고 있는 '중수소'의 핵)라고 하는 입자를 형성하기 위해 결합한다. 그리고 에너지는 2개의 새로운 입자, 즉 1개의 양전자(양의 전기를 띠고 있으며, 정상적인 전자의 반물질)와 1개의 **중성미자**(전기를 띠지 않고 사실상 질량이 없는 소립자)의 형태로 방출된다. 1초보다 짧은 시간에 일어난다.

태양에서 일어나는 실제 과정은 다소 복잡하지만 간단한 핵이 더 복잡한 핵으로 변환되는 기본 원리는 같다. 그림 8.19에 제시

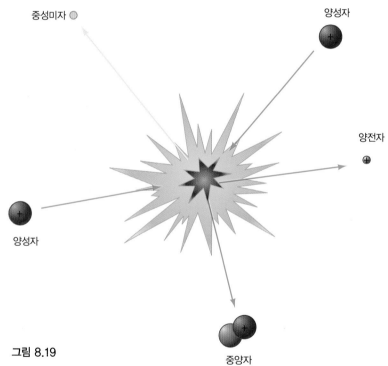

중성미자
양성자
양전자
양성자
그림 8.19
중양자

한 바와 같이 거의 상상할 수 없을 정도로 격렬한 조건에서 2개가 아니라 4개의 양성자가 효과적으로 병합한다. 양성자의 융합은 그 결과가 양성자 다음으로 가벼운 새로운 핵, 헬륨이 된다. 그러나 새롭게 생산된 헬륨의 질량은 반응이 시작된 4개 양성자의 병합된 질량보다 약간 작다. '사라진' 작은 양의 질량은 $E = mc^2$의 방정식을 통해서 에너지로 나타난다.

매초 엄청난 양의 수소가 태양의 핵에서 **양성자-양성자 사슬**에 의해서 융합하여 헬륨이 된다. 태양의 현재 에너지 생산량에 연료를 공급하기 위해서 초당 6억 톤―막대한 양의 질량이지만

태양 총질량의 작은 부분에 불과—의 놀라운 비율로 수소는 융합하여 헬륨이 되어야 한다. 흥미롭게도 거의 광속으로 핵에서 우주공간으로 아무 방해도 받지 않은 채 탈출하는 중성미자에 의해서 중성미자에 비교할 만한 양의 에너지가 운반된다. 태양이 지난 대략 50억 년 동안에 그렇게 해왔고, 앞으로 50억 년 동안에 똑같은 핵연소의 비율을 유지할 것이라고 천문학자들은 추측한다.

모든 별이 수소 연소에 의해서 에너지를 얻는 것은 아니라는 사실을 제 11장에서 이해하게 될 것이다. 그럼에도 불구하고 핵융합은 모든 별에서 작동하고 우리가 보는 사실상 모든 별빛의 근원이다.

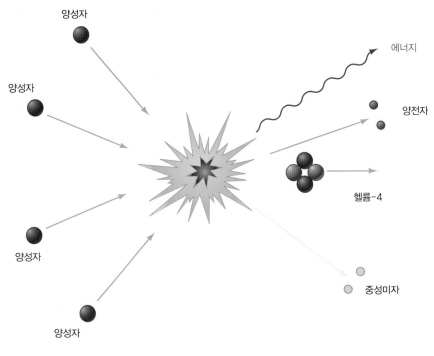

그림 8.20

인력

2개의 같은 전하가 상호 작용할 때 전기적으로 반발한다. 이것이 2개의 양성자(양의 전기를 띠는)와 2개의 전자(음의 전기를 띠는)가 서로 멀리 떨어지려고 하는 이유이다. 자석의 2개의 남극이나 2개의 북극처럼 같은 자극에서도 마찬가지로 반발한다. 반대로 반대의 전하와 자극은 끌어당긴다. 이것이 우주에서 4개의 힘 중 하나인 *전자기력*이다. 지구 위 우리 주변에서 모든 사물은 이 힘에 묶여 있다.

중력은 4개의 인력 중에서 가장 잘 알려져 있다. 중력이 은하, 별, 행성을 함께 묶고, 지구에 인간을 붙들어 놓는다. 질량이 큰 물체는 절대로 반발하지 않는다(밀어내지 않는다). 서로 끌어당길 뿐이다. 지구는 태양 주위를 움직이는데 이 두 천체가 상호 간에 잡아당기기 때문이다. 달과 지구도 마찬가지이다. 그러나 모순되게도 중력은 원자 수준에서는 거의 영향이 없다. 모든 힘 중에 가장 약하다. 많은 원자와 관련되어 있고 지구보다 더 큰 규모에서 중력은 상당할 뿐이다. 우주에서 가장 주요한 힘이다.

이 절에서 기술되는 **강한 핵력**은 2개의 같은 전하(2개의 양성자처럼)가 미끄러져서 서로 통과하기 어려울 때 나타난다. 그리고 그렇게 함으로써, 상호 전기적 반발력을 이겨낸다. 서로 10^{-15}m 이내에서 전기력을 압도하여, 핵력은 반발력을 이기는 인력으로 인계된다. 대부분 별의 원동력이 되는 양성자–양성자 사슬을 시작하면서, 2개의 양성자가 격렬히 병합되고 중수소를 만들기 위해 융합되는 것을 가능케 하는 것이다. 끌어당기는 강한 핵력은 우주에서 세 번째로 잘 알려진 힘이다. 원자의 핵 안에서 양성자와 중성자를 구속한다.

자연의 네 번째 인력은 **약한 핵력**이다. 이 힘은 중력을 제외하고 다른 힘들보다 훨씬 약하고, 그 영향은 좀 더 미묘하다. 약한 핵력은 방사능 원자로부터 복사 방출을 지배하고 있고, 유효한 범위는 10^{-18}m로 극소하다.

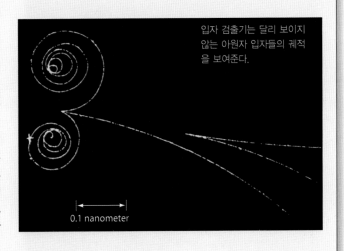

입자 검출기는 달리 보이지 않는 아원자 입자들의 궤적을 보여준다.

0.1 nanometer

태양 중성미자

태양핵에서 형성된 중성미자는 마치 그곳에 없었던 것처럼
태양을 통과하여 행성간 공간으로 자유롭게 흘러간다.

양성자-양성자 순환이 태양핵에서 작동한다고 천문학자들은
상당히 확신한다. 그러나 핵반응에서 만들어진 감마선 에너지가
햇빛으로 태양으로부터 나타날 때 대부분 가시 복사로 변화되기
때문에 이러한 반응에 대한 직접적인 지식이 부족하다. 솔직히
어떻게 태양이 빛나는지를 확실히 알고 싶어 한다. 별이 작동하
는 방법은 천문학의 전 분야에서 가장 기초적인 주제 중의 하나
이다.

다행스럽게도 태양에서 일어나는 핵반응 이벤트를 검증할 수
있는 방법이 있다. 만들어진 헬륨이 태양핵 속에 그대로 머물러
있어도, 양성자-양성자 순환의 부산물인 중성미자는 완벽히 태
양을 빠져나온다. 이런 유령 같고 거의 질량이 없는 소립자는 물
질과 전혀 상호 작용하지 않고, 만들어진 다음 몇 초 후면 태양
을 탈출한다. 붙잡기 어려워도 중성미자는 실제로 지구 위의 특
수 제작된 장비에 의해서 검출될 수 있다.

어떤 검출기는 염소나 갈륨과 같은 막대한 양의 특정한 성분
을 이용하는데, 중성미자가 지구에 도착했을 때 화학적으로 중
성미자와 상호 작용한다. 그림 8.21과 8.22와 같은 다른 검출기
는 중성미자가 물을 통과할 때 물 분자로부터 방출되는 전자에
의해서 만들어진 작은 빛 섬광을 검출하기 위해서 물이 들어 있
는 엄청나게 큰 통을 사용한다. 표적 물질의 수 톤과 수개월 또

그림 8.22

그림 8.21

는 수년 동안 작동되는 장기간의 실험은 정확한 측정을 위해서
필요하다.

먼저 중성미자의 검출된 수는 이론적 모델에서 예측한 값보다
훨씬 작은 것으로 나타났다. 그래서 태양 중성미자가 다른 입자,
보이지 않는 태양핵에서 지구까지의 8분 비행 동안에 다른 형태
의 중성미자로 바뀌는 것을 입자물리학자들은 깨달았다. 그 결
과로서 현재는 이론적 예측과 실험 결과가 훌륭하게 일치한다.
아이디어 검증을 요구하는 과학적 방법은 다시 한 번 그 가치를
증명하였다. 그리고 함축적으로 다른 별뿐만 아니라 태양이 어
떻게 빛나는지를 정말로 이해하고 있다고 확신할 수 있다.

스냅 상자 8-2 태양과 지구의 기후

우리의 태양은 인간의 운명을 지배하는 신으로 숭배되어 왔다. 확실히 매일 우리 지구에 도착하는 태양 에너지의 일정한 흐름은 우리 생명에 필수적이다. 게다가 태양의 강화된 활동과 지구의 날씨의 관련성을 위한 많은 주장들이 있다.

22년 태양주기는 지구에서의 건조기후의 주기와 상관관계가 있는 것으로 보인다. 예를 들면 백 년 전으로 돌아가 지난 8회의 태양주기 시작 근처에서 가뭄은 북아메리카(최소한 다코타 남부에서 뉴멕시코에 이르는 대평원 내에서)를 괴롭혔다. 다른 가능한 태양-지구 연관성은 태양 활동과 지구의 증가된 대기 순환의 연결이다. 순환이 증가하게 되면, 지구 폭풍 시스템은 강해지고 고위도 쪽으로 확장되어 많은 습기(수증기)를 전달한다. 관계는 복잡하고 논란이 많은 주제이다. 그 이유는 태양 활동이 지구 대기를 변동시키는 것을 가능케 하는 물리적 기작(각 태양주기 동안 많이 변화하지 않는 태양의 열 이외에)이 아직 발견되지 않았기 때문이다. 관련된 물리적 기작에 대한 더 나은 지식 없이, 그 어떤 태양의 영향도 우리의 날씨 예보 모델에 포함될 수 없다.

태양 활동은 지구의 장기간의 기후에도 영향을 줄 수 있다. 예컨대, 마운더 극소기(8.5절)는 1600년대 후반에 북유럽과 북아메리카를 춥게 했던 소빙하기라고 부르는 가장 추웠던 시기와 일치하는 것처럼 보인다. 상단의 사진 '겨울' 풍경은 17세기 네덜란드의 전형적인 여름철을 묘사하고 있다. 태양 활동과 많은 흑점이 어떻게 지구의 기후에 영향을 주는가는 현재 고군분투하고 있는 기상학자들에게 선결 문제이다.

태양에 대한 현대 관측은 태양의 에너지 방출량이 태양주기에 따라 변화한다는 것을 역시 지시하고 있다. 역설적으로 많은 흑점이 그 표면을 덮어 가렸을 때 태양의 광도는 가장 크다. 따라서 마운더 극소기는 평균 태양 방출보다 낮은 시기가 확장된 것과 관련이 있다. 그러나 태양 광도에 대한 최근 관측된 변화(단지 0.2 또는 0.3%)는 작다. 적어도 마운더 극소기 동안 감소한 태양의 방출량이 어느 정도인지, 또는 그때 또는 지금 일어나고 있을 기후 변화를 설명하기 위해서 어느 정도의 변화가 필요하는지가 알려지지 않았다.

언제 그리고 어디에 흑점과 태양 플레어가 발생할 것인가를 천문학자들은 아직 예측할 수 없다. 태양이 우리의 일상생활에 영향을 주는 관점에서 예측할 수 있다면 분명히 우리에게 이득이 될 것이다. 고도로 연구가 풍부한 이 분야는 천문학에 대한 연구가 어떻게 때때로 직접적으로 지구에 응용을 할 수 있는가에 대한 좋은 예이다.

요약

LO1 우리 **태양**(p.130)은 중력에 의해서 붙잡힌 가스의 빛나는 별이고, 중심에서 핵융합에 의해서 에너지를 얻는다. **광구**(p.131)는 실제로 모든 가시광이 방출되는 곳으로 태양 표면의 영역이다. 태양의 주요한 영역인 **중심핵**(p.131)

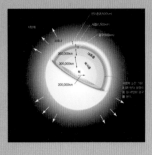

은 핵반응이 에너지를 만들어 내는 곳이며 **복사층**(p.131)은 에너지가 전자기 복사의 형태로 외부로 이동하는 곳이고 **대류층**(p.131)은 태양의 물질이 일정하게 운동하고 있는 곳이다.

LO2 태양 내부에 대한 많은 지식은 수학적 모델을 기초로 한다. 태양의 관측된 특성에 가장 잘 부합하는 모델이 **표준태양모델**(p.132)이다. **태양지진학**(p.133), 다시 말해 태양 내부의 압력파에 의해서 만들어진 태양 표면의 진동에 대한 연구는 태양 구조에 대한 보다 심오한 고찰을 제공한다.

LO3 대류는 태양핵으로부터 표면까지 복사가 통과하는 실제로 중요한 효과이다. 태양 대류의 효과로 광구에 **쌀알무늬**(p.135)의 형태로 표면에서 나타난다. 대류층의 낮은 곳도 역시 **거대쌀알무늬**(p.135)라고 부르는 더 크고 일시적인 형태로 광구에 흔적을 남긴다.

LO4 광구 위에 **채층**(p.131)이 있는데 태양의 하층 대기이다. 태양 스펙트럼에서 보이는 대부분의 흡수선은 상층 대기와 채층에서 만

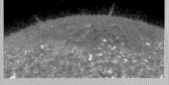

들어진다. 채층 위에 태양의 희박하고 뜨거운 상층 대기인 태양 **코로나**(p.131)가 있다. 태양반지름의 약 15배 되는 거리에서, 코로나의 가스는 태양 중력을 탈출할 수 있을 정도로 충분히 뜨겁고 코로나는 **태양풍**(p.131)으로 바깥쪽으로 흘러나가기 시작한다.

LO5 **흑점**(p.138)은 주변 광구보다 약간 온도가 낮은 태양 표면의 지구 크기의 영역이다. 흑점은 강한 자기장을 띠고 있다. 흑점 수와 흑점 장소 둘 다 태양 자기장이 증가하고 감소함에 따라 대략적으로 11년 **흑점주기**

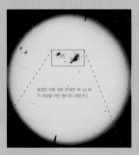

(p.139)로 변화한다. 자기장의 방향은 한 흑점주기에 다음 흑점주기에 걸쳐 역전한다. 그 결과 발생한 22년 주기는 **태양주기**(p.139)라고 부른다.

LO6 태양 활동은 흑점군과 관련된 **활동영역**(p.141)에 집중되는 경향이 있다. **홍염**(p.141)은 태양 표면의 활동에 의해서 방출되는 뜨거운 가스

가 태양 자기장과 상호 작용할 때 만들어지는 고리 모양이거나 천 모양의 구조이다. 더 강한 **플레어**(p.141)는 입자와 복사를 우주공간으로 폭발시키는 격렬한 표면 폭발이다.

LO7 **핵융합**(p.142) 과정에 의해서 핵에서 수소가 헬륨으로 변환되면서 태양은 에너지를 발생시킨다. 원자핵은 **강한 핵력**(p.43)에 의해서 결합되어 있고, 융합이 일어나기 위해서 매우 높은 온도가 필요하다. **양성자-양성자 사슬**(p.142)에서 4개의 양성자가 헬륨핵으로 변환

될 때, 약간의 질량 손실이 있다. 아인슈타인의 에너지질량등가법칙에 표현된 것처럼, 질량은 에너지와 같기 때문에 질량 손실은 결국에 우리가 볼 수 있는 빛이 되는 에너지로 나타난다.

LO8 **중성미자**(p.142)는 양성자-양성자 사슬에서 만들어지는 거의 질량이 없는 입자이고 태양을 탈출한다. 중성미자는 **약한 핵력**(p.143)을 통해서 상호 작용한다. 태양으로부터 흘러나오는 몇몇의 중성미자는 검출될 수 있으나, 초기 실험은 이론에 의해 예측보다 상당히 작은 수의

중성미자가 관측된 것을 발견하였다. 최근 관측 증거에 의해서 뒷받침되어 받아들여지는 설명은 몇몇의 중성미자는 태양에서 지구로 오는 도중에 다른 입자(검출되지 않는)로 변한다.

POS 문제들은 과학의 과정을 탐구하는 문제이고, LO 문제들은 학습 목표에 초점을 맞추고 있고, VIS 문제들은 보이는 정보들을 이해하고 해석하는 데 초점을 맞추고 있다.

복습과 토론

1. LO1 태양의 주요한 영역의 명칭을 말하고 간략히 설명하라.
2. 태양의 질량은 얼마인가? 지구와 비교하면?
3. 광도는 무엇인가, 그리고 태양의 경우 어떻게 측정되는가?
4. LO2 POS 태양 표면의 관측은 태양 내부의 상태를 어떻게 설명하는가?
5. LO3 최종적으로 지구에 도달하는 에너지가 핵에서 어떻게 만들어지는가?
6. 거대쌀알무늬는 무엇인가? 무엇에 의해서 만들어지는가?
7. LO4 스펙트럼선은 태양에 대한 증가된 이해를 어떻게 제공하는가?
8. 태양풍은 무엇인가?
9. LO5 왜 태양주기가 22년 길이라고 하는가?
10. LO6 흑점, 플레어, 홍염의 원인은 무엇인가?
11. 플레어와 홍염이 지구의 생명에 어떻게 영향을 미치는지 설명하라.
12. LO7 태양의 막대한 에너지 생산량의 연료는 무엇인가?
13. 양성자−양성자 사슬에서 에너지가 왜 방출되는가?
14. 태양의 내부 에너지 원천이 갑자기 중단되면 지구에 어떤 일이 발생하는가? 태양의 빛이 사라지는 데 얼마나, 수 분, 수 일, 수 년 또는 수백만 년 걸릴까?
15. LO8 POS 태양 중성미자에 대해서 천문학자들은 왜 관심을 갖는가?
16. 양성자−양성자 사슬에서 중성미자가 왜 방출되는가?

진위문제

1. 태양은 정상적인 별이다.
2. 원자핵은 강한 핵력에 의해 결합되어 있다.
3. 양성자−양성자 사슬 과정에서 질량이 만들어지기 때문에 에너지를 방출한다.
4. 태양에서 가장 풍부한 원소는 수소이다.
5. 태양에 원소가 존재함에 따라 태양 스펙트럼에는 많은 흡수선이 존재한다.
6. 태양 코로나의 밀도와 온도는 광구보다 훨씬 높다.
7. 흑점을 둘러싸고 있는 광구 가스보다 온도가 높기 때문에 흑점은 어둡게 나타난다.
8. 플레어는 태양 하층 대기에서 자기 교란으로 발생한다.

선다형문제

1. 지구의 지름과 비교하면, 태양의 지름은 대략 (a) 같다. (b) 10배 더 크다. (c) 100배 더 크다. (d) 1백만 배 더 크다.
2. 결국에 태양의 평균 밀도는 대략적으로 (a) 비구름 (b) 물 (c) 규산염암 (d) 철-니켈로 된 운석의 밀도와 같다.
3. 태양은 자전축을 중심으로 대략 (a) 한 시간 (b) 하루 (c) 한 달 (d) 1년에 한 번 돈다.
4. 전형적인 태양 쌀알무늬는 대략 (a) 미국의 도시 (b) 미국의 주 (c) 달 (d) 지구의 크기이다.
5. 태양 광구로부터 멀리 떨어질수록 태양 대기의 온도는 (a) 일정하게 증가한다. (b) 일정하게 감소한다. (c) 먼저 감소하다가 증가한다. (d) 광구와 같다.
6. 연속되는 흑점 극대기 간의 시간은 약 (a) 한 달 (b) 1년 (c) 10년 (d) 백년이다.
7. 태양 에너지의 중요한 근원은 (a) 가벼운 원자핵이 무거운 원자핵이 되는 융합 (b) 무거운 원자핵이 가벼운 원자핵이 되는 분열 (c) 태양 형성으로부터 남은 열이 서서히 방출 (d) 태양자기장이다.
8. 태양핵으로부터 중성미자는 (a) 존재하지 않는다. (b) 검출될 수 없다. (c) 설명될 수 없다. (d) 지구 도착 전에 다른 입자로 변할 수 있다.

활동문제

협동 활동 태양을 관측하는 가장 안전한 방법은 스크린에 태양의 이미지를 투영시키는 것이다. 하나의 방법으로 '바늘구멍 카메라'를 만드는 것이다. 두 장의 뻣뻣한 흰종이와 바늘이 필요할 것이다. 한 장의 종이 가운데에 바늘로 구멍을 뚫는다. 그런 다음, 밖으로 나가 구멍이나 다른 방법으로 태양 쪽으로 구멍을 맞추어(태양을 직접적으로 보지 않는다) 종이를 움직이지 않게 들고 있다. 구멍을 통해 들어오는 태양의 이미지를 찾는다. 이 이미지는 빛의 원이 아니고, 태양의 실제 이미지이다. 남은 다른 종이를 이미지가 가장 잘 보일 때까지 앞뒤로 움직인다.

개별 활동 안전 필터를 장착한 망원경은 쉽게 흑점을 보여줄 수 있다. 필터가 있는지 확인하라. 망원경이나 쌍안경으로 직접적으로 태양을 관측하지 마라. 표면에서 볼 수 있는 점의 수를 세어라. 흑점은 자주 쌍이나 그룹으로 나타나는 것을 주의하라. 며칠 내에 다시 관측하게 되면, 태양 자전이 흑점을 이동시키는 것을 알게 될 것이다. 흑점을 신중하게 관측하게 되면 태양의 자전주기까지도 결정할 수 있다.

9

별의 측정

별을 비교하고 분류하는 것은 우리가 살아가고 있는 은하와 우주에 대한 이해의 증진에서
매우 중요한 역할을 한다.

지금까지 우리는 지구, 달, 태양계 및 태양에 대하여 학습하였다. 우주 구성원의 목록을 확장하기 위해, 우리는 태양계
주변을 떠나 저 멀리 깊은 우주공간으로 나아가야 한다. 이 장에서 우리는 거대한 공간을 뛰어넘어 저 멀리 있는 별들
의 일반적인 성질에 대하여 알아보고자 한다. 우리의 우선 목표는 별자리를 이루는 별의 성질뿐만 아니라 맨눈으로는
감지할 수조차 없는 먼 거리의 무수한 별을 이해하는 것이다. 그렇지만 여기에서는 별들의 개별적인 특이성을 학습하
기보다는 그들의 공통적인 물리·화학적 성질을 파악하는 데 집중할 것이다. 온 하늘에 흩뿌려진 수많은 별들의 세계
에도 질서가 있다. 태양계에서의 비교행성학처럼 별을 비교하고 분류하는 것은 우리가 살아가고 있는 은하와 우주에
대한 이해의 증진에서 매우 중요한 역할을 한다.

허블우주망원경의 카메라로 찍은 가시광선/적외선 영상을 합성하여 얻은 이 사진은 '초대형 성단' R136을 보여준다. 이 성단은 수백만 년 전에 대마젤란은하에 있는 일명 녹거마성운에서 태어났는데, 아직도 붉게 빛나는 성운 속에 파묻혀 있는 밝고 젊고 푸른 별들의 거대한 집단이다. 이 성단은 전체 영역이 약100광년으로서 현재까지 알려진 가장 질량이 크고 가장 밝은 별들을 포함하여 100만 개 이상의 별로 이루어져 있다.

태양의 이웃

우리가 관측 가능한 우주에는 통틀어 거의 1,000억 곱하기 1,000억 개의 별이 존재한다.

믿을 수 없을 만큼 많은 숫자임에도 불구하고, 별의 기본적인 특성, 하늘에서의 겉모습, 탄생, 일생, 죽음은 단지 몇 가지의 주요 항성 물리량으로 이해될 수 있다. 먼저 우리는 별의 모든 특성을 이해하는 데 필수적인 별까지의 거리에 대하여 알아보자.

별의 시차

가장 가까운 별까지의 거리는 시차를 이용하여 측정할 수 있다. 시차는 비교적 가까이 있는 물체가 관측자의 위치가 변함에 따라 더 멀리 있는 배경 물체에 대해 나타나는 겉보기 위치의 차이이다(3.2절). 가장 가까운 별들조차도 지구상의 기선으로는 시차를 측정할 수 없을 정도로 너무나 멀리 떨어져 있다. 하지만 그림 9.1과 같이 1년 중에 반 년 간격으로 별을 관측함으로써 우리는 태양 주위를 도는 지구의 공전궤도 지름으로까지 기선을 확장시킬 수 있다. 이때의 시차는 기선의 양 끝점에서 촬영한 사진을 비교함으로써 측정된다. 그림에서 보듯이 공전 운동으로 인한 어떤 별의 연주시차 각, 줄여서 연주시차는 지구가 공전궤도의 한 점에서 다른 끝점으로 이동함에 따라 그 별이 배경에 대해 움직이는 겉보기 이동량의 절반으로 정의된다.

모든 별은 지구로부터 아주 멀리 떨어져 있기 때문에 별의 연주시차는 매우 작다. 그래서 천문학자들은 연주시차를 각도[°]보다도 각초[″] 단위로 표현한다(스냅 상자 1-1). 연주시차가 정확히 1″가 되는 별까지의 거리는 206,265AU 또는 3.1×10^{16}m이다. 천문학자들은 이런 거리를 **1파섹**(parsec, pc)이라고 부른다. 1파섹은 약 3.3광년과 같다.

거리가 멀어질수록 연주시차는 작아지기 때문에, 우리는 간단한 규칙으로 별의 연주시차를 태양으로부터 별까지의 거리와 연결지을 수 있다. 별까지의 거리[pc]는 연주시차[sec]의 역수이다. 파섹은 연주시차를 거리로 쉽게 변환하기 위해서 정의되었다. 연주시차가 1″로 측정된 별은 태양으로부터 1pc의 거리에 위치한다. 연주시차가 0.5″인 별은 1/0.5=2pc에 위치하고, 연주시차가 0.1″인 별은 1/0.1=10pc에 위치한다.

우주 기반의 관측을 사용해서 천문학자들은 수백 파섹의 거리에 해당하는 1,000분의 수 각초 정도의 아주 작은 연주시차까지 측정했다. 유럽우주국(ESA)의 2013 가이아 계획은 이러한 측정한계를 거의 100배 정도 증가시킬 예정인데, 이는 우리은하의 대부분을 포함하는 영역까지 확장시키는 것이다.

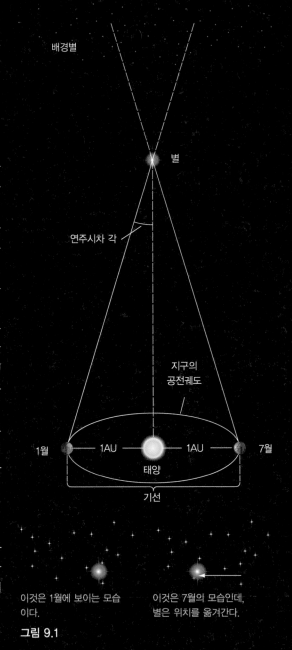

이것은 1월에 보이는 모습이다.

이것은 7월의 모습인데, 별은 위치를 옮겨간다.

그림 9.1

가장 가까운 이웃별

그림 9.2는 지구로부터 4pc(약 13광년 정도) 이내에 놓여 있는 30개가량의 별에 대한 위치도이다. 원의 반지름은 은하면에서의 거리를, 세로선의 길이는 은하면으로부터의 수직거리를 나타낸다.

태양으로부터 가장 가까운 별은 프록시마 센타우리라고 불린다. 프록시마 센타우리는 알파 센타우리 다중성계라 불리는 삼성계(중력으로 묶인 3개의 별이 서로를 공전하는 계)의 일부이다. 프록시마 센타우리의 연주시차는 알려진 값 중에서 가장 큰 0.77″인데, 이는 1/0.77=1.3pc(약 270,000AU, 4.3광년)의 거리에 있다는 뜻이다. 이것은 매우 먼 거리이지만, 우리은하에서는 단지 별과 별 사이의 전형적인 거리에 해당될 뿐이다.

다음과 같은 비유는 이렇게 엄청나게 먼 거리를 느껴보는 데 큰 도움이 된다. 모래알 크기의 지구가 골프공만 한 크기의 태양을 중심으로 1m 거리 밖에서 공전하는 모습을 상상해 보자. 그러면 가장 가까운 별은 역시 골프공 크기이면서 270km 떨어진 곳에 위치하

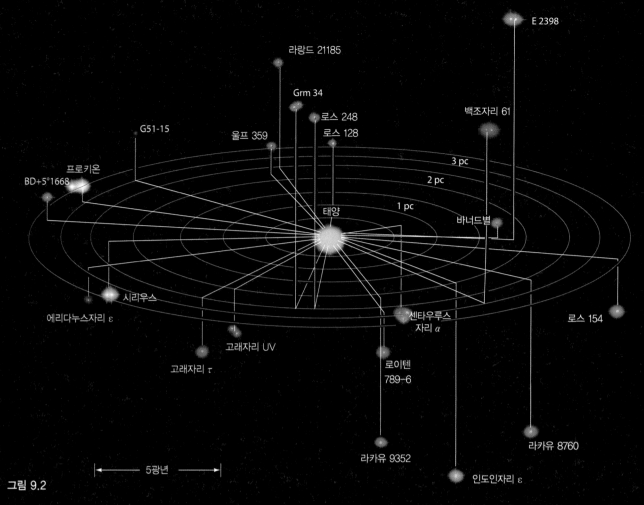

라랑드 21185

Grm 34

로스 248
로스 128

G51-15

울프 359

E 2398

백조자리 61

프로키온

BD+5°1668

3 pc

2 pc

1 pc

태양

바너드별

시리우스

에리다누스자리 ε

센타우루스
자리 α

로스 154

고래자리 UV

고래자리 τ

로이텐
789-6

라카유 8760

라카유 9352

인도인자리 ε

5광년

그림 9.2

게 된다. 모래알부터 작은 조약돌까지의 크기를 갖는 태양계의 여러 행성들은 태양으로부터 50m 이내의 거리에 위치하고, 카이퍼대와 오오트구름 그리고 수많은 작은 먼지입자들이 반경 100km의 영역에 걸쳐 흩어져 있다. 이들을 제외하면 태양과 다른 별 사이를 분리하는 270km의 공간에는 아무것도 존재하지 않는다. 이와 같이 별과 별 사이의 우주공간은 텅 비어 있다.

별의 움직임

그림 9.3은 두 번째로 가까운 이웃인 바너드별(화살표가 가리키는) 주변의 하늘을 찍은 두 장의 사진을 보여준다. 두 사진은 22년의 시간차를 두고 동일한 날짜에 찍은 것이다. 두 사진을 찍었을 때 지구는 공전궤도에서 정확하게 동일한 곳에 있었기 때문에, 관측된 위치 변화는 연주시차로 인한 결과가 아니다. 이러한 변화는 태양에 대한 바너드별의 진정한 움직임을 나타낸다. 하늘을 가로지르는 별의 이러한 움직임을 **고유운동**이라고 한다.

바너드별의 고유운동은 연간 10.3″이다. 별까지의 거리(1.8pc)를 알고 기초기하를 이용하면, 하늘을 가로지르는 횡단속도는 90km/s로 계산된다. 이 값과 도플러 효과를 이용하여 측정된 별의 시선속도 값 110km/s를 합성하면, 그림 9.4와 같이 공간속도는 140km/s로 계산된다(2.3절). 대부분의 태양 주변 별들의 움직임과 비교할 때 이러한 값은 굉장히 빠른데, 이는 바너드별이 주변 별들과는 다른 환경에서 태어났을 가능성을 암시한다.

30각분
[′]

그림 9.3

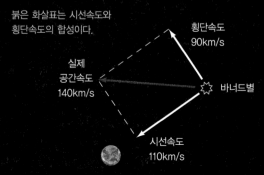

붉은 화살표는 시선속도와
횡단속도의 합성이다.

횡단속도
90km/s

실제
공간속도
140km/s

바너드별

시선속도
110km/s

그림 9.4

별의 광도

별이 단위 시간 동안에 방출하는 빛 에너지의 양으로 정의되는 광도는
가장 기본적인 별의 특성이다.

별의 광도는 관측자의 위치나 운동 상태에 영향을 받지 않는다. 그러나 별을 관측할 때 우리는 별의 광도가 아닌 **겉보기 밝기**, 즉 사람의 눈이나 전하결합소자(CCD) 칩과 같은 감광 장치에 단위 면적당 단위 시간 동안에 입사되는 에너지의 양을 관측한다.

또 다른 역제곱법칙

그림 9.5는 별에서 출발해 공간을 여행하는 빛을 보여준다. 바깥쪽으로 이동함에 따라 빛은 광원을 둘러싸면서 반지름이 증가하는 가상의 구면을 뚫고 나아간다. 구의 표면적은 반지름의 제곱에 비례해 커지기 때문에, 단위 면적당 지나가는 빛 에너지(별의 겉보기 밝기)는 별로부터의 거리의 제곱에 반비례한다(역제곱법칙). 즉, 광원으로부터 멀어질수록 단위면적당 지나가는 빛 에너지는 더 작아진다. 별로부터의 거리를 2배로 증가시키면, 밝기는 2^2배, 즉 4배 어두워진다. 거리가 3배가 되면 겉보기 밝기는 3^2배, 즉 9배 감소한다.

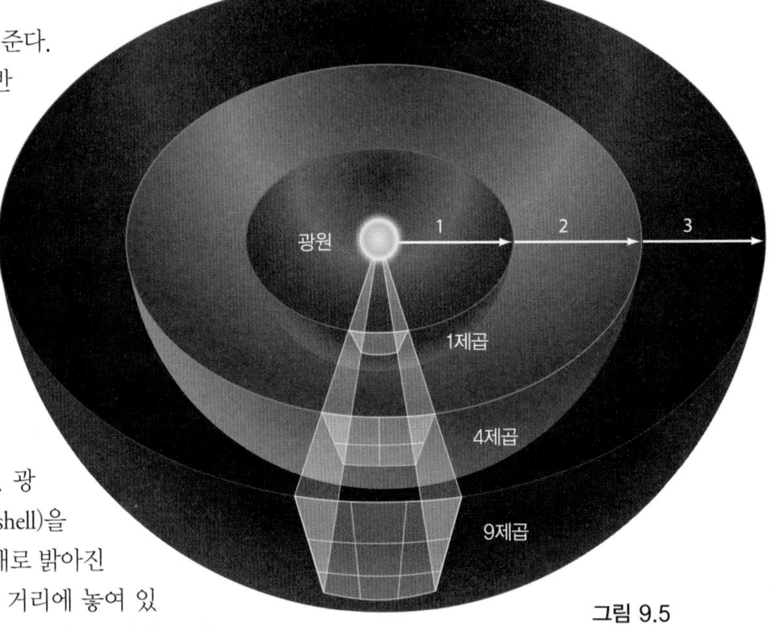

별의 광도 또한 별의 겉보기 밝기에 영향을 끼친다. 광도가 2배가 되면 별을 둘러싸는 임의의 구각(spherical shell)을 지나는 에너지가 2배가 되고, 따라서 겉보기 밝기도 2배로 밝아진다. 그러므로 동일한 성질의 두 별은 지구로부터 같은 거리에 놓여 있을 경우에만 동일한 겉보기 밝기를 가질 수 있다. 그러나 그림 9.6에서 보이는 것처럼, 광도가 같지 않은 두 별은 더 밝은 별이 더 멀리 떨어져 있다면 동일한 겉보기 밝기를 가질 수 있다. 겉보기 밝기가 큰 밝은 별은 강력한 광원이거나(높은 광도), 지구로부터 가깝거나, 또는 둘 모두에 해당한다. 어두운 별(작은 겉보기 밝기)은 약한 광원이거나(낮은 광도) 지구로부터 멀거나 또는 둘 모두에 해당한다.

별의 광도를 결정하기 위해서는 두 단계의 작업이 필요하다. 첫째는 망원경에 입사되는 빛 에너지의 양을 주어진 시간 동안 측정하여 별의 겉보기 밝기를 결정한다. 둘째, 가까운 별은 연주시차를 이용하고, 훨씬 멀리 있는 별은 또 다른 방법(다음 절에서 설명)으로 별까지의 거리를 측정한다. 그러면 거리의 역제곱법칙으로부터 별의 광도를 구할 수 있다.

그림 9.5

별의 등급 척도

천문학자들은 겉보기 밝기를 SI 단위(제곱미터당 와트, W/m²)로 측정하는 대신에 **등급 척도**라는 개념을 사용하여 측정하는 것이 좀 더 편리하다는 것을 오래전부터 알았다. 기원전 2세기에 그리스 천문학자 히파르코스는 맨눈으로 볼 수 있는 별을 여섯 단계의 등급으로 구분하였다. 가장 밝은 별의 무리를 첫 번째 등급, 다음 밝은 별의 무리는 두 번째 등급, 계속하여 마지막으로는 맨눈으로 볼 수 있는 가장 어두운 별의 무리를 여섯 번째 등급으로 분류하였다. 1등급(가장 밝음)부터 6등급(가장 어두움)까지의 범위는 고대인들에게 알려졌던 모든 별을 망라하고 있다.

천문학자들이 근대적인 검출기로 별빛을 측정하기 시작하면서, 그들은 히파르코스의 분류체계에서 1등급의 별

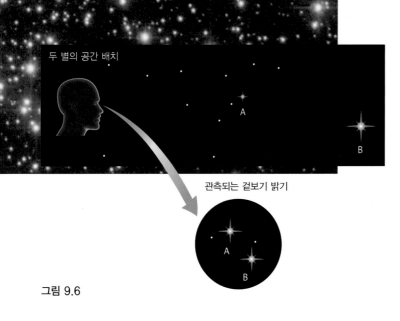

두 별의 공간 배치

A

B

관측되는 겉보기 밝기

A

B

그림 9.6

은 6등급의 별보다 겉보기 밝기가 100배 정도 더 밝다는 것을 알아내었다. 또한 인간의 눈으로 느끼는 한 등급 차는 겉보기 밝기에서 약 2.5배에 해당한다는 것을 알았다. 즉, 1등급의 별은 2등급의 별보다 약 2.5배 더 밝고, 2등급의 별은 3등급의 별보다 약 2.5배 밝으며, 이러한 관계는 계속된다.

근대적인 **겉보기 등급** 척도에서 5등급 차는 겉보기 밝기에서 정확히 100배에 해당한다. 더불어 이 등급 척도는 1에서 6까지라는 원래의 등급 범위를 벗어나 바깥 등급도 포함한다. 매우 밝은 천체는 겉보기 등급이 1보다 작으며, 매우 희미한 천체는 겉보기 등급이 6보다 훨씬 크다. 그림 9.7은 −26.7등급의 밝은 태양부터 겉보기 등급이 +30등급인 천체까지 하늘에서 관측되는 다양한 천체들의 겉보기 등급을 보여준다. 겉보기 등급이 +30인 천체는 허블 또는 켁망원경으로나 관측이 가능한 가장 희미한 천체로, 지구 지름에 해당하는 거리에서 보는 반딧불이의 밝기와 비슷한 수준이다.

본질적인 또는 절대적인 별의 특성을 비교하기 위해서 천문학자들은 별들이 모두 10pc의 표준 거리에 있을 경우를 가정한다. (이러한 선택은 단지 편리하기 때문일 뿐 특별한 이유가 있는 것은 아니다.) 표준 거리인 10pc의 거리에 있을 때의 겉보기 등급을 그 천체의 **절대등급**이라고 한다. 예를 들어, 매우 큰 음수 값인 태양의 겉보기 등급(즉, 매우 밝음)에도 불구하고 태양의 절대등급은 단지 4.8등급에 불과하다. 만약 태양이 지구로부터 10pc 떨어진 곳으로 옮겨간다면, 태양은 밤하늘에서 맨눈으로 보이는 가장 희미한 별보다 단지 약간 밝게 보일 것이다. 절대등급의 정의에서 거리가 고정되었기 때문에, 절대등급은 별의 광도를 나타내는 또 다른 표현 방법이다. 그림 9.8은 광도와 절대등급 사이의 변환 관계를 보여준다.

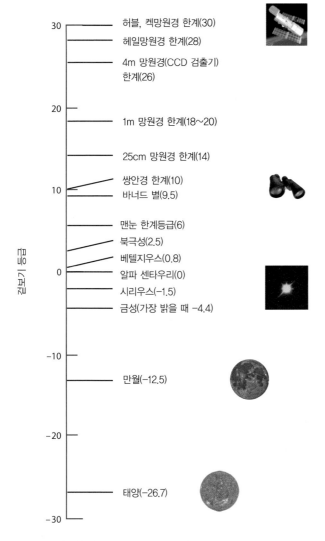

겉보기 등급

30	허블, 켁망원경 한계(30)
	헤일망원경 한계(28)
	4m 망원경(CCD 검출기) 한계(26)
20	1m 망원경 한계(18~20)
	25cm 망원경 한계(14)
10	쌍안경 한계(10)
	바너드 별(9.5)
	맨눈 한계등급(6)
	북극성(2.5)
	베텔지우스(0.8)
0	알파 센타우리(0)
	시리우스(−1.5)
	금성(가장 밝을 때 −4.4)
−10	
	만월(−12.5)
−20	
	태양(−26.7)
−30	

밝은 천체일수록 겉보기 등급은 작다.

그림 9.7

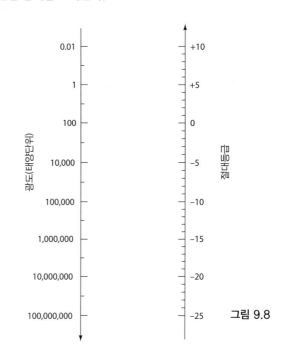

광도(태양단위)

0.01	+10
1	+5
100	0
10,000	−5
100,000	−10
1,000,000	−15
10,000,000	−20
100,000,000	−25

절대등급

그림 9.8

별의 온도
밤하늘은 어떤 별이 뜨겁고 어떤 별이 차가운지 한눈에 알려준다.

그림 9.9a는 작은 망원경으로 관찰되는 오리온별자리의 모습을 보여준다. 차갑고 붉은 별 베텔지우스(Betelgeuse, α)와 뜨겁고 푸른 별 리겔(Rigel, β)의 색깔은 선명하게 눈에 띈다. 복사법칙(2.3절) 때문에 별의 색깔은 별 온도의 좋은 지시자가 된다. 그림 9.9b는 허블망원경으로 관측한 우리은하의 중앙팽대부 사진인데, 넓은 범위에 걸쳐 있는 별의 다양한 색깔을 보여준다.

색깔과 흑체곡선

천문학자는 몇몇 주파수대에서 별의 겉보기 밝기를 측정하고, 그 결과와 가장 잘 맞는 흑체복사곡선을 찾아냄으로써 별의 표면온도를 결정할 수 있다(2.3절). 흑체곡선의 모양은 잘 알려져 있으므로, 천문학자는 적절한 필터들을 이용하여 단지 두 번만의 관측으로도 별의 온도를 알아낼 수 있다. 이때 필터는 특정 파장 영역의 빛만을 통과시키고 나머지 파장의 빛들은 차단하는 역할을 한다.

예를 들어, B(blue, 파랑)필터는 보라부터 파랑까지의 빛은 통과시키고 나머지 파장의 빛은 차단한다. 비슷하게, V(visible, 가시광)필터는 녹색부터 노랑까지만 통과시킨다. 그림 9.10은 이 필터들이 온도가 다른 천체에 대하여 통과시키는 빛의 양이 얼마만큼 어떻게 달라지는가를 보여준다. 30,000K의 매우 뜨거운 발광체에 해당하는 곡선(a)에서는 V필터보다 B필터를 통해 상당히 더 많은 양의 빛을 받아들인다. 발광체의 온도가 10,000K인 곡선 (b)에서는 B필터와 V필터의 세기가 거의 같다. 곡선 (c)처럼 3,000K의 차가운 발광체는 B영역보다 V영역에서 훨씬 더 많은 에너지를 방출한다.

각각의 경우에 우리는 오직 두 번의 측정치만으로 온도를 결정할 수 있는데, 그것은 두 측정치를 지나는 흑체곡선은 유일하기 때문이다.

별의 스펙트럼

색깔은 별을 특징짓는 데 매우 유용한 방법이지만, 천문학자들은 별의 특성을 밝혀내기 위해 가능하다면 분광학을 이용하는 것을 선호한다. 그림 9.11에서는 일곱 가지 유형의 별에 대하여 400nm부터 650nm에 걸친 파장 영역에서의 스펙트럼을 비교하고 있다. 태양의 스펙트럼에서처럼 각 스펙트럼은 연속 스펙트럼을 배경으로 중첩되어 나타나는 어두운 흡수선의 무리를 보여준다(8.4절). 그렇지만 각각의 흡수선들이 나타나는 양상은 별마다 서로 크게 다르다. 어떤 별은 스펙트럼의 장파장 영역에서 두드러지는 선들이 나타나는 반면에, 다른 별은 단파장 영역에서 가장 강한 선이 나타난다. 또 어떤 별은 가시광의 전 영역에 걸쳐 널리 퍼져 있는 흡수선을 보여준다. 이러한 차이는 우리에게 무엇을 알려주는 것일까?

여러 가지 원소의 선스펙트럼이 다양한 세기로 존재하지만, 그림 9.11의 스펙트럼에서 보이는 차이는 화학 조성의 차이로 인한 것이 아니다. 사실 이들 7개의 별은 모두 그 화학 조성이 태양과 거의 같다. 그 대신 스펙트럼의 차이는 거의 모두 별의 온도 차이로부터 비롯된다. 그림 9.11 상단의 첫 번째는 화학 조성이 태양과 같고 표면온도가 30,000K인 별의 스펙트럼이고, 두 번째

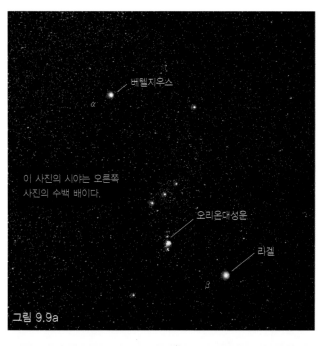

베텔지우스

α

이 사진의 시야는 오른쪽 사진의 수백 배이다.

오리온대성운

리겔

β

그림 9.9a

그림 9.9b

는 20,000K인 별의, 아래로 계속하여 마지막 하단은 3,000K인 별의 스펙트럼이다.

분광형 분류

1880년에서 1920년 사이에 천문학자들은 수많은 별에 대하여 그림 9.11과 같은 스펙트럼을 얻었고, 실험실에서 얻은 선스펙트럼과 비교함으로써 별에서 관측되는 많은 흡수선 스펙트럼들을 동정하였다. 그러나 그 당시에는 아직 현대적인 원자이론이 정립되지 않았고, 따라서 선의 세기에 대해서는 단지 묘사만 하였을 뿐 올바른 해석은 이루어지지 못하였다. 원자가 어떻게 선스펙트럼을 형성하는가에 대한 이해 부족으로 인하여, 천문학자들은 가장 두드러지는 분광학적 특징(특히 수소선의 강도)에 따라 별을 분류하는 방법으로 데이터를 정리하였다. 그들은 알파벳 분류체계를 채택하여, 가장 강한 수소선을 갖는 별의 그룹은 A별로, 그다음 강한 그룹은 B별, 이하 같은 방법으로 가장 약한 그룹인 P별까지 분류했다.

1920년대에 과학자들은 원자 구조와 선스펙트럼 형성 사이의 복잡한 관계를 이해하기 시작했고, 그럼에 따라 천문학자들은 표면온도에 따라 별을 분류하는 것이 좀 더 의미 있다는 것을 인식하기 시작했다. 매우 뜨거운 별은 대부분의 원자가 이온화되어 버리기 때문에 중성수소가 거의 없어서 매우 약한 수소선을 나타낸다. 이에 비하여 차가운 별에서는 대부분의 수소가 바닥상태에 있기 때문에 첫 번째 들뜸상태, 다시 말해 수소가 가시광 영역에서 빛을 흡수하는 유일한 상태에 있는 수소가 아주 적어서 수소선이 약하다(2.5절). 10,000K 정도의 중간 온도인 별만이 관측되는 강한 수소선을 만들기에 충분할 만큼 적당히 들뜬 수소 원자를 많이 포함한다.

온도가 내려가는 순서대로 O, B, A, F, G, K, M의 문자(나머지 다른 알파벳은 탈락됨)가 배정되었는데, 이러한 명칭을 **분광계급**(spectral classes) 또는 **분광형**(spectral type)이라고 한다. 이들을 정확한 순서대로 외우기 위해 'Oh, Be A Fine Guy/Girl, Kiss Me'와 같은 기억법을 이용하면 좋다. 별의 분광형은 쉽고 명확하게 결정될 수 있기 때문에, 분광형 분류는 천문학자에게 별의 온도를 결정하는 매우 정밀한 방법을 제공한다.

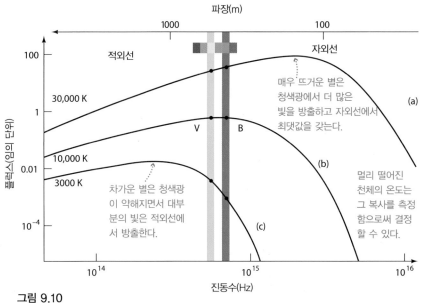

그림 9.10

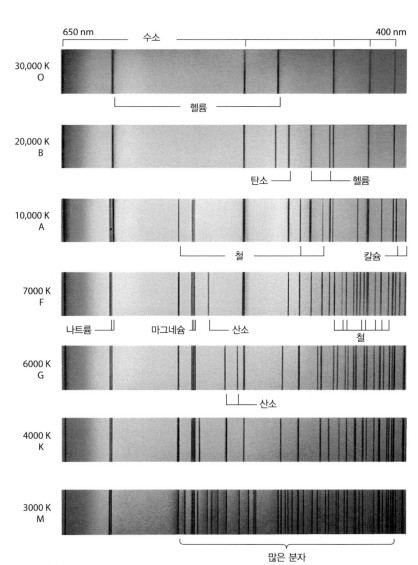

그림 9.11

별의 크기

아주 극소수의 별만이 충분히 크고, 밝고, 가까워서 별의 크기를 직접 측정할 수 있다.

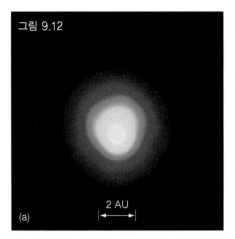
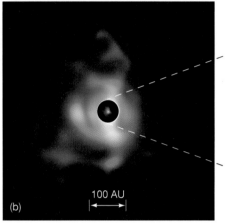
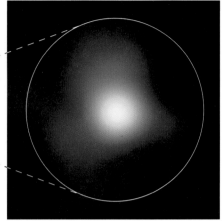

그림 9.12

사실상 모든 별은 가장 큰 망원경을 통해 보더라도 하늘에서 그 크기를 구별할 수 없는 점광원이다. 그럼에도 천문학자는 하늘에 있는 수많은 별들의 반지름을 알아내는 기법을 개발해 왔다.

직접 측정

별의 각크기를 측정하고 태양으로부터의 거리를 알면, 기초기하를 이용하여 별의 반지름을 결정할 수 있다(3.7절). 이러한 방법으로 수십 개 별의 크기가 측정되었다. 이들 중에서 가장 잘 알려진 별은 그림 9.12의 부푼 별 베텔지우스이다. 이 불안정한 별의 반지름은 태양 반지름의 600배에서 1,200배까지 변하는데(약 3~6AU), 최대 크기일 때는 목성까지 삼켜버릴 정도이다.

그림 9.12(a)는 허블우주망원경으로 찍은 베텔지우스의 자외선 영상을 거짓 색으로 나타낸 것인데, 베텔지우스가 정말로 얼마나 큰지를 잘 보여준다. 어렴풋한 표면 모습으로부터 태양에서 관측되는 것과 유사한, 하지만 규모가 훨씬 큰 거대한 폭풍이 존재하는 것으로 여겨진다. 그림 9.12(b)는 칠레의 거대망원경(VLT)으로 찍은 두 장의 적외선 영상인데, 막대한 양의 가스를 부풀려 주변 공간 속으로 방출하고 있는 별의 모습을 보여준다.

간접 측정

대부분의 별은 너무 멀거나 너무 작아서 직접적인 측정이 불가능하다. 이러한 별의 크기는 제2장에서 소개된 복사법칙(2.3절)을 이용하여 간접적인 방법으로만 추정할 수 있다. 이 법칙은 별의 광도가 표면온도의 4제곱에 비례한다는 것을 알려준다. 또

한 광도는 별의 표면적에 비례하는데, 그 표면적은 별 반지름의 제곱에 비례한다. 이러한 **반지름−광도−온도 관계**(radius-luminosity-temperature)는 별의 광도와 온도로부터 어떻게 반지름을 추정할 수 있는지(간접적인 별 크기 결정 방법)를 알려주기 때문에 중요하다.

그림 9.13은 3개의 가상별에 대한 반지름, 광도, 온도 사이의 연결 관계를 보여준다. 그림 9.13(a) 별은 크기가 태양의 절반이고, 표면온도가 태양의 2/3인 작고 차가운 별이다. 반지름−광도−온도 관계는 이 별의 광도가 태양의 1/20 정도라고 알려준다. 동일한 온도에서 반지름을 40배 증가시키면, 광도는 $40^2 = 1,600$배 증가하여 태양의 80배로 밝아진다(그림 9.13b). 이제 반지름을 고정시킨 상태에서 온도를 5배 올리면 광도는 $5^4 = 625$배만큼이나 증가하여 태양보다 50,000배나 밝아진다(그림 9.13c).

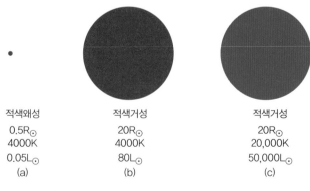

적색왜성	적색거성	적색거성
$0.5R_\odot$	$20R_\odot$	$20R_\odot$
4000K	4000K	20,000K
$0.05L_\odot$	$80L_\odot$	$50,000L_\odot$
(a)	(b)	(c)

그림 9.13

거성과 왜성

알데바란(황소자리에서 '황소의 눈'으로 알려진 황적색의 별)은 표면온도가 4,000K이고, 광도가 태양값의 330배로서 1.3×10^{29}W이다. 반지름–광도–온도 관계는 이 별의 반지름이 태양의 40배 정도라는 것을 알려준다. 태양이 그 정도로 커진다면, 태양의 광구는 수성궤도의 절반 가까이까지 확장될 것이고, 지구의 하늘에서는 20° 이상의 크기로 보일 것이다.

알데바란만큼 큰 별은 **거성**으로 알려져 있다. 좀 더 정확하게 표현하면 거성이란 태양 반지름의 10~100배 사이의 반지름을 가지는 별이다. 4,000K 정도의 천체는 붉은색을 띠기 때문에 알데바란은 **적색거성**이라고 불린다. 태양 반지름의 1,000배가량 되는 훨씬 큰 별들은 **초거성**이라고 불린다. 베텔지우스는 **적색초거성**의 대표적 사례이다.

이제 밤하늘에서 가장 밝은 별인 시리우스 A의 희미한 동반성인 시리우스 B를 생각해 보자. 시리우스 B의 표면온도는 태양의 4배인 24,000K이다. 이 별의 광도는 10^{25}W로서 태양의 0.025배이다. 반지름–광도–온도 관계로부터 이 별의 반지름이 태양의 0.01배로서 지구와 비슷한 크기임을 알 수 있다. 시리우스 B는 태양보다 훨씬 뜨겁지만, 작고 희미하다. 태양의 반지름보다 작거나 비슷한 별들을(태양 자신을 포함하여) 천문학 용어로는 **왜성**이라고 부른다. 표면온도가 24,000K인 천체는 푸르스름한 백색을 띠기 때문에, 시리우스 B는 **백색왜성**의 전형적인 사례가 된다.

별의 반지름은 태양의 0.01배보다 작은 것에서부터 100배보다 큰 것까지 넓은 범위에 걸쳐 있다. 그림 9.14는 잘 알려진 몇 개의 별 크기를 도식적으로 보여준다. 이 그림에서는 태양보다 큰 별들이 지배적이지만, 사실 이렇게 큰 별들은(매우 중요한 역할을 하지만) 우주 전체 별들의 수 퍼센트만을 차지할 뿐으로 수적으로는 뚜렷한 소수파에 속한다는 사실을 명심해야 한다. 압도적인 다수파는 태양보다도 상당히 작은 왜성들로서, 일부는 백색왜성이고 대부분은 적색왜성이다.

화성 궤도까지의 거리, 325R⊙

1 AU, 215R⊙

안타레스, 500R⊙

알데바란	카펠라	스피카	시리우스
40R⊙	15R⊙	7R⊙	2R⊙

목성
0.1R⊙

바너드별
0.2R⊙

태양
1R⊙

시리우스 B
0.01R⊙

프록시마 센타우리
0.08R⊙

그림 9.14

헤르츠스프룽 - 러셀도

온도에 대한 광도 그래프는 별의 속성을 이해하는 데 매우 중요하다.

그림 9.15는 온도에 따른 광도 그래프에 잘 알려진 몇 개의 별을 그려 넣은 것이다. 이와 같은 그림은 **헤르츠스프룽-러셀도** (Hertzsprung–Russell diagram) 또는 **H-R도**(H-R diagram)라고 하는데, 이는 1910년대에 이 도표의 사용법을 독립적으로 개척한 덴마크의 천문학자 헤르츠스프룽(Ejnar Hertzsprung)과 미국의 천문학자 러셀(Henry Norris Russell)의 이름을 땄기 때문이다.

이 도표에서 세로축의 광도 눈금은 태양광도(3.9×10^{26}W/s) 단위인데 10^{-4}에서 10^4에 이르기까지 매우 넓은 범위에 걸쳐 있다. 태양은 광도 값이 1이므로 광도 범위의 중간에 위치하고 있다. 가로축에 그려지는 표면온도는 3,000K(분광형 M)부터 30,000K(분광형 O)까지 나타나는데, 전통적인 방법과는 달리 온도는 왼쪽으로 갈수록 증가한다. 그래서 축의 왼쪽부터 오른쪽으로 분광형을 읽으면 O, B, A,……처럼 분광형 분류 순서로 읽힌다. 어떤 학생들은 처음에 이런 방법이 혼란스럽다고 느끼지만, 그렇다고 전통적인 방법처럼 오른쪽에서 온도가 증가하도록 가로축 눈금을 바꾸려는 시도는 역사적인 선례들과 갈등을 불러일으킬 수도 있다.

주계열성

그림 9.15에 그려진 소수의 별들에서는 표면온도와 광도 사이의 상관관계가 거의 나타나지 않는다. 그렇지만 헤르츠스프룽과 러셀이 점점 더 많은 자료를 그려 넣으면서, 그들은 별의 특성 사이에 강한 상관관계가 실재한다는 것을 알았다. 그림 9.16은 태양으로부터 16광년 이내에 위치하는 별들의 H-R도이다. 이로부터 별들은 H-R도에서 균일하게 분포하는 것이 아니라는 것을 알 수 있다. 대신에 대부분의 별들은 좌상(높은 온도, 높은 광도)에서 우하(낮은 온도, 낮은 광도) 쪽의 대각선 방향을 따라 상당히 잘 정의된 좁은 띠 안에 집중되어 나타난다. 차가운 별은 어두운(광도가 낮은) 경향이 있고, 뜨거운 별은 밝은(광도가 높은) 경향이 있다. H-R도를 가로지르는 이 띠는 **주계열**로 알려져 있다. 태양 이웃에 분포하는 대부분의 별은 이곳 주계열에 위치한다.

반지름-광도-온도 관계(9.4절)를 이용하여, 천문학자들은 별의 반지름도 주계열을 쫓아감에 따라 변한다는 것을 알아내었다. 그림 9.16의 파선은 반지름이 일정한 별의 위치를 나타낸다. H-R도의 우측 하단에 위치한 어둡고 붉은 M형 별은 태양 크기의 불과 1/10 정도이고, 반면에 좌측 상단에 위치한 밝고 푸른 O형 별은 태양보다 약 10배나 크다.

주계열성의 위쪽 끝부분에 위치하는 별은 크고, 뜨겁고, 매우 밝은데, 이들을 **청색거성**이라고 한다. 그중 가장 큰 것은 **청색초**

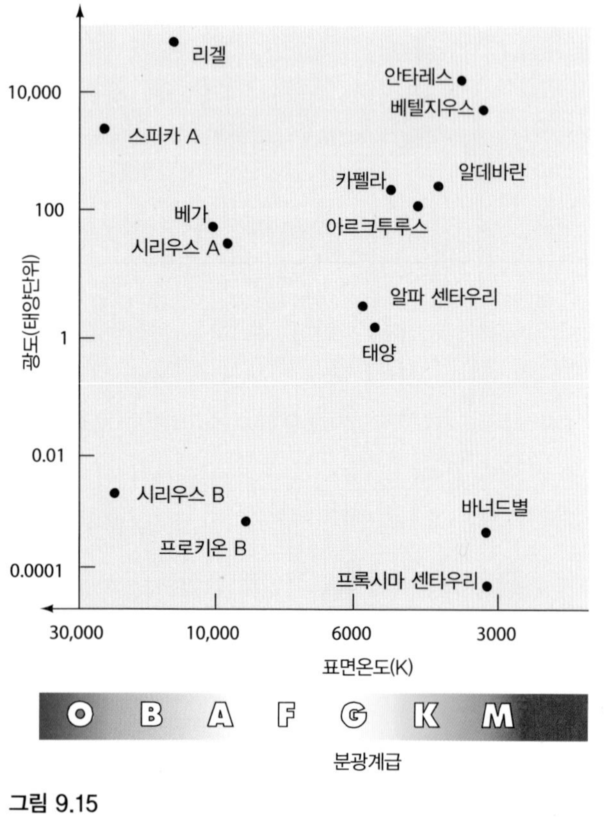

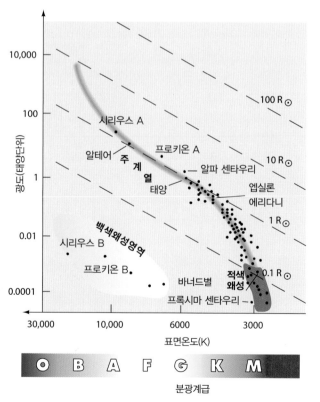

그림 9.15

그림 9.16

거성이라고 부른다. 반대쪽 끝의 별은 작고, 차갑고, 어두운 **적색왜성**이다. 태양은 H-R도에서 주계열의 중간 정도 부분에 위치한다.

그림 9.17은 밤하늘에서 가장 밝게 보이는 100개의 별에 대한 H-R도로서, 또 다른 양상을 보여준다. 여기에서는 주계열의 아래쪽 끝보다 위쪽 끝에 더 많은 별들이 위치하는데, 그 이유는 매우 밝은 별은 멀리 떨어져 있어도 잘 보이기 때문이다. 적색왜성은 우주에 존재하는 모든 별의 80% 이상을 차지할 정도로 가장 흔한 종류의 별이다. 이와는 대조적으로 O형과 B형의 초거성은 굉장히 드물어서, 10,000개의 별 중 오직 1개 정도만이 이 부류에 들어간다. 그렇지만 우리는 굉장히 넓은 공간에 존재하는 초거성들을 통틀어서 볼 수 있기 때문에, 이 도표에서 초거성들은 상당히 우세하게 나타난다.

백색왜성과 적색거성

그림 9.15, 9.16, 9.17에서는 꽤 많은 점들이 명백하게 주계열에서 벗어난 곳에 위치한다.

그림 9.16에서 그런 점 중의 하나인 시리우스 B는 앞에서 다룬 백색왜성(9.4절)에 해당된다. 그림 9.16의 좌측 하단 구석, **백색왜성영역**에 몇 개의 어둡고 푸르스름한 백색의 별들이 보인다.

그림 9.17에는 앞에서 살펴본 2개의 적색거성 알데바란과 베

텔지우스가 보인다. 이러한 별들이 위치하는 H-R도의 우측 상단 구석은 **적색거성영역**으로 알려져 있다. 적색거성은 H-R도에서 세 번째로 구분되는 항성 계급을 형성하는데, 주계열성이나 백색왜성과는 아주 판이하게 다른 특성을 보인다. 태양으로부터 16광년 이내의 거리에서는 어떤 적색거성도 찾을 수 없지만(그림 9.16), 밤하늘에 보이는 밝은 별들의 상당수는 사실 적색거성이다(그림 9.17). 적색거성은 상당히 귀하지만 청색초거성의 경우처럼 아주 먼 거리에서도 보일 정도로 상당히 밝다.

1990년대에 유럽우주국의 히파르코스 위성은 다가오는 가이아(GAIA) 계획(9.1절)의 원활한 임무수행을 위한 획기적인 선구자로서 수십만 개에 달하는 별의 연주시차를 전례 없이 정확하게 측정하였고, 또한 2백만 개 이상의 별에 대한 색과 광도를 측정했다. 그림 9.18은 방대한 히파르코스 관측자료 중의 극히 일부를 이용하여 작성된 H-R도이다. 여기에서 주계열과 적색거성구역은 매우 명확하다. 그렇지만 백색왜성은 극소수만 보이는데, 이는 망원경의 한계등급이 12등급이어서 비교적 밝은 천체들만 관측되었기 때문이다. 이런 조건에서 관측이 가능할 정도로 지구에 충분히 가까운 백색왜성은 거의 없다.

태양 근방에 위치하는 모든 별의 약 90%와 추정컨대 우주의 여타 지역에서도 비슷한 (정도의) 비율의 별은 주계열성이다. 대략 9% 정도의 별이 백색왜성이고, 1% 정도가 적색거성이다.

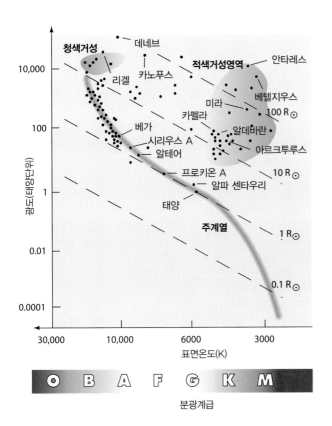

그림 9.17

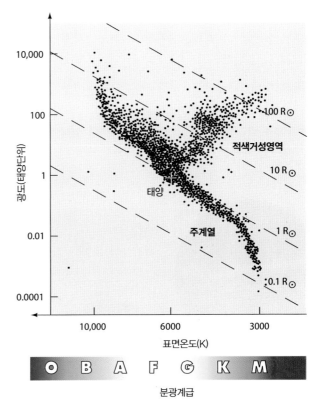

그림 9.18

우주거리 눈금의 확장

우주에서 더욱 먼 거리를 측정하기 위해서는 완전히 새로운 관측 기법이 필요하다.

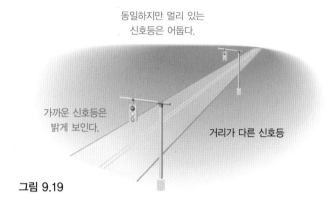

동일하지만 멀리 있는
신호등은 어둡다.

가까운 신호등은
밝게 보인다.

거리가 다른 신호등

그림 9.19

우리는 제9장 2절에서 광도와 겉보기 밝기 및 거리 사이의 관계에 대하여 살펴보았다. 어떤 별의 겉보기 밝기와 거리를 알게 되면 우리는 역제곱법칙을 이용하여 그 별의 광도를 결정할 수 있다. 그런데 이 과제를 우리는 달리 생각해 볼 수 있다. 만약에 어떤 별의 광도를 어떻게든 알게 된다면 우리는 겉보기 밝기를 측정하고 역제곱법칙을 이용하여 그 별까지의 거리를 알 수 있다.

분광시차

대부분의 사람들은 전형적인 교통 신호등의 원래 밝기(즉, 광도)에 대한 대략적인 지식을 알고 있다. 당신이 낯선 거리에서 운전할 때, 그림 9.19처럼 붉은 신호등과 마주쳤다고 생각해 보라. 신호등 광도에 대한 지식은 당신으로 하여금 즉시 신호등까지의 거리를 감각적으로 느끼게 한다. 희미하게 보이는 신호등(낮은 겉보기 밝기)은 꽤 멀리 있고(단, 먼지가 끼지 않았을 때), 밝은 것은 비교적 가까이 있음에 틀림없다.

별의 경우 거리에 대한 정보가 없어도 광도를 알아내는 방법이 있다. 앞에서 알아본 H–R도가 그것을 가능하게 해준다. 가령 어떤 별을 관측하여 별의 겉보기 밝기가 10등급이라는 것을 알았다고 하자. 하지만 이 정보만으로는 그 별이 희미하고 가까운지 또는 밝고 멀리 있는지 등의 더 많은 것은 알 수 없다.

하지만 어떤 방법으로든 그 별이 주계열성이고 분광형이 A형이라는 정보를 알았다고 하자. 그러면 그림 9.16이나 9.17의 그래프에서 그 별의 광도를 간단하게 읽어낼 수 있다. 주계열의 A형 별은 대략적으로 태양광도의 100배 정도의 광도이다. 한편, 그림 9.8로부터 그 별의 절대등급이 0등급에 해당한다는 것을 곧 알 수 있으므로 그 별은 우리로부터 10pc의 거리에 놓여 있을 때보다 10등급, 즉 10,000배 더 희미하다. 겉보기 밝기의 역제곱법칙에 의하면 겉보기 밝기가 10,000배 어두워지려면 거리가 100배 멀어져야 한다. 따라서 그 별은 1,000pc의 거리에 위치한다.

이와 같이 항성 스펙트럼을 이용하여 추정한 거리를 **분광시차**라고 한다. 이 방법의 주요 과정은 그림 9.20에 단계별로 설명되어 있다.

주계열성의 경우에는 거리를 모르면 알아내기 어려운 별의 광도를 비교적 쉽게 측정되는 양(분광형)과 관련지어 결정할 수 있다. 이와 같은 거리 추정 방법은 2단계에서 광도를 정하는 다양한 기법을 사용함으로써 천문학의 여러 분야에서 거리를 결정하는 중요한 수단으로 반복적으로 사용된다.

스펙트럼선의 폭

어떤 별이 주계열에 포함되지 않는다면 어떻게 할까? 적색거성이나 백색왜성이라면 어떻게 될까? 그러면 광도의 예측은 완전히 틀려버리고, 분광시차에 의한 거리 추정은 아무런 의미도 없을

분광시차는 쉽게 측정되는 분광형과 역제곱법칙을 이용함으로써
우리로 하여금 별까지의 거리를 결정할 수 있도록 한다.

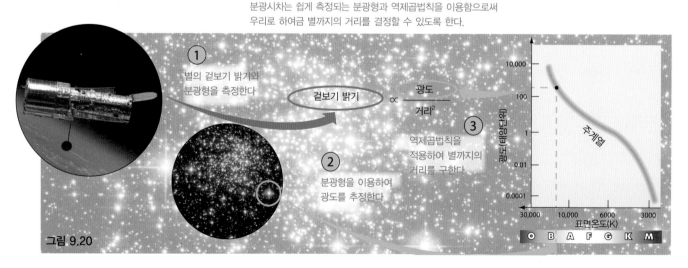

그림 9.20

것이다. 사실 항성 스펙트럼선의 자세한 분석은 이 문제에 대한 해법을 제시한다(2.4절).

그림 9.21은 주계열성의 스펙트럼선이 동일한 분광형(여기에서는 K)에서 (초)거성의 스펙트럼선보다 얼마나 뚜렷하게 넓은지 보여준다. 스펙트럼선의 넓이, 즉 선폭은 이웃하는 원자끼리의 상호 작용이 클수록 넓어지기 때문에 항성 대기의 기체 밀도에 따라 달라진다. 따라서 상대적으로 밀도가 높은 주계열성의 광구에서 형성된 스펙트럼선은 밀도가 낮은 거성 환경에서 형성된 선보다 훨씬 더 넓다. 이러한 결과는 천문학자들이 H–R도의 서로 다른 구역에 위치한 별들을 선폭의 크기를 이용하여 아주 쉽게 식별할 수 있다는 것을 의미한다.

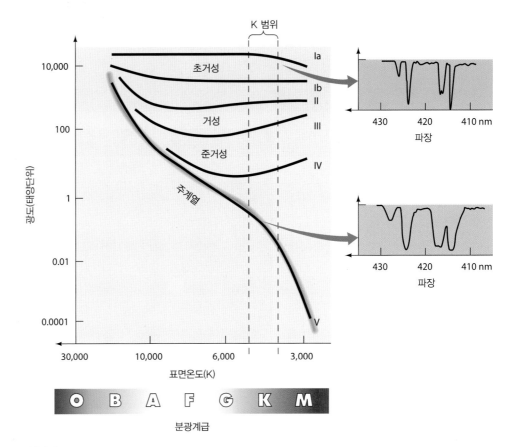

그림 9.21

우주의 거리 사다리

단계적으로 이어지는 거리 측정 기법의 사다리는 궁극적으로 우리를 관측 가능한 우주의 끝까지 안내할 것인 바, 우리는 제3장 6절에서 거리 사다리의 첫 번째 계단에 대하여 알아보았다. 그 계단은 내행성까지의 거리 측정에 적용한 레이더 측거 기법이다. 그것은 태양계의 규모를 확립하였고, 천문단위의 값을 확정하였다. 제9장 1절에서 우리는 우주거리 사다리의 두 번째 계단인 연주시차에 대하여 살펴보았다. 연주시차는 지구궤도를 기선으로 사용하고 있으므로 첫 계단을 기반으로 하고 있다. 여기에서 우리는 가까운 이웃별들의 거리와 여타의 물리적 특성을 결정하기 위해 처음의 두 계단을 이용했고, 분광시차라는 세 번째 계단을 구축하였다. 그림 9.22는 분광시차가 어떻게 처음의 두 계단을 기반으로 세워지고 또한 우리의 시야를 우주 깊은 곳까지 확장하는지를 개략적으로 보여준다.

분광시차는 수만 광년 떨어진 별까지의 거리를 측정하는 데 사용될 수 있다. 이보다도 멀어지게 되면 개별적인 별의 스펙트럼과 색깔은 얻기가 어려워진다. 이 방법을 사용할 때 주목할 것은, 멀리 있는 별들도 근본적으로는 가까운 별들과 유사할 것이라고 (아무런 증명 없이) 가정한다는 것이다. 특히 모든 주계열성은 동일한 주계열에 속한다는 가정이 성립할 경우에만, 우리는 거리 측정 기법의 경계를 넓히기 위해 분광시차를 사용할 수 있다.

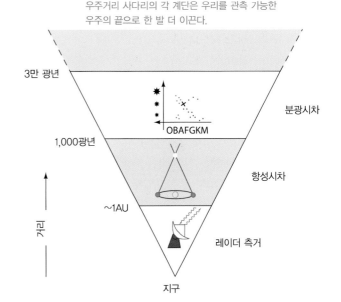

우주거리 사다리의 각 계단은 우리를 관측 가능한 우주의 끝으로 한 발 더 이끈다.

그림 9.22

별의 질량

별의 질량은 오로지 그 별이 주변 천체에 미치는
중력 영향을 관측하여 알 수 있다.

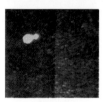

우리는 제3장에서 행성의 움직임과 뉴턴 법칙을 이용해(3.6절) 태양의 질량을 어떻게 측정하는지 알아보았다. 근본적으로는 이와 동일한 방법이 다른 별들에게도 적용된다.

쌍성

거의 모든 별은 2개 또는 그 이상의 별들이 무리지어 서로 궤도운동하는 다중성계에 속한다. 대부분은 2개의 별이 상호 중력에 묶여 공통 질량 중심에 대해 공전하는 **쌍성계**, 간단히 **쌍성**을 이룬다. (이러한 관점으로 볼 때 태양은 동반성이 없다는 점에서 흔치 않게도 다중성계의 구성원이 아니다.) 이러한 쌍성들의 공전주기는 수 시간부터 수백 년까지의 넓은 범위에 걸쳐 분포한다.

안시쌍성은 두 별이 분리되어 관측될 수 있을 정도로 충분히 밝고 멀리 떨어진 2개의 구성원으로 이루어진다(그림 9.23). 만약 쌍성까지의 거리가 알려지면, 각 별에 대한 궤도가 개별적으로 추적될 수 있고 또한 두 별의 질량이 각각 결정될 수 있다(3.6절).

이보다 훨씬 더 흔한 **분광쌍성**(spectro-scopic binary)은 거리가 너무 멀어 2개의 별로 분리되어 보이지 않는다. 하지만 두 별이 서로를 공전함으로써 시선방향에 대해 앞뒤로 움직이게 되는데, 이때 나타나는 스펙트럼선의 도플러 이동(2.3절, 2.4절)을 통해 여전히 쌍성이라는 것을 알 수 있다. 복선 분광쌍성의 경우, 각각의 구성원에 대응하는 두 세트의 스펙트럼선이 두 별의 움직임에 따라 앞뒤로 이동한다. 단선 분광쌍성(그림 9.24)의 경우에는 한 별의 스펙트럼이 구별되지 않을 정도로 너무 어두워서, 앞뒤로 이동하는 단지 한 세트의 스펙트럼선만을 관측할 수 있다. 지금까지 발견된 대부분의 외계행

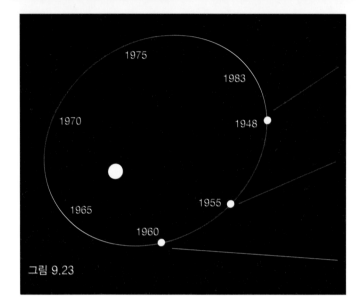

그림 9.23

성계(7.4절)는 단선 분광쌍성의 극단적인 예라고 할 수 있으므로, 오히려 이 경우가 우리에게는 좀 더 익숙하다고 할 수 있다.

매우 드물지만 **식쌍성**의 경우 쌍성의 공전궤도면이 우리의 시선방향과 거의 나란하다. 그리하여 쌍성계의 한 구성원이 다른 구성원의 앞을 지나면서 가릴 때 별빛의 세기가 감소하는 식 현상을 주기적으로 관측할 수 있다(그림 9.25). 식변광성의 밝기 변화를 연구함으로써, 천문학자는 두 별의 궤도와 질량뿐만 아니라 반지름에 대한 자세한 정보까지도 얻을 수 있다.

분광쌍성은 구성원의 궤도운동에 대한 제한된 정보만 제공한다. 쉽게 말해서 측

면에서 보는 느린 쌍성과 거의 정면에서 보는 빠른 쌍성의 시선속도가 같은 경우에 우리는 이들을 구분하지 못한다. 결과적으로 최선의 경우에도 개별 질량에 대한 낮은 수준의 정보만을 얻을 수 있다. 그렇지만 어떤 분광쌍성에서 식 현상이 관측된다면, 궤도 경사각에 대한 불확실성이 제거됨으로써 많은 경우에 두 별의 질량을 결정할 수 있다.

별의 질량과 기타 특성

그림 9.26은 H-R도에서 주계열성의 질량이 그 위치에 따라 어떻게 변하는지를 보여준다. 여기에서 주계열성의 질량은 적색왜성에서부터 청색거성까지 표면온도가 높아질수록 명확하게 증가한

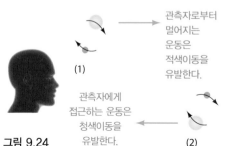

관측자로부터 멀어지는 운동은 적색이동을 유발한다.

(1)

관측자에게 접근하는 운동은 청색이동을 유발한다.

그림 9.24

(2)

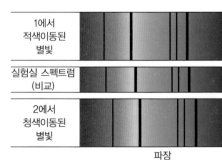

1에서 적색이동된 별빛

실험실 스펙트럼 (비교)

2에서 청색이동된 별빛

파장

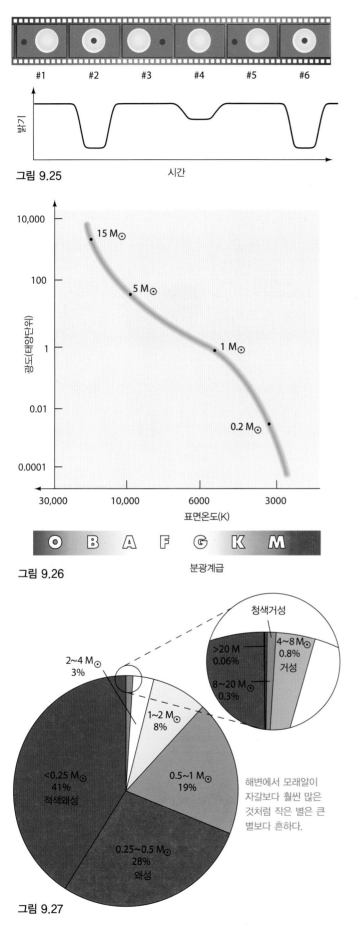

그림 9.25

그림 9.26

그림 9.27

해변에서 모래알이 자갈보다 훨씬 많은 것처럼 작은 별은 큰 별보다 흔하다.

다. 주계열성의 질량은 보통 태양질량의 0.1배에서 20배 사이의 범위에 분포한다. 뜨거운 O, B형의 별은 태양보다 대략적으로 10~20배 정도 질량이 크다. 차가운 K, M형의 별은 태양의 몇 분의 1 정도로 질량이 작다. 별이 태어날 당시의 질량은 주계열에서 그 별의 위치를 결정한다.

태양으로부터 수백 광년 이내에 있는 별의 관측에 기초하여, 그림 9.27은 주계열성의 질량이 어떻게 분포되어 있는지를 보여준다. 태양질량보다 수 배 이상인 무거운 별의 비율은 아주 낮은 반면에, 질량이 작은 가벼운 별의 비율은 매우 높다는 사실에 주목하자.

마지막으로 그림 9.28은 주계열성의 광도와 반지름이 별의 질량에 따라 어떻게 달라지는지를 보여준다. 주계열성의 경우 광도와 반지름 모두 질량에 따라 증가하지만, 반지름은 상대적으로 천천히 증가하고 광도는(그림 9.28a의 직선의 기울기로 나타낸 것처럼) 질량의 약 4제곱 정도로 훨씬 빠르게 증가한다. 예를 들면 태양질량의 0.2배인 주계열성은 반지름이 태양의 약 0.2배이고, 광도는 태양의 $0.0016(=0.2^4)$배이다. 태양질량의 2배인 주계열성은 반지름이 대략적으로 태양의 2배이고, 광도는 태양의 $16(=2^4)$배이다.

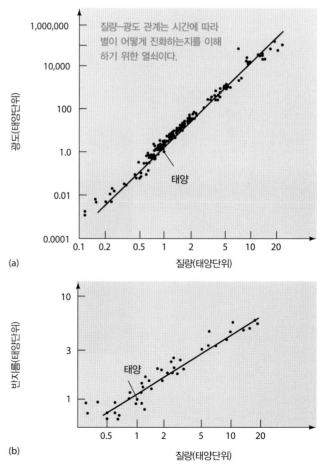

질량–광도 관계는 시간에 따라 별이 어떻게 진화하는지를 이해하기 위한 열쇠이다.

그림 9.28

요약

LO1 가까운 별까지의 거리는 별의 연주시차로부터 결정할 수 있다. 연주시차가 1″인 별은 태양으로부터 **1파섹**(p. 150)(약 3.3광년) 떨어져 있다. 하늘을 가로지르는 별의 **고유운동**(p. 151)으로부터 관측자의 시선방향에 대해 수직 방향으로 움직이는 별의 속도를 구할 수 있다.

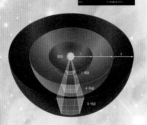

LO2 별의 **겉보기 밝기**(p. 152)는 관측자에게 도달하는 별 에너지의 비율이다. 겉보기 밝기는 광도에 비례하고, 거리의 제곱에 반비례한다. 관측 천문학자는 별의 밝기를 표현하고 비교하기 위해 **등급 척도**(p. 152)를 사용한다. 등급이 클수록 별은 더 희미하며, 다섯 등급의 차는 100배의 밝기 비에 해당한다. **겉보기 등급**(p. 153)은 겉보기 밝기의 척도이다. **절대 등급**(p. 153)은 별이 10pc의 거리에 위치했을 때를 가정한 겉보기 등급으로 광도의 척도이다.

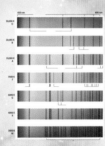

LO3 천문학자는 종종 2개 또는 그 이상의 광학 필터를 이용해 얻은 별의 파장별 밝기를 흑체곡선과 비교함으로써 별의 온도를 측정한다. 별의 분광관측은 별의 온도와 화학 조성에 대한 보다 정확한 정보를 얻을 수 있는 관측 방법이다. 천문학자는 별의 스펙트럼에 나타나는 흡수선에 따라 별을 분류한다. 표준적인 **분광계급**(p. 155)은 O B A F G K M으로서, 순차적으로 온도가 낮아진다.

LO4 별의 반지름을 직접 측정할 수 있을 정도로 충분히 크고 지구에 가까운 별들은 아주 극소수이다. 대부분의 별 크기는 **반지름-광도-온도 관계**(p. 156)를 통해 간접적으로 추정된다. **왜성**(p. 157)으로 분류되는 별은 태양과 비슷하거나 작다. **거성**(p. 157)은 태양보다 최대로 100배까지 크다. **초거성**(p. 157)은 태양보다 100배 이상 크다. 태양과 같은 평범한 보통 별에 더하여, 크고 차갑고 밝은 **적색거성**(p. 157)과 작고 뜨겁고 어두운 **백색왜성**(p. 157)의 두 종류가 존재한다.

LO5 별의 광도와 분광계급(또는 온도) 사이의 관계를 보여주는 도표는 **H-R도**(p. 158)라고 불린다. H-R도에서 모든 별의 약 90%가량은 **주계열**(p. 158)에 위치한다. 주계열은 뜨겁고 밝은 청색초거성(p. 159)에서 시작하여 **청색거성**(p. 159) 및 태양과 같은 중간적인 별들을 거쳐서 차갑고 어두운 **적색왜성**(p. 159)에까지 이른다. 대부분의 주계열성은 적색왜성으로, 청색거성은 매우 드물다. 약 9%의 별은 **백색왜성영역**(p. 159)에, 그리고 나머지 1% 정도가 **적색거성영역**(p. 159)에 위치한다.

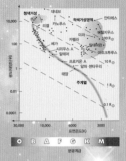

LO6 어떤 별이 주계열에 위치한다는 사실이 알려지면, 그 별의 분광형으로부터 광도를 추정할 수 있고 또한 이로부터 거리를 결정할 수 있다. 이러한 거리결정 방법을 **분광시차**(p. 160)라고 하는데, 지구로부터 수천 파섹 떨어져 있는 별에 대해서도 유효하다. 항성 스펙트럼의 선폭을 조사함으로써, 천문학자는 분광형이 동일한 별 중에서 거성이나 초거성을 제외하고 주계열성만을 골라낼 수 있다. 그렇게 하면 분광시차에 의한 거리 추정은 훨씬 더 믿을 만해진다.

LO7 대부분의 별은 단독으로 존재하는 대신에 **쌍성계**(p. 162)에 속하면서 다른 별을 공전한다. **안시쌍성**(p. 162)에서는 두 별을 모두 볼 수 있고, 궤도 역시 관측할 수 있다. **분광쌍성**(p. 162)에서는 두 별이 분해되지 않지만, 별의 궤도운동은 분광학적으로 알아낼 수 있다. **식쌍성**(p. 162)에서는 지구에서 볼 때 한 별이 다른 별의 앞쪽을 가리면서 지나가도록 궤도면이 시선 방향과 나란하고 따라서 우리가 받는 별빛이 주기적으로 약해진다. 별의 질량은 별의 크기와 온도 및 밝기를 결정한다. 뜨거운 청색거성은 태양보다 훨씬 질량이 크고, 차가운 적색왜성은 훨씬 작다. 질량이 큰 별일수록 연료를 빠르게 태우고, 수명은 훨씬 더 짧아진다. 질량이 아주 작은 별은 연료를 천천히 소모하면서, 수조 년 동안이나 주계열에 머물러 있을 것이다.

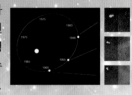

POS 문제들은 과학의 과정을 탐구하는 문제이고, LO 문제들은 학습 목표에 초점을 맞추고 있고, VIS 문제들은 보이는 정보들을 이해하고 해석하는 데 초점을 맞추고 있다.

복습과 토론

1. LO1 POS 별의 연주시차는 거리 측정에 어떻게 사용되는가?
2. 파섹이란 무엇인가? 천문단위와 비교하라.
3. 별의 실제 공간운동을 지구에서 보면 어떤 형태로 바뀌어 관측되는가?
4. LO2 천문학자는 별의 광도를 어떻게 측정하는가? 광도와 겉보기 밝기를 구별하라.
5. 천문학자는 별의 온도를 어떻게 측정하는가?
6. LO3 POS 별은 스펙트럼 특성에 따라 어떻게 분류되는지 간략히 설명하라.
7. 일부의 별은 그 스펙트럼에서 수소선이 결핍되었는데, 그 이유는 무엇인가?
8. LO4 천문학자는 별의 반지름을 어떻게 측정하는지 설명하라. 적색거성과 백색왜성의 특성을 나열하라.
9. H-R도에 별의 위치를 표시하기 위해서 필요한 정보는 무엇인가?
10. LO5 주계열이란 무엇인가? 별의 어떤 기본적 특성이 주계열에서의 위치를 결정하는가?
11. 왜 가장 밝은 별들을 기반으로 작성된 H-R도는 가까운 별들을 기반으로 작성된 H-R도와 현저하게 다른가?
12. LO6 별까지의 거리는 분광시차를 통해 어떻게 결정되는가?
13. 우리은하에서는 어떤 별이 가장 흔한가? 그런 별은 왜 H-R도에서 많이 보이지 않는가?
14. VIS 그림 9.27에서 어떤 별이 가장 드문 종류인가?
15. LO7 POS 별의 질량은 쌍성계를 관측하는 것에 의하여 어떻게 결정되는가?
16. 질량이 큰 별은 작은 별보다 더 많은 연료를 갖고 탄생한다. 그런데 왜 질량이 큰 별이 더 오래가지 못하는가?

진위문제

1. 지구에서 보았을 때, 별 A는 별 B보다 더 밝다. 따라서 별 A는 별 B보다 지구에 더 가깝다.
2. 겉보기 등급이 5등급인 별은 겉보기 등급이 2등급인 별보다 어둡게 보인다.
3. 적색거성은 매우 뜨겁기 때문에 매우 밝다.
4. 별의 거리와 광도가 알려지면 별의 반지름은 결정될 수 있다.
5. 천문학자는 순전히 분광학적 방법만으로 주계열성과 거성을 구별할 수 있다.
6. 분광쌍성에서 구성별의 운동은 쌍성의 겉보기 밝기의 변화를 일으킨다.
7. VIS 그림 9.28(a)에 따르면, 태양질량의 10배인 별은 태양보다 약 10,000배 밝다.
8. 나이가 10억 년인 O형 주계열성은 존재하지 않는다.

선다형문제

1. VIS 지구의 공전궤도가 더 작았다면, 그림 9.1의 시차각은 더 (a) 작았을 (b) 컸을 (c) 같았을 것이다.
2. 1pc의 거리에서 보면 지구 공전궤도의 각 크기는?
   (a) 1° (b) 2° (c) 1′ (d) 2″
3. 역제곱법칙에 따르면 광원으로부터의 거리가 5배 증가할 때, 광원의 겉보기 밝기는?
   (a) 동일 (b) 1/5배 (c) 1/10배 (d) 1/25배
4. VIS 명왕성의 겉보기 등급은 약 14등급이다. 그림 9.7에서 명왕성은 (a) 육안으로 (b) 쌍안경으로 (c) 1m 망원경으로 (d) HST로 관측 가능하다.
5. M형 별은 스펙트럼에서 강한 수소선이 나타나지 않는다. 그 이유는?
   (a) 수소가 거의 없기 때문 (b) 대부분의 수소가 바닥상태에 있을 정도로 표면온도가 낮기 때문 (c) 대부분의 수소가 이온화될 정도로 표면온도가 매우 높기 때문 (d) 수소선이 다른 원소의 더 강한 선에 묻혔기 때문
6. 차가운 별은 그 별이 (a) 작을 때 (b) 뜨거울 때 (c) 클 때 (d) 태양계에 가까울 때 광도가 매우 클 수 있다.
7. VIS 그림 9.15에서 바너드별은 프록시마 센타우리보다 (a) 뜨거울 (b)클 (c)가까울 (d) 푸를 것이다.
8. 별의 질량은 (a) 별의 광도를 (b) 별의 화학 조성을, (c) 별의 도플러 이동을 (d) 동반성의 공전궤도를 측정함으로써 구할 수 있다.

활동문제

협동 활동 밤하늘에서 볼 수 있는 별의 총수를 추정하라. 그룹의 각 구성원이 달이 없고 맑은 날 밤에 동일한 모양의 마분지 통(예 : 두루마리 휴지의 심)을 눈에 붙인 채, 통을 통해 보이는 별의 수를 세어 보라. 밤하늘의 여러 구역을 임의로 선택하여 동일한 과정을 반복하라. 이때 눈이 어둠에 적응하도록 시작하기 전에 15분 정도의 시간을 준다. 여러 번 측정한 값의 평균을 계산하고, 그것을 n이라 하자. 하늘 전체에서 볼 수 있는 별의 수 N은 n에 통의 지름 D에 대한 길이 L의 비를 제곱하여 곱함으로써, 즉 $N = 16 \times (L/D)^2 \times n$과 같이 구해진다.(이 공식이 어디로부터 유도되었는지 알 수 있는가?) 동일한 작업을 다양한 장소 최소한 도시, 교외, 어두운 시골 지역에서 반복하라.

개별 활동 겨울철의 대원(Winter Circle)은 5개의 별자리에 있는 6개의 밝은 별 시리우스, 리겔, 베텔지우스, 알데바란, 카펠라, 프로키온으로 이루어진 별의 무리이다. 이 별들은 보통의 별들이 가질 수 있는 색깔(온도)의 거의 모든 범위에 걸쳐 퍼져 있다. 리겔은 B형, 시리우스는 A형, 프로키온은 F형, 카펠라는 G형, 알데바란은 K형, 베텔지우스는 M형의 별이다. 이 별들의 색깔 차이는 밤하늘에서 쉽게 알아볼 수 있다. 겨울철의 대원에 O형의 별은 왜 포함되지 않았을까 추론해 보라.

10

별의 탄생과 진화

우리은하는 별과 행성만으로 이루어진 것은 아니다.

밀도가 극도로 희박하고 눈으로는 보이지 않는 성간물질이 별들 사이의 어두운 텅 빈 공간을 채우고 있다. 별들 사이에 아무것도 없어 보이는 것은 단지 별들 사이의 공간이 너무나 광막하기 때문이다.

이렇게 거의 진공과 같은 지역을 연구하는 것은 세 가지 이유 때문에 중요하다. 첫째, 별들 사이를 차지하는 어두운 공간에는 별들이 가지고 있는 만큼이나 많은 질량의 물질이 존재한다. 둘째, 성간 공간은 바로 별들이 새롭게 태어나는 곳이다. 마지막으로 성간은 늙은 별들이 죽을 때 가지고 있는 물질을 되돌리는 곳이기도 하다.

일단 핵융합이 시작되면 새롭게 태어난 별은 일생의 90% 이상의 시간 동안 거의 변화가 없다. 하지만 그러한 무변화의 시간이 끝나면 변화는 걷잡을 수 없이 빠른 속도로 일어난다. 별의 최후는 별의 질량에 달렸다. 태양과 같이 질량이 작은 별은 자신의 외각부를 성간으로 내보내며 조용한 죽음을 맞이한다.

하지만 질량이 큰 무거운 별들은 극적인 폭발을 일으키며 격렬하게 생을 마감한다. 어떤 형태의 죽음을 맞든, 별들은 죽음을 통해 자신들이 만든 무거운 원소들로 우리은하를 풍요롭게 한다.

성간물질은 주변의 활동적인
별들 때문에 빛나기도 한다

이렇게 어둡고 거의 진공인
지역들이 별들이 태어나고
죽는 곳이다.

이 장관의 이미지는 별이 태어나고 죽음을 맞이하는 별과 별 사이의 공간을 보여준다. 밤
하늘을 올려다보면 금방 알 수 있듯이 대부분의 성간물질은 암흑처럼 보인다. 그러나 젊
은 별 주위의 일부 성간물질은 빛을 내기도 하고 일부는 오래전에 죽은 별들의 흩어진
잔해로 성긴 모습을 보이기도 한다. 지구를 돌고 있는 스피처우주망원경으로 찍은 이 적
외선 이미지는 약 4,500광년 떨어진 백조자리에 있는 영역이다.

성간물질

그림 10.1

별빛이 먼지알갱이를 포함하는 밀도가 높은 성간물질 덩어리를 통과하는 것은 차의 전조등이 짙은 안개를 뚫고 비출 수 있는 것보다 어렵다.

상단의 두 페이지에 걸쳐 펼쳐지는 파노라마 이미지(그림 10.1)는 밤하늘을 가로질러 찍은 수많은 사진을 모자이크한 것이다. 이런 희미한 빛의 띠를 눈으로 보기 위해서는 도시를 벗어나 캄캄한 밤하늘을 볼 수 있는 곳을 찾아야 한다. 그곳에 누워 약 10분간 어둠에 눈이 적응하도록 기다리자. 그럼 점점 우주의 광활한 일부가 은하수라 불리는 희뿌연 형상을 띠고 있다는 것을 알게 될 것이다. 제13장에서는 이 길고 얇은 띠가 어떻게 우리 은하의 납작한 원반일 수 있는지 알게 될 것이다.

기체와 먼지

별들 사이에 있는 기체와 먼지를 통틀어 **성간매질**이라 명명한다. 우주공간의 성간매질은 기체와 먼지, 이 두 구성요소가 뒤섞여 있는 상태이다. 기체는 기본적으로 개개의 원소와 작은 분자들로 이루어져 있다. 먼지알갱이는 원자나 분자의 덩어리로 이루어져 있는데, 이것은 지구상에서 스모그나 검댕을 만드는 매우 작은 알갱이와 같다.

성간매질은 그림 10.1에서 가려진 조각 같은 부분을 만든다. 기체 자체만으로는 우리의 시야를 가릴 수 없다. 전자기복사는 원자나 분자에 의해 흡수되는 매우 좁은 주파수대를 제외하면 기체를 그대로 관통한다. 그렇기 때문에 이미지에

서 가려진 부분은 먼지알갱이에 의한 것이다. 빛이 공간에서 산란되는 방식을 알기에 천문학자들은 전형적인 성간먼지입자 혹은 **먼지알갱이**의 직경이 약 10^{-7}m라는 것을 알아냈다. 이 크기는 가시광선의 파장에 해당한다.

그림 10.2는 성간먼지입자가 통과하는 빛에 어떤 영향을 끼치는지를 보여준다. 바너드 68이라 불리는 이 성간구름은 거의 1광년의 크기로 500광년 거리에 떨어져 있다. 이 성간구름 중심의 먼지가 가장 두터운 곳은 모든 빛에 대해서 불투명하기 때문에, 뒷배경의 별빛들이 관통할 수 없어서 매우 어두워 보인다. 하지만 아래쪽 그림에서 보듯이, 별빛 중 파장이 먼지알갱이 크기보다 큰 적외선은 일부 이 성간구름을 관통해서 보이게 된다.

그림 10.3은 성간 공간에 대한 우리의 이해를 확장시켜 준다. 이 사진은 550광년 떨어져 있는 뱀주인자리의 먼지구름으로 주위에 색색의 별과 성운이 보인다. 여기서 보이는 부분은 보이지 않는 훨씬 큰 성간구름에 둘러싸여 있는 아주 작은 지역에 지나지 않는다. 이러한 **암흑먼지구름**은 겨우 수십 K의 절대온도를 갖는 매우 차가운 영역이다. 물이 어는 273K의 절대온도와 원자의 움직임이 멈추는 절대 영도에 이 온도를 비교해 보자.

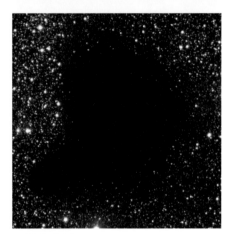

가시광 이미지

적외선 이미지

그림 10.2

밀도와 함량

기체는 평균적으로 $1m^3$당 10^6개의 원자를 갖는다. 이는 $1cm^3$당 하나의 원자가 존재함을 의미한다. 지구상 실험실에서 얻을 수 있는 진공은 $1cm^3$ 안에 10^9개의 원자를 갖는다는 사실과 비교해 보라.

성간에서 먼지입자는 10억 개의 원자당 하나만 존재할 정도로 더욱 희박하다. 이렇게 별들 사이의 공간에 있는 물질은 매우 희박해서 지구만 한 크기의 성간에 있는 모든 기체와 먼지입자를 모아 봐야 겨우 한 쌍의 주사위를 만들 정도이다.

전파 스펙트럼 분석을 통해 알게 된 성간기체의 성분은 약 90%가 수소, 9%가 헬륨, 그리고 나머지 1%가 더 무거운 원소이다. 이 성분이 바로 별과 은하를 구성하고 있는 것이다. 하지만 성간먼지의 성분은 잘 알려져 있지 않다. 적외선 스펙트럼 관측에 따르면 먼지입자는 규소, 탄소, 철로 구성되어 있는 것 같고, 물얼음에 암모니아, 메탄, 그리고 다른 분자들이 얼어붙은 상태의 '더러운 얼음'도 포함된 것 같다. 즉, 혜성핵이나 암석질 행성들을 구성하는 물질과 유사한 것으로 보인다.

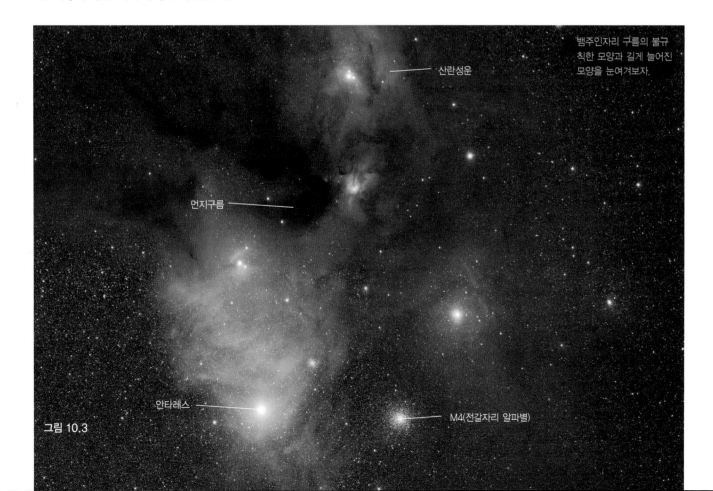

산란성운

뱀주인자리 구름의 불규칙한 모양과 길게 늘어진 모양을 눈여겨보자.

먼지구름

안타레스

M4(전갈자리 알파별)

그림 10.3

별 탄생 이론

천문학에서 별이 어떻게 태어나는지 아는 것보다 더 재미있고 중요한 것은 없다.

수십 년 전만 해도 사람들은 별이 어떻게 태어나는지 잘 알지 못했다. 가시광 망원경으로 태어나고 있는 별들을 관측하고자 했지만 찾기가 어려웠다. 이것은 별들이 가시광으로는 잘 보이지 않는 매우 차갑고 어두운 성간구름에서 태어나기 때문이다. 최근에 와서야 천문학자들은 전파망원경과 적외선망원경을 이용하여 먼지구름에서 나오는 가시광보다 파장이 긴 빛을 관측하여 별의 기원에 대해 이해하기 시작했다.

사람들이 별이 만들어지는 과정을 이해하게 된 중요한 관측들에 대한 논의는 다음 절에서 다루기로 하고, 여기서는 별의 기원을 이해하는 데 필요한 기초적인 이론들에 대해 공부하도록 하겠다. 우선은 태양 정도의 질량을 가진 별들의 탄생에 국한하도록 하자.

중력과 열

별 탄생은 차갑고 어두운 성간구름이 자신의 무게를 이기지 못해 수축하기 시작하면서 시작된다. 보통 성간구름에서는 반대로 작용하는 2개의 힘, 즉 안쪽으로 끌어당기는 중력과 열에 의해 밖으로 밀어내는 힘이 일부 균형을 이룬다. 하지만 성간구름은 종종 이러한 균형을 잃고, 열이 상대적으로 강하면 흩어지고 중력이 상대적으로 강하면 수축하게 된다. 줄다리기와 유사하다.

그림 10.4는 전형적인 한 성간구름에서 몇 개의 원자의 움직임을 묘사하고 있다. 그 속에서는 원자들이 중력에 영향을 받아 궤적을 변화시키는데, (a)는 무작위 충돌이 일어나기 전, (b)는 충돌이 일어나는 동안, (c)는 충돌이 일어난 후를 나타낸다. 그러나 단지 5개의 원자에서는 상호 미치는 중력이 매우 작아서 덩어리를 만들도록 지속적으로 묶어두지는 못한다. 중력에 대한 우리의 지식을 바탕으로 별을 만들 덩어리로 묶어둘 수 있기 위해서는 몇 개의 원자가 필요한지 계산할 수 있다. 절대온도 100K인 차가운 구름에서는 놀랍게도 10^{57}개의 원자가 필요하다! 당연하게도 이 어마어마한 개수의 원자를 합치면 결국 우리 태양의 질량과 같아진다.

수축을 통한 쪼개짐

성간구름이 수축하면 중력 불안정이 야기되어 구름은 작은 조각들로 쪼개진다. 쪼개진 조각들은 각각이 계속해서 수축하고, 다시 더 작은 조각들로 쪼개져 결국 수십 개 또는 수백 개의 별을 만들게 된다. 그림 10.5의 왼쪽은 광년 크기의 한 거대한 구름이 수축하면서 쪼개지다가, 어느 순간 수축하고 있는 구름의 밀도가 매우 높아져 쪼개짐이 멈추는 과정을 묘사하고 있다. 수축하기 시작하여 수만 년이 지나면, 각각의 구름 조각들이 우리 태양계 정도의 크기로 줄어들게 된다(오른쪽 그림). 물론 여전히 태양의 만 배보다 큰 크기이다.

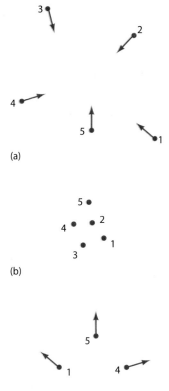

5개의 원자로는 성간물질의 덩어리로 묶어둘 수 없으며, 약 10^{57}개의 원자가 필요하다.

(a)

(b)

(c)

그림 10.4

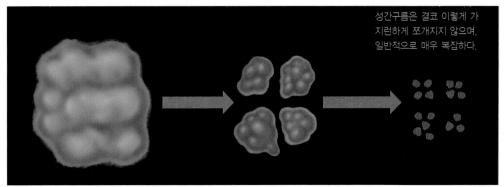

성간구름은 결코 이렇게 가지런하게 쪼개지지 않으며, 일반적으로 매우 복잡하다.

그림 10.5

이 개념도는 성간구름이 수축하는 구름 조각으로, 다시 원시별을 거쳐 별이 되는 변화 과정을 그리고 있다. 각 단계에서 머무는 시간은 연 단위로 표시되어 있다.

2×10^6년 3×10^4년 10^5년 10^7년

시간

그림 10.6

원시별

쪼개진 구름조각들이 처음으로 별의 형태를 닮아간다. 구름조각의 중앙에 밀도가 높아 빛이 좀처럼 투과하지 못하는 부분을 원시별이라고 부른다. **원시별**은 별이 태어나기 직전의 천체로서 외부로부터 계속해서 물질을 공급받아 질량을 불려간다. 아직 원시별 내부의 열이 중심으로 당기는 중력을 이길 만큼의 기체압을 제공하지 못하기 때문에, 반지름 역시 계속 줄어든다. 그림 10.6은 모성간구름으로부터 하나의 원시별이 태어나는 것을 보여주는 상상도이다.

조각구름이 처음으로 만들어진 후 10만 년이 지나면 중심온도가 백만 K에 육박하게 된다. 원자가 전자와 양성자로 분리되어 고속으로 주위를 배회한다. 하지만 수소를 융합하여 헬륨을 만드는 양성자−양성자 반응을 일으킬 온도인 천만 K에는 아직 미치지 못한다. 여전히 태양보다 훨씬 커 수성의 궤도까지 채우는 크기이다.

원시별은 천천히 수축하는 상태로 아직 평형을 이룬 상태는 아니다. 이렇게 수축하는 동안 원시별의 표면에는 격렬한 활동이 있고, 이러한 활동은 태양풍에 비해 훨씬 강하고 밀도가 높은 원시항성풍을 일으킨다. 강한 원시항성풍과 원시별 주위에 만들어진 원반 형태의 성운이 상호 작용하여, 그림 10.6 오른쪽에 묘사된 것과 같이 원반의 수직한 위아래의 두 방향으로 뻗어나가는 제트 모양의 쌍극분출을 만든다. 원시별 둘레의 원반 모양의 성운은 별이 만들어지는 동안 원시별에 물질을 공급하는 곳이기도 하고, 향후 행성이 만들어질 곳이기도 하다.

원시별이 만들어진 후 수천만 년이 지나서야 진정한 별이 된다. 핵에서 양성자들이 융합하여 헬륨핵을 만들기 시작하면 마침내 별이 만들어지는 것이다. 이렇게 탄생한 별은 이후 3,000만 년 동안 약간 더 수축하면서 물리적 상태를 조정하여, 중심은 1,500만 K에 육박하고 표면은 6,000K 정도로 지금의 태양과 비슷한 상태가 된다.

이렇게 성간구름에서 별이 만들어지기까지는 4~5천만 년의 긴 여정이 필요하다. 이 시간은 인간적 측도에서는 무척 긴 시간이지만, 태양과 같은 별의 생애의 겨우 1%보다 짧은 시간이다. 일단 수소를 태우기 시작하여 중력과 압력의 평형에 도달하고 나면, 별은 매우 오랜 시간 동안 일정하게 빛나게 된다. 향후 100억 년 동안 거의 변함없이 그대로 남아 있다.

별 탄생의 관측

방출성운은 별의 탄생을 알려주는 표지판이다.

그림 10.1에서 우리은하의 전체에 걸쳐 밝은 별과 어두운 성간 물질이 얼룩덜룩 나타남을 볼 수 있다. 그리고 뿌연 빛의 덩어리 몇 개가 눈에 띈다. 이러한 것들이 바로 **방출성운**으로서 젊은 별들에 의해 데워져 뜨겁게 빛나고 있는 것이다.

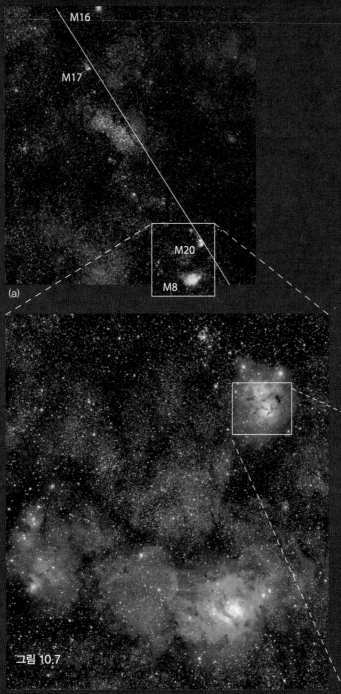

(a)

그림 10.7

(b)

성운

자세히 들여다보면 방출성운과 주변 환경을 이해하게 된다. 성간에서 빛나고 있는 이곳에서 별들이 막 태어났고 더 많은 별들이 태어나고 있다. 그림 10.7은 방출성운을 자세하게 들여다보기 위해 몇 부분을 계속해서 확대한 것이다. 왼쪽 사진은 맑은 날 밤에 눈으로도 직접 볼 수 있는, 우리은하의 흑백사진 (10.7a)이다. (은하면은 대각선으로 표시함) 흰색의 사각형으로 표시한 아래 삽입 그림에서는 두 개의 방출성운을 강조하고 있다. 큰 망원경으로 관측했을 때의 확대 이미지는 그 아래에 있다(10.7b). 그리고 삼열성운이라 불리는 성운을 더 확대하여 오른쪽에 보였다(10.7c).

삼열성운은 거의 20광년 크기이다. 그렇기 때문에 어떤 별이나 원시별보다 훨씬 더 크다. 삼열성운의 색깔은 중심에 있는 별 하나가 주변 전체를 여기시키거나 이온화시킬 정도로 많은 복사를 내놓기 때문이다. 함량이 가장 높은 수소가 이온화되어 자유전자를 만들게 되는데, 이 자유전자들은 주변의 양성자와 재결합한다. 이때 방출성운의 특징인 붉은빛을 내게 된다. 하지만 모든 기체가 이온화되지는 않는다. 삼열성운이라는 이름은 중심 영역이 검은 먼지띠에 의해 세 부분으로 나뉘어 보이기 때문에 붙여졌다. 이 사진에 등고선으로 나타난 부분은 이 성간구름에서 차갑고 어두우며 밀도가 높은 곳으로 현재 수축하고 있으며 다음 세대의 별들을 만들고 있는 곳일 가능성이 크다.

등고선은 수축을 시작한 성간구름의 위치를 알려준다.

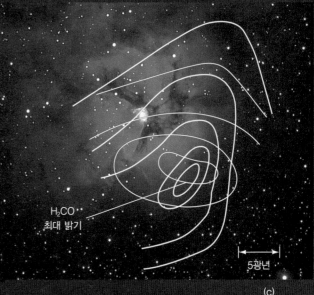

H_2CO
최대 밝기

5광년

(c)

원시별의 관측

그림 10.9는 또다른 별 탄생 영역을 보여준다. 이것은 유명한 오리온성운으로서 많은 별들이 기체와 먼지가 뒤섞인 성간물질로부터 태어나고 있다. 원시별뿐만 아니라 행성이 형성되는 장소인 밀도가 높고 먼지가 가득한 원반들도 보인다.

오리온성운은 겨울밤 하늘에서 쉽게 찾을 수 있는 사냥꾼의 별자리, 오리온자리의 일부이다. 오리온성운 자체가 수 광년의 크기를 가지며, 지구로부터 약 1,400광년 떨어져, 가장 가까이에 있는 잘 알려진 별 탄생 영역 중 하나이기에 특히 잘 관측할 수 있다.

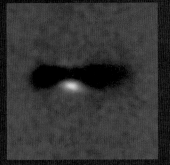 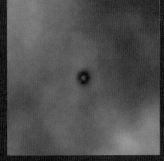

그림 10.8

그림 10.9(a)에서 보듯이, 성운 자체는 오리온의 벨트에 놓인 3개의 밝고 푸른 별 아래에 표시한 흰 사각형 안에 놓여 있다. (b)에서처럼 확대해 보면 퍼진 성운이 붉게 빛나고 있다. 이는 먼지가 데워진 영역이다. (c)에는 조금 더 확대된 중심 영역을 보여주는데, 우리 눈이 망원경의 시력을 가졌다면 직접 보게 되는 진짜 색깔이다. 주목할 만한 '이' 허블우주망원경 이미지와 (c)에서 볼 수 있는 2개의 삽입된 그림에 묻혀 있는 성운 매듭들이 원시별을 포함하고 있다고 생각된다.

그림 10.8은 원시별 그 자체의 직접적 증거를 보여주는 것일 수도 있다. 이 2개의 이미지는 크게 확대된 것으로 1광년보다 작은, 우리태양계 정도의 크기를 가지고 있는 원반들을 보여준다. 왼쪽 이미지는 원반을 가장자리에서 봤을 때의 모습이고, 오른쪽 이미지는 다른 원반을 위에서 내려다본 모습이다. 새롭게 태어난 별이나 원시별들은 무거운 원소들을 많이 포함하고 있을 것으로 여겨지는 더러운 먼지에 의해 여전히 둘러싸여 있고, 이 물질들은 행성들을 만들기 위해 뭉치고 있을 것이다.

20년 전만 해도 천문학자들은 어디서 어떻게 별이 탄생하는지에 대해 뚜렷한 개념을 가지고 있지 않았다. 하지만 지금은 현대의 망원경과 뛰어난 컴퓨터 시뮬레이션에 힘입어 가장 근본적인 '이' 과정에 대해 훨씬 더 많은 것을 이해하게 되었다.

이 일련의 이미지는 현재 별이 탄생하고 있는 오리온성운의 내부를 확대해 나간 것이다.

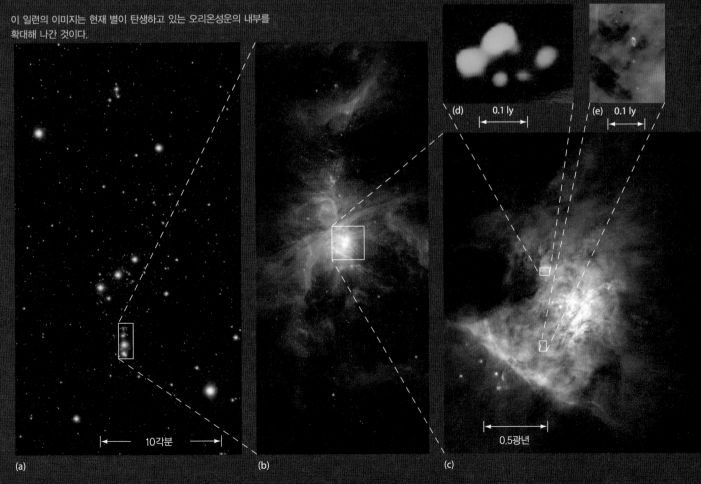

그림 10.9

다. 별의 시간은 100만 년, 10억 년, 1조 년에 달하므로 한 인간의 생은 물론, 인류 전체의 문명과 비교해도 어마어마하게 길다. 그러나 지난 반세기 동안 천문학자들은 별의 진화에 대한 통합적인 이론을 정립했고, 이것은 전 천문학 분야에서 가장 잘 검증된 것 중 하나다.

이러한 성과는 한 개의 별의 변화를 계속 관측하여 알게 된 것이 아니라 다른 진화 단계에 있는 많은 별들을 관측함으로써 얻은 것이다. 우주에는 수십억 개의 별이 있기 때문에, 가능한 모든 단계의 별의 진화를 주의 깊게 연구해 왔다. 이러한 관측적 연구를 통해 우리의 이론적 모델을 실험하고 개선할 수 있었다. 고고학자들이 다른 시대의 뼈와 인공물들을 연구하여 인간의 진화에 대해 연구하는 것과 같이, 나이가 다른 별들은 진화의 퍼즐의 조각들로 여겨질 수 있다.

천문학자들은 '진화'라는 용어를 하나의 별이 일생 동안 변화하는 것을 의미하기 위해 사용한다. 이것은 생물학자들이 의미하는 식물과 동물의 개체군이 많은 세대를 거치면서 그 특성을 바꾸는 것과는 대조된다. 이 장의 뒤에서 별의 집단이 생물학적인 의미에서 진화하는 것도 공부할 것이다. 왜냐하면 성간물질의 화학 성분비와 그로부터 생성되는 각 세대의 별의 화학 성분비가 별에서 일어나는 핵융합 반응으로 인하여 시간에 따라 천천히 변화해 가기 때문이다.

별에서는 보통 안쪽으로 향하는 중력과 밖으로 작용하는 압력이 균형을 이루고 있다.

별이 가열되면 압력이 순간적으로 중력과의 줄다리기에서 이겨 팽창하기 시작한다.

그러나 보통의 별은 결국 다시 평형을 찾게 된다.

밖으로 작용
하는 기체압

안쪽으로 작
용하는 중력

그림 10.10

구조의 변화

주계열 단계에 있는 동안 별은 핵에서 천천히 수소를 태워 헬륨을 만든다. 이것은 원자의 핵에 영향을 끼치는 과정이지, 나무나 석유를 태우는 것과 같은 화학적 연소가 아니다.

그림 10.10은 안쪽으로 작용하는 중력과 밖으로 작용하는 기체압이 균형을 이룬 한 별의 다이어그램을 보여준다. 한쪽의 작은 변화는 다른쪽에서 그것을 보상하는 변화의 원인이 된다. 그림에서 보여주듯이, 별의 중심온도가 조금 올라가면 압력이 증가해 별이 팽창하게 된다. 팽창 작용에 의해 기체는 식고 다시 균형을 이루게 된다. 별이 진화하면서 보이는 복잡한 행동양식의 많은 부분이 이 간단한 두 힘에 의해 이해될 수 있다. 별의 내부 구조와 밖에서 보이는 양상이 바뀌기 시작하면, 별은 H-R도에서 주계열 단계를 떠나게 된다.

별의 궁극적인 운명은 결정적으로 별의 질량에 달려 있다. 경험법칙에 따르면 질량이 작은 별들은 조용히 죽음을 맞이하는 반면 질량이 큰 별들은 폭발적인 죽음을 경험한다. 이 운명을 가르는 질량은 태양질량의 8배이다. 이 절과 다음 절에서 우리는 태양과 같은 별에 집중할 것이다. 제10장 6절에서는 논의를 확장하여 모든 별들을 포함하게 될 것이다.

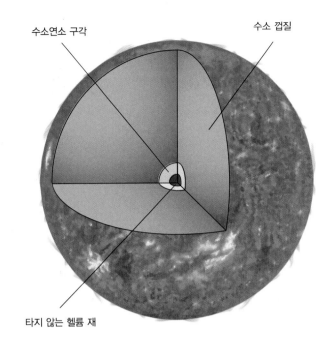

수소연소 구각   수소 껍질

타지 않는 헬륨 재

그림 10.11

주계열 단계에서 떠남

제8장 7절에서 언급했던 것처럼 수소를 융합하여 헬륨을 만들기 위해서는 천만 K의 높은 온도가 필요하다. 하지만 이 온도는 전하량이 더 높은 헬륨핵을 융합해서 더 무거운 원자핵을 만들기에는 너무 낮다. 결과적으로 태양과 같은 별은 중심핵에서 약 100억 년 동안 수소를 태우고 나면 모든 연료가 동이 나게 된다. 원자핵 불꽃은 그렇게 잦아든다. 수소핵융합은 별 내부에서 더 높은 층으로 옮겨가고 순수 헬륨이 핵 중심부에 쌓이게 된다.

이렇게 불균형의 별에서 변화는 필연적이다. 균형을 유지할 핵융합이 없으면, 헬륨으로 이루어진 중심부에서의 압력은 줄어든다. 가혹한 중력을 떠받치지 못하기에 결국 중심핵은 수축한다. 그러면 밀도는 증가하고 온도 역시 증가하기에 헬륨으로 이루어진 중심핵 위에 위치한 수소는 맹렬하게 타게 된다. 이것의 순효과로 별의 바깥 부분은 부풀어 오르게 된다. 중력조차 1억 K의 뜨거운 기체의 팽창을 멈추게 할 수는 없다.

그림 10.11은 이러한 사건의 특이한 상태를 묘사하고 있다. 질량이 작은 별의 일생 끝자락에서는 붕괴가 시작된다. 중심핵은 쪼그라들고 외피부는 팽창한다. 이것은 재앙의 공식이다. 태양과 같은 별은 중심핵이 지구 크기인 수만 킬로미터까지 쪼그라들고 표면은 본래 크기의 약 10배 정도까지 커진다.

신기하게도 중심에서 핵융합의 소멸에 대한 별의 반응은 되려 밝아지는 것이다. 이러한 변화는 그림 10.12에서와 같이, H-R도에서 드러나게 된다. H-R도에서 별이 지나가는 길을 **진화경로**라 한다. 밝기가 1 태양광도, 표면온도가 6,000K 정도인 태양과 같은 별은 주계열을 떠나 거성열로 진입한다. 적색거성이 될 운명이다.

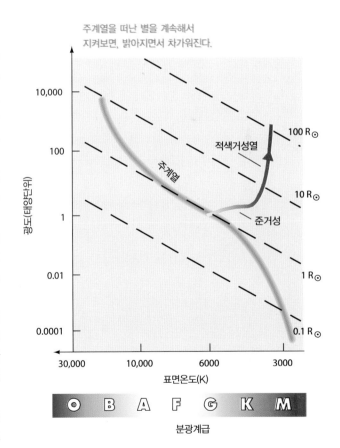

주계열을 떠난 별을 계속해서 지켜보면, 밝아지면서 차가워진다.

그림 10.12

적색거성, 백색왜성

적색거성의 마지막 숨은 행성상성운으로
임박한 죽음을 암시한다

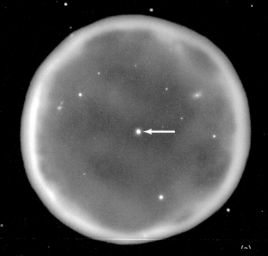

그림 10.14

원시별

주계열
G형 별

핵 적색거성

행성상성운

백색왜성

그림 10.13

태양 정도의 질량을 갖는 별이 나이가 들면, 외피부는 계속해서 팽창하고 중심핵은 수축한다. 만약 중심온도가 헬륨핵융합이 일어날 만큼 충분히 올라간다면 더 무거운 원소들이 만들어지고, 이로부터 얻는 에너지는 별을 다시 지탱하여 중력과 압력이 재균형을 이루게 된다.

주계열 단계를 떠난 후 몇억 년 뒤에는 중심핵은 헬륨을 융합하여 탄소를 만드는 온도인 1억 K에 이르게 된다. 이때 핵융합이 재점화되는데, 처음 몇 시간은 제어 불가능 상태의 폭탄과 같이 맹렬히 타다가 이후 몇천 년 동안은 안정된 상태를 갖게 된다. 별은 점점 붉어지며 죽음을 향해 간다.

적색거성

적색거성은 거대하다. 광도는 태양보다 수백 배 높고, 반경은 태양반경의 약 백 배 정도로 수성궤도 정도이다. 잘 알려진 예가 밤하늘에서 가장 밝은 별 중의 하나인 아르크투루스다. 이 별의 질량은 태양의 1.5배 정도이고 반경은 태양보다 20배 이상이다. 그리고 태양보다 160배 많은 에너지를 방출하며, 많은 에너지가 적외선에서 방출된다.

그림 10.13은 태양과 같은 G형 별이 일생을 통해 진화해 가는 단계를 묘사하고 있다. 최대로 부풀어 올랐을 때, 적색거성은 주계열성 크기의 약 70배에 이르게 된다. 그에 비해 거성의 중심핵은 주계열성보다 15배 작아서, 만약 실제 크기로 나타낸다면

이 그림에서 구분하기 어려울 것이다. 원시별, 주계열성, 적색거성, 그리고 백색왜성의 각 단계에서 보내는 시간은 여기에서 보이는 길이에 대체로 비례한다.

행성상성운

이 별은 이제 궁지에 몰리게 된다. 별 외곽의 수소와 헬륨의 구각에서는 연소가 점점 증가하는 반면, 탄소로 이루어진 별의 중심핵은 실질적으로 죽은 것이나 다름없다. 중심에서 뿜어져 나오는 강한 복사에 의해 외곽의 층들은 성간 공간으로 퍼져나가기 시작한다. 백만 년보다 짧은 시간에 별은 외피부 전체를 잃어버린다. 이전 단계에서 적색거성이었던 별은 이제는 2개의 뚜렷한 부분으로 나뉘게 된다. 하나는 노출된 매우 뜨겁고 여전히 매우 밝은 중심핵이고, 다른 하나는 중심핵을 둘러싸고 천천히 팽창해 나가고 있는 먼지와 차가운 기체로 이루어진 구름이다.

이것이 바로 **행성상성운**이라 불리는 것으로 사실 행성과는 어떤 연결고리도 없다. 단지 오래전에 천문학자들이 행성상성운과 행성이 비슷해 보인다고 생각했기에 붙여진 이름이다.

현대의 항성진화이론은 행성상성운이 작은 고밀의 중심핵을 둘러싸 빛나고 있는 매혹적인 영역이라고 예측한다. 기묘해 보이는 행성상성운은 하늘에서 광범위하게 관측된다.

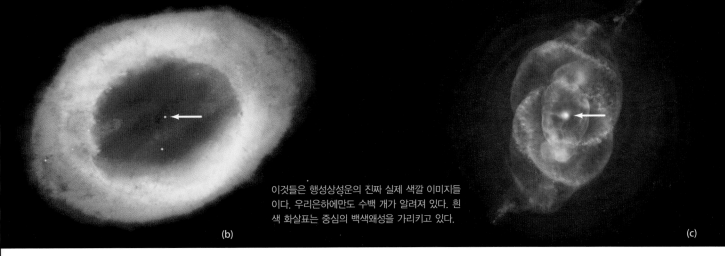

이것들은 행성상성운의 진짜 실제 색깔 이미지들이다. 우리은하에만도 수백 개가 알려져 있다. 흰색 화살표는 중심의 백색왜성을 가리키고 있다.

(b)   (c)

그림 10.14는 실제 색깔로 재현된 환상적인 행성상성운 몇 개를 보여주고 있다. 어떤 것은 (a)에서 보이는 에이벨 29와 같이 고전적인 구형의 기체 덩어리이고, 또 어떤 것은 (c)에서 보이는 것과 같이 고양이의 눈을 닮은 훨씬 더 복잡한 것도 있는데, 이는 쌍성에서 만들어졌을 가능성이 있다. (b)는 모든 행성상성운 중에서 가장 유명한 거문고자리의 고리성운을 보여주는데, 이 성운이 고리모양인지 구형인지는 분명하지가 않다.

행성상성운들이 제10장 3절에서 설명한 방출성운과는 매우 다른 것임에 유의하자. 이 두 천체는 별의 형성에서 완전히 다른 단계를 나타낸다. 방출성운은 최근 별 탄생이 일어났음을 알려주는 이정표이며, 행성상성운은 임박한 별의 죽음을 암시한다.

백색왜성

적색거성 단계에서는 별의 대기에 의해 봉인되어 있던 탄소 중심핵이 외피부가 사라져 감에 따라 **백색왜성**으로 눈에 보이게 된다. 핵융합이 아니라 오직 축적된 열에 의해서만 빛을 내는 천체로서 처음으로 눈에 보이게 될 때 백색의 뜨거운 표면을 가진다.

백색왜성은 크기가 지구만 하지만 질량은 태양에 맞먹기 때문에 밀도는 지상의 어떤 것보다 수십만 배 이상이다. 이러한 상태에서 왜성을 이루고 있는 전자들은 서로 매우 조밀하게 모여 있어서 중력이 더 이상 압축시킬 수 없다. 그렇기 때문에 우주공간으로 에너지를 복사하여 점점 식어 가는 과정에서도 백색왜성은 거의 일정한 크기를 유지한다. 이렇게 죽은 별이 따르는 대략의 경로가 그림 10.15에 나타나 있다. 적색거성 단계에서 백색왜성으로 진화한 후, 백색왜성은 식어 감에 따라 붉은색으로, 그리고 종국에는 차갑고 밀도가 높으며 완전히 소진한 우주공간의 여운, **흑색왜성**으로 남게 된다. 적색거성과 백색왜성은 근본적으로는 다른 천체가 아니다. 단지 주계열성이 진화해 가며 놓이는 다른 양상의 부분이다.

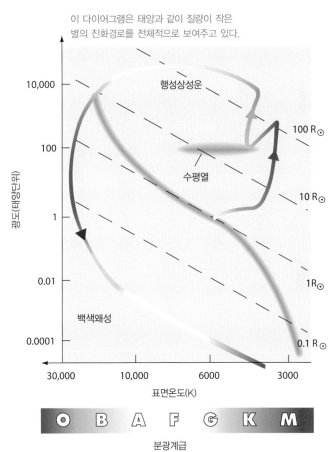

이 다이어그램은 태양과 같이 질량이 작은 별의 진화경로를 전체적으로 보여주고 있다.

그림 10.15

177

태양보다 무거운 별

가장 무거운 별은 빠르게 진화하여 젊은 나이에 죽음을 맞이한다.

앞 절에서 제시된 숫자나 진화경로는 오직 태양질량의 별에 대해서만 유효하다. 다른 질량을 갖는 별의 경우 온도, 밀도, 반경이 비슷한 양상을 보이지만, 세세한 부분에서 다르며 어떤 경우는 매우 큰 차이를 보인다. 당연한 일이지만 성간구름 안에서 가장 큰 구름 조각이 가장 질량이 큰 원시별을, 종국에는 가장 무거운 별을 만드는 경향이 있다. 이 장에서는 태양보다 질량이 큰 별들의 진화에 대해 알아본다.

질량이 큰 별의 진화

그림 10.16은 주계열 단계 이후 질량이 태양의 1배, 4배, 10배인 별들의 진화과정을 비교하고 있다. 태양질량의 별과 질량이 더 큰 별의 진화경로 사이의 차이를 유념해서 보자. 태양질량의 별은 주계열을 떠나면 거의 수직으로 적색거성열로 올라간다. 이때 광도와 반경은 극심하게 변화하지만 온도는 거의 변하지 않는다.

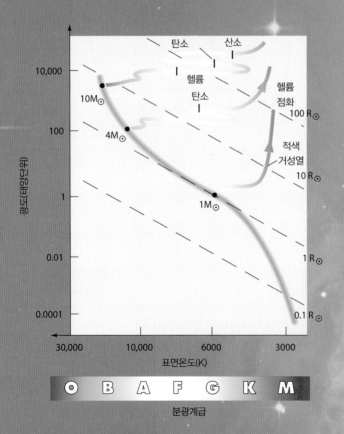

그림 10.16

질량이 큰 별들은 반대의 경향을 보인다. 이들은 H-R도의 위쪽에서 앞뒤로 왔다 갔다 한다. 이 경우에는 반경이 늘어나거나 줄어들면 온도는 내려가거나 올라가며, 광도는 거의 같은 상태를 유지한다. 태양질량의 4배와 10배의 별은 중심온도가 헬륨과 탄소를 융합하여 산소를 만들기에 충분할 만큼 올라간다.

태양질량의 4배인 별에서는 핵융합이 탄소를 연소하는 단계까지만 일어나서 제10장 6절에서 묘사한 것과 같이 종국에는 탄소와 산소로 이루어진 백색왜성이 된다. 태양질량의 10배인 별의 운명은 이보다 불명확하다. 적색거성 단계로 진화하면서 질량을 얼마나 잃어버리는가에 따라 백색왜성이 되기도 하고, 아니면 충분한 질량이 남아 있어서 더 무거운 핵자로 핵융합이 진행되기도 한다.

매우 질량이 큰 별들은 중심핵이 계속해서 수축해서 온도가 올라가면, 수소, 헬륨, 탄소뿐만 아니라 산소, 네온, 마그네슘, 규소, 그리고 더 무거운 핵자를 융합할 수 있다. 새로운 중심핵이 만들어지고, 수축하고, 데워지고 더 무거운 핵자를 융합하는 이 모든 진화가 태양질량의 10배 이상 되는 별에서는 굉장히 빨리 진행된다. 이 별의 진화경로가 H-R도에서 매끄럽게 옮겨갈때, 광도는 거의 변하지 않은 채로 반경은 증가하고 온도는 떨어진다. **적색초거성**으로 부풀어 오르는 것이다.

그림 10.17은 적색초거성 단계의 거의 마지막까지 진화한 질량이 큰 별의 단면도이다. 다양한 핵자들이 연소를 일으키는 많은 층들을 유념해서 보자. 온도가 깊이에 따라 증가하며, 각 연소 단계의 결과물은 다음 단계의 연료가 된다.

- 상대적으로 온도가 낮은 중심핵의 가장자리에서는 수소가 융합하여 헬륨을 만든다.
- 안쪽 층에서는 헬륨, 탄소, 그리고 산소의 구각들이 더 무거운 핵자들을 만들고 있다.
- 더 깊은 곳을 보면 맨 안쪽 핵융합이 일어나지 않는 중심핵 위에 놓여 있는 층들에는 핵융합에 의해 만들어지는 네온, 마그네슘, 규소, 그리고 다른 무거운 핵자들이 놓여 있다.
- 맨 안쪽 중심핵은 철로 이루어져 있다.

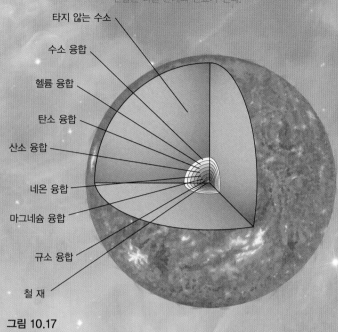

타지 않는 수소

수소 융합

헬륨 융합

탄소 융합

산소 융합

네온 융합

마그네슘 융합

규소 융합

철 재

그림 10.17

불안정한 별

뿜어져 나오는
덩어리

그림 10.18

초거성

주계열을 지난 청색초거성의 좋은 예는 오리온자리에 있는 밝은 별 리겔이다(그림 9.9a 참조). 리겔은 반경이 태양의 70배에 달하고 태양보다 6만 배 밝은 광도를 나타내며, 본래 질량은 태양의 17배 정도였을 것으로 여겨진다. 리겔은 탄생 이후 강한 항성풍으로 인해 많은 질량을 잃었을 것이다.

아직 주계열 단계를 완전히 떠나지는 않았지만 리겔은 중심핵에서 헬륨을 융합해 탄소를 만들고 있을 것이고, 어쩌면 더 무거운 핵융합이 일어날 수도 있다. 모든 분광형의 별들이 항성풍을 일으키지만, 천문학자들은 굉장히 밝은 초거성의 항성풍이 가장 강하다는 것을 발견했다. 수백만 년이라는 상대적으로 짧은 시간 동안, 이 별들은 전체 질량의 약 10% 또는 더 많은 질량을 우주공간으로 날려 버릴 수 있다. 이 질량은 태양질량에 맞먹는다. 이 항성풍은 그냥 바람의 형태라기보다는 태양의 초강풍과 같다.

그림 10.18은 에타 카리나라고 불리는 밝은 청색 변광성으로 현재 이런 형태의 항성풍을 내뿜고 있다. 이 천체의 중심별은 태양질량의 약 100배인데, 알려진 가장 큰 별 중의 하나다. 별을 둘러싸고 있는 빛나는 성운은 태양질량의 2~3배의 기체를 포함한다. 이 기체들은 지난 수백 년 동안의 폭발과 현재의 폭발로 내뿜어진 것이다. 관측자들은 초당 수백 킬로미터의 속도로 멀어져 가고 있는 물질을 추적하고 있다.

그림 10.19의 3개의 이미지는 다른 별의 폭발을 포착하고 있다. 외뿔소자리 V838이라 불리는 적색초거성은 2002년에 갑자기 태양광도의 50만 배보다 밝아졌다. 천문학자들은 무엇이 이 별을 이렇게 밝게 만드는지 이해하기 위해 여전히 고전하고 있다. 그 원인이 어떻게 밝혀질지 지켜보자.

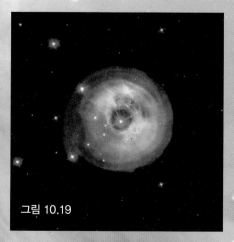
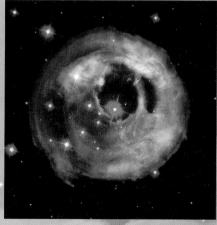

그림 10.19

성단
모성간구름에서 태어나 같은 곳에 놓여 있는 한 집단의 별들은
하나의 성간구름이 수축해 만든 **최종 결과**이다.

작은 부피의 공간에 많은 별들이 모여 있는 집단을 **성단**이라고 한다. 그림 10.20은 겨우 수백만 년 전에 새롭게 태어난 성단과 그 성단의 모체인 성간구름 일부의 장관을 담고 있다. NGC 3603이라 불리는 이 성단은 약 6,000광년 떨어져 있고, 겨우 몇 광년 크기에 약 2,000개의 밝은 별을 포함하고 있다.

삽입 사진은 이 성단에서 가장 질량이 크고 거의 일생의 끝에 있는 세어 25라는 별을 포함하고 있는 성단의 중심 부분을 보여준다(이 별은 성단에서 오른쪽 위에 위치). 이 별의 외각층 일부가 분출되어 고리 모양을 이루고 있다. 이 이미지에서는 태양질량보다 작은 질량을 갖는 많은 별도 볼 수 있다.

성단의 나이

그림 10.21(a)는 약 400광년 떨어져 있는 황소자리에 위치하고, 맨눈으로도 쉽게 관측되어 잘 알려진 플레이아데스라고 불리는 작은 성단을 보여준다. 이렇게 느슨하고, 특정한 모양이 없는 성단은 주로 우리은하 은반에서 관측되며 산개성단이라 부른다. **산개성단**은 주로 수백에서 수천 개의 별을 포함하고 있으며, 크기가 10광년보다 작다.

그림 10.21(b)는 H-R도에서 플레이아데스 성단 별들의 분포를 보여주는데, 별들이 주계열의 위와 아래에 분포한다. 청색별들은 연소가 빠르게 진행되기 때문에 상대적으로 젊은 별이어야 한다. 따라서 비록 성단의 태어난 시점에 대한 직접적인 증거는 없지만, 나이가 2천만 년보다 적다는 것을 짐작할 수 있다.

대조적으로 그림 10.22(a)는 매우 다른 모양의 성단을 보여주는데, 이것은 **구상성단**이다. 모든 구상성단은 대체로 구형이고, 우리은하 원반에서 멀리 떨어져 분포한다. 그리고 몇십 광년의 크기에 수백만 개의 별이 모여 있다. 오메가 센타우리라 불리는 이 구상성단은 약 18,000광년 떨어져 있다. 우리은하에는 약 150개의 구상성단이 알려져 있다.

그림 10.22(b)는 구상성단의 H-R도를 보여주는데, 가장 눈에 띄는 것은 주계열 위쪽에 별들이 없다는 것이다. 사실 모든 구상성단에는 질량이 태양의 약 80% 이상인 주계열성은 존재하지 않는다. 질량이 더 큰 O형에서 F형 별들은 이미 오래전에 핵융합이 멈췄고 주계열로부터 떠났다. 그림에서 보이는 자료로부터 천문학자들은 모든 구상성단이 100억 년보다 나이가 많다고 계산하였다. 구상성단은 가장 나이가 많은 별들을 포함하고 있다.

성단 내의 별들은 모두 같은 시점에 태어나지만 각자의 질량에 따라 다른
속도로 진화한다. 마지막에 성단은 개개의 별들로 나누어지고 만다.

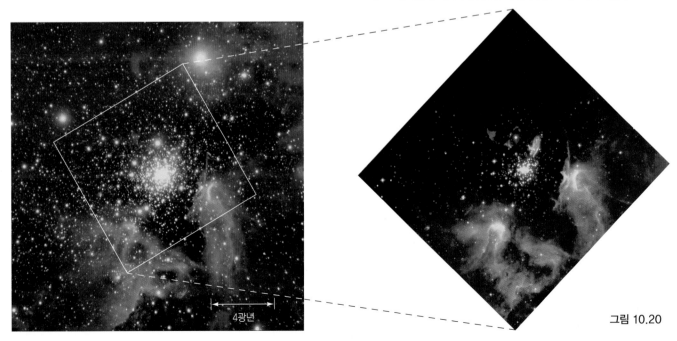

4광년

그림 10.20

(a)

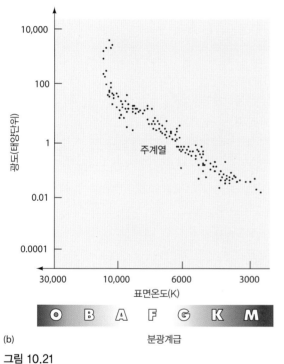

(b)

그림 10.21

(a)

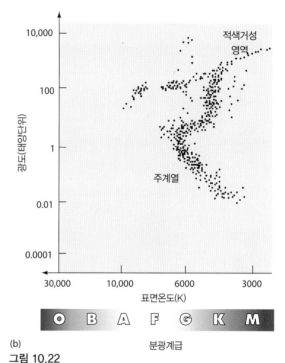

(b)

그림 10.22

성단의 운명

성단은 결국 개개의 별들로 흩어진다. 많은 경우 초신성이나 항성풍에 의해 남은 기체들이 성단 밖으로 불려 나가게 되면 성단의 질량이 줄어서 중력적으로 묶여 있지 못하고 흩어지는 것이다. 기체를 잃어버리는 초기단계에서 살아남았다 치더라도, 별들이 궤도운동을 하며 서로 가까이 스치게 되면 질량이 작은 별들은 성단으로부터 튕겨 나가게 된다. 게다가 우리은하에 의한 조석력이 성단 외곽의 별들을 천천히 이탈시킨다.

비록 성단의 수명이 성단의 질량과 은하 내에서의 위치에 따라 달라지기는 하지만, 이러한 모든 영향으로 대부분의 구상성단들은 수억 년 안에 와해되고 만다. 질량이 작고 느슨하게 묶인 계는 수백만 년 정도밖에 살아남지 못하지만, H-R도를 보면,

질량이 매우 큰 산개성단들의 나이는 수십억 년에 이르기도 한다. 질량이 가장 큰 구상성단의 경우는 수명이 수백억 년은 된다. 그러므로 이론상으로 이런 구상성단은 자신이 형성되었던 초기우주의 목격자인 셈이다.

어찌 보면 별들의 모성단이 완전히 와해된 상태가 별 탄생의 진정한 종결이라고 할 수 있다. 맑고 어두운 밤하늘을 한번 올려다보자. 별들을 바라볼 때 여러분이 배운 모든 우주의 활동에 대해 깊이 생각해 보라. 이 장을 공부한 여러분은 밤하늘에 대한 생각을 바꿔야 한다는 것을 깨달을지도 모른다. 비록 겉보기에 고요하지만, 밤하늘의 암흑 속은 끊임없는 변화로 점철되고 있다.

요약

LO1 별들 사이의 공간은 **성간매질**
(p.168)로 채워져 있다. 성간매질
은 절대온도 100K보다 차가운 수소 원자, 수소 분자, 그리고
헬륨으로 이루어진 기체와 **먼지알갱이**(p.168)로 이루어져 있
다. 비록 성간물질의 밀도가 매우 낮지만, 성간먼지는 별빛을
막는 데 아주 효과적이다. 성간물질의 공간적 분포는 조각나
있고 고르지 않다. **암흑먼지구름**(p.168)은 성간매질 중에서도
배경별로부터 오는 별빛을 감소시키거나 완전히 차단하는 차
갑고, 불규칙한 모양의 영역이다.

LO2 별들은 하나의 성
간구름이 자체 중
력에 의해 수축하
면서 우리태양 정
도의 질량을 갖는
조각들로 쪼개지면
서 만들어진다. 수축하는 구름의 진화는 H–R도에서 하나의 **진
화경로**(p.175)로서 나타낼 수 있다. 하나의 구름조각은 온도와
밀도가 올라가다가 끝내는 **원시별**(p.171)을 만들게 된다. 원시
별은 대부분의 빛을 적외선에서 방출하는 따뜻하고 매우 밝은
천체이다. 약 5천만 년 정도 지나면, 원시별의 중심온도가 수소
핵융합이 일어날 정도로 올라가서 마침내 원시별에서 별로 태
어나게 된다.

LO3 별 탄생 이론으로 예측되
는 많은 천체들이 실제
로 관측되었다. **방출성운**
(p.172)은 뜨겁게 빛나며
퍼져 있는 성간물질로 별
탄생과 연관성을 보인다.
이들은 뜨거운 O형 별이
나 B형 별들이 주변물질을
가열하고 이온화시켜 만
들어진다. 방출성운 주위의 암흑의 성간 영역에서 구름의 쪼개
짐과 원시별의 존재를 자주 확인할 수 있다. 별 탄생 초기단계
에서 일어나는 성간구름의 수축과 쪼개짐을 연구하기 위해 전
파망원경을 이용한다. 적외선 관측은 더 나중의 과정을 연구할
때 쓰인다. 몇 개의 O형, B형 별들에 의해 만들어진 많은 방출
성운들은 밀도가 높은 성간구름에 휩싸여 있다. 이러한 고밀의
성간구름의 일부는 쪼개지고 수축하고 있으며 원시별을 만들
고 있는 더 작은 영역들로 이루어져 있다.

LO4 별들은 일생의 대부분을 중심핵에
서 수소핵융합을 통해 헬륨을 만
들고 있는 안정된 주계열에서 보낸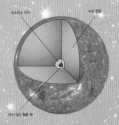
다. 중심핵에 있는 수소가 소진되
면 별들은 주계열을 떠난다. 이때
중심의 에너지 원천이 없어서 중력
을 받치고 있을 수 없게 되어, 헬륨
으로 이루어진 중심핵은 수축하면서 데워지게 된다. 온도가 올
라가면 중심핵 주변부의 수소핵융합률이 올라간다. 그 결과 별
은 적색거성이 되어 밝아지고, 팽창하며 식게 된다. 태양은 현
재 주계열에서의 수명을 거의 반 정도 지나 왔으며, 약 50억 년
뒤에는 적색거성의 단계로 접어들 것이다. 질량이 작은 별들은
태양보다 훨씬 더 느리게 진화하고 질량이 큰 별들은 훨씬 빨
리 진화한다.

LO5 핵에서 헬륨이 연소함에 따라 핵
의 가장 중심에는 타지 않는 탄
소가 쌓이게 된다. 탄소로 이루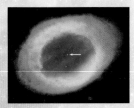
어진 핵은 수축하여 핵융합을 하
고 있는 위층들을 데워, 다시 이
전보다 더 밝은 적색거성이 된
다. 질량이 작은 별의 중심핵은 탄소를 융합할 만큼 뜨거워지
지는 않는다. 그런 별은 자신의 외피부를 **행성상성운**(p.176)의
형태로 우주공간에 뿜어낼 때까지 거성열을 계속해서 올라간
다. 이때 중심핵은 뜨겁고 희미한, 극도로 밀도가 높은 **백색왜
성**(p.177)이 된다. 백색왜성은 식어 가며 희미해지다가 종국에
는 차가운 **흑색왜성**(p.177)이 되고 만다.

LO6 질량이 클수록 중심온도
가 높을 수 있기 때문에,
질량이 큰 별들은 질량
이 작은 별들에 비해 빠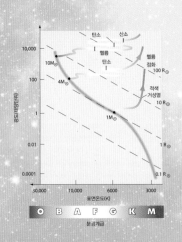
르게 진화한다. 태양과
는 달리 질량이 큰 별에
서는 중심온도가 탄소를
융합할 만큼 온도가 올
라간다. 이런 별들은 적
색초거성이 되어, 핵에
서 점점 빠른 속도로 더
무거운 원소들을 만들고
끝내는 폭발적인 죽음을
맞이한다.

LO7 하나의 구름이 수축하여 쪼
개지면 수백, 수천 개의 별
들이 **성단**(p.180)을 만들
게 된다. 이렇게 동시에 성
단의 형태로 태어난 별들을
관측함으로써 항성진화이
론을 테스트할 수 있다. 시간이 감에 따라 질량이 가장 큰 별이
주계열을 가장 먼저 떠나고, 그다음은 중간 질량의 별, 그리고
질량이 더 작은 별이 차례로 주계열을 떠나게 된다. 천문학자
들은 막 주계열을 떠나는 별들의 질량과 이론적 예측을 비교함
으로써 성단의 나이를 추정할 수 있다. 비록 완전히 와해되는
데 수십억 년이 걸리게 되더라도, 종국에는 성단이 개개의 별
들로 와해된다.

POS 문제들은 과학의 과정을 탐구하는 문제이고, LO 문제들은 학습 목표에 초점을 맞추고 있고, VIS 문제들은 보이는 정보들을 이해하고 해석하는 데 초점을 맞추고 있다.

복습과 토론

1. **LO1** 성간매질을 간단하게 설명하라. 밀도가 어느 정도이며 우주공간에 어떻게 분포하는가?
2. 성간기체의 성분은 무엇인가? 성간먼지의 성분은 무엇인가?
3. **LO2** 태양과 같은 별의 탄생으로 가는 일련의 기본적인 사건을 간단히 설명하라.
4. **LO3** 별 탄생 이론을 지지하는 관측적 증거 3개를 제시하라.
5. 방출성운은 무엇인가?
6. **POS** 어두운 성간구름을 볼 수 있는 몇 가지 방법을 기술하라.
7. **LO4** 태양과 같은 별이 중심핵에서 얼마나 오랫동안 수소핵융합을 유지할 수 있는가? 중심핵에서의 수소의 고갈이 그렇게 중요한 사건인 이유는 무엇인가?
8. **POS** 별의 진화를 공부하는 데 있어 H-R도의 유용성을 설명하라.

9. 진화경로란 무엇인가?
10. 태양이 적색거성 단계에 접어들 때의 대략적인 크기를 AU 단위로 나타내어라.
11. **LO5** 행성상성운은 무엇인가? 왜 많은 행성상성운이 고리처럼 보이는가?
12. 백색왜성은 무엇인가? 백색왜성은 왜 관측하기가 어려운가?
13. **LO6** 질량이 큰 별들의 진화 단계는 태양과 같은 별과 어떻게 다른가?
14. 별은 왜 영원히 살지 않는가? 어떤 별이 가장 오래 사는가?
15. **LO7 POS** 천문학자들은 어떻게 성단의 나이를 측정하는가?
16. **POS** 천문학자들은 어떻게 별의 탄생과 진화에 관한 이론들의 정확성을 테스트하는가?

진위문제

1. 성간매질은 우리은하에 고르게 분포하고 있다.
2. 질량이 더 큰 별이 더 빠르게 만들어진다.
3. 태양은 중심핵에서 핵융합의 연료가 고갈되면 더 밝아질 것이다.
4. 행성상성운은 행성들이 만들어질 물질로 별의 주변에 원반 형태를 이룬다.

5. 모든 별은 백색왜성으로 생을 마감한다.
6. 질량이 더 큰 별일수록 수명이 길다.
7. 모든 별은 마지막에는 중심핵에서 탄소와 산소를 융합할 것이다.
8. 대부분의 별은 작은 그룹이나 성단의 일원으로 태어난다.

선다형문제

1. 성간매질의 화학적 성분은 기본적으로 (a) 태양 (b) 지구 (c) 금성 (d) 화성의 성분과 비슷하다.
2. 그림 10.3에 제시된 뱀주인자리 구름이 암흑인 이유는 (a) 그 영역에 별이 없기 때문 (b) 그 영역의 별들이 어리고 흐리기 때문 (c) 그 구름 뒤의 별빛이 구름을 관통하지 못하기 때문 (d) 그 영역이 너무 차가워서 별의 핵융합을 유지할 수가 없기 때문이다.
3. 태양과 같은 별로 태어날 원시별은 (a) 더 작다. (b) 더 밝다. (c) 더 희미하다. (d) 태양보다 질량이 작다.
4. 그림 10.20에 나타낸 플레이아데스성단과 오메가 센타우리의 중요한 차이점 중 하나는 플레이아데스성단이 훨씬 더 (a) 크다. (b) 젊다. (c) 멀다. (d) 밀도가 크다.

5. H-R도에서 다른 별들과 비교하여, 적색거성이라는 이름을 얻게 된 이유는 더 (a) 차갑기 (b) 희미하기 (c) 밀도가 높기 (d) 젊기 때문이다.
6. 백색왜성은 단단하게 밀집된 (a) 전자 (b) 양성자 (c) 중성자 (d) 광자 압력에 의해 지탱되고 있다.
7. 태양과 같은 별은 결국 (a) 청색거성 (b) 백색거성 (c) 쌍성 (d) 적색초거성이 된다.
8. 태양에 비해 H-R도의 왼쪽 아래에 찍히는 별들은 더 (a) 젊다. (b) 질량이 크다. (c) 밝다. (d) 밀도가 높다.

활동문제

협동 활동 고리성운 M57은 아마도 가장 유명한 행성상성운일 것이다. 비록 희미하지만 작은 망원경으로도 그 구조를 볼 수 있다. 그것을 찾기 위해서는 먼저, 여름 별자리인 거문고자리에서 두 번째와 세 번째로 밝은 베타와 감마별을 찾아야 한다. 고리성운은 두 별 사이에 놓여 있으며, 베타별에서 감마별로 약 1/3 거리에 있다. 허블우주망원경으로 찍은 이미지에서 본 것 같이 명확하고 색깔이 다양한 그런 고리를 기대하지는 마라. 여러분은 어떤 색깔을 볼 수 있는가? 메시에 목록은 3개의 다른 행성상성운을 포함하는데, M27(아령성운), M76(작은 아령성운), 그리고 M97(부엉이성운)이 그것들이다. 온라인 목록을 이용하여 이들의 위치를 찾아보자. M76과 M97은 찾아내기 가장 어려울 것이다.

개별 활동 도시의 불빛에서 벗어나 어둡고 맑은 밤에 우리은하를 관측하자. 그것은 하늘을 가로질러 연속된 빛의 띠를 이루는가, 아니면 얼룩덜룩한가? 비어 있는 것처럼 보이는 우리은하의 부분들은 사실 상대적으로 태양 가까이에 놓여 있는 암흑먼지구름이다. 이러한 구름이 놓여 있는 곳의 별자리들을 찾아보자. 대충 그림을 그려서 성도와 비교해 보자. 성도에서 다른 작은 구름들의 위치를 찾고, 맨눈 또는 쌍안경을 이용해 밤하늘에서 이들을 찾아보자.

11

별의 폭발

연료가 소진된 별의 운명은?

질량이 작은 별의 최종 진화 단계가 반드시 백색왜성인 것만은 아니다. 쌍성계를 이루고 있는 별은 짝별로부터 질량을 공급받아 추가적인 진화가 가능하다. 실제로 일부 백색왜성들은 짝별로부터 질량을 얻어 수명을 잠시 연장한 후, 결국 폭발과 함께 종말을 맞이한다.

질량이 큰 별들 역시 쌍성계의 일원이든 아니든 궁극적으로 폭발하여 엄청난 에너지와 많은 양의 중원소를 생성하여 성간에 공급한다. 이들 폭발은 새로운 별의 탄생을 유발하기도 하고 별의 생성과 종말이라는 순환 고리의 반복에 이바지한다.

이 장에서는 폭발을 일으키는 과정을 살펴보고, 이로부터 지구 및 생명체를 구성하는 원소들의 생성 기작에 대해 알아보겠다.

중심부의 이 청록색 점은 폭발의
잔재인 중성자별로 추정된다

현란한 이 사진은 별이 폭발한 직후의 모습이다. 카시오페이아 A라고 알려진 이 천체는
약 3백년 전에 폭발한 별의 잔해이다. 우주망원경의 자료를 합성하여 얻은 삼색 합성 이
미지로서 노랑, 파랑과 초록, 빨강은 각각 허블망원경의 광학 이미지, 찬드라의 엑스선
이미지, 스피처망원경의 적외선 이미지를 나타낸다.

학습목표

LO1 쌍성계의 백색왜성이 어떻게
폭발할 수 있는지를 설명한다.

LO2 질량이 큰 별이 격렬한 폭발에
이르는 일련의 과정을 요약하
고, 두 가지 다른 형태의 초신
성의 특징과 발생 기작을 설명
한다.

LO3 우리은하에서 초신성이 발생하
는 사실에 대한 관측적 증거를
제시한다.

LO4 헬륨보다 무거운 원소들의 기
원을 설명하고, 항성진화 연구
에서 이들 중원소들이 갖는 의
미에 대해서 알아본다.

LO5 중성자별과 펄사의 주요 특성
을 나열하고, 이들 특이 천체
들이 어떻게 생성되었는가를
살펴본다.

LO6 감마선 폭발 천체들의 기본적
특성과 이들 천체들을 설명하
기 위한 최신 이론에 대해 알
아본다.

LO7 우주에서 물질이 어떻게 별과
성간매질의 형태로 순환되는지
를 기술한다.

신성

항성진화의 최종 단계에서는 매우 격렬한
사건이 벌어질 수 있는 극한의 가능성이 존재한다.

원시별과 별들은 중력에 의하여 중심핵을 압축하고 가열함
으로써 진화한다. 중심핵은 가까워진 전자들 사이에서 발생
하는 압력이 매우 커지거나 새로운 핵융합 단계에 접어들 때
까지 수축을 지속한다. 거의 모든 별은 이런 방법으로 일정
하게 빛나고 있으나 일부 별은 매우 짧은 시간 동안 격렬한
변화를 함으로써 우리를 놀라게 한다.

신성

태양 정도의 질량을 가진 별들 가운데 매우 드물게는 백색왜
성 단계가 최종 단계가 아닐 수 있다. 적당한 조건을 만족한
다면 백색왜성은 폭발 현상을 동반하는 **신성**(nova)이 된다.
라틴어로 '새로움'을 뜻하는 'nova'라는 명칭은 폭발 시 별이
밝아지며 마치 새로운 별처럼 밤하늘에 갑자기 나타났다 하
여 붙여진 명칭이다.

현대의 천문학자들은 신성이 새로운 별이 아니라 표면에
서의 폭발로 잠시(어떤 경우에는 원래 밝기의 1만 배까지) 밝
아지는 백색왜성임을 알고 있다.

그림 11.1(a)와 (b)는 1935년 관측된 헤라클레스 신성으로
며칠에 걸쳐 밝기가 밝아지는 전형적인 신성의 모습을 보여
준다. 그림 11.1(c)의 광도곡선은 별의 광도가 며칠 사이에 급
격하게 증가했다가 몇 달에 걸쳐 천천히 원래의 밝기로 돌아
가는 변화를 잘 보여준다. 평균적으로 매년 두세 개의 신성
이 발견된다.

질량 교환

무엇이 백색왜성과 같이 '죽은 별'을 폭발하게 만들 수 있을
까? 폭발에 필요한 에너지는 플레어와 같은 표면 현상으로
설명할 수 있는 에너지에 비해서 엄청나게 크다. 또한 앞 장
에서 보았듯이 이들 백색왜성의 중심부에서는 핵융합이 일
어나지 않는다. 이 의문에 대한 답은 백색왜성의 주변에 있
다. 만약 백색왜성이 고립되어 있다면, 제10장 5절에서 기술
한 바와 같이 점점 식어서 결국 흑색왜성이 될 것이다. 하지
만 만약 백색왜성이 다른 주계열성이나 거성을 짝별로 둔 쌍
성계의 일원이라면 매우 흥미롭고 새로운 가능성이 생긴다.

두 별 사이의 거리가 그림 11.2에서와 같이 아주 가깝다면
백색왜성의 중력에 의해 짝별의 바깥층 물질이 끌어당겨질

(a)

(b)

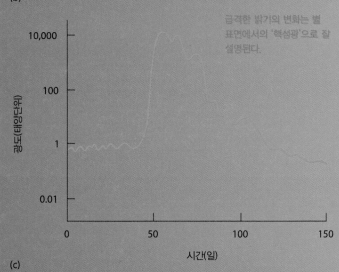

급격한 밝기의 변화는 별
표면에서의 '핵섬광'으로 잘
설명된다.

(c)

그림 11.1

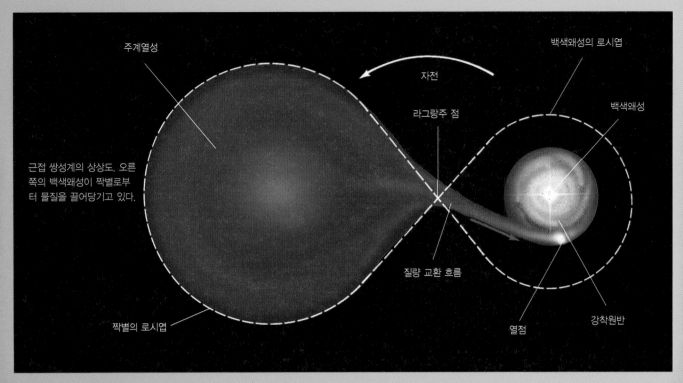

그림 11.2

근접 쌍성계의 상상도. 오른쪽의 백색왜성이 짝별로부터 물질을 끌어당기고 있다.

수 있다. 대부분 수소와 헬륨으로 이루어진 이 물질은 각운동량 때문에 백색왜성으로 바로 떨어지지 않고 백색왜성 주변에 **강착원반**이라 불리는 회전하는 납작한 원반을 생성하게 된다. 원반에서 백색왜성으로 유입된 물질들이 압축되고 가열되어 마침내 온도가 1천만 K에 이르면 수소가 격렬하게 반응하여 헬륨으로 융합된다. 그리고 별은 갑자기 밝아졌다가 천천히 원래의 밝기로 돌아간다. 즉, 신성으로 나타나는 것이다.

그림 11.3은 하늘의 다른 영역에 있는 두 신성이 질량을 방출하는 모습을 보여주고 있다. 위 사진은 페르세우스 신성으로 약 50년 전의 폭발에서 살아남은 신성과 폭발 시 방출된 물질의 잔재를 보여준다. 아래 사진은 백조자리 신성으로부터 방출된 물질이 시간이 지나면서 퍼져나가는 모습을 보여주고 있다. 왼쪽 사진은 폭발로부터 1년 후, 오른쪽 사진은 수년이 지난 후의 모습이다. 신성이 만 광년 이상 떨어져 있어서 신성은 뚜렷이 보이지 않는다.

반복적 신성

신성 폭발이 끝나고 쌍성이 원래의 모습으로 돌아온 후, 어떤 경우에는 질량 교환이 다시 일어날 수 있다. 천문학자들은 많은 신성들이 수십 년 동안 여러 번에 걸쳐 반복적으로 폭발하는 것을 알고 있다. 이들 반복적 신성은 수백 번은 아닐지라도 수십 번까지 신성 폭발을 일으킬 수 있다.

1광년

(a) 이 사진들은 두 신성이 질량을 방황하는 모습을 보여주고 있다.

(b)

그림 11.3

11.2 초신성

초신성은 질량이 큰 별의 중심핵이 급격하게 함몰하면서 별의 대부분이 폭발하며 발생한다.

초신성도 신성과 마찬가지로 밤하늘에 갑자기 나타났다가 천천히 사라진다. 그렇지만 밝기 변화는 비슷할지 몰라도 초신성은 신성과 전혀 다른 현상이다. 초신성은 신성보다 훨씬 격렬하고 약 백만 배나 밝으며 전혀 다른 물리적 과정에 기인한다. 초신성은 폭발 후 몇 시간 안에 태양의 수십억 배까지 밝아지며, 초신성이 눈에 보이는 몇 달 동안 방출한 빛 에너지는 태양이 그 일생인 100억 년에 걸쳐 방출하는 에너지와 맞먹는다.

그림 11.4는 1987년 아마추어 천문학자에 의해서 대마젤란성운에서 발견된 초신성의 모습이다. 왼쪽 사진은 초신성 폭발 전의 사진이고 오른쪽 사진은 폭발 직후의 사진이다.

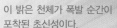
이 밝은 천체가 폭발 순간이 포착된 초신성이다.

100광년

그림 11.4

진화의 종말

질량이 태양질량의 8배보다 작은 별들은 중심에서 탄소를 융합할 정도의 온도에 도달하지 못하고 백색왜성으로 그 종말을 맞이한다. 반면 질량이 이보다 큰 별들은 중심핵이 수축하면서 온도가 상승하여 수소와 헬륨뿐만 아니라 탄소, 산소는 물론 더 무거운 원소를 융합할 수 있다. 이 과정은 가속적인 과정으로 별은 궁극적으로 조절 능력을 잃게 된다. 그렇지만 그전까지 별은 철에 이르는 중원소들을 생성한다. 여기에 관해서는 제11장 4절에서 자세히 다룰 것이다.

각각의 핵융합 단계를 거치며 발생한 에너지는 별을 지탱할 수 있으나 그 기간은 점차 짧아진다. 예를 들어, 태양질량의 20배가 되는 별의 경우, 수소 융합으로는 천만 년, 헬륨융합으로는 백만 년, 탄소융합으로는 천 년, 산소 융합으로는 1년, 그리고 규소융합으로는 1주일 동안 빛날 수 있다. 마지막 남은 철에 이르러서는 기껏해야 하루만 빛날 수 있다.

일단 중심부의 물질이 철로 변환되기 시작하면 별은 곤란한 상태에 빠진다. 철은 가장 안정된 원소이므로 더 무거운 원소로 융합되지 않으며 쉽게 분열된다. 간단히 말해서 철은 그동안 빛나던 중심핵의 빛을 끄는 마치 '소화기'와 같은 역할을 한다. 이렇게 되면 그동안 별을 지탱하던 안쪽의 압력은 더 이상 위에서 누르는 중력을 지탱하지 못하고 별은 함몰하기 시작한다. 중심부의 온도와 밀도는 상승하고 철 원소는 전자, 중성자, 광자와 같은 기본 입자로 붕괴한다. 밀도는 10^{18}kg/m^3에 도달하는데, 이것은 물의 밀도의 10^{15}배에 달하며 원자핵의 밀도에 견줄 수 있다. 이러한 밀도에 이르면 원자핵들은 더 이상 압축될 수 없으며 중심부로 떨어지던 별의 물질은 튕겨 나가게 된다.

앞에서 기술한 일련의 과정은 매우 짧은 시간에 진행된다. 별의 중심부가 수축하기 시작해서 반탄력을 얻어 튕겨 나가기까지 걸리는 시간은 1초에 불과하다. 반탄력에 의해 발생한 충격파는 위에서 함몰하던 별의 내부를 진행하며 별을 폭발시켜 핵융합으로 생성된 물질을 우주공간으로 방출한다. 폭발의 자세한 과정은 아직 정확히 밝혀지지 않았지만, 그 결과는 그림 11.4와 같은 **핵붕괴형 초신성**으로 나타난다.

초신성의 형태

천문학자들은 초신성을 크게 I형과 II형으로 분류한다. **I형 초신성**은 스펙트럼에 수소선이 거의 보이지 않으며 광도곡선은 신성과 비슷하게 단기간에 걸쳐 밝아진 후 천천히 밝기가 감소한다(그림 11.1c). 반면 **II형 초신성**은 수소선이 많이 보이며 밝기가 감소할 때 한동안 일정한 밝기를 유지하는 '고원(plateau)'이 관측된다. 이러한 II형 초신성의 특징은 앞에서 이야기한 핵붕괴형 초신성과 잘 일치한다. 그렇다면 I형 초신성의 기원은 무엇일까? 별이 다른 방법으로 폭발할 수 있는 것일까?

I형 초신성의 광도곡선이 신성의 광도곡선과 유사하다는 점은 이들 둘 사이의 관련성을 시사한다(11.1절). 실제로 신성이 반복되면서 백색왜성의 질량이 증가하는 경향이 있다. 질량이 증가함에 따라 중심부의 압력이 증가하며 백색왜성은 새로운 불안정 단계에 접어들 수 있다. 즉, 질량이 찬드라세카 질량인 1.4 태양질량을 초과하는 순간 별은 함몰하면서 중심부 온도가 상승, 탄소를 융합하여 **탄소폭발 초신성**으로 별 전체가 폭발할 수 있다.

그림 11.5는 I형과 II형 초신성의 폭발 기작을 도식적으로 나타낸 것이다. 두 형태의 초신성은 서로 무관하며 그 선조성(부모별) 역시 매우 다르다. 이들의 유일한 공통점은 궁극적으로 별을 폭발시켜 날려 버린다는 점이다.

 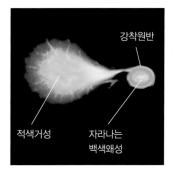 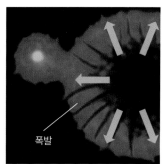

(a) I형 초신성

(b) II형 초신성

시간

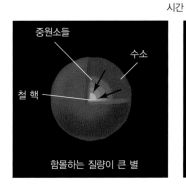 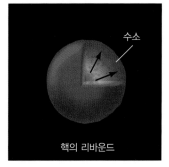 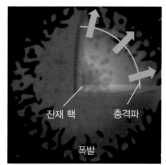

그림 11.5

초신성 잔해

밤하늘에 나타났다 사라지는 초신성은 우주가 불변이라는
아리스토텔레스의 우주관을 무너뜨리는 데 도움이 되었다.

우주에 존재하는 철보다 무거운 원소들은 초신성 폭발 당시 생성된다. 별의 죽음이 또 다른 별의
생성을 야기하고 우리 세계를 구성하는 원소들을 만든다는 사실은 철학적 의미가 있다.

게성운

천문학자들은 우리은하 내에서 초신성이 폭발
해 왔다는 사실을 뒷받침하는 많은 관측적 증
거를 발견하였다. 가끔 그 폭발 순간을 지구에
서 볼 수도 있지만 대부분의 경우에는 폭발 후
남은 잔재, 즉 **초신성 잔해**를 보게 된다. 가장
잘 알려진 초신성 잔해 중 하나는 그림 11.8에
보이는 게성운이다. 게성운의 모습은 격렬한
폭발의 잔재로 보이는 덩어리와 필라멘트 구조
들을 확실히 보여준다. 그리고 이들 물질들로
부터 방출되는 스펙트럼선에서 보이는 도플러
이동은 게성운이 초속 수천 킬로미터의 속도로
팽창하고 있음을 시사한다.

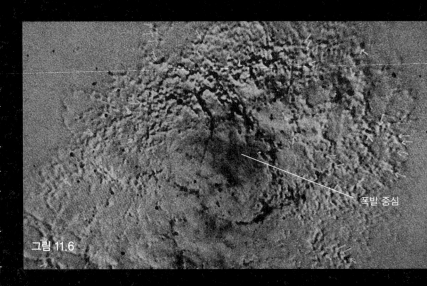

폭발 중심

그림 11.6

　　게성운의 팽창은 그림 11.6에서 생생하게 확
인할 수 있는데, 이 그림은 1960년에 찍은 사
진과 12년 후에 찍은 사진을 각각 양화와 음화
로 겹쳐서 만든 것이다. 만약 팽창하지 않는다면 두 사진은 완벽하게 겹쳐져야 하지만 그렇지 않
음을 볼 수 있다. 즉, 게성운을 이루고 있는 물질들이 빠른 속도로 팽창하고 있으며, 그 속도로부
터 게성운이 약 900년 전에 폭발한 초신성의 잔해임을 알 수 있다.

　　실제로 9백여 년 전에 폭발이 있었음을 보여주는 역사적 증
거가 있다. 1054년 고대 중국과 중동 지역의 사서에는 게성운
의 위치에 금성보다 밝은 초신성이 나타났다는 관측 기록이
있다. 어떤 기록은(아마도 과장되었겠지만) 그 밝기가 보름달
에 견준다고 적혀 있다. 이 초신성은 거의 한 달 동안 낮에도
볼 수 있었으며 미국 남서부 지역에는 당시 원주민에 의해서
관측된 초신성을 기록한 암석도 있다.

6°에 걸친 하늘에 분포하며
빛나는 가스들

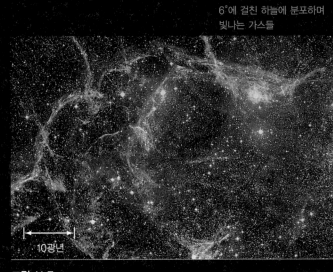

10광년

그림 11.7

다른 초신성 잔해

밤하늘에는 오래전에 폭발한 많은 초신성의 잔해들이 있다.
이 장의 앞 장에 있는 카시오페이아 A도 그 대표적인 예이다.
그림 11.7은 또 다른 초신성 잔해인 벨라 초신성 잔해이다. 약
9천 년 전에 폭발한 것으로 추정되는 이 초신성까지의 거리는
1,500광년으로 게성운보다 가까워 폭발 당시 게성운 초신성
보다 밝게 보였을 것으로 추측된다. 밤하늘에 갑자기 나타나
는 이러한 초신성은 석기시대 원시인들의 신앙과 문화에 영향
을 미쳤을 것으로 짐작할 수 있다.

게성운. 거의 1,000년 전에 질량이
큰 별이 폭발하고 남은 잔해이다.

실제로 이 사진은 허블우주망원경
이 촬영한 많은 작은 사진들을 합
쳐서 만든 것이다. 사진은 약 10억
비트의 데이터를 포함하고 있다.

색은 서로 다른 원소들의 분
포를 보여주는데, 초신성 잔해
바깥쪽의 주황색은 수소를, 안
쪽의 다른 색들은 보다 무거운
원소들을 나타낸다.

별의 잔재가 6광년에 걸쳐 퍼져 있
지만, 하늘에서 보이는 크기는 보름
달의 1/5 정도이다.

그림 11.8

11.4 가장 무거운 원소들의 생성

가장 복잡한 중원소들은 부모별을 파괴하는 폭발 과정에서 생성된다.

지구 생명체의 관점에서 항성진화의 가장 중요한 점은 그 과정에서 행성과 우리 몸을 구성하는 중원소들이 생성되었다는 점일 것이다.

1950년 이후 천문학자들은 수소와 헬륨은 우주의 탄생 당시 만들어졌으나, 나머지 거의 모든 원소들은 **별의 핵융합**이라고 알려진 물리적 과정에 의해서 만들어졌다는 사실을 깨달았다.

핵융합

별에서 원소가 생성되는 과정은 핵물리와 천문학이 복합된 복잡한 현상이지만 여기에서는 간략하게 그 과정을 살펴보겠다.

수소를 융합하여 헬륨이 만들어지는 과정은 제8장 7절에서 태양을 다룰 때 이미 설명했다. 온도가 1,000만 K 이상일 때 수소가 융합하여 헬륨이 생성될 수 있는데, 이때 별의 중심부는 수축하여 온도가 상승한다. 온도가 1억 K에 도달하면 헬륨 원자핵은 서로의 전자기적 반발력을 이기고 헬륨 원자핵 3개로부터 탄소 원자핵을 생성하는 핵융합 반응을 시작한다. 태양의 경우 중심부의 온도는 더 이상 상승하지 않기 때문에 이 단계가 진화의 마지막 단계이다.

단지 매우 무거운 별들만이 중심부의 온도를 더 증가시켜 탄소보다 무거운 원소를 만들 수 있다. 예컨대 온도가 2억 K에 도달하면 탄소 원자핵은 또 하나의 헬륨 원자핵을 융합해서 산소 원자핵이 될 수 있다.

탄소-12 + 헬륨-4 → 산소-16 + 에너지
뒤이어

산소-16 + 헬륨-4 → 네온-20 + 에너지
그런 다음
네온-20 + 헬륨-4 → 마그네슘-24 + 에너지
그리고
마그네슘-24 + 헬륨-4 → 실리콘-28 + 에너지

이 단계에 이르면 상황이 더 복잡해진다. 중심부의 온도가 30억 K 정도가 되는데, 이 온도에서는 규소가 더 무거운 원소로 융합될 수도 또 분열될 수도 있다. 그림 11.9와 11.10은 이러한 두 상반된 과정에 의해서 철에 이르는 무거운 원소들이 어떻게 생성되는지 보여주고 있다.

철 원소 생성 이후

헬륨 원자핵을 포획하여 더 무거운 원소를 만드는 융합 과정은 철에서 멈춘다. 더 이상 융합이 진행되기에는 온도가 너무 높고 핵의 전하가 너무 크며 무엇보다 철은 융합하지 않는다. 그렇지만 중성자 포획이라는 또 다른 물리적 과정이 가능하다. 역설적으로 철보다 무거운 원소들은 초신성 폭발 당시 **중성자 포획**을 통해서 생성된다. 원자핵은 폭발 당시 주변의 많은 중성자들을 포획하여 점차 더 무거운 원소로 융합되고, 현재까지 알려진 가장 무거운 원자핵을 생성하기까지는 폭발 후 15분밖에 걸리지 않는다. 이 과정은 극한의 물리적 상황에서 발생하지만 비교적 잘 알려져 있다. 그 이유는 이들 원소들이 지상의 핵폭탄 실험에서 이미 발견되었을 뿐만 아니라, 우주에서 발생하는 이들 핵융합 과정에 대한 흔적도 관측할 수 있기 때문이다.

에너지 〰→

실리콘-28

헬륨-4

그림 11.9

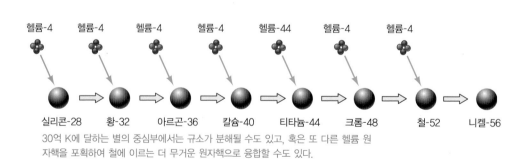

헬륨-4	헬륨-4	헬륨-4	헬륨-4	헬륨-44	헬륨-4	헬륨-4	
실리콘-28	황-32	아르곤-36	칼슘-40	티타늄-44	크롬-48	철-52	니켈-56

30억 K에 달하는 별의 중심부에서는 규소가 분해될 수도 있고, 혹은 또 다른 헬륨 원자핵을 포획하여 철에 이르는 더 무거운 원자핵으로 융합할 수도 있다.

그림 11.10

원소 생성의 관측

원소의 생성에 관한 우리의 이해는 항성진화의 여러 단계에서 진행되는 다양한 핵융합 과정에 대한 이해를 포함한다. 궁극적으로 이들 생성된 원소들은 자신들을 생성한 별이 종말에 이르면 우주공간으로 방출된다.

그림 11.11은 우리은하에서 가장 최근에 관측된 별 폭발의 잔해인 케플러 초신성의 잔해로 망원경이 발명되기 몇 년 전인 1604년에 관측되었다. 그 이후 아직까지 우리은하 내에서는 새로운 초신성이 관측되지 않았다.

과학적 이론은 실험 및 관측에 의해서 지속적으로 검증되어야 한다. 항성진화이론도 예외는 아니다. 하지만 우리가 다루고 있는 핵융합 반응은 우리가 볼 수 없는 별 안쪽의 깊숙한 곳에서 진행되며, 지금 존재하는 원소들을 만들어 낸 별들은 이미 오래전에 사라졌다.

다행인 점은 항성진화이론을 통해 별에서 생성되는 원소의 양과 종류에 대한 자세한 예측이 가능하고 이로부터 천문학자들은 이론 예측을 관측을 통해 검증할 수 있다는 것이다. 우리에게는 이론이 기본적으로 옳다는 것을 보여주는 다음과 같은 세 가지 증거가 있다.

- 다양한 종류의 원자핵들의 융합률과 소멸률은 지상의 실험을 통하여 잘 알려져 있다. 이들 원자핵들의 반응률을 이용하여 별 내부와 초신성에서 진행되는 핵융합 반응을 수치 계산한 결과는 관측되는 원소의 양을 매우 잘 설명한다.
- 테크네튬 99라는 원소의 스펙트럼은 별의 중심부에서 무거운 원소가 생성된다는 것을 보여주는 직접적인 증거이다. 지상에서는 방사성 붕괴로 이미 오래전에 사라진 테크네튬이 많은 적색거성에서 관측된다는 사실은 이 원소가 지난 수십만 년 사이에 핵융합 반응으로 생성되었음을 의미한다.
- 초신성의 전형적인 광도곡선에서 별이 폭발할 때 방사성 원소들이 생성되는 것을 확인할 수 있다. 그림 11.12(a)의 광도곡선은 폭발 당시 급격하게 증가한 초신성의 광도가 폭발로부터 약 2개월이 지나 급격한 변화를 겪은 후 몇 년에 걸쳐 천천히 감소함을 보여준다. 거의 모든 초신성의 광도곡선에서 이러한 급격한 변화를 동반한 두 단계에 걸친 밝기 변화가 나타나는데, 이는 모든 초신성에서 생성되는 니켈과 코발트의 방사성 붕괴로 설명된다.

원소의 기원을 설명하는 것은 오래전부터 천문학의 큰 과제 중 하나였으나, 반세기 전만 해도 이론과 관측 모두 이 문제를 추구하기에 부족한 부분이 많았다. 오늘날에는 이론과 관측의 결과가 매우 잘 일치하며 특히 우주를 이해하기 위한 이론의 중심에 항성진화이론이 있다.

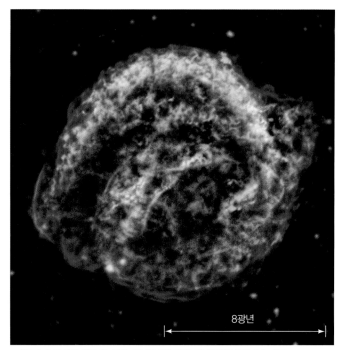

케플러 초신성의 엑스선 사진. 2013년에 얻은 이 사진은 1604년 지구의 많은 사람들에 의해서 관측된 초신성 폭발의 잔해를 보여준다.

그림 11.11

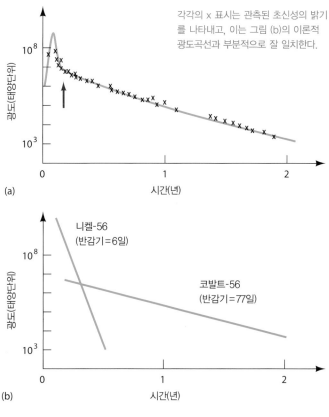

그림 11.12

중성자별과 펄사

중성자별의 크기는 맨해튼 섬과 비슷하다.

초신성 폭발 후에는 무엇이 남는가? 별 전체가 폭발하는가 아니면 별의 일부는 살아남는가? 이론에 의하면 쌍성계의 백색왜성이 짝별로부터 물질을 얻어 폭발하는 I형 초신성은 별의 전체가 폭발하며 아무것도 남지 않는다. 반면 급격한 중심핵의 함몰로 인해 폭발하는 핵붕괴형 초신성의 경우에는 별 일부가 폭발에서 살아남을지도 모른다.

중성자별

II형 초신성에서 별의 중심핵을 이루고 있는 중성자들이 서로 밀착할 정도로 수축한다는 사실을 상기해 보자. 핵 중심 부분의 반탄력은 강한 충격파를 발생시키고, 충격파가 별의 내부를 진행함에 따라 물질이 방출된다. 중요한 사실은 충격파가 발생하는 지점이 별의 가장 중심 부분이 아니라는 것이다. 계산에 의하면 충격파가 발생한 지점 안쪽의 물질은 폭발로부터 살아남아 빽빽한 중성자로 이루어진 덩어리, 즉 **중성자별**이 된다.

굉장히 작은 크기에 비해 매우 큰 질량을 가진 중성자별은 물질의 가장 이상한 상태 중 하나이다. 직경 약 20km 크기의 중성자들로 구성된 중성자별은 작은 소행성 혹은 지구의 시가지보다 크지 않지만(그림 11.13) 그 질량은 태양보다 크다.

그 정도의 질량이 그 정도의 작은 크기에 압축되어 있으므로, 그 밀도는 백색왜성의 백만 배, 물 밀도의 1조 배인 $10^{15}kg/m^3$에 달한다. 따라서 중성자별 물질의 한 숟가락은 지구의 산 하나의 질량에 해당하는 1억 톤이나 된다.

중성자별은 고체이므로 만약 충분히 식은 중성자별이 있다면 우리는 그 표면에 서 있을 수도 있다. 하지만 그 중력은 엄청날 것이다. 지구에서 체중이 70kg인 사람이 중성자별에서는 10억 kg 혹은 백만 톤이 나갈 것이고, 이 정도의 강한 중력에 의해 우리는 종잇장처럼 별의 표면에 납작해질 것이다.

컴퓨터 시뮬레이션은 새로이 형성된 중성자별에 대해서 다음과 같은 중요한 특성 두 가지를 예측하고 있다.

- 우선 중성자별은 1초가 채 안 되는 매우 짧은 주기로 빨리 자전한다. 그 이유는 제7장 1절에서 살펴본 각운동량 보존

그림 11.13

법칙에 의해 회전하고 있는 물체는 그 크기가 줄어들수록 빨리 회전해야 하기 때문이다.

- 다음으로 중성자별들은 매우 강한 자기장을 띠고 있다. 원래의 별이 가지고 있던 자기장은 별이 수축하면서 증폭되는데, 중성자별의 자기장 세기는 지구 자기장의 1조 배에 달한다.

펄사

중성자별이 최초로 발견된 것은 1967년으로, 당시 케임브리지 대학교의 대학원생이었던 조슬린 벨(그림 11.15)이 매우 빠른 펄스 형태의 전파를 방출하는 천체를 발견하였다. 그림 11.14는 그녀가 발견한 펄스의 한 예를 보여주는데 정확히 1.34초마다 약 0.01초 동안 지속되는 펄스를 볼 수 있다.

지금은 이렇게 펄스를 방출하는 천체 수천 개가 전 하늘에 걸쳐 알려져 있다. **펄사**라고 불리는 이 천체들은 각각이 특징적인 펄스 모양과 주기를 갖고 있다. 관측된 주기는 짧게는 밀리세컨드, 즉 1/1000초부터 1초까지로 1초에 한 번에서 수백 번까지 반짝인다. 놀랍게도 이들의 펄스 주기는 매우 안

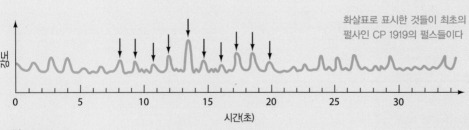

그림 11.14

화살표로 표시한 것들이 최초의 펄사인 CP 1919의 펄스들이다

조슬린 벨

그림 11.15

정적이어서 백만 년 동안 기껏해야 펄스 몇 개 정도의 차이밖에 나지 않는다. 즉, 펄사는 자연의
가장 정확한 시계인 셈이다.

펄사 모형

그림 11.16은 가장 유력한 펄사 모형으
로 작은 천체가 자전하며 우리에게 전파
를 방출하는 모습을 가시화한 것이다.

그림에서 보듯이 중성자별의 표면 혹
은 바로 그 위의 자기권에 있는 2개의
'열점(hot spot)'에서 연속적으
로 방출되는 전파는 공간적
으로 좁은 영역에 제한되어
있다. 별의 자기극 가까이에
매우 국부적으로 위치한 이
두 지점에서 전하를 띤 입자
들이 높은 속도
로 가속되고 자
기장을 따라 빛
을 방출하는 것
이다. 중성자별이 자전함에 따라 연속적
으로 빛이 방출되는 형태가 마치 등대와
비슷하므로 이 모형은 **등대 모형**이라고
알려져 있다.

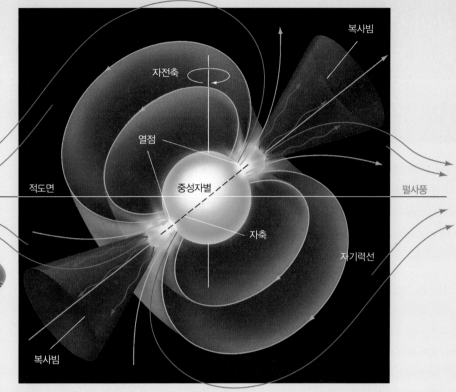

그림 11.16

모든 펄사는 중성자별이라고 생각되
지만, 모든 중성자별이 펄사는 아니다.
일부 중성자별은 우리 방향으로 빛을 내지 않기 때문이다. 마찬가지로 일부 펄사는 확실하게
초신성 잔해와 연관되어 있
지만, 반대로 모든 초신성
잔해가 펄사를 방출하는 것
은 아니다.

그림 11.17의 게성운은
펄사, 즉 중성자별과 초신
성 잔해 사이의 연관성을
보여주는 가장 확실한 예이
다. 게성운(그림 11.8 참조)
의 중심에는 1초에 30번을
반짝이는 펄사가 있다.

안 보임

보임

그림 11.17

감마선 폭발
감마선 폭발은 전 우주에서 가장 격렬한 현상이다.

1960년대 핵금지 조약을 감시하기 위한 군정찰 위성에 의해 우연히 발견되어 한동안 기밀로 남아 있었던 **감마선 폭발**은 한동안 천문학에서 가장 신비로운 천문현상이었다. 이 폭발 현상은 매우 밝고 불규칙한 감마선의 섬광으로 나타나는데, 그 지속 시간이 겨우 수 초에 지나지 않는다. 그림 11.18은 두 감마선 폭발을 보여주는 그림으로 세로축은 우주선에 떨어지는 감마선 광자의 개수를 나타낸다.

거리와 에너지

감마선 폭발은 하루에 하나꼴로 관측된다. 그들은 은하수와 같이 얇은 띠로 분포하지 않고 전 하늘에 균일하게 퍼져 있다. 이러한 공간적인 분포는 감마선 폭발 천체가 우리 은하 내의 천체가 아니라 훨씬 멀리 있는 천체들임을 시사한다.

감마선 천체까지의 거리를 직접 측정하는 것은 쉬운 일이 아니다. 대신 천문학자들은 이들과 연관된 천체까지의 거리를 측정하는 데 감마선 폭발이 지속되는 시간이 매우 짧아 대부분 폭발의 잔유휘광만이 관측되므로 이 역시 쉽지는 않다. 현재까지 수백 차례 관측된 감마선 폭발의 잔유휘광으로부터 거리를 측정한 결과 감마선 폭발 천체들이 지구로부터 매우 멀리 떨어져 있다는 사실이 알려졌고, 이는 폭발의 에너지가 매우 크다는 것을 암시한다.

만약 폭발 당시 빛이 좁은 각도가 아니라 모든 방향을 향해 등방적으로 퍼져나간다면 그 에너지는 초신성 폭발 에너지의 수백 배에 달해야 한다. 이 모든 일이 수 초 만에 벌어진다는 사실은 감마선 폭발이 물리법칙으로 이해하기 쉽지 않은 현상임을 짐작하게 한다.

폭발의 기원

감마선 폭발 천체는 엄청난 에너지를 내포하고 있지만 그 크기는 매우 작다. 그림 11.18에서 볼 수 있듯이 감마선의 밝기가 밝아지는 시간은 10^{-3}초 정도인데, 이는 그 기원이 무엇이든 간에 크기가 수백 킬로미터도 되지 않는 작은 천체에서 폭발 에너지가 방출되었음을 의미한다. 그렇지 않다면 그 펄스는 그림과 같이 급격하지 않을 것이다.

감마선 폭발을 설명하기 위한 대부분의 이론적인 시도에서 폭발은 **상대론적 화구**, 즉 제트일 수도 있는 초고온의 팽창하는 영역이 감마선 파장 대역에서 격렬하게 빛을 방출하는 형태로 가정된다. (여기에서 '상대론적'이란 기체입자들이 빛의 속도에 가까운 속도로 움직이기 때문에 그 현상을 기술하기 위해서는 아인슈타인의 상대성이론이 필요함을 의미한다. 제12장 참조)

관측된 복잡한 밝기 변화와 잔유휘광은 화구가 팽창하고 식으며 주위 물질과 상호 작용하는 과정에서 발생한다. 대부분의 연구자들은 폭발로부터 방출되는 빛이 제트의 형태일 것으로 추측하는데, 왜냐하면 제트의 형태에서 빛은 제한된 방향으로만 방출되므로 요구되는 에너지가 훨씬 그럴듯한 값을 갖기 때문이다. 이는 교실에서 사용되는 레이저 빔과 비슷하다고 볼 수 있다. 에너지가 모든 방향으로 방출되는 것이 아니라 한 방향으로 방출되기 때문에 만약 방출되는 방향

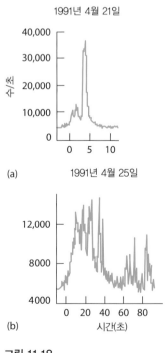

1991년 4월 21일

(a)

1991년 4월 25일

(b)

시간(초)

그림 11.18

에서 본다면 매우 밝게 보인다(절대 하지 말 것).

그림 11.19는 감마선 폭발 천체의 에너지원을 설명하기 위하여 제시된 모형 가운데 지난 수년간 가장 인정받고 있는 두 모형을 도식화한 것이다. 두 경우 모두 상대론적 화구를 가정하고 있으며 많은 연구자들은 제트가 우리를 향할 때 가장 밝은 감마선 폭발이 관측될 것으로 추정한다.

방출류가 좁은 각도에 국한된 제트 형태라면 감마선 폭발도 물리법칙으로 설명할 수 있다.

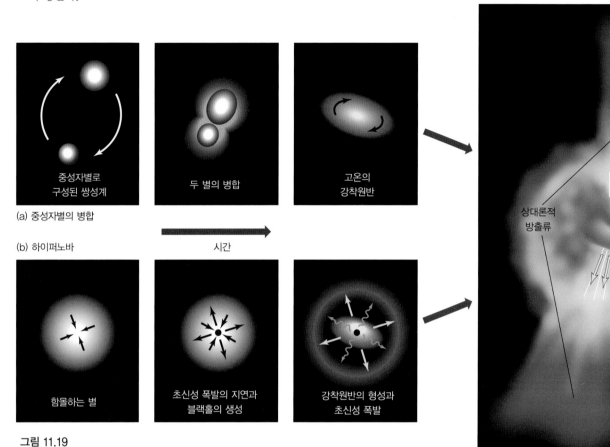

(a) 중성자별의 병합

(b) 하이퍼노바

시간

그림 11.19

두 모형의 가장 중요한 차이점은 다음과 같다.

- 첫 번째 모형은 쌍성계의 종말로 두 중성자별이 서로 공전하다가 병합하여 초신성 폭발에 버금가는 에너지로 폭발하는 것이다.
- 두 번째 모형은 하이퍼노바(hypernova)라고 불리는 '실패한' 초신성으로 매우 질량이 큰 별이 II형 초신성과 같이 핵붕괴로 폭발하는 것이다. 하지만 중성자별을 남기는 초신성과 달리 블랙홀을 남기게 된다(제12장 참조).

추가 관측

앞에서 언급한 두 모형 중 어느 것이 맞을까? 이 분야의 천문학자 대부분은 둘 다 맞을 것으로 생각하고 있다. 그 이유는 첫 번째 모형이 예측하는 매우 짧은 순간의 폭발과 두 번째 모형이 예측하는 2초 정도의 긴 폭발이 모두 그림 11.18(a)와 (b)에서 보듯이 다른 감마선 폭발 천체들에서 관측되기 때문이다.

그림 11.20은 밝아졌다 어두워지는 전 과정이 관측된 감마선 폭발 천체로 질량이 큰 초신성 폭발에서 보이는 모든 특징을 나타내며 하이퍼노바 모형을 지지한다.

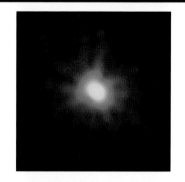

이 두 사진은 감마선 폭발 천체의 폭발 당시의 모습과 그 직후의 모습을 보여주고 있다.

그림 11.20

항성진화의 순환

별의 순환은 우리은하에 지속적으로 무거운 원소를
공급함으로써 새로운 별들의 탄생을 유발한다.

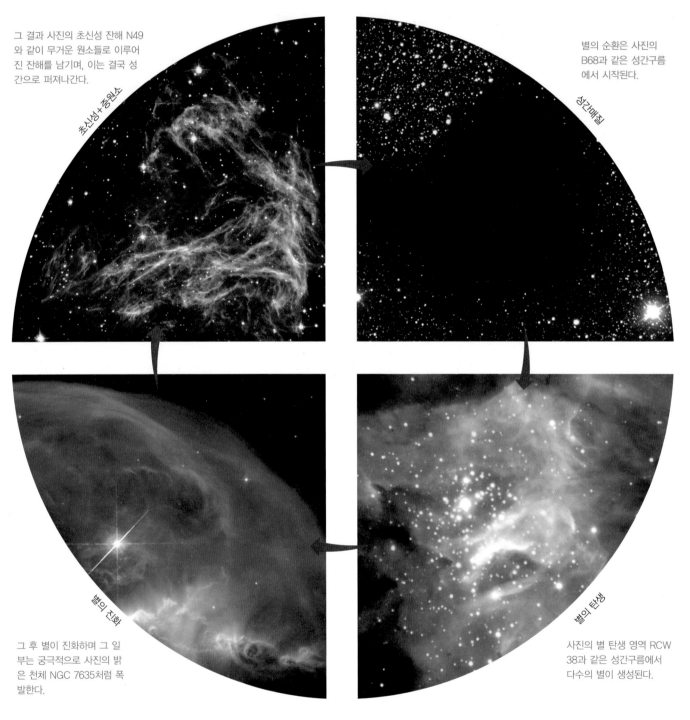

그 결과 사진의 초신성 잔해 N49
와 같이 무거운 원소들로 이루어
진 잔해를 남기며, 이는 결국 성
간으로 퍼져나간다.

초신성 + 중원소

별의 순환은 사진의
B68과 같은 성간구름
에서 시작된다.

성간매질

별의 탄생

사진의 별 탄생 영역 RCW
38과 같은 성간구름에서
다수의 별이 생성된다.

별의 진화

그 후 별이 진화하며 그 일
부는 궁극적으로 사진의 밝
은 천체 NGC 7635처럼 폭
발한다.

그림 11.21

이 장에서 설명한 항성진화이론은 오래된 구상성단 내 별들로부터 현재 우리은하에서 새롭게 생성되고 있는 별들에 이르기까지를 자연스럽게 기술한다. 별들이 진화하면서 새로운 원소들이 계속 생성되지만 그러한 화학 조성의 변화는 중심핵에 국한되기 때문에 별의 스펙트럼에는 큰 변화가 나타나지 않는다. 제11장 4절에서 설명한 적색거성에서 관측되는 테크네튬과 같이 별의 중심부에서 만들어진 새로운 원소의 일부가 대류 작용에 의해 별 표면으로 이동하는 경우도 있다. 그러나 별 대기의 대부분은 기존의 화학 조성을 유지하다가 별의 종말에 이르러서야 내부에서 생성된 원소들을 방출, 우주공간으로 퍼져나가게 한다.

따라서 가장 젊은 별의 스펙트럼에서 가장 많은 중원소를 볼 수 있고, 새로운 세대의 별은 그 다음 세대의 별이 태어날 성간구름의 중원소 함량을 증가시킨다. 즉, 가장 최근에 생성된 별의 광구에는 오래전에 생성된 별에 비해 훨씬 많은 양의 중원소가 있다. 항성진화에 관한 지식으로 성단에 속하지 않은 별의 나이 역시 스펙트럼만을 이용하여 추정할 수 있게 되었다.

우리는 이제 별의 탄생부터 진화까지의 완전한 순환고리를 구성하고 있는 모든 요소를 살펴보았다. 그림 11.21은 그 과정을 요약해서 보여주고 있다.

1. **별의 탄생**은 성간구름이 자체의 중력을 지탱할 수 없을 정도로 압축되었을 때 일어난다. 성간구름은 수축하고 분할하며 별의 무리를 생성한다. 가장 밝은 별은 주위의 기체를 가열하고 이온화시키며 충격파를 보내 압축함으로써 작은 별들의 생성에 영향을 주고, 또 새로운 별의 생성을 유발하기도 한다.

2. **별의 진화**는 종종 성단의 일원이 된다. 질량이 가장 큰 별은 가장 먼저 진화하여 초신성으로 폭발하며 새롭게 합성된 중원소를 성간매질로 방출한다. 질량이 작은 별들은 진화에 오랜 시간이 걸리지만, 그들 역시 마지막에 이르러서는 행성상성운으로 질량을 방출함으로써 성간에 중원소를 공급한다. 실제로 지구 생명체에 필요한 탄소, 질소 및 산소 원자의 대부분은 질량이 작은 별들로부터 생성된 것이다. 질량이 큰 별들은 지구를 구성하고 있는 규소와 철을 비롯하여 우리의 기술 문명이 필요로 하는 무거운 원소들을 만든다.

3. **별의 소멸**로 내부에서 새롭게 만들어진 중원소는 방출되며 충격파를 발생시킨다. 충격파는 성간매질을 진행하며 중원소를 공급하는 동시에 물질을 압축하여 새로운 별의 탄생을 유발한다. 따라서 새로운 세대의 별들은 더 높은 중원소 함량을 갖게 된다.

> 별과 물질의 순환 고리는 반복된다. 만들고, 무너지고, 바뀌고…… 우리가 '별의 먼지'라고 이야기하는 것은 시적일 뿐 아니라 명백한 사실이다.

은하 내 물질들은 이런 방법으로 순환을 반복한다. 물질 중 일부는 별의 에너지 생성을 위해 사용되거나 아직 주계열에 있는 질량이 작은 별의 내부에 잡혀 있기도 하지만 한 세대의 별이 종말을 맞이하면, 이들이 남긴 잔해로부터 다음 세대의 별이 지속적으로 탄생한다. 생성된 지 오래된 구상성단은 중원소 양이 가장 적고 젊은 산개성단일수록 중원소의 함량이 증가한다는 사실은 위의 설명을 뒷받침한다.

태양은 오랜 시간 동안 진행된 이러한 순환의 산물이다. 우리 인간도 마찬가지이다. 별의 중심부에서 중원소들이 생성되지 않았다면 지구와 우리는 존재할 수 없었을 것이다. 항성진화이론은 현대 천문학의 가장 성공적인 결과 중 하나이다.

다른 과학 이론들과 마찬가지로 항성진화이론도 관측으로 확인할 수 있는 확실한 예측을 하지만, 동시에 새로운 발견을 허용할 수 있을 정도의 유연성을 내재하고 있다. 관측과 이론은 상호 보완적으로 위대한 결과를 이룩해 왔다. 20세기 초만 하더라도 일부 과학자들은 별의 화학 조성이나 별에서 일어나는 변화의 과정을 영원히 알지 못할 것이라고 생각했으나, 오늘날 항성진화이론은 천문학의 큰 축이다.

요약

LO1 **신성**(p.186)이란 밝기가 갑자기 밝아졌다가 몇 달에 걸쳐 원래의 밝기로 돌아오는 별이다. 이러한 밝기의 변화는 쌍성계의 백색왜성이 짝별로부터 수

소가 풍부한 물질이 유입된 결과이다. 유입된 가스는 **강착원반**(p.187)을 통해 점차 안쪽으로 떨어져 결국 백색왜성의 표면에 쌓이고, 이들이 압축·가열되어 수소가 폭발적으로 융합함으로써 백색왜성이 잠시 크게 밝아지게 된다.

LO2 태양질량의 8배보다 무거운 별들은 그 중심핵에서 시간이 지남에 따라 단계적으로 무거운 원소를 점차 빠른 속도로 융합한다. 철로 된 중심핵의 질량은 점점 증가하다가 종국에는 자신의 중력을 지탱하지 못하고 함몰한다. 함몰은 중심핵

을 이루고 있는 중성자들이 서로 접촉할 정도로 밀도가 높아진 후에야 멈추는데, 이때 중심핵 근처에서 발생한 충격파가 별의 내부를 통과하며, 별은 **핵붕괴형 초신성**(p.189)으로 폭발한다. 천문학자들은 **초신성**(p.188)을 크게 두 부류로 나눈다. **I형 초신성**(p.189)은 수소가 거의 없으며 신성과 비슷한 광도곡선을 보여준다. **II형 초신성**(p.189)은 수소가 풍부하며 광도곡선에는 최대 밝기 이후 일정한 밝기가 몇 달 동안 지속되는 고원이 나타나는 특징이 있다. 초신성 폭발 기작으로 볼 때, II형 초신성은 핵붕괴형 초신성에 해당하고, 소위 **탄소폭발 초신성**(p.189)이라 불리는 I형 초신성은 쌍성계의 탄소-산소 백색왜성이 질량을 얻어 함몰한 후, 중심부의 탄소가 점화됨으로써 폭발한다.

LO3 지난 400년 동안 지구에서 맨눈으로 볼 수 있는 우리은하 내의 초신성은 한 번도 나타나지 않았지만, 이론적으로는 우리은하에서 약 100년에 한 번 정도 초신성 폭발이 있을 것으로 예측하고 있다. **초신성 잔해**

(p.190)는 폭발 지점을 중심으로 초속 수천 킬로미터로 팽창하는 폭발의 잔재로 우리은하 내에서 과거 초신성 폭발이 있었음을 보여주는 증거이다.

LO4 헬륨보다 무거운 모든 원소는 **별의 핵융합**(p.192), 즉 별 중심부에서 핵반응을 통해 새로운 원소가 만들어지는 핵융합에 의해서 생성된다. 탄소보다 무거운 중원소들은 중원소들 사이의

융합보다는 **헬륨 포획**(p.192)으로부터 생성된다. 중심핵의 온도가 충분히 높아지면 광분해에 의해서 일부 무거운 원자핵들이 분해됨으로써 철에 이르는 보다 무거운 원소를 융합할 수 있도록

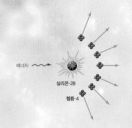

헬륨-4 원자핵을 제공한다. 철보다 무거운 중원소들은 진화된 별의 중심부에서 **중성자 포획**(p.192)에 의해서 생성된다. 이론적인 예측은 별과 초신성에서 관측되는 원소의 함량과 매우 잘 일치한다.

LO5 **등대 모형**(p.195)에 의하면, **중성자별**(p.194)은 자기화되어 있고 자전을 하며 규칙적인 전자기 에너지 펄스를 우주공간으로 방출한다. 전자기 에너지 펄스는 강한 자기장을 따라 움직이는 전하입자에

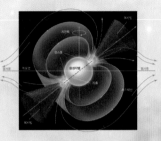

의해서 발생한다. 이러한 펄스가 지구에서 관측될 때, 우리는 그 중성자별을 **펄사**(p.194)라고 부른다. 펄스 에너지는 좁은 각도로 방출되고, 에너지가 방출됨에 따라 중성자별의 속도가 점차 더디어지기 때문에 모든 중성자별이 펄사를 보이지는 않는다.

LO6 **감마선 폭발**(p.196)은 하루에 한 번 꼴로 전 하늘에서 균일하게 관측되는 매우 높은 에너지를 지닌 감마선 플래시이다. 일부 천체로부터 측정한 거리로부터 감마선 폭발 천체들이 매우 멀리 있으며, 또한 매우 밝다는 것이 알려졌다. 가장 유력한 이론 모형으로 쌍성계를 이루고 있는

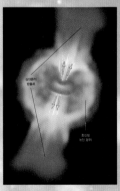

두 중성자별의 합병 모형과 매우 질량이 큰 별이 '실패한' 초신성 이후 다시 함몰하여 격렬하게 폭발하는 모형이 있다.

LO7 별의 탄생, 진화, 그리고 폭발은 성간에 중원소를 공급하고 새로운 세대의 별 탄생을 위한 하나의 순환고리이다. 초신성에서 생성되는 원소들 없이는 지구는 물론 생명체의 탄생도 불가능했을 것이다.

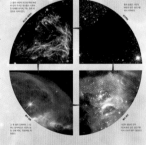

POS 문제들은 과학의 과정을 탐구하는 문제이고, LO 문제들은 학습 목표에 초점을 맞추고 있고, VIS 문제들은 보이는 정보들을 이해하고 해석하는 데 초점을 맞추고 있다.

복습과 토론

1. LO1 어떤 환경일 때 쌍성은 신성이 되는가?
2. 광도곡선이란? 광도곡선으로부터 어떻게 신성인지 초신성인지를 알 수 있는가?
3. 질량이 큰 별의 중심부는 왜 함몰하는가?
4. 질량이 큰 별의 내부에서는 어떤 일이 벌어져 별이 폭발하게 되는가?
5. LO2 I형 초신성과 II형 초신성의 관측적 차이는 무엇인가?
6. POS I형 초신성과 II형 초신성에 관한 이론 모형은 두 초신성의 관측적 차이를 어떻게 설명하는가?
7. LO3 POS 우리은하에서 많은 초신성이 폭발했다는 증거는 무엇인가?
8. LO4 별의 내부에서 중원소가 생성된다는 것을 보여주는 천문학

적 증거는 무엇인가?
9. 철보다 무거운 중원소들은 어떻게 생성되는가?
10. LO5 중성자별의 가장 기본적인 특성들은 무엇이며, 어떻게 그러한 특성을 지니게 되는가?
11. 중성자별의 표면에 서 있는 사람에게는 어떠한 일이 벌어지겠는가?
12. 대부분의 중성자별은 어떻게 발견되는가?
13. LO6 감마선 폭발에 대하여 가장 유력한 두 모형을 설명하라.
14. POS 어떤 관측적 사실들이 이들 두 모형을 지지하는가?
15. LO7 은하의 물질을 순환시키는 데 있어 초신성의 역할을 설명하라.
16. 어떠한 관점에서 우리는 '별의 먼지'인가?

진위문제

1. 중성자별의 밀도는 원자핵의 밀도와 비슷하다.
2. 감마선 폭발 천체까지의 거리가 매우 멀다는 사실은 그들이 매우 큰 에너지를 내재한 현상임을 암시한다.
3. 신성은 늙은 주계열성이 갑작스럽게 밝아지는 것이다.
4. 신성은 쌍성계에서 발생한다.
5. 질량이 큰 별의 내부에서 중원소를 융합하는 데 걸리는 시간은 원

소의 질량이 클수록 짧다.
6. 핵붕괴형 초신성은 중심핵의 바깥 영역이 안쪽의 밀도가 높은 중심핵으로부터 반탄력을 얻어 튕겨 나감으로써 폭발한다.
7. 별의 핵융합으로 수소와 헬륨을 제외한 모든 원소의 존재를 설명할 수 있다.
8. 중성자 포획은 철보다 무거운 모든 중원소의 생성에 관여한다.

선다형문제

1. 신성이 초신성과 다른 점은, 신성은 (a) 한 번만 발생한다. (b) 훨씬 밝다. (c) 질량이 큰 별에서만 발생한다. (d) 훨씬 덜 밝다.
2. 질량이 큰 별은 (a) 짝별과 충돌할 때 (b) 중심부에서 철을 생성할 때 (c) 표면온도가 갑자기 증가할 때 (d) 질량이 갑자기 증가할 때 초신성으로 폭발한다.
3. 태양 내부의 핵융합은 (a) 결코 헬륨보다 무거운 원소를 생성하지 않는다. (b) 산소에 이르는 중원소를 생성한다. (c) 철에 이르는 모든 중원소를 생성한다. (d) 철보다 무거운 일부 중원소를 생성한다.
4. 중성자별은 (a) 통학버스 (b) 작은 도시 (c) 달 (d) 지구와 그 크기

가 비슷하다.
5. 가장 빠른 주기로 반짝이는 펄사는 (a) 가장 빨리 자전하는 (b) 가장 늙은 (c) 가장 질량이 큰 (d) 가장 뜨거운 펄사이다.
6. 쌍성계의 중성자별에서 방출되는 엑스선 복사의 대부분은 (a) 중성자별의 뜨거운 표면 (b) 중성자별 주위 강착원반의 가열된 물질 (c) 중성자별의 자기장 (d) 짝별의 표면에서 방출된다.
7. 감마선 폭발은 (a) 주로 태양 가까이에서 (b) 우리은하 전역에서 (c) 전 하늘에서 거의 균일하게 (d) 펄사 부근에서 발생한다.
8. 우리 몸에 있는 탄소의 대부분은 (a) 태양 (b) 적색거성 (c) 초신성 (d) 가까운 은하에서 생성되었다.

활동문제

협동 활동 화학·물리 핸드북에서 동위원소의 표를 찾아 책에서 언급한 불안정한 동위원소(예: 니켈-56, 철-59, 코발트-60, 니켈-63)들이 최종적으로 어떤 안정된 동위원소로 붕괴하는지를 확인하라. 각 경우에 반감기는 얼마인지, 각 동위원소와 그 딸원소는 어떻게 붕괴하는지, 어떤 입자와 어떤 종류의 빛이 생성되는지 등을 확인하라. 핵붕괴를 하는 우라늄-235, 우라늄-238, 플루토늄-238에 대해서 위의 과정을 반복하라.

개별 활동 지금은 M1 혹은 게성운으로 알려진, 가장 잘 알려진 초신성의 잔해를 발견했다. 이 초신성 잔해는 황소자리의 뿔의 끝에 있는 별 제타 타우리의 북서쪽에 위치하고 있다. 밤하늘에서 이 초신성 잔해를 찾아보라. 작은 아마추어 망원경을 통해서 보면 게성운의 타원 모양뿐만 아니라 날씨가 좋다면 성운 내부의 필라멘트 구조까지도 볼 수 있다.

12

블랙홀

초신성의 상상하기도 힘든 격렬한 폭발의 결과로 탄생하는 천체는
너무나도 극단적이어서, 이 천체의 성질을 이해하는 데에는 확고한
물리 법칙의 일부를 재점검해야 할 정도이다.

별의 진화를 학습하는 과정에서 매우 이상한 천체의 탄생을 목도한 바 있다. 적색거성, 백색왜성
및 초신성은 내부 물질의 상태가 워낙 특이하여 지구에서는 전혀 경험할 수 없는 대상들이다.

하지만 별 진화(특히 별의 죽음으로 마무리되는 진화의 끝)는 이보다도 더욱 이상한 결과를 낳
는다. 태양보다 훨씬 질량이 큰 별의 파국적 붕괴로 별 내부의 물질들은 가장 특이한 상태에 다
다르게 된다.

초신성의 상상하기도 힘든 격렬한 폭발의 결과로 탄생하는 천체는 너무나도 극단적이어서, 이
천체의 성질을 이해하는 데에는 확고한 물리법칙의 일부를 재점검해야 할 정도이다. 언젠가는 우
주에 관하여 새로운 이론을 구축해야 할지도 모른다.

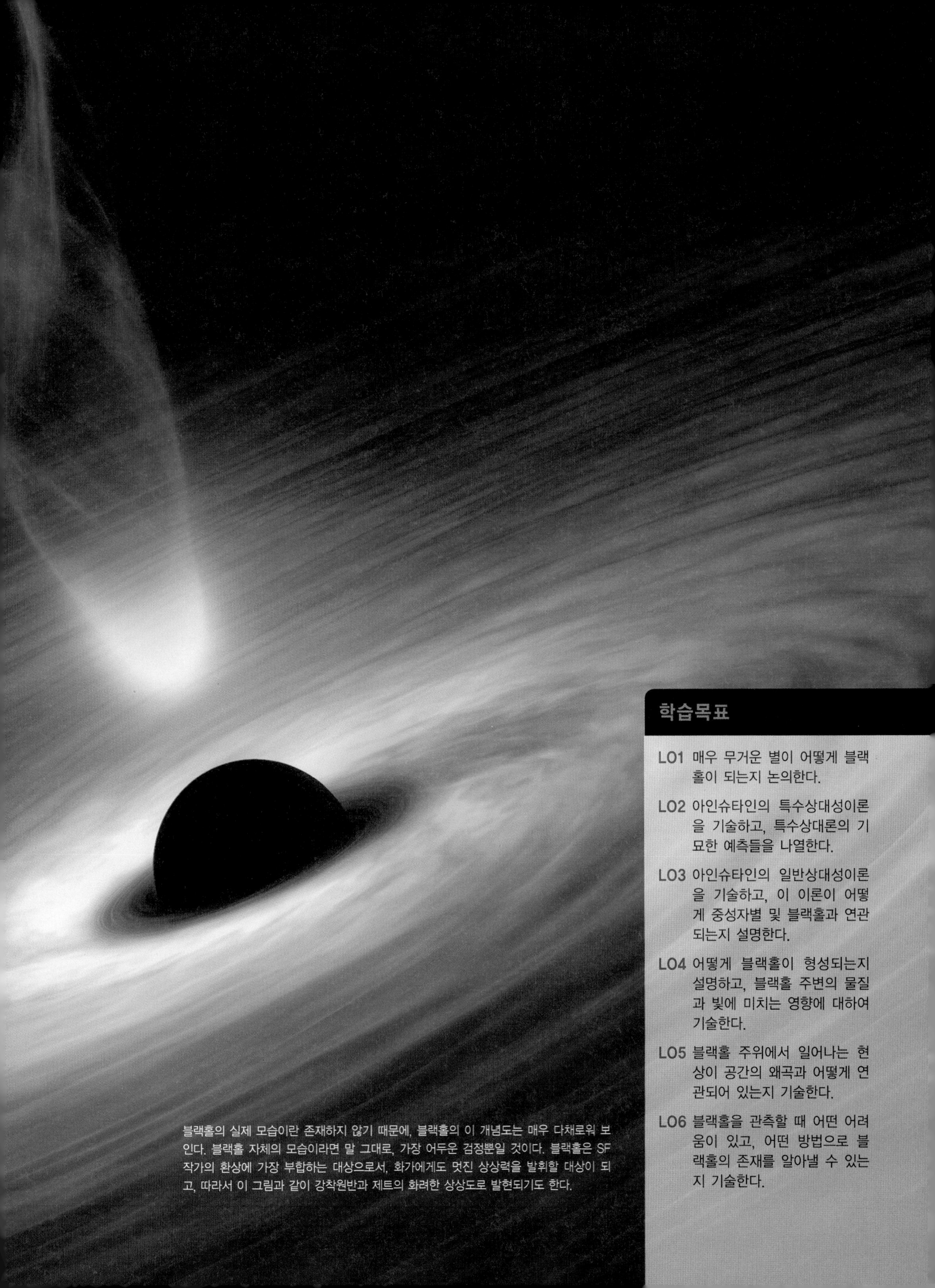

블랙홀의 실제 모습이란 존재하지 않기 때문에, 블랙홀의 이 개념도는 매우 다채로워 보인다. 블랙홀 자체의 모습이라면 말 그대로, 가장 어두운 검정뿐일 것이다. 블랙홀은 SF 작가의 환상에 가장 부합하는 대상으로서, 화가에게도 멋진 상상력을 발휘할 대상이 되고, 따라서 이 그림과 같이 강착원반과 제트의 화려한 상상도로 발현되기도 한다.

학습목표

LO1 매우 무거운 별이 어떻게 블랙홀이 되는지 논의한다.

LO2 아인슈타인의 특수상대성이론을 기술하고, 특수상대론의 기묘한 예측들을 나열한다.

LO3 아인슈타인의 일반상대성이론을 기술하고, 이 이론이 어떻게 중성자별 및 블랙홀과 연관되는지 설명한다.

LO4 어떻게 블랙홀이 형성되는지 설명하고, 블랙홀 주변의 물질과 빛에 미치는 영향에 대하여 기술한다.

LO5 블랙홀 주위에서 일어나는 현상이 공간의 왜곡과 어떻게 연관되어 있는지 기술한다.

LO6 블랙홀을 관측할 때 어떤 어려움이 있고, 어떤 방법으로 블랙홀의 존재를 알아낼 수 있는지 기술한다.

중력 붕괴
중력은 무거운 별을 행성 크기, 도시 크기, 바늘 끝 크기, 혹은 이보다도 더 작은 크기의 물체로 압축할 수 있다.

백색, 갈색 혹은 흑색의 오래된 왜성은 제10장 5절에서 본 바와 같이 조밀하게 모여 있는 전자들에 의한 반발력이 자체 중력에 반하여 균형을 이루고 있다. 별이 다 타고 남은 잿무더기와 같은 이 왜성들은 더 이상 그 안에서 핵융합이 일어나지 않기 때문에 실제로는 별이라 할 수 없다. 중성자별도 사실은 별이라 할 수 없고, 왜성에서와 비슷한 기작으로 중력 붕괴가 일어나지 않는데, 다만 전자 대신 중성자가 반발력을 주고 있다. 중성자별의 중성자들은 서로 단단하게 눌린 딱딱한 공 형상으로 존재하여 중력으로도 더 이상 압축되지 않는다.

그렇다면 이보다 더욱더 많은 물질을 자꾸 모은다면 결국 그로 인한 중력이 이러한 내부의 반발력을 넘어설 가능성이 있는가? 중력은 이렇게 하여 무거운 별을 콩, 바늘 끝, 혹은 그보다도 작은 크기의 물체로 응축시킬 수도 있는가? 우리가 아는 한 실제로 이러한 일이 발생한다.

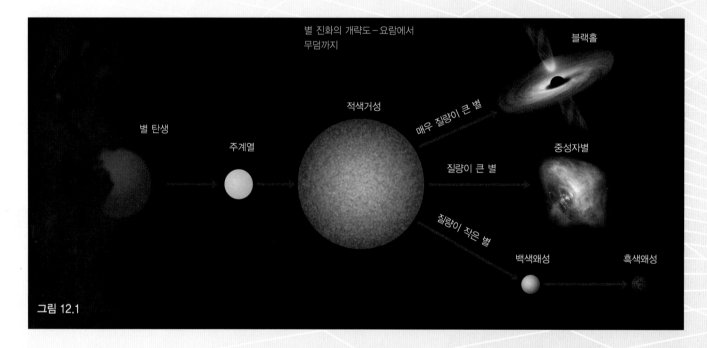

별 진화의 개략도 – 요람에서 무덤까지

블랙홀

적색거성

매우 질량이 큰 별

별 탄생

주계열

질량이 큰 별

중성자별

질량이 작은 별

백색왜성

흑색왜성

그림 12.1

별 진화의 최종 단계

그림 12.1은 별의 탄생에서 죽음까지의 과정에 대한 개략도이다. 질량이 작은 별은 백색왜성이 된 후 종국에는 흑색왜성이 된다. 질량이 큰 별은 중성자별이 되거나 아마도 다른 무엇이 될 수도 있다. 질량의 크고 작음이 이러한 운명을 가른다.

대부분의 천문학자는 중성자별의 질량은 태양질량의 3배를 넘지 못한다고 결론짓는다. 중성자별과 같은 극고밀도에서의 물리학을 완벽히 이해하지 못하기 때문에, 정확한 값은 아직 불분명하다. 단 분명히 할 것은 이 질량은 별의 초기 질량이 아니라 진화 과정 끝에 남아 있는 질량을 의미한다. 태양질량의 3배 이상에서는 단단히 밀집해 있는 중성자들마저도 자체 중력에 버티지 못한다. 이 경우에는 사실 어떠한 힘도 중력을 거스를 수 없다.

별의 핵이 계속 쪼그라지면 어느 시점에서는 그 주위에서 빛을 포함하여 그 무엇도 탈출할 수 없게 된다. 따라서 이렇게 형성된 천체는 빛이건 어떤 정보건 그 무엇도 방출하지 않게 된다. 천문학자들은 이 기묘한 별 진화의 결과물을 **블랙홀**이라 부른다. 이는 그림 12.1에서 상단의 진화 과정에 해당하고, 매우 질량이 큰 별의 핵만이 이 과정을 거쳐 블랙홀로 영원히 사라지게 된다.

탈출속도

현재까지도 우리 우주를 이해하는 데 꼭 필요한, 믿음직한 도구인 뉴턴의 역학은 블랙홀의 안쪽이나 주위의 이상한 물리 조건만큼은 제대로 기술하지 못한다. 이 문제의 핵심은 어느 물체의 인력에서 탈출하기 위하여 필요한 최소 속도인 탈출속도(이탈속도, 3.7절)를 고려하면 이해할 수 있다.

지구를 먼저 고려해 보자. 지구의 반지름은 6,400km이고 탈출속도는 약 11km/s이다. 이 속도는 예를 들자면 지구 주위의 우주선이 지구에서 탈출하기 위하여 얻어야 하는 속도이다. 탈출속도는 물체(중력체)의 질량을 반지름으로 나눈 값의 제곱근에 비례한다.

그림 12.2에서 보이듯 한 번 고약한 생각을 해보자. 지구가 모든 부분에서 찌그러진다고 상상해 보자. 강한 압력하에서 우리의 행성이 찌그러지게 되면, 반지름이 감소하여 탈출속도는 증가한다. 만약 지구가 현재의 1/4 크기로 줄어들면 탈출속도는 현재의 2배가 된다. 이 경우 지구에서 탈출하는 물체는 최소 22km/s의 속도를 내야 한다.

이제 정말로 우리의 행성을 짜부라뜨려 보자. 1/4로 줄인 데에서 1/1000로 더 줄이면, 반지름은 1km가 채 되지 않는다. 탈출속도는 약 700km/s로 증가한다. 지구가 줄어들수록 지구에서의 탈출속도가 증가하는 경향은 분명해 보인다.

그러므로 더 나아가 좀 끔찍하긴 하지만 지구의 반지름이 1cm로 줄어든다면, 어마어마한 밀도의 이 구체에서 탈출하는 데 300,000km/s의 속도가 필요하다. 하지만 이는 평범한 속도가 아니다. 이는 광속이며, 물리법칙이 허락하는 가장 큰 속도이기도 하다.

그림 12.2

놀라지는 마시라!
이는 그저 가상 실험일 뿐이다.

이런 이유로 어떤 마법에 의하여 지구가 포도알 크기로 줄어든다면 탈출속도는 빛의 속도를 넘어서게 된다. 확실한 결론은 이렇게 고밀도로 압축된 물체의 표면에서는 아무것도, 그야말로 아무것도 탈출할 수 없다는 사실이다. 우리의 행성은 보이지도 않고, 우주의 다른 곳으로 신호를 보낼 수 없어 소통도 불가능한 곳이 될 것이다.

블랙홀이란 명칭의 기원은 명확하다. 실질적으로 이런 경우 지구는 우주에서 사라졌다고 봐도 무방하다. 질량의 존재마저 거부되어 하나의 점으로 줄어들고 나면, 단지 이 질량에 의한 중력장만이 주위에 남게 된다.

사건 지평선

어느 물체에서의 탈출속도가 광속과 같아지는 임계 반지름(물체 중심에서의 거리)을 천문학자들은 **슈바르츠실트 반지름**(이 현상을 처음 연구한 독일의 과학자 이름을 따서 명명)이라 부른다. 이는 그 안에 갇힌 질량에 비례한다. 간단하게는 슈바르츠실트 반지름의 크기는 물체의 질량을 태양질량으로 나눈 후 3km를 곱한 값이다. 모든 물체는 슈바르츠실트 반지름을 가지고 있는데, 이는 물체가 짜부라져 온전히 블랙홀이 되기 위하여 다다라야 할 크기이기도 하다. 달리 말하자면 블랙홀이란 자기 자신의 슈바르츠실트 반지름 안에 갇혀 있는 물체이다.

지구의 경우 이미 살펴본 바와 같이, 슈바르츠실트 반지름은 약 1cm이다. 다행스럽게도 지구의 질량은 이에 비해 너무 넓게 퍼져 있어 블랙홀이 되기 어렵다. 지구 질량 300배의 질량인 목성의 경우 슈바르츠실트 반지름은 약 3m인데, 역시 그 자체 중력만으로 줄어들어 블랙홀이 되기에는 질량이 부족하다. 태양질량의 3배 이상이 되는 질량의 물체만이 그에 상응하는 9km 슈바르츠실트 반지름보다 작게 줄어들어 진짜 블랙홀이 될 여지가 있다.

붕괴하는 별의 중심에서 슈바르츠실트 반지름을 갖는 가상의 구면을 **사건 지평선**이라 부른다. 사건 지평선 내부의 어떠한 사건도 이 바깥에서는 볼 수도, 들을 수도, 알 수도 없다. 사건 지평선에 어떤 물체가 붙어 있는 것도 아니지만, 이를 블랙홀의 '표면'이라고 생각해도 무방하다.

이론에 의하면 초신성의 폭발 후에도 3태양질량 이상의 물질이 남게 되는 경우, 이 (별의) 핵은 파국적으로 붕괴하여 채 1초가 되기 전에 사건 지평선 안으로 빨려 들어간다. 사건 지평선은 어떠한 종류의 물질적 경계도 아니며 단지 소통(정보교환)의 차단막일 뿐이다. 별의 핵은 슈바르츠실트 반지름을 지나쳐 줄어들고는 한 점으로 수렴한다. 그저 '깜빡'하고는 사라져 말 그대로 공간의 까만 구멍이 되어 아무것도 빠져나올 수 없는 작고 어두운 영역이 되는 것이다. 이론에 의하면 초기질량이 태양질량의 20~25배 되는 별들이 이러한 운명을 맞이한다고 한다.

아인슈타인의 상대성이론

상대성이론은 매우 기묘한 사실을 암시한다. 그러나 이해하기 어려운
기묘함에도 불구하고 상대성이론의 모든 예측은 계속 입증되어 왔다.

많은 사람들이 '상대성이론'이란 단어만 듣고도 움츠러들기 마련이다. 천재만 이해할 수 있다는 식의 이야기들도 있거니와 수학적으로 실제 어려운 개념이기는 하다. 하지만 상대성이론은 우리가 일상적 논리와 상식만 버린다면 개념적으로는 간단한 편이다.

물리학자들은 이미 광속에 특별한 무엇이 있다는 것을 알고 있었다. 광속은 모든 전자기파가 진행하는 속도이며, 우리가 아는 한은 어떤 물체도 그보다 더 빨리 움직일 수 없는 한계속도이다. 상대성이론의 아름다움이라면, 광속이 자연적인 한계점이 되는 역학과 복사의 진행 원리를 상세히 알려준다는 것이다.

상대적 운동

실험물리학자들은 과거의 실험에서 매번, 관측자의 속도와는 무관하게 빛의 속도는 늘 정확히 하나의 값으로 측정된다는 사실을 확인하였다. 그림 12.3에서 묘사되듯이 이는 우리의 상식을 거스른다. 예를 들어 달리는 차에서 총알이 발사되었다면, 관측자에게 보이는 속도는 총알의 속도와 차의 속도가 합해진 값일 것이다. 이것은 단지 상식인데, 바로 이것이 문제로서 고대의 아리스토텔레스의 생각과 다를 바가 없다.

작은 속도에서는 이러한 상식이 통하기 때문에 문제가 없다. 반면 큰 속도가 결부되면, 상식은 더 이상 통하지 않는다. 그림 12.4에서 묘사되듯이, 고속으로 진행하는 우주선에서 빛이 발사된다고 하여도 그 빛은 여전히 광속으로 진행하는 것으로 관측되고 이는 우주선의 속도와 아무런 상관이 없다. 그러므로 광속은 광원이나 관측자의 속도와는 무관하다.

총알의 최종 속도는
총알의 속도와 차의
속도를 합한 값이다.

총알

자동차에 대하여
시속 1,000km

시속 100km

관측자는 총알 속도를
시속 1,100km로 관측

그림 12.3

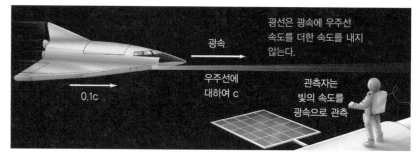

광선은 광속에 우주선
속도를 더한 속도를 내지
않는다.

광속

우주선에
대하여 c

0.1c

관측자는
빛의 속도를
광속으로 관측

그림 12.4

특수상대성이론

특수상대성이론은 아인슈타인이 광속의 특별함을 이론적으로 다루는 과정에서 탄생하였다. 이 이론은 작은 속도(빛보다 훨씬 느리게 움직이는 속도, 비상대론적 속도)의 물리학을 빛의 속도에 근접하는 큰 속도(상대론적 속도)의 물리학으로 확장하는 수학적 틀이다.

특수상대성이론의 중요한 특징은 다음과 같다.

- 물리법칙은 우주 어디에서나 동일하다. 모든 관측자는 자신의 운동과는 무관하게 동일한 값의 광속을 측정한다.
- 우주에는 절대적 운동이란 없다. 관측자 간의 상대적 운동만이 의미가 있으며, 이런 이유로 상대성이론이라 불린다.
- 우주의 운행에 있어 시간은 별개의 차원이다. 3차원인 공간과 1차원인 시간이 독립체로서의 **시공간**을 구성한다.

광속보다 훨씬 작은 속도로 움직이는 물체를 기술할 때는 특수상대성이론과 뉴턴의 물리학이 동일해진

다. 그래서 기술자들이 로켓을 발사할 때는 그 속도가 광속보다 아주 작으므로, 상대성이론을 고려하지 않는다. 인간이 만든 가장 빠른 우주선인 보이저 I호[1]조차도 빛의 속도의 0.0006%의 속도로 여행하고 있다.

하지만 큰 속도에서는 뉴턴의 물리학은 실패한다. 특수 상대성 이론은 뉴턴의 물리학과는 매우 다르고 어떨 때는 매우 이상한 주장을 펼친다. 그러나 이해하기 어려운 기묘함에도 불구하고, 특수상대성이론의 모든 예측은 계속 입증되고 있다. 오늘날 특수상대성이론은 현대 과학의 심장이라 할 수 있다. 어떤 과학자도 진지하게 그 타당성을 의심하지 않는다.

기묘한 예측

아인슈타인은 광속을 자연계의 상수의 위치에 올려놓았고, 물리학 법칙을 다시 썼으며, 새로운 물리학 법칙들과 우주에 대한 더욱 깊은 이해의 장을 열었다. 하지만 이 과정에서 몇 가지 상식은 도태되고 비직관적인 생각들로 대체되었다. 상대이론의 몇몇 기묘한 예측에 대하여 살펴보자.

우리가 그 내부를 들여다볼 수 있을 정도로 가까이서 눈앞을 가로지르는 우주선을 자세히 관측한다고 가정해 보자. 우주선과 우리 사이의 상대속도가 광속보다 매우 작을 경우, 우리는 전혀 이상한 것을 관측하지 못할 것이다. 우주선 안의 시계는 물론 우주선의 크기와 질량에 있어서도 이상한 점이 보이지 않는다.

반면 광속에 가까운 엄청나게 큰 속도로 우주선이 우리 앞을 휙 지나간다면, 예상치 못한 일들이 벌어질 것이다!

우주선의 속도가 증가하면 우주선의 길이가 점차 진행 방향으로 줄어드는 것이 관측될 것이다. 우주선 안의 미터자도 평소보다 짧아 보일 텐데, 이 현상을 **길이수축**이라 한다. 우주선 속도가

클수록 관측되는 길이는 짧아진다. 그림 12.5의 왼쪽 그래프는 우주선 안의 미터자의 길이를 측정한 값을 나타낸다. 광속의 10% 이하에서는 이 현상을 무시할 만하다. 하지만 우주선이 광속의 90% 속도로 움직인다면, 미터자는 0.5m로 짧아 보일 것이다.

이것은 시각적 착각이 아니다. 우주선은 아니지만 빠른 속도로 움직이는 소립자를 관측하는 실험은 이론적 예측이 맞음을 증명해 준다.

동시에 출발 전에 우리 시계와 동기화된 우주선 내부의 시계가 보여주는 시간은 이제 더 천천히 가는 것으로 보인다. 그림 12.5의 오른쪽 그래프는 우주선 내부의 시계가 1초를 진행하는 데 걸린 시간을 나타낸다. **시간지연**이라 불리는 이 현상의 확인은 고속의 방사성 입자가 붕괴하는 데 정지 상태에서보다 훨씬 더 시간이 걸림을 관측한 실험을 통하여 이루어졌다.

질량의 측정에도 물체와 관측자 간 상대속도가 영향을 미친다. 속도가 커질수록 입자가속기 내의 소립자는 질량이 커지는데, 이 역시 입증되었다.

우주선은 물론 어떠한 물질입자도 광속에 다다르지 못하지만, 아인슈타인의 상대성이론은 상대속도가 광속에 가까워지면 미터자의 길이는 거의 0이 되고, 시계는 거의 멈추며, 질량은 속도가 커질수록 무거워진다.

물론 우주선에 탑승한 우주인의 입장에서는 우리(외부 관측자)가 빠르게 움직이는 것으로 보인다. 그러므로 우주선에서는 우리가 작아지고, 무거워지며, 우리의 시계가 느리게 가는 것으로 관측된다. 우주인은 우주선에 대하여 0의 상대속도를 가지므로 우주선 안의 모든 것은 정상적으로 보인다.

이 중 누가 옳을까? 사실은 둘 다 옳다. 측정이란 측정이 이루어지는 계에 따라 달라진다. 모든 것이 상대적이다!

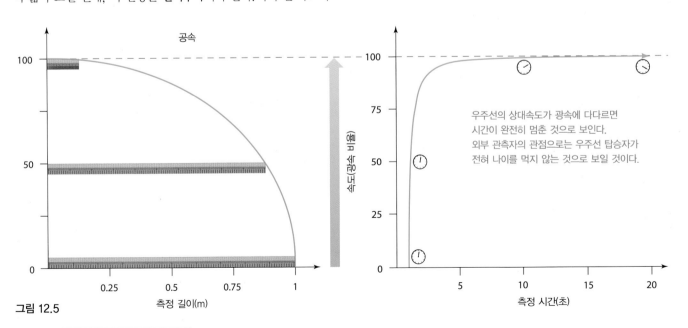

우주선의 상대속도가 광속에 다다르면 시간이 완전히 멈춘 것으로 보인다. 외부 관측자의 관점으로는 우주선 탑승자가 전혀 나이를 먹지 않는 것으로 보일 것이다.

그림 12.5

---

[1] 역주 : 2015년 명왕성 탐사로 이름을 날린 뉴호라이즌스는 가장 빠른 속도로 '발사'된 우주선이지만 태양계를 벗어나는 속도에 있어서는 여전히(2015년 현재) 보이저 I호가 기록을 유지하고 있다.

아인슈타인은 특수상대성이론을 완성해 나가면서 2세기 전에 뉴턴이 자세히 설명한 운동법칙을 새롭게 써 내려갔다(3.5절). 또 다른 뉴턴의 위대한 유산인 중력이론을 상대성이론의 틀에 맞추는 일은 수학적으로 훨씬 더 복잡하여 아인슈타인이 약 10년을 더 투자해서야 완결하였다. 그 결과는 과학자들이 우주를 이해하는 방식을 다시금 개혁하였다.

일반상대성이론

창문이 없는 엘리베이터 안의 사람은 이 두 가지 상황을 구분해 내지 못한다.

1915년에 아인슈타인은 아래의 유명한 '사고실험'을 통하여 특수 상대성과 중력과의 관계를 묘사하였다. 공간에 둥둥 떠 있는 엘리베이터 안에 있는 우리 자신을 상상해 보자. 엘리베이터에는 창문이 없어서, 우리는 바깥 세상을 직접 볼 수 없다. 우리는 우리 몸무게가 없는 것으로 느껴진다. 이제 엘리베이터 바닥이 우리 발에 압력을 가하는 것을 느낀다고 하자. 갑자기 우리의 몸무게가 돌아왔다. 그림 12.6에 묘사된 바와 같이 이 현상은 두 가지 방법으로 설명할 수 있다.

그림의 왼쪽에 보이듯이 질량이 큰 물체가 가까이 접근하여 우리가 바닥으로 향하는 중력을 느낄 수 있다. 혹은 그림의 오른쪽에 보이듯이 엘리베이터가 위쪽으로 가속을 시작했고, 우리가 느끼는 힘은 이전 경우의 중력을 줄 만큼의 가속도에 의한 것일 수 있다. 아인슈타인 주장의 핵심은 다음과 같다. (바깥을 보지 않고서는) 우리가 이 두 가지 가능성 중 하나를 판별할 어떠한 실험도 존재하지 않는다.

따라서 아인슈타인은 중력장과 가속(사고실험에서의 엘리베이터와 같이)하는 계의 차이를 구분할 방법이 없다고 생각하였다. 이를 등가원리라고 부른다. 아인슈타인은 이 원리를 이용하여 중력을 물질의 가속으로 취급하여 상대성이론의 틀에 맞춰 넣을 수 있었다. 이렇게 탄생한 법칙을 **일반상대성이론**이라 부른다.

아인슈타인은 여기서 멈추지 않았다. 그는 또 다른 개념의 혁명이 필요하다는 것을, 이것이 매우 까다롭다는 것을 발견하였다. 아인슈타인은 중력 현상을 제대로 다루기 위해서는 시공간(공간과 시간을 아우르는 단일체)이 구부러져야 한다는 결론을 얻었다.

엘리베이터

엘리베이터의 가속

중력

(a) 행성   (b)

그림 12.6

일반상대성이론의 핵심은 이것이다. 모든 물질은 그 주위의 공간을 휜다. 행성이나 별 같은 물체는 이렇게 휜 공간에 반응하여 운동 경로를 바꾼다. 이는 골프코스의 휘어진 표면의 모양에 반응하여 골프공이 굴러가듯, 시공간의 구부러짐에 대응하는 경로를 따라가는 것이다.

뉴턴의 중력 관점에서는 물체가 구부러진 경로로 움직이는 것은 중력장의 영향을 받아서이다(3.5절). 하지만 아인슈타인의 상대성이론에 의하면, 물체는 공간에서 자유낙하를 하지만 주위의 무거운 물체에 의하여 발생한 시공간의 곡률에 따라 구부러진 경로로 움직이는 것이다. 물체가 무거울수록 곡률도 커진다. 따라서 아인슈타인의 상대성이론에는 뉴턴이 말하는 '중력'이라는 개념이 없다. 물체는 그저 시공간의 곡률을 따라서 움직일 뿐이고, 그 곡률은 물질의 양에 따라 결정된다. 세계적으로 선도적인 상대론자인 존 아치볼드 휠러(John Archibald Wheeler)의 간결한 표현에 의하면 "시공간은 물질에게 어떻게 움직일지를 알려주고, 물질은 시공간에게 어떻게 휘어야 할지를 알려준다".

아인슈타인, 그는 누구인가?

앨버트 아인슈타인은 천채일 뿐 아니라 전 시대를 통틀어 가장 위대한 사상가이다. 상대성이론을 정립했고, 이외의 여러 과학 분야에도 지대한 공헌을 하였다. 하지만 그는 단순한 과학자 이상이었다. 여러 면에서 아인슈타인은 스스로를 철학자라 여겼다. 실제로 그는 그리스 철학자들과 같이 실험이 아니라 논리적 연역을 통하여 자연 현상을 설명하는 방법을 추구하였다. 아인슈타인은 아리스토텔레스 이래 발전되어 온 수치해석학의 방법을 그대로 따라갔기에 선조과학자들이 실패한 분야에서 많은 성공을 거두었다.

1900년 베른에서

1879년 독일 뮌헨 지방에서 개방적인 가족 밑에서 태어난 아인슈타인은 훌륭한 학생이었지만 정규교과 과정을 좋아하지는 않았다. 말하는 것이 느렸지만(세 살이 되어서야 말을 시작하였고 아홉 살이 되어서야 독일어를 유창하게 씀) 수식(그가 천성적으로 좋아한)이 가득한 수학책은 엄청나게 팠다. 암기하는 것은 미련한 짓이라고 하여, 그는 프러시아의 완고한 성향을 지닌 루이트폴트 김나지움에게서 "교실에서 방해가 되고 급우에게 나쁜 영향을 미친다."는 이유로 벌을 받기도 하였다. 그는 결국 고등학교 졸업장을 받지 않고 학교를 떠나게 되었다. 그

는 입학시험에는 실패하였지만 수학과 물리학에서 두각을 나타내어 취리히 연방 공업대학교에 입학하였다.

1920년 베를린에서

아인슈타인의 독립적 성향 탓에 그는 1900년 대학을 마치며 제대로 된 직장을 잡지 못하였다. 그의 관점은 너무 독창적이었고 정통성에서 한참 벗어난 영혼은 교수들을 당황시켰다. 결국 아인슈타인은 베른의 특허국 조사관직을 택할 수밖에 없었다. 그가 후일 그의 상관에게 고백한 바, 특허를 위한 여러 아이디어를 접하고 이의 핵심을 적합한 단어들로 정리해 나가는 과정에서 많은 것을 배웠다고 한다. 그의 부모나 정규학업에서보다는 오히려 특허국직을 통하여 물리는 무엇이고 어떻게 자연이 움직이는지에 대한 감을 잡은 것이다.

아인슈타인은 빛의 입자론에 대한 위대한 업적으로 1921년 노벨상을 받았는데, 정작 그를 유명하게 만든 것은 상대성이론이다. 그는 전 세계 사람들의 입에 오르내리게 되었다. 그를 보고자 하는 사람이 많아 어디를 가든 그를 보려는 이들로 붐비었고, 추상적 자연철학자의 원형으로 추앙받았다. 아인슈타인의 연구는 우주에 대한 관점뿐 아니라 이 세상에 대한 관점까지도 바꾸어 놓았다. 갈릴레이의 실험정신이 과학의 르네상스와 산업혁명으로 이어지고, 뉴턴

의 물리학이 18세기의 개화를 이끌었듯이, 아인슈타인의 상대성이론은 상식과 직관에서 지적 탐구를 (많은 사람들의 개념 속에서) 분리함으로써 사회문화적 토대를 흔들었다.

1937년 캘리포니아 공대에서 강연하는 모습

아인슈타인은 이후 30여 년간, 프린스턴에서 자연계의 근본적인 힘들의 통일이론을 완성시키고자 노력하면서 거의 은둔자와 같은 조용한 삶을 살았다. 그는 1955년에 사망하였다.

1949년 프린스턴 자신의 사무실에서

아인슈타인의 역학에 따르면 블랙홀이란 중력이 어마어마해지고
공간의 곡률이 극한으로 변하는 지역이다.

블랙홀에 대한 현대적 개념은 일반상대성이론으로 기술된다.
백색왜성과 중성자별은 고전적인 뉴턴의 중력이론으로 기술될
수 있지만, 아인슈타인의 상대성이론만이 블랙홀의 이상한 물
리적 성질을 제대로 설명한다.

그럼에도 불구하고 구부러진 시공간이란 개념을 이해하는
것은 쉽지 않다. 이해를 돕는 하나의 방법은 실제 예나 수학식
이 아니라 유사 문제를 고려하는 것이다.

심하게 구부러진 당구대

당구대의 딱딱한 펠트 표면을 얇은 고무판으로 교체하였다고
상상하자. 그림 12.7(a)에 나타나듯이, 바위와 같이 무거운 물
체를 올려놓으면 고무판은 왜곡된다. 바위가 무거울수록(그림
12.7b) 왜곡은 심해진다.

이 당구대에서 당구를 친다면 바위 근처를 지나는 당구공은
표면의 곡률 탓에 진행 방향이 꺾인다(그림 12.7b). 당구공이
바위에 이끌리는 것은 아니고, 바위의 존재에 의하여 변형된
고무판에 반응할 뿐이다. 거의 같은 이유로 물체는 빛이든 공
간을 지나는 물체의 경로든 별 주위에서 공간의 곡률에 의하여
꺾이게 된다. 지구가 태양 주위를 공전하는 운동은 지구가 태
양에 의하여 형성된, 비교적 완만한 곡률에 반응하면서 자유낙
하를 하는 것이다. 곡률이 작으면(중력이 작으면), 아인슈타인
과 뉴턴의 역학은 둘 다 동일한 궤적(우리에게 관측되는)을 예
측한다. 하지만 중력원의 질량이 커질수록 두 이론은 점점 차
이를 보인다.

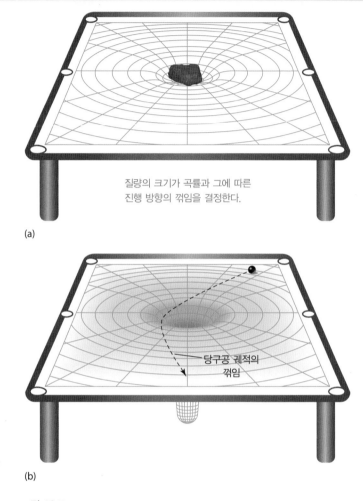

질량의 크기가 곡률과 그에 따른
진행 방향의 꺾임을 결정한다.

(a)

당구공 궤적의
꺾임

(b)

그림 12.7

구부러진 공간과 블랙홀

다른 유사 문제도 고려해 보자. 거대한 고무판
(거대한 트램펄린이 연상되는) 위에 사는
대가족을 상상해 보라. 가족모임을 위
해 X로 표시된 한 점에 모인다. 그림
12.8에 보이듯이, 모임 참석이 싫은
한 여성이 왼쪽 상단에 남는다. 그녀
는 친척들과 연락하려고 '연락 공'을
친척들과 표면을 따라 굴려서 주고
받는다. 이 연락 공은 공간에서 정보
를 싣고 날아다니는 전자기 복사의
은유이다.

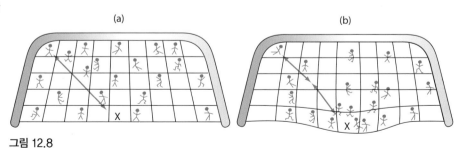

(a)

(b)

그림 12.8

스냅상자 12-2 구부러진 공간의 기하학

유클리드 기하학은 편평한 공간의 기하학으로서 고등학교에서 배우는 기하학이다. 고대 그리스 수학자 중에서 가장 위대한 사람의 하나인 유클리드에 의하여 집대성되었고, 우리의 일상생활에서 경험하는 기하학과 같다. 집은 편평한 바닥 위에 짓는다. 필기판이나 칠판도 편평하다. 어떠한 두 점 사이의 최단거리도 직선이기 때문에, 우리는 편평하고 직선으로 구성된 사물에 익숙하다.

실제는 지구의 표면은 편평하지 않고 구부러져 있다. 우리는 구의 표면에 살고 있고, 이 표면에서는 유클리드의 기하학이 적용되지 않는다. 대신에 이 표면을 기술하는 기하학은 19세기 독일 수학자인 리만의 이름을 딴 리만 기하학이다. 구의 표면에는 평행한 선들이 존재하지 않고, 삼각형의 내각의 합은 180° 이상(평면에서는 정확히 180°)이며, 원주의 길이는 π× 지름보다 짧다. 비행기 조종사는 이 사실을 잘 알고 있어서 비행기는 주로 '대권'을 따라 운항된다. 유클리드 기하학이 적용되지 않는 다른 기하도 많이 알려져 있는데, 오른쪽 그림의 말안장 모양의 표면(음의 곡률로 휨)도 그중 하나이다.

비유클리드 기하학은 블랙홀을 다루는 데 필수적이다. 비유클리드 기하학이 아니고서는 이 기묘한 대상을 이해하는 것이 불가능하다.

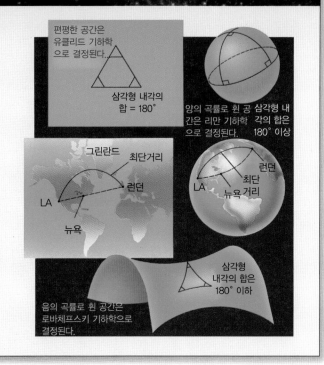

편평한 공간은 유클리드 기하학으로 결정된다.

삼각형 내각의 합 = 180°

양의 곡률로 휜 공 삼각형 내각은 리만 기하학으로 결정된다. 각의 합은 180° 이상

그린란드 최단거리 런던 LA 뉴욕

런던 최단 거리 LA 뉴욕

삼각형 내각의 합은 180° 이하

음의 곡률로 휜 공간은 로바체프스키 기하학으로 결정된다.

사람들이 약속한 지점에 모여들면, 고무판은 점점 늘어지게 된다. 증가하는 질량으로 곡률도 증가하는 것이다. 거의 편평한 표면에 있는 여자에게는 여전히 연락 공이 전달될 수 있지만, 그림 12.8(b)와 (c)와 같이 고무판이 더욱 휘고, 늘어나고, 이에 따라 연락 공이 더 깊어진 골에서 빠져나와야 하기에 연락 공이 다다르는 빈도가 점점 줄어든다. 종국에는 약속 지점에 너무 많은 사람이 모여 고무가 더 이상 지탱할 수 없게 된다. 그림 12.7(d)의 묘사와 같이 고무판은 '방울' 모양으로 조여져서 사람들이 사라지고 더 이상 외부에 홀로 남은 여자와는 영영 연락할 길이 없어진다. 이 마지막 단계는 사건 지평선의 형성에 대한 은유이다.

이러한 파국(방울로 조여져서 떨어져 나감)의 직전까지는 양방향 통신이 가능하다. 연락 공은 (휘어짐이 커짐에 따라 점점 느린 빈도로) 안에서 밖으로 나갈 수 있고, 바깥의 소식은 어렵지 않게 안으로 들어온다. 하지만 사건 지평선(방울)이 형성되면, 바깥의 공은 여전히 안으로 떨어질 수 있지만, 반대로 아무리 공을 빨리 굴려도 안쪽에서 바깥으로 공을 보낼 수 없다. 바깥으로 굴린 연락 공은 그림 12.8(d)의 방울의 입구를 통과하지 못한다. 이 비유는 어떻게 블랙홀이 그 자신 주위로 완전히 공간을 구부리고 그 내부를 우주의 나머지 영역에서 차단하는지를 묘사한다.

이 핵심적 개념, 즉 바깥을 향하는 신호가 점차 느려져 결국은 멈추고, 사건 지평선 형성 후에는 단방향 통신만 가능하다는 사실은 별에서 형성된 블랙홀에 바로 적용할 수 있다. 아인슈타인의 역학에 따르면 블랙홀이란 중력이 어마어마해지고 공간의 곡률이 극한으로 변하는 지역이다. 사건 지평선에서는 곡률이 너무 커 공간이 똘똘 말리고, 사물은 그 안에 갇혀 영원히 사라져 버린다.

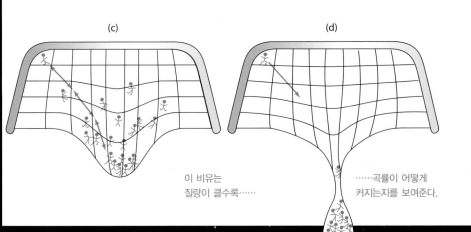

(c)

(d)

이 비유는 질량이 클수록……

……곡률이 어떻게 커지는지를 보여준다.

블랙홀 근처에서의 우주여행

블랙홀에 대하여
연구를 하는 방법 중
하나는 그 주위의
궤도를 도는 것이다.
단 매우 조심스럽게!

그림 12.9

블랙홀로 빨려 들어가며 엄
청난 중력에 의한 조석력으
로 부서지고 가열되는 가상
의 행성 모습

블랙홀은 우주의 진공 청소기는 아니다. 성간 공간을 돌아다니며 눈에 보이는 것을 닥치는 대로 빨아들이지는 않는다. 블랙홀 근처에서 공전하는 물체의 궤적은 같은 질량을 가진 별 주위에서의 궤적과 동일하다. 단지 슈바르츠실트 반지름의 몇 배 정도만 되는 거리(초신성 폭발로 형성되는, 태양질량의 5~10배의 질량을 가지는 블랙홀의 경우 약 50~100km의 거리)의 궤도에서만 케플러의 법칙으로 표현되는 뉴턴의 역학의 예측과 실제 궤적이 큰 차이를 보이게 된다.

물론 궤적이 사건 지평선에 너무 가까워 블랙홀 안으로 빨려 들어가게 되면 다시는 밖으로 나오지 못한다. 블랙홀은 꼭 회전문 같아서 물질을 한쪽, 즉 안으로만 흐르게 하는 성질이 있다.

조석력

블랙홀에 빨려 들어가는 물질은 엄청난 중력에 의한 조석력의 영향을 받는다. 블랙홀에 발부터 빨려 들어가는 불운한 탐험가는 발(블랙홀에 더 가까운)에 미치는 중력이 머리에 미치는 중력보다 훨씬 크다고 느낄 것이다. 이 힘의 차이를 조석력이라고 하는데, 이는 바다의 조석을 일으키는 원인과 동일하다(4.2절). 단, 블랙홀 안과 주위에서 발생하는 조석력은 우리가 태양계에서 찾을 수 있는 어떠한 조석력보다도 훨씬 더 강력하다. 블랙홀에 의한 조석력이 너무 강하여 탐험가는 세로 방향으로 길게 늘어나고 가로 방향으로는 납작하게 눌릴 것이다. 탐험가는 사건 지평선에 다다르기 한참 전에 이미 몸이 찢길 것이다.

이 늘어남과 짓눌림 끝에 남은 부스러기들은 서로 격렬하게 충돌하여 엄청난 마찰열로 가열된다. 개념도인 그림 12.9는 물질이 블랙홀에 빨려 들어갈 때 조각조각 부서짐과 동시에 가열되는 모습을 보여준다. 사건 지평선에 다다르기 이전에 발생하는 이 가열 작용이 매우 효율적이어서, 블랙홀에 빨려 들어가는 물질은 빛을 방출한다. 태양질량과 비슷한 질량의 블랙홀은 주로 엑스선을 방출한다.

그러므로 아무것도 빠져나올 수 없다는 성질이 가장 큰 특징인 것에 반해, 블랙홀 주위의 영역은 에너지 원으로 작용할 수 있다. 물론 가열된 물질이 사건 지평선 안으로 들어가게 되면 이 빛은 더 이상 관측되지 않는데, 이 경우에는 빛이 빠져나올 수 없기 때문이다.

사건 지평선에 다가가기

블랙홀을 안전하게 연구하는 방법 중 하나는 무엇이든 부수는 블랙홀의 강한 조석력에서 어느 정도 비껴난 궤도를 도는 것이다. 지구를 비롯한 태양계 행성도 태양으로 떨어지거나 부서지지 않고 태양 주위를 공전하고 있다. 블랙홀 주위의 중력장도 별로 다를 바 없다.

그림 12.10과 같이 단단하여 잘 부서지지 않는 (그리고 부서져도 괜찮은) 관측자(로봇 탐색기)를 블랙홀 중심으로 보낸다고 하여 보자. 로봇이 작아 조석력이 약하게 미치고 로봇이 단단한 경우, 인간과는 달리 사건 지평선까지 가서도 부서지지 않을 수 있다. 우리는 멀찌감치 수천 킬로미터 떨어진 곳에서 로봇 탐색기가 사건 지평선에 갈 때까지 보내주는 신호를 받아 조사를 진행할 수 있다. 탐색기가 사건 지평선을 넘어선 이후에는 물론 어떤 정보도 받을 수 없다.

우리는 사건 지평선에서 한참 멀리 떨어진 관측 지점에서, 로봇 탐색기에 달린 시계와 탐색기가 방출하는 빛의 주파수를 측정할 수 있다. 결과만 말하자면 상대성이론이 암시하듯 블랙홀 근처에 있는 시계는 우리의 시계보다 훨씬 늦게 간다는 사실을 알게 될 것이다. 탐색기가 사건 지평선에 다다르는 순간 시계는 멈춘 것으로 보이고, 실상 탐색기의 모든 움직임이 멈춘 것으로 보이게 된다.

탐색기에서 방출된 빛은 점점 색이 붉어지는 것으로 보이는데, 이는 곧 파장이 점점 길어지는 것이다. 이러한 적색이동은 광원의 움직임이 원인이 되는 것이 아니다. 즉, 이러한 현상은 도플러 효과의 결과가 아니다. 이 현상은 아인슈타인의 일반상대성이론에서 예측되고, 이 현상을 **중력적색이동**이라 부른다.

블랙홀의 저 안쪽

물론 여러분은 블랙홀의 사건 지평선 안쪽이 궁금할 것이다. 답은 간단하다. 누구도 알 수 없다!

일반상대성이론에 의하면 중력에 거스를 수 있는 힘이 없는 경우, 무거운 별의 핵은 밀도와 중력장이 무한대가 되는 한 점, **특이점**으로 붕괴한다. 하지만 우리가 무한대의 밀도에 대한 예측을 말 그대로 받아들일 필요는 없다. 특이점의 존재는 항상 이론이 더 이상 적용되지 않음을 의미한다. 현재의 물리법칙은 별이 붕괴하여 도착하는 최종 지점을 기술하기에는 적절치 않다.

부서지지 않는 로봇이 블랙홀을 향하고 있다.

그림 12.10

현재로서는 최고의 중력이론도 가장 작은 규모에 놓이는 물질에 대한 묘사를 하지 못하기에 불완전한 이론이다. 붕괴하는 별의 핵이 계속해서 작아지면 결국 어떻게 되는지에 대하여 설명도, 예측도 할 수 없게 된다. 블랙홀 안의 물질은 실제로는 특이점에 다다르지 않을지도 모른다. 아니면 **양자중력**(큰 규모에 적용되는 이론인 일반상대성이론과 원자 및 아원자 규모에 적용되는 이론인 양자물리학의 결합)의 대상으로서 이 이상한 상태를 기술할 수 있을지도 모른다.

특이점이란 과학에 있어 현재의 법칙이 모두 무용지물이 되는 곳이고, 그 주위에서는 매우 이상한 일이 발생할 수 있다. 증명도 되지 않고 관측도 되지 않았지만, 그곳은 다른 우주로의 통로라든가, 시간여행을 마음대로 할 수 있다든가, 새로운 상태의 물질이 탄생한다든가 하는 가능성이 제시되고 있다. 이때가 되면 과학은 더 발전하여 성공적이던 현재의 물리학이 많이 바뀌어 이렇게 기묘한 우주의 대상에 대하여 더 많이 알게 될지도 모른다.

블랙홀과 블랙홀의 기묘한 성질에서 우리는 무엇을 배울 수 있는가? 이 기묘한 대상을 이해하는 기본은 일반상대성이론이고, 일반상대성이론의 핵심은 질량이 공간을 흰다는 것이다. 질량이 더 집약되어 있을수록 공간의 왜곡은 심해지며, 관측적 예측에도 기묘함을 더한다. 이상한 대상이건 아니건, 블랙홀은 천문학자가 별 규모나 은하 규모에서 우주를 이해하는 데 반드시 짚고 넘어가야 할 대상이다.

12.6 블랙홀의 관측적 증거

실제로 블랙홀은 존재하는데, 이론의 여지가 없는 관측 결과가 이 사실을 뒷받침한다.

블랙홀에 관하여 이론이 아닌 관측적 증거는 없을까? 천문학자들은 이 기묘한 대상이 우주에 존재한다는 것에 대하여 어떠한 증거를 가지고 있는가?

별 기원의 블랙홀

블랙홀을 찾는 데 가장 좋은 방법은 다른 천체에 미치는 영향을 살펴보는 것이다. 우리은하에는 하나의 별만 관측되는 쌍성계가 많이 있는데, 보이는 별의 어떤 성질들을 관측하여 보이지 않는 다른 짝의 존재를 추론할 수 있다(9.7절). 대부분의 경우에는 보이지 않는 짝이 O형이나 B형의 밝은 빛 아래서 희미하게 빛을 내는 M형 별이거나, 먼지나 다른 잔해에 가리기 때문에 가장 좋은 성능의 망원경으로도 관측되지 않는 것이다. 이 경우는 보이지 않는 천체가 블랙홀은 아니다.

하지만 몇몇 쌍성계의 경우에는 보이지 않는 천체가 블랙홀일 수 있음을 암시하는 특이한 성질을 보인다. 그림 12.11(a)는 지구에서 6,000광년 정도 떨어진 백조자리의 일부 하늘을 나타내는데, 블랙홀 존재에 대한 강력한 증거를 보인다. 엑스선을 내는 이 블랙홀 후보를 백조자리 X-1이라 부르는데, 자동차 라디에이터 크기이면서 지구 주위를 공전하는 작은 위성 '우후루'에 의하여 발견되었다. 이 흥미로운 쌍성계에서 눈에 보이는 천체는 HDE226868의 일련번호가 매겨진 B형 별로서, 만약 주계열성별이라면 태양질량의 25배의 질량이어야 한다. 이 거대하고 밝은 별을 가시광에서 관측하여 케플러의 법칙을 적용한 결과, 쌍성계의 전체 질량이 태양질량의 35배가 된다는 사실을 발견하였다. 그렇다면 보이지 않는 천체의 질량은 태양질량의 10배가 되어야 한다.

또한 백조자리 X-1 주위에서 방출되는 엑스선의 성질은 아마도 수백만 K 정도의 극고온의 가스가 존재함을 암시한다. 가시광 관측 결과인 그림 12.11(a)에서 흰색 사각형으로 표시된 하늘의 영역을 엑스선으로 관측한 결과가 그림 12.11(b)에 나타나 있다. 그리고 이 엑스선의 밝기가 몇 밀리초의 시간 정도에 큰 변화를 보이기 때문에, 백조자리 X-1의 지름이 300km 미만이 되어야 한다. 이 크기는 이렇게 강력한 복사원의 크기로 보기엔 터무니없이 작은 값이다.

이러한 성질들은 백조자리 X-1이 블랙홀이라는 것을 강하게 시사한다. 그림 12.12는 이 흥미로운 대상의 개념도이다. 엑스선이 방출되는 지역은 망원경

(a)

엑스선 복사원

0.1 AU

(b)

그림 12.11

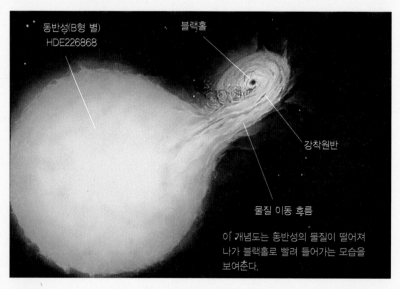

동반성(B형 별) HDE226868

블랙홀

강착원반

물질 이동 후름

이 개념도는 동반성의 물질이 떨어져 나가 블랙홀로 빨려 들어가는 모습을 보여준다.

그림 12.12

으로도 보이지 않고 굉장히 작은 동반 천체로 관측되는 별의 물질이 빨려 들어가면서 형성되는 강착원반일 가능성이 크다. 태양질량의 3배(12.1절)가 되는 질량이 중성자별이냐 블랙홀이냐를 가르는 기준이므로, 이 천체의 정체는 블랙홀임을 의미한다. 사실 관계를

불규칙은하 M82 중심부 근처의 격렬한 활동에 의해 여러 개의 밝은 엑스선 광원들이 발생하는데, 그중 하나는 태양질량의 수백 배의 질량을 가지고 주위의 가스를 빨아들이는 블랙홀일 수 있다.

중간 질량 블랙홀로 추정되는 천체

그림 12.13

명확히 하자면, 블랙홀 자체가 빛을 내는 것은 아니고 사건 지평선 안에 갇혀 아무것도 내보내지 못하게 되기 전까지 별의 물질이 블랙홀로 흘러 들어가면서 찢기고 고온으로 가열되어 엑스선을 방출하는 것이다.

은하수(우리은하) 내에서 10여 개의 다른 블랙홀 후보들도 계속 관측되고 있다. 이들 모두 어두운 영역 안의 아주 작은 영역에서 엑스선을 강하게 방출하고, 그 주위에는 밝은 별이 돌고 있는 성질을 공통으로 가지고 있다. 더 많은 시간을 들여 관측을 하게 되면 이들이 블랙홀인지 아닌지 판명될 것이다. 블랙홀의 강력한 증거 중 일부가 아주 멀리서 이상한 성질을 보이는 대상에 대한 관측에서 나온다는 것은 조금은 역설적이다.

은하 내부의 블랙홀

블랙홀에 대한 가장 강력한 증거는 우리은하 내부의 별 규모의 쌍성계 관측에서가 아니라 이보다 훨씬 큰 규모인 은하 중심부들(우리은하의 중심부도 포함됨)의 관측에서 나온다. 은하 중심부를 관측하면 별과 가스가 보이지 않지만 엄청나게 질량이 큰 대상 주위를 매우 빠르게 공전하는 모습이 보인다. 뉴턴의 법칙을 사용하여 그 질량을 추산하면 태양질량의 수백만 배 내지 수십억 배임을 알 수 있다. 가장 적합한(그리고 유일한) 설명은 이것이 블랙홀이라는 것이다. 다음 두 장에서는 다시 이 관측에 대하여 논하고 어떻게 그런 **초거대질량 블랙홀**이 형성될 수 있는지를 살펴볼 것이다.

2000년에는 엑스선 천문학자들이 은하들의 중심부에서, 쌍성계 안의 블랙홀과 초거대질량 블랙홀 사이의 상관 관계(오랫동안 천문학자들이 찾아 마지않던)에 대한 해답을 찾아 발표하였다. 그림 12.13이 그 증거로서, 이는 지구에서 1,200만 광년 떨어져 있고 넓은 영역에서 폭발적인 속도로 별들이 탄생(제14장 참조)하는 M82 은하의 가시광 사진이다. 사진의 적색 깃털 모양 영역은 별 탄생 영역에서 뜨거운 가스가 빠져나와 발생하고, 그

외의 지역에서는 특별한 활동이 보이지 않는다. 보충으로 삽입된 사진은 M82의 가장 내부의 10,000광년 크기의 지역을 찬드라 위성망원경이 찍은 엑스선 사진으로서, 은하의 중심은 아니지만 중심에 가까운 곳에 있는 몇 개의 밝은 복사원을 보여준다. 이들의 분광선과 광도에 따르면 이들이 태양질량의 100~1,000배의 질량을 가지고 주위의 가스를 빨아들이는 작은 천체로 여겨진다. 만약 이것이 사실이라면 이들이 최초로 관측된 **중간질량 블랙홀**이 될 것이다.

블랙홀은 정말 존재하는가

자, 그렇다면 블랙홀은 확실히 발견된 것인가? 이에 대한 답은 "아마도 그럴 것이다."이다. 과학에서 의심을 갖는 것은 좋지만, 몇몇 고집불통인 천문학자가 아니라면 블랙홀을 강력히 암시하는 이런 여러 정황에 대하여 반기를 들기 힘든 상황이다. 후일 작은 규모의 물리학에 개선이 이루어져도 이들 천체가 블랙홀인 사실에 변화가 생기진 않는다고 장담할 수 있는가? 그렇지는 않다. 하지만 비슷한 논리를 들이대면 모든 과학 분야의 모든 이론들이 다 틀린 것이 될 것이다. 이런 모든 상황에 비추어 보건대, 우리은하와 또 다른 곳에서 블랙홀이 관측되었다고 결론지을 수 있다.

언젠가는 아마도 우주여행을 하는 우리 후손들이 백조자리 X-1이나 우리은하의 중심부를 방문하여 이러한 결론을 처음으로 테스트(조심스럽게!)할지도 모를 일이다. 그때까지는 이 신비로운 대상에 대한 논쟁을 발전시킬 이론 모형과 관측 기술을 계속 개발해야 할 것이다.

요약

LO1 중성자별의 최대 질량은 태양질량의 3배이다. 이 보다 질량이 크면 별은 더

이상 중력을 거스르지 못하고 붕괴하여, 아무것도 탈출할 수 없는 영역인 **블랙홀**(p.204)을 형성한다. 가장 무거운 별들의 경우 초신성 폭발을 하면 중성자별이 아니라 블랙홀을 형성한다. 블랙홀의 내부와 가까운 주위의 현상은 일반상대성이론으로만 설명할 수 있다. 탈출속도가 광속과 같아지는 반경거리를 **슈바르츠실트 반지름**(p.205)이라 부른다. 붕괴하는 별의 중심을 그 중심으로 하고 반지름은 슈바르츠실트 반지름이 되는 가상의 구를 **사건 지평선**(p.205)이라 부른다.

LO2 아인슈타인의 **특수상대성이론**(p.206)은 광속에 가깝게 움직이

는 물체의 성질을 다룬다. 이 이론의 핵심은 공간과 시간이 서로 다른 것이 아니고, 둘 다 **시공간**(p.206)이라는 단일체의 일부라는 것이다. 작은 속도에서는 특수상대성이론과 뉴턴의 이론이 일치하지만, 큰 속도의 운동에서는 매우 다른 예측을 보인다. 예컨대, 고속으로 움직이는 물체는 **길이수축**(p.207, 움직이는 방향으로 물체의 길이가 짧아 보이는 현상) 및 **시간 지연**(p.207, 물체 내부에 있는 시계가 느리게 가는 현상) 현상을 보여야 한다. 특수상대성이론의 모든 예측이 실험에 의해 여러 번 증명되었다.

LO3 뉴턴의 중력을 대체하는 현대적 이론은 아인슈타인의 **일반상대성이론**(p.208)이다. 이 이론은 질량의 존재가 시공간을 휜다는 언어로 중력을 설명한다. 질량이 클수록 공간의 왜곡이 심해진다. 광자(빛입자)를 포함한 모든 입자는 구부러진 경로를 따라 움직임으로써

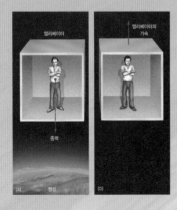

공간의 왜곡에 반응한다. 행성, 별, 은하가 공간의 곡률에 반응하여 움직이는 경로는 뉴턴의 중력이론이 예측하는 궤도와 일치한다.

LO4 뉴턴의 이론은 눈에 보이지는 않지만 우주의 모든 질량체에서 나오는 중력장으로 공간이 가득 차 있다고 규정한다. 이와는 대

조적으로 아인슈타인의 이론은 역시 눈에는 보이지 않지만 시공간의 '씨줄 날줄'과 같은 구조가 우주의 모든 질량체 때문에 구부러져 있다고 얘기한다. 두 관점 모두 대부분의 경우 실질적으로 같은 결과를 낳는다. 하지만 물체가 매우 빠른 고속운동을 하거나 매우 큰 질량을 가지는 극단적인 경우에는, 뉴턴의 이론은 틀리고 아인슈타인의 이론이 실제 현상을 더욱 잘 기술한다.

LO5 원거리에 있는 관측자에게 블랙홀로 떨어지고 있는 우주선에서 방출된 빛은 블랙홀의 강한 중력장을 거슬러 올라오면서 **중력 적색이동**(p.213)이 일어나 관측된다. 동시에 우주선 안의 시계는 사건 지평선에 다가갈수록 느리게 가는 것으로 보이는 시

간지연 현상을 보인다. 관측자는 우주선이 사건 지평선을 넘어서는 것을 영원히 볼 수 없다. 사건 지평선 안에서는 우리가 아는 어떠한 힘도 붕괴하는 별의 중력으로 인하여 **특이점**(p.213)에 수렴하여 무한대의 밀도와 중력장을 형성하는 것을 막을 수 없다. 이 상대성이론의 예측은 아직 증명이 된 것은 아니다. 특이점에서는 우리가 알고 있는 물리학법칙이 더 이상 적용되지 않는다.

LO6 물질이 블랙홀 안으로 들어가면 더 이상 바깥세상과의 통신이 가능하지 않다. 하지만 물질이 블랙홀에 빨려 들어가는 도중에는 중성자별의 경우와 비슷하게 강착

원반을 형성하고 엑스선을 방출한다. 가장 유력한 블랙홀의 후보는 작은 엑스선 복사원을 일원으로 가지는 쌍성계이다. 백조자리에 위치하고 많은 연구의 대상인 백조자리 X-1은 알려진 중에 가장 유력한 블랙홀 후보이다. 운동궤도에 대한 연구에 의하면 어떤 쌍성계는 중성자별이라기에는 질량이 너무 큰 동반 천체를 가지고 있고, 이 동반 천체의 정체에 대한 유일한 대안은 블랙홀밖에 없다. 우리은하뿐 아니라 많은 은하의 중심부에는 질량이 훨씬 큰 블랙홀이 존재한다는 강력한 관측적 증거도 존재한다.

POS 문제들은 과학의 과정을 탐구하는 문제이고, LO 문제들은 학습 목표에 초점을 맞추고 있고, VIS 문제들은 보이는 정보들을 이해하고 해석하는 데 초점을 맞추고 있다.

복습과 토론

1. 태양은 언젠가 블랙홀로 변할 수 있는가?
2. LO1 탈출속도의 개념에 근거하여 블랙홀이 왜 '검다'고 표현되는지 설명하라.
3. 사건 지평선이란 무엇인가?
4. LO2 광속이 특별한 이유는 무엇인가?
5. 측정한 빛의 속도가 관측자의 운동과는 무관하다는 말이 무슨 뜻인가?
6. 길이수축이란 무엇인가? 어떤 경우에 발생하는가?
7. 시간지연이란 무엇인가?
8. LO3 '중력'은 무엇이고, 어떻게 일반상대성이론과 연관되는가?
9. POS 어떠한 조건하에서 일반상대성이론이 뉴턴의 중력이론보다 실제 현상을 더 정확히 기술하는가?
10. LO4 블랙홀이 어떻게 형성되는지 시공간의 왜곡이라는 관점에서 설명하라.
11. LO5 블랙홀에 떨어지는 사람에게는 어떤 일이 발생하는가?
12. 중력적색이동이란 무엇인가?
13. 특이점이란 무엇인가? 어디에서 특이점을 찾을 수 있는가?
14. LO6 백조자리 X-1은 왜 블랙홀의 유력한 후보인가?
15. 천문학자들은 어떻게 블랙홀을 '볼' 수 있는가?
16. POS 태양보다 질량이 훨씬 큰 블랙홀이 존재한다는 증거는 무엇인가?

진위문제

1. 질량이 작은 별만이 블랙홀을 형성한다.
2. 그 무엇도 빛보다 빨리 이동할 수 없다.
3. 빛을 제외하면 모든 것이 중력의 영향으로 인력을 받는다.
4. 가시광은 블랙홀에서 탈출하지 못하지만, 감마선과 같은 고에너지의 빛은 탈출할 수 있다.
5. 공간은 물질에 의하여 왜곡된다.
6. 블랙홀의 표면인 사건 지평선을 만질 수 있다면 굉장히 딱딱할 것이다.
7. 물리학 법칙은 특이점 근처에서 적용되지 못한다.
8. 수천 개의 블랙홀이 발견되었다.

선다형문제

1. 블랙홀은 별의 초기 질량이 얼마일 때 형성되는가?
   (a) 태양질량 미만 (b) 1~2태양질량 (c) 8태양질량 이하 (d) 25태양질량 이상
2. 토성질량을 가지는 블랙홀의 슈바르츠실트 반지름의 크기는 얼마인가?
   (a) 1mm (b) 1cm (c) 0.8m (d) 3km
3. VIS 그림 12.5에서 광속의 90%의 속도로 움직이는 우주선 안의 미터자가 외부의 관찰자에게 보이는 길이는?
   (a) 1m (b) 0.87m (c) 0.44m (d) 0.15m
4. VIS 그림 12.5에서 우주선 내부에서 측정 시 1초가 걸린 시계 시침의 움직임은 외부의 관찰자에게 얼마나 오랫동안 진행된 것으로 관측되는가?
   (a) 1초 (b) 2.3초 (c) 7.1초 (d) 22초
5. 태양이 마술과 같이 같은 질량의 블랙홀로 갑자기 변했다면 어떤 일이 일어나는가?
   (a) 지구가 나선궤도를 그리며 태양을 향해 빨려 들어간다. (b) 지구의 궤도는 변하지 않는다. (c) 지구가 먼 공간으로 날아간다. (d) 지구가 부서진다.
6. 수성 근처의 우주선에서 방출된 전파 신호는 지구에서 적색이동되어 보이는데, 그 이유는 무엇인가?
   (a) 우주선이 우리에게서 멀어지고 있다. (b) 태양의 중력장에서 벗어나면서 전파 광자가 에너지를 잃는다. (c) 태양의 코로나에 전파가 흡수된다. (d) 우주선이 태양의 복사열로 가열된다.
7. 블랙홀을 찾기에 가장 적합한 지역은 어느 곳인가?
   (a) 어둡고 비어 있는 지역 (b) 최근에 별들이 사라진 지역 (c) 엑스선 방출이 강한 지역 (d) 주위보다 온도가 낮은 지역
8. 초거대질량 블랙홀이 은하 중심부에 있다는 가장 강력한 증거는 무엇인가?
   (a) 중심부에서 별이 관측되지 않는다. (b) 가스가 빠르게 움직이고 강한 에너지의 빛이 방출된다. (c) 중심 주위에서 방출된 빛이 중력적색이동을 겪는다. (d) 알려지지 않은 가시광 및 엑스선 스펙트럼선을 보인다.

활동문제

협동 활동 본문에서는 가장 간단한 형태의 블랙홀인 자전하지 않는 '슈바르츠실트 블랙홀'만 다루었지만 자전을 하는 '커 블랙홀'도 천문학에서 매우 중요한 자리를 차지한다. 인터넷으로 슈바르츠실트 블랙홀과 커 블랙홀의 성질에 대하여 조사하라. 둘 사이의 유사성과 차이점을 기술하라. 각 블랙홀의 사건 지평선, 특이점, 빛과 물질의 궤도에 초점을 맞추어 조사하라. 블랙홀은 얼마나 빠르게 자전할 수 있는가? 어느 블랙홀이 자연계에서 가장 흔한가?

개별 활동 가장 유명한 블랙홀 후보인 백조자리 X-1의 동반성에 관하여 조사해 보자. 망원경 없이도 백조자리 X-1의 위치를 하늘에서 알아내기는 어렵지 않다. 여름철 별자리인 백조자리는 찾기 쉬운 큰 십자가 모양의 형태를 포함한다. 이것은 북반구 십자가로서 중심별은 사드르라 불린다. 십자가의 맨 밑의 별은 알비레오라 불린다. 사드르와 알비레오 사이에 에타 시그니 별이 놓여 있다. 백조자리 X-1은 이 별에서 0.5°에 살짝 못 미치는 각도만큼 떨어져 있다.

13

은하수

이웃하는 별들 너머로 우리는 밤하늘에
퍼져 있는 희미한 빛의 띠인 은하수를
본다.

맑은 날·한밤중 위를 올려다보면 두 가지 경이로운
점에서 압도당한다. 첫째는 별들 각각이 모든 하늘에
고루 분포되어 있어 보이는 것이다. 그 모든 별은 우
리에게 사실은 가까워서 태양으로부터 약 1,000광
년정도의 범위 안에 있는 우리은하 주변 지역의 지도
인 것이다. 그러나 이는 마치 시골 사람이 시골 주위
를 둘러보고 받은 인상일 뿐이다.

둘째, 가까운 별들 너머를 보면, 은하수라 부르는
빛의 무리가 천상을 가로질러 펼쳐져 있어 경이롭다.
북반구에 사는 사람은 여름날 밤에 특히 지평선 위에
서 아치 모양으로 볼 수 있는 광경이다. 이러한 광경
은 우리은하 안에 거주하기에 볼 수 있는, 1,000광년
이상의 먼 거리에 있는 무수한 별빛들의 혼합된 모습
이다.

우리는 이제 더 큰 세계로 진입하게 된다. 주위 별
들보다 더 먼 곳까지 더 큰 규모의 공간을 고려하면,
은하수의 참된 구조를 직면하게 될 것이다.

수많은 은하가 왜소은하와
위성은하를 동반하고 있다.

만일 이것이 우리은하라면
우리는 이 정도의 거리에
있을 것이다.

별들이 모인 거대한 집단을 은하라 부르고, 그중 하나가 우리은하로 대략 1,000억 개의
은하 중 하나이다. 각각의 은하는 다시 약 1,000억 개의 별을 가지고 있다. 이 은하는 소
용돌이나선은하 M51이다. 우주 안에 다른 전형적인 은하처럼 반경이 10만 광년 정도 된
다. 얄궂게도 우리는 우리가 사는 우리은하 안에 있기에 그 사진을 가질 수 없다.

학습목표

LO1 우리은하의 전반적인 구조를
기술하고, 한 지역이 다른 지
역과 어떻게 다른지 설명한다.

LO2 우리은하의 크기와 모양을 결
정하는 데 변광성의 중요성을
설명한다.

LO3 우리은하의 다른 지역에 있는
별들의 성질과 궤도운동을 비
교하고 대조해 본다.

LO4 원반과 헤일로 지역의 별들
사이의 차이를, 우리은하의 형
성에 대한 관점으로 해석해
본다.

LO5 우리은하와 다른 은하에서 관
측한 나선팔에 대한 가능한 설
명들을 나열해 본다.

LO6 은하의 회전이 밝힌 우리은하
의 크기와 질량을 설명하고,
암흑물질의 성질에 대해 토론
한다.

LO7 우리은하 중심에 있을 것으로
생각되는 초대질량 블랙홀에
대한 증거를 기술한다.

우리의 조상인 은하

은하는 엄청난 별과 성간물질, 즉 별, 가스, 먼지, 행성, 블랙홀의 모임으로
자신의 중력으로 유지되며 우주 안에 격리되어 있다.

천문학자들은 우리은하 너머에 말 그대로 수십억 개의 **은하**가 있음을 알고 있다. 그중 한 특이한 존재가 바로 우리가 우연히 머물고 있는 은하수 또는 대문자 G로 시작하는 **우리은하**이다.

안에서 볼 수 있는 것

전반적으로 우리은하는 다른 은하처럼, 원반 모양을 이루고 있다. 우리태양은 원반 또는 중간 평면에 있는데, 원반은 광대하며, 원형인 편평한 지역으로 우리은하의 밝은 별 대다수와 성간물질을 포함하고 있는 지역(사실상 이 책에서 다루는 내용이 이 부분에 관한 이야기)이다.

그림 13.1은 안쪽에서 볼 때 은하원반이 빛의 띠, 즉 천구 적도와 60°의 각도로 기울어져 밤하늘을 가로지르는 은하수의 모습을 설명해 준다. 지구에서 보면 원반의 중심은(사실은 우리은하의 중심임) 궁수자리 방향에 놓여 있다. 아래 그림에서 보여주듯이, 만일 우리가 은하원반으로부터 멀어지는 방향에서 본다면(빨간 화살표 참조), 상대적으로 적은 수의 별들이 시야에 놓여 있을 것이다. 하지만 만일 시선방향이 원반 속을 지난다면 (하얀 화살표 참조), 우리는 너무도 많은 별을 보게 되어, 이 별빛이 합해져 연속적인 번짐이 될 것이다.

역설적으로 우리가 태양 주위에 있는 개개의 별과 성간구름을 연구할 수 있지만, 은하원반에 놓인 우리의 위치는 우리은하의 큰 구조를 밝히는 것을 어렵게 한다. 마치도 도시공원의 길, 숲, 나무들을 알려면 공원 벤치를 떠나지 않고는 불가능한 것과 같다. 우리은하는 우리태양계보다 광대하고, 따라서 직접적으로 돌아보고 탐사할 수 없다. 그래서 간접적인 여행을 하게 되었다.

어떤 방향에서 보면 전면에 놓인 천체가 그 너머에 놓인 천체를 완전히 가리기도 한다. 그 결과 은하를 연구하는 천문학자들은 좀 더 먼 그러나 쉽게 관측할 수 있는 은하들과 비교하여 우리은하를 연구한다. 반대로 이 장에서 다루는 우리은하에서 밝혀진 모든 특징이 우주 안에 있는 다른 수십억의 은하에서도 발견될 것이라는 타당한 근거가 있다.

이 그림은 (아래 그림의 하얀 화살표를 따라 본 안쪽에서 본 우리은하의 실제 영상이다.

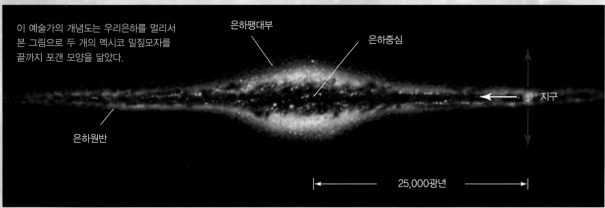

이 예술가의 개념도는 우리은하를 멀리서 본 그림으로 두 개의 멕시코 밀짚모자를 끝까지 포갠 모양을 닮았다.

은하팽대부

은하중심

지구

은하원반

25,000광년

그림 13.1

유사한 은하들

그림 13.2는 배치와 구조가 우리은하를 닮았다고 생각되는 이웃 은하로, 전 영상의 길이는 10만 광년이다. 이것은 그림 2.1에서 처음 우리가 만났던 안드로메다은하이다. 약 250만 광년 떨어진 우리은하에서 가장 가까운 주요 은하이다. 안드로메다의 타원의 겉보기 모습은 우리가 보는 위치각 때문에 생긴 결과이다. 사실 이 은하는 우리은하처럼 얇은 **은하원반** 또는 평면과 중심부가 볼록 나온 **은하팽대부**로 구성되어 있다. 이 원반과 팽대부는 **은하헤일로**라 불리는 희미한 늙은 별들에 의하여 둘러싸여 있다.

그림 13.3은 우리은하의 구성 성분을 알게 해주는 2개의 다른 **나선은하**를 보여준다. 왼쪽에 있는 M101은 우리은하를 위에서 볼 때의 모습과 닮았다. 반면 오른쪽에 있는 NGC 4565는 우리은하를 측면에서 볼 때의 모습으로 원반과 중심의 팽대부를 잘 보여준다.

이것은 안드로메다은하로 모든 은하 중 가장 가까이서 볼 수 있는 은하이다.

은하팽대부

은하원반

은하헤일로

그림 13.2

그림 13.3

은하수의 크기와 모양

새플리는 코페르니쿠스처럼 우주의 중심에
대한 우리의 사견을 버리게 했다.

20세기 이전에는 우주에 대한 천문학자들의 개념이 현대와 매우 달랐다. 우리은하와 함께 우리은하와 닮은 다른 먼 은하에 대한 지식이 증가하여, 우주 먼 곳의 거리에 대한 정보를 손안에 넣게 되었다.

변광성

20세기 초 수많은 별들을 카탈로그화하는 작업의 부산물이 **변광성**에 대한 체계적인 연구이다. 어떤 별은 그 밝기가 짧은 시간 동안에 현저하게 변하고, 어떤 것은 매우 극적으로 변하기도 하고, 규칙적인 변화를 보여주는 것도 있었다. 극소수 별만이 규칙적인 변화를 보였는데, 천문학적인 중요성은 너무도 지대

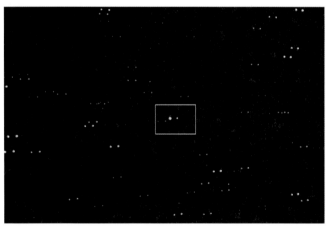

변광성의 밝기를 관찰한 영상 사진
아래는 그래프로 나타낸 것임

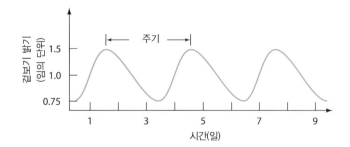

그림 13.4

했다.

흔히 변광성은 신성을 일으키는 원인처럼 쌍성계에서 일어난다(11.1절). 그러나 이러한 경우는 아니었다. 빠르게 자전하여 광도가 변하는 펄사와도 관련성이 없었고(11.5절), 지구 대기를 통과하면서 발생하는 별의 반짝임과도 연광성이 없었다.

이와는 달리 우리의 관심사인 별들은 밝기가 주기적인데, 그 이유는 별 자체가 맥동하기 때문에 반경과 온도가 바뀌어서 밝기 변화가 시간에 따라 규칙적으로 변화하기 때문이다. 맥동하는 변광성은 정상적인 별들이 적색거성으로 진화하는 과정상 단기간 동안 불안정한 상태를 겪을 때 발생한다. 이 밝은 변광성은 세페이드 별자리에서 발견된 가장 잘 알려진 별을 따라 **세페이드 변광성**이라고 명명하였다.

그림 13.4는 어떻게 하늘에서 세페이드 변광성이 며칠에서 몇 달의 주기에 걸쳐 맥동하는지를 보여준다. 사진은 2개의 영상을 약간 어긋나게 겹친 것으로 WW Cygni라 불리는 별이 수일 동안 변한 밝기를 보여준다. 그래프는 변화의 주기성을 보여준다. 이러한 변광성은 별이 내는 빛의 밝기 변화를 감지하여 발견한다.

새로운 측정자

맥동하는 변광성은 은하천문학에서 매우 중요하다. 일단 세페이드 변광성 유형의 별을 발견하면 밝기를 추정할 수 있고, 이 정보를 사용해서 그 별의 거리를 알 수 있다. 제9장 6절에서 설명한 것과 같이 알려진 별의 절대밝기와 임의밝기 사이의 관계는 역제곱법칙에 따른다. 이 방법은 우리은하의 변광성과 우리은하 너머의 변광성에도 적용할 수 있다.

이 방법을 사용하려면 일단 세페이드 변광성의 절대밝기를 판단해야 한다. 평균 밝기와 맥동주기 사이에, **주기-광도 관계**가 있음을 1908년 하버드대학교의 헨리에타 리비트(Henrietta Leavitt)가 발견하였다. 느리게 변하는, 즉 주기가 긴 세페이드 변광성은 등급이 높고, 주기가 작은 변광성은 등급이 낮다는 것을 알았다. 따라서 세페이드 변광성의 변광주기를 알면 그 별의 밝기를 추정할 수 있다.

이 발견은 천문학에서 거리를 측정하는 도구로 사용되는 매우 중요한 계기가 되었다. 현재 우리가 아는 최상의 망원경으로 1억

광년 거리까지 세페이드 변광성을 발견하였다. 이것은 우리 은하의 지도를 그리는 척도가 될 뿐 아니라, 가까이 있는 외부은하의 거리를 아는 데 사용된다. 사실상 이것은 칼텍의 에드윈 허블(Edwin Hubble)이 1920년대(그림 13.2) 안드로메다은하가 우리은하에서 분리된 외부은하임을 주장하는 도구가 되었다.

우리는 제3장에서 우주거리 사다리를 만드는 작업을 전파 영역을 사용하여 태양계에서 이미 시작하였다. 제9장에서는 그것을 별의 시차와 분광시차의 기술을 포함하여 확장하였다. 그림 13.5는 변광성을 첨가하여 네 번째 수단으로 거리 사다리를 확장하는 것을 보여준다.

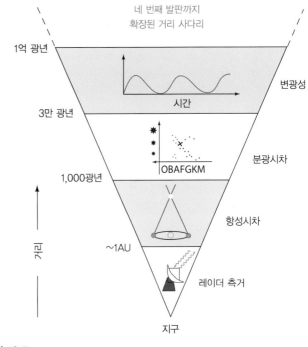

그림 13.5

우리은하의 크기

많은 맥동 변광성들은 제10장 7절에서 보였던 나이가 오래되고 붉은 별들이 벌집처럼 묶인 구상성단 속에 있다. 20세기 초에 미국 천문학자 할로 섀플리(Harlow Shapley)는 변광성을 사용하여 우리은하계에 대한 두 가지 중요한 발견을 하였다.

- 태양으로부터 매우 먼 거리, 즉 수천 광년 거리에 구상성단 대다수가 있었다.
- 구상성단의 3차원 분포도는 대략적으로 지금에서야 알게 된 10만 광년 크기의 구체를 이루고 있다.

매우 특출한 아이디어로, 섀플리는 구상성단의 분포가 우리은하의 실제 크기라고 추론하였는데, 현재 우리가 아는 헤일로 영역의 크기이다. 물질 분포의 중심은 태양에서 25,000광년 떨어진 곳이다. 그림 13.6에 나타낸 구상성단의 위치에서 보듯이 태양은 은하원반 안의 먼 곳에 위치하며, 원반은 젊은 별과 가스와 먼지로 된 종이처럼 분포하여 헤일로의 중심을 관통하고 있다. 우리가 은하의 외곽에 위치하고 있어 보이다니!

섀플리 구상성단이 우리은하의 크기와 모양을 결정한다는 대담한 해석은 우주 속의 우리가 차지하는 위치에 대한 이해를 크게 도약시켰다. 5백 년 전, 코페르니쿠스가 행성의 운동으로 보아 지구가 중심이 아니라고 주장하며, 지구의 위치를 격하시키려고 할 때까지도, 지구는 우주의 중심이었다. 섀플리는 하루 만에 유사한 주장으로 태양을 은하의 변방으로 밀어내는 일을 한 것이다.

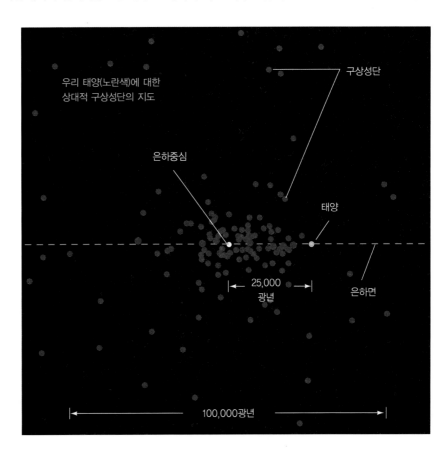

그림 13.6

우리은하 탐색하기

천문학자들은 다파장 영역의 관측을 통해 우리은하 전체의 크기, 구조, 화학원소를 조사한다.

우리은하에 대한 가시광, 적외선, 전파 관측에 근거한 그림 13.7은 우리가 살고 있는 우리은하의 전 지역을 보여준다. 주의해야 할 것은 그림상의 원반, 팽대부, 헤일로의 공간 분포는 실제와 다르다는 것이다. 이 도표에서 우리의 고향은 지금까지 이 책에서 고려해 온 것보다 더 크게 묘사하고 있음에 유의해야 한다.

우리은하의 지도 만들기

그림 13.7에 있는 헤일로의 크기는 구상성단이나 헤일로별에 대한 현대 천문대의 가시광 관측에 의한 것이다. 하지만 우리가 보아왔듯이 가시광 기술로는 먼지로 가득한 은하원반의 작은 부분만을 탐사할 수 있다. 거대 규모의 원반 구조에 대한 대다수의 지식은 전파 관측, 특히 원자수소 분광선에 의해 얻은 것이다.

장파장대 전파는 성간먼지에 영향을 받지 않고, 수소는 성간공간의 대다수를 차지하므로, 강한 수소의 신호로 원반 전 지역을 탐사할 수 있다.

전파 연구에 의하면 은하가스의 중심은 구상성단 분포의 중심과 대략적으로 일치하고 있으며, 태양으로부터 25,000광년 거리에 있다. 원반에 있는 별과 가스는 은하중심으로부터 50,000광년 거리 너머에서는 급속히 감소한다.

은하원반에 수직 방향으로, 태양 근처의 원반을 보면, 태양에서 불과 1,000광년 정도의 두께, 즉 은하 직경인 100,000광년의 1/100이다. 하지만 이것에 속지 마라! 만일 당신이 빛의 속도로 여행해도 원반 두께를 통과하는데 1,000년이 걸린다. 원반이 우리은하의 크기에 비교하면 매우 얇지만, 인간의 기준으로 볼 때

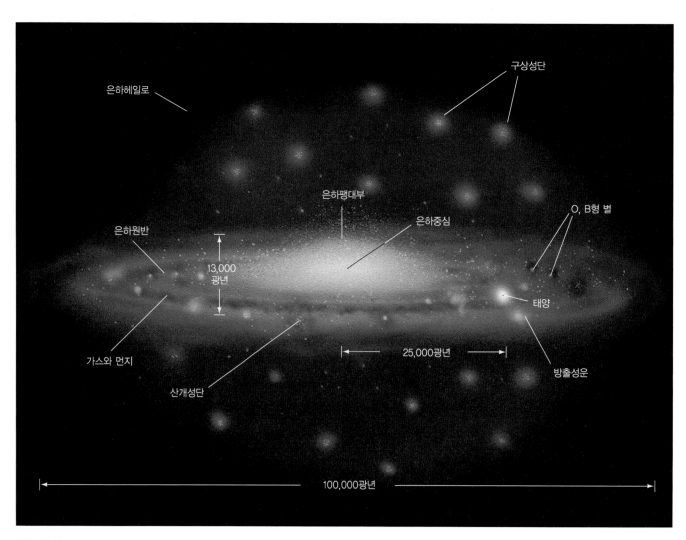

그림 13.7

는 거대한 규모이다.

그림 13.7의 사진이 우리은하 중앙팽대부로, 원반의 평면 안쪽에 있는 약 20,000광년 폭과 15,000 광년 수직 높이 구조이다. 성간먼지의 차폐는 가시광 망원경으로 팽대부를 연구하기 어렵게 한 다. 하지만 장파장에서는 성간물질 의 영향이 적어서 매우 선명한 영상을 얻는다.

그림 13.8은 장파장 기술로 얻을 수 있는 놀 라운 한 예로, 이 경우 지구를 도는 인공위성 의 적외선망원경으로 얻 은 것으로, 우리은하의 여러 부분의 영상을 보여준다. 이 광 시야 모습은 은하의 중심을 향했고, 원반의 얇은 모습과 확장된 중심을 잘 보여준 다. 그림 13.3의 외부은하의 옆모습과 비교되는 영상이다.

이 그림은 우리가 우리은하에 대해 알 수 있는 가장 좋은 영상으로 태양에서 은하중심을 향해 본 적외선 파장의 영상이다.

그림 13.8

별의 종족

은하의 3차원적 구성성분인 원반, 팽대부, 헤일로는 모습 이외에도 서로 다른 특징을 보인다.

- 헤일로는 성간물질이 풍부한 원반이나 팽대부와 달리 가스와 먼지가 본질적으로 없다.
- 원반, 팽대부, 헤일로 안의 별들의 색은 분명한 차이를 보이는데, 팽대부와 헤일로의 별들은 원 반에 있는 별들보다 더 붉다.

다른 나선은하의 관측도 마찬가지 경향을 보이는데, 그림 13.2와 그림 13.3에서 보듯이 원반이 푸 르스름한 흰색이고, 팽대부는 노란색의 번짐이 보인다.

원반과 헤일로 안에 있는 별들의 현저한 차이에 대한 설명은 가스가 풍부한 은하원반은 지속적으 로 별 탄생이 있었고, 여러 나이대의 별들을 포함한 반면 헤일로에 있는 별들은 늙었다는 것이다. 헤 일로에 가스와 먼지가 없다는 것은 새로운 별이 여기서 탄생하지 않는다는 것이며, 구상성단의 구성 원을 볼 때 적어도 100억 년 전, 아주 오래전에 별 탄생이 끝났다는 것이다.

우리는 우리은하의 혈통에 관한 다른 단서도 가지고 있다. 헤일로별들의 분광관측은 중원소, 즉 헬 륨보다 무거운 원소가 원반보다 적은 것으로 나타난다. 별의 탄생과 진화의 연속이 중원소를 생성해 서 성간물질을 풍부하게 해왔다. 따라서 헤일로별에 이러한 중원소의 결핍은 헤일로가 오래전에 만 들어졌음을 의미한다.

궤도운동

마지막으로 우리은하의 내부운동에 대해 한 가지를 설명해 보자. 구성원들이 혼란 속에서 무질서하게 움직이는가? 또는 어떤 교통신호 체계에 따르는가? 천문학에 수많은 다른 것처럼 답은 우리의 관점에 따라 달라진다. 별들의 움직임은 약 100광년의 작은 공간을 보면 무질서하게 움직이는 것처럼 보이지 만, 1,000광년 너머의 크기로 확장하면 그 움직임은 규칙성을 더 많이 가지고 있음을 보여준다.

은하의 주요 성분들에 대한 매우 조심스러운 관측은 원반에 있는 별들이 은하중심에 대하여 정렬 된 원운동을 하고 있음을 보여준다. 이와는 달리 헤일로별들은 무작위 방향으로 궤도운동을 하고 있 다. 이 두 패턴이 우리은하의 역사에 대한 단서를 준다.

은하의 형성

대다수의 은하는 오래전에 큰 은하가 작은 은하를 포획하는 과정을 통해 성장하여 '계층적인 병합'을 통해 형성되었다.

우리가 지금 보는 우리은하의 구조를 자연적으로 설명하는 진화 시나리오는 있는가? 답은 '예'이고, 우리 모두가 100억 년 전 이상의 은하 탄생 때로 돌아가 보는 것이다. 천문학자들이 세부적인 것까지 모두 동의하지는 않지만 전반적인 그림에 대해서는 모두 인정하는 것이 있다. 간단하게 우리는 은하원반과 헤일로까지만 토론 주제를 제한하려 한다. 여러 각도에서 보면 팽대부는 양극단의 중간 성격을 지닌다.

초기 진화

그림 13.9는 우리은하 진화에 대한 현재 천문학자들의 그림을 보여준다. 이것은 적어도 넓은 의미에서, 우리은하를 관찰할 때 볼 수 있는 많은 구조들을 설명한다. 그러나 자세한 세부 구조는 부족하다. 은하의 기원과 진화는 오늘날 천문학의 가장 중요한 연구 논점이다.

제10장에서 다룬 별 탄생과 다르지 않게 은하의 형성은 모은하 가스구름의 수축으로부터 시작된다(10.2절). 은하 초기에 별과 구상성단이 형성될 때, 우리은하 안의 가스는 아직 얇은 원반을 형성하지 못하였다. 그 대신 가스는 불규칙적으로 넓게 퍼져 있었고, 모든 방향으로 약 10만 광년의 폭으로 회전하면서, 넓은 공간을 차지하고 있었다. 제1세대 별들이 탄생할 때 은하들은 이 넓은 공간에 나타났다(그림 13.9b). 그 별들의 오늘날 분포(은하헤일로 안쪽에 있는)는 이러한 사실을 반영하고 있고, 그러한 탄생의 흔적이다.

많은 천문학자들은 제1세대 별들이 아마도 좀 더 일찍 작은 규모인 왜소은하와 같은 곳에서 탄생하지 않았을까? 그리고 나중에 이들이 합해져서 우리은하를 만든 것이 아닌가로 추측한다(그림 13.9a). 더 많은 별들이 성간구름과 충돌하고 수축하는 과정의 통합된 상태에서 탄생했을 것이다. 오늘날 헤일로는 어느 경우든 지금과 별로 다르지 않은 같은 모양이었을 것이다.

그 옛 시점 이후 회전은 우리은하의 가스를 납작하게 분포시켜 상대적으로 얇은 원반을 만들었다(그림 13.9c). 물리적으로 이 과정은 방대한 규모를 제외하면 초기태양계가 납작해지는 것과 유사하다(7.1절). 헤일로에서 별 탄생은 이 지역의 초기 성간가스와 먼지가 은하면으로 모이는 시점인 수십억 년 전에 멈추었다. 은하원반에서 계속되어 온 별 탄생은 푸른 색조를 띤 반면, 헤일로에서 탄생한 짧은 수명의 별들은 오래전에 타버려서 현재는 나이가 많은 별들만 남겨진 것으로 생각되는데, 이 별들은 분홍빛의 광채를 낸다(그림 13.9d). 우리은하의 헤일로는 고대의 시간을, 원반은 젊음에 가득 찬 활동성을 보여준다.

현재 진화

은하원반의 별에 대한 최근의 연구는 헤일로 가스가 오늘날까지도 떨어져 내리고 있음을 제시한다. 별 탄생과 별 진화의 가장 대표적인 모델에 의하면, 만일 원반의 가스가 매년 5~10태양질량 정도가 헤일로에서 보충되어 묽어지지 않는 한은 은하원반 별들의 중원소 양은 관측 값보다 커야 한다(11.4절). 이 정도의 값이 많지 않은 것처럼 보일지라도, 수십억 년을 고려한다면, 총 원반 질량에 비해서 무시할 수 없는 양이다(13.6절).

사실 천문학자들은 은하헤일로의 많은 기조력의 흔적, 즉 구상성단의 일원으로 생각되었던 별들의 집단이나 심지어는 우리은하의 기조력 마찰로 찢겨진 작은 위성은하를 최근에 탐지하였다(14.1절). 별들은 그들의 모성단이나 모은하에서 떨어져 나오면서, 계속해서 모은하나 모성단이 없어진 후에도 그 궤적을 따라 공전한다. 그 결과 기조 흐름 속의 별들은 원은하/성단의 궤도 주위에 분포하고 있다.

진행 과정

우리은하의 생성에 관한 이론은 여전히 불완전하나, 이 이론은 우리은하의 구조적인 특징과 헤일로 별들의 혼란스러운 궤도조차도 설명할 수 있게 한다. 헤일로가 만들어지고 있을 때, 불규칙한 모양의 우리은하는 매우 천천히 회전하였기 때문에, 천체의 움직임에는 뚜렷한 방향성이 없었다. 따라서 헤일로별들은 일단 형성이 되고 나면(혹은 초기 헤일로별들이 병합했을 때) 임의의 경로를 따라 자유롭게 여행할 수 있었다. 그러나 은하원반의 경우는 점차적으로 발달하게 됨에 따라 각운동량의 보존으로 인하여 원반 구조는 좀 더 급속하게 회전해야만 하게 되었다(7.1절). 원반 지역의 먼지와 가스로부터 형성된 새로운 별들은 원반 지역의 회전운동 정보를 전수받아서 뚜렷한 원궤도운동을 하게 된다.

근본적으로 우리은하의 구조는 매우 오래전의 형성 조건에 대한 증거를 담고 있다. 그러나 실질적으로 관측에 대한 해석은 우리가 살고 있는 체제에 대한 완벽한 복잡성과 그것이 형성된 이후에 변형된 외형에 대한 많은 물리적인 과정에 의한 어려움에 직면하게 된다. 따라서 우리은하의 초기 상태에 대한 우리의 이해 정도는 매우 빈약하다.

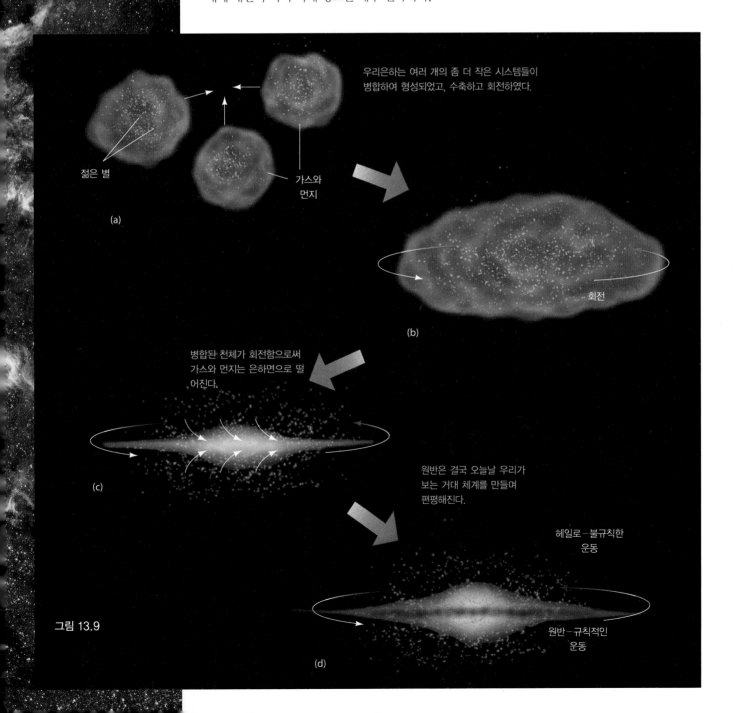

우리은하는 여러 개의 좀 더 작은 시스템들이 병합하여 형성되었고, 수축하고 회전하였다.

젊은 별

가스와 먼지

(a)

회전

(b)

병합된 천체가 회전함으로써 가스와 먼지는 은하면으로 떨어진다.

(c)

원반은 결국 오늘날 우리가 보는 거대 체계를 만들며 편평해진다.

헤일로―불규칙한 운동

원반―규칙적인 운동

그림 13.9

(d)

은하의 나선팔

별, 성운, 성간가스에 대한 관측은
우리가 나선은하에 살고 있다는 명백한 증거를 제공한다.

태양

그림 13.10

이 그림은 정확히 10만 광년 위에 펼쳐진
우리은하의 나선팔의 구조를 보여준다.

우리은하를 따라(즉, 은하 평면의 모든 방향으로) 모든 성간구름에 대한 전파 연구를 진행하면, 특정한 천체 분포에 대한 지도를 제작하고, 은하원반에 대한 세부적인 설명을 더하기에 아주 유익하다.

전파 측량

태양에 대한 행성들처럼 은하도 은하의 중심 주위를 차등적으로 회전, 즉 가까이 있는 물체들은 더 빠르게 회전하고, 더 멀리 있는 물체들은 더 천천히 회전한다. 그 결과 성간구름들은 지구에 대하여 다른 속도로 움직이고, 성간구름으로부터 수신된 복사는 도플러이동을 보인다. 이것은 관측에 있어서 추가적으로 복잡하게 만들 것으로 들리나, 신호를 분석하여 도플러 정보를 성공적으로 추출한다면 가스의 운동을 포함하여, 가스에 대하여 많은 것들을 알 수 있게 하는 유익한 정보를 얻을 수 있다.

은하의 지도 제작에 가장 많이 사용되는 전파 신호는 수소원자로부터 형성된 21cm 파장 스펙트럼선인데, 이에 의하면, 수소원자들은 우리은하에 풍부하고 좀 더 밀집된 성간구름에 더 많다. 그림 13.11은 시선방향에 놓인 각기 다른 수소 덩어리들이 보낸 신호가 어떻게 도플러이동을 일으키고 있는지를 체계적으로 보여주는데, 이것은 은하 전체가 체계적으로 회전하고 있기 때문이다.

그림 13.11에 삽입된 그래프는 전형적인 전파 수소선들을 보여주며, 오른쪽 위에 놓인 바깥쪽 부분의 나선팔 구름 2가 나선팔의 안쪽에 놓인 구름 1보다 어떻게 청색 쪽으로 이동을 일으키는지를 보여주고 있다. 우리은하를 따라서 다른 여러 방향에서의 반복된 관측을 진행하게 되면 우리은하에 퍼져 있는 가스에 대한 지도를 완성할 수 있다.

그런데 어떻게 해야 도플러 측정으로부터 복사를 방출하는 구름까지의 거리를 알 수 있을까? 천문학자들은 모든 유용한 자료를 사용하는데, 은하원반에 퍼져 있는 가스와 별들의 회전에 대한 수학적인 모델을 작성하기 위한 뉴턴의 중력법칙을 결합하여(여기서는 속도가 매우 느리기 때문에 상대성이론은 불필요함) 이를 완성한다. 이 모델들로부터 천문학자들은 시선방향을 따라서 측정된 속도를 우리은하 내 거리로 환산한다.

이것들은 21cm 파장
근처 수소가스의
스펙트럼 스캔이다.

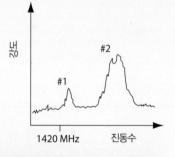

세기

#1 #2

1420 MHz   진동수

거대한 나선팔

그림 13.10은 원반의 위쪽에서 바라본 우리은하의 정면 모습에 대한 예술가적 상상력이다. 그러나 이것은 예술이 아니다. 이 작품은 은하원반에 존재하는 가스, 먼지, 별들에 대한 자세한 전파와 적외선 지도에 근거하였고, 우리은하가 어떻게 생겼는가에 대한 가장 정확한 생각을 표현한 것이다. 왼쪽에 있는 2개의 작은 얼룩은 왜소은하로 마젤란은하이며, 우리은하 주위를 회전한다(14.1절). 노란 점은 태양의 위치를 표현하기 위하여 의도적으로 크게 그려졌다.

이 그림에서 눈에 띄게 보이는 특징은 은하의 **나선팔**로 은하팽대부 가까이에서 시작된 바람개비와 같은 구조이며, 은하원반의 바깥쪽으로 연장되어 있다.

이 팔 중의 하나는 태양을 포함하고 원반의 커다란 부분을 감싼다. 주요한 팔

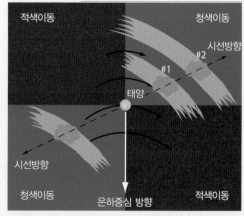

적색이동   청색이동

시선방향

#2
#1

태양

시선방향

청색이동   은하중심 방향   적색이동

그림 13.11

과 작은 지류선들은 가장 잘 결정된 위치에서 보이도록 하고 있는데, 외관상으로는 길이가 넓이의 두 배가 되는 중심바로부터 나온다. 이 그림과 다른 나선은하들의 영상에서 나선팔들은 현재 별들이 형성되는 은하원반 부분의 윤곽을 그리고 있으므로 매우 또렷하다.

이렇게 만들어진 지도의 규모에 주시하라. 구상성단의 분포(그림 13.6), 원반에 있는 밝은 별의 성분(그림 13.7), 그리고 추측한 나선 구조(그림 13.10) 전부는 약 10만 광년 정도의 직경이다. 이 규모는 우주의 다른 곳에서 관측된 전형적인 나선은하에 해당한다.

나선 밀도파

나선 구조를 이해하려는 천문학자들이 직면한 핵심적인 문제는 어떻게 오랜 시간에 걸쳐서 그 구조가 유지되고 있는가이다. 근본적인 문제를 단순하게 기술하면, 차등회전으로 인해 원반 안에 어떤 커다란 규모의 '묶여진' 구조로 유지되는 것이 불가능하다는 것이다. 같은 집단을 이루는 별들과 가스구름으로 구성된 나선의 형태는 항상 수억 년 동안에 '감겼다'가 사라지곤 한다. 그렇다면 은하의 나선팔들은 차등회전에도 불구하고 어떻게 오랜 기간 동안 구조적으로 안정성을 어떻게 유지하는가?

나선팔에 대한 설명은 **나선 밀도파**, 즉 가스를 압축하는 파로, 나선 밀도파는 은하원반을 통과하면서 밀도파가 위치한 자리에 별의 탄생을 돕고 그러한 흔적이 나선팔의 형태를 만든다(10.2절). 고속도로에서 자동차가 장애물을 통과할 때 속도가 감소하는 것처럼 은하가스가 파를 통과할 때는 속도가 감소하고 좀 더 조밀해진다. 관측된 나선팔은 보통보다는 좀 더 밀집된 가스구름으로, 나선파의 진행으로 인하여 새로운 별들이 탄생되는 것으로 정의할 수 있다.

그림 13.12는 활동 중인 나선 밀도파를 묘사하고 있다. (은하중심으로부터 50,000광년 이라 할 수 있는) 은하원반의 가시 영역을 넘어서 나선 밀도파의 형태는 별이나 가스보다는 좀 더 천천히 회전한다. 따라서 은하가스(붉은색 화살표)가 밀도파를 통과하는 동안, 밀도파를 따라잡아서(하얀색 화살표), 일시적으로 속도가 감소하게 되고, 파의 중력적인 이끌림에 의하여 압축된 후 다시 원래의 속도를 회복한 후 자신의 길을 간다.

그림 13.12의 삽입된 영상은 나선은하인 NGC 1566의 실제 영상이고, 위에서 설명된 많은 특징을 보여준다. 특히 나선의 형태는 먼지로 된 길, 고밀도 가스 영역, 새롭게 탄생된 별들이 잘 구분지어져 있다.

이 삽입 영상은 아래 그림을 토대로 해석된 실제 영상이다.

이 그림에서 붉은색 화살표는 가스 운동을 흰색 화살표는 나선팔의 운동을 나타낸다.

젊은 O, B형 별

먼지층

팔 뒤에 있는 고밀도 가스와 먼지

방출성운

늙은 별

은하원반

나선팔

그림 13.12

은하의 질량

은하의 질량은 뉴턴의 중력법칙을 적용함으로써 결정될 수 있다.
계산은 직설적이나 그 결과는 그렇지 않다.

우리은하는 얼마나 많은 질량을 포함하고 있는가? 과거 반세기를 넘어서 천문학자들은 이 매우 근본적인 문제에 답하기 위하여 천문학적인 기술을 꾸준히 정교화하려고 했다. 그러나 문제가 해결되는 대신에 그 답이 현대물리학의 근본적인 문제를 노출시키고 있다.

은하의 '질량'

우리은하의 질량은 은하원반에 있는 구름과 별의 운동을 연구하여 가장 잘 결정된다. 한 물체의 질량 주위를 도는 어떤 두 물체의 질량, 궤도크기, 궤도주기와 관련된 제3장의 케플러 제3법칙을 상기해 보자.

$$총질량(태양질량단위) = \frac{궤도크기(AU)^3}{궤도주기(년)^2}$$

은하중심으로부터 태양까지의 거리는 약 25,000광년이고, 태양의 궤도주기는 2억 2,500만 년이다. 이 값을 수식에 대입하면 태양질량의 약 1,000억 배를 얻는다.

그러나 우리는 어떻게 질량을 측정하였는가? 태양궤도를 선회하는 행성의 경우와 유사하게 계산할 때는 모호한 점은 없었다. 행성의 질량을 무시할 수 있었고 그 결과 태양의 질량을 구하였

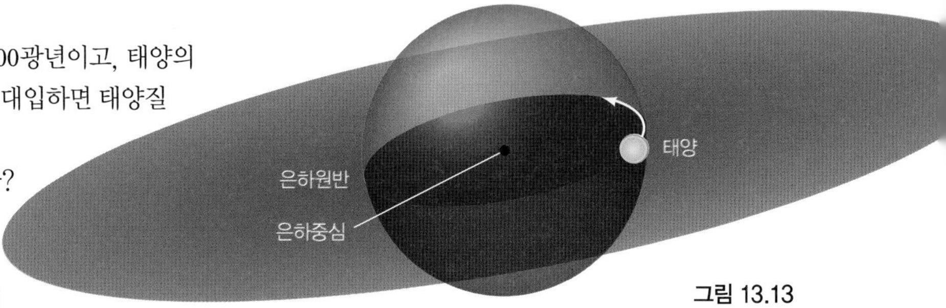

태양

은하원반

은하중심

그림 13.13

다. 그러나 은하의 질량은 (태양의 질량이 태양계의 중심에 있는 것처럼) 은하의 중심에 집중되어 있지 않다. 대신에 은하물질은 매우 커다란 체적의 공간에 흩어져 있다. 은하질량의 어느 부분이 태양의 궤도를 결정하였는가? 뉴턴은 3세기 전에 이 문제에 답하였다. 그림 13.13에서 보여주는 것처럼, 태양의 궤도주기는 (어두운 영역 안의 짙은 회색 부분) 태양의 궤도 안에 놓인 은하의 부분에 의하여 결정된다. 이것은 위의 방정식에 의하여 계산된 질량이다. 은하의 총질량을 측정하기 위해서는 은하중심으로부터 좀 더 먼 거리에 궤도를 갖는 천체를 연구해야 한다.

암흑물질에 대한 문제

천문학자들은 다시 한 번 전파 기술을 은하중심으로부터 먼 거리에 있는 가스와 별들의 궤도운동을 연구에 효율적으로 적용하였다. 전파는 상대적으로 성간 잔재들에 의하여 영향을 받지 않는다. 은하중심으로부터의 거리와 회전속도에서 야기되는 그림을 **은하회전곡선**이라 부른다. 그림 13.14는 은하에 대하여 이론적으로 기대되는 곡선과 실제로 관측된 회전속도곡선을 보여준다. 검은 점선은 만일 은하가 구상성단과 대부분 알려진 나선 구조의 한계인, 50,000광년 반경에서 갑자기 '끝나게' 될 때, 기대되는 회전곡선이다. 그 곡선은 태양으로부터 좀 더 먼 거리에 따라 행성들의 궤도속도가 감소하는 것처럼, 은하중심으로부터 거리가 증가함에 따라 자연적으로 가스와 별들의 속도가 감소하는 뉴턴의 운동법칙의 예측에 따라 거리가 멀어짐에 따라 떨어진다.

그러나 실제 자료는 이러한 예측과 일치하지 않는다. 측정된 회전곡선은 그림 13.14의 붉은 선에서 보는 것처럼 매우 다르다. 50,000광년보다 먼 거리에서 속도 감소와는 다르게, 현재의 관측 한계 너머까지도 약간 상승한다. 붉은색 곡선이 검은색 곡선 위에 있다는 사실은 은하의 바깥 부분에 보이지 않는 부가적인 물질이 있음을 의미한다.

몇 개의 숫자가 이 문제를 전망하는 데 도움을 준다. 2개의 다른 거리, 즉 50,000광년(은하 빛−발광 천체의 가장자리)과 100,000광년(그림 13.14에서 데이터가 주어진 한계)에 대한 위의 계산을 다시 해보자. 그에 대한 답들은 놀랄 만하다.

- 2×10^{11}배의 태양질량이 은하중심으로부터 50,000광년 안에 놓여 있고, 그것은 태양궤도 반경 내의 2배이다.
- 6×10^{11}배의 태양질량이 100,000광년 안에 놓여 있고, 그것은 우리은하의 안쪽에 놓여 있는 것보다 발광 부분

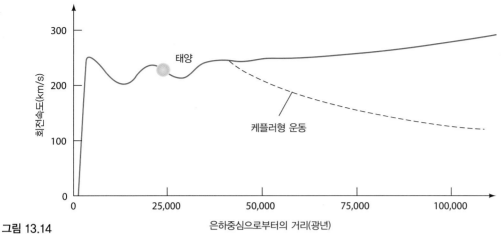

그림 13.14

관측 자료(붉은 선)와 이론(검은 점선)의 불일치는 은하중심으로부터 먼 거리에 암흑물질이 존재하는 가장 확실한 증거이다.

의 바깥쪽 부분에 최소한 2배 많다!

이러한 관측과 계산에 근거하여 천문학자들은 우리은하의 밝은 부분, 즉 구상성단과 나선팔에 의하여 정의되는 영역이 거의 '은하의 빙산에 대한 팁'이라고 추정한다. 우리은하는 실제로는 매우 크다.

암흑물질의 성질

표면적으로 우리은하의 밝은 부분은 광대하고, 눈에 보이지 않은 **암흑 헤일로**로 둘러싸여 있으며, 암흑 헤일로는 구상성단들과 안쪽의 헤일로별들을 왜소하게 만들며, 은하의 바깥 한계를 나타내는 50,000광년 이상의 지역을 정의하고 있다. 그런데 이 방대한 암흑 헤일로는 무엇으로 만들어졌을까? 그것은 망원경으로 발견할 수 있는 일반적인 재료, 즉 수소가스나 평범한 별들은 아닌 것 같다. 은하에 있는 대부분의 질량이(제14장에서 설명하게 됨) 보이지 않는 **암흑물질**의 형태로 존재하고, 그것들에 대한 중력적인 효과가 측정될 수 있으나, 이에 대한 성질은 이해되지 않는다는 당혹스러운 결론에 도달한다.

여기서 어두운(암흑)이라는 용어는 단지 볼 수 없다는 것이다. 따라서 암흑물질은 전파로부터 감마선까지, 모든 전자기파의 검출에 은폐되어 있다. 이것은 오늘날 천문학에 있어서 가장 해결되지 않은 신비로움 중의 하나이다.

암흑물질의 탐사

비록 아무도 암흑물질을 증명하지는 못했지만, 암흑물질에 대한 많은 후보들이 제시되고 있다. '별들의' 경쟁자 중에서는 최선이 왜성이다(10.5절). 이 물질들은 근본적으로 은하를 통하여 매우 많은 개체수가 존재할 수 있고, 아직도 검출

하기가 매우 어렵다. 그림 13.15는 구상성단 47 큰부리새자리의 중심 가까이에 있는 적색왜성들로, 암흑물질 질량을 설명하는데 충분히 많지만 발견하지 못했을 가능성이 왜성에 있음을 보여준다.

가장 부적절한 '암흑' 후보 천체로는 블랙홀인데, 블랙홀이 생길 수 있는 고질량별들의 수가 매우 희귀하기 때문에 그렇게 많은 암흑물질에 기여한다고는 생각하지 않는다. 즉 10,000개의 별 중에서 단 한 개만이 블랙홀로 일생을 마친다.

근본적인 다른 대안으로 전 우주에 전면적으로 퍼져 있는 특이한 아원자 입자들이다. 암흑물질을 설명하기 위해서는 이러한 이론적인 입자들은 (관측된 중력적인 효과를 생성하기 위해서) 질량이 있어야 하는데, 동시에 이 입자들은 '보통' 천체들과 거의 상호 작용을 하지 않아야 한다(한다면 이것을 볼 수 있다!). 여러 가지 지구적 실험들로 거대한 지하 탐지기를 사용하여 암흑물질에 대한 연구가 행해졌으나 지금까지 성공하지 못하였다.

그림 13.15

0.5광년

우리은하 중심

천문학자들은 전파·적외선망원경을 사용하여 우리은하를 깊이 들여다보았다. 그들이 발견한 것은 모든 사람에게 경이로운 것이었다.

이론은 특히 은하중심에 가까운 지역, 은하팽대부가 수십억 개의 별들로 밀집되어 있음을 예견한다. 그러나 천문학자들은 우리은하의 이러한 영역을 시각적으로 볼 수 없다. 은하원반의 안쪽 부분에 있는 성간매질, 특히 먼지가 궁수자리 방향의 장관이었을 것으로 생각되는 지역을 휘감고 있다.

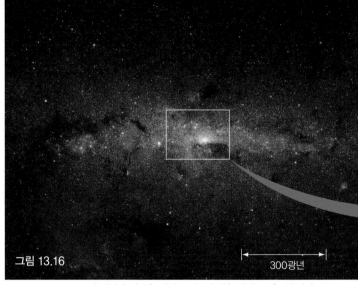

그림 13.16

|← 300광년 →|

(a)

이 적외선 영상은 태양 주변보다 백만 배나 큰 은하중심에 있는 별들의 밀도를 보여준다.

우리은하의 활동성

은하중심부의 전파 관측은 약 1,000광년을 가로지르는 가스로 된 하나의 고리가 태양의 수십만 배 되는 질량의 천체들을 포함하고, 100km/s(시속 200,000마일)의 속도로 은하중심을 회전하고 있음을 암시한다. 이 고리의 기원은 불확실하지만 천문학자들은 타원형으로 회전하는 팽대부의 중력이 관계되고 있고, 가스를 중심부로부터 멀리 떨어진 곳으로 편향시키는 것과 연관이 있을 것으로 의심하고 있다.

높은 공간 분해능 전파 관측으로 모든 규모의 구조를 살펴보게 되었는데, 어떤 것들은 매우 특이하다. 그림 13.16은 은하의 가장 핵심 부분에 집중하여 영상을 확대한 세트이며, 가시 영역 파장대에서 볼 수 없는 은하의 중심을 자세히 알려준다. 이 영상들은 관측을 나타내는 것으로, 실제 자료는 은하중심과 지구 사이에서 시선방향을 따라 은하원반을 탐색한 것이다. 그림 13.17은 은하중심을 은하 평면 위의 먼 곳으로부터 내려다보고 있는 관점에서 전체에서 줌인하면서 중심을 확대해 가는 일련의 모습이다.

이 모든 활동성의 원인은 무엇일까? 중요한 실마리는 이 영역에서 검출된 스펙트럼선들로부터 나온다. 이 선들은 은하중심에 있는 가스가 매우 빠르게 움직이는 것을 의미하는 것으로, 많은 것들이 소용돌이 안에 있다. 중심에 좀 더 가까이 탐색할수록, 좀 더 빠른 가스들이 회전하는 것처럼 보인다. 그 장소에서 회전하는 소용돌이를 유지하기 위해서, 즉 회전하는 자전거 바퀴의 가장자리로부터 진흙이 쏟아지는 것을 막기 위해서, 중심에 있는 무엇인가(그것이 무엇이든 상관없이)의 질량이 매우 커야 한다.

그림 13.17

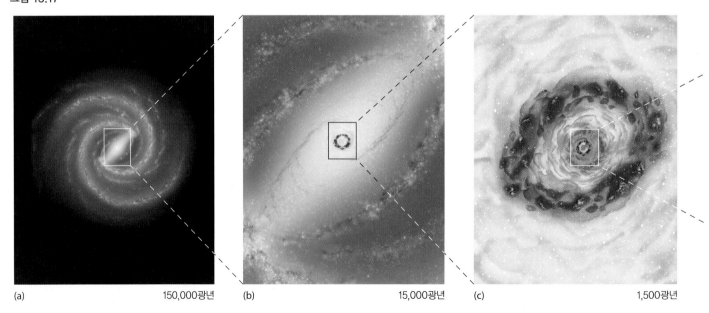

(a)   150,000광년   (b)   15,000광년   (c)   1,500광년

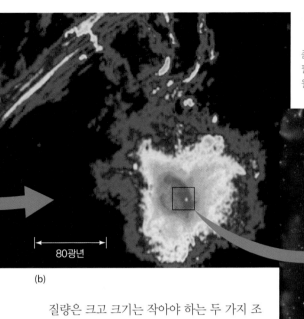

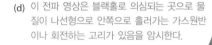

좀 더 가까운 전파 영상은 밖으로 팽창하는 필라멘트가 있는, 먼지로 절단된 강한 복사원을 보여준다.

엑스선 영상은 중심에 뜨거운 초신성 잔해(붉은색)와 조밀한 초대질량(Sgr A*, 아마 블랙홀)과의 관련성을 보여준다.

(b)

80광년

질량은 크고 크기는 작아야 하는 두 가지 조건을 동시에 만족하는 것으로 가장 좋은 후보가 거대질량의 블랙홀에 대한 강착 현상이다. 강한 자기장들은 물질들이 나선형으로 안쪽으로 떨어질 때, 블랙홀 주변의 강착원반 안에서 생성되는 것으로 생각된다. 천문학자들은 유사한 사건들이 다른 많은 외부은하들의 중심에서도 발생한다고 추측한다.

(c) Sgr A* 15광년

(d) 3광년

(d) 이 전파 영상은 블랙홀로 의심되는 곳으로 물질이 나선형으로 안쪽으로 흘러가는 가스원반이나 회전하는 고리가 있음을 암시한다.

중심블랙홀

관측들은 중심블랙홀, 합성된 Sgr A*가 10AU보다 클 수 없거나 아마도 훨씬 더 작다는 것을 암시한다. 중심부에 케플러 제3법칙을 적용하여 소용돌이 질량을 구하면 태양의 약 4백만 배로 평가된다. 그렇게 작고, 파편으로 둘러싸인, 밀집된 영역은 지금까지 만들어진 어떤 망원경으로도 분별해 볼 수가 없다.

지난 10년간 우리은하의 가장 안쪽의 핵심부에 대한 지식이 폭발적으로 증가했는데, 천문학자들은 눈에 볼 수 없는 곳에 숨겨진 단서를 해독하기 위해 노력하고 있다. 그럼에도 불구하고 우리는 지금도 은하중심부의 연구에서 신비함과 미묘함에 감동을 받고 있다.

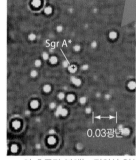

Sgr A* 0.03광년

(e) 이 초공간 분해능 적외선 영상에서 십자 표시는 블랙홀로 추정되는 Sgr A*의 위치를 나타낸다.

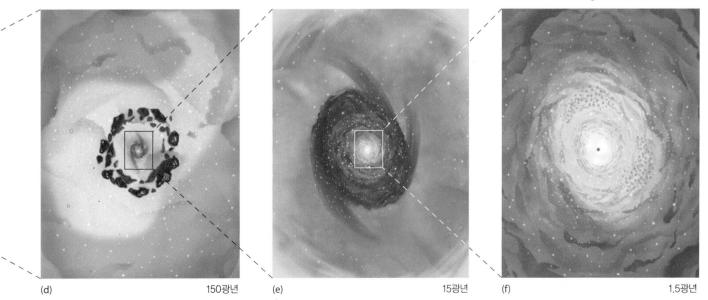

(d) 150광년 (e) 15광년 (f) 1.5광년

요약

LO1 **은하**(p. 220)는 공간에 고립된 별과 성간물질의 거대한 집합체이고 자체 중력에 의해 함께 속박되어 있다. 우리는 그 안에 살고 있고, **우리은하**(p. 220)는 **은하원반**(p. 221)이

라고 불리는 한 밴드로 보이는 강처럼 보이는 별로 이루어져 있다. 은하중심부는 **은하팽대부**(p. 221)이므로 폭이 크다. 원반은 늙은 별과 구상성단으로 구성된 대략적으로 구형인 **은하헤일로**(p. 221)에 의해 둘러싸여 있다. 하늘에서 볼 수 있는 많은 외부은하들처럼 우리은하는 **나선은하**(p. 221)이다.

LO2 헤일로는 시간의 변화에 따라 광도가 변하는 **변광성**(p. 222)을 사용하여 연구할 수 있다. 맥동 변광성은 반복적이고 예측 가능한 방식으로 밝기가 변한다. 천문학자들에게 특히 중요한 것은 **세페이드 변광성**(p. 222)이다. 세페이드 변광성의

밝기는 **주기-광도 관계**(p. 222)를 사용하여 결정할 수 있다. 천문학자들은 광도를 알게 되면, 거리를 결정하기 위해 역제곱법칙을 적용한다. 비교적 가까이에 있는 세페이드 변광성은 태양이 우리은하의 중심에 존재하지 않음을 증명하였다.

LO3 은하헤일로는 가스와 먼지가 부족하여, 새로운 별이 형성되지는 않는다. 모든 헤일로별들은 늙었다. 가스가 풍부한 원반은 현재 별이 탄생하는 지역이며, 많은 젊은 별들을 포함하

고 있다. 헤일로와 팽대부에 있는 별들은 원반의 평면을 통해 반복적으로 관통하는 3차원적인 궤도를 따라 커다랗게 임의의 방향으로 움직이며, 특정 방향에 편중되지 않는다. 원반에 있는 별들과 가스는 은하중심 주위를 거의 원형궤도로 회전한다.

LO4 헤일로별들은 은하원반이 모양을 갖추기 전에, 궤도에 대하여 선호하는 방향성이 없을 때 나타났다. 원반을

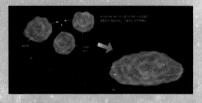

형성한 후 거기서 태어난 별들은 전반적인 회전에 구속받아서 은하 평면에서 원 궤도로 움직인다. 늙고 붉은 별들은 헤일로에 거주하는 반면, 젊고 푸른 별들은 원반에서 볼 수 있다. 은하헤일로에 있는 가장 오래된 별들의 나이에 근거하면, 우리은하의 나이는 약 120억 년이다.

LO5 전파 관측들은 별의 형성이 일어나고 있는 가장 밀도가 높은 성간 가스 지역인 우리은하의 **나선팔**(p. 228)의 규모를 보여준다. 나선팔 모양은 은하원반의 천체와 관련이 없는데, 이는 차등 회전하는

원반이 꼬여서 나선팔의 형성을 오래전에 이미 막았을 것이기 때문이다. 다른 대안으로 은하원반을 통과할 때 별 탄생을 촉발시키는, **나선 밀도파**(p. 229)가 가능한 요인이다.

LO6 **은하회전곡선**(p. 230)은 원반에서 은하중심으로부터의 거리에 따

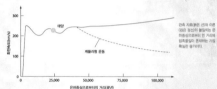

른 천체의 궤도속도이다. 뉴턴의 운동법칙을 적용하여, 천문학자들은 우리은하의 질량을 결정할 수 있다. 천문학자들은 은하의 질량이 구상성단과 우리가 관측한 나선 구조에 의해 정의되는 반경을 넘어서까지 계속 증가하고 있음을 발견한다. 우리은하는 많은 외부은하들처럼, 빛을 내는 천체의 형태로 설명될 수 있는 것보다 훨씬 더 많은 질량을 포함해야 하는 눈으로 확인할 수 없는 **암흑 헤일로**(p. 231)를 갖고 있다. 이러한 암흑 헤일로의 구성 성분인 **암흑물질**(p. 231)의 구성 정체는 알려지지 않고 있다. 후보 천체로서 가장 가능성 있는 것은 질량이 적은 별들과 특이한 아원자입자들이 거론된다.

LO7 적외선 및 전파 파장역으로 연구하는 천문학자들은 은하중심에서 수 광년 이내에 활발한 활동성에 대한 확실한 증거를 발견했다. 그에 대한 주요한 가설은 거의 태양보다 400만 배나 큰 질량인 거

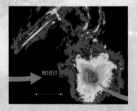

대 블랙홀이 존재할 것이라는 것이다. 이 거대 블랙홀은 수백만 개의 별들 안쪽의 조밀한 중심에 있는데, 이 별들은 다시 별을 생성하는 우리은하 원반에 의해 둘러싸여 있다. 관측된 활동성은 분명히 블랙홀 주위의 성단 속에서 일어난 초신성 폭발에 의해서뿐만 아니라 블랙홀 주위의 강착원반에 의하여 추진된다.

POS 문제들은 과학의 과정을 탐구하는 문제이고, LO 문제들은 학습 목표에 초점을 맞추고 있고, VIS 문제들은 보이는 정보들을 이해하고 해석하는 데 초점을 맞추고 있다.

복습과 토론

1. POS 우리은하가 원반은하라는 어떠한 증거가 있는가?
2. 지구의 관점에서 우리은하의 지도를 작성하는 것이 왜 어려운가?
3. LO1 POS 구상성단은 우리은하와 그 안에 있는 우리의 위치에 대하여 무엇을 알려주는가?
4. 거리를 결정하기 위해 세페이드 변광성은 어떻게 사용되는가?
5. LO2 금세기 초에 맥동 변광성을 사용하여 어떤 중요한 발견을 하였는가?
6. 우리은하 구조 연구에 있어서 전파천문학이 어떻게 유용하게 사용되었는가?
7. LO3 원반과 헤일로별들의 특성을 비교하라.
8. LO4 POS 은하헤일로에 있는 별들의 궤도는 우리은하의 역사에 대해 무엇을 말해 주는가?

9. 우리는 우리은하가 나선팔을 가지고 있음을 어떻게 알 수 있는가?
10. LO5 POS 은하의 나선팔이 최근 지속적으로 별 탄생 영역으로 생각하는 이유를 설명하라.
11. 나선 밀도파란 무엇인가?
12. LO6 우리은하의 회전곡선은 은하의 총질량에 대해 무엇을 말해 주는가?
13. POS 은하의 암흑물질에 대한 증거에는 무엇이 있는가?
14. 은하의 암흑물질에 대한 몇 가지 후보들을 설명하라.
15. 광학천문학자들은 왜 쉽게 우리은하의 중심을 연구할 수 없는가?
16. LO7 POS 천문학자들은 왜 거대 블랙홀이 은하계의 중심에 놓여 있다고 생각하는가?

진위문제

1. 우리는 나선형 은하에 살고 있다.
2. 구상성단은 우리은하 거시 규모의 원반 구조를 추적하게 한다.
3. 우리은하의 헤일로는 오래된 별들만을 포함하고 있다.
4. 우리은하 원반에 있는 별들과 가스는 은하중심 주위를 거의 원형 궤도로 움직인다.
5. 천문학자들은 우리은하의 분자구름을 연구하기 위해서 전파 복사를 사용한다.

6. 우리은하의 바깥 부분의 회전속도는 관측된 별들과 가스에 근거하여 추정한 것보다 작은데, 이는 암흑물질의 존재를 나타낸다.
7. 우리은하의 중심은 광학 파장에서 광범위하게 연구되고 있다.
8. 우리은하 중심 근처를 고속으로 움직이는 별들과 가스에 대한 가장 가능성 있는 설명은 이 천체들이 초대질량의 블랙홀 주위를 회전하고 있다는 것이다.

선다형문제

1. 우리은하에 있는 밝은 별의 대부분이 있는 곳은?
   (a) 중심 (b) 팽대부 (c) 헤일로 (d) 원반
2. 맥동 변광성의 주기가 직접적으로 별의 물리량과 관련 있는 것은?
   (a) 회전속도 (b) 나이 (c) 중심 온도 (d) 광도
3. 구상성단이 주로 발견되는 곳은?
   (a) 은하중심 (b) 은하원반 (c) 나선팔 (d) 은하헤일로
4. 우리은하에서 태양이 있는 곳은?
   (a) 은하중심 근처 (b) 중심에서 반쯤 밖 (c) 가장자리 (d) 헤일로
5. 우리은하에서 형성된 최초의 별이 현재 회전하는 방향은?
   (a) 헤일로에서 무작위 궤도로 돈다. (b) 은하 평면에서 회전한다. (c) 은하중심에 가장 가까이 회전한다. (d) 우리은하 회전과 같은 방향.
6. VIS 그림 13.14가 알려주는 것은?
   (a) 우리은하는 강체처럼 회전한다. (b) 우리은하는 중심에서 멀어

지면 우리가 보는 빛에 근거하여 예상한 것보다 좀 더 느리게 회전한다. (c) 우리은하는 중심에서 멀어지면, 우리가 보는 빛에 근거하여 예상한 것보다 좀 더 빠르게 회전한다. (d) 우리은하 중심에서 약 15kpc 너머에는 천체가 없다.

7. 우리은하의 대부분의 질량이 있는 곳은?
   (a) 별 (b) 가스 (c) 먼지 (d) 암흑물질
8. 최소한 한 개의 거대블랙홀이 우리은하 중심에 존재할 것이라 여겨지는 것은?
   (a) 우리은하의 중심에 가까운 별들이 사라지고 있기 때문에 (b) 별들을 우리은하 중심 부근에서 볼 수 없기 때문에 (c) 우리은하의 중심에 가까운 별들이 어떤 보이지 않는 물체를 선회하는 것으로 관측되기 때문에 (d) 우리은하가 천문학자들이 예상했던 것보다 빠르게 회전하기 때문에

활동문제

협동 활동 110개의 메시에 천체의 좌표, 유형 및 이름을 나열하여, 자신들의 버전으로 메시에 카탈로그를 완성해 보자. 모든 천체의 천구좌표계, 즉 지구 위의 위도와 경도에 해당하는 천구 적경과 적위를 표시하여 그려라. 방출성운, 산개성단, 구상성단, 그리고 은하로 구별하기 위하여 천체들에 색을 칠해 보라. 천구에 있는 이러한 개체의 분포로부터 무엇을 알 수 있는가?

개별 활동 M31인 안드로메다은하를 관찰하라. 그것은 육안으로 볼 수 있는 가장 먼 천체이나 그림 13.3과 같은 형태를 볼 것으로 예상되지 않는다! M31을 찾기 위해, 우선 북극성, 북극에 있는 별, 그리고 카시오페이아와 안드로메다 별자리를 찾아보자. 카시오페이아의 대문자 'W'에서 두 번째 'V'를 통과하도록 하되, 북극성으로부터 가상의 선을 남쪽으로 이어라. 이 가상의 선은 안드로메다성좌에 있는 북쪽 호 모양으로 배열된 별들에 도달하기 전에 M31을 통과하게 된다. 쌍안경은 이 은하를 좀 더 잘 보기 위해 많은 도움이 될 것이다.

14

은하

**은하는 우주를 구성하는 구성 요소 중 하나로, 이 멀리 있는 왕국은
1세기 전만 해도 그 정체가 알려져 있지 않았다.**

은하는 수천억 개의 별이 중력적으로 묶인, 우주에 존재하는 가장 아름답고 웅장한 천체
중 하나이다. 일부 은하는 사진에서 보이는 두드러진 2개의 큰 은하처럼 밝고 화려하고,
일부는 그 외의 작은 은하들처럼 훨씬 희미하고 멀리 있다.

　우리의 시야를 우주적 규모로 넓혀 보면 이야기의 초점도 달라진다. 은하는 우주를 구성
하는 구성 요소 중 하나로, 이 멀리 있는 왕국은 1세기 전만 해도 그 정체가 알려져 있지
않았다. 현재 우리는 우리은하 바깥에 수백만의 은하에 대한 정보를 알고 있다. 우리은하처
럼 정상은하로 분류되는 부류도 존재하고, 우리은하에서 볼 수 있는 현상보다 훨씬 활동성
이 강하고 많은 에너지를 방출하는 부류도 존재한다.

　가까운 은하와 먼 은하를 비교·분류함으로써 우리는 은하의 진화를 이해하기 시작했지
만, 여전히 아주 오래전 은하의 기원에 대해서는 아직 모르고 있다. 은하의 다양한 특성과
충돌과 같은 격렬한 반응을 연구함으로써 우리는 우리은하와 우주의 역사에 대해 이해할

Arp 273이라는 이름의 3억 광년 떨어진 이 은하 한 쌍은 수백만 년의 시간에 걸쳐 충돌하고 있는 중이다. 위쪽 은하의 장미 모양 형태는 아래쪽 은하의 중력에 의해 잡아당겨져 만들어진 것이다. 왼쪽 가장자리 부분에는 어린 별들로 이루어진 푸른 성단이 마치 보석처럼 빛나고 있다.

정상은하의 관측

망원경으로 관측하면 선명한 점으로 보이는 별과 달리
은하는 대부분 가장자리가 흐릿하고 길쭉한 모양을 하고
있다.

그림 14.1

그림 14.2는 지구로부터 3억 광년 거리에 있는 우주의 일부분을 보여
주는 사진이다. 빛나는 하나하나의 물체는 모두 서로 다른 은하이다.
머리털자리 은하단이라 불리는 이 지역에만 수백 개의 은하가 존재
한다.

이 중 일부는 우리은하나 안드로메다은하와 같은 나선은하이며,
일부는 원반이나 나선팔의 증거를 찾을 수 없는 은하이다.

그림 14.2

나선은하

나선은하는 편평한 원반과 원반을 구성하는 나선형의 팔, 밀도가 높
은 중심팽대부, 희미한 늙은 별들이 분포한 헤일로로 이루어져 있다(13.3절). 다른
곳에 비해 팽대부 중심에서의 별의 밀도가 매우 높다. 나선은하를 표기할 때는 알
파벳 S에 세부 유형을 나타내는 소문자 a, b, c를 붙인다. 세부 유형 구별 기준은 팽
대부의 크기와 나선팔이 감긴 정도이다. 그림 14.1은 솜브레로은하의 모습으로 옆
에서 본 모습이지만 중심팽대부가 매우 크며 성간기체와 먼지를 다량 포함한 어두운 원반이 존재한다는 것
을 확인할 수 있다. 이를 근거로 이 은하를 Sa 나선은하로 분류할 수 있다. 그림 14.3에 나선팔의 감긴 정도
에 따라 나선은하의 세부 유형을 판별하는 방법을 제시하였다.

그림 14.4에 등장한 은하들은 중심팽대부가 얇은 막대형으로 보이고, 이 막대의 양 끝에서 나선팔이 뻗어
나와 있다. 우리은하는 과거에는 Sb 유형의 나선은하로 분류되었으나 최근 중심부가 막대형이라는 것이 확
인되면서 SBb 유형의 나선은하로 재분류되었다. 추가로 붙은 B는 **막대나선은하**를 의미한다.

나선은하의 헤일로에는 나이가 많은 붉은 별들이, 그리고 원반에는 상대적으로 나이가 젊은 푸른 별들이
존재하는 것으로 알려져 있다. 우리은하와 우리은하의 이웃인 안드로메다은하의 연구를 통해 이를 확인할
수 있다. 나선은하는 우주에 존재하는 가장
흥미롭고 인상적인 구조 중 하나이다.

타원은하

나선은하와 달리 **타원은하**에는 나선팔이 없
다. 대부분의 경우 원반의 존재 역시 확실하
지 않다. 사실 밀도가 높은 중심핵 외에는 별
달리 내부 구조라고 부를 것이 없을 정도이
다. 타원은하를 표기할 때에는 알파벳 E를 사
용하고 관측되는 타원의 형태에 따라 둥근
공 형태를 한 E0 은하부터 시가처럼 길쭉한
E7 은하까지의 세부 유형으로 분류한다. 그
림 14.5에 세부 유형에 따른 몇 가지 타원은
하의 분류 예시를 보였다.

Sa에서 Sc 유형으로 갈수록 중심
팽대부는 작아지고, 나선팔은 더
느슨하게 열린 형태를 하게 된다.

40,000광년

(a) M81   Sa 유형   (b) M51   Sb 유형   (c) NGC 2997   Sc 유형

그림 14.3

막대나선은하는 중심팽대부가 길쭉한 막대 형태이다.

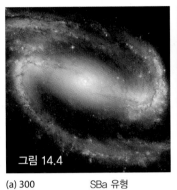

그림 14.4

(a) 300　　SBa 유형

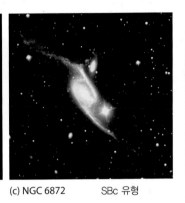

막대

30,000광년

(b) NGC 1365　　SBb 유형

(c) NGC 6872　　SBc 유형

타원은하에는 원반과 기체가 존재하지 않는다.

50,000광년

(a) M49　　E2 유형

(b) M84　　E3 유형

(c) M110　　E5 유형

그림 14.5

나선팔이 없다는 사실 외에도 타원은하와 나선은하는 여러 차이점이 있다. 대부분의 타원은하에는 차가운 성간기체와 먼지가 거의 혹은 전혀 없고, 이 때문에 현재 별 생성이 관측되지 않으며, 젊은 별 또한 찾아보기 힘들다. 우리은하의 헤일로처럼 타원은하는 대부분 나이가 많고 붉고 질량이 작은 별들로 이루어져 있다. 하지만 타원은하에는 엑스선을 내는 뜨거운 기체가 존재하며, 이 기체는 종종 매우 확장된 헤일로를 이루기도 한다.

정상은하는 일반적으로 그 크기가 100,000광년 내외이며 별, 기체, 먼지 등을 합한 전체 질량은 $10^{11} \sim 10^{12}$ 태양질량이다.

불규칙은하

마지막으로 앞에서 언급한 특징으로 기술할 수 없는 모든 은하를 **불규칙은하**로 분류한다. 불규칙은하는 모양이 정형화되어 있지 않아 붙은 명칭으로 성간물질이 풍부하고 젊고 푸른 별이 많으며, 나선팔이나 중앙팽대부가 없다. 불규칙은하는 대개 나선은하나 타원은하보다 작고, 질량은 태양의 $10^{8} \sim 10^{10}$배 정도이다. 이 중 가장 작은 은하는 왜소불규칙은하로 알려져 있으며 우주에서 가장 흔한 은하이다. 왜소불규칙은하는 때때로 크기가 큰 모은하 가까이에서 위성은하로 발견되기도 한다.

그림 14.6은 남반구 하늘에서 쉽게 찾아볼 수 있는 유명한 불규칙은하인 마젤란은하이다. 16세기, 최초로 세계일주를 성공했던 포르투갈 탐험가 마젤란의 이름이 붙은 이 은하는 우리은하를 공전하고 있다. 마젤란은하에서 발견된 세페이드 변광성의 관측으로 우리은하 중심으로부터 이들 은하까지의 거리가 약 160,000광년임이 밝혀졌다. 대마젤란은하, 소마젤란은하 모두 기체, 먼지, 젊은 별을 다량 확보하고 있는 동시에 나이가 많은 별도 관측되기 때문에 우리는 이 은하들에서 별 생성이 긴 시간에 걸쳐 일어나고 있음을 짐작할 수 있다.

드물게 발견되긴 하지만 폭발하는 형태나 필라멘트 모양의 불규칙은하가 있다. 이들의 특이한 형태는 한때 내부에서 일어나는 작용 때문인 것으로 추정되었다. 하지만 지금은 대부분 2개 이상의 '정상적인' 은하가 근접하거나 충돌하면서 이러한 모양이 되었다고 생각하고 있다.

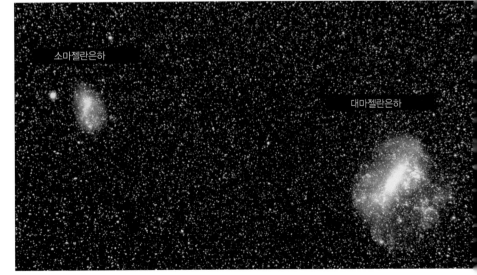

소마젤란은하

대마젤란은하

그림 14.6

은하 분포 지도

**은하는 우주공간에 무작위로 분포하고 있지 않다.
대신 더 큰 공간적 규모에서 물질이 덩어리를 이루며
뭉쳐진 분포를 따른다.**

관측 가능한 우주에는 400억에서 1,000억 개의 은하가 존재한다고 추정된다. 심지어 이 숫자는 우주에서 가장 흔할 것이라 생각되는 왜소은하를 포함하지 않은 숫자이다. 일부 은하는 세페이드 변광성을 사용해 거리를 측정할 수 있을 만큼 우리와 가까운 거리에 있다. 세페이드 변광성을 사용해 측정할 수 있는 거리는 약 1억 광년 정도인데, 대부분의 알려진 은하는 이보다 멀리 있으며 따라서 세페이드 변광성을 분해하여 관측할 수 없다.

다시 한 번 거리 규모

1억 광년보다 먼 거리를 측정하는 방법은 **표준광원**을 이용하는 것이다. 표준광원은 밝기가 알려진 천체로 기본원리는 간단하지만 실질적인 관측에는 주의가 필요하다. 표준광원을 이용한 거리 측정 방법을 간단히 소개하자.

어떤 천체가 광도곡선의 형태, 겉보기 모양 등으로 표준광원임이 확인되면 그 천체의 광도를 추정할 수 있다. 이 천체의 절대 밝기를 겉보기 밝기와 비교함으로써 천체까지의 거리를 측정할 수 있고, 이 천체가 속해 있는 은하까지의 거리를 계산할 수 있다(9.2절).

우주의 다양한 공간적 규모를 연구하기 위해 사용되는 거리 측정 방법을 그림 14.8에 요약하여 나타내었다. 이 그림은 제3장에서 소개하고, 제9장과 제13장에서 확장해 설명한 거리 사다리의 확장판이다. 이 책의 제13장에서 그림 13.5로 거리 사다리를 제시했고 이 사다리의 네 번째 발판을 이용하면 우리는 1억 광년 떨어진 거리를 측정할 수 있다고 설명한 바 있다. 이제 표준광원 방법을 이용해서 우리는 다섯 번째 발판을 얻고, 이로부터 수십억 광년의 거리를 측정할 수 있게 되었다.

천문학자들이 사용하는 표준광원에는 어떤 것들이 있을까? 최근 각광받고 있는 표준광원으로는 초신성이 있다. 초신성은 최대 밝기가 일정하며 충분히 밝아 수십억 광년 떨어진 거리에서도 확인할 수 있다.

거리 사다리의 다섯 번째 발판인 표준광원을 사용하면 우주의 구조를 보다 큰 공간 규모에서 파악할 수 있다. 이전처럼 높은 발판을 구성하는 새로운 방법은 아래쪽 낮은 발판의 방법으로 교차 검증이 필요하다. 이러한 과정을 통해 거리 측정 사다리는 스스로 더 먼 거리까지 측정할 수 있도록 진화한다. 동시에 각 단계마다 오차와 불확실성이 누적되기 때문에, 가장 먼 천체까지의 거리는 매우 불확실하다.

은하단

우주 어느 방향을 본든 은하가 존재한다. 많은 은하는 중력으로 상호 작용하며 집단을 이루고 있는데, 이러한 은하의 집단을 **은하단**이라 한다. 우리은하가 속한 것처럼 작은 은하단은 모양이 불규칙하며, 소수의 은하들로 구성되어 있다. 머리털자리 은하단(3억 광년 거리, 그림 14.1)처럼 크고 밀도가 높은 은하단은 수백, 수천 개의 은하들을 포함하고 있다.

그림 14.7

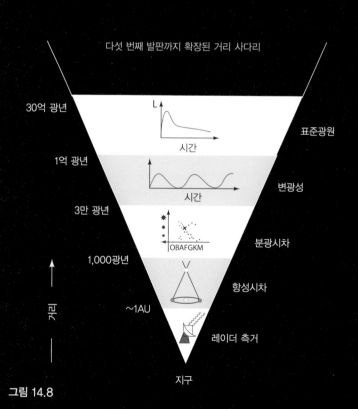

그림 14.8

다섯 번째 발판까지 확장된 거리 사다리

30억 광년 — 표준광원

1억 광년 — 변광성

3만 광년 — 분광시차

1,000광년 — 항성시차

~1AU — 레이더 측거

지구

그림 14.7은 멀리 있는 밀도가 높은 은하단을 노출 시간을 길게 주어 촬영한 사진이다. 에이벨 1689란 이름을 가진 이 은하단은 지구로부터 60억 광년 거리에 있다. 자세히 살펴보면 원반을 가진 은하, 혹은 나선은하를 타원은하와 왜소은하로부터 구별할 수 있을 것이다. 몇몇 은하는 충돌하며 서로의 형태를 변화시키는 중이고 일부는 병합을 통해 하나의 커다란 은하로 성장하고 있다. 은하들의 활동은 벌집 속의 붕붕거리는 벌들을 닮았다. 은하단 구조는 전체적으로 하나의 단위로 움직인다.

국부은하군

그림 14.9는 우리은하 근처의 **국부은하군**에 속한 모든 은하를 보여주고 있다. 국부은하군은 3백 광년 이내의 우리은하를 포함해 수십 개의 은하가 모여 있는 집단이다. 국부은하군의 가장 주요한 구성원은 우리은하와 안드로메다은하이고 대부분의 작은 은하는 이들 두 큰 은하 주위를 공전한다. 성단이 구성원 별을 구속하듯, 국부은하군은 구성원 은하를 구속하고 있는데, 성단과 은하 집단의 중력 규모는 백만 배 이상 차이가 난다.

지금까지 여러 면에서 우리는 '우리가 우주의 특별한 위치에 있지 않다'는 점을 강조해 왔다. 이 사실과 걸맞게도 우리은하 역시 국부은하군의 중심에 있지 않다.

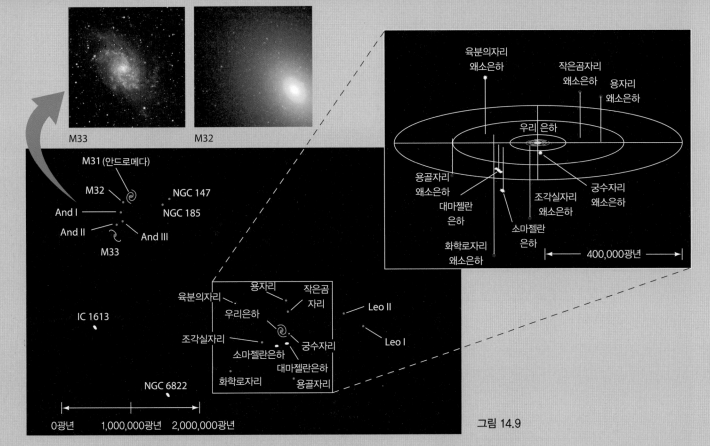

그림 14.9

은하의 충돌

지구 대기에서 기체입자들이 충돌하고, 아이스링크에서
하키 선수들이 충돌하듯이 은하는 은하단 내에서 다른
은하와 상호 작용한다.[1]

은하 안의 별과 별이 충돌할 일은 거의 없다. 그 이유는 별과 별 사이의 거리가 별
의 크기보다 훨씬 멀기 때문이다. 반면 은하는 서로 가까이 위치하므로 종종 충돌
할 수 있다. 그 결과 은하 안의 별, 기체 등의 분포가 재편되지만 그렇다고 극단적
인 에너지의 방출 등이 일어나지는 않는다.

직접 충돌

밀도가 높은 은하단(예 : 그림 14.1, 머리털자리 은하단. 반지름 수백만 광년 이내
에 수천 개의 은하가 존재)을 보면 은하끼리의 충돌은 꽤 잦은 현상일 것임
을 짐작할 수 있다. 지구 대기에서 기체입자들이 서로 충돌하듯이, 아이
스링크에서 하키 선수들이 충돌하듯이, 은하는 은하단 내에서 다른
은하와 상호 작용한다.

　그림 14.10에 보이는 눈동자 모양의 은하는 아마도 작은 은하
(오른쪽 아래 은하와 유사한 은하)와 그보다 조금 더 큰 은하(왼쪽
은하와 유사한 은하)가 충돌했을 때의 최종 단계로 생각된다. 이
은하는 지구에서 5억 광년 거리에 있는 수레바퀴은하로, 헤일로가
젊은 별로 구성되어 있으며 전체 모양이 연못에서 생겨나는 파문을
닮았다. 이 물결은 작은 은하가 더 큰 은하의 원반을 지나갈 때 생겨
나는 밀도파로 추측된다. 충돌 지점으로부터 충격이 퍼져나가며 새로운
별을 만들어 낸다.

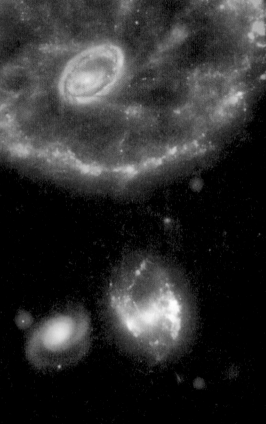

그림 14.10

컴퓨터 시뮬레이션

은하의 충돌에는 수백만 년의 시간이 걸리기 때문에 인간이 직접 은하의 충돌 과
정을 처음부터 끝까지 지켜보는 것은 불가능하다. 하지만 현대의 컴퓨터로는 단
몇 시간 만에 그 과정을 살펴볼 수 있다. 별과 기체 간의 중력상호작용을 섬세하
게 모델로 구현하는 거대 규모 시뮬레이션은 최대한 정확한 기체역학을 사용하여
은하 충돌의 영향을 파악하고, 최종적인 상호 작용의 결과물을 시뮬레이션한다.

　그림 14.11(b)는 우리은하와 비슷한 2개의 나선은하가 충돌했을 때의 시뮬레이
션 결과이다. 초기의 세부 구조는 충돌을 겪으며 지워져 사라졌다. 이 시뮬레이션
결과와, 실제 NGC 4038/4039의 관측된 이미지(그림 14.11a)를 비교해 보면 매
우 흡사한 것을 확인할 수 있다. 이 은하는 안테나은하라 불리며, 1,000광년 거리
만큼 떨어진 중심핵이 2개이고 꼬리가 길다. 푸른색으로 보이는 부분은 수천 개의
젊고 뜨거운 별로 활발한 별 생성의 증거이다. 시뮬레이션 결과에 따르면 2개의
은하는 최종적으로 하나로 합쳐질 것이다.

근접 조우

그림 14.12에는 (아직은) 실제로 충돌하기 이전인 근접 조우의 예시가 나타나 있

---

[1] 역주 : 대기에서 입자의 충돌과 아이스링크에서 하키 선수들의 충돌은 모두 탄성 충돌에 가깝지만 은하의 경우는
　　단순히 탄성 충돌로 설명하기 어렵다. 다른 은하와의 상호 작용이 은하단 내에서만 일어나는 것은 아니다.

왼쪽의 은하충돌 실제 이미지를 오른쪽
컴퓨터 시뮬레이션과 비교할 수 있다.

이러한 시뮬레이션은 은하의 상호 작용에 있어
암흑물질 헤일로의 역할이 중요함을 시사한다.

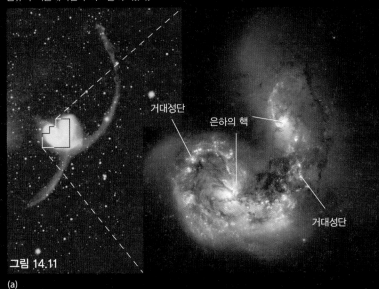
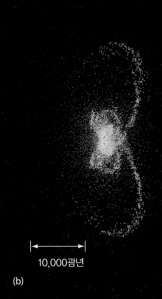

거대성단

은하의 핵

거대성단

그림 14.11

10,000광년

(a)

(b)

다. 2개의 나선은하가 겉보기에 서로를 스쳐 지나가고 있다. 크기가 작은 은하(IC 2163)가 더 무거운 은하(NGC 2207)를 시계반대 방향으로 지나가며, 약 4천만 년 전에 가장 가까이 스쳐 지나간 것으로 생각된다. 크기가 작은 은하가 큰 은하의 중력을 벗어날 만큼의 운동 에너지를 가지지 못했고, 때문에 10억 년 정도가 되면 이 두 은하는 병합하여 하나의 거대한 은하를 만들 수 있을 것으로 보인다.

인간의 수명이 어마어마하게 길다면, 어쩌면 우리는 은하의 충돌을 직접 경험할 수 있을지도 모른다. 우리은하의 가장 가까운 이웃인 안드로메다은하(그림 13.2)는 현재 우리은하를 향해 120km/s(시속 250,000마일)의 속도로 다가오고 있다. 수십억 년이 지나면 안드로메다은하는 우리은하와 충돌하여 '밀코메다'라

는 은하를 만들 것이라 생각된다. 그 경우 우리는 은하충돌이론을 직접 테스트해 볼 수 있을 것이다.

흥미로운 것은 충돌로 인해 은하라는 거대한 구조는 큰 파괴를 겪음에도 은하에 속한 개별 별이 받는 영향은 크지 않다는 것이다. 은하 안 별들은 그저 서로를 스쳐 지나갈 뿐이다. 은하단 안의 은하에 비해 은하 내 별의 밀도는 매우 작기 때문에 2개의 은하가 충돌해 별의 개수가 두 배가 되더라도 공간이 거의 두 배가 되어 별들은 서로 부딪칠 필요가 없다. 은하의 충돌은 개별 은하 안의 별과 성간물질 분포를 재구성하며, 때로는 먼 거리에서도 관측되는 대량의 별 탄생을 유도한다. 하지만 별 입장에서 보면 은하의 충돌에 의해 별의 평온한 항해가 방해받는 일은 거의 일어나지 않는다.

그림 14.12

허블의 법칙

허블의 법칙으로 기술되는 멀리 있는 은하의 후퇴는 천문학에서 가장 중요한 관측 사실이자 핵심 개념 중 하나이다.

이제 은하와 은하단의 (큰 규모에서의) 움직임으로 주위를 돌려보자. 은하단 안의 개별 은하는 대개 (마치 빈 용기에 붙잡힌 반딧불이처럼) 무작위 속도와 방향으로 움직인다. 그렇다면 좀 더 큰 규모에서도 은하와 은하단은 불규칙하게 움직일까? 관측결과는 그렇지 않았다. 큰 규모에서의 움직임을 본다면 은하와 은하단은 모두 일정한 방식으로 움직이고 있다.

은하의 보편적인 후퇴 현상

한 세기 전, 천문학자들은 모든 은하의 스펙트럼에서 적색이동된 스펙트럼선을 관측하였다. 이 사실은 은하들이 우리은하로부터 멀어지고 있음을 뜻하는 것이었다. 오늘날 우리는 국부은하군에 속한 몇몇 예외를 제외하고는 모든 외부은하가 우리로부터 멀어지고 있음을 알고 있다.

그림 14.13은 몇몇 은하의 가시광 스펙트럼을 우리은하에서 멀어지는 순서대로 나열한 것이다. 은하의 적색이동은 관측된 파장에서 파장이 증가한 비율로 나타내는데, 위에서 아래로 내려가면서 적색이동이 증가한다. 도플러 이동된 양과 은하까지의 거리 사이에는 뚜렷한 상관 관계가 있다. 적색이동이 커질수록 은하까지의 거리는 증가한다. 이러한 경향은 우주에 존재하는 모든 은하에서 찾아볼 수 있다.

그림 14.14(a)는 그림 14.13에 제시한 다섯 은하까지의 거리와 은하의 후퇴속도를 그래프로 나타낸 것이다. 이 그림을 지구로부터 30억 광년 이내 거리에 있는 더 많은 은하를 이용해 그린 것이 그림 14.14(b)이다. 이러한 그림은 1920년대 에드윈 허블에 의해 가장 먼저 제시되었으며 따라서 오늘날 이러한 그림은 그의 이름을 따서 허블 다이어그램이라 지칭한다. 모든 데이터포인트가 일직선상에 놓인다는 사실은 은하의 후퇴속도가 은하까지의 거리에 비례한다는 점을 의미한다. 이것이 바로 **허블의 법칙**이다.

은하의 후퇴는 우리 우주가 큰 규모에서 볼 때 변화하고 있다는 증거이다. 우주, 즉 공간 자체(15.2절)는 팽창하고 있다. 허블의 법칙은 인간, 지구, 혹은 태양계, 은하, 은하단 등 물체의 크기가 증가한다는 것을 의미하지 않는다. 팽창하는 것은 우주의 크기이며, 은하단과 초은하단 등 천체와 천체 사이의 거리가 이 팽창을 통해 증가하는 것이다.

그림 14.13

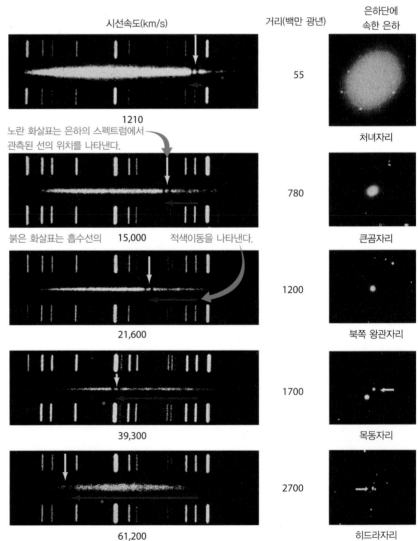

아래 다섯 은하의 스펙트럼 위아래에는 실험실에서 측정한 기준 방출선의 위치가 표시되어 있다.

시선속도(km/s)

거리(백만 광년)

은하단에 속한 은하

1210

노란 화살표는 은하의 스펙트럼에서 관측된 선의 위치를 나타낸다.

55

처녀자리

780

큰곰자리

붉은 화살표는 흡수선의   15,000   적색이동을 나타낸다.

1200

북쪽 왕관자리

21,600

1700

목동자리

39,300

2700

히드라자리

61,200

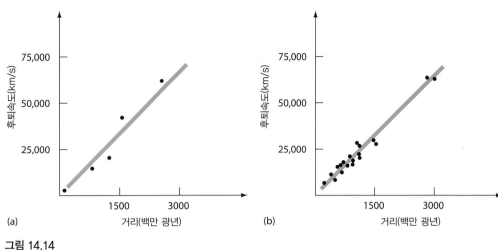

에드윈 허블이 망원경을 사용 중이다(1930년대 사진). 허블은 우주의 팽창을 발견한 공로를 인정받고 있다.

그림 14.14

허블상수

은하까지의 거리와 후퇴속도 간의 비례상수는 **허블상수**라 하며 기호로는 H_0를 사용한다. 그림 14.14의 데이터는 다음 식을 만족한다.

$$후퇴속도 = H_0 \times 거리$$

허블상수의 값은 직선의 기울기로 후퇴속도를 은하까지의 거리로 나눈 값이다. 그래프에서 기울기를 추산해 보면 허블상수가 백만 광년당 21km/s 정도의 값임을 알 수 있다.

허블상수를 정확히 추정하기 위해서는 보다 정확한 거리 측정이 필요하다. 허블상수는 우주의 팽창속도를 보여주는 값이기 때문에 가장 기본적인 숫자라 할 수 있다.

거리 사다리의 꼭대기

허블의 법칙을 이용하면 우리는 멀리 있는 천체의 후퇴속도를 측정하고 이를 허블상수로 나눔으로써 천체까지의 거리를 추정할 수 있다. 그림 14.15가 보여주듯이 허블의 법칙은 거리 사다리의 가장 윗부분에 해당한다. 천체의 스펙트럼을 얻을 수 있다면 그 천체가 얼마나 멀리 있는지 결정할 수 있고, 거리 사다리의 여섯 번째 발판에 해당하는 이 방법은 관측 가능한 우주의 한계점까지 수십억 광년 규모의 크기를 측정하는 데에 사용된다.

빛의 속도는 유한하다. 이 때문에 우주의 한 지점에서 다른 한 지점까지 빛이 전달되는 데는 시간이 걸린다. 현재 천문학자들이 관측한 빛 중 가장 먼 천체로부터 온 빛은 대략 130억 년 전에 방출된 것이다. 이 시간은 우리가 살고 있는 행성, 태양, 은하가 태어나기 이전이다.

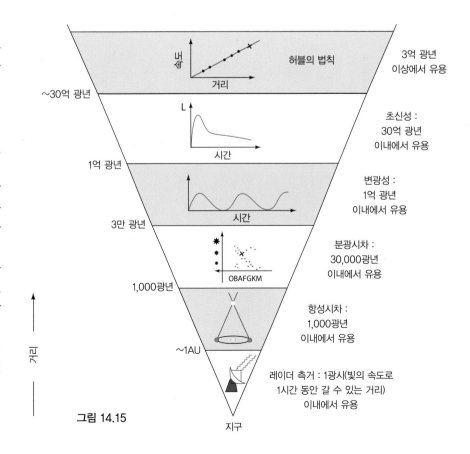

그림 14.15

활동은하

활동은하와 퀘이사는 가장 많은 에너지를 방출하는 천체 중 하나이다.

대부분의 은하는 제14장 1절에서 설명했듯이 '정상'은하로 광도가 태양의 10^8배에서(왜소은하, 불규칙은하의 경우) 10^{12}배(거대타원은하)에 이른다. 우리은하의 광도는 이 범위의 중간 정도로 태양광도의 2×10^{11}배 정도이다.

그럼에도 불구하고 전체 은하 중 약 1/3은 이러한 정상은하 범주에 속하기 어렵다. 이러한 은하들은 스펙트럼 모양이 많이 다르고, 광도가 매우 크다. 이러한 **활동은하**의 활발함은 우주에서 가장 격렬한 현상 중 하나일 것이다.

활동성 은하핵

정상은하의 에너지는 대부분 은하 내 별에 의해 방출되므로, 정상은하의 복사 대부분은 전자기파의 가시광 영역에서 방출된다. 즉, 정상은하의 스펙트럼은 다양한 별 구성원의 빛을 집합적으로 합친 것이다.

이와는 대조적으로 활동은하의 복사가 최대가 되는 파장은 가시광 영역이 아니다. 일반적으로 활동은하는 눈에 보이지 않는 파장대(가시광선보다 짧은 영역, 가시광선보다 긴 영역 모두 포함)에서 대부분의 에너지를 방출한다. 다르게 표현하자면 활동은하의 복사는 별에 의한 복사와는 다른, 비항성 복사로 설명된다.

활동은하의 여러 특징은 중심엔진에서, 혹은 그 가까이에서 일어나는 활발한 활동 때문이다. 이러한 점을 고려하여 **활동성 은하핵**이라는 분류를 새로 정의할 수 있다. 그림 14.16은 활동은하의 한 예를 보여준다. 매우 밝은 노란색의 핵 주위를 푸르스름한 별의 고리가 둘러싸고 있는, 달걀부침을 닮은 NGC 7742는 지구로부터 9,000만 광년 떨어져 있다. 이 은하의 핵은 유난히 밝다.

또 하나의 흥미로운 사실은 활동은하의 경우, 복사하는 에너지 양이 시간에 따라 거의 변하지 않는 정상은하와 달리 밝기가 불규칙한 주기로 크게 변화한다는 점이다. 그림 14.17은 전형적인 활동은하의 전파 복사가 시간에 따라 어떻게 달라지는지 보여준다. 이 활동은하는 전파 영역뿐 아니라 엑스선에서도 마찬가지로 변광 현상을 보인다.

은하의 핵과 관련된 이러한 활동은 우리은하의 중심 영역에서도 비슷하게 나타난다. 우리은하 역시 중심부에서 많은 에너지를 내고 있고, 이 활동이 전파와 적외선을 이용한 은하중심부 연구로부터 그 존재를 간접적으로 확인한 초대질량 블랙홀과 관련이 있다(13.7절).

활동은하의 중심핵에 존재하는 블랙홀에서도 우리은하 중심의 블랙홀과 유사한 물리적 현상이 일어나고 있다고 생각된다. 비항성 복사, 즉 핵 활동이 천체의 전체 복사에 기여하는 정도가 항성의 기여에 비해 상대적으로 얼마나 더 큰가 하는 것이 정상은하와 활동은하를 구별하는 기준이 된다.

활동은하의 중심핵은 매우 밝다.

그림 14.16

40,000광년

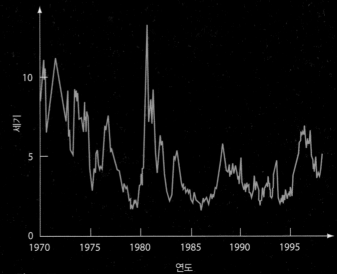

세기

연도

그림 14.17

전파은하

이름으로부터 상상할 수 있듯이, **전파은하**는 전파 영역대에서 많은 에너지를 방출하는 활동은하이다. 전파은하는 핵으로부터 멀리 떨어진 복사 방출 영역이 있는 등 일반적으로 특이한 형태이다.

가장 가까운(즉, 연구가 많이 된) 전파은하 중 하나는 센타우루스 A로, 지구로부터 1,500만 광년 떨어져 있다(그림 14.18). 이 전파은하의 에너지 대부분은 **전파로브**라는 2개의 부풀어 오른 구조에서 방출된다. 2개의 전파로브는 서로 100만 광년 이상 떨어져 있는 길쭉한 형태의 기체구름이다. 한쪽 로브에서 다른 쪽 로브까지의 거리는 우리은하의 10배 정도이며, 국부은하군의 크기와도 비교할 수 있을 정도이다(14.2절).

이 그림에서 중앙의 가시광 이미지는 약 5억 년 전 일어난 두 은하 간의 충돌을 보여준다. 전파로브의 이미지를 겹쳐 나타내었고, 삽입 영상은 한쪽 로브의 가장 안쪽 영역에서의 엑스선 이미지이다. 이 특이은하의 중심에서 충돌이 일어난 당시 격렬한 반응이 있었고, 이 반응으로 인해 제트가 발생해 중심물질을 은하 간 공간으로 밀어내고 있는 과정이 현재까지 지속되고 있다고 할 수 있겠다.

전파은하가 전부 로브와 같은 구조를 보이는 것은 아니다. 하지만 이는 전파은하의 종류가 다양하기 때문이 아니라, 관측자와 천체의 상대적 위치 차이로 인한 효과 때문인 것으로 생각된다. 그림 14.19에서 이를 설명하고 있다. 모든 전파은하에 제트와 전파로브가 존재하지만 관측자의 시선 방향에 따라 관측되는 전파은하의 형태가 달라진다.

퀘이사

모든 활동은하 중에서도 가장 특이한, 그리고 가장 많은 에너지를 방출하는 것이 준항성천체, 줄여서 **퀘이사**라고 불리는 천체이다. 이 천체는 대개 적색이동이 매우 큰 천체로 지구로부터 매우 먼 거리에 위치한다. 그렇게 먼 거리에서도(물론 큰 망원경이 있어야 하지만) 관측된다는 사실은 퀘이사가 우주에서 가장 밝은 존재라는 증거이다. 어떤 퀘이사는 그 광도가 태양의 2×10^{13}배, 즉 우리은하의 1,000배에 달한다. 지금까지 찾아낸 퀘이사는 100,000개에 이르며, 이들은 모두 멀리 있다. 가장 가까운 퀘이사조차 지구로부터 10억 광년 이상 떨어져 있다. 상당수는 전파은하처럼 제트가 있지만 제트가 제대로 관측된 경우는 많지 않다. 대부분의 퀘이사는 총에너지 중 전파 영역에서 방출하는 에너지의 비중이 그리 크지 않은 것으로 보인다.

사실 퀘이사는 망원경으로 보더라도 그리 인상적인 천체는 아니다. 그림 14.20은 전형적인 퀘이사의 모습으로, 화살표가 가리키는 희미한 붉은 천체가 퀘이사이다. 이래 보여도 이 천체가 그림 14.20의 시야에 존재하는 모든 천체 중 가장 광도가 큰 천체이다.

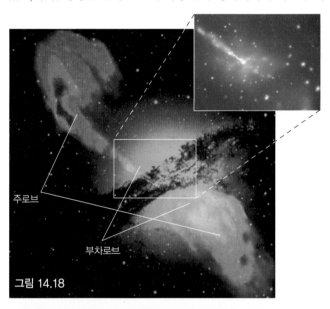

주로브
부차로브

그림 14.18

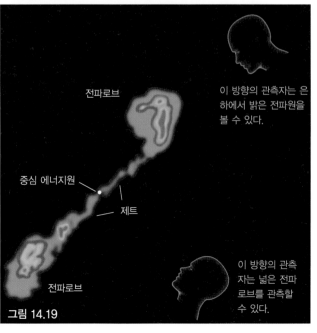

전파로브
이 방향의 관측자는 은하에서 밝은 전파원을 볼 수 있다.
중심 에너지원
제트
전파로브
이 방향의 관측자는 넓은 전파로브를 관측할 수 있다.

그림 14.19

그림 14.20

초대질량 블랙홀

활동은하의 광도를 뒷받침하려면 활동은하 중심의 블랙홀
질량은 태양질량의 수십억 배 이상이어야 한다.

천문학자들은 대부분의 활동은하가 형태와 광도에 있어 약간의 차이가 있음에도 불구하고 공통적인 관측 특성을 보인다는 점으로 미루어 여러 활동은하의 에너지 발생 기작이 같다는 추론을 하고 있다. 일반적으로 활동은하는 강한 비항성 복사를 방출하고 종종 변광 현상을 보이며, 중심핵에서 멀리 떨어진 제트와 전파 로브를 가지고 있다.

에너지 생성

그림 14.21에 표현된 것과 같이 활동은하 중심에서 에너지를 생성하는 기작의 핵심은 **초대질량 블랙홀**로 기체가 떨어지는('강착') 현상이다. 기체가 블랙홀에 유입되면서 많은 양의 에너지를 생성한다. 우리은하 내의 엑스선 쌍성이 에너지를 얻는 방식, 우리은하 중심에서 관측되는 에너지의 발생 원리(12.6, 13.7절)와 기본적으로 동일하며 생성되는 에너지 규모가 커진 과정이다. 활동은하 중심의 블랙홀은 블랙홀의 중력에 의해 분열된 성간기체구름과 별로부터 방출되는 기체를 집어삼킨다. 유입되는 기체는 강착원반을 형성하고 블랙홀 중심으로 나선을 그리며 빨려 들어간다. 이 과정에서 원반을 지날 때 마찰에 의해 기체의 온도가 증가하면 많은 양의 복사를 방출한다.

고속입자로 구성된 제트

블랙홀 주변의 자기 작용은 원반에 수직인 방향으로 빠른 속도로 물질을 방출하는 제트를 형성한다.

자기력선

강착원반

블랙홀

유입되는 기체는 중심의 블랙홀 주변에 강착원반을 형성한다.

그림 14.21

물질의 강착은 질량을 에너지로 변환하는 매우 효율적인 과정이다. 계산에 따르면 유입되는 기체 질량의 약 20%가 블랙홀의 사건 지평선을 지나기 전에 에너지로 전환되어 밖으로 방출된다. 질량이 태양의 10억 배인 블랙홀의 활동을 뒷받침하기 위해서는 10년에 태양 정도의 별 하나만 유입되어도 충분한 에너지를 만들어 낼 수 있다. 가장 밝고 활동이 강한 퀘이사는 100배 정도 더 밝으므로, 이 퀘이사의 활동을 뒷받침하기 위해서는 1년에 10개 정도의 별 유입이 필요하다.

에너지를 방출하는 영역의 크기는 매우 작은데, 이는 중심블랙홀의 크기와 관련이 있다. 질량이 태양의 10억 배인 블랙홀의 경우 사건의 지평선 지름이 약 20AU, 주변 강착원반의 크기도 수 광년을 넘지 않는다. 원반의 불안정성, 그리고 불규칙한 에너지 생성이 우리가 활동은하에서 관측하는 변광 현상의 원인일 것으로 생각된다.

제트는 양성자, 전자 등 원반의 안쪽 영역으로부터 바깥으로 방출된 물질로 구성되어 있다. 제트의 기원은 여전히 많은 면이 불확실하지만, 그림 14.21에 대강의 추정 시나리오를 기술하였다. 강착원반에 강한 자기장이 형성되고, 전하를 띤 입자가 빛의 속도에 가까운 속도로 움직이다가 이 자기장 내에서 가속되면 원반의 회전축에 나란한 방향으로 입자를 방출한다.

그림 14.22는 약 6,500만 광년 떨어진 전파은하 NGC 4261의 중심에 존재하는 먼지와 기체원반을 보여준다. 왼쪽은 가시광(흰색), 전파(푸른색~노란색) 이미지를 합친 것으로, 중심은하의 모양을 큰 규모에서 보여주고 여기에 약 400,000광년 떨어진 전파로브를 표시하였다. 오른쪽은 핵을 확대해서 살펴본 그림으로 중심의 밝은 부분에 거대블랙홀이 존재하고 그 주변을 300광년 크기의 원반이 둘러싸고 있다. 이 그림은 앞에서 설명한 활동은하의 에너지 생성 모델과 일치한다.

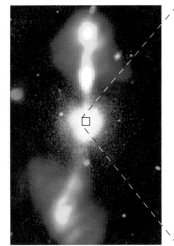
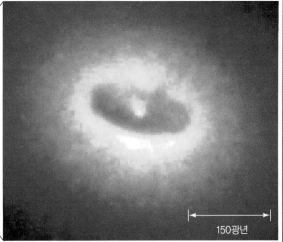
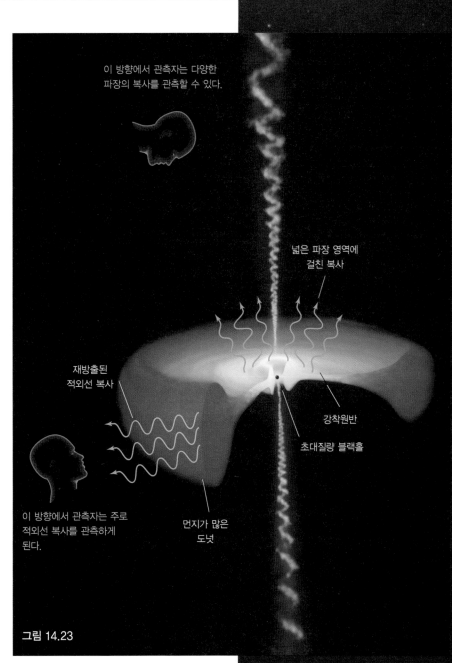

그림 14.22

150광년

에너지 방출

이론에 따르면 유입되는 기체의 온도 범위가 넓기 때문에 초대질량 블랙홀 주변에 존재하는 뜨거운 강착원반에서 방출되는 복사 에너지는 적외선부터 엑스선까지, 넓은 파장 영역에 걸쳐 방출될 것이라 생각된다. 하지만 많은 활동은하에서 강착원반으로부터 방출되는 고에너지 복사는 '재처리'된다. 즉, 먼지가 고에너지 광자를 흡수했다가 긴 파장에서 광자를 재방출하는 것이다.

연구자들은 이러한 재처리가 일어나는, 에너지를 방출하는 곳이 강착원반을 둘러싼 통통한 도넛 형태의 기체와 먼지 고리라고 생각하고 있다. 그림 14.23이 이 가설을 설명하고 있다. 만약 블랙홀을 관측하는 관측자의 시선이 먼지 도넛을 지나지 않을 경우, 관측자는 많은 에너지를 방출하는 중심핵의 맨얼굴을 보게 된다. 반대로 먼지 도넛이 강착원반과 관측자 사이에 놓이게 될 때는 먼지가 방출하는 적외선 복사를 다량 관측하게 될 것이다.

또 다른 재처리 기작은 제트와 전파로브를 통해 일어난다. 입자가 중심블랙홀로부터 멀리 떨어진 곳에서 자기장을 따라 회전하면 비열적 복사가 주로 전파 영역에서 방출된다. 이는 관측된 스펙트럼과 잘 일치한다. 아주 긴 시간이 지나면 제트는 서서히 감소하고 거대한 전파로브는 은하간물질에 편입되어 사라질 것이다.

이 방향에서 관측자는 다양한 파장의 복사를 관측할 수 있다.

넓은 파장 영역에 걸친 복사

재방출된 적외선 복사

강착원반

초대질량 블랙홀

이 방향에서 관측자는 주로 적외선 복사를 관측하게 된다.

먼지가 많은 도넛

그림 14.23

암흑물질

우리 눈에 보이는 별과 은하는 우리 우주에 존재하는 물질 전체의 아주 작은 일부분을 차지할 뿐이다.

이전 장에서 설명했듯이 우리은하를 공전하는 별과 기체의 움직임으로부터 우리은하 주위를 둘러싼 거대한 **암흑물질 헤일로**의 존재가 확인되었다. 이것이 바로 우리 우주를 구성하는 무언가 보이지 않는 물질이 존재한다는 것을 발견한 첫 번째 사례로, 이 물질은 별, 행성, 생물을 구성하는 일반적인 물질과는 다른 특징을 가진 물질이라 여겨졌다.

다른 은하 주위에도 우리은하와 유사한 암흑물질 헤일로가 있을까? 은하보다 큰 규모에서 암흑물질 헤일로가 존재한다는 증거가 있을까? 이러한 질문에 답을 제시하기 위해서는 은하와 은하단의 질량을 측정해야 한다. 멀리 있는 은하의 별을 전부 세거나 물질을 모두 더하는 것으로 은하와 은하단의 질량을 얻기는 어렵다. 대신 이러한 거대 규모의 질량을 추정하기 위해서는 간접적인 방법을 사용할 필요가 있다.

은하의 질량과 암흑물질 헤일로

크기가 매우 크다는 점 외에는 은하와 은하단 역시 태양계의 행성들이, 은하 안의 별들이 따르는 물리법칙과 동일한 법칙을 따른다. 속도가 빛의 속도에 가까울 정도로 크거나 밀도가 매우 높거나 하지는 않기 때문에, 우리는 뉴턴의 법칙을 적용하여 은하의 질량을 구하거나 은하 내 질량 분포를 추정할 수 있다.

회전속도곡선(13.6절)을 이용하면 나선은하의 질량을 추정할 수 있다. 회전속도곡선은 x축을 은하중심으로부터의 거리, y축을 공전속도로 하는 그래프로, 이를 이용하여 특정 반지름 이내의 질량을 계산할 수 있다. 그림 14.24(b)에 몇몇 가까운 나선은하의 회전속도곡선을 나타내었다. 그림 14.24(a)는 이블아이은하를 예로 들어, 관측자가 은하중심으로부터 바깥으로 가면서 궤도운동을 어떻게 측정할 수 있는지 보여준다.

우리은하를 포함해 가까운 나선은하의 경우, 은하의 겉보기 크기인 지름 100,000광년 이내에는 10^{11}태양질량에서 5×10^{11}태양질량의 물질이 존재한다. 여기까지는 모순이 없다. 하지만 이 바깥에는 빛나는 물질이 없으므로 뉴턴의 법칙에 따르면 회전속도가 감소할 것으로 추정되는데, 그와 달리 관측되는 회전속도곡선은 이 크기 바깥에서도 편평하게 유지된다. 이를 설명하기 위해서는 겉으로 보이는 은하의 크기 바깥에도 보이지 않는 물질이 많이 존재해야 한다.

(a)

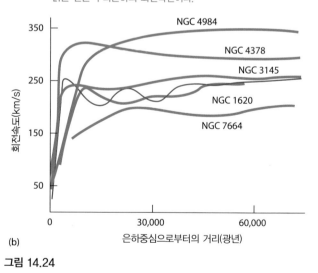

붉은 선은 우리은하의 회전곡선이다.

NGC 4984
NGC 4378
NGC 3145
NGC 1620
NGC 7664

회전속도(km/s)

은하중심으로부터의 거리(광년)

(b)

그림 14.24

따라서 이 은하들은(그리고 아마 모든 나선은하는) 우리은하가 암흑물질 헤일로로 둘러싸인 것처럼 암흑물질 헤일로 속에 들어 있음을 추론할 수 있다. 나선은하의 총질량은 눈에 보이는 물질 질량의 약 3~10배이다. 물론 이는 나선은하만의 특징은 아니다. 타원은하 역시 이와 비슷하게 거대한 암흑물질 헤일로 속에 있음이 알려졌다. 타원은하의 가장 바깥쪽에 위치한 별들은 지나치게 빨리 움직이는데, 그럼에도 불구하고 이들이 은하를 벗어나지 않는다는 사실은 은하 바깥의 물질이 이 별들이 은하를 탈출하는 것을 막고 있다는 증거가 된다. 마치 빠르게 회전하는 자전거 바퀴에서 진흙이 떨어져 나가지 않는 것처럼 말이다.

그림 14.25

중력렌즈 현상을 보여주는 예시로, 희미한 호는 멀리
있는 은하에서 방출된 빛이 앞에 있는 은하단의 질량
에 의해 구부러지면서 모양이 변형된 상태를 나타낸다.

은하단의 경우

은하단의 경우는 보이는 물질의 질량과 총질량의 차이가 은하의
경우보다 더 크다. 은하단의 질량은 개별 은하의 질량을 합한 것
보다 10~100배 더 크다.

한편으로 살펴보면 은하단에 속한 은하를 묶어놓기 위해서는
많은 질량이 필요하다. 우주에 존재하는 물질의 90% 이상은 관
측되지 않고 있다. 이들은 단순히 가시광 영역에서 에너지를 내
지 않기 때문에 관측되지 않는 것이 아니라, 전자기파의 어떤 파
장 영역에서도 에너지를 내고 있지 않다.

은하단 안의 암흑물질 총량은 단순히 개별 은하의 암흑물질
양을 합한 것보다도 더 많다. 큰 규모로 갈수록 암흑물질의 양은
늘어가고, 먼 우주를 관측해 표본을 늘린다면 물질 중 암흑물질
의 비율은 더 증가할 것이다.

암흑물질 지도 제작

암흑물질의 정체는 여전히 미궁 속이지만, 최근에는 우주에서
암흑물질의 공간적 분포에 대한 연구가 증가하고 있다. 이는 멀
리 있는 은하에서 방출된 빛이 우리에게 오는 도중에 다른 은하
를 지나며 구부러지는 정도를 측정함으로써 알아낼 수 있다. **중
력렌즈**라 불리는 이 현상을 통해 배경 천체의 빛은 전경 천체에
의해 굴절된다.

그림 14.25는 멀리 있는 배경 은하의 빛이 그보다 앞에 있는
은하단 A2218의 중력에 의해 휘어져 먼 은하가 호 모양으로 관
측되는 사례를 보여준다. 휘어진 정도를 측정함으로써 암흑물질
을 포함한 은하단의 총질량을 측정할 수 있다.

중력렌즈 현상을 활용하면 암흑물질의 직접적인 증거를 얻을
수도 있다. 그림 14.26은 충돌 중인 두 은하단의 가시광·엑스선
영상을 합한 것이다. 은하단의 기체(분홍색)는 충돌이 지난 뒤에
도 그 자리에 남아 있다. 별과 암흑물질(푸른색)은 충돌 후 원래
의 속도로 이미 앞서 가 있다. 그림에서 푸른 화살표는 현재 은
하단이 움직이는 방향을 나타낸다.

붉은색은 은하단끼리의 충
돌 이후 생성된 뜨거운 기
체의 위치를, 푸른색은 암흑
물질의 분포를 나타낸다.

그림 14.26

은하의 기원과 진화

오늘날 우리가 관측하는 은하는 작은 은하의 충돌과 병합을 거쳐 성장해 왔다.

허블의 법칙을 거리를 측정하기 위한 도구로 활용하면서, 은하와 은하 이상 규모의 암흑물질 분포에 대한 지식을 바탕으로, 우리는 이제 은하가 어떻게 생성되고 시간이 지남에 따라 어떻게 바뀌는지, 기본 질문에 답할 수 있게 되었다. 서로 다른 유형의 은하 생성과 진화를 한 가지 시나리오로 설명할 수는 없다. 은하는 별보다 훨씬 복잡한 구조이고 관측도 어렵기 때문에 별의 진화에 비해 은하의 진화는 아직까지 잘 알려지지 않은 부분이 더 많다.

병합과 축적

은하 생성의 씨앗은 아주 초기우주에 뿌려져 있었다. 초기우주 밀도의 요동은 성장하기 시작했고, 원시은하라 할 수 있을 덩어리를 만들어 냈다. 이러한 은하 조각의 질량은 겨우 수백만 태양질량 정도로, 이는 현재의 왜소은하의 크기와 비슷하다. 어쩌면 왜소은하는 이런 초기우주에 만들어진 은하 조각이 그대로 남은 흔적일 가능성도 있다.

은하는 더 작은 은하끼리의 지속적인 **병합**을 거쳐 성장한다. 그림 14.27에 이 과정을 나타내었는데, 작은 은하의 충돌과 병합을 거쳐 커다란 은하가 만들어진다. 이러한 과정을 **계층적 병합**이라 하며, 이를 지지하는 증거가 많이 발견되었다. 그러나 여전히 불확실한 점도 존재한다.

초기우주를 대상으로 한 컴퓨터 시뮬레이션은 물질 덩어리 간의 충돌이 일어날 것을 예측한다. 관측에 따르면 멀리 있는 은하들은 가까운 은하들보다 두드러지게 작고 불규칙한 모습을 하고 있다.

그림 14.27(b)는 긴 노출을 거쳐 얻은 멀리 있는 은하의 풍경이다. 이 사진 속의 일부 은하는 (c)의 상단에 해당하는데, 관측 가능한 우주의 거의 한계에 위치한 초기은하이다. 푸르스름한 작은 은하들의 질량은 각각 우리은하의 몇 퍼센트밖에 되지 않는다. 불규칙한 형태는 은하의 충돌에 의한 것이라 추정되며, 푸르스름한 색은 병합 과정에서 일어난 별 생성을 반영하는 것이라 생각된다.

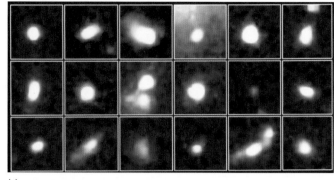

(a)

위의 은하 이미지는 이 그림에서 보이는 은하 중 일부를 확대한 것이다.

(b)

초기우주의 작은 은하가 시간이 지남에 따라 병합을 거쳐 큰 은하로 진화하는 과정을 표현하였다.

(c)

그림 14.27

아래에서 위로

계층적 병합은 현대 은하 연구의 토대
가 된다. 수십억 년 전 일어났고, (그
속도는 다소 늦춰졌다 하더라도) 현재
까지 일어나고 있는 은하의 충돌, 병
합 과정을 기술하는 것이다. 거리에
따라 은하의 특징이 어떻게 변하는지
연구함으로써 시간에 따라 은하가 어
떻게 진화해 왔는지 설명할 수 있고,
이를 통해 천문학자들은 우주의 역사
를 재구성할 수 있다. 마치 거대한 직
소퍼즐 조각을 맞추는 것과 같다!

그림 14.28은 허블우주망원경으로
얻은 이미지로, 하늘의 이 작은 영역
에 수십억 년의 은하 진화 역사가 담
겨 있다. 뚜렷하게 형태를 알아볼 수
있는 크기가 큰 은하들은 대부분 가까
운 은하들이다. 작고, 희미하고, 형태
가 불규칙한 은하는 이보다 훨씬 멀리
있다. 멀리 있는 은하의 크기와 형태
를 가까운 은하와 비교하면 은하가 과
거에는 더 작고 불규칙했으며, 병합을
통해 성장해 왔음을 추론할 수 있다.

이 '허블 딥 필드' 이미지에는 100시간가량의 노출을 주
어 얻은 다양한 은하가 나타나 있다. 은하 옆의 숫자는
하와이의 켁천문대에서 측정한 적색이동을 표시한 것으
로, 은하까지의 거리를 나타낸다.

그림 14.28

진화와 상호 작용

고립되어 있다면 은하는 성간기체와 먼지로 별을 만들고, 주계
열성이 거성과 백색왜성, 블랙홀로 진화하면서 천천히 진화할
것이다. 은하의 색과 화학 조성, 형태 등은 별의 진화를 통해 예
측할 수 있는 방식으로 바뀌어 갈 것이다.

하지만 많은(대부분의) 은하는 고립되어 있지 않다. 은하단에
속한 은하는 다른 은하와의 상호 작용을 통해 모양과 구조가 바
뀐다. 때로는 크기가 큰 은하가 크기가 작은 은하를 집어삼키기
도 하고, 중심블랙홀에 많은 연료가 공급되면 활동은하의 단계

를 거치기도 한다.

그림 14.29는 은하 진화에 미치는 외부의(환경적인) 영향
을 보여준다. 작은(붉은색으로 표시) 은하가 큰(푸른색으로 표
시) 은하의 형태를 바꾸어 원래 존재하지 않았던 나선팔을 만드
는 과정이 나타나 있다. 실제로 이러한 과정이 진행되는 데에
는 수백만 년이 걸리지만, 슈퍼컴퓨터의 시뮬레이션 결과는 몇
분 만에 이를 재현할 수 있다. 가장 오른쪽 그림은 그림 14.3(b)
에 등장했던 이중은하와 매우 닮아 있다. 아마 14.3(b)의 은하가
이러한 과정을 거쳐 만들어졌을 거라 생각되지만 단언할 수는
없는 일이다.

컴퓨터 시뮬레이션 결과는 충분한 시간이 주어진다면 은하가 다른 은하와의 중력상호작용을 거쳐 그 모양이 바뀔 수 있음을 보여준다.

  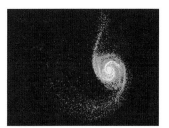 

그림 14.29

시간 ➡

요약

LO1 **나선은하**(p. 238)는 중심의 팽대부, 편평한 원반, 이에 더해 나선팔이라는 관측적 특징이 있는 은하이다. 항성헤일로는 나이가 많은 별  로 구성되어 있는 반면, 기체가 풍부한 원반에서는 현재 별 탄생이 진행 중이다. **막대나선은하**(p. 238)는 중심팽대부가 막대처럼 길쭉한 형태의 은하이다. **타원은하**(p. 238)에는 원반이 없고, 차가운 기체나 먼지도 거의 존재하지 않는다. 대부분의 경우 타원은하는 나이가 많은 별만 포함하고 있다. 타원은하는 우리은하보다 크기가 훨씬 작은 왜소은하부터 1조 개의 별을 가진 거대 타원은하까지 크기, 광도 범위가 다양하다.

LO2 **표준광원**(p. 240)은 천문학적 거리 측정을 위한 도구로 사용된다. 표준광원이 갖추어야 할 요건은 첫째, 쉽게 찾을 수 있을 것, 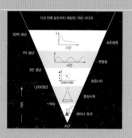 둘째, 밝기가 잘 알려진 천체일 것이다. 천문학자들은 관측된 표준광원의 겉보기 등급, 절대 등급과 역제곱법칙을 활용하여 표준광원까지의 거리를 추정한다. 우리은하, 안드로메다은하, 그리고 두 은하의 위성은하는 **국부은하군**(p. 241)을 형성한다. 국부은하군은 크기가 작은 **은하단**(p. 240)의 일종이라고도 할 수 있다. 은하단은 서로 중력적으로 구속되어 있는 여러 개의 은하가 모인 집단이다.

LO3 별과 별 사이의 거리는 별의 크기에 비해 훨씬 멀기 때문에 은하 안의 별이 충돌할 확률은 거의 없다.  반면 은하와 은하의 충돌은 자주 일어나며, 관측되는 사진에서도 충돌하는 은하를 쉽게 찾아볼 수 있다. 은하와 은하 사이의 거리는 (특히 은하단 안에서라면) 은하의 크기에 비해 그다지 멀지 않기 때문이다.

LO4 멀리 있는 은하는 우리은하로부터의 거리에 비례하는 속도로 우리은하에서 멀어지고 있다. 이러한 관계를 **허블의 법칙** 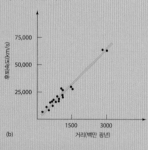 (p. 244)이라 한다. 허블의 법칙을 기술하는 데 사용되는 비례상수를 **허블상수**(p. 245)라 한다. 허블상수의 값은 100만 광년에 21km/s이다. 허블의 법칙을 사용하면 은하의 적색이동을 측정하고 속도를 거리로 변환함으로써 매우 먼 천체까지의 거리를 구할 수 있다.

LO5 **활동은하**(p. 246)는 정상은하보다 광도가 크고, 가시광선에서 대부분의 복사를 내는 항성 복사보다는 다른 파장대에서 복사를 내는 비항성 복사의 양이 더 많다. 중심부의 기체는 빠른 속도로 회전하고 있으며 이러한 움직임은 중심부의 **활동성 은하핵**(p. 246)의 활동과 관련이 있다. 많은 활동은하에서는 빠른

속도의 제트에 의해 은하 내 물질이 중심에서 바깥쪽으로 방출된다. 때로는 제트가 물질과 에너지를 수송해 은하의 바깥, 눈에 보이는 부분 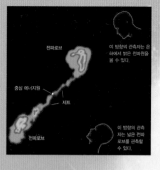 보다 훨씬 먼 곳에 **전파로브**(p. 247)를 만들기도 한다. **퀘이사**(p. 247)는 알려진 천체 중 가장 밝은 천체이다. 모든 퀘이사는 매우 멀리 있기에 우리는 퀘이사를 관측함으로써 아주 오래전에 출발한 빛을 보게 된다.

LO6 활동은하의 에너지는 은하중심의 **초대질량 블랙홀**(p. 248)로 기체가 강착하면서 생성된다. 에너지를 방출하는 영역이 작고 밀집도가 높다는 사실로  미루어 강착원반의 크기가 매우 작음을 알 수 있으며, 은하 중심의 기체는 블랙홀의 큰 중력의 영향으로 빠른 속도로 회전하고 있다는 것이 관측으로 밝혀졌다. 강착하는 물질의 일부는 전파로브를 형성하고, 강한 자기장으로 생성된 제트를 따라 우주공간으로 빠져나간다.

LO7 가까운 타원은하의 질량은 회전속도곡선을 측정해서 구할 수 있다. 은하와 은하단의 질량 측정 결과는 암흑물질이  존재한다는 증거이다. 더 큰 규모의 구조에서는 암흑물질이 차지하는 비중이 증가한다. 우주에 존재하는 질량의 90% 이상을 암흑물질이 차지하고 있다.

LO8 나선은하, 타원은하, 불규칙은하 간의 진화 경로는 간단하게 설명할 수 없다. 많은 천문학자들은 크기가 작은 은하 다수가 결합해 더 큰 은하를 만  들며, 은하 간 병합이 은하의 진화에 중요한 역할을 한다고 생각하고 있다. 은하와 은하가 가까이 지나갈 때 작용하는 조석력은 은하의 기체를 압축하고, 나선팔을 만들기도 한다. 나선은하 간 병합의 결과로 타원은하가 생성되기 쉽다.

POS 문제들은 과학의 과정을 탐구하는 문제이고, LO 문제들은 학습 목표에 초점을 맞추고 있고, VIS 문제들은 보이는 정보들을 이해하고 해석하는 데 초점을 맞추고 있다.

복습과 토론

1. LO1 나선은하의 여러 유형별 차이는 무엇인가?
2. 나선은하와 타원은하의 주요 차이점을 제시하라.
3. LO2 천만 광년 거리에 있는 은하까지의 거리를 측정하기 위한 거리 측정 사다리의 아래부터 4개의 발판을 설명하라.
4. 표준광원이란 무엇인가?
5. LO3 POS 은하가 다른 은하와 충돌한다는 증거로는 어떤 것을 제시할 수 있는가?
6. 두 개의 은하가 충돌하면 어떤 일이 일어나는가?
7. LO4 허블의 법칙을 설명하라.
8. POS 허블의 법칙은 자연의 법칙 중 하나라고 생각하는가?
9. POS 은하까지의 거리를 측정하는 데에 허블의 법칙이 어떻게 이용되는가?

10. LO5 정상은하와 활동은하 사이의 차이점을 둘 제시하라.
11. POS 일부 활동은하의 전파로브가 은하의 핵에서 방출된 물질로 구성되어 있다는 증거는 무엇인가?
12. LO6 POS 퀘이사의 에너지가 중심에 위치한 초대질량 블랙홀에서 방출된다고 추론하는 이유는 무엇인가?
13. 은하의 질량을 측정하는 방법을 설명하라.
14. LO7 은하단의 질량이 우리가 관측하는 빛의 양으로부터 추정하는 것에 비해 크다고 생각하는 이유는 무엇인가?
15. LO8 퀘이사가 은하 진화의 초기단계를 대표한다고 생각하는 이유는 무엇인가?
16. 은하 내 초대질량 블랙홀의 존재에 대한 증거를 제시하라.

진위문제

1. 일반적으로 나선은하는 젊은 별들로 구성되어 있다.
2. 불규칙은하는 그 크기는 작지만 내부에서 많은 별 탄생이 이루어지고 있다.
3. 은하까지의 거리를 측정하는 데에 초신성을 이용할 수 있다.
4. 대부분의 은하는 우리은하로부터 멀어지고 있다.
5. 허블의 법칙은 우주에서 가장 먼 천체까지의 거리를 측정하는 데

에 사용할 수 있다.
6. 활동은하는 우리은하가 방출하는 에너지의 수천 배에 달하는 에너지를 방출한다.
7. 은하의 퀘이사 단계는 중심블랙홀이 주변 물질을 모두 집어삼키면 끝이 난다.
8. 나선은하는 타원은하 간 병합으로 형성될 수 있다.

선다형문제

1. 타원은하는 (a) 은하를 구성하는 별의 개수 (b) 색깔 (c) 얼마나 편평하게 보이는가 (d) 지름을 기준으로 세부 유형으로 분류할 수 있다.
2. 허블의 법칙에 따르면 (a) 멀리 있는 은하가 더 나이가 어리다. (b) 은하까지의 거리가 멀수록 은하의 적색이동은 증가한다. (c) 대부분의 은하는 은하단 안에서 발견된다. (d) 은하까지의 거리가 멀어질수록 은하는 희미하게 관측된다.
3. VIS 그림 14.14에 따르면, 30억 광년 떨어진 은하는
   (a) 25,000km/s의 속도로 우리로부터 멀어지고 있다.
   (b) 65,000km/s의 속도로 우리를 향해 다가오고 있다.
   (c) 65,000km/s의 속도로 우리로부터 멀어지고 있다.
   (d) 75,000km/s의 속도로 우리를 향해 다가오고 있다.
4. 퀘이사의 스펙트럼은 (a) 큰 적색이동을 보인다. (b) 스펙트럼선이 보이지 않는다. (c) 별의 스펙트럼과 큰 차이가 없다. (d) 방출선이

보이며, 어떤 원소가 방출선을 내는지는 알려져 있지 않다.
5. 우주를 구성하는 물질의 전체 질량 중 암흑물질이 차지하는 비율은 (a) 0이다. (b) 10% 이하이다. (c) 약 50%이다. (d) 90% 이상이다.
6. 암흑물질을 다량 포함하고 있는 나선은하는 (a) 더 어둡게 보인다. (b) 더 빠르게 회전한다. (c) 다른 은하를 밀어낸다. (d) 나선팔이 더 단단히 감겨 있다.
7. 가까운 은하 중 다수는 (a) 시간이 지나면 활동성이 더 강해질 것이다. (b) 퀘이사를 포함하고 있다. (c) 전파로브가 있다. (d) 과거에 활동성이 더 강했을 것이다.
8. 활동은하가 매우 밝은 이유는 (a) 온도가 높기 때문이다. (b) 중심에 블랙홀이 있기 때문이다. (c) 뜨거운 기체가 은하를 둘러싸고 있기 때문이다. (d) 제트를 방출하기 때문이다.

활동문제

협동 활동 제15장의 표지 사진은 '허블 딥 필드'라 불리는 지역으로, 수많은 은하를 담고 있어 사진에 나와 있는 은하의 개수를 모두 세는 것은 쉽지 않다. 조원들과 합에 각자 2×2cm의 구역을 정해 해당 영역에 들어오는 은하의 개수를 세고, 평균값을 구해 보자. 전체 사진의 면적이 1250cm²이므로, 평균값에 312를 곱하면 사진에 나와 있는 은하의 총개수를 구할 수 있다. 다른 조의 결과와도 비교해 보자.

개별 활동 3C 273은 가장 가까운, 밝은 퀘이사이지만 그럼에도 불구하고 이 천체를 관측하는 일은 만만치 않다. 3C 273의 좌표는 적경 12시 29.2분, 적위 +2도 3분으로 (은하단의 구성원인 것은 아니지만) 처녀자리은하단의 남쪽 부근에 위치한다. 구경이 10~12인치인 망원경으로 이 천체를 찾아보자. 물론 이 천체는 희미한 별로 보일 뿐이겠지만 말이다. 이 천체는 20억 광년 떨어져 있기 때문에, 여러분이 이 천체를 관측한다면 20억 년 전에 출발한 빛을 보는 셈이다! 아마도 3C 273은 작은 망원경으로 관측할 수 있는 가장 멀리 있는 천체일 것이다.

15

우주론과 우주

맑고 어두운 밤하늘에 별이 총총한 모습은 자연이 보여줄 수 있는 최상의 화려함이다.

우리의 시야는 이제 수십억 광년의 공간과 수십억 년 전의 시간으로 확장된다. 우리는 행성, 별, 은하의 구조와 진화에 대해 여러 가지로 질문하고 답해 왔다. 마침내 이 모두를 포함한 가장 큰 퍼즐을 다룰 단계에 왔다. 우주는 얼마나 크며 무엇으로 이루어져 있는가? 우주는 얼마나 오랫동안 있었으며 얼마나 더 지속될 것인가? 우주의 기원은 무엇이고 그 운명은 어떻게 될 것인가?

여러 문화권에서도 여러 가지 형태로 이 질문을 제기했으며, 답을 얻기 위해 우주의 본성, 기원, 운명에 관한 이론인 우주론을 독자적으로 발전시켰다. 이 장에서는 현대의 과학적 우주론이 이와 같이 중요한 주제들을 어떻게 다루는지, 우리가 살고 있는 우주에 대해 무엇을 말해 줄 수 있는지를 살펴보고자 한다. 문명이 시작된 지 만 년이 넘게 지난 지금, 과학은 만물의 궁극적 기원을 들여다보는 통찰력을 제공할 준비가 된 것 같다.

이 영상은 수년 전 허블우주망원경이 하늘에 펼쳐진 다양한 모습의 은하들을 임의로 포착한 것이다. 이 영상 하나에 1,000개 이상의 은하가 갖가지 종류와 모양을 보여주며 밀집해 있다. 천문학자들은 관측 가능한 우주 내에 이런 은하가 모두 1,000억 개 정도 있을 것으로 추정하고 있다.

가장 큰 규모에서 본 우주

우리가 깊은 공간 속을 더 멀리 들여다볼수록
은하, 은하단, 초은하단을 더 많이 보게 된다.

우리은하를 포함한 수많은 은하들은, 수백만 광년의 크기를 가지며 자체중력으로 결속된 구조인 은하단의 구성원이다. 우리가 속한 작은 은하단인 국부은하군은 수십 개의 은하를 포함하지만, 다른 은하단들은 훨씬 더 크고 수천 개의 개별 은하를 포함하기도 한다. 한편, 우리은하는 국부은하군의 중심에 있지 않다.

또한 은하단들은 스스로 군집하여 **초은하단**으로 알려진 물질의 거대 집합체를 형성한다. 우리가 속한 **국부초은하단**은 약 1억 5천만 광년에 걸쳐 뻗어 있으며 수만 개의 구성원 은하 내부에 약 10^{15}태양질량을 포함한다. 또다시 국부은하군도 국부초은하단의 중심에 있지 않다. 우주의 계층에서 모든 단계가 이와 비슷하다. 우주에서 우리은하 또는 우리은하의 위치에 특별한 점이 없다는 것이다.

그림 15.1은 우리의 국부초은하단이 그 지역의 다른 초은하단들과 연결된 모습을 나타낸 3차원 지도이다. 이것은 우주 부동산의 아주 거대한 조각으로서 수억 광년 정도는 거뜬히 뻗어나간다. 국부초은하단 자신은 중심부 왼쪽의 길쭉한 구조이다. 우리은하계 전체는 국부은하군이라고 표시된 중심부의 작은 점 속에(그 속에서도 중심은 아닌 곳에) 위치한다. 개별 은하들을 나타내지 않은 대신, 매끄러운 윤곽선으로 은하단의 외형을 표시하였고 가장 두드러진 구성원의 이름이나 번호를 덧붙였다.

깊은 외부은하 탐사

천문학자들은 적색이동 탐사를 통해 공간에 대규모로 펼쳐진 은하들을 조사하고, 이들의 천구상의 위치와 허블의 법칙으로 추정한 거리를 조합하여 실로 '우주적' 규모의 3차원 우주 지도를 제작한다.

지금까지 편찬된 것 중 가장 큰 은하 탐사는 슬로언 디지털 스카이 서베이로서 탐사 범위는 약 30억 광년까지 뻗어 있으며 전체 하늘의 약 1/4에 해당하는 탐사 영역 내에 수십만 개 은하의 정확한 위치를 포함하고 있다. 그림 15.2는 천구 적도의 몇 각도 이내의 하늘에 펼쳐진, 120° 너비의 '슬라이스' 또는 쐐기 공간 내에 놓여 있는 은하 67,000개의

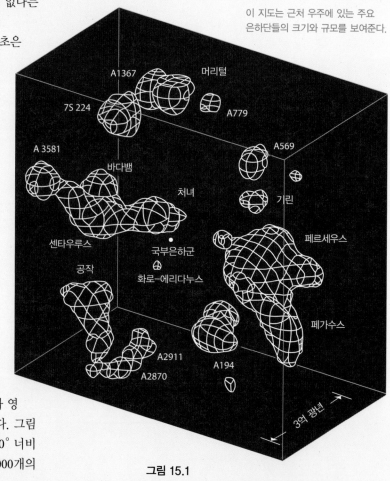

이 지도는 근처 우주에 있는 주요 은하단들의 크기와 규모를 보여준다.

A1367　　머리털

7S 224　　A779

A 3581　　바다뱀　　처녀　　A569

센타우루스　　　기린

공작　　국부은하군

화로-에리다누스　　페르세우스

A2911　　A194　　페가수스

A2870

3억 광년

그림 15.1

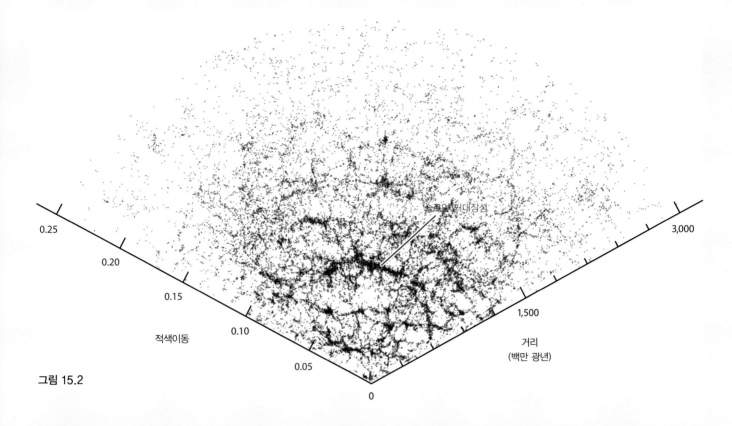

0.25
0.20
0.15
0.10
0.05
0
적색이동

3,000
1,500
거리
(백만 광년)

슬론의 거대장성

그림 15.2

위치를 나타낸 것이다. 주목할 것은 은하들이 둥그스름한 방울 뿐만 아니라 길쭉한 끈 또는 **필라멘트**로 군집하여 은하들이 거의 없는 텅 빈 거대 **공동**을 둘러싸고 있다는 것이다.

쐐기의 중심 근처에서 가장 두드러진 은하 필라멘트는 지구에서 10억 광년 떨어져 있으며 슬로언 거대장성이라 불린다. 길이가 거의 10억 광년이며 너비가 1억 5천만 광년으로 측정된 이것은 현재까지 알려진 우주에서 가장 큰 구조물이다. 이 거대 장성은 하늘에 놓인 작은 구조물들이 우연히 중첩돼 생긴 것 같다. 다른 어느 곳에서도 직경이 5억 광년을 넘는 구조들은 보이지 않는다.

공동과 필라멘트 구조에 대한 가장 그럴듯한 설명은 은하와 은하단이 공간 속에서 광대한 '거품'의 표면을 가로질러 펼쳐져 있다는 것이다. 비눗물 위의 거품처럼 이들은 우주 전체를 가득 채우고 있다. 거품을 뚫고 나가며 관측되는 방식 때문에 은하들은 끈에 꿰인 구슬처럼 분포하는 것으로 보인다.

대부분의 이론가들은 이러한 은하의 퍼진 '거품', 사실 천만 광년보다 더 큰 규모의 모든 구조의 기원이 우주의 가장 초기단계의 조건들과 직접적으로 연관되어 있다고 생각한다(15.6절). 이렇게 거대 구조에 대한 연구는 우주 자체의 기원과 본성을 이해하기 위해 꼭 필요하다.

우주론적 원리

그러한 대규모 탐사의 최종 결론은 우주가 10억 광년 이상의 규모에서 **균일**(어디에서나 같은)하다는 것이다. 다시 말하면, 우리가 한 변의 길이가 10억 광년인 거대한 상자를 집어 우주의 아무 곳에나 둔다면, 그것의 전체 내용물은 놓여 있는 위치에 상관없이 거의 같게 보일 것이다. 또한 우주는 이렇게 큰 규모에서 **등방**(모든 방향에서 동일한)한 듯하다.

제15장 7절에서 우리는 대규모 우주 구조의 기원이라는 주제를 다룰 것이지만, 토의의 틀을 잡기 위해 이 장에서는 주로 가장 큰 규모에서 구조의 부재에 초점을 맞추고자 한다. 전체 우주의 구조와 진화에 관한 학문인 **우주론** 과학에서는 일반적으로 우주가 매우 큰 규모에서 균일하고 등방하다고 가정한다. 이 가정이 정밀하게 맞는지는 모르지만, 적어도 현재의 관측과 모순은 없다. 균일성과 등방성에 관한 쌍둥이 가정을 **우주론적 원리**라고 한다.

우주론적 원리는 지대한 영향을 미칠 함축성을 지니고 있다. 예를 들어, 균일성의 가정이 깨지지 않으려면 우주에는 가장자리가 없어야 한다. 그리고 중심도 없어야 하는데, 그렇지 않으면 우주는 어떤 비중심에서 모든 방향으로 동일하게 보이지 않을 것이며 등방성의 가정이 깨질 것이다. 이것은 우리에게 친숙한 코페르니쿠스 원리를 진정한 우주적 규모로 확장해 수정한 것이다. 우주에는 중심이 없으므로 우리는 우주의 중심에 있지 아니하며, 어떤 것도 중심에 있을 수 없다!

팽창하는 우주

우주는 영원히 팽창할 것인가? 이것은 오래전부터 우주론의 핵심적인 질문이었다.

가장 큰 질문 몇 가지가 이제 우리의 마음속에 몰려오고 있다. 현대 우주론은 이 중 몇 가지에 답하는 것을 목표로 한다. 가장 기본적인 질문 중에 가장 근본적인 것은 우주의 나이에 대한 것이다.

우주의 탄생

앞 장에서 우주에 있는 모든 은하는 허블의 법칙

$$후퇴속도 = H_0 \times 거리$$

에 따라 우리로부터 달아나고 있음을 알았다. 여기에서 허블상수 H_0는 대략 21km/s/백만 광년이다. 속도가 시간에 따라 일정하게 유지된다고 가정했을 때, 한 은하가 우리와 떨어진 현재 거리를 도달하는 데 얼마나 오랜 시간이 걸릴지 물어볼 수 있다. 답은 허블의 법칙에서 간단히 나온다. 그 시간은 여행 거리를 속도로 나눈 값이다.

$$시간 = 거리 / 속도$$

또는

$$시간 = 1/H_0$$

허블상수의 값을 대입하고 단위를 적절히 변환하면 이 시간은 약 140억 년이다.

그러므로 허블의 법칙은 과거의 시간, 약 140억 년 전에 우주의 모든 은하가 서로 매우 가까이 놓여 있었음을 시사한다. 사실, 천문학자들은 물질과 복사를 포함한 우주의 모든 것들이 그 순간 엄청나게 높은 온도와 밀도를 가진 단일점에 갇혀 있었다고 생각한다. 그 후 우주는 격렬한 속도로 팽창하기 시작했으며, 부피가 증가하면서 우주의 밀도와 온도는 빠르게 내려갔다.

말 그대로 우주 속의 모든 것을 관여시키는 막대하고도 믿기 어려운 이 격렬한 사건을 **대폭발**[1]이라고 한다. 천문학자들은 대폭발 직후 극도로 뜨거웠던 팽창 우주를 **원시 불덩어리**라고 부르기도 한다. 그것은 우주의 시작을 나타낸다.

대폭발의 본성

우리가 대폭발이 언제 발생하였는지 알았다고 해서, 어디에서 발생했는지 말할 방법이 있는가? 답은 부정적이다!

팽창의 중심이 없는 이유를 이해하려면, 우주에 대한 우리의 인식에 큰 도약이 필요하다. 대폭발이 단순히 물질을 공간으로 뿜어내는 거대한 폭발이라고 상상한다면, 그것이 시작된 곳을 가리키는 천구상의 위치가 당연히 있어야 한다. 그럴 경우 우주는 중심과 가장자리를 갖게 될 것이고, 우주론적 원리는 적용되지 않는다.

대폭발은 폭발이 없었다면 특색 없이 빈 우주로 남았을 그런 우주에서 일어난 폭발은 아니었다. 대폭발은 우주 전체에서 일어났다. 단지 그 속에 있는 물질과 복사뿐만 아니라, 우주 그 자체에서 일어났다는 뜻이다. 이 말은 은하가 우주의 나머지 공간으로 날아가며 멀어지는 것이 아니라는 것이다. 우주 자체는 팽창하고 있다. 오븐 속에서 빵이 부풀어 오를 때 서로 멀어지는 건포도빵 덩어리 속의 건포도들처럼, 은하들도 우주공간의 팽창에 편승하고 있다.

그렇다면 은하들은 공간의 구조에 대해 움직이고 있는 것이

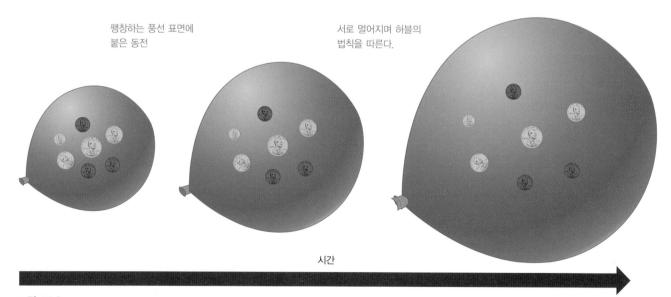

팽창하는 풍선 표면에 붙은 동전

서로 멀어지며 허블의 법칙을 따른다.

시간

그림 15.3

---
[1] 역주 : '대폭발'은 영어 빅뱅(Big Bang)의 우리말 번역이다.

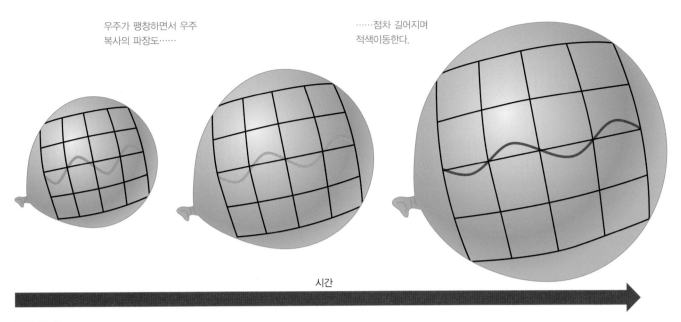

우주가 팽창하면서 우주
복사의 파장도……

……점차 길어지며
적색이동한다.

시간

그림 15.4

아니다. 허블 팽창을 이루는 은하의 운동은 공간 자체의 팽창이다. 은하가 돌진해 들어갈 저 너머의 '공간'은 없다. 대폭발 시기에 은하들은 우주 내의 어떤 명확한 장소에 위치한 점에 있지 않았다. 전체 우주가 한 점이었다. 대폭발은 **모든 곳**에서 한꺼번에 일어났다.

이러한 개념을 나타내기 위해, 그림 15.3과 같이 표면에 동전들을 붙인 보통 풍선을 상상해 보자. 동전은 은하를, 풍선의 2차원 표면은 3차원 우주의 '구조'를 나타낸다. 우리가 어느 은하를 생각하든 상관없이 풍선이 부풀어 오르면서 다른 은하들이 우리로부터 후퇴하는 것을 보게 된다. 하지만 여기에 특별하거나 특이한 것이 없다. 팽창의 중심은 없으며 우주적인 팽창이 시작된 곳으로 보일 만한 위치 따위는 없다.

설사 풍선이 오므라드는 것을 상상하여, '우주'가 현재에서 대폭발의 순간으로 되돌아가더라도, 모든 은하(동전들)는 풍선의 크기가 영으로 되는 순간 동시에 같은 곳에 도착한다. 풍선 위의 어떤 점도 그것이 일어났던 그 장소라고 말할 수 없다.

우주론적 적색이동

지금까지 우리는 은하의 우주론적 적색이동을 우리에 대한 상대적인 운동의 결과인 도플러이동으로 설명해 왔다(14.4절). 그러나 우리는 은하가 우주에 대해 움직이고 있지 않다고 주장했고, 이 경우 도플러 해석은 옳지 않다. 올바른 설명은 광자가 공간 속을 날아가면서 우주의 팽창으로 그 파장이 늘어났다는 것이다. 그림 15.4에 보인 바와 같이 팽창하는 공간 구조에 광자가 부착되어 있고 그 파장이 우주와 함께 팽창한다고 생각해 보자.

우주 동력학

우주가 현재와 같이 팽창한다면 우주의 미래에 대해 기본적으로

두 가지 가능성만이 존재한다. 은하 간 거리는 영원히 증가하거나, 또는 한동안 증가했다가 감소할 수 있다.

이 두 가지 선택권은 그림 15.5에 나타나 있다. 중력만이 작동한다면 그 결과는 우주의 밀도에 좌우된다. 저밀도의 우주는 영원히 팽창하는데, 대부분의 은하가 매우 희미해지고 멀어져 더 이상 보이지 않게 되는 다소 나약한 결말이다. 고밀도의 우주는 결국 방향을 바꿔 탄생했던 상태와 아주 비슷한 상황, 즉 극도로 뜨거운 특이점으로 수축하여 극적인 '대함몰(Big Crunch, 빅 크런치)'을 맞는다. 두 가지 근본적인 결과를 구분하는 밀도를 우주의 **임계밀도**라고 한다.

안타깝게도 답은 이러한 추론이 암시하는 것과 같이 그리 간단하지 않다. 분명히 중력만이 우주의 동력학에 영향을 주는 것은 아니다. 다음 절에서 보겠지만 우리의 미래는 더욱 미묘하여 만물의 운명에 대해 심오한 함축성을 지니고 있다.

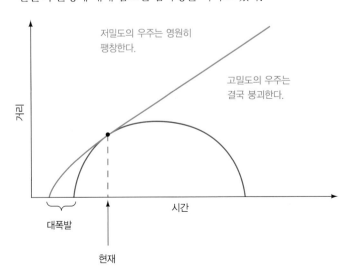

저밀도의 우주는 영원히
팽창한다.

고밀도의 우주는
결국 붕괴한다.

거리

대폭발

현재

시간

그림 15.5

우주의 운명

우주는 영원히 팽창할 것인가, 아니면 시작할 때처럼 작고 밀도 높은 점으로 끝날 것인가?

허블의 법칙이 처음 발견된 뒤로 우주의 장기적 진화를 이해하는 것은 우주론자들의 가장 큰 희망사항이었다. 놀랍게도 천문학자들이 관측적으로 이들 질문을 시험하고 답을 찾을 수 있는 시대에 우리는 살고 있다. 그러나 그 답은 과학자들 대부분이 기대했던 것은 아니었다!

우주의 밀도

우주의 평균 밀도를 결정하는 방법은 커다란 공간 내에 놓여 빛나는 은하들의 평균 질량을 측정하고, 공간의 부피를 계산한 뒤 서로를 나누어 주는 것이다. 천문학자들이 이를 계산하였더니, 우주의 팽창을 돌이키는 데 필요한 양보다 약간 작은 값이 얻어졌다.

그러나 여기에 주목할 만한 점이 있다. 우주에 있는 물질 대부분은 암흑적이다. 즉, 오직 간접적으로 검출되는 물질의 형태로 존재한다. 은하와 은하단들은 빛을 내는 물질보다 10배가량 많은 암흑물질을 포함하고 있으며, 따라서 위의 밀도 추정값은 확실히 과소평가된 값이다. 암흑물질은 우주의 평균 밀도에 기여하고 우주의 팽창을 가로막는 데 일조한다. 그러나 우주의 현재 팽창을 멈출 수 있을 정도로 충분한 것은 아마도 아닌 것 같다.

우주의 가속

위 계산의 불확실성과 암흑물질에 내재하는 수수께끼를 해결하기 위해, 천문학자들은 우주의 궁극적 운명을 시험하기 위한 대체 방법들을 고안하였다. 한 가지 방법은 초신성을 이용하여 우주의 팽창속도를 조사하는 것이다.

중력이 우주팽창을 느리게 할 것이므로, 우주가 감속하고 있다고 가정해 보자. 오래전 복사를 방출했던 매우 먼 거리의 천체는 허블 법칙의 예상보다 더 빨리 후퇴하고 있는 것처럼 보여야 한다. 그림 15.6은 이 개념을 묘사하고 있다. 우주의 팽창이 시간에 따라 일정하면, 후퇴속도와 거리의 관계는 그림의 검은색 선을 따른다. 그러나 감속하는 우주에서는 먼 거리 천체의 속도가 검은색 선의 위쪽에 있어야 한다. 중력은 팽창을 느리게 하는 데 효과적이므로 우주의 밀도가 커지면 그 선과의 편차도 더 커진다.

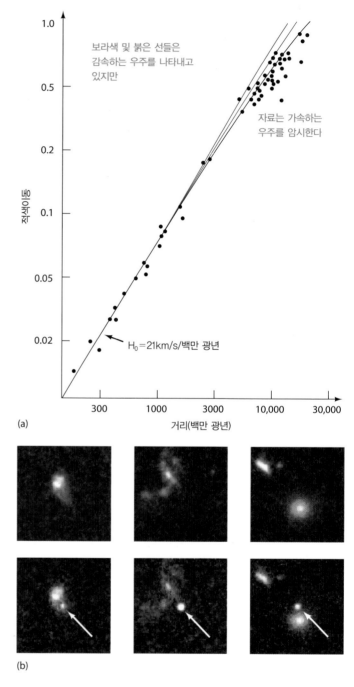

보라색 및 붉은 선들은 감속하는 우주를 나타내고 있지만

자료는 가속하는 우주를 암시한다

$H_0 = 21 km/s/$백만 광년

적색이동

거리(백만 광년)

(a)

(b)

그림 15.6

이론과 현실을 어떻게 비교할 것인가? 그림 하단에 보이는 것과 같은 초신성들을 관측하여 획득한 자료를 10여 년 전 처음 얻었을 당시에 천만 뜻밖의 놀라운 결과가 있었다. 그림 하단의 어떤 초신성들은 폭발 중인 것으로 보이는데, 이들은 예상보다 어둡게 보인다. 무언가가 그들을 더 먼 거리로 '밀어낸' 것이다. 이들 관측은 우주의 팽창이 실제로 가속하고 있음을 나타내었다! 또한 우주에 대한 우리의 관점을 크게 바꾸어 놓았다.

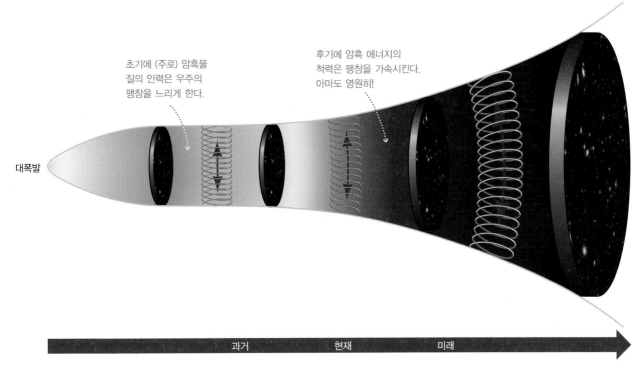

초기에 (주로) 암흑물질의 인력은 우주의 팽창을 느리게 한다.

후기에 암흑 에너지의 척력은 팽창을 가속시킨다. 아마도 영원히!

대폭발

과거   현재   미래

그림 15.7

암흑 에너지

무엇이 우주의 가속을 일으킬까? 몇몇 가능성이 제시되었지만 솔직히 말하면 천문학자들은 모른다. 그것이 무엇이든 우주를 가속시키는 신비로운 우주의 힘은 물질도 복사도 아니다. 그것은 에너지를 지니고 있지만 우주에 반발 효과를 전체적으로 가하면서 공간이 팽창하도록 유발하고 있다. 그것은 간단히 **암흑 에너지**라고 불리게 되었으며, 아마도 오늘날 천문학의 주된 수수께끼이다.

그림 15.7에 묘사된 바와 같이 자료는 우주가 팽창하면서 암흑 에너지의 반발 효과가 증가하는 것을 보여주고 있다. 이리하여 그것은 초기에는 무시될 정도였으나 오늘날에는 우주의 팽창을 지배하는 주요한 요인이 되었다. 중력은 다시는 그것에 도전할 수 없을 것이며, 분명히 우주는 속도를 계속 증가시키면서 영원히 팽창할 것이다.

우주의 구성 요소

천문학자들은 방금 논의한 초신성 관측과 우주거대구조의 다른 관측을 결합하여 거대 규모에서 우주의 조성에 관한 전반적 그림을 완성하였다. 최선을 다해 말하면, 그림 15.8에 보인 바와 같이, 현재의 우주에는 미지의 암흑 에너지가 압도적으로 많아서 전체의 약 70%를 차지하고 있다. 또 하나의 복잡한 수수께끼인 암흑물질도 대략 1/4가량을 차지한다. 그리고 보통물질은 몇 퍼센트에 불과한데 대부분 은하와 은하간 기체의 형태로 존재하며, 별, 행성, 우리 같은 생명체로는 겨우 0.4% 정도로 미미하다. 좋든 싫든 간에 적어도 현재로서는 우주의 전체 물질-에너지 중 약 95%가 단순히 이해할 수 없는 형태로 존재한다는 것을 인정할 수밖에 없다.

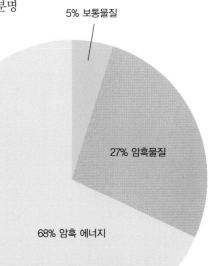

5% 보통물질

27% 암흑물질

68% 암흑 에너지

그림 15.8

우주배경복사

전체 우주는 초기우주부터 계속 존재해 온
전파 잡음으로 가득 차 있다.

이 절에서는 우주의 아득한 미래에 관한 연구에서 먼 과거를 이해하기 위한 탐색으로 방향을 돌려보기로 하자. 일단 얼마나 과거의 시간까지 탐사가 가능한가? 시간의 시작, 바로 우주의 근원을 얼마나 더 가까이 직접 인지할 수 있을까?

가장 오랜 '화석'

이들 질문에 대한 부분적인 답은 1964년에 미국 전화 체계를 개선하기 위해 고안된 실험을 하던 중 우연히 발견되었다. 벨전화연구소의 아노 펜지어스(Arno Penziags, 첨부된 사진의 왼쪽)와 로버트 윌슨(Robert Wilson)은 위성통신 시 원치 않은 간섭을 찾아 제거하는 계획의 일부로서 그림 15.9의 뿔 모양 안테나를 사용하여 극초단파(전파) 파장에서 나오는 은하수의 방출선을 연구하고 있었다.

그림 15.9

그들은 자료에서 AM 라디오 방송국의 시끄러운 잡음과 닮은, '쉬익' 하는 성가신 배경잡음에 주목했다. 설탕국자라 명명된 이 안테나가 언제 어느 방향을 지향하든 그 잡음은 계속 나왔다. 약해지지도 강해지지도 않는 약한 신호는 하루의 어느 시간이든 한 해의 어느 날이든 검출할 수 있었고, 명백히 공간을 가득 채우고 있었다.

결국 벨연구소의 동료들과 프린스턴대학교의 이론가들과의 토의를 거쳐 두 과학자는 미지의 잡음의 근원이 그야말로 우주 자체의 격렬한 탄생이라는 것을 깨달았다. 펜지어스와 윌슨이 검출한 전파 잡음을 지금은 **우주배경복사**라고 부른다. 그들은 이 발견으로 노벨 물리학상을 수상했다.

초기 복사

이론가들은 우주배경복사의 존재와 일반적 성질을 그것이 발견되기 전에 이미 잘 예측하고 있었다. 그들은 초기우주가 극도로 밀도가 높을 뿐만 아니라 매우 뜨거워야 한다고 추론했다. 대폭발 직후 우주는 극도의 고에너지 열복사(매우 짧은 파장의 감마선)로 채워져 있었을 것이다.

그림 15.10에 나타난 일련의 흑체복사곡선들은 몹시 뜨거웠던 원시 복사가 우주의 팽창에 의해 감마선에서 가시광, 적외선 파장을 거쳐 전자기 스펙트럼의 전파(극초단파) 대역에 이르기까지 적색이동되었음을 묘사하고 있다. 현재 관측되는 복사는 아주 초기 시기에 존재했던 원시 불덩어리의 화석 유물이다. 온도는 극도로 차가운 2.7K로 측정되었다. 이는 대폭발 이후 약 140억 년이 지난 오늘날 우주에 있는 모든 것들의 평균온도이다.

우주배경복사의 발견은 우주의 대폭발 이론을 지지하는 강력한 증거가 되었으며, 많은 천문학자들에게 이론이 기본적으로 옳다고 납득시키는 데 중요한 역할을 했다.

이것은 무엇을 뜻하는가

놀랍게도 우주배경복사는 우주 역사상 존재했던 모든 별과 은하가 방출해 왔던 것보다 더 많은 에너지를 포함하고 있다. 별과 은하는 복사의 매우 강한 원천이기는 해도 단지 공간의 작은 부분을 차지하고 있을 뿐이다. 이들의 에너지를 우주 전체의 부피에 대해 평균하면, 적어도 10배 차이로 우주배경복사의 에너지에 미치지 못한다. 그러니까 현재의 학습목표 수준에서는 우주배경복사가 우주에 존재하는 복사의 유일하고 중요한 형태이다.

우주배경복사의 두드러진 특징은 등방성의 정도가 매우 높다는 것이다. 지구의 공간운동이 도플러 효과를 통해 측정값을 변화시키는 효과를 보정하면, 관측된 복사의 세기는 하늘의 곳곳마다 거의 일정하다.

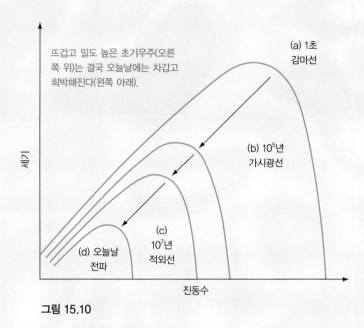

뜨겁고 밀도 높은 초기우주(오른쪽 위)는 결국 오늘날에는 차갑고 희박해진다(왼쪽 아래).

(a) 1초
감마선

(b) 10^5년
가시광선

(c)
10^7년
적외선

(d) 오늘날
전파

밝기

진동수

그림 15.10

우주를 지배한 성분의 변화

복사는 거대 규모에서 우주의 진화에 어떤 역할을 하는가? 이 질문에 대해 생각해 보기 위해, $1m^3$ 공간 속의 광자 수를 계산하고 이들 광자의 총에너지를 그 유명한 방정식 $E=mc^2$을 사용하여 질량으로 변환함으로써 마이크로파 배경의 에너지를 등가밀도로 표현해 보자.

그 결과는 우주배경복사의 등가 에너지($5 \times 10^{-31} kg/m^3$)가 사실상 암흑 에너지와 물질의 형태로 있는 우주 밀도의 현재 값(약 $10^{-26} kg/m^3$)보다 훨씬 작다는 것이다. 따라서 현재 시기에는 우주에 존재하는 암흑 에너지와 물질의 밀도가 복사의 밀도를 훨씬 초과한다.

항상 그랬을까? 암흑 에너지와 물질이 언제나 우주를 지배한 성분이었을까? 이것에 답하려면 우주가 팽창하면서 암흑 에너지, 물질, 복사의 밀도가 어떻게 변하는지 이해해야 한다.

그림 15.11은 우주의 세 가지 필수 주요 구성 요소의 주된 변화를 시각적으로 보여주고 있다. 현재 이론에 의하면 암흑 에너지는 공간 자체의 속성이고 그 밀도는 우주의 진화와 상관없이 일정하다. 반면, 팽창이 원자와 광자 수를 똑같이 희석시키므로 물질과 복사의 밀도는 둘 다 감소한다. 복사는 우주론적 적색이동으로 에너지가 더 줄어들기 때문에(15.2절), 우주가 성장하면서 그 등가밀도(파랑 곡선)가 물질 밀도(빨강 곡선)보다 훨씬 더 빠르게 떨어진다.

그림의 아래쪽은 암흑 에너지가 초기우주에는 중요하지 않았지만(그림 왼쪽 부분의 녹색 직선), 현재에는 **암흑 에너지가 우세함**을 보여준다(그림의 오른쪽 부분). 더구나 지금은 복사밀도가 물질밀도보다 훨씬 작지만, 과거(대폭발 이후 약 10,000년)에 두 가지가 같았던 시기(그림의 중앙 지점)가 있었고, 이후 우주에는 **물질이 우세**했다. 그 이전에는 복사가 우주의 주성분이었고 **복사가 우세**했다.

다른 모든 것과 마찬가지로 우주도 시간에 따라 변한다. 처음엔 복사가 우세했고 그다음엔 물질, 현재에는 암흑 에너지가 우세하다.

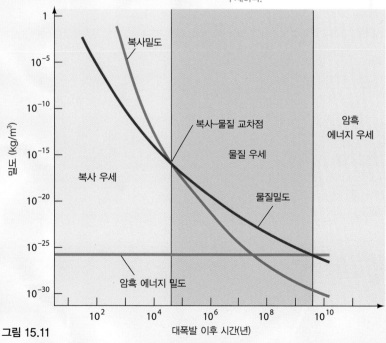

복사밀도

복사–물질 교차점

암흑
에너지 우세

물질 우세

복사 우세

물질밀도

암흑 에너지 밀도

밀도 (kg/m^3)

대폭발 이후 시간(년)

그림 15.11

초기우주
우주의 거의 모든 물질은 대폭발의 처음 몇 분 이내에
형성되었다.

대폭발 이론에 따르면 가장 극도로 이른 시기의 우주는 전부 복사로만 이루어져 있었다. 우주의 존재 이후 처음 1분 정도 동안에는 온도가 넉넉히 높아서 복사를 이루는 개별 광자들은 기본입자 형태의 물질을 창조할 수 있을 만큼 충분한 에너지를 가지고 있었다. 이것은 아인슈타인의 유명한 방정식 $E=mc^2$에 의해 복사 형태의 에너지가 물질로 변환된다는 잘 알려진 과정이다.

이 초기 기간에 우리가 현재 알고 있는 물질의 모든 기본 구성 요소들이 창조되었다. 여기에는 양성자, 중성자, 전자와 같은 '보통'물질과 은하와 은하단에 압도적으로 많은 암흑물질을 구성하는 특이입자들이 포함된다. 그렇게 먼 시간 이후에 물질은 진화하여 더욱더 복잡한 구조로 서로 뭉쳐 원자핵, 원자, 행성, 별, 은하, 현재의 우주거대구조를 형성하게 되었다. 그러나 새로운 물질이 창조된 것은 아니다.

피할 수 없는 결론은 놀랍다. 오늘날 우리 주변에 보이는 모든 것은 초기우주가 팽창하고 식으면서 복사로부터 형성된 것이다.

헬륨 형성
대폭발 이후 2분 정도가 되면 우주의 온도는 약 10억 K로 떨어지며, 양성자와 중성자가 융합하여 중수소(양성자 1개와 중성자 1개를 포함한 무거운 수소의 한 형태, 8.7절)를 형성할 조건이 된다. 그 전에는 중수소 원자핵은 생겨나자마자 고에너지 감마선에 의해 분해되고 만다. 중수소가 마침내 식어가는 배경복사로부터 살아남을 수 있게 되면, 다른 융합 반응이 재빠르게 더 무거운 원소, 특히 헬륨-4로 변환시킨다. 단 몇 분 만에 중성자는 모두 소진되며, 우주에는 수소와 헬륨을 주성분으로 하고 미량의 중수소와 그 밖에 몇 가지 경원소들이 포함된 '보통'물질이 생겨난다.

그림 15.12는 초기우주에서 헬륨의 형성을 담당하는 반응 몇 가지를 보여준다. 대폭발 직후 핵융합에 의해 수소보다 무거운 원소가 생산되는 것을 **원시 핵합성**이라고 한다. 그 외 모든 원소는 훨씬 뒤에 별 내부의 핵합성으로 형성된다.

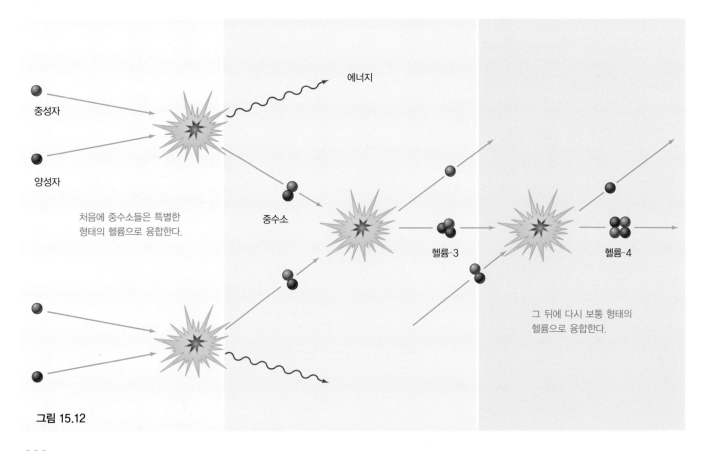

에너지

중성자

양성자

처음에 중수소들은 특별한
형태의 헬륨으로 융합한다.

중수소

헬륨-3

헬륨-4

그 뒤에 다시 보통 형태의
헬륨으로 융합한다.

그림 15.12

핵합성

초기의 폭발적 융합은 오래가지 않았다. 식어 가며 희박해지는 우주에서는 시간이 갈수록 융합이 일어나기가 점점 더 어려워졌다. 실제로 원시 핵합성은 헬륨-4에서 멈추었다.

계산에 따르면 대폭발 이후 약 15분까지 우주의 원소 함량은 결정된다. 우주에 있는 보통물질의 전체 질량 중 대략 25%는 헬륨이, 나머지 75%는 수소가 차지한다. 10억 년쯤 지나서별 내부의 핵반응이 이 값들을 바꾸기 시작하였지만, 바뀐 양은 그때든 그 이후로든 아주 조금일 뿐이다.

현재 우주에 보이는 원소들을 관측해 확정지은 이들의 상대 함량은 암흑물질이 아닌 보통물질을 뜻한다. 앞에서 보았듯이(15.3절), 우주의 물질 대부분은 사실 '암흑적'이어서, 그 본질이 이해된 바 없으며 아직 실험실에서 그 존재가 확정적으로 증명되지 못한, 규정할 수 없는 원자 구성 입자의 형태로 존재할 것으로 보인다.

첫 원자

우주 나이가 수만 년 되었을 때 (전자, 양성자, 헬륨 핵, 암흑물질로 구성된) 물질은 복사를 압도하기 시작했다. 당시의 온도는 약 50,000K로서 수소 원자들이 존재하기에는 너무 뜨거웠다. 그다음 수십만 년 동안 우주는 10배 더 팽창하였고 온도는 약 3,000K으로 내려갔으며, 전자와 양성자들은 결합하여 처음으로 수소 원자를 형성하였다.

원자핵과 전자가 결합해 원자를 형성했던 시기를 종종 **분리시기**라고 한다. 이 시기 동안 배경복사는 보통물질과 결별하였다.

물질이 이온화한 초기 시기에 우주는 모든 파장의 전자기복사와 빈번히 상호 작용하는 방대한 수의 자유전자들로 채워져 있었다. 광자는 전자를 만나 산란하기 때문에 멀리 여행하지 못했다. 우주는 복사에 **불투명**했다.

그러나 전자가 원자핵과 결합하여 수소와 헬륨 원자를 형성했을 때에는 특정 복사의 파장만 물질과 상호 작용할 수 있었다. 그 외 모든 파장의 빛은 사실상 흡수되지 않고 영원히 여행할 수 있었다. 우주는 그때 거의 **투명**해졌다. 그 후 복사는 그냥 식어 갔고, 결국 오늘날 관측되는 극초단파 배경복사가 되었다.

지구에서 지금 검출되는 극초단파 광자들은 그들이 분리되어 나온 이후 줄곧 우주를 여행해 왔다. 그림 15.13에 묘사된 바와 같이, 원자 형성의 시기에 우주에는 일종의 '광구'가 생겨나 지구 주위를 완전히 둘러싸고 있다. 따라서 우주배경복사를 관측함으로써 우리는 대폭발 바로 그때로 거의 거슬러 올라가 우주의 상태를 탐사하고 있는 것이다.

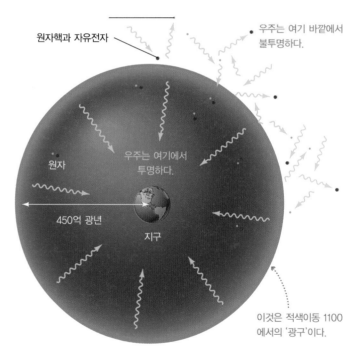

원자핵과 자유전자

우주는 여기 바깥에서 불투명하다.

원자

우주는 여기에서 투명하다.

450억 광년

지구

이것은 적색이동 1100에서의 '광구'이다.

그림 15.13

우주 급팽창

대폭발 이후 눈 깜짝할 사이에 여러 가지
우주의 근본적 특성들이 확립되었다.

30년 전 우주론자들은 표준 대폭발 모형으로는 쉽게 설명할 수 없는 괴로운 문제에 직면해 있었다. 그에 대한 해결책은 이론가들로 하여금 아주 초기의 우주에 대한 기존의 관점을 완전히 재고하도록 만들었다.

평탄성 문제

우주밀도의 정확한 값이 무엇이든지 간에 그 값은 결국 붕괴하는 우주와 영원히 팽창하는 우주를 나누는 이른바 임계값에 놀라울 정도로 가까워 보인다. 시공간의 곡률(12.4절)로 보면, 이것은 우주가 공간의 곡률이 영인 평탄함에 거의 가까우며 그 3차원 구조는 바로 고등학교에서 배워 친숙한 유클리드 기하학이라는 것을 뜻한다. 그러나 그래야만 할 이유, 즉 우주가 임계값에 매우 가까운 밀도를 갖고 형성되어야 할 합당한 이유는 없다. 그 값의 백만분의 일 또는 백만 배는 왜 안 되는가?

또한 그림 15.14에서 보듯이, 임계곡선상이 아닌, 근접한 곳에서 기원한 우주는 곧 그로부터 크게 벗어난다. 그러므로 우주가 현재 임계점에 근접해 있다면 과거에는 극도로 임계점에 근접했어야만 한다.

우주론자들은 '있는 그대로' 받아들이지 않고 우주의 현재 상태를 설명할 수 있기를 바라기 때문에 **평탄성 문제**는 큰 쟁점이다. 그들은 특별한 성질이 없는 우주가 우리가 지금 보는 우주로 진화하도록 하는 물리적 과정을 통해 이런 문제들을 풀고 싶어 한다. 이 문제가 해결됨으로써 우리는 핵합성 또는 오늘날 알려진 기본 입자들의 형성보다 훨씬 이른 시기, 사실 거의 대폭발 자체의 순간까지 생각할 수 있게 되었다.

급팽창 시기

1980년대 이론물리학자들은 우주에 있는 세 가지 비중력적 힘(전자기력, 강한 상호작용, 약한 상호작용)을 모두 아울러 하나의 '초힘'으로 결합 또는 통일하는 데에 성공하였다(스냅 상자 8-1 참조). 이 초힘을 기술하는 **대통일이론**의 주요한 특징은 엄청나게 높은 에너지(10^{28}K를 넘는 온도에 해당)에서 세 가지 힘은 통일되어 서로 구별할 수 없다는 것이다. 더 낮은 온도에서 초힘은 세 개로 갈라져 따로 전자기력, 강한 상호작용, 약한 상호작용의 특징을 드러낸다.

물리학자들은 또한 대통일이론이 아주아주 초기의 우주에 대해 놀라운 함축적 결과를 가지고 있음을 발견하였다. 대폭발 이후 10^{-34}초 이전에(그런 극소의 시간을 상상할 수 있다면), 우주의 부분들은 일시적으로 매우 다양하고 불안정한 상태에 있었는데, 이때 우주의 바로 그 구조인 공간은 **진공에너지**를 습득하여 결국 정상적인 평형 상태보다 들뜨게 되었을 것이다. 난해하게 들리겠지만 이들 영역이 우리의 직접적인 관심 대상이다. 이론가들이 옳다면 우리는 한 세상 속에 살고 있는 것이다!

진공 에너지의 출현은 극적인 결과를 초래하였다. 그림 15.15에 요약된 바와 같이, 짧은 시간 동안 초과 에너지의 영향을 받은 지역은 엄청나게 가속된 속도로 팽창하게 된다. 그 지역이 커져도 진공 에너지의 밀도는 거의 일정하게 남아 있었고, 이러한 비평형 상태가 유지되는 동안 팽창은 시간에 따라 가속되었다. 사실 그 지역의 크기는 여러 번 커지고 또 커졌다. 걷잡을 수 없는 이러한 팽창의 시기를 **우주 급팽창**이

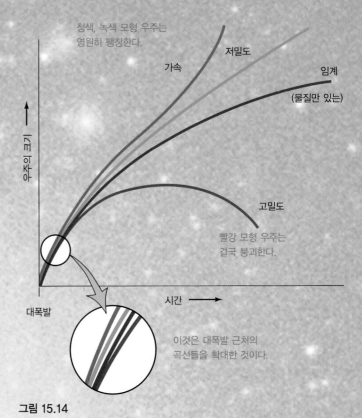

청색, 녹색 모형 우주는
영원히 팽창한다.

가속

저밀도

임계

(물질만 있는)

우주의 크기

고밀도

빨강 모형 우주는
결국 붕괴한다.

시간 →

대폭발

이것은 대폭발 근처의
곡선들을 확대한 것이다.

그림 15.14

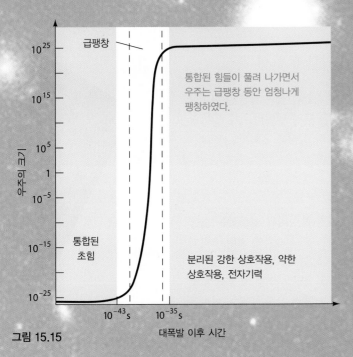

그림 15.15

급팽창

통합된 힘들이 풀려 나가면서 우주는 급팽창 동안 엄청나게 팽창하였다.

통합된 초힘

분리된 강한 상호작용, 약한 상호작용, 전자기력

라고 한다.

결국 진공이 정상적인 '참' 상태로 되돌아오며 급팽창은 멈추었다. 전체 사건은 겨우 10^{-32}초 정도 지속되었지만, 그 시간 동안 불안정했던 우주의 조각은 약 10^{50}배만큼 믿을 수 없을 정도로 커졌다. 그림 15.15에 검은색 곡선으로 보인 바와 같이 급팽창 단계 이후에 우주는 다시 한 번 (상대적으로) 여유 있게 팽창을 재개하였다.

우주에 미치는 영향

그림 15.16에 기술된 바와 같이, 급팽창은 평탄성 문제에 대한 자연스러운 해답을 제공한다. 당신이 팽창하는 풍선 표면에 앉아 있는 1mm 길이의 개미라고 상상해 보라. 풍선의 크기가 단지 수 센티미터 정도였을 때에는 풍선의 둘레가 당신의 크기와 비슷하기 때문에 풍선 표면이 굽어 있다는 것을 쉽게 알 수 있다. 그러나 풍선이 팽창하면서 곡률은 점점 덜 두드러지게 된다. 풍선이 수 킬로미터 정도가 되면, 지구의 표면이 우리에게 평탄해 보이는 것처럼 당신의 '개미 크기만 한' 표면의 조각은 완전히 평탄해 보인다. 이제 풍선이 1조 배의 1조 배의 1조 배의 100배(10^{50}배)만큼 팽창했다고 상상해 보라. 당신 근처의 표면 조각은 완벽하게 평탄한 평면과 전혀 구별할 수 없다. 따라서 급팽창 전에 우주가 지니고 있었을지도 모를 곡률은 아주 매끄러워져서 우리가 관측하고 싶어 하는 모든 규모에서 이제 공간은 평탄하다.

더구나 우주는 기하학적으로 평탄하기 때문에 상대성이론에 의해 전체 우주의 밀도는 정확히 임계값과 같아야 한다. 우주거대구조의 관측(15.7절)은 급팽창이론의 가장 중요한 예측을 지지해 준다. 이 예측은 제15장 3절의 초반에서 암흑 에너지가 전체 우주의 밀도를 지배하고 있다는 표현의 기저를 이룬다. 암흑물질만으로는 전체를 설명하지 못한다. 즉, 물질 대부분은 암흑적일 뿐만 아니라, 우주밀도의 대부분이 물질로 이루어져 있지도 않다는 것이다. 이것은 코페르니쿠스 원리의 궁극적 표현일 수도 있다. 지구는 우주에서 중심적이거나 특별하지도 않으며, 또한 우리 개인을 이루고 있는 것도 일반적 물질을 대표하지 않는다는 것이다. 물질 자체도 우주의 소수 구성 성분이다!

급팽창 시기 동안 우주에 존재했던 극도로 뜨겁고 밀도가 높은 조건들을 물리학자들이 지구의 실험실에서 조금이라도 비슷하게나마 창조해 내기는 아마 절대로 불가능할 것이다. 그렇지만 우주 급팽창은 수많은 대통일이론의 당연한 귀결인 것처럼 보인다. 이러한 이유만으로도 직접적인 증거가 부족함에도 불구하고 급팽창이론은 현대 우주론의 필수 요소가 되었다.

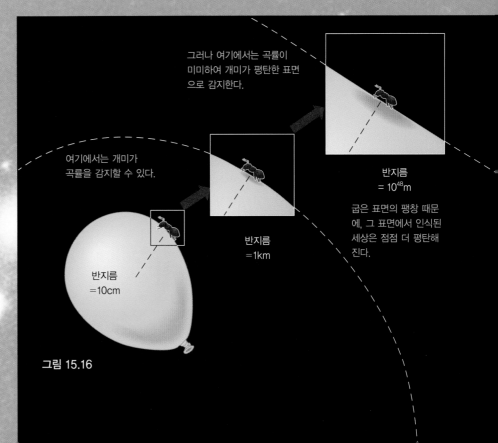

그러나 여기에서는 곡률이 미미하여 개미가 평탄한 표면으로 감지한다.

여기에서는 개미가 곡률을 감지할 수 있다.

반지름 = 10^{48}m

굽은 표면의 팽창 때문에, 그 표면에서 인식된 세상은 점점 더 평탄해진다.

반지름 =1km

반지름 =10cm

그림 15.16

거대구조의 형성
우주의 암흑물질은 우주거대구조 형성에 결정적인 역할을 하였다.

우리가 알기로는 우주에 있는 현재의 모든 거대구조는 초기우주에 존재했던 작은 불균일성(완전히 균일한 밀도에서 약간 벗어남)에서 성장했다. 평균보다 밀도가 높은 물질 덩어리는 중력의 영향으로 수축하고 다른 덩어리와 병합하다가 결국 별이 형성되기 시작하고 밝은 은하가 나타나는 단계에 이르게 되었다(14.8절).

암흑물질이 주도하다

대부분의 우주론자들은 초기우주의 강한 복사가 보통의 물질 덩어리가 형성되고 성장하는 것을 효과적으로 방해했다고 생각한다. 마치 별 속에서와 같이 물질 덩어리는 복사 압력에 의해 중력에 끌려 들어가지 않도록 안정되었다(10.2절). 다른 점은 처음 생겨난 구조들이 우주의 물질 대부분을 차지하는 **암흑물질** 속에서 그랬었다는 것이다. 암흑물질의 실체는 불확실하지만, 보통물질 및 복사와 매우 약하게만 상호 작용한다는 결정적 특성을 지니고 있다. 그 결과 암흑 물질 덩어리는 배경복사에 영향을 받지 않았고, 물질이 처음으로 우주의 밀도를 지배하기 시작하자마자 성장하기 시작하였다.

그림 15.17에 묘사된 바와 같이 암흑물질은 우주의 전체 물질 분포를 결정하였으며 서로 뭉쳐 관측된 거대구조를 형성하였다. 그 뒤에 보통의 물질은 고밀도 지역 속으로 중력에 이끌렸고 결국 은하와 은하단이 형성되었다.

이 각본은 그토록 많은 암흑물질이 가시적인 은하 바깥에서 발견되는 이유를 설명해 준다. 빛을 내는 물질은 밀도 봉우리 근처에서 강하게 집중돼 있고 그곳의 암흑물질을 압도하고 있지만, 우주의 나머지 부분에는 본질적으로 보통물질이 없다. 빙산의 일각 또는 바다의 물결 마루처럼, 우리가 보는 우주는 전체의 아주 작은 부분에 불과하다.

컴퓨터 모의실험

그림 15.18은 보통물질 5%, 암흑물질 27%, 암흑에너지 68%로 구성된 '가장 그럴듯한' 우주의 슈퍼컴퓨터 모의실험 결과이다. 그림 15.2에 나타난 바와 같이 우주 구조의 실제 관측과 놀랍도록 유사하다.

심도 있는 통계 분석과 더욱 정교한 모의실험은 실제와 아주 잘 맞는다. 이와 같은 계산들이 이 모형들이 우주를 올바로 기술하고 있다고 증명할 수는 없지만, 컴퓨터 모의실험과 하늘에서 관측되는 거대한 구조물이 잘 일치한다는 사실은 암흑물질이 우세한 우주를 강하게 지지해 주고 있다.

관측 증거

암흑물질이 광자와 직접 반응하지는 않지만 성장하는 암흑 덩어리는 복사에 중력적인 영향을 약간 미친다. 그 결과 배경복사에 아주 작은 '물결'이 존

10억 년
z=6

이 컴퓨터 모의실험은 암흑물질이 어떻게 보통물질이 결집하도록 유도하는지 보여준다.

아래 그림들은 구조 성장을 도표로 표현한 것이다.

암흑물질

보통물질

밀도

공간 ⟶

(a) 시간=1초

암흑물질

보통물질

밀도

공간 ⟶

(b) 시간=1,000년

암흑물질

노란색 덩어리는 보통물질로 된 은하를 나타낸다.

밀도

공간 ⟶

(c) 시간=10^8년

그림 15.17

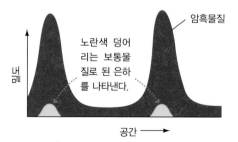

위의 지도는 구조들이 하늘에서 어떻게 보이는지 나타낸다.

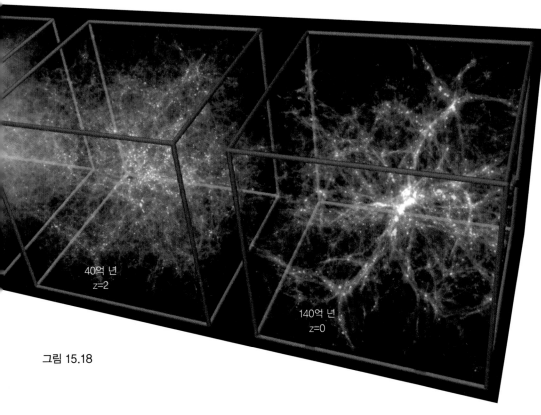

그리고 결국 오늘날 볼 수 있는 대규모의 필라멘트 구조가 어떻게 형성되었는지를 묘사한다.

그림 15.18

재하여 하늘 여기저기에 미세한 온도 변화로 나타난다는 중요한 예측이 얻어졌다. 그리고 이것들도 역시 관측되었다.

그림 15.19는 유럽우주국에서 2009년 쏘아올린 위성, 플랑크가 만든 전천 지도를 보여준다. 플랑크는 태양-지구를 잇는 선을 따라 지구궤도 바깥으로 150만 킬로미터 떨어진 곳에 상주하며 항상 태양 반대편을 향해 섬세한 검출기를 차갑게 유지하고 있고, 6개월에 한 번씩 전체 하늘을 훑어본다.

그림 오른쪽의 확대 영상은 칠레 안데스 산맥의 지상망원경이 하늘의 작은 영역을 관측해 얻은 소규모의 고해상도 영상이다.

두 지도는 모두 대표 각 규모 1°에서 수백 마이크로켈빈(μK)의 온도 요동을 보여준다. 이 각 규모는 전체 우주밀도가 정말 임계값에 가깝다는 것을 확인시켜 주기 때문에 중요하다. 우주는 정말로 평탄하며 영원히 팽창할 것으로 보인다.

현재 진행 중이거나 예정된 우주 기반 관측들은 이러한 측정들을 더욱 개선하여 오차를 줄이고 전체 하늘에서 그 범위를 늘려나갈 것이다. 21세기 초반에는 우주의 기본 매개변수들이 (완전히 이해되지는 못하더라도) 몇 년 전엔 단지 꿈에 불과했던 정확도로 측정될 것이다.

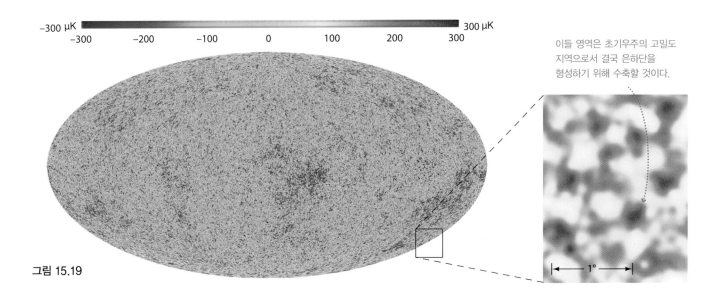

이들 영역은 초기우주의 고밀도 지역으로서 결국 은하단을 형성하기 위해 수축할 것이다.

그림 15.19

CHAPTER 15 복습

요약

LO1 은하단 자체는 **초은하단**(p. 258)이라 불리는 거대한 물질 집합체로 군집하지만, 계층적 군집은 거기에서 멈춘다. 약 10억 광년보다 더 큰 규모

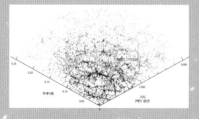

에서 우주는 거의 **균일**(p. 259)한데, 이는 어느 곳이나 동일하다는 뜻이며, 또한 **등방**(p. 259)한데, 이는 어느 방향에서나 동일하다는 뜻이다. 우주 전체를 연구하는 학문인 **우주론**(p. 259)에서 천문학자들은 보통 우주가 거시적으로 균일하고 등방하다고 가정한다. 이 가정을 **우주론적 원리**(p. 259)라고 한다.

LO2 관측된 은하들의 운동을 추적하여 시간을 거슬러 올라가 보면, 약 140억 년 전 우주는 **대폭**

발(p. 260)을 통해 빠르게 팽창했던 단일점으로 되어 있었다는 것을 알 수 있다. 광자의 파장이 우주팽창으로 '늘어나면서' 우주론적 적색이동이 발생한다. 우주가 영원히 팽창하거나, 아니면 하나의 점으로 붕괴하거나, 오직 두 가지 결과만이 가능하다. **임계밀도**(p. 261)는 중력이 현재의 팽창을 이겨내어 우주를 붕괴시키도록 하는 데 필요한 물질의 밀도이다.

LO3 멀리 떨어진 초신성 관측에 따르면, 우주의 팽창은 보통 **암흑에너지**(p. 263)라 불리는 힘의 효과에 의해 가속하고 있다. 또

다른 독립적인 관측에 따르면, 우주는 평탄하여 밀도가 정확히 임계밀도이며, 이 중 (대부분 암흑 성분인) 물질이 전체의 27%를 차지하고 암흑에너지가 나머지를 차지하고 있다고 한다. 그러한 우주는 영원히 팽창할 것이다.

LO4 **우주배경복사**(p. 264)는 등방한 흑체복사로서 전체 우주를 채우고 있다. 현재의 온도는 약 3K에 불과하지만, 그 존재는 우주가 뜨겁고, 고밀도의 상태에서 팽창했다는 증거가

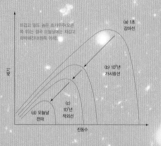

된다. 우주가 팽창하면서 초기의 고에너지 복사는 점차 적색이동하여 온도가 더욱더 낮아졌다. 현재 우주에 있는 암흑 에너지와 물질의 밀도는 둘 다 복사밀도의 등가량을 훨씬 초과하고

있다. 오늘날 우주는 **암흑 에너지가 우세하다**(p. 265). 암흑 에너지의 밀도는 우주가 팽창해도 일정하게 유지되지만, 우주가 더 작았고 **물질이 우세했던**(p. 265) 과거에는 물질의 밀도가 훨씬 컸다. 우주가 팽창하면서 복사가 적색이동하므로, 복사의 밀도는 **복사가 우세했던**(p. 265) 초기우주에 더 컸다.

LO5 우주에 있는 모든 수소는 원시적이며, 뜨거운 초기우주가 팽창하며 식는 동안 복사로부터 형성되었다. 오늘날 우주에서 관

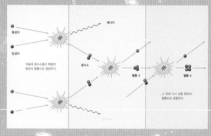

측된 헬륨의 대부분도 원시적이어서, 대폭발 이후 몇 분 동안 양성자와 중성자 사이의 융합으로 생겨났다. 이것을 **원시 핵합성**(p. 266)이라고 한다. 다른 중원소들은 훨씬 뒤에 별의 핵에서 형성되었다. 우주가 약 3,000K로 식었을 때, 배경복사는 물질로부터 분리되었는데 이때를 **분리시기**(p. 267)라고 일컫는다. 현재 마이크로파 배경을 이루는 광자들은 그 뒤로 공간을 자유롭게 여행하고 있다.

LO6 현대의 **대통일이론**(p. 268)에 따르면, 대폭발 이후 약 10^{-34}초에 자연의 세 가지 비중력적 힘이 분리된 성격을 나타내기 시작하였다. 곧이어 **우주 급팽창**(p. 268)이라 불리는 짧은 시기 동안 우주는 빠르게 팽창하여 그 크기

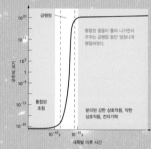

가 약 10^{50}배 증가하였다. 급팽창은 **평탄성 문제**(p. 268), 즉 우주의 밀도가 임계값에 왜 그렇게 가까운지에 대한 명백한 이유를 설명하지 못하는 문제를 해결하였다. 급팽창은 우주의 밀도가 거의 정확히 임계값이어야 함을 암시한다.

LO7 오늘날 우주에서 관측된 거대구조는 암흑물질의 밀도 불균일성이 뭉쳐서 성장하여 현재 관측된 구조의 '뼈대'를 이루면서 형성된 것이다. 그 뒤 보통물질은 공

간의 고밀도 지역으로 흘러 들어가, 결국 우리가 지금 보고 있는 은하들을 형성하였다. 배경복사 속에 있는 '물결'은 복사장에 새겨진 이들 불균일성의 초기 모습이며 우리가 평탄하고 임계밀도를 갖는 우주에 살고 있다는 급팽창 우주론의 예측에 신빙성을 강력하게 더해 주고 있다.

POS 문제들은 과학의 과정을 탐구하는 문제이고, LO 문제들은 학습 목표에 초점을 맞추고 있고, VIS 문제들은 보이는 정보들을 이해하고 해석하는 데 초점을 맞추고 있다.

복습과 토론

1. 초은하단은 무엇인가?
2. POS 매우 큰 규모에서는 우주적 구조가 더 이상 존재하지 않는다는 증거가 있는가? '매우 크다'는 것은 얼마나 큰 것을 말하는가?
3. LO1 우주론적 원리는 무엇인가?
4. LO2 POS 우주의 팽창이 은하들로 하여금 공간으로 퍼져 날아가게 한다고 말하면 옳지 않은 이유가 무엇인가?
5. 허블상수와 우주의 나이는 어떤 관계가 있는가?
6. LO3 POS 초신성 관측이 우주론에 필수적인 이유는 무엇인가?
7. 암흑 에너지는 무엇인가? 이것이 우주의 팽창에 미치는 효과는 무엇인가?
8. 우주에 복사가 우세했던 시기는 언제인가?

9. LO4 우주배경복사는 무엇인가?
10. 우주가 팽창하면서 마이크로파 배경복사의 온도는 어떻게 변화하는가?
11. LO5 초기우주에서 헬륨은 어떻게 형성되었는가?
12. 어째서 모든 별이 적어도 1/4 질량의 헬륨을 포함하고 있는가?
13. 언제 우주 방사선이 투명해졌는가?
14. LO6 우주의 급팽창은 무엇인가? 급팽창이 평탄성 문제를 어떻게 해결하는가?
15. LO7 암흑물질과 우주거대구조의 형성 사이의 관계는 무엇인가?
16. 마이크로파 배경복사는 어떻게 초기우주의 구조에 대한 정보를 제공하는가?

진위문제

1. 우주에 가장자리가 있다면 이 사실은 우주론적 원리 중 등방성의 가정에 위배된다.
2. 허블의 법칙은 우주가 영원히 팽창할 것임을 암시한다.
3. 중력만이 작용했다면 과거의 우주는 예상보다 덜 빠르게 팽창하였을 것이다.
4. 우주배경복사는 고도로 적색이동된 초기 대폭발의 복사이다.

5. 우주는 암흑물질로 대부분 이루어져 있다.
6. 마이크로파 배경복사는 분리시기에 마지막으로 물질과 상호 작용을 하였다.
7. 급팽창이론은 우주의 밀도가 정확히 임계밀도여야 함을 예측한다.
8. 암흑물질은 은하가 형성되는 데 필요한 중력적 구조를 제공하였다.

선다형문제

1. 우주론적 원리는 다음이 발견되면 틀렸음이 입증된다. (a) 우주가 팽창하지 않고 있다. (b) 은하들이 현재 추정된 것보다 더 늙었다. (c) 천구상의 단위 면적당 은하의 개수가 모든 방향에서 동일하다. (d) 관측된 우주의 구조가 우리가 보는 방향에 좌우된다.
2. 우주의 가속을 측정하기 위해 사용되는 은하의 거리는 (a) 삼각시차 (b) 적색거성 (c) 세페이드 변광성 (d) 폭발하는 백색왜성의 관측으로 결정된다.
3. 천문학자들은 현재의 우주팽창이 (a) 영원히 지속되지만 꾸준히 감속할 것이다. (b) 영원히 지속되며 꾸준히 속도가 증가할 것이다. (c) 언젠가 멈추고 방향을 바꾸어 붕괴할 것이다. (d) 결국 평형 상태가 되어 팽창도 수축도 하지 않을 것이라고 생각한다.
4. 우주는 (a) 지구보다 어리다. (b) 태양만큼 늙었다. (c) 우리은하만큼 늙었다. (d) 우리은하보다 늙었다.
5. 허블의 법칙을 사용하여 우주의 나이를 추정할 때, 그 결과는 다

음과 같다. (a) 어느 은하를 선택하느냐에 좌우된다. (b) 우리가 사용하는 모든 은하에 대해 동일하다. (c) 우리가 보는 방향에 좌우된다. (d) 우리가 우주의 중심에 있다는 것을 가정하고 있다.
6. 우주배경복사는 (a) 우리은하의 중심으로부터 (b) 우주의 중심으로부터 (c) 뉴저지의 전파 안테나로부터 (d) 모든 방향에서 동일하게 나온다.
7. VIS 그림 15.6의 자료점들은 (a) 우주가 팽창하지 않고 있음을 입증한다. (b) 그 팽창이 예상했던 것보다 더 빠르게 감속되고 있음을 암시한다. (c) 허블상수를 측정하게 해준다. (d) 중력만 작용한다면 먼 은하들의 적색이동이 예측된 것보다 더 커질 것임을 나타낸다.
8. VIS 그림 15.11에 의하면 우주가 10살이었을 때, 복사의 밀도는 (a) 물질의 밀도보다 훨씬 컸다. (b) 물질의 밀도보다 훨씬 작았다. (c) 물질의 밀도와 비슷하였다. (d) 알 수 없다.

활동문제

협동 활동 임계밀도의 우주는 평탄하지만 밀도가 더 높은 우주는 양의 곡률을 나타내며(스냅 상자 12-2 참조) 크기도 유한하다. 영원히 팽창하는 무한한 우주와 언젠가 재붕괴할 공간적으로 유한한 우주에서의 삶에 대해 둘 사이의 철학적 차이를 토의하라. 이들 두 가지 가능성 중에 특별히 받아들이기 힘든 점이 있는가? 전자의 결과가 더 그럴듯해 보인다. 우리의 현재 모형은 암흑물질과 암흑 에너지라고 하는, 본성이 거의 알려지지 않은 채로 남아 있는 두 가지 양에 정확히 기초하고 있다. 우리의 우주 모형들이 '결정'되었다고 생각하는가,

아니면 앞으로 더 크게 변화할 것이라고 생각하는가?

개별 활동 등방성은 모든 방향에서 사물이 동일하게 보이는 양상이다. 여러분의 현재 위치에서 몇 마일 이내에 있는 건물과 지리적 특징, 그리고 그와 비슷한 것들을 생각했을 때, 여러분 근처의 '우주'는 등방한가? 그렇지 않다면 등방성이 적용될 수 있는 어떤 규모가 근사적으로라도 있는가?

에필로그 : 우주에서의 삶

인간은 우주에서 유일한 생명체일까, 아니면 지구상의 생명체는 우주 속 공간에서 살 수 있는 유일한 예일까? 만약 그렇다면 이러한 외로운 우주는 무엇을 암시하는가? 만약 그렇지 않다면 외계 생명체가 어떻게, 그리고 어디에 있는지에 대해 우리는 이에 대한 어떤 자료도 가지고 있지 않다. 하지만 이 질문은 인류에게 엄청난 결과를 가져올 수 있는 중요한 문제이다.

보통 원칙

누구에게 들어 봐도 지구는 극도로 평범해 보인다. 은하수에 있는 많은 궤도의 평균적인 별을 공전하고 있는 암석으로 된 하나의 별(행성)이다. 더군다나 생명체를 이루는 원자와 분자는 우리가 알고 있듯이 우주 어디에나 있는 무수한 항성계의 것들과 같다. 그러므로 생명은 광대한 우주의 많은 장소에서 기원하고 진화할 수 있을 것이다. 문제는 언제, 어디에서, 어떻게 지구 밖의 생명체를 찾느냐 하는 것이다.

현재 이 페이지 그림은 나사의 접시 모양 MSL(화성 과학 실험실) 우주선이 화성에 접근하는 것을 그린 그림이다. 우주선은 화성을 탐사할 준비를 마친 큐리오시티 탐사선이다. 화성은 과학자들이 미생물체 생명이 한 번이라도 번성했다는 증거를 찾기를 바라는 곳이다. 다른 그림은 목성의 위성인 유로파(오른쪽)와 토성의 위성인 타이탄(왼쪽 위)을 나타낸다. 천문학자들은 두 곳의 상태나 조건이 일부 생명체의 기원이나 생명 활동에 도움이 될 수 있다고 생각한다. 그리고 또 다른 그림은 지구와 같은 조건이라고 알려진 수십 개의 외계 행성 중 하나의 구상(오른쪽 위)을 그린 것이다.

하지만 블록버스터 영화, 공상과학 소설, '비행접시'와 외계 생명체와의 접촉에 대한 수많은 주장에도 불구하고, 사실은 천문학자들이 우주 어떤 곳에서도 생명체에 대한 명백한 증거를 발견한 적이 없다는 것이다. 지구는 우리가 생명의 존재를 확신하는 유일한 장소이다. 어떤 로봇도 우리태양계의 다른 행성이나 위성에서 살아 있는 생명체나 화석, 미생물 또는 큰 몸체를 가진 생명체를 발견하지 못했다. 최근에 태양계 밖에서 발견된 수천의 외계행성 역시, 어떤 생명체의 흔적도 발견되지 않았다. 우주에서 올 수 있는 인공적 전파 및 신호를 자세히 살피고 있는 전파망원경 역시 어떤 것도 찾아내질 못하고 있다. 다른 곳의 생명체는 매우 단순하고 징그러운 벌레의 모습일까, 아니면 복잡하고, 영리하며, 기술적인 생명체일까? 외계의 존재가 우리에게 연락하는 것을 수동적으로 기다려야 하나, 아니면 우리가 능동적으로 그들이 어떻게 출현했는지 발견하고, 그들이 누구인지 설명하고, 그들이 알고 있는 것을 배우고, 그들이 어떻게 사랑하는지, 그들이 왜 존재하는지 등을 찾으려고 애써야 하는가?

성공 확률을 추정하는 것은 어렵지만, 우리가 성공할 기회를 전혀 찾지 않았다면 확률은 0일 것이다.
– 20세기 물리학자 필립 모리슨

경이, 검색 그리고 탐색

천문학자들은 하늘을 지켜보며, 그들이 관찰하는 것에 대해 호기심을 가지고 면밀히 살피고 곰곰이 생각한다. 그들은 외계 생명체(어쩌면 지능형 생명체)에 대한 증거가 어느 순간에 갑자기 생겨날 수 있음에 대해 끊임없이 생각하고 있다. 그러면 그 증거는 모든 것을 바꿀 것이다. 아마도 천문학에서 가장 큰 미해결 문제는 외계 존재가 이 우주에 살고 있는지에 대한 것이다. 이것만으로도 외계 생명체를 찾는 일은 계속될 것이다. 이 탐험은 결코 끝이 없을 것이다.

과학적 표기법

천문학자에 의해 연구되는 대상의 크기는 가장 작은 입자에서부터 가장 큰 범위로는 전 우주에 이르기까지 다양하다. 아원자 입자는 약 0.000000000000001미터 크기다. 은하(그림 1.1d와 같은)가 일반적으로 지름 1,000,000,000,000,000,000,000미터를 측정하는 동안에 우주에서 가장 멀리 떨어져 있다고 알려진 것은 지구에서 100,000,000,000,000,000,000,000,000미터 정도 떨어져 있다.

분명히 모든 0을 작성하는 것은 번거롭고 불편하다. 더 중요한 것은 오류를 범하기 쉽다. 너무 많거나 너무 적은 0을 쓰게 하여, 여러분의 계산이 잘못될 수 있다! 이것을 피하기 위해 과학자들은 10의 거듭제곱, 또는 지수 표기법을 사용한다. 지수는 단순히 (왼쪽에서 오른쪽으로 읽어) 첫 번째 기호(0이 아닌) 숫자 자릿수와 소수점 사이의 숫자이다. 따라서 1은 10^0이고, 10은 10^1이고, 100은 10^2이며, 1000은 10^3이다. 1 미만인 소수점 및 제자리수와 제로 사이, 지수가 음인 숫자 0.1은 10^{-1}이며, 0.01은 10^{-2}이며, 0.001은 10^{-3}이다. 이 표기법을 사용하면 우리는 미터에 아원자 입자를 설명하는 숫자를 줄일 수 있고, 은하의 크기는 10^{21}미터로 쓸 수 있다.

더 복잡한 숫자는 10의 거듭제곱의 조합과 곱셈 인수로 표현된다. 이 인수는 통상적으로 원래 숫자의 첫 번째 유효 숫자로 시작하는 1과 10 사이의 숫자로 선택된다. 예를 들어, 1,500억 미터는(지구에서 태양까지의 거리) 보다 간결한 1.5×10^{11}미터, 0.000000025는 2.5×10^{-8}미터로 쓸 수 있다. 지수는 단순히 소수점 곱셈 인수를 얻기 위해 왼쪽으로 이동해야 할 자릿수이다. 과학적 표기법의 몇 가지 다른 예는 다음과 같다.

- 안드로메다은하의 대략적 거리
  =2,500,000광년=2.5×10^6광년
- 수소 원자의 크기
  =0.00000000005 미터=5×10^{-11}미터
- 태양의 지름
  =1,392,000킬로미터=1.392×10^6킬로미터
- 미국의 국가 빚 (2014년 10월 1일 기준)
  =\$17,875,258,000,000.00=\$17.875258조=
  1.7875258×10^{13}달러

매우 크거나 매우 작은 숫자를 표현할 수 있는 간단한 방법을 제공하는 것 외에, 이 표기법은 또한 쉽게 기본적인 연산이 가능하다.

이 방법으로 표현된 숫자의 곱셈 규칙은 간단하다. 인수를 곱하고 지수를 추가한다. 마찬가지로 나눗셈은 인수를 나누고 지수를 뺀다. $(3.5 \times 10^{-2}) \times (2.0 \times 10^3) = (3.5 \times 2.0) \times 10^{-2+3} = 7.0 \times 10^1$, 즉 70이다. $(5 \times 10^6) \div (2 \times 10^4) = (5/2) \times 10^{6-4} = 2.5 \times 10^2$, 즉 250이다. 단위 변환에 이러한 규칙을 적용하면 200,000나노미터=$200,000 \times 10^{-9}$미터(1나노미터= 10^{-9} 부록 2 참조), 또는 $2 \times 10^5 \times 10^{-9}$m, 또는 $2 \times 10^{5-9}$m$=2 \times 10^{-4}$m$=0.2$mm이다. 자신만의 몇 가지 예를 가지고 이러한 규칙을 확인해 보라. 이러한 기호의 장점은 천체들을 고려해 보면 더욱 명백해질 것이다.

과학자들은 단순성과 계산의 편의를 위해, 숫자의 '반올림'을 사용한다. 예를 들어 우리는 일반적으로 이전에 주어진 더 정확한 숫자 대신에 1.4×10^6km로 태양의 직경을 사용할 것이다. 마찬가지로 지구의 지름은 12,756km, 또는 1.2756×10^4km지만, '야구장' 견적을 낼 때는 이렇게 많은 숫자가 필요하지 않으며, 더 대략적인 숫자 1.3×10^4km로 충분하다. 우리는 매우 자주 하나 혹은 두 개의 유효 숫자만을 이용한 어림셈을 하는데, 이러한 어림셈이 특정한 상황에서는 필요한 전부가 되기도 한다. 예컨대 "태양은 지구보다 훨씬 크다."는 문장을 보완하기 위해, 우리는 두 직경의 비를 대략 1.4×10^6을 1.3×10^4으로 나눈 값이라고 말하면 된다. 1.4를 1.3으로 나눈 것은 거의 1에 가깝기 때문에, 그 비율은 대략 10^6을 10^4으로 나눈 것, 즉 100이 된다. 여기서 중요한 사실은 비율이 1보다 훨씬 크다는 것이다. 높은 정확도로 계산하는 것(109.13을 구하는 것)이 우리에게 더 유용한 정보를 주지는 않을 것이다. 연산의 세부 사항을 잘라내는 이 기술은 천문학에서 매우 일반적이며, 우리는 이 책 전반에 걸쳐 자주 사용한다.

천문학적 측정 방법

천문학자들은 하나의 단위 체계만으로는 할 수 없는 일을 하기 때문에 많은 종류의 단위를 사용한다. 많은 천문학자들은 SI(Systeme Internationale), 또는 대부분의 고등학교와 대학교 과학 수업에서 사용하는 미터－킬로그램－초(MKS) 체계보다 여전히 이전의 센티미터－그램－초(CGS) 체계를 선호한다. 하지만 천문학자들은 편리성을 위해 새로운 단위를 소개한다. 별을 논의할 때 태양의 질량 및 반경은 종종 기준점으로 사용된다. 태양의 질량은, $M_\odot$로 나타내며, 이는 2.0×10^{33}g, 또는 2.0×10^{30}kg이다(1kg＝1,000g이기 때문에). 태양의 반경은 $R_\odot$로 나타내며, 이는 700,000km, 또는 7.0×10^8m이다. 첨자 $\odot$는 항상 태양을 의미한다. 유사하게 첨자 $\oplus$는 항상 지구를 의미한다. 이 책에서 우리는 천문학자들이 일반적으로 이용하는 단위를 사용하고, 필요한 경우에는 '표준' SI 단위 표현도 함께 제공한다.

특히 천문학자가 이용하는 길이의 단위가 중요하다. 미시 척도로는 옹스트롬($1\text{Å}=10^{-10}$m$=10^{-8}$cm), 나노미터($1\text{nm}=10^{-9}$m$=10^{-7}$cm)와 마이크론($1\mu\text{m}=10^{-6}$m$=10^{-4}$cm)이 사용된다. 태양계 내에서 거리는 일반적으로 천문단위(AU), 즉 지구와 태양 사이의 평균 거리의 관점에서 표현된다. 1AU는 대략 150,000,000km, 또는 1.5×10^{11}m와 같다. 거시 척도로는 광년($1\text{ ly}=9.5 \times 10^{15}m=9.5 \times 10^{12}$km)과 파섹($1\text{ pc}=3.1 \times 10^{16}m=3.1 \times 10^{13}km=3.3$ ly)이 일반적으로 사용된다. 여전히 큰 거리는 일반 미터법을 사용한다. 따라서 1킬로파섹(kpc)$=10^3$pc$=3.1 \times 10^{19}$m, 10메가파섹(Mpc)$=10^7$pc$=3.1 \times 10^{23}$m 등이 된다.

천문학자들은 특정 맥락 안에서 의미를 갖는 단위를 선택하고, 맥락의 변화에 따라 단위를 맞추어 사용한다. 가령 우리는 상황에 따라 (g/cm³)당 그램의 단위로 밀도를 측정할 수 있고, 입방 미터당 원자 개수(원자/m³), 또는 입방 메가파섹당 ($M_\odot$/Mpc³) 태양질량 단위로 측정할 수도 있다. 중요한 것은 단위를 이해하고 나면, 자유롭게 변환하여 사용할 수 있다는 것이다. 태양의 반경은 $R_\odot=6.96 \times 10^3$m, 또는 6.96×10^{10}cm, 또는 109 $R_\oplus$, 또는 4.65×10^{-3}AU, 또는 7.363×10^{-5}ly(광년) 중 가장 유용하게 쓸 수 있는 것으로 표기할 수 있다. 천문학에서 사용되는 일반적인 단위, 혹은 볼 가능성이 가장 높은 단위는 다음과 같다.

길이		
1 angstrom (Å)	$=10^{-10}$m	
1 nanometer (nm)	$=10^{-9}$m	원자물리학, 분광학
1 micron (μm)	$=10^{-6}$m	성간먼지와 가스
1 centimeter (cm)	$=0.01$m	
1 meter (m)	$=100$cm	모든 천문학 전반에 걸쳐 광범위하게 사용
1 kilometer (km)	$=1,000$m$=10^5$cm	
Earth radius ($R_\oplus$)	$=6,378$km	행성천문학
Solar radius ($R_\odot$)	$=6.96 \times 10^8$m	
1 astronomical unit (AU)	$=1.496 \times 10^{11}$m	태양계, 별의 진화
1 light-year (ly)	$=9.46 \times 10^{15}$m$=63,200$AU	
1 parsec (pc)	$=3.09 \times 10^{16}$m$=206,000$AU$=3.26$ ly	은하천문학, 별과 성단
1 kiloparsec (kpc)	$=1,000$ pc	
1 megaparsec (Mpc)	$=1,000$ kpc	은하, 은하단, 우주론

질량		
1 gram (g)		
1 kilogram (kg)	=1,000g	다양한 분야에서 광범위하게 사용
Earth mass ($M_\oplus$)	=5.98×10^{24}kg	행성천문학
Solar mass ($M_\odot$)	=1.99×10^{30}kg	지구보다 큰 모든 질량의 '표준'단위
시간		
1 second (s)		천문학 전반에 걸쳐 광범위하게 사용
1 hour (h)	=3,600s	
1 day (d)	=86,400s	행성과 별의 규모
1 year (yr)	=3.16×10^7s	별보다 더 큰 규모로 발생하는 거의 모든 과정

표

표 1 유용한 물리 상수*

천문단위(astronomical unit)	$1\ \text{AU} = 1.496 \times 10^{8}\text{km}\ (1.5 \times 10^{8}\text{km})$
광년(light-year)	$1\ \text{ly} = 9.46 \times 10^{12}\text{km}\ (10^{13}\text{km},\ \text{약 6조 마일})$
파섹(parsec)	$1\ \text{pc} = 3.09 \times 10^{13}\text{km} = 206{,}000\ \text{AU} = 3.3\ \text{ly}$
빛의 속력(speed of light)	$c = 299{,}792.458\ \text{km/s}\ (3 \times 10^{5}\text{km/s})$
스테판 볼츠만 상수(Stefan-Boltzmann constant)	$a = 5.67 \times 10^{-8}\ \text{W/m}^2 \cdot \text{K}^4$
플랑크 상수(Planck's constant)	$h = 6.63 \times 10^{-34}\ \text{J s}$
중력상수(gravitational constant)	$G = 6.67 \times 10^{-11}\ \text{Nm}^2\ /\text{kg}^2$
지구 질량(mass of Earth)	$M_\oplus = 5.98 \times 10^{24}\text{kg}\ (6 \times 10^{24}\text{kg},\ \text{약 6자 톤})$
지구 반지름(radius of Earth)	$R_\oplus\ 6378\ \text{km}\ (6500\ \text{km})$
태양 질량(mass of the Sun)	$M_\odot = 1.99 \times 10^{30}\text{kg}\ (2 \times 10^{30}\text{kg})$
태양 반지름(radius of the Sun)	$R_\odot = 6.96 \times 10^{5}\text{km}\ (7 \times 10^{5}\text{km})$
태양 광도(luminosity of the Sun)	$L_\odot = 3.90 \times 10^{26}\text{W}\ (4 \times 10^{26}\ \text{W})$
태양 유효 온도(effective temperature of the Sun)	$T_\odot = 5778\ \text{K}\ (5800\ \text{K})$
허블 상수(Hubble's constant)	$H_0 = 70\ \text{km/s/Mpc}$
전자 질량(mass of an electron)	$m_e = 9.11 \times 10^{-31}\text{kg}$
양성자 질량(mass of a proton)	$m_p = 1.67 \times 10^{-27}\text{kg}$

*괄호 안 숫자는 반올림한 값이다.

표 2 미국에서 흔히 쓰는 단위를 미터 단위로 전환

미국	미터법
1 인치	=2.54센티미터(cm)
1 피트(ft)	=0.3048미터 (m)
1 마일	=1.609킬로미터 (km)
1 파운드 (lb)	=453.6그램 (g) 또는 0.4536킬로그램(kg) [지구에서]

표 3 행성 궤도 자료

행성	장반경 (AU)	장반경 (10^6km)	이심률 (e)	근올림 (AU)	근올림 (10^6km)	원일점 (AU)	원일점 (10^6km)
수성	0.39	57.9	0.206	0.31	46.0	0.47	69.8
금성	0.72	108.2	0.007	0.72	107.5	0.73	108.9
지구	1.00	149.6	0.017	0.98	147.1	1.02	152.1
화성	1.52	227.9	0.093	1.38	206.6	1.67	249.2
목성	5.20	778.4	0.048	4.95	740.7	5.46	816
토성	9.54	1427	0.054	9.02	1349	10.1	1504
천왕성	19.19	2871	0.047	18.3	2736	20.1	3006
해왕성	30.07	4498	0.009	29.8	4460	30.3	4537

행성	평균궤도속력 (km/s)	항성주기 (회귀년)	회합주기 (일)	황도면 경사각 (도)	지구에서 보았을 때의 최대 시반경 (각초)
수성	47.87	0.24	115.88	7.00	13
금성	35.02	0.62	583.92	3.39	64
지구	29.79	1.00	—	0.01	—
화성	24.13	1.88	779.94	1.85	25
목성	13.06	11.86	398.88	1.31	50
토성	9.65	29.42	378.09	2.49	21
천왕성	6.80	83.75	369.66	0.77	4.1
해왕성	5.43	163.7	367.49	1.77	2.4

표 4 행성의 물리량

행성	적도 반지름 (km)	적도 반지름 (지구=1)	질량 (kg)	질량 (지구=1)	평균 밀도 (kg/m³)	표면 중력 (지구=1)	이탈속도 (km/s)
수성	2440	0.38	3.30×10^{23}	0.055	5430	0.38	4.2
금성	6052	0.95	4.87×10^{24}	0.82	5240	0.91	10.4
지구	6378	1.00	5.97×10^{24}	1.00	5520	1.00	11.2
화성	3394	0.53	6.42×10^{23}	0.11	3930	0.38	5.0
목성	71,492	11.21	1.90×10^{27}	317.8	1330	2.53	60
토성	60,268	9.45	5.68×10^{26}	95.16	690	1.07	36
천왕성	25,559	4.01	8.68×10^{25}	14.54	1270	0.91	21
해왕성	24,766	3.88	1.02×10^{26}	17.15	1640	1.14	24

행성	항성 자전주기 (태양일)*	자전축 기울기 (도)	표면 자기장 (지구=1)	자기축 기울기 (자전축에 대한 각도)	반사도†	표면온도‡ (K)	위성의 개수**
수성	58.6	0.0	0.011	<10	0.11	100−700	0
금성	−243.0	177.4	<0.001		0.65	730	0
지구	0.9973	23.45	1.0	11.5	0.37	290	1
화성	1.026	23.98	0.001		0.15	180−270	2
목성	0.41	3.08	13.89	9.6	0.52	124	16
토성	0.44	26.73	0.67	0.8	0.47	97	18
천왕성	−0.72	97.92	0.74	58.6	0.50	58	27
해왕성	0.67	29.6	0.43	46.0	0.5	59	13

*음수는 거꾸로 자전함을 의미함, †표면으로부터 반사되는 태양 빛의 양의 정도, ‡목성형 행성의 온도는 유효 온도이다.

** 지름이 10km 이상이 되는 위성

표 5 밤하늘에 보이는 20개의 밝은 별

이름	별	분광형		시차	거리	가시영역 겉보기 등급*	
		A	B	(각초)	(pc)	A	B
시리우스	α CMa	A1V	wd†	0.379	2.6	−1.44	+8.4
카노푸스	α Car	F0Ib − II		0.010	96	−0.62	
아르크투루스	α Boo	K2III		0.089	11	−0.05	
리겔센타우루스 알파센타우리	α Gen	G2V	K0V	0.742	1.3	−0.01	+1.4
베가	α Lyr	A0V		0.129	7.8	+0.03	
카펠라	α Aur	GIII	M1V	0.077	13	+0.08	+10.2
리겔	β Ori	B8Ia	B9	0.0042	240	+0.18	+6.6
프로키온	α CMi	F5IV − V	wd†	0.286	3.5	+0.40	+10.7
베텔지우스	α Ori	M2Iab		0.0076	130	+0.45	
아케르나르	α Eri	B5V		0.023	44	+0.45	
하다르	α Cen	B1III	?	0.0062	160	+0.61	+4
알테어	α Aql	A7IV − V		0.194	5.1	+0.76	
아크룩스	α Cru	B1IV	B3	0.010	98	+0.77	+1.9
알데바란	α Tau	K5III	M2V	0.050	20	+0.87	+13
스피카	α Vir	B1V	B2V	0.012	80	+0.98	2.1
안타레스	α Sco	M1Ib	B4V	0.005	190	+1.06	+5.1
폴룩스	β Gem	K0III		0.097	10	+1.16	
포말하우트	α PsA	A3V	?	0.130	7.7	+1.17	+6.5
데네브	α Cyg	A2Ia		0.0010	990	+1.25	
미노사	β Cru	B1IV		0.0093	110	+1.25	

이름	안시 광도*(태양=1)		가시영역 절대등급		고유운동	접선속도	시선속도
	A	B	A	B	(각초/년)	(km/s)	(km/s)
시리우스	22	0.0025	+1.5	+11.3	1.33	16.7	−7.6†
카노푸스	1.4×10^4		−5.5		0.02	9.1	20.5
아르크투루스	110		−0.3		2.28	119	−5.2
리겔센타우루스	1.6	0.45	+4.3	+5.7	3.68	22.7	−24.6
베가	50		+0.6		0.34	12.6	−13.9
카펠라	130	0.01	−0.5	+9.6	0.44	27.1	30.2†
리겔	4.1×10^4	110	−6.7	−0.3	0.00	1.2	20.7†
프로키온	7.2	0.0006	+2.7	+13.0	1.25	20.7	−3.2†
베텔지우스	9700		−5.1		0.03	18.5	21.0†
아케르나르	1100		−2.8		0.10	20.9	19
하다르	1.3×10^4	560	−5.4	−2.0	0.04	30.3	−12†
알테어	11		+2.2		0.66	16.3	−26.3
아크룩스	4100	2200	−4.2	−3.5	0.04	22.8	−11.2
알데바란	150	0.002	−0.6	+11.5	0.20	19.0	54.1
스피카	2200	780	−3.5	−2.4	0.05	19.0	1.0†
안타레스	1.1×10^4	290	−5.3	−1.3	0.03	27.0	−3.2
폴룩스	31		+1.1		0.62	29.4	3.3
포말하우트	17	0.13	+1.7	+7.1	0.37	13.5	6.5
데네브	2.6×10^5		−8.7		0.003	14.1	−4.6†
미노사	3200		−3.9		0.05	26.1	−

* 스펙트럼에서 가시영역으로의 에너지 방출, A와 B는 쌍성계의 각 별
† 'wd'는 백색왜성을 의미한다.
‡ 속도의 평균값

표 6 지구에서 거리가 가까운 별

이름	분광형		시차 (각초)	거리 (pc)	가시영역 겉보기 등급*	
	A	B			A	B
태양	G2V				−26.74	
프록시마센타우리	M5		0.772	1.30	+11.01	
알파센타우리	G2V	K1V	0.742	1.35	−0.01	+1.35
바너드 별	M5V		0.549	1.82	+9.54	
울프 359	M8V		0.421	2.38	+13.53	
랄랑드 21185	M2V		0.397	2.52	+7.50	
UV 세티	M6V	M6V	0.387	2.58	+12.52	+13.02
시리우스	A1V	wd†	0.379	2.64	+1.44	+8.4
로스 154	M5V		0.345	2.90	+10.45	
로스 248	M6V		0.314	3.18	+12.29	
엡실론에리다니	K2V		0.311	3.22	+3.72	
로스 128	M5V		0.298	3.36	+11.10	
61 시그니	K5V	K7V	0.294	3.40	+5.22	+6.03
엡실론 인디	K5V		0.291	3.44	+4.68	
Grm 34	M1V	M6V	0.290	3.45	+8.08	+11.06
루이텐 789−6	M6V		0.290	3.45	+12.18	
프로키온	F5IV−V	wd†	0.286	3.50	+0.40	+10.7
Σ 2398	M4V	M5V	0.285	3.55	+8.90	+9.69
라카유 9352	M2V		0.279	3.58	+7.35	
G51−15	MV		0.278	3.60	+14.81	

이름	가시영역 광도*(태양=1)		가시영역 절대등급		고유운동 (각초/년)	접선속도 (km/s)	시선속도 (km/s)
	A	B	A	B			
태양	1.0		+4.83				
프록시마센타우리	5.6×10^{-5}		+15.4		3.86	23.8	−16
알파센타우리	1.6	0.45	+4.3	+5.7	3.68	23.2	−22
바너드 별	4.3×10^{-4}		+13.2		10.34	89.7	−108
울프 359	1.8×10^{-5}		+16.7		4.70	53.0	+13
랄랑드 21185	0.0055		+10.5		4.78	57.1	−84
UV 세티	5.4×10^{-5}	0.00004	+15.5	+16.0	3.36	41.1	+30
시리우스	22	0.0025	+1.5	+11.3	1.33	16.7	−8
로스 154	4.8×10^{-4}		+13.3		0.72	9.9	−4
로스 248	1.1×10^{-4}		+14.8		1.58	23.8	−81
엡실론에리다니	0.29		+6.2		0.98	15.3	+16
로스 128	3.6×10^{-4}		+13.5		1.37	21.8	−13
61 시그니	0.082	0.039	+7.6	+8.4	5.22	84.1	−64
엡실론 인디	0.14		+7.0		4.69	76.5	−40
Grm 34	0.0061	0.00039	+10.4	+13.4	2.89	47.3	+17
루이텐 789−6	1.4×10^{-4}		+14.6		3.26	53.3	−60
프로키온	7.2	0.00055	+2.7	+13.0	1.25	2.8	−3
Σ 2398	0.0030	0.0015	+11.2	+11.9	2.28	38.4	+5
라카유 9352	0.013		+9.6		6.90	117	+10
G51−15	1.1×10^{-5}		+17.0		1.26	21.5	−

* A와 B는 쌍성계의 각 별
† 'wd'는 백색왜성을 의미한다.

용어해설

|ㄱ|

가속도(accleration) 운동하는 물체의 속도 변화율

가시광선(visible light) 사람의 눈이 빛으로 인식하는 전자기 스펙트럼의 범위. 가시 스펙트럼은 붉은빛에서 푸른빛에 해당하는 약 400~700nm의 범위이다.

가시 스펙트럼(visible spectrum) 사람의 눈이 빛으로 인식하는 전자기 스펙트럼의 범위. 가시 스펙트럼은 붉은빛에서 푸른빛에 해당하는 약 4,000~7,000Å의 범위이다.

각거리(angular distance) 관찰자에 의해서 관측된 두 물체 사이의 각 차이

각도(degree) 각의 측정 단위. 한 바퀴에 360°이다.

각운동량(angular momentum) 물체가 회전을 계속하려는 경향성. 물체의 질량, 반경, 회전 속도에 비례함

각운동량 보존(conservation of angular momentum) 각운동량 보존법칙 참조.

각운동량 보존법칙(law of conservation of angular momentum) 물리적 과정에서 계의 전체 각운동량은 일정하다는 물리법칙. 이 법칙은 회전하는 기체구름이 수축할수록 빠르게 회전해야 한다는 것을 보장한다.

각지름(angular diameter) 관찰자로부터 물체 양 끝 사이의 각

각해상도(angular resolution) 하늘에서 인접한 두 물체를 구별해 낼 수 있는 망원경의 능력

간섭(interference) 서로 강화하거나 상쇄하는 방식으로 상호작용하는 파동의 능력

간섭 관측기(interferometer) 한 물체를 관측할 때 동일한 파장에 대해 동시에 작동하는 둘 이상의 망원경 집합체. 간섭 관측기의 효과적인 지름의 크기는 가장 바깥쪽의 망원경들 사이 거리와 같다.

간섭 측정(interferometry) 전파와 적외선 지도의 해상도를 극적으로 향상시키는 데 널리 사용되는 기술. 몇몇 망원경이 물체를 동시에 보고, 컴퓨터는 신호들이 서로 어떻게 간섭하는지 분석한다.

갈릴레오 위성(galilean moons) 목성의 위성 중 가장 밝고 크게 보이는 4개의 위성(이오, 유로파, 가니메데, 칼리스토). 이 위성들을 처음 관측한 17세기 천문학자 갈릴레오의 이름을 따서 명명되었다.

갈릴레오 위성(galilean satellites) 갈릴레오 위성 참조

갈색왜성(brown dwarf) 핵융합 반응을 일으킬 정도의 질량을 갖지 못하는 먼지나 가스 등 행성 붕괴의 잔해들. 이런 물체들은 수축 과정에서 일부분이 얼어 있는데, 계속해서 냉각하여 압축된 검정 물체가 된다. 크기가 작고 온도가 낮기 때문에 갈색왜성은 관측으로 발견하기 힘들다.

감마선(gamma ray) 전자기 스펙트럼에서 가시광선에서 좀 떨어진 지역이다. 매우 높은 진동수와 매우 짧은 파장대역에 속한다.

감마선 폭발(gamma-ray burst) 감마선의 형태로 매우 많은 양의 에너지가 복사되는 물체 2개의 중성자별이 처음에는 하나가 다른 하나의 주위를 공전하다가 충돌하고 합쳐지는 과정에서 나타날 수 있다.

강도(intensity) 방사선의 세기 또는 양을 나타내는 전자기 복사의 기본 특성

강력(strong nuclear force, 강한 핵력, 강한 상호작용) 원자핵을 결합하기 위한 단거리 힘. 자연의 4개의 근본적인 힘 중 가장 강하다.

강착원반(accretion disk) 평평한 원반 모양으로 중성자별의 표면이나 블랙홀로 나선형으로 돌아서 내려오는 물질. 이 물질들은 종종 쌍성계에서 동반성의 표면으로부터 나온다.

개기일식(total eclipse) 하늘에서 한 천체가 다른 천체에 의해 완벽하게 가려지는 현상

거대타원은하(giant elliptical) 지름이 수메가파섹(Mpc)에 이르고 수조 개의 별을 포함하는 타원은하

거대작렬행성(hot Jupiter) 중심별과 가까운 곳에서 궤도운동을 하는 거대하고, 가스로 이루어진 행성

거대한 성운군(great wall) 최소 200Mpc의 거리에서 관측되는 은하들이 확장되는 공간으로, 우주에서 가장 크다고 알려져 있는 구조 중의 하나이다.

거성(giant) 태양의 10~100배에 이르는 반지름을 가진 별

거시적인(macroscopic) 맨눈으로 볼 수 있을 정도로 충분히 큰

겉보기 등급(apparent magnitude) 등급의 척도에 의해서 표현된 별의 겉보기 밝기

겉보기 밝기(apparent brightness) 지구에 있는 관측자에 의해서 측정된 별의 겉보기 밝기

경계궤적(bound trajectory) 발사 속도가 너무 느려서 행성의 중력장을 탈출하지 못한 물체가 날아간 경로

경원소(light element) 천문학 용어로 수소와 헬륨을 의미

경험적(empirical) (이론에 근거하기보다는) 관찰한 증거에 의한 발견

계절(seasons) 궤도면에 대하여 지구 (또는 행성) 축의 기울기로 인한 결과로 발생하는 평균 온도 및 하루 길이의 변화

계층적 통합(hierarchical merging) 폭넓게 받아들여지는 은하 형성 과정으로서 초기우주에서는 작은 부분으로 생성되었던 은하들이 그 이후 충돌, 병합되면서 오늘날 관측되는 거대한 은하를 형성하였다고 한다.

고리(ring) 행성고리 시스템 참조

고에너지 망원경(high-energy telescope) 엑스선이나 감마선 복사를 감지하도록 설계된 망원경

고에너지 천문학(high-energy astronomy) 가시광선보다는 엑스선이나 감마선 복사를 이용한 천문학

고유운동(proper motion) 지구에서 보았을 때 하늘을 가로지르는 별의 각운동을 말하며, 1년 동안 움직인 각도를 초단위로 나타낸다. 이 움직임은 우주공간을 움직이는 실제 별운동의 결과이다.

고지(highlands) 달 표면에서 비교적 밝은 부분으로, 달의 바다 위로 수킬로미터 높다.

고질량 항성(high-mass star) 태양보다 8배 이상 질량을 지닌 별로 중성자별이나 블랙홀로 전개된다.

골(trough) 흔들리거나 움직이지 않는 상태에서 파동의 최대 출발점

공간 해상도(spatial resolution) 이미지에서 볼 수 있는 가장 작은 세부 차원

공동(void) 초은하단과 은하들의 '벽' 주변으로 비어 있는 우주의 넓

은 지역

공전(revolution) 태양-지구와 같이 한 천체에 대한 다른 천체의 궤도 운동

공전주기(orbital period) 한 물체가 다른 물체 주위를 한 바퀴 도는 데 걸리는 시간

과학적 방법(scientific method) 과학적 '법칙'이 지속적으로 테스트되고, 만일 부적절하다면 수정 또는 교체할 수 있다는 생각에 기초한, 과학을 안내하는 데 사용되는 규칙의 집합

과학적 표기법(scientific notation) 10진법을 사용하여 크고 작은 숫자를 표현

관성(inertia) 외부의 힘이 작용하지 않으면 같은 방향, 같은 속력으로 움직임을 지속하는 물체의 경향성

광구(photosphere) 눈에 보이는 태양의 표면. 태양 내부 구조 중 가장 최상층에 위치하며, 채층의 바로 아래에 위치한다.

광년(light-year) 300,000km/s의 속도로 움직이는 빛이 1년 동안 이동한 거리. 1광년은 약 1조 킬로미터이다.

광도(luminosity) 별의 기본 특성 중 하나. 광도는 모든 파장에서 매초 별에 의해 방출되는 전체 에너지로 정의된다.

광도 곡선(light curve) 시간에 따른 별의 밝기 변화

광선(ray) 방사선 빔이 지나가는 경로

광자(photon) 전자기파를 이루는 전자기 에너지를 지닌 개별 입자

광학망원경(optical telescope) 광학적 파장에 해당하는 전자기파를 보기 위해 고안된 망원경

구상성단(globular cluster) 대략 구형으로 빽빽이 묶여 있는 별의 집단으로 수십만 또는 수백만 개의 별이 약 50pc의 거리에 걸쳐 있다. 구상성단은 우리은하나 외부은하의 헤일로 부분에 분포되어 있다.

국부은하군(Local Group) 은하수를 포함하는 작은 은하 무리

국부은하단(Local Supercluster) 처녀자리은하가 중심에 있는 무리와 은하의 모음

굴절(refraction) 투명체에서 다른 것을 통과할 때 파동의 진행 방향이 꺾이는 경향

굴절망원경(refracting telescope) 먼 물체로부터 오는 빛을 모으고 초점을 맞추는 데 렌즈를 사용하는 망원경

궁수자리 A*(Sagittarius A/Sgr A*) 은하수의 중심에 있는 거대질량 블랙홀에서 나오는 강력한 전파

궤도 선회 우주선(orbiter) 관찰을 위해 어떤 천체 주위를 공전하는 우주선

균질성(homogeneity) 가상의 큰 정육면체 공간이 있어서 그것이 어디에 놓이든 그 안에 있는 은하의 개수는 같다고 하는 가정된 특성. 좀 더 일반적으로 표현하면 "어느 곳이나 같다."

극성(polarity) 흑점에서 측정한 태양 자기장 방향. 통상적으로 표면으로부터 나오는 선은 'S'로, 반면에 표면으로 들어가는 선은 'N'으로 표시

극초신성(hypernova) 핵붕괴를 겪고, 블랙홀과 감마선 파열을 형성하는 거대한 별의 폭발(초신성보다 더 강력하게 별이 폭발하는 것). 초신성 참조

근일점(perihelion) 태양 주위를 공전하는 천체가 태양에 가장 가까워지는 궤도상 위치

근접통과(flyby) 우주선이 어떤 행성이나 천체 주위를 벗어나면서 움직이는 궤적

금속성(metallic) 금속 또는 금속 복합체로 구성된

금환식(annular eclipse) 달이 지구에서 멀리 떨어져 있을 때 일어나는 일식으로 달이 태양을 완전히 가리지 못해서 가장자리로 고리 모양의 태양이 보이는 상태

급경사(scarp) 수성의 표면 특징은 행성 표면에 주름을 형성하는 지각의 냉각과 수축의 결과로 생각된다.

급팽창 시기(epoch of inflation) 우주역사 초기의 짧은 급팽창의 기간 동안 우주는 모든 방향으로 부풀어 올랐다.

기조력(tidal force) 한 천체의 어떤 장소와 그 천체를 가로지른 다른 곳에서의 중력 차이. 예를 들어, 지구를 가로지르는 달의 중력의 차이

기준선(baseline) 삼각 측량에서 두 관측점 사이의 거리. 기준선이 더 길수록 더 나은 분석결과를 얻을 수 있다.

길이 수축(length contraction) 이동하는 방향으로 물체의 겉보기 수축

꼬리(tail) 본체에서 떨어져 나온 물질의 흐름으로 구성된 혜성의 구성 요소로, 때로는 수억 킬로미터에 걸쳐 있다. 먼지나 이온화된 가스로 구성된다.

|ㄴ|

나노미터(nanometer) 10억 분의 1미터, 10^{-9}m

나선 밀도파(spiral density wave) (1) 행성 고리의 평면에 형성되는 물질로 연못의 표면 위의 물결과 유사하게, 기록 디스크의 홈과 같은 나선형 패턴을 형성하며 고리 주변을 감싼다. 나선 밀도파는 작은 고리 모양으로 이어질 수 있다. (2) 은하나선팔의 존재에 대한 설명으로 가스 압축에 의한 코일 형태 파동이 은하원반을 통과하여 별의 생성을 촉발시킨다.

나선성운(spiral nebula) 나선은하의 과거 이름으로 겉보기 모양을 기술한다.

나선은하(spiral galaxy) 별을 생성시키는 편평한 원반으로 구성된 은하로 나선팔과 중앙에 거대한 은하팽대부가 있다.

나선팔(spiral arm) 은하가 은하중심 근처에서 시작하여 바람개비 모양을 형성하는 은하물질의 분포

남극과 북극광(Northern and Southern Lights) 반앨런대의 하전입자들에 의해 들뜬 대기분자들이 기저 상태로 떨어지면서 방출하는 다채로운 색깔의 모습

내핵(inner core) 지구 핵의 중심 부분. 고체로 생각되고, 주로 니켈과 철로 구성되어 있다.

노출 특이점(naked singularity) 사건 지평선 뒤에 숨겨지지 않는 특이점

녹은(molten) 높은 온도에 의해 액체 상태인

뉴턴 역학(Newtonian mechanics) 뉴턴이 기술한 물체의 운동에 대한 기본 법칙. 지구와 우주에서 발견된 모든 복잡한 역학적 운동을 설명한다.

|ㄷ|

다이나모 이론(dynamo theory) 어떤 천체 내부에서 전도성을 지닌 물질의 흐름과 회전을 이용해 행성이나 별의 자기장을 설명하는 이론

다중성계(multiple star system) 둘 또는 그 이상의 별이 서로의 주변을 회전하는 별 집단

단주기 혜성(short-period comet) 200년보다 공전주기가 짧은 혜성

단층선(fault line) 행성의 표면이 어긋난 것으로 종종 두 판의 경계를 나타낸다.

달(moon) 행성 주변을 도는 작은 천체

달 먼지(lunar dust) 표토 참조

대(zone, 존) 가스가 위로 흐르는 목성형 행성의 대기 중 밝고, 높은 압력의 영역

대기권(atmosphere) 중력에 의해서 행성의 표면에 붙잡혀 있는 기체층

대류(convection) 뜨거운 유체가 위로 올라가고 그 결과 빈자리를 채우기 위해서 차가운 유체가 아래로 내려가는 교류운동

대류권(troposphere) 표면으로부터 약 12km까지의 지구 대기층

대류층(convection zone) 태양의 표면 바로 아래 위치한 내부 영역으로 물질들이 계속해서 대류운동을 하고 있는 곳. 표면에서 태양 내부로 약 20,000km 구간이 여기에 해당한다.

대륙이동(continental drift) 지구 표면에서의 대륙의 움직임

대상류(zonal flow) 목성의 적도에 동서 방향 흐름이 교대로 나타나는 지역으로 목성의 적도에 대해 대칭을 이루며 그 행성 대기에 있는 벨트와 존에 관련된다.

대수(logarithm, 로그) 주어진 수를 만들기 위해 10의 거듭제곱이 제곱되어야 한다.

대수계산자(logarithmic scale, 로그척도) 숫자 그대로보다는 숫자의 대수가 사용되는 눈금. 주로 큰 수를 잘 관리할 수 있도록 압축하는 데 사용된다.

대적점(Great Red Spot) 목성의 대기에서 보이는 크고, 높은 압력에 오랫동안 존재하는 소용돌이이다. 대적점의 크기는 대략 지구의 2배에 해당한다.

대조(spring tide, 사리) 태양, 달, 지구가 삭과 망의 위치에 정렬될 때 발생하는 가장 큰 조수

대지(terrae) 고지 참조

대통일장 이론(Grand Unified Theories, GUTs) 초기우주에서 강한 핵력, 약한 핵력, 전자기력이 통합된 하나의 힘의 작용을 기술하는 이론 분야

대함몰(Big Crunch, 빅크런치) 구속된 우주가 한 점으로 수축하는 마지막 붕괴 지점

대흑점(Great Dark Spot) 보이저 2호에가 관측한 해왕성의 적도 부근 대기에서 나타난 눈에 잘 보이는 소용돌이이다. 이 소용돌이의 크기는 지구와 비슷하다.

도플러 효과(Doppler effect) 물체의 움직임에 의해 유도되는 파동의 파장(진동수) 변화

동주기 궤도(synchronous orbit) 자전주기와 평균 공전주기가 정확히 같은 천체의 상태. 달은 동주기궤도에 속하므로 항상 지구를 향해 같은 표면을 보인다.

동주기 자전(tidal locking, synchronous rotation) 기조력이 달(위성)로 하여금 모행성을 공전하는 속력과 동일한 속력으로 자전하도록 하는 상황. 모행성을 향해 항상 동일한 면을 유지하게 된다.

동지(winter solstice) 태양이 천구 적도 아래의 최남단에 태양이 있는

황도의 지점으로 12월 21일 근처에 발생한다.

둘레(limb) 달, 행성, 태양의 가장자리, 모서리

들뜸상태(excited state) 원자가 가진 전자 중 하나가 바닥상태일 때에 비해 높은 에너지 준위에 있는 상태. 원자는 특정 에너지를 지닌 광자를 흡수하거나 주변 원자와의 충돌에 의해 들뜰 수 있다.

등가원리(equivalence principle) 중력장과 가속되는 기준좌표계를 구별할 실험적인 방법이 없다는 원리

등급 척도(magnitude scale) 겉보기 밝기에 의한 별의 서열 체계. 그리스 천문학자 히파르쿠스에 의해 개발되었다. 본래 하늘에서 가장 밝은 별은 1등급으로 분류되고, 맨눈으로 가장 희미한 별은 6등급으로 분류되었다. 그 계획은 맨눈으로 희미하게 보이는 별과 은하로 확장되었다. 등급의 증가는 더 희미한 별을 의미한다. 5등급의 차이는 겉보기 밝기에서 100배의 양에 해당한다.

등대 모형(lighthouse model) 펄서에 대한 설명. 중성자성의 자극에 가까운 지역. 별이 회전할 때마다 지구를 지나는 지속적인 방사선을 방출한다. 진동주기는 별의 회전주기와 같다.

등방성(isotropic) 모든 방향에서 같아 보이는 것. 우주원리의 부분으로서 종종 우주에 적용된다.

|ㄹ|

라그랑주 점(lagrangian point, 칭동점) 서로를 돌고 있는 2개의 큰 천체와 같은 평면에 있는 5개의 특별한 점 중 하나. 그 2개의 천체에 대한 제3의 천체의 궤도를 안정시키는 점

라디오파(radio wave) 스펙트럼 전파 영역의 파장을 갖는 전자기 복사

레이더(radar) 무선 탐지 및 그 범위를 나타내는 약어. 전파가 물체로부터 튕겨지고, 그 울림이 반환되는 데 걸리는 시간의 이동거리를 나타낸다.

렌즈(lens) 유리나 다른 투명한 물질로 만들어진 광학적 도구. 빛이 평행하게 통과하고, 빛은 하나의 단일 초점을 통과하기 위해 굴절된다.

로시엽(Roche lobe, 로시의 돌출) 별 주위의 가상 표면. 쌍성계의 각각의 별은 눈물 모양의 영역(로시엽)에 둘러싸인 것으로 그려진다. 별의 로시엽 내에 있는 모든 물질은 그 별의 일부로 간주될 수 있다. 별이 진화하는 동안 쌍성계의 한 별은 팽창을 하여, 자신의 로시엽을 넘어서고 다른 별로 물질을 전송하기 시작한다.

로시한계(Roche limit) 조력 안정성 한계라고도 부른다. 로시한계는 인접한 물체 간 (행성에 의한) 기조력이 상호 인력을 넘어설 때의 거리를 의미한다. 이 한계 내에서 물체는 더 큰 물체로 축적될 수 없다. 토성의 고리는 토성의 로시한계 내에 위치하고 있다.

리만 기하학(Riemannian geometry) 가우스 곡면상의 기하학(예 : 구의 표면)

|ㅁ|

마운더 극소기(maunder minimum, 태양의 불규칙 활동기) 1645년에서 1715년까지 장기간의 태양 비활동기

마젤란운(Magellanic Clouds) 은하수의 중력에 의해 묶여진 2개의 작은 불규칙은하

막대나선은하(barred-spiral galaxy) 은하의 중심부를 가로지는 막대의

구조가 있는 나선은하로 나선팔은 막대의 끝부분에서 시작한다.

망(full) 지구에서 행성이나 달의 전체가 보일 때

망원경(telescope) 하늘의 특정 지역에서 가능한 한 많은 광자를 포착하는 데 사용되는 도구이며 분석을 위해 초점을 맞춘 광선에 집중시킨다.

맥동 변광성(pulsating variable star) 예측 가능하며 주기적으로 광도가 변하는 별

맨틀(mantle) 지각 아래에 있는 지구 내부층

먼지알갱이(dust grain) 가시광선의 파장과 비슷한 대략 10~7m 크기의 성간 티끌

먼지(분진) 통로(dust lane) 방출성운이나 은하에서 성간티끌로 가려진 어두운 통로

메시에 천체(Messier object) 18세기 천문학자 챌스 메시에에 의해 편찬된 '퍼지 천체'(불명확한 천체들)의 목록에 나오는 구성원

명암 경계선(terminator) 달이나 행성의 표면에 낮과 밤을 분리하는 선

모자이크 사진[mosaic(photograph)] 많은 작은 그림으로 이루어진 합성된 사진

목성형 행성(jovian planet) 태양계 4개의 커다란 외부행성. 물리적 · 화학적 구성이 목성을 닮음

무게(weight) 여러분에게 작용한 지구(또는 여러분이 서 있는 행성)의 중력

물질(matter) 질량을 가진 것

물질지배우주(matter-dominated universe) 물질의 밀도가 방사선과 암흑 에너지를 합한 밀도를 넘어서는 우주. 우주는 몇백만 년 전까지 물질 지배적이었다. 그러나 더 이상은 그렇지 않다. 암흑 에너지는 현재 우주의 밀도를 지배한다.

물 화산(water volcano) 차가운 상태에서 용암(바위의 용융)보다 물(얼음의 용융)을 배출하는 화산

미세구속우주(marginally bound universe) 영원히 팽창하지만 점점 팽창 속도는 느려지는 우주론

미소 유성체(micrometeoroid) 먼지에서 자갈 정도 크기의 상대적으로 작은 행성 간 잔해 덩어리

미행성체(planetesimal) 근처에 있는 천체에 영향을 줄 만큼 중력이 충분히 커졌을 때, 작은 달의 크기에 도달한 초기태양계 천체를 일컫는 용어

밀도(density) 어떤 물체가 지닌 물질의 빽빽함을 나타내는 척도. 물체의 질량을 부피로 나누어 계산. 단위는 kg/m^3, 또는 g/cm^3

| ㅂ |

바다(mare) 달 표면에서 평평하고 상대적으로 어두운 지역(화성, 달 표면의 어두운 부분)

바닥상태(ground state) 한 원자 속의 전자가 가장 낮은 에너지 준위를 가진 상태

반감기(half-life) 방사성 물질이 붕괴하여 다른 물질로 변할 때 처음 양의 절반으로 되는 데 걸리는 시간

반경-광도-온도 관계(radius-luminosity-temperature relationship) 스테판 법칙에 나오는 수학적 비례관계로, 천문학자들은 별의 광도와 온도를 알면 간접적으로 별의 반경을 알아낼 수 있다.

반그림자(penumbra) 일식이 부분적으로 보이는 부분으로서, 가리는 물체에 의해 생기는 흐릿한 그림자 부분. 태양 흑점의 바깥쪽 부분으로 본그림자를 둘러싸고 있으며, 중앙 영역만큼 어둡거나 차갑지 않다.

반달(quarter Moon, 상현달/하현달) 달의 위상 중 절반만 보이는 달의 모양

반사 망원경(reflecting telescope) 먼 물체로부터 오는 빛의 초점을 맞추는 데 곡면 거울을 사용하는 망원경

반입자(antiparticle) 주어진 입자와 질량은 같으나 다른 모든 면(예 : 전하)에서는 반대를 나타내는 입자. 입자와 반입자가 만나게 되면 그들은 사라지면서 감마선을 방출한다.

반장축(semimajor axis) 타원의 장축의 절반. 장축은 타원의 크기를 일반적으로 정량하는 방법이다.

방류수로(outflow channel) 화성의 표면, 상당히 많은 양의 액체 상태 물이 존재했었다는 증거, 약 3억 년 전의 큰 홍수로 인한 대재앙의 흔적으로 생각된다. 오직 행성의 적도 지역에서만 발견된다.

방사능(radioactivity) 희귀하고, 무거운 원소가 가벼운 핵으로 붕괴될 때 방출되는 에너지

방출선(emission line) 복사하는 물질의 스펙트럼 중 어떤 진동수에서 방출하는 빛에 대응해 특정 위치에서 나타나는 밝은 선. 유리 용기 속의 가열된 기체는 자신의 스펙트럼에 방출선을 생성한다.

방출성운(emission nebula) 성간기체로 이루어진 뜨거운 구름. 하나 또는 근처의 몇 개의 젊은 별들에 의해 성간기체가 이온화되고 뜨거워진다. 기체가 대부분 수소이기 때문에 Hα선(수소-알파선)에 의한 방출선이 스펙트럼의 붉은 구역에 집중되어 나타난다.

방출 스펙트럼(emission spectrum) 한 원소에 의해 생성되는 스펙트럼 방출선의 패턴. 각각의 원소들은 자신만의 고유한 방출 스펙트럼이 있다.

백색왜성(white dwarf) 흰색으로 빛나는 충분히 높은 표면 온도를 나타내는 왜성

백색왜성 영역(white-dwarf region) H-R도의 좌측 하단 모서리에서 백색왜성이 발견된다.

반앨런대(Van Allen belt) 지구 대기의 높은 곳에 위치한 도넛 모양의 두 영역으로 지구 자기에 의해 대전된 입자들이 잡혀 있는 곳이다.

벨트(belt) 목성형 행성의 대기 중 어둡고 압력이 낮은 지역, 이곳에서는 가스가 아래 방향으로 흐른다.

변광성(variable star) 시간에 따라 광도가 변하는 별

별(star) 가스로 되어 있고, 빛을 내는 공 모양의 천체. 핵에서 일어나는 핵융합에 의한 에너지와 자체 중력에 의해 유지된다.

별자리(constellation) 인식하기 쉬운 형태로 그룹화된 밤하늘 별의 집단

보름달(full Moon) 하늘에서 달이 완전히 둥근 원형으로 보일 때 달의 모습

보어의 원자(Bohr atom) 선 스펙트럼의 흡수선을 설명하기 위한 첫 번째 수소 원자 이론. 이 모델은 세 가지 생각을 바탕으로 하고 있다. 전자의 가장 낮은 에너지 상태가 있고, 또한 이 상태를 넘어서면 전자가 핵의 구속을 받지 않는 가장 높은 에너지 상태가 있는데, 이 두 에너지 사이에서 전자는 특정한 에너지 상태를 갖는다.

복사(radiation) 에너지가 파동의 형태로 전송되는 방법. 빛은 전자기 복사의 형태이다.

복사우세우주(radiation-dominated universe) 우주복사의 등가밀도가 물질과 암흑 에너지의 결합 밀도를 초과했던 우주의 초창기

복사층(radiation zone) 가스가 완전히 이온화될 수 있는 매우 높은 온도를 지닌 태양의 내부 영역. 광자는 때때로 전자와 상호 작용을 하고, 상대적으로 쉽게 이 영역을 통과할 수 있다.

본그림자(umbra, 본영) 가리는 물체에 의해 드리워진 그림자의 중앙부, 태양 흑점의 중앙부로 가장 어둡고 가장 차갑다.

부대기(secondary atmosphere) 행성의 형성 후에 지구의 대기를 구성했던 화학물질. 화산 활동은 지구 내부로부터 화학물질을 기체로 방출시킨다.

부분일식(partial eclipse) 태양의 일부분만이 시야에서 가려지게 되는 천체의 현상

분광기(spectroscope) 광원을 확인하는 데 사용되는 도구로 구성 색을 분리시키기 위해 사용된다.

분광사진(기)(spectrograph) 별의 상세한 스펙트럼을 만드는 데 사용되는 도구. 일반적으로 컴퓨터 분석을 위해 분광기는 CCD 검출기에 스펙트럼을 기록한다.

분광시차(spectroscopic parallax) 온도를 측정함으로써 별의 거리를 결정하고 표준 H-R도와 비교함으로써 절대 밝기를 결정하는 방법. 별의 절대 밝기와 겉보기 밝기의 차이는 별의 거리를 알게 한다.

분광쌍성(single-line spectroscopic binary) 하나의 별이 스펙트럼에서 구별되기에는 너무 희미한 쌍성계로, 별이 서로의 궤도의 앞뒤로 이동할 때 오직 밝은 별의 스펙트럼만 관측 가능하다.

분광쌍성(spectroscopic binary) 지구에 겉으로 보기에는 하나의 별로 보이지만 스펙트럼선은 두 별이 서로를 도는 것처럼 앞뒤로 도플러 편이를 보이는 쌍성계

분광학(spectroscopy) 원자가 전자기 복사를 흡수하고 방출하는 방식을 연구. 분광학으로 천문학자들이 별의 화학 성분을 결정할 수 있도록 한다.

분자(molecule) 원자의 전자기장에 의해 뭉쳐진 단단하게 묶인 원자의 무리. 원자와 같이 분자는 특별한 파장의 광자를 방출하고 흡수한다.

분점(equinox) 춘분과 추분 참조

분화(differentiation) 지구와 같은 천체의 밀도나 구성 성분의 변화. 표면에서는 낮은 밀도의 물질이 분포하고 중심부에서는 높은 밀도의 물질이 분포함

분화구 사이 평지(intercrater plains) 대규모 분화구는 없지만 상대적으로 매끈한 수성의 표면 지역

불규칙은하(irregular galaxy) 허블의 은하 분류에서 주요 범주에 속하지 않는 은하

불균등성(inhomogeneity) 완전히 동일한 밀도에서의 편차, 우주론에서 우주의 불균등성은 인플레이션 전의 양자 변동 때문이다.

불안정 핵(unstable nucleus) 핵은 무한히 존재할 수 있기보다는 결국에는 다른 입자나 핵으로 붕괴해야 한다.

블랙홀(black hole) 중력이 아주 커서 빛조차도 빠져나올 수 없는 우주공간의 지역. 아주 무거운 별의 진화로 발생할 가능성이 있음

블레이저(blazar) 특별히 강력한 활동성을 띠는 은하의 핵으로부터 방출되는 입자들의 고속 제트 축과 관찰자의 시선이 수직으로 놓일 때 발생한다.

비교행성학(comparative planetology) 태양계의 형성과 시간에 따른 진화 과정에 대해 더 깊은 통찰을 얻는 것을 목표로, 행성 간의 비슷한 점과 차이점에 대해서 체계적으로 연구하는 학문

비상대론적(nonrelativistic) 빛의 속도보다 많이 느린 속도

비열 스펙트럼(nonthermal spectrum) 흑체에 의해 잘 설명되지 않는 연속 스펙트럼

빅뱅(Big Bang, 대폭발) 우주론자들이 우주 안의 모든 물질이 생겨나게 된 우주의 시작이라고 여기는 사건

빛(light) 전자기 복사(electromagnetic radiation) 참조

빛의 속도(speed of light) 현재 알려진 물리법칙에 따르면 가능한 가장 빠른 속도. 전자기 복사는 빛의 속도로 움직이는 파동 또는 광자의 형태로 존재한다.

|ㅅ|

사건 지평선(event horizon) 붕괴하는 별을 둘러싼 가상의 구면으로 슈바르츠실트 반지름을 갖는다. 경계선 밖의 관찰자에게는 그 안의 상황이 아무것도 보이거나 들리지 않는다.

삭(new Moon, 신월) 달의 원반이 거의 보이지 않는 달의 위상

산개성단(open cluster) 10~100개의 별이 몇 파섹에 걸쳐 느슨하게 묶여 있는 별들의 무리. 주로 은하수 평면에서 발견된다.

삼각 측량(triangulation) 기하학 원리에 기초한 거리 결정법으로 어느 정도 떨어진 두 곳에서 멀리 떨어진 물체를 보는 방법이다. 두 위치 간 거리, 이들을 잇는 선과 물체를 잇는 선 사이의 각각의 각도를 알면 멀리 떨어진 물체까지의 거리를 결정할 수 있다.

삼중성계(triple star system) 3개의 별이 중력에 의해 묶여 서로 공전한다.

상(phase) 달 궤도 위 여러 다른 지점에 따라 다르게 보이는 달의 모양

상대론적 화구(relativistic fireball) 감마선 폭발에 대한 설명. 초고온가스의 확장 영역은 스펙트럼의 감마선 영역의 전파를 복사한다.

상대성(relativistic) 빛의 속도와 거의 비슷한 속도

상대성이론(theories of relativity) 현대 물리학의 많은 부분에 남겨진 아인슈타인의 이론. 이론의 두 가지 중요한 사실은 어떤 것도 빛의 속도보다 빠르게 이동할 수 없고 빛을 포함하여 모든 것은 중력에 이해 영향을 받는다는 것이다.

서식가능지역(habitable zone) 물이 액체로 존재할 수 있는 적정 온도를 갖는 3차원 공간

선운동량(linear momentum) 일정한 속력으로 직선을 움직이는 물체의 경향. 물체의 질량과 속도의 곱

섭씨(Celsius) 물의 어는점을 0℃, 물의 끓는점을 100℃로 하는 온도 척도

섭씨 온도(centigrade) 섭씨 참조

성간기체구름(interstellar gas cloud) 별 사이 공간에서 발견되는 커다란 기체구름

성간먼지(interstellar dust) 별 사이의 공간에 있는 미세한 먼지알갱이.

죽은 지 오래된 별에서 나온 물질에서 유래한다.

성간매질(interstellar medium) 전 우주를 통해 섞인, 기체와 먼지로 구성된 별 사이의 물질

성긴 지형(wispy terrain) 토성의 위성인 레아에 있는, 눈에 띄는 밝은 색 줄무늬

성단(star cluster) 동일한 성간가스 성운에서 동시에 형성된 12개에서 100만 개의 별 무리 집단. 성단 내 별들은 별의 진화에 대해 이해할 때 유용하다. 왜냐하면 성단 내 별들은 별들의 나이와 화학성분이 대략 같고 지구로부터 대략 같은 거리에 놓여 있기 때문이다.

성운(nebula) 밝거나 어둡거나 관계없이 하늘의 퍼지(흐릿하여 불분명)한 부분을 칭할 때 일반적으로 사용되는 용어

성운상태(nebulosity) 보통 천체가 확장되었거나 기체화된 흐릿함

성운설(nebular theory) 데카르트 시대 태양계 형성의 가장 초기 모델. 큰 가스 구름이 중력에 의해 수축하여 태양과 행성을 형성한다.

성층권(stratosphere) 대류권 위에 놓인 대기층으로 고도 40~50km까지 연장한 지구 대기의 부분

세차(precession) 회전하고 있는 물체에 작용한 외부 중력의 영향으로 생긴 회전축의 느린 변화

세페이드 변광성(cepheid variable) 특징적인 방식으로 별의 광도가 변하는 별로, 밝기가 빠르게 증가하고 천천히 감소함. 세페이드 변광성의 주기는 그 별의 광도와 관련이 있어서, 변광주기를 측정하여 별의 거리를 알아내는 데 이용할 수 있다.

소립자(elementary particle) 양성자, 중성자, 쿼크와 같은 입자로 더 작은 부분으로 나누어지지 않는 입자

소행성(asteroid) 화성과 목성 사이의 궤도를 돌고 있는 수천 개의 작은 태양계 구성체

소행성대(asteroid belt) 태양계에서 대부분의 소행성들이 발견되는 화성과 목성 궤도 사이의 지역

속도(speed) 단위 시간당 이동한 거리로 방향에 독립적이다. 속력 참조

속력(velocity) 단위 시간당 변위(거리와 방향의 합). 속도 참조

수권(hydrosphere) 액체 상태의 해양을 포함하고, 지구 전체 표면의 약 70%를 구성하는 지구의 층

수소 외피(hydrogen envelope) 운석의 코마를 둘러싸고 있는 보이지 않는 가스 보호막. 보통 태양풍에 의해 비틀리고, 우주의 수백만 킬로미터를 걸쳐 퍼져나간다.

수정체[lens(eye)] 망막으로 빛이 굴절하는 눈의 부분

수평가지(horizontal branch) H-R도에서 후주계열 단계의 별이 다시 정역학적 평형에 이르는 구역이다. 이 지점에서 별의 핵에서는 헬륨이 연소되고 핵 주위의 껍질에서는 수소가 융합된다.

순상 화산(shield volcano) 용암의 비폭발성 반복 분출에 의해 형성된 화산으로 완만한 경사의 방패 형태, 낮은 돔 모양이다. 종종 정상에 칼데라가 존재한다.

순행(direct motion) 순행 운동 참조

순행 운동(prograde motion) 동쪽 방향으로 하늘을 가로지르는 천체의 운동

슈바르츠실트 반지름(Schwarzschild radius) (모든 질량이 그 영역 내에서 압축된다면) 이탈속도가 빛의 속도와 동일한 물체의 중심거

리. 일단 별의 잔여물이 반경 내에서 붕괴되면, 빛은 탈출할 수 없고 물체는 더 이상 관측되지 않는다.

슈퍼지구(super-Earth) 지구 질량의 2~10배의 질량을 가지는 외계행성. 암석과 바다가 모두 존재하는 슈퍼지구가 발견되어 왔다.

스펙트럼(spectrum) 빛이 구성된 여러 색의 파장으로 분리되는 것

스펙트럼 창(spectral window) 지구의 대기가 투명한 파장 범위

스펙트럼형(spectral class, 분광형) 별의 스펙트럼선의 세기에 기초한 분류 방법으로 별의 온도를 말해 준다.

스피큘(spicule) 태양의 낮은 대기로 뜨거운 물질의 제트를 방출하는 작은 태양 폭풍

시간지연(time dilation) 중력적색이동과 밀접하게 관련된 상대성이론의 예측. 외부의 관찰자에게 시계는 강한 중력장으로 인해 느리게 간다.

시공간(spacetime) 특수 및 일반상대성이론에서 시간과 공간을 결합한 단일체

시선속도(radial velocity) 시선방향으로 운동하는 별의 속도 성분

시선운동(radial motion) 시선방향의 운동으로 수신되는 전파의 겉보기 파장(혹은 진동수) 변화를 일으킨다.

시차(parallax) 관찰자 위치가 변함에 따른 더 먼 배경에 대한 비교적 가까운 물체의 겉보기 운동

식(eclipse) 한 천체가 다른 천체의 앞을 지나가면서 숨겨진 천체로부터의 빛이 가려지는 현상

식쌍성(eclipsing binary) 지구에서 볼 때 한 별이 다른 별의 앞을 가리면서 지나가는 것이 관찰될 수 있도록 위치한 드문 쌍성계

신성(nova) 갑자기 밝기가 증가하는 별. 만 가지가 넘는 요인에 의해 천천히 본래의 밝기로 천천히 돌아간다. 신성은 별의 대기에서 표면으로 물질이 낙하함으로써 발생하는 백색왜성 표면 폭발의 결과이다.

쌀알무늬(granulation) 태양 표면의 얼룩덜룩한 무늬로 광구 바로 아래에서 뜨거운 물질이 상승하고 차가운 물질이 하강하는 대류에 의해 발생한다.

쌍성계(binary-star system) 중력으로 묶여 있고 공통 질량 중심을 회전하는 2개의 별로 구성된 계. 대부분 별들이 쌍성계에서 발견된다.

|ㅇ|

아원자입자(subatomic particle) 원자핵의 크기보다 작은 입자

안시쌍성(visual binary) 지구에서 맨눈으로 두 별을 모두 분리하여 볼 수 있는 쌍성

알파 과정(alpha process) 높은 온도에서 일어나는 과정으로 높은 에너지의 광자들이 무거운 핵을 쪼개서 헬륨 핵을 형성함

알파입자(alpha particle A helium-4 nucleus) 4개의 핵을 가진 헬륨 무거운 원소들이 방사성 붕괴를 일으키면서 내놓은 헬륨 원자핵

암석(rock) 주로 규소와 산소의 화합물로 구성된 물질

암흑먼지구름(dark dust cloud) 몇 파섹에 걸쳐 있는 아주 큰 구름으로 먼지 입자마다 1012개의 가스 원자를 포함하고 있다. 전형적인 밀도는 1m³당 수천만 개에서 수억 개의 입자가 들어 있다.

암흑물질(dark matter) 전자기파 관측에 의해서 확인되지 않았으나, 회전곡선이나 다른 기술들에 의해 그 존재를 추론해 볼 수 있는 은

하와 성단 안의 질량을 기술하는 데 이용되는 용어

암흑물질입자(dark matter particle) 전자기파로는 찾을 수 없지만 중력의 영향으로 추론해 볼 수 있는 입자

암흑 에너지(dark energy) 허블 팽창 가속도의 원인으로 생각되는 알려지지 않은 우주 역장의 일반적인 이름

암흑 에너지 우세우주(dark energy-dominated universe) 물질의 밀도와 복사를 합한 것보다 암흑 에너지의 밀도가 더 많은 우주. 현재의 우주는 암흑 에너지 우세우주이다.

암흑 헤일로(dark halo) 가시 헤일로 너머에 있는 은하 지역으로 암흑물질이 존재할 것으로 생각된다.

약력(weak nuclear force, 약한 핵력, 약한 상호작용) 단거리 힘, 전자기와 강력보다 약하지만 중력보다는 훨씬 강함. 특정 핵반응과 방사성 붕괴와 관련이 있다.

양성자(proton) 양전하와 모든 원자핵의 성분을 지닌 소립자. 원자핵 내의 양성자 수는 그 원자의 종류를 결정한다.

양성자-양성자 반응 계열(proton-proton chain) 수소로부터 헬륨이 만들어지는 융합 반응 계열

양자 역학(quantum mechanics) 원자 규모에 적용되는 물리학법칙

양자중력이론(quantum gravity) 양자역학과 일반상대성이론을 결합한 이론

양전자(positron) 음으로 대전된 전자와 동일한 특성을 지니지만 양으로 대전된 입자. 이 양전자는 전자의 반대 입자이다. 양전자와 전자는 서로 만났을 때 감마선의 형태로 에너지를 생성한 후 소멸된다.

양치기 위성(shepherd satellite) 고리의 모양을 유지하는 데 도움을 주는 중력 효과를 가진 위성이다. 예를 들면 토성의 두 위성인 프로메테우스와 판도라가 있는데, 이들의 궤도는 F 고리의 양쪽에 위치한다.

어번던스(abundance) 가스 안에 있는 원소들의 상대적인 양

엄폐(obscuration) 항성 간의 먼지와 기체 주머니에 의해 빛의 흐름을 막은 것

에너지플럭스(energy flux, 에너지속) 별이 복사하는 단위 시간당 단위 면적당 에너지(또는 탐지기에 기록되는)

엑스선(X-ray) 가시 스펙트럼 이상의 높은 주파수와 짧은 파장의 복사에 해당하는 전자기 스펙트럼의 영역

엔케 간극(encke gap) 토성의 고리에 있는 작은 틈

역제곱법칙(inverse-square law) 거리의 제곱에 반비례하여 변화한다는 법칙. 역제곱법칙을 따르는 영역은 거리가 증가함에 따라 힘이 빠르게 감소한다. 그러나 0에는 도달하지 않는다.

역행(retrograde motion) 고정된 항성에 대해 (평소 혹은 다른 행성의 운동 방향에) 거꾸로 서쪽 방향을 향하는 행성의 시운동

연속 스펙트럼(continuous spectrum) 특정한 범위의 파장이 아니라 모든 파장에서 방출되는 스펙트럼. 대표적인 예는 고온, 고밀도의 물체가 방출하는 흑체 복사이다.

연착륙(soft landing) 한 행성에 우주 탐사선이 사뿐히 착륙하도록 로켓, 낙하산, 또는 포장을 사용하는 것

열(heat) 열 에너지. 어떤 물체가 그것을 구성하는 원자나 분자의 불규칙한 운동에 의해 가지고 있는 에너지

열린 궤도(unbound) 우주의 특정한 공간에 머무르지 않는 궤도로, 물체가 다른 중력장을 탈출하는 경우이다. 전형적인 열린 궤도는 쌍곡선 모양이다.

열린 궤적(unbound trajectory) 행성의 중력을 탈출할 수 있을 만큼 충분히 높은 발사 속도를 가지는 물체의 경로

영구 동토층(permafrost) 화성의 표면 바로 아래에 놓여 있는 영구 얼음층

영년 주계열(zero-age main sequence) 별의 핵에서 핵 연소를 시작하는 위치로, 이론적 모델에 의해 예측된 H-R도상의 영역

오로라(aurora) 태양풍에 의해서 전하를 띠는 입자가 입사하며 대기층의 분자들을 들뜨게 하고 그들이 다시 바닥상태로 떨어지면서 에너지를 방출할 때 나타나는 현상. 오로라는 일반적으로 북극이나 남극의 고위도 지역에서 일어난다.

오오트구름(oort cloud) 약 50,000AU 거리에서 태양계 가장 바깥쪽을 둘러싸고 있는 먼지와 얼음의 집합소. 대부분의 혜성이 이곳에 존재

오존층(ozone layer) 지구로 들어오는 자외선 태양 복사가 대기 중의 산소, 오존, 질소에 의해 흡수되는 층으로 20~50km의 고도의 지구 대기층이다.

온도(temperature) 물체 내 열량의 측정, 그것을 구성하는 입자들의 속도를 지시

온실기체(greenhouse gas) 적외선 복사를 효과적으로 흡수하는 이산화탄소나 수증기와 같은 기체

온실효과(greenhouse effect) 행성의 대기에 의해 태양 복사의 일부가 갇히는 것으로 온실에서 열이 갇히는 것과 비슷하다.

옹스트롬(angstrom) 0.1나노미터 또는 10억 분의 1미터 길이

와트/킬로와트(watt/kilowatt) 힘의 단위. 1와트(W)는 초당 1J의 방출이다. 1킬로와트(kW)는 1,000W이다.

왜성(dwarf) 태양과 비슷하거나 그보다 반지름이 작은 별(태양 포함)

왜소불규칙은하(dwarf irregular) 수백만 개 정도의 별을 포함한 작은 불규칙은하

왜소타원은하(dwarf elliptical) 수백만 개 정도의 별을 포함한 1kpc 크기의 작은 타원은하

왜소은하(dwarf galaxy) 수백만 개 정도의 별을 포함한 작은 은하

왜소행성(dwarf planet) 태양을 중심으로 공전하면서 거의 구형의 모습을 가질 정도로 자신의 중력이 충분히 크지만, 자신의 궤도에서 이웃하는 천체들을 끌어모아 없애기에는 거대하지 못한 천체

외계행성(extrasolar planet) 태양 이외의 다른 항성을 중심으로 궤도운동을 하는 행성

외핵(outer core) 액체이며 주로 니켈과 철로 구성된 지구의 핵의 바깥쪽 부분

용승(upwelling) 주변 매질보다 더 높은 온도를 가진 물질이 위로 올라오는 운동

용암돔(lava dome) 행성 표면에서 용암이 갈라진 틈을 통해 흘러나올 때 형성되는 화산 형성물. 돔을 형성하고, 금이 가고 가라앉으면서, 껍질을 만들어 냄

우리은하(Milky Way Galaxy) 태양이 속한 나선형은하. 우리은하의 원반은 은하수라고 알려진 옅은 빛의 띠로서 밤하늘에 볼 수 있다.

우주적색이동(cosmological redshift) 우주의 허블 흐름에 기인한 천체의 적색이동 성분

우주(universe) 모든 공간, 시간, 물질, 에너지의 총체

우주거리(cosmological distance) 우주척도에 비유할 만한 거리

우주거리척도(cosmic distance scale) 천문학자들이 우주 안에서 거리 측정에 사용하는 간접적인 거리 측정 방법

우주론(cosmology) 우주 전체에 대한 구조와 진화를 연구하는 학문

우주배경복사(cosmic microwave background) 거의 완벽한 등방성 라디오파로 빅뱅의 전자기 흔적이다.

우주상수(cosmological constant) 아인슈타인이 일반상대성이론에서 정적인 우주를 기술한 방정식에서 소개한 양. 지금은 우주 가속도의 원인이 되는 '암흑 에너지' 반발력의 후보 중 하나이다.

우주원리(cosmological principle) 우주론의 기초를 이루는 두 가지 가정. 즉, 우주는 충분히 큰 범위에서 균질하고 등방성을 갖는다.

운동 에너지(kinetic energy) 움직임으로 인한 물체의 에너지

운석(meteorite) 지구의 대기를 통과하여 지구 표면에 떨어진 유성체의 잔해

원시 핵합성(primordial nucleosynthesis) 고온, 고밀도에서 핵융합에 의해 생성된 수소보다 무거운 초기우주의 원소

원시화구(primeval fireball) 빅뱅 직후 고온, 고밀도의 초기우주

원시별(protostar) 별의 형성 단계. 수축하고 있는 가스체의 내부가 충분히 뜨겁고 밀도가 높아 전파 복사가 불투명한 상태

원시은하원반(protostellar disk) 별(혹은 아마도 행성계)이 형성될 때 내부의 가스와 먼지가 소용돌이 치고 있는 원반. 우리태양의 경우는 '태양성운'

원시태양(protosun) 태양계 형성의 초기단계 때 물질이 중심에 축적된 것으로 오늘날 태양의 전신

원시행성(protoplanet) 태양계 형성 초기단계에 형성된 물질의 덩어리로 오늘날 우리가 볼 수 있는 행성의 전신

원일점(aphelion) 태양을 도는 천체가 궤도상에서 태양으로부터 가장 멀리 떨어져 있을 때의 지점

원자(atom) 물질을 구성하는 단위. 양성을 띠는 양성자와 중성을 띠는 중성자로 이루어진 핵과 그 주위에는 음성을 띠는 전자로 구성됨

원조천체(progenitor) 주어진 천체의 '조상' 별. 초신성이 폭발하기 이전의 별은 초신성의 전구이다.

월식(lunar eclipse) 지구의 그림자를 통해 달이 통과하는 동안 나타나는 천체의 사건. 주로 달의 표면을 어둡게 하면서 나타남

위상(lunar phase, 월령) 달의 궤도상 위치에 따라 달라지는 달의 겉보기 모양

위성(satellite) 다른 큰 천체의 주위를 그 인력에 의하여 궤도운동을 하는 작은 천체

유성(meteor) 하늘에 있는 밝은 기다란 줄, 가끔은 별똥별이라고 부름. 지구 대기에 들어오는 행성 간 잔해의 작은 조각과 뜨거운 공기 분자가 기저 상태로 돌아가면서 빛을 발산하는 데서 유래함

유성우(meteor shower) 혜성의 궤도를 따라 흩어진 잔해 주변을 지구가 지나갈 때 지구의 대기로 많은 유성이 나타나는 사건

유성체(meteoroid) 지구의 대기와 부딪치기 전의 행성 간 잔해 덩어리

유체 정역학 평형(hydrostatic equilibrium) 중력의 내부 당김이 압력에 의한 내부적 힘에 의해 정확히 균형이 맞추어진 별이나 다른 유체 안에서의 상태(중심부로 수축하려는 힘인 중력과 외부로 팽창하려는 기체 압력이 평형을 이룬 상태)

유출하천(runoff channel) 강의 모양을 한 화성의 표면 특징. 대량의 액체 상태의 물이 존재했다는 증거이다. 남부 고원 지대에서 발견되며, 약 40억 년 전에 흘렀던 물에 의해 형성된 것으로 생각된다.

유클리드 기하학(euclidean geometry) 평탄 공간에서의 기하학

융합(fusion) 핵융합 참조

은하(galaxy) 중력에 의해 묶여 있는 별무리. 태양은 우리은하 안에 있는 별 중 하나이다.

은하년(galactic year) 우리은하의 중심부로부터 태양까지 거리(약 8kpc)에 있는 천체가 공전하는 데 걸리는 시간으로, 대략 2억 2,500만 년에 해당한다.

은하단(galaxy cluster) 은하들 간의 중력에 의해 서로가 묶여 있는 은하 집단

은하원반(galactic disk) 나선은하에서 은하헤일로를 2등분하는 가스와 티끌로 이루어진 편평한 곳. 이곳에서는 별의 형성이 활발하다.

은하중심부(galactic center) 은하수나 다른 은하의 중심 부분. 나선은하의 원반이 회전하는 중심부

은하팽대부(galactic bulge) 은하중심 부근에서 별들과 뜨거운 가스가 두툼하게 분포하는 곳

은하핵(galactic nucleus) 은하중심부의 고밀도의 작은 부분. 활동은하들에서 나오는 대부분의 복사는 이 핵에서 발생한다.

은하헤일로(galactic halo) 은하원반으로부터 위아래로 확장된 영역으로 구상성단과 나이가 많은 별들이 존재한다.

은하회전곡선(galactic rotation curve) 은하의 중심으로부터의 거리에 대해 회전하는 속도를 나타낸 곡선

응결핵(condensation nuclei) 성간매질 속의 중간 크기 먼지알갱이들은 다른 물질들이 뭉칠 수 있도록 하는 씨앗 역할을 한다. 태양계의 형성에서 먼지알갱이의 존재는 물질들이 덩어리로 만드는 데 아주 중요한 요인이다.

응축(accretion) 행성 같은 천체가 더 작은 다른 천체의 축적에 의해 점진적으로 성장하는 것

응축이론(condensation theory) 최근에 주목 받는 태양계 행성에 관한 이론으로 예전의 성운이론과 응결핵으로서의 성간먼지알갱이에 대한 새로운 정보를 합한 이론

이론(theory) 관찰의 일부 설정을 설명하고 현실 세계에 대한 예측을 하는 데 사용되는 아이디어와 가정의 틀

이론 모델(theoretical model) 주어진 이론의 가정 및 범위 내에서 물리적 과정 또는 현상의 수학적 설명을 구성하려는 시도. 관찰된 사실의 설명을 제공할 뿐 아니라 일반적으로 모델은 추가적인 관찰이나 실험에 의해 검증될 수 있는 것을 새롭게 예측한다.

이미지(image) 물체에서 빛이 거울이나 렌즈에 의해 반사되거나 굴절될 때 생성되는 물체의 광학적 표현(묘사)

이심률(eccentricity) 타원의 편평한 정도를 나타내는 척도로 두 초점 사이의 거리를 장축의 길이로 나눈 값과 같다.

이오 플라스마 토러스(io plasma torus) 도넛 모양의 에너지 이온 입자

지역. 목성의 위성 이오에 있는 화산에 의해 분출되고 목성의 자기장에 의해 들어 올려진다.

이온(ion) 전자를 한 개 또는 그 이상 잃은 원자

이온층(ionosphere) 대기가 주로 이온화되고 전기를 전도하는 지구의 대기층. 지구 대기의 약 80km 위에 있다.

이온화(ionized) 전자를 한 개 또는 그 이상 잃은 원자나 분자의 상태

이중분광선쌍성(double-line spectroscopic binary) 두 별의 스펙트럼 선이 구별되어 한 별이 다른 한 별의 앞뒤로 움직이는 것이 관측되는 쌍성계

이지러짐(wane) (위성 또는 행성과 관련 있다.) 축소하는 것. 달이 보름달 후 2주간 크기가 축소하며 이지러진다.

이탈속도(escape speed, 탈출속도) 한 천체가 다른 천체에 의한 중력으로부터 탈출하기 위해 필요한 속도. 끌어당기는 천체로부터 이 탈속도보다 큰 속도로 튀어 나간 물체는 다시 돌아오지 않는다.

인플레이션(inflation) 급팽창 시대 참조

일반상대성이론(general theory of relativity) 특수 상대성 체계에 중력을 통합하여 아인슈타인이 제안한 이론

일식(solar eclipse) 천구상에서 달이 지구와 태양 사이를 통과함에 따라 일시적으로 태양의 빛을 가리는 현상

임계밀도(critical density) 영원히 팽창하는 우주와 다시 붕괴하는 우주 사이를 가르는 우주밀도의 경곗값

임계우주(critical universe) 물질의 밀도가 정확하게 임계밀도와 같은 우주. 무한한 우주로 곡률이 없다. 팽창은 영원히 계속될 것이지만 팽창속도가 0인 지점에 다다를 것이다.

입자(particle) 거의 무시할 만한 정도의 질량을 가진 물체

입자가속기(particle accelerator) 상대적인 속도로 아원자입자를 가속시키는 장치

|ㅈ|

자극(magnetic poles) 행성 자기장이 행성 표면에 수직으로 교차하는 행성 위의 점

자기권(magnetosphere) 대기 위 행성의 자기장에 의해 가두어진 대전 입자들의 구역

자기권계면(magnetopause) 행성 자기권과 태양풍 사이의 경계

자기 디스크(current sheet) 행성의 빠른 자전으로 인해 자기권 안의 전하를 띤 대부분의 입자들이 토성의 자기 적도 안에 평평하게 펼쳐진 것

자기장(magnetic field) 전기장의 변화를 동반하고 자화된 물체 간에 영향을 지배하는 영역

자성(magnetism) 자기장의 존재

자외선(ultraviolet) 파란빛보다 더 짧은 파장에 해당하며, 가시광선 영역을 넘어선 전자기 스펙트럼 영역

자외선망원경(ultraviolet telescope) 스펙트럼의 자외선 부분의 전파를 수집하도록 설계된 망원경. 지구 대기는 이러한 파장에 부분적으로 불투명하므로 자외선 망원경은 대기의 가장 높은 곳에 있도록 로켓, 풍선, 위성에 놓는다.

자이로스코프(gyroscope) 우주선이 우주공간에서 고정된 방향을 유지할 수 있도록 하는 회전하는 바퀴 시스템

자전(rotation) 축에 대한 천체의 회전(스핀) 운동

작은 고리(ringlet) 토성의 행성고리 시스템에 있는 좁은 지역으로, 이 지역의 고리입자의 밀도는 매우 높다. 탐사선 보이저는 지구에서 보이는 고리가 실제로 수만 개의 작은 고리로 구성되어 있음을 발견했다.

잔해(remnant) 초신성 폭발 이후 남아 있는 물체. (1) 폭발로부터 생긴 빛나는 가스의 껍질이 확대 및 냉각된 것, 또는 (2) 폭발의 중심에 남아 있는 중성자 별, 혹은 블랙홀

장축(major axis) 타원의 긴 축

저질량 별(low-mass star) 태양의 8배보다 적은 질량의 별. 백색왜성의 조상

제1형 초신성(type I supernova) 별의 폭발적 죽음의 하나. 쌍성계의 백색왜성은 자체 중량을 지지할 수 없을 만큼의 질량으로 커질 수 있다. 별의 붕괴와 온도는 탄소 융합을 발생시키기에 충분할 정도로 상승한다. 융합은 백색왜성의 폭발과 거의 동시에 시작된다.

제2형 초신성(type II supernova) 고도로 진화한 별의 중심핵이 빠르게 폭파하여 안쪽으로 붕괴하며 주변에 있는 별까지 파괴시킨다.

적경(right ascension) 천구에서 경도를 측정하는 데 사용되는 천체의 좌표. 영점은 태양이 춘분점에 위치할 때이다.

적색거성(red giant) 표면온도가 상대적으로 낮아서 빨갛게 보이는 거대한 별

적색거성열(red-giant branch) 별의 수소각 연소에 해당하는 진화 단계. 이 단계에서 별은 지속적으로 팽창하고, 별의 외부 껍질은 냉각된다. 별의 반경이 커짐에 따라 표면 온도는 낮아지고, 점차 적색거성이 된다.

적색거성영역(red-giant region) H-R도 우측-상단 모서리 영역으로, 적색의 거대한 별이 발견됨

적색왜성(red dwarf) H-R도에서 주계열의 우측-하단 끝에 위치한 작고, 차가운 희미한 별

적색이동(redshift) 광원이 우리로부터 멀어짐으로써 유도된 빛의 파장 변화. 상대적인 후퇴운동은 움직이지 않았을 때보다 파장이 더 길게 관측된다(따라서 더 붉어짐).

적색이동 조사(redshift survey) 적색이동을 사용하여 거리를 결정하는 3차원의 은하 조사

적색초거성(red supergiant) 매우 큰 광도를 가진 적색 별로, H-R도의 점근-거성열 영역에 위치한다.

적외선(infrared waves) 스펙트럼의 적외선 영역에서 파장을 가진 전자기 복사

적외선망원경(infrared telescope) 적외선 복사를 감지하기 위해 설계된 망원경. 많은 이런 망원경들은 풍선, 비행기, 인공위성에 의해 지구 대기 위에 이동될 수 있도록 가볍게 설계되었다.

적외선의(infrared) 붉은색보다 파장이 좀 더 긴 빛에 해당하는, 가시광선 밖의 전자기 스펙트럼의 범위

적응제어광학(adaptive optics) 관측하는 동안 거울 표면의 모양을 변화시켜서 망원경의 해상도를 높이는 기술. 대기의 난기류의 효과를 없애기 위해서 사용됨

전기장(electric field) 양성자나 전자와 같이 대전된 입자로부터 모든 방향으로 뻗어 있는 공간. 다른 대전된 입자에 의한 전기장에서 전

기력이 나타난다. 전기장의 세기는 전하로부터의 거리가 멀어지면서 제곱에 반비례하게 감소한다.

전자(electron) 원자의 구성 성분으로 음전하를 띠는 기본 입자

전자기력(electromagnetic force) 전하를 띤 두 입자 사이에 작용하는 (전기적 또는 자기적) 힘

전자기 복사(electromagnetic radiation) 빛을 나타내는 다른 용어로, 한곳에서 다른 곳으로 에너지와 정보를 전달한다.

전자기 스펙트럼(electromagnetic spectrum) 전파부터 감마선에 이르기까지 전자기 복사에 의한 모든 파장 영역. 모든 전자기 복사는 기본적으로 같은 현상에 기반하지만, 파장과 속도에서 차이가 있다.

전자기 에너지(electromagnetic energy) 전기장과 자기장을 빠르게 변동하는 형태로 전달되는 에너지

전자기학(electromagnetism) 전기와 자기를 통합하는 형태로 하나의 현상에 대해서 전기와 자기 중 독립된 하나의 양으로 존재하지 않고 두 가지 측면이 함께 고려됨

전파(radio) 가장 긴 파장의 복사에 해당하는 전자기 스펙트럼의 영역

전파 로브(radio lobe) 전파-방출 가스의 둥그스름한 확장 지역으로 전파은하의 중심 너머에 위치하고 있다.

전파망원경(radio telescope) 우주로부터 오는 전파에 해당하는 파장의 복사선을 감지하도록 설계된 거대한 장비

전파은하(radio galaxy) 장파장 복사로 대부분의 에너지를 방출하는 활성은하의 종류

절대등급(absolute magnitude) 별이 지구에서 10pc에 떨어져 있다고 가정했을 때의 겉보기 등급

절대밝기(absolute brightness) 별이 지구에서 10pc에 떨어져 있다고 가정했을 때의 겉보기 밝기

절대영도(absolute zero) 도달할 수 있는 가장 낮은 온도. 모든 열운동은 이 온도에 멈추게 된다.

접선속도(transverse velocity) 시선방향에 수직인 별의 속도 성분

접선(방향)운동(transverse motion) 복사선을 수신할 때 도플러이동이 나타나지 않는 시선의 수직 방향 운동

접안렌즈(eyepiece) 관찰자가 상을 보는 데 필요한 작은 렌즈. 주로 상을 확대하기 위해 사용된다.

정상은하(normal galaxy) 전체 에너지 방출이 많은 별들의 빛을 합친 것과 일치하는 은하

정온 태양(quiet Sun) 광구의 평균 온도와 같이 상당히 긴 시간 동안 변하지 않는 태양 활동의 기본 요소

정온 홍염(quiescent prominence) 태양의 광구 위로 높이 솟아, 수 일부터 몇 주 동안 지속되는 홍염

정전기력(electrostatic force) 대전된 물체 사이에서 작용하는 힘

조금(neap tide) 1분기와 3분기에 지구-달 선과 지구-태양 선이 수직을 이룰 때 나타나는 가장 작은 조수

조석(tides) 물을 가진 지구형 천체에서 매일, 매월, 매년 주기로 물이 오르고 내리는 운동. 지구의 조석은 달과 태양 각각의 중력에 의한 인력이 경쟁함으로써 발생한다.

조석팽창(tidal bulge) 달에 가장 가까운 측과 달에 가장 먼 측의 중력차에 의해 발생하는 지구의 늘어남. 조석팽창의 장축은 달을 가리킨다. 좀 더 일반적으로는 근처에 있는 중력체의 조석 효과에 의한 물체의 변형

주경(primary mirror) 망원경의 주 초점에 위치한 거울. 주 초점 참조

주계열(main sequence) H-R도에 잘 정의된 구역으로 대부분의 별이 발견되고, 도표의 왼쪽 위에서 오른쪽 아래로 분포함

주기(period) 궤도를 선회하는 한 천체가 또 다른 천체를 완전히 한 바퀴 공전하는 데 걸리는 시간

주기광도관계(period-luminosity relation) 세페이드 변광성의 변광주기와 광도 사이의 관계. 변광주기를 측정함으로써 멀리 떨어진 별의 거리를 알 수 있다.

주전원(epicycle) 지구중심설에서 관측되는 행성의 움직임을 설명하기 위해 필요한 태양계 모델의 일부 구성물. 각 행성은 큰 원의 중심을 도는 작은 원 궤도에 위치해 있다.

주 초점(prime focus) 거울이 한 점으로 빛의 초점을 맞추는 반사망원경의 지점

준거성(subgiant) H-R도에서 준거성 가지에 위치한 별

줄(joule) 에너지의 국제단위

중간 질량 블랙홀(intermediate-mass black hole) 지구 질량보다 100~1,000배 큰 질량을 가진 블랙홀

중력(gravitational force) 중력의 효과로 인해 한 물체가 다른 물체에 의해 작용 받는 힘. 이 힘은 작용하는 두 물체의 질량에 비례하고, 거리의 제곱에 반비례한다.

중력(gravity) 어떤 거대한 천체가 다른 거대한 천체를 끌어당기는 효과. 천체의 질량이 클수록 강하게 끌어당긴다.

중력렌즈(gravitational lensing) 관측자에게 가까이 있는 매우 크고 무거운 물체로 인해 멀리 있는 물체로부터 오는 빛이 구부러져 2개 또는 그 이상으로 상이 나누어져 맺히는 효과

중력불안정이론(gravitational instability theory) 중력수축을 야기한 가스들의 불안정성을 이용해 태양계 성운에서 목성형 행성이 곧장 형성되는 것을 설명하는 이론. 핵강착이론 참조

중력적색이동(gravitational redshift) 아인슈타인의 일반상대성이론에 의해 추정되는 현상. 광자는 거대한 천체의 중력장에서 벗어날 때 에너지를 잃는다. 광자의 에너지는 진동수에 비례하기 때문에 잃어버린 에너지로 인해 진동수가 감소하면 그에 해당하는 만큼 파장의 길이가 길어지거나 적색이동이 나타난다.

중력파 방출(gravitational radiation, 중력방사) 천체의 중력장 속에서의 빠른 변화로 인해 발생하는 방사

중성미립자(neutrino) 핵융합 반응의 산물 중 하나로 질량과 전하가 없다. 중성미립자는 빛의 속도로 움직이고 거의 물질과 상호 작용하지 않는다.

중성자(neutron) 양성자와 거의 질량이 같은 기본 입자. 그러나 전기적으로 중성이다. 양성자와 함께 원자의 핵을 구성한다.

중성자성(neutron star) 초신성 폭발로 별이 파괴된 후에 별의 중심부에 남은 고밀도의 중성자 덩어리. 전형적인 중성자성은 태양보다 질량이 더 크고, 직경은 약 20km이다.

중성자 포획(neutron capture) 매우 거대한 핵이 형성되는 주요 메커니즘. 무거운 원소들이 기존의 핵에 점점 더 많은 중성자가 결합하여 형성되는 핵융합 대신 초신성의 격렬한 여파에 의해 형성

중수소(deuterium) 양성자 1개인 수소 원자핵에 중성자 1개가 추가된

형태. 수소의 동위원소 가운데 질량 수가 2인 것

중양성자(deuteron) 수소의 동위원소 중 원자핵의 양성자에 중성자 하나가 묶여 있는 수소의 동위원소. 추가된 중성자 질량으로 인해 중수소라고 불리기도 한다.

중원소(heavy element) 천문학에서 사용되는 용어로 수소나 헬륨보다 무거운 원소

지각(crust) 고체의 대륙과 해저를 포함하는 지구의 표면층

지각균열(tectonic fracture) 내부의 지질학적 활동에 의한 행성 표면의 균열 특히 화성 표면의 균열

지구를 둘러싼 가상의 원(deferent) 행성의 운동을 설명하기 위해 필요한 지구중심적인 태양계 모델 구조에 나타나는 가상의 원은 지구를 둘러싸고 있고 그 위로 주전원이 움직인다.

지구중심설(geocentric model, 천동설) 지구가 우주의 중심이고 다른 천체들은 지구를 중심으로 돈다고 설명하는 태양계 모델. 태양계를 설명하는 초기의 이론은 지구중심설이다.

지구형 행성(terrestrial planet) 태양계 가장 안쪽의 4개 행성. 일반적으로 물리적·화학적 특성이 지구와 유사하다.

지점(solstice) 하지와 동지 참조

지진(earthquake) 지표 근처에서 발생하는 암석물질의 갑작스러운 어긋남

지진계(seismometer) 지진(또는 다른 행성에 발생한 지진)의 강도를 감지하고 측정할 수 있도록 설계된 장비

지진파(seismic wave) 지진이 발생한 곳으로부터 지구를 통과하여 표면으로 이동하는 지진에 의한 파동

지진학(seismology) 지구 내부에서 발생한 지진과 지진파를 연구하는 학문

진동수(frequency) 파동에서 단위 시간 동안 어떤 지점을 통과하는 마루의 수

진폭(amplitude) 파장의 변위 크기의 극댓값

진화경로(evolutionary track) 별의 일생을 H-R도 상에서의 경로로 표현한 것.

질량(mass) 물체에 포함되는 물질의 전체 양에 대한 기준

질량광도관계(mass-luminosity relation) 주계열성의 질량과 광도의 의존성. 광도는 질량의 3승에 비례하여 증가한다.

질량 반지름 관계(mass-radius relation) 주계열성의 반지름과 질량의 의존성. 반지름은 대략 질량에 비례한다.

질량 에너지 등가성(mass-energy equivalence) 질량과 에너지는 독립적이지 않지만 아인슈타인의 공식 $E=mc^2$에 따라 한 가지에서 다른 것으로 전환될 수 있다는 원리

질량 에너지 보존(conservation of mass and energy) 질량 에너지 보존법칙 참조

질량 에너지 보존법칙(law of conservation of mass and energy) 물리적 과정에서 물체의 질량과 에너지의 합은 일정해야 한다는 물리법칙. 핵융합 반응에서 손실된 질량은 주로 전자기 복사의 형태로 에너지로 전환된다.

질량전달(mass transfer) 이성분계에서 한 개의 별은 다른 것으로 물질을 전달한다는 과정

질량중심(center of mass) 질량이 있는 거대한 물체들의 우주공간에서 질량의 평형점. 뉴턴 역학에 따르면 고립된 계에서 일정한 속도로 움직일 때 이 점은 움직인다.

집광력(light-gathering power) 망원경이 보고 모을 수 있는 빛의 양. 주경의 면적에 비례한다.

집열면적(collection area) 복사선을 포착할 수 있는 망원경의 총면적. 큰 망원경일수록 포착 면적이 넓고, 희미한 물체도 탐지할 수 있다.

짝풀림(decoupling) 원자들이 처음으로 형성되었을 때 광자들이 우주공간으로 자유롭게 전파될 수 있었던 초기우주의 사건

| ㅊ |

차가운 암흑물질(cold dark matter) 아마도 우주 생성 초기에 형성되었을 것으로 보이는 아주 무거운 입자로 구성된 암흑물질의 후보 그룹

차등회전(differential rotation) 목성이나 태양과 같이 가스로 된 구형의 천체에서 극에 비해 적도에서 다른 속도로 회전하는 경향을 말한다. 좀 더 일반적으로 물체의 위치에 따라 각속도가 다양하게 나타나는 상태

착륙선(lander) 연구하고 있는 천체에 착륙한 우주선

찬드라세카 질량(chandrasekhar mass) 백색왜성의 최대 질량

채층(chromosphere) 태양의 낮은 대기층으로 가시 대기층 바로 위에 위치한다.

천구(celestial sphere) 지구를 둘러싸고 있는 가상의 구로 하늘에 있는 모든 물체가 표면에 있는 것으로 가정한다.

천구의 극(celestial pole) 천구에 투영된 지구의 남극과 북극

천구의 남극(south celestial pole) 지구 남극 위의 천구 지점

천구의 북극(north celestial pole) 지구의 북극 바로 위 천구의 점

천구의 적도(celestial equator) 천구에 투영된 지구의 적도

천문단위(astronomical unit, AU) 태양과 지구 사이의 평균 거리. 정밀한 레이더 측정에 의하면 1 AU는 149,603,500km

천문학(astronomy) 지구의 대기권 넘어 우주에 있는 모든 것을 연구하는 과학의 한 분야

천체역학(celestial mechanics) 행성이나 별과 같은 물체의 중력과 관련된 상호 작용이나 움직임에 대한 연구

청색거성(blue giant) H-R도에서 왼쪽 윗부분에 있는 크고, 뜨거우며, 밝은 별들. 색과 크기로부터 이름이 붙여졌다.

청색이동(blue shift) 지구로 가까워지는 별의 운동에 의해 유도된 파장 변화. 관찰자와 물체가 상대적으로 가까워지는 움직임은 움직이지 않을 때보다 파장을 짧게 보이게 만든다.

청색초거성(blue supergiant) H-R도에서 최상단 좌측 끝에 위치한 가장 크고, 밝고, 온도가 높은 별

초거성(supergiant) 태양의 100~1,000배 사이의 반지름을 갖는 별

초승달(crescent) 지구에서 달(또는 행성)을 봤을 때 절반 이하가 보일 때의 모양

초신성(supernova) 갑작스러운 핵 연소의 시작으로 발생된 별의 폭발적인 죽음(제1형), 또는 거대한 에너지 충격파(제2형). 우주의 가장 활동적인 사건 중 하나는 초신성이 일시적으로 자신이 속한 은하의 나머지 부분을 밝게 빛내는 것이다.

초신성 잔해(supernova remnant) 과거에 발생한 초신성으로부터의 잔

해가 흩어져 빛난다. 게성운은 가장 많이 연구된 초신성 잔해 중 하나이다.

초신성 핵붕괴(core-collapse supernova) 제2형 초신성 참조

초쌀알 조직(supergranulation) 태양 표면에서 나타나는 대규모의 흐름 패턴으로 30,000km 크기의 세포로 구성되며, 태양 내부 깊은 곳에서의 큰 대류세포의 흔적으로 여겨진다.

초은하단(supercluster) 여러 은하군을 더 큰 단위로 묶은 단위. 그러나 반드시 중력에 의해 묶여 있다.

초점(focus) 타원에서 특별한 두 점으로 이심률은 두 초점이 서로 분리된 정도를 나타낸다. 유한궤도에서 행성은 태양을 한 초점으로 하는 타원궤도를 돈다.

초점거리(focal length) 거울(또는 거울의 중심)로부터 초점까지의 거리

초질량 블랙홀(supermassive black hole) 태양질량의 100만~10억 배의 질량을 가지는 블랙홀. 일반적으로 은하의 중심핵에서 발견된다.

초힘(superforce) 강력과 약력을 하나의 단일한 힘으로 결합하려는 시도

추분(autumnal equinox) 9월 21일 부근에 태양이 천구의 적도를 남쪽으로 지날 때의 날짜

춘분(vernal equinox) 태양이 천구 적도의 북쪽으로 이동하는 날짜. 3월 21일 근처에 발생

충격파(shock wave) 신생별이나 초신성에 의해 생성되는 물질파인데, 주변의 분자구름으로 외부 물질을 밀어 넣는다. 빠른 속도로 이동하는 고밀도의 가스 껍질을 형성하면서 물질이 쌓이게 된다.

측광(photometry) 관측 천문학의 분야로, 각각의 표준 필터를 통해 측정된 광원의 밝기

ㅋ

카시니 간극(Cassini division) 토성의 고리에 있는 상대적으로 비어 있는 간극. 1675에 카시니가 발견했으며, 가는 고리들을 포함한다고 알려져 있다.

카이퍼대(Kuiper belt) 대부분의 단주기 혜성이 유래한다고 생각되는 해왕성 궤도 밖 태양계 지역

카이퍼대 천체(Kuiper-belt object) 카이퍼대에서 궤도를 도는 작은 얼음 덩어리 천체

케플러 법칙(Kepler's laws of planetary motion) 티코 브라헤에 의한 정밀한 행성운동 관측에 기초한 세 가지 법칙. 태양에 관한 행성의 운동을 요약했다.

켈빈 척도(Kevin scale) 절대 0이 0K인 온도 규모. 1K의 변화는 섭씨 1°C의 변화와 같다.

켈빈-헬름홀츠 수축기(Kelvin-Helmholtz contraction phase) 원시성 상태에서 나타나는 별의 진화경로

코로나(corona) 금성 표면의 수많은 크고 거친 원형 지역 중 하나로, 상승하는 맨틀 물질로 인해 행성의 지각이 위로 부풀어 오른 것으로 생각된다. 채층 바로 위에 위치한 태양의 얇은 바깥 대기층은 멀리 떨어진 곳에서 태양풍으로 바뀜

코로나 질량분출(coronal mass ejection) 태양의 대기층으로부터 분리되어 행성 간의 공간으로 탈출한 이온화된 거대한 자기장 거품

코마(coma) 주로 머리 부분이라고 간주되는 혜성의 가장 밝은 부분

코스모스(cosmos) 우주

코페르니쿠스의 원리(Copernican principle) 지구를 우주의 중요한 어떤 위치로부터 제거하는 것

퀘이사(quasar) 별과 같은 복사 천체로 적색이동이 관측된다. 이 천체에 나타나는 적색이동은 이 천체가 지구로부터 매우 멀리 떨어져 있음을 알려준다. 지구에서 매우 멀리 떨어진 활성은하의 가장 밝은 핵이다.

크레이터(crater) 행성이나 위성 표면에 행성 간 파편들의 충돌에 의해 생겨난 그릇 형태의 움푹한 곳

ㅌ

타원(ellipse) 원을 늘린 것처럼 생긴 기하학적인 도형. 타원의 특성에는 편평함의 정도, 이심률, 장축의 길이 등이 있다. 일반적으로 중력에 의해 유한한 궤도를 도는 행성은 타원궤도이다.

타원은하(elliptical galaxy) 별들이 타원 형태로 분포되어 있는 은하 분류 형태. 상당히 길게 늘려진 것부터 거의 원에 가까운 것까지 형태가 다양하다.

탄소 폭발 초신성(carbon-detonation supernova) 제1형 초신성 참조

탄화수소(hydrocarbon) 탄소와 수소로만 이루어진 분자

탈기체작용(outgassing) 화산 활동에 의해 생성된 대기의 가스(이산화탄소, 수증기, 메탄 및 이산화황)

탈주온실효과(runaway greenhouse effect) 행성이 가열되어서 그것의 대기가 고온을 유지하고 그 이후에 더욱 가열되어서, 대기의 성분과 표면의 온도에 급격한 변화를 일으키는 과정

태양계(solar system) 태양과 태양을 도는 모든 물체 수성, 금성, 지구, 화성, 목성, 토성, 천왕성, 해왕성과 그들의 위성, 소행성, 혜성, 해왕성 바깥 천체들

태양계 성운(solar nebula) 태양계 형성 시대의 초기 태양을 둘러싼 소용돌이 가스는 원시태양계라고도 한다.

태양 내부(solar interior) 태양의 중심과 광구 사이의 영역

태양일(solar day) 태양의 중심점이 자오선을 경과하고(정오)나서 또 다시 자오선을 통과할 때까지의 시간

태양주기(solar cycle) 평균 태양 흑점 수와 태양의 자기 극성이 반복되는 데 걸리는 22년의 기간. 태양의 극성은 11년의 태양 흑점주기마다 역전된다.

태양중심모형(heliocentric model, 지동설) 태양을 중심에 두고 지구가 그 주위를 움직인다는 태양계 모델

태양지진학(helioseismology) 태양 내부를 반복해서 가로지르는 음향파 분석을 통해 태양 표면 아래 깊숙한 곳의 상태를 연구하는 학문

태양 최대(solar maximum) 흑점이 많이 보이는 태양 흑점주기의 한 지점. 일반적으로 각 반구의 위도 15°에서 20° 사이 영역

태양 최소(solar minimum) 흑점이 적게 보이는 태양 흑점주기의 한 지점. 일반적으로 각 반구의 위도 25°에서 30° 사이 좁은 영역

태양풍(solar wind) 태양으로부터 외부로 방출된 하전입자의 흐름

태양핵(solar core) 반경 약 200,000km인 태양 중심부. 강력한 핵반응으로 태양 에너지가 생성된다.

태양 흑점주기(sunspot cycle) 흑점의 수와 분포는 상당히 일정한 패턴을 따르는데, 흑점의 평균 수는 11년마다 최대에 달하고 직후에

는 거의 0으로 떨어진다.

통과(transit) 행성 통과 참조

특수상대성이론(special theory of relativity) 빛 속도의 우선적 상태에 대한 아인슈타인의 이론

특이점(singularity) 블랙홀의 중심과 같은 물질의 밀도와 중력장이 무한한 우주의 한 점

| ㅍ |

파동(wave) 시간과 공간 모두에서 주기적으로 자신을 반복하는 패턴. 파동은 이동하는 속도, 진동수, 파장에 의해 특징지어진다.

파동설(wave theory of radiation) 개별 입자의 흐름보다는 연속적인 파동 현상으로서 빛을 기술

파동주기(wave period) 파동이 공간의 특정 지점에서 자신을 반복하는 데 필요한 시간

파섹(parsec) 시차가 정확히 1″가 되기 위해서 별이 위치해 있어야 하는 거리, 1파섹은 약 206,000 AU와 같다.

파장(wavelength) 주어진 순간에서 한 파의 마루(또는 골)에서 다음 마루(골)까지의 거리

파편화(fragmentation) 큰 천체가 작은 조각으로 부서지는 것. 태양계 형성 초기에 미행성과 원시행성들 간의 고속 충돌의 결과일 수 있다.

판 구조론(plate tectonics) 서로에 대해 표류하는 지구 암석권의 운동. 또한 대륙이동설이라고도 알려져 있음

펄사(pulsar) 특정한 펄스 주기 및 지속 시간을 갖고 빠른 펄스 형태의 전파를 방출하는 물체. 빠르게 회전하는 중성자성의 자기장에 의해 가속된 하전입자는 그 별의 축 회전으로 인해 바깥 방향을 향하는 전파빔을 생성하면서 자기장을 따라 흐른다.

평균 태양일(mean solar day) 정오에서 다음 정오까지 걸리는 평균 길이의 시간. 24시간

평탄성 문제(flatness problem) 표준 빅뱅 모델과 연관된 개념적인 문제. 표준 빅뱅 모델은 우주의 밀도가 임계밀도와 상당히 비슷한 이유에 대한 설명이 자연스럽지 않다. 우주팽창이 이 문제에 대한 해결책을 제시한다.

폭발적 별생성은하(starburst galaxy) 근접 충돌과 같은 격렬한 사건에 의해 최근에 폭발적으로 별의 생성을 촉진하였던 은하

표면중력(surface gravity) 별 또는 행성의 표면에서의 중력 가속도

표준촉광(standard candle) 쉽게 인식할 수 있는 모양과 광도가 알려져 있는 물체로 거리를 추정하는 데 사용될 수 있다. 초신성은 모두 동일한 광도의 최고치를 가지므로 표준촉광의 좋은 예이며, 다른 은하의 거리를 결정하는 데에도 사용된다.

표준태양모델(standard solar model) 태양에 대한 자기-부합 그림으로, 컴퓨터 프로그램을 통해 태양의 내부 구조를 결정하는 데 중요하다고 여겨지는 중요한 물리적 과정을 통합하여 개발되었다. 후에 프로그램의 결과와 태양의 실제 관측 결과를 비교하여 모델을 수정한다. 표준태양모델은 이러한 과정의 결과를 광범위하게 수용한다.

표토(regolith) 수십 미터의 두꺼운 달 표면 먼지. 수십억 년 동안 운석 충돌에 의해 생김

프톨레마이오스 모델(Ptolemaic model) 2세기 천문학자 클라우디우스 프톨레마이오스가 주장한 지구중심 태양계 모델. 이 모델은 알려진 행성의 위치를 정확히 예측했다.

플라스마(plasma) 완전히 이온화된 원자로 구성된 가스

플레어(flare) 태양 활동 영역이나 그 근처에서 발생하는 폭발적인 현상

플루토이드(plutoid) 해왕성 궤도 너머에 있는 왜소행성

| ㅎ |

하지(summer solstice) 태양이 천구 적도의 최북단 지점에 위치하게 되는 황도상 지점. 6월 21일 근처에 나타난다.

항성년(sidereal year) 관측상으로는 항성천에 대해서 태양이 천구상을 일주하는 데 걸리는 시간을 말한다. 지구가 항성에 대해 태양 둘레를 1회 공전하는 시간을 일컫는다.

항성 산란물(stellar ejecta) 신성이나 초신성에서 우주로 뿌려지는 물질

항성월(sidereal month) 천구상의 춘분점을 기준으로 하여 달이 지구 주위를 1회 공전하는 데 걸리는 시간

항성일(sidereal day) 별이 남중한 후부터 다음 남중할 때까지 걸리는 시간

항성 핵합성(stellar nucleosynthesis) 별의 중심부에서 가벼운 핵들의 융합에 의해 무거운 원소가 형성. 수소와 헬륨을 제외한 우리 우주의 모든 다른 원소는 별의 핵합성 결과이다.

해왕성 바깥 천체(trans-Neptunian object) 해왕성의 궤도 바깥의 작고 얼음으로 둘러싸인 천체. 플루토와 에리스가 가장 잘 알려진 예이다.

핵(core) 맨틀로 둘러싸여 있는 지구 내부 영역. 행성이나 별의 중심부

핵(nucleus) 고밀도인 원자의 중심부. 중성자와 양성자를 모두 포함하고, 하나 혹은 그 이상의 더 많은 전자가 핵 주변을 돈다. 혜성 머리의 중심부를 구성하는 얼음과 먼지로 된 고체 부분

핵강착이론(core-accretion theory) 얼음으로 된 원시행성의 핵이 충분한 질량을 가지고 있어 태양계 성운으로부터 가스들을 직접적으로 포집했다는 목성형 행성의 생성이론. 중력붕괴이론 참조

핵반응(nuclear reaction) 2개의 핵이 결합하여 다른 것을 형성하는 반응. 종종 에너지를 방출한다. 융합 참조

핵분열(nuclear fission) 지구 핵반응에 사용되는 에너지 생성의 메커니즘. 무거운 핵은 에너지를 방출하면서 가벼운 것으로 분열된다.

(핵)분열(fission) 핵분열 참조

핵융합(nuclear fusion) 태양의 핵에서 나타나는 에너지 생성의 메커니즘. 가벼운 핵은 에너지를 방출하면서 무거운 것으로 결합되거나 융합된다.

핵의 수소 연소(core hydrogen burning) 주계열성의 에너지 연소 단계. 별의 중심부에서 수소 핵융합 반응으로 헬륨이 만들어진다. 대부분의 별들은 정역학적 평형 상태에서 일생의 90% 시간을 보낸다. 이러한 정역학 평형은 중력과 핵의 수소 연소에 의해 발생된 에너지 사이에서 형성된다.

행성(planet) 태양 궤도에 있는 8개의 주요 천체 중 하나로, 반사된 햇빛에 의해 우리에게 관측된다.

행성간 물질(interplanetary matter) 행성이나 달의 부분이 아닌 태양

계 안의 물질. 우주의 잔해

행성고리 시스템(planetary ring system) 토성과 같은 거대한 행성을 둘러싼 얇고 평평한 고리로 구성된 물질

행성 산란물(planetary ejecta) 운석의 충돌에 의해 흩뿌려지는 물질

행성상성운(planetary nebula) 적색거성의 방출된 가스체로, 태양계 크기 정도의 공간에 퍼져 있다.

행성운동법칙(laws of planetary motion) 케플러에 의해 얻어진 태양 주위의 행성운동을 서술하는 3개의 법칙

행성 통과(planetary transit) 내행성(예 : 지구에서 관측되는 것은 수성 또는 금성)이 태양 앞을 지나갈 때 관측되는 궤도 구성

허블 다이어그램(Hubble diagram) 은하의 후퇴속도와 거리의 관계를 그린 그래프. 우주팽창의 증거

허블상수(Hubble's constant) 허블의 법칙에서 후퇴속도와 거리 사이의 관계에서 나타나는 비례상수

허블의 법칙(Hubble's law) 지구에서 은하까지의 거리에 따른 은하의 후퇴속도와 관련된 법칙, 은하의 후퇴 속도는 거리에 비례한다.

헬륨각 섬광(helium shelll flash) 빠르게 변화하는 별의 내부 환경 변화에 즉각 대응하지 못하는 헬륨 연소 껍질의 모습. 온도가 갑자기 올라가고 핵반응 속도가 빨라진다.

헬륨 연소각(helium-burning shell) 헬륨이 연소하고 있는 별 중심부의 탄소를 둘러싼 껍질 부분

헬륨 포획(helium capture) 헬륨 핵을 포획하여 중원소가 형성되는 것. 탄소는 다른 탄소핵과의 융합을 통해 보다 무거운 원소를 형성할 수 있지만 에너지 손실이 적은 헬륨 포획에 의한 경우가 더 많다.

현망간의 위상(gibbous) 지구에서 볼 때 달(또는 행성) 표면의 절반 이상(하지만 전체는 아닌)이 나타난 것

현무암(basalt) 철, 마그네슘, 규소 화합물이 굳어진 용암

혜성(comet) 주로 먼지와 얼음으로 이루어진 작은 천체로 태양 주위를 타원 궤도로 돈다. 태양에 가까워지면 먼지나 얼음이 증발하여 가스 머리와 길게 늘어진 꼬리를 만든다.

(혜성의) 가스꼬리(gas tail) 혜성의 머리 부분에서 태양풍에 의해 밀려나온 이온화된 가스의 얇은 기류 태양의 정반대편으로 뻗어나간다.

(혜성의) 먼지꼬리(dust tail) 알갱이로 이루어진 혜성의 꼬리 부분

혼돈된 회전(chaotic rotation) 비구형 물체의 예측 불가능한 회전 움직임

혼합물(composition) 물체를 이루는 원자와 분자들의 혼합

홍염(prominence) 태양 표면의 활성 부분에서 방출된 루프 혹은 빛나는 가스 시트. 그리고 태양 자기장 영향으로 코로나의 내부로 이동한다.

화강암(granite) 규소와 알루미늄을 포함한 화성암으로 지각의 대부분을 구성한다.

화구(fireball) 지구 대기권 안에서 밝거나 가끔은 폭발적으로 타오르는 빛나는 큰 유성체

화산(volcano) 지구의 지각 아래로부터 행성의 표면까지 뜨거운 용암의 용승

화씨(Fahrenheit) 물의 어는점을 32도, 끓는점을 212도로 삼은 온도 체계

활동성 은하핵(active galactic nucleus) 활동은하의 중심부에 있는 높은 밀도의 방출 지역

활동성 태양(active Sun) 홍염이나 플레어의 형태로 갑작스럽게 복사선을 방출하는 등의 예상치 못한 태양의 활동

활동은하(active galaxies) 긴 파장의 비열복사를 하는 대부분의 에너지가 많은 은하로 은하수보다 1초에 수백 배에서 수천 배의 에너지를 더 방출할 수 있다.

활동지역(active region) 흑점들을 둘러싸고 있는 태양의 광구 지역으로 예상치 못하게 격렬하게 분출할 수 있다. 흑점이 최대치에 이르렀을 때 활동 지역도 최대치에 이른다.

황도(ecliptic) 태양이 천구상에서 1년 동안 운동하는 상대적 겉보기 경로

황도십이궁(zodiac) 천구상에서 1년에 걸쳐 태양이 지나가는 길에 나타나는 12개의 별자리

회귀년(tropical year) 춘분과 그다음 춘분까지의 시간 간격

회전궤도공명(spin-orbit resonance) 천체의 자전주기와 공전주기가 단순한 몇 가지 방식으로 관련되었을 때의 상태

회전속도곡선(rotation curve) 은하중심으로부터의 거리에 대한 은하계 원반물질의 궤도속도 그래프. 나선은하의 회전곡선의 분석은 암흑물질의 존재를 나타낸다.

후퇴속도(recession velocity) 두 물체가 서로로부터 멀어지는 속도

흑색왜성(black dwarf) 고립되고 질량이 작은 별의 진화상 마지막 지점. 백색왜성 다음의 단계로, 별들은 성간물질들의 공간에서 식어 어두운 덩어리라고 불리는 이 단계에 이르게 된다.

흑점(sunspot) 태양의 표면에서 발견되는 지구 크기의 어두운 반점. 흑점의 어두운색은 주변보다 낮은 온도임을 나타낸다.

흑체곡선(blackbody curve) 뜨거운 물체가 방출하는 복사 에너지의 강도는 진동수에 달려 있다. 높은 강도의 방출에서의 진동수는 복사하는 물체의 온도를 나타낸다.

흡수선(absorption line) 연속 스펙트럼 위에서 원자로 인한 흡수 때문에 나타나는 검은색 선

힘(force) 한 물체의 운동량의 변화를 일으키는 작용. 운동량의 변화율은 수치적으로 힘과 같다.

기타

A 고리(A ring) 지구에서 보이는 토성의 3개 고리 중 하나. A 고리는 행성으로부터 가장 멀리 떨어져 있고 카시니 간극에 의해서 B 고리와 구별된다.

B 고리(B ring) 지구에서 보이는 토성의 3개 고리 중 하나. B 고리는 3개 중 가장 밝고, A 고리보다는 행성에 더 가까이 있으며, 카시니 간극을 지나서 바로 있다.

C 고리(C ring) 지구에서 보이는 토성의 3개 고리 중 하나. C 고리는 행성에 가장 가까이 있고 A와 B 고리에 비하면 상대적으로 가늘다.

E 고리(E ring) 토성의 주요 고리 부분보다 외곽에 형성된 희미한 고리. 보이저호에 의해 발견되었으며, 토성의 위성 엔셀라두스의 화산 활동과 관련되어 있을 것으로 추정됨

F 고리(F ring) 토성 바깥쪽의 얇고 희미한 고리로, 1979년 파이어니

어 11호에 의해 발견되었다. F 고리는 토성 로시한계 바로 안쪽에 존재하며, 보이저 1호에 의해 몇몇의 고리가 꼬아져서 서로를 죄고 있는 모양을 하고 있음이 알려졌다.

H−R도[Hertzsprung−Russell(H−R) diagram] 어떤 별의 무리에 대하여 온도(또는 분광형)에 대한 광도 도표

M형 소행성(M−type asteroid) 니켈과 철을 많은 부분 포함하는 소행성

P파(P−waves) 액체와 고체를 통해 빠르게 이동하는 지진파

SI(SI) 국제적 단위계. 질량, 길이, 시간 등을 정의하는 데 사용되는 국제적인 미터법 단위계

S파(S−waves) 지진으로부터 발생하는 전단파로, 오직 고체만을 통과하고 P파보다 느리다.

단원평가 해답

제1장
진위문제: 1.1 F, 1.2 F, 1.3 T, 1.4 F, 1.5 T, 1.6 T, 1.7 F, 1.8 T.

선다형문제: 1.1 d, 1.2 c, 1.3 b, 1.4 d, 1.5 c, 1.6 a, 1.7 b, 1.8 a.

제2장
진위문제: 2.1 F, 2.2 F, 2.3 T, 2.4 F, 2.5 T, 2.6 F, 2.7 T, 2.8 T.

선다형문제:: 2.1 a, 2.2 a, 2.3 b, 2.4 c, 2.5 d, 2.6 c, 2.7 c, 2.8 b.

제3장
진위문제: 3.1 F, 3.2 F, 3.3 T, 3.4 T, 3.5 F, 3.6 T, 3.7 T, 3.8 F.

선다형문제: 3.1 d, 3.2 b, 3.3 c, 3.4 a, 3.5 b, 3.6 c, 3.7 a, 3.8 d.

제4장
진위문제: 4.1 T, 4.2 F, 4.3 T, 4.4 T, 4.5 T, 4.6 F, 4.7 F, 4.8 F.

선다형문제: 4.1 b, 4.2 d, 4.3 d, 4.4 b, 4.5 b, 4.6 a, 4.7 c, 4.8 a.

제5장
진위문제: 5.1 T, 5.2 F, 5.3 T, 5.4 F, 5.5 T, 5.6 T, 5.7 F, 5.8 T.

선다형문제: 5.1 b, 5.2 d, 5.3 b, 5.4 b, 5.5 a, 5.6 d, 5.7 c, 5.8 c.

제6장
진위문제: 6.1 T, 6.2 T, 6.3 T, 6.4 F, 6.5 T, 6.6 F, 6.7 F, 6.8 F.

선다형문제: 6.1 a, 6.2 c, 6.3 b, 6.4 d, 6.5 c, 6.6 d, 6.7 d, 6.8 b.

제7장
진위문제: 7.1 F, 7.2 F, 7.3 T, 7.4 T, 7.5 T, 7.6 F, 7.7 F, 7.8 F.

선다형문제: 7.1 a, 7.2 c, 7.3 d, 7.4 c, 7.5 c, 7.6 d, 7.7 b, 7.8 b.

제8장
진위문제: 8.1 T, 8.2 T, 8.3 F, 8.4 T, 8.5 F, 8.6 F, 8.7 F, 8.8 T.

선다형문제: 8.1 c, 8.2 b, 8.3 c, 8.4 b, 8.5 c, 8.6 c, 8.7 a, 8.8 d.

제9장
진위문제: 9.1 F, 9.2 T, 9.3 F, 9.4 F, 9.5 T, 9.6 F, 9.7 T, 9.8 T.

선다형문제: 9.1 a, 9.2 d, 9.3 d, 9.4 c, 9.5 b, 9.6 c, 9.7 b, 9.8 d.

제10장
진위문제: 10.1 F, 10.2 T, 10.3 T, 10.4 T, 10.5 F, 10.6 F, 10.7 F, 10.8 T.

선다형문제: 10.1 a, 10.2 c, 10.3 b, 10.4 b, 10.5 a, 10.6 a, 10.7 b, 10.8 d.

제11장
진위문제: 11.1 T, 11.2 T, 11.3 T, 11.4 T, 11.5 T, 11.6 T, 11.7 T, 11.8 T.

선다형문제: 11.1 d, 11.2 b, 11.3 b, 11.4 b, 11.5 a, 11.6 b, 11.7 c, 11.8 b.

제12장
진위문제: 12.1 F, 12.2 T, 12.3 F, 12.4 F, 12.5 T, 12.6 F, 12.7 T, 12.8 F.

선다형문제: 12.1 d, 12.2 c, 12.3 c, 12.4 b, 12.5 b, 12.6 b, 12.7 c, 12.8 b.

제13장
진위문제: 13.1 T, 13.2 F, 13.3 T, 13.4 T, 13.5 T, 13.6 T, 13.7 T, 13.8 T.

선다형문제: 13.1 d, 13.2 d, 13.3 d, 13.4 b, 13.5 a, 13.6 c, 13.7 d, 13.8 c.

제14장
진위문제: 14.1 F, 14.2 T, 14.3 T, 14.4 T, 14.5 T, 14.6 T, 14.7 T, 14.8 F.

선다형문제: 14.1 c, 14.2 b, 14.3 c, 14.4 a, 14.5 d, 14.6 b, 14.7 d, 14.8 b.

제15장
진위문제: 15.1 F, 15.2 F, 15.3 T, 15.4 T, 15.5 F, 15.6 T, 15.7 T, 15.8 T.

선다형문제: 15.1 d, 15.2 d, 15.3 b, 15.4 d, 15.5 b, 15.6 d, 15.7 c, 15.8 a.

크레딧

Photo Credits

Chapter 1

Chapter Opener B. Tafreshi/ESO **pp. 4–5** NASA **1.1a** NASA **1.1b** Association of Universities for Research in Astronomy, Inc. **1.1c 1-2** NASA **1.1c 3** Lawrence Sromovsky/W.M. Keck Observatory **1.1d** Photo Researchers, Inc./Science Source **1.1e** NASA **1.2a** Eckhard Slawik/Science Source **1.4 inset** Hermann Eisenbeiss/Science Source **1.10a-g** © UCRegents/Lick Observatory **p. 12** Paul D. Maley, August 1999 **1.13a** NOAA **1.13b-d** Glen Schneider **1.14** Glen Schneider **p. 14** Ancient Art & Architecture Collection Ltd/Alamy **1.17** Glen Schneider **pp. 16–17** B. Tafreshi/ESO, Photo Researchers, Inc./Science Source, © UC Regents/Lick Observatory

Chapter 2

Chapter Opener ESO **2.1** Robert Gendler/Science Source **2.5a** ESO **2.5b** Association of Universities for Research in Astronomy, Inc. **2.5c** NASA **2.5d** Kennedy Space Center/NASA **2.8** Wabash Instrument Corporation **2.10** Association of Universities for Research in Astronomy, Inc. **2.13a** T.A. Rector (University of Alaska Anchorage) and WIYN/NOAO **2.16 main** Richard J. Wainscoat/W.M. Keck Observatory **2.16 inset top** W.M. Keck Observatory **2.16 inset right** Subaru Telescope/National Astronomical Observatory of Japan **2.17a-b** Association of Universities for Research in Astronomy, Inc. **2.18 main** G. Hüdepohl/ESO **2.18 insets** MIT Lincoln Lab **2.19** NRAO **2.20a** Atacama Large Millimeter/submillimeter Array **2.20b** NASA **2.21a** NRAO **2.22** NASA/STScI **2.23a** NASA **2.23b** K.L. Luhman (Harvard-Smithsonian Center for Astrophysics, Cambridge, Mass.); and G. Schneider, E. Young, G. Rieke, A. Cotera, H. Chen, M. Rieke, R. Thompson (Steward Observatory, University of Arizona, Tucson, Ariz.) and NASA/ESA **p. 35** NASA **2.24** NASA **pp. 36–37** ESO, Robert Gendler/Science Source, NRAO

Chapter 3

Chapter Opener NASA JPL **3.1** Museum of Science, Boston **3.4** Erich Lessing/Art Resource **3.7a-b** ScalaArt Resource **3.7c** Leemage/Getty Images **p. 44** Leemage/UIG/Getty Images **3.8 inset a, inset right** Rita Beebe **3.9** Erich Lessing/Art Resource **3.13** Science Source **3.18** NASA **3.22** Jerry Lodriguss/Science Source

Chapter 4

Chapter Opener Detlev van Ravenswaay/Science Source **4.1 left** NASA **4.1 right** © UC Regents/Lick Observatory **4.4a-b** Francois Gohier/Science Source **4.13 inset a** Photo Researchers, Inc./Science Source **4.13 inset b** Michael Klesius/National Geographic Stock **4.13 inset c** Steve Winter/NGS Image Collection **4.13 inset d** Kyodo/Newscom **p. 67** Mark Richards/ZUMAPRESS/Newscom **4.16** © UC Regents/Lick Observatory **4.17** NASA Goddard Space Flight Center **4.18a-c** © UC Regents/Lick Observatory **4.18c inset** NASA **4.19** Kennedy Space Center/NASA **4.21** Dhanachote

Vongprasert/Shutterstock **pp. 72–73** Detlev van Ravenswaay/Science Source, NASA, © UC Regents/Lick Observatory

Chapter 5

Chapter Opener Solar Dynamics Observatory/NASA **5.1** NASA **5.2** NASA **5.3** NASA **5.4** NASA **5.5a** ESO **5.5b** NASA JPL **5.6** NASA **5.7** NASA **5.8** NASA JPL **5.9a** NASA **5.9b** JPL-Caltech/Univ. of Arizona/NASA **p. 80** NASA **5.10** NASA **5.13** NASA JPL **5.14** NASA **5.16a-b** NASA **5.17a-c** NASA **pp. 84–85** NASA/JPL/ASU **5.18a-d** NASA **p. 85 left main** Dudley Forster/Woods Hole Oceanographic Institute **p. 85 inset** Eric Chaisson **p. 85 right** David Mencin/UNAVCO **5.22 inset** NASA **5.24** NASA **pp. 90–91** NASA, NASA, NASA

Chapter 6

Chapter Opener Japan Aerospace Exploration Agency **p. 94** NASA **6.1** NASA **6.2** NASA **6.4a-b** NASA **6.5** JPL/NASA **6.6** NASA **6.7** NASA **p. 98** JPL/NASA **6.9** NASA **6.10** NASA **6.11a-b** NASA **6.12** NASA **pp. 100–101** NASA **6.13a-b** NASA **6.14** NASA **6.15** JPL/NASA **6.16a-d** NASA **6.17** NASA **pp. 102–103** JPL/Space Science Institute/NASA **6.19** Johnson Space Center/NASA **6.20** JPL/NASA **6.21** JPL/NASA **6.22** W.M. Keck Observatory **6.23** NASA **6.24a-b** NASA **6.25** NASA **6.27** NASA **6.28** Saudi Aramco World/PADIA **6.30** Walter Pacholka, Astropics/Science Source **6.31** ESA/Rosetta/MPS for OSIRIS Team MPS/UPD/LAM/IAA/SSO/INTA/UPM/DASP/IDA **6.32** Lunar and Planetary Laboratory **6.33** L. Calçada/ESO **6.34** L. Frattare/NASA/ESA/STScI **6.36** NASA **6.37** M. Brown/NASA, ESA **p. 109** Christine Klicka, NASA **pp. 110–111** Japan Aerospace Exploration Agency, JPL/NASA, NASA, JPL/NASA, Johnson Space Center/NASA, Saudi Aramco World/PADIA

Chapter 7

Chapter Opener NASA **pp. 114–115** NASA **p. 114** David Lefranc/Gamma-Rapho/Getty Images **7.1b** Glen Schneider **7.2** Glen Schneider **p. 116** StockTrek/Purestock/Alamy **7.3** NASA **7.4** Association of Universities for Research in Astronomy, Inc. **7.8** NASA **7.10** Christine Pulliam **7.11** ESO **p. 122** M. Kornmesser/ESO **7.18** NASA **p. 124** L. Calçada/Nick Risinger/ESO **pp. 126–127** NASA, Glen Schneider

Chapter 8

Chapter Opener ISAS/NASA **8.1** NOAA **pp. 130–131** Vovan/Shutterstock **8.7** Institute for Solar Physics **8.8** Glen Schneider **8.9** Association of Universities for Research in Astronomy, Inc. **8.10** Adapted from California Institute of Technology **8.11** NASA/SOHO **8.12** Adapted from California Institute of Technology **8.13** NASA **8.15** Solar Dynamics Observatory/NASA **8.16** NASA **8.17** ESO **8.18** JPL/NASA **8.21** Kamioka Observatory **8.22** Lawrence Berkeley National Laboratory

p. 145 Hendrik Avercamp/Bridgeman Art Library, Science Source **pp. 146–147** ISAS/NASA, Solar Dynamics Observatory/Science Source, Adapted from California Institute of Technology, ESO, Kamioka Observatory

Chapter 9

Chapter Opener NASA **9.3a-b** Harvard College Observatory **pp. 152–153** NASA Goddard Space Flight Center **9.7b** Photodisc/Getty Images **9.7c** Adapted from California Institute of Technology **9.7e** Association of Universities for Research in Astronomy, Inc. **pp. 154–155** NASA **9.9a** Pere Sanz/Alamy **9.9b** JPL/NASA **9.12a-b inset** ESA **9.20** JPL/NASA **p. 162** JPL/NASA **9.23** Harvard College Observatory **pp. 164–165** NASA, JPL/NASA, ESA

Chapter 10

Chapter Opener JPL/NASA **10.1** Axel Mellinger **10.2a** S. Brunier/ESO **10.2b** ESO **10.3** Robert Gendler, Jim Misti & Steve Mazlin/Science Source **p. 171** NASA **p. 172** Association of Universities for Research in Astronomy, Inc. **10.7 top** Harvard College Observatory **10.7 left bottom** Robert Gendler/Photo Researchers, Inc./Science Source **10.7c right bottom** Association of Universities for Research in Astronomy, Inc. **10.8** NASA **10.9a** Pere Sanz/Alamy **10.9b-c** JPL/NASA **10.9d-e** NASA **p. 174** ESA **p. 176** NASA **10.14a** Association of Universities for Research in Astronomy, Inc. **10.14b** NASA **10.14c** Space Telescope Science Institute **pp. 178–179** ESA **10.18** J. Hester/Arizona State University, NASA/ESA **10.19** NASA **p. 180** NASA JPL **10.20** ESO **10.20 inset** NASA **10.21a** Association of Universities for Research in Astronomy, Inc. **10.22a** University of Michigan Astronomy **pp. 182–183** Axel Mellinger, Association of Universities for Research in Astronomy, Inc., NASA, University of Michigan Astronomy

Chapter 11

Chapter Opener NASA **p. 186** Dana Berry **11.1a-b** © UC Regents/Lick Observatory **11.3a** Adapted from California Institute of Technology **11.3b** ESA **p. 188** Feaspb/Shutterstock **11.4** Association of Universities for Research in Astronomy, Inc. **11.6** Harvard-Smithsonian Center for Astrophysics **11.7** ESO **11.8** ESA **11.11** NASA **11.13** NASA **11.15** Daily Herald Archive/Getty Images **11.17a** ESO **11.17b-c** Lick Observatory Publications Office **p. 196** NASA **11.20** ESO **11.21a** ESO **11.21b** NASA **11.21c** NOAO **11.21d** NASA **pp. 200–201** NASA, Adapted from California Institute of Technology, Association of Universities for Research in Astronomy, Inc., ESA, ESO, NASA, NOAO, NASA

Chapter 12

Chapter Opener NASA **p. 205** Christophe Rolland/Shutterstock **pp. 208–209** NASA **pp. 209** Photoshot/Everett Collection, General Photographic Agency /Hulton Archive/Getty Images, Keystone-

France/Getty Images, Alfred Eisenstaedt/Pix Inc./ The LIFE Picture Collection/Getty Images **pp. 210–211** NASA/ESA/R. Massey **12.11a** Harvard-Smithsonian Center for Astrophysics **12.11b** NASA **12.12** L. J. Chaisson **12.13** NASA **pp. 216–217** NASA, L. J. Chaisson

Chapter 13

Chapter Opener NASA **pp. 220–221** Axel Mellinger **13.1** top Axel Mellinger **13.2** Robert Gendler/ Science Source **13.3** NASA **p. 222** NASA **13.4** Adapted from California Institute of Technology **13.8** Adapted from California Institute of Technology **pp. 226–227** Andy Steere **13.10** NASA JPL **13.12** inset Association of Universities for Research in Astronomy, Inc. **p. 230** P. McCullough/NASA/ESA/The Hubble Heritage Team (STScI/AURA) **13.15** NASA **13.16a** JPL/NASA **13.16b** NRAO **13.16c** NASA **13.16d** NRAO **13.16e** ESO **13.17a-f** L. J. Chaisson **pp. 234–235** NASA, Robert Gendler/Science Source, NRAO

Chapter 14

Chapter Opener Hubble Heritage Team (STScI/ AURA), ESA/NASA **14.1** The Hubble Heritage Team (STScI/AURA)/NASA **14.2** main Association of Universities for Research in Astronomy, Inc. **14.2** inset NASA **14.3a** Robert Gendler **14.3b** NASA **14.3c** ESO **14.4a** NASA **14.4b** Hubble Heritage Team (STScI/AURA), ESA/NASA **14.4c** ESO **14.5a** Association of Universities for Research in Astronomy, Inc. **14.5b** Smithsonian Astrophysical Observatory **14.5c** Robert Gendler **14.6** Mount Stromlo/Siding Spring Observatories/Science

Source **14.7** NASA **14.9** left ESO **14.9** right NASA **14.10** NASA **14.11a-b** Association of Universities for Research in Astronomy, Inc. **14.12** NASA **pp. 244–245** The Hale Observatories/AIP Emilio Segre Visual Archives **14.13** Adapted from California Institute of Technology **p. 247** NRAO **14.16** NASA **14.18** NRAO **14.20** Sloan Digital Sky Survey **p. 248** NASA **14.22a** NRAO **14.22b** NASA **p. 249** NASA **14.24a** NASA **14.25** NASA **14.26** NASA **pp. 252–253** NASA; ESA, the Hubble Heritage Team (STScI/AURA), and R. Gendler (for the Hubble Heritage Team)/NASA; ESA and D. Maoz (Tel-Aviv University and Columbia University)/NASA; ESA and The Hubble Heritage Team (STScI/ AURA)/NASA **14.27a-b** NASA **14.28** NASA **pp. 254–255** Hubble Heritage Team (STScI/AURA), ESA/NASA; The Hubble Heritage Team (STScI/ AURA)/NASA; NASA; NASA

Chapter 15

Chapter Opener ESA, J. Blakeslee and H. Ford (Johns Hopkins University)/NASA **p. 258** ESA, M.J. Jee and H. Ford (Johns Hopkins University)/ NASA **pp. 262–263** NASA, ESA, et al./NASA **15.6** NASA **p. 263** NASA **pp. 264–265** WMAP Science Team/NASA **15.9** © Life Technologies Corporation **pp. 266–267** ESA, J. Blakeslee (NRC Herzberg Astrophysics Program, Dominion Astrophysical Observatory), and K. Alamo-Martinez (National Autonomous University of Mexico)/ NASA **pp. 268–269** NASA **15.19** main NASA **15.19** inset ESA **pp. 272–273** ESA, J. Blakeslee and H. Ford (Johns Hopkins University)/NASA; NASA

Epilogue

pp. 274–275 JPL/NASA, JPL/University of Arizona/DLR/NASA

Covers

Front Cover Main image: Kazuo Kawai/Amana Images/Corbis Earth: DVIDS/NASA Solar Flare: SDO/Goddard Space Flight Center/NASA Eagle Nebula: J. Hester and P. Scowen, STScI, ESA/ NASA Antennae Galaxies: STScI/AURA, ESA, Hubble Collaboration/NASA A Zoo of Galaxies: STScI/AURA, ESA, Hubble Heritage/NASA Back Cover A Zoo of Galaxies: STScI/AURA, ESA, Hubble Heritage/NASA

Text Credits

p. 34 Figure 2.22 Transparent diagram of Hubble Telescope. The National Aeronautics and Space Administration. **p. 44 Figure 3.7c** Galilean moons of Jupiter. From Galileo, *Sidereus Nuncius*, 1610. **p. 44** Notations. From Galileo, *Sidereus Nuncius*, 1610. **p. 108 Figure 6.34** "Hubble Discovers a Fifth Moon Orbiting Pluto," HubbleSite, NASA, July 11, 2012, available at http://hubblesite.org/newscenter/archive/releases/2012/32/image/c/. **p. 208** John Archibald Wheeler, Kenneth Ford, "Geons, Black Holes, and Quantum Foam: A Life in Physics" (W. W. Norton, 2010) p. 235.

찾아보기